THE ARCHIMEDES PALIMPSEST

II · IMAGES AND TRANSCRIPTIONS

The Archimedes Palimpsest is the name given to a Byzantine prayer book that was written over a number of earlier manuscripts, including one that contained two unique works by Archimedes, unquestionably the greatest mathematician of antiquity. Sold at auction in 1998, it has since been the subject of a privately funded project to conserve, image, and transcribe its texts. Images and transcriptions of three of these manuscripts are provided here. The first contains seven treatises by Archimedes, including two unique texts, *Method* and *Stomachion*, as well as the only extant Greek version of *Floating Bodies*. Previously unknown speeches by Hyperides and a second- or third-century commentary on Aristotle's *Categories* follow. The product of ten years of conservation, imaging, and scholarship, this book will be of interest to manuscript scholars, classicists, and historians of science.

REVIEL NETZ is Professor of Classics and Professor of Philosophy, by courtesy, at Stanford University. His books from Cambridge University Press include *The Shaping of Deduction in Greek Mathematics: A Study in Cognitive History* (1999, Runciman Award), *The Transformation of Early Mediterranean Mathematics: From Problems to Equations* (2004), and *Ludic Proof: Greek Mathematics and the Alexandrian Aesthetic* (2009). He is also the author of a multi-volume translation of and commentary on the works of Archimedes, also with Cambridge, the first volume of which, *The Two Books On the Sphere and the Cylinder*, was published in 2004. His popular book on the Archimedes Palimpsest Project, *The Archimedes Codex* (co-authored with William Noel, Neumann Prize), was published in 2007 and has been translated into twenty languages.

WILLIAM NOEL is Curator of Manuscripts and Rare Books at the Walters Art Museum, and Director of the Archimedes Palimpsest Project. His popular book, *The Archimedes Codex* (co-authored with Reviel Netz, Neumann Prize), was published in 2007 and has been translated into twenty languages. He is a member of the Faculty of the Rare Book School, University of Virginia, and is Adjunct Professor at Johns Hopkins University. Dr Noel received his Ph.D. from Cambridge University in 1993 and has published widely on European manuscript illumination from 800 to 1300, and on the Archimedes Palimpsest.

NATALIE TCHERNETSKA is a leading manuscript scholar specializing in Greek palimpsests. Educated in Riga, St. Petersburg, and Geneva, she conducted research in Rome and Hamburg and completed her Ph.D in Cambridge. In the late 1990s, she was one of the first manuscript scholars worldwide to venture into the field of digital imaging. In 2002, it was she who discovered and identified fragments of two speeches of Hyperides from the Archimedes Palimpsest, the discovery that radically changed our view of the survival of Hyperides in Byzantium.

NIGEL WILSON is a Fellow of the British Academy and Fellow and Tutor (Emeritus) at Lincoln College, Oxford. He has had long experience of research on Greek manuscripts and editing texts. His works include *Scribes and Scholars: A Guide to the Transmission of Greek and Latin Literature* (3rd ed. 1991, with L.D. Reynolds), and *Scholars of Byzantium* (1996).

THE ARCHIMEDES PALIMPSEST

·II·

IMAGES AND TRANSCRIPTIONS

Edited by
Reviel Netz, William Noel, Natalie Tchernetska
and Nigel Wilson

Published for the
WALTERS ART MUSEUM
by
CAMBRIDGE UNIVERSITY PRESS

CAMBRIDGE UNIVERSITY PRESS
Cambridge, New York, Melbourne, Madrid, Cape Town, Singapore,
São Paulo, Delhi, Dubai, Tokyo, Mexico City

Cambridge University Press
The Edinburgh Building, Cambridge CB2 8RU, UK

The Walters Art Museum
600 North Charles Street
Baltimore, Maryland 21201
thewalters.org

Published in the United States of America for the Walters Art Museum by Cambridge University Press, New York

www.cambridge.org
Information on this title: www.cambridge.org/9781107014374

Illustrations by Tina Ross

First published 2011

Printed in Verona, Italy at EBS-Editoriale Bortolazzi-Stei s.r.l.

A catalogue record for this publication is available from the British Library

ISBN 978-1-107-01437-4 Hardback

CONTENTS

PREFACE

This volume contains images of the Archimedes, Hyperides, and Philosophical Commentary manuscripts found in the thirteenth-century Euchologion, or prayer book, known as the Archimedes Palimpsest. It also contains transcriptions of these texts in parallel with the images.

The multispectral images of the manuscripts were created in 2007 by William A. Christens-Barry, Roger L. Easton, Jr., and Keith T. Knox, using imaging equipment provided by Equipoise Imaging LLC and Stokes Imaging Inc., and supported by Michael Toth, Doug Emery, Abigail Quandt, and the staff of the Walters Art Museum. Students from the Rochester Institute of Technology, including Charles Dickinson, Derek Walvoord, Allison Bright, Matthew Heimbueger, D. Michael Hansen, Claire Mac Donald, and Kevin Bloechl, also provided invaluable assistance. The images of the photographs of the palimpsest that J. L. Heiberg had taken in 1906 were also created by Christens-Barry, Easton, and Knox with the kind permission of the Royal Library, Copenhagen. The X-ray fluorescence images were created between 2005 and 2007 at the Stanford Synchrotron Radiation Laboratory. The team was led by Uwe Bergmann, supported by Bob Morton, Martin George, and the staff of the SSRL. These images were processed by Keith Knox and Roger Easton. The images of Cambridge University Library Add. MS 1879.23 were processed by Roger Easton from images taken by Cambridge University Library. Images of Heiberg's transcription of fols. 104 and 170 of the palimpsest were taken by Vincent Carney. All images of the Palimpsest and the 1906 photographs are available in the Archimedes data set, and the appendix to this publication lists their file names within the data set. The data set can currently be found at www.archimedespalimpsest.net. The scholars responsible for the transcriptions found it helpful to use many different images of any given page to read the texts, and all these images are available in the data set. In this publication they chose the one image of each folio that they found to be the most useful.

The Archimedes manuscript was transcribed by Reviel Netz and Nigel Wilson. The goal of the transcription is to produce the best reconstruction possible of the readings in the codex as it existed in the tenth century (and not of the text of Archimedes as written by him in the third century BC). It is also intended to be used in conjunction with Heiberg's edition so that each image is captioned with the position, in Heiberg's edition, of the readings it provides.

The transcription was made on the basis of images of Codex C, Heiberg's readings of the manuscript as they can be deduced from his critical edition of 1910–15, and on the immediate textual context of characters no longer visible. The diagrams are transcribed without editorial intervention except for the insertion of question marks and the completion of marks according to visual context (as a general rule, lines are extended across their original length even where certain segments are faded; but if a line is entirely faded, the editors do not reproduce it).

Punctuation, word spacing, and accents are supplied according to modern conventions. (The editors have supplied accents even for gibberish words, and punctuation even for gibberish sentences. Effort has been made to make such choices reflect the scribe's intention, but no great weight should be attached to such editorial choices.) The editors have also modernized the use of upper case (majuscule) and lower case (minuscule) letters. The manuscript's readings are not reported in all those regards. Those readings were documented, however, during the study of the manuscript, and it is planned to include records of this study as part of the digital data set. An effort was made to preserve the manuscript's reading as regards spacing between diagrammatic labels (so that if the manuscript reads "points AB" this is not modernized to "points *A*, *B*"). We represent what we believe the scribe meant as diagrammatic labels by capital letters without bars; what we believe he meant as numerals are represented by capitals with bars. This is our own modern convention, which does not correspond to the manuscript practice.

The typography of the transcription is modern (left justified, single font size, fixed line spacing, and sparing use of the margins for the text itself). Within those constraints, an attempt was made to provide all the information possible regarding the original layout. In particular, diagrams are positioned, and scaled relative to the column of writing, according to the original (space permitting). Proposition numerals are positioned in their original margins, next to the line to which they originally referred. While it was impossible to avoid runover lines (especially because of the massive presence of compendia), they were kept to the minimum possible, and are marked by an indentation.

The transcription is accompanied by an apparatus. Occasionally, where the text of Codex C as transcribed is clearly in error and could reasonably appear to have been introduced as the result of a typographic error, a "sic" is introduced to signal the status of the error as a genuine reading. The main function of the apparatus is to note divergences from Heiberg's transcription (ignoring, however, those having to do with our application of modern conventions). By Heiberg's "transcription" is meant not his printed text, but rather what the printed text, together with his critical apparatus, imply for what he saw in the manuscript. Heiberg also produced a separate appendix setting out his readings regarding dialect alone. In the case of dialect alone, we report differences from Heiberg's printed text (and not from the implied transcription deducible from printed text taken together with Heiberg's appendix on dialect). This is done mainly because Heiberg's appendix on dialect is hard to use, so that without such a setting-out of differences from Heiberg's printed text, it would be difficult for readers to recognize how extensively Heiberg restored the Doric in his edition. In the systematic presentation of the transcription and the apparatus, as well as in many suggestions regarding the content, the editors gratefully acknowledge the unique contribution of Alexander Lee.

The transcription of the Hyperides manuscript was the work of Colin Austin, Chris Carey, Pat Easterling, Michael Edwards, Zoltán Farkas, Eric Handley, Judson Herrman, László Horváth, Gyula Mayer, Tamás Mészáros, Peter Rhodes, and Natalie Tchernetska. Reviel

Netz was instrumental in early transcription work on the Commentary on Aristotle's *Categories*, and in calling attention to its importance. The text as presented here is the work of Marwan Rashed, David Sedley, Robert Sharples, Natalie Tchernetska, and Nigel Wilson. As with the Archimedes manuscript, the transcribers of the Hyperides and the Commentary have reported the text found in the manuscript. However, in cases where the manuscripts are clearly in error, they have supplied corrected readings. The original, erroneous readings can be found in the notes.

The text presented in this volume is based on digital transcriptions in Extensible Markup Language (XML), available in the Archimedes Palimpsest data set. Alexander Lee copyedited the texts and is responsible for their digital presentation, with help from Christopher Blackwell, D. Neel Smith, and their students. The XML files were encoded in UTF-8, and their structure conforms to the Text Encoding Initiative Public Release 5 (TEI P5) guidelines. Readings that are uncertain or restored by the transcribers have been marked as such. Scribal abbreviations as well as marginal or raised text are also indicated. These transcriptions can be found within the Archimedes data set in the following directories:

Supplemental/ArchimedesTranscriptions/
Supplemental/HyperidesTranscriptions/
Supplemental/CommentaryTranscription/

The conventions used for the print representation of the transcriptions in this volume are as follows:

ụṇc̣ẹṛṭạịṇ ṛẹạḍịṇg
[restored by the editors]
⟨supplied by the editors⟩
{deleted by the editors}
[[[deleted by the scribe]]]
... gap or lost text
(scribal abbreviation)

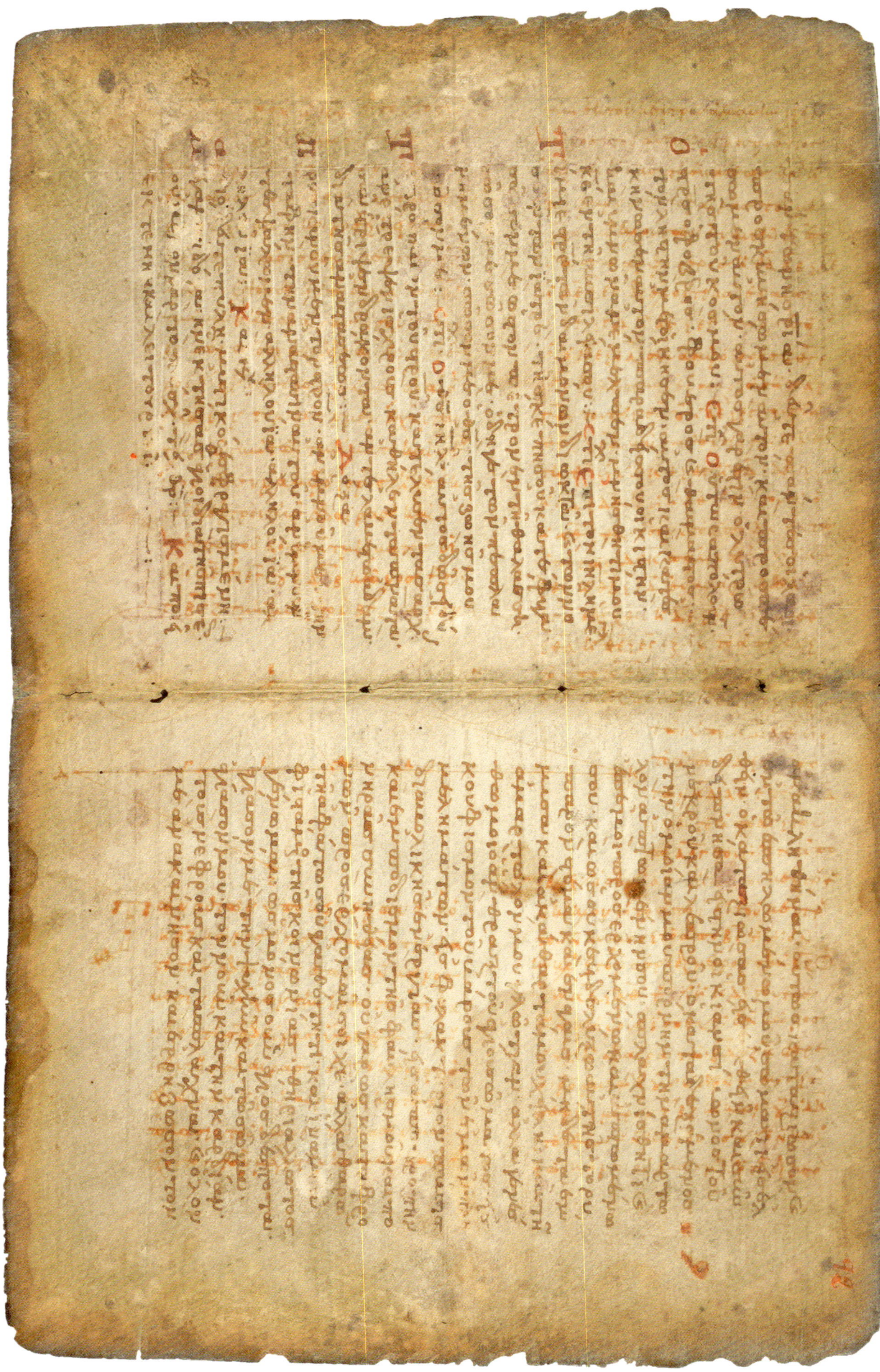

THE ARCHIMEDES PALIMPSEST, FOL. 93V + 92R (ARCH 65V), NATURAL LIGHT

ARCHIMEDES TREATISES (CODEX C)

Planes in Equilibrium

Floating Bodies I

Floating Bodies II

Method

Spiral Lines

Sphere and Cylinder I

Sphere and Cylinder II

Measurement of the Circle

Stomachion

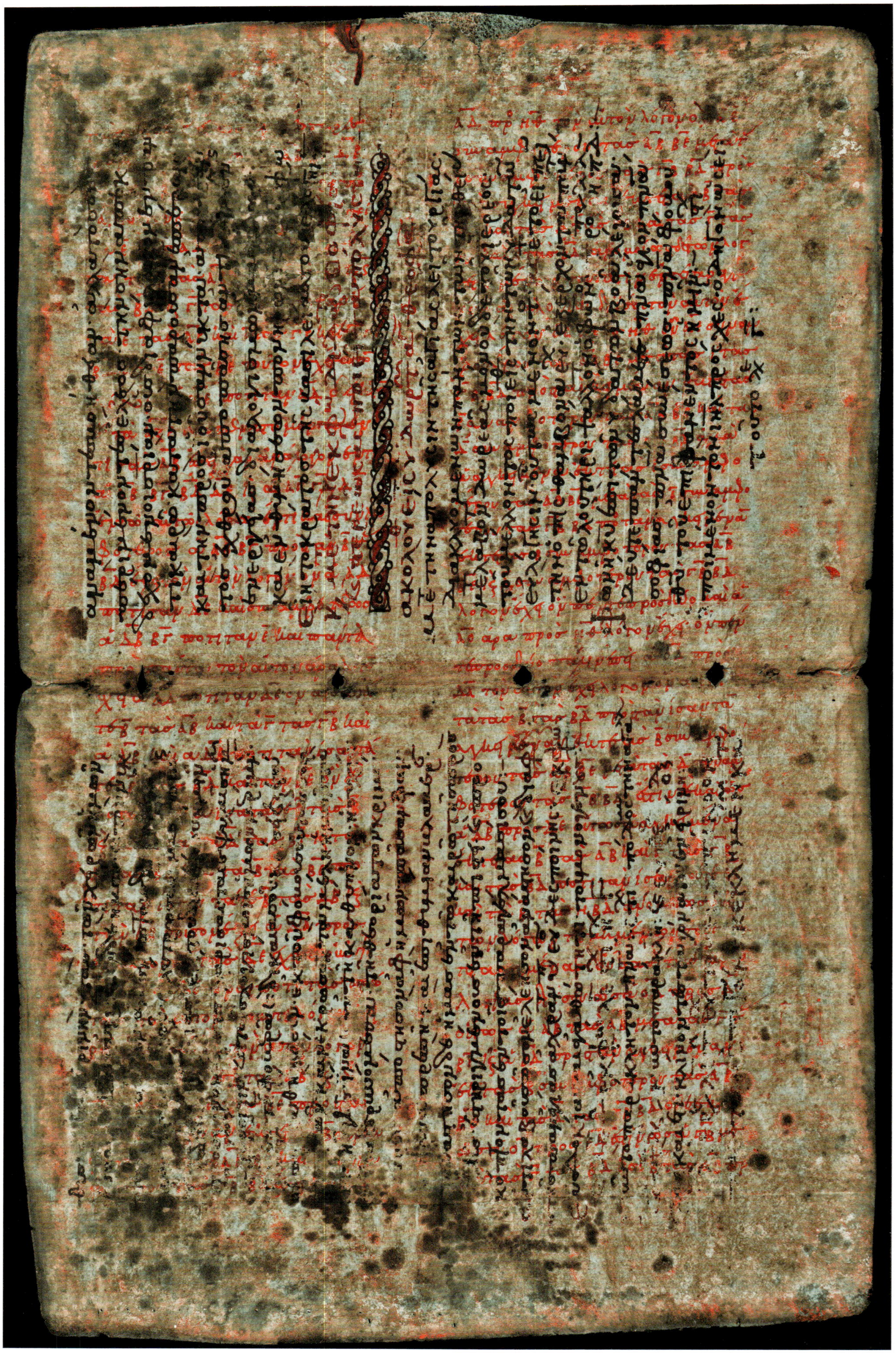

Heiberg II.192.6–196.21: *Planes in Equilibrium,* Proposition 9
Pseudocolor created from ultraviolet fluorescence and red reflectance images

τᾶς μ̣ε̣γ[ίστας]. ἔ[στ]ω̣[σαν τ]έσσαρες [γρ]αμ[μαὶ ἀνάλο]γο[ν αἱ] ΑΒ [Β]Γ ΔΒ [καὶ ὃν μὲν ἔχει λόγον ἁ ΒΕ ποτὶ] [Ε]Α, το[ῦ]τον ἐ[χέτω ἁ ΖΑ ποτὶ τὰ] τρία̣ Ε̅ [τᾶ]ς ΑΔ, [ὃν δὲ λόγον ἔχει ἁ ἴ]σα τ[ᾶ Β̅] τᾶς ΑΒ [καὶ Δ̅ τᾶς ΒΓ] (καὶ) Ϛ τᾶς ΒΔ κ(αὶ) Γ̅ τᾶς [ΒΕ ποτὶ] τὰν [ἴσαν] τᾶ Ε̅ τᾶς ΑΒ καὶ Ι̅ τᾶς ΓΒ καὶ Ι̣̅ τ̣[ᾶς] ΒΔ̣ [καὶ] Ε̅ τᾶς ΒΕ, τοῦτον ἐχέτω τὸ(ν) λ̣όγο[ν ἁ Η]Ε ποτὶ τὰν ΑΔ. δεικτ(έον), (ὅτι) τὰ ΑΖΕ δύο̣ πεμπταμόριά ἐντι τᾶς ΑΒ. ἐ̣πεὶ γὰρ ἀνάλογόν ἐντ[ι] α[ἱ] ΑΒ ΒΓ ΒΔ ΔΕ (καὶ) αἱ Α̣Γ ΓΔ ΔΕ ἐν τῶι αὐτῶι λόγωι ἐντί, καὶ συνα[μ]φότερος ἁ ΑΒ ΒΓ πρὸς τὰν Β̅ τ(ᾶς) ΒΔ, ἔχει τὸν αὐτὸν λόγον, ὃν ἁ ΑΔ ποτὶ τὰν ΔΕ, καὶ συναμφότερος ἁ ΔΒ ΒΓ ποτὶ τὰν Ε, καὶ πάντα πρὸς πάντα· τὸν αὐτὸν ἄρα λόγο(ν) ἔχει ἁ ΑΔ ποτὶ τὰν ΔΕ, ὃν ἁ ἴσα τᾶ τε Β̅ τᾶς ΑΒ καὶ τᾶ Γ̅ τᾶς ΓΒ καὶ ἁ ΔΒ καὶ ἁ ΔΒ ποτὶ τὰ̣ν ἴσαν τᾶ τε Β̅ [τᾶς Β]Δ καὶ τὰν ΒΕ, ὃν δὲ λ̣όγο[ν ἔχει] ἁ ἴσα τᾶ τε [Β̅] τᾶς Β (καὶ) [τᾶ Δ̅ κ]α[ὶ τ]ᾶ Δ̅ τᾶς ΒΓ (καὶ) τᾶ [Δ̅ τ]ᾶ[ς ΒΔ καὶ] τᾶ Β̅ τᾶς ΒΕ ποτὶ τὰν ἴσ[α]ν τᾶ τε Β̅ τᾶς ΔΒ (καὶ) τὰν ΕΒ, τοῦτον ἕξει ἁ ΔΑ πρὸς ἐ̣[λάσ]σον[α] τᾶς ΔΕ. ἐχέτ[ω] οὖν (πρὸς) [ΔΘ. καὶ ἀμ]φό[τε]ραι ποτὶ τὰς πρώτα̣ς τὸ[ν αὐ]τὸν [ἑξ]οῦντι λόγον· [ἕξ]ει ο[ὖν ἁ ΕΑ ποτὶ ΑΔ] τὸν αὐτὸν λόγον, [ὃν ἁ ἴσα τᾶ τ]ε Β̅ τᾶ[ς Α]Β (καὶ) Ϛ̅ [τᾶς ΒΔ καὶ] Γ̣̅ τ[ᾶ]ς ΒΕ πρὸς τὰ[ν] [συγκειμέν]αν ἔκ τε τ[ᾶ]ς Β̅ [συ]ν[αμ][φοτέρας τᾶς] ΑΒ [ΕΒ] καὶ [Δ̅ συναμ][φοτέρου] τ̣ᾶ̣ς ΓΒ ΒΔ. ἔχει [δὲ καὶ ἁ]

ΑΔ πρ(ὸς) ΗΘ τὸν αὐτὸν λόγον, ὃν Α Ε̅ συναμφοτέρου τᾶς ΑΒ ΒΕ μετὰ τ(ᾶς) Ι̅ συναμφοτέρου τᾶς ΓΒ ΒΔ πρὸς [τὰν] συγκειμέναν ἔκ τε τᾶς Β̅ τὰς [ΑΒ] καὶ τᾶς Δ̅ τᾶς [Γ]Β καὶ τᾶς Γ̅ τᾶς [ΕΒ] κ̣αὶ Ϛ̅ τᾶς ΒΔ· ἀνομοίως δὲ τῶν λόγ(ων) [τ]ετ[αγ]μένω̣ν, τουτέστιν ἐν τεταραγμ̣έ[να] ἀ[ν]αλογίᾳ, δι᾽ ἴσου τὸν αὐτὸν ἔχει λόγον ὁ Α [πρὸ]ς ΗΘ, ὃν ΑΕ σιναμφοτέρου τᾶ[ς ΑΒ] ΒΕ μετὰ τᾶς Ι̅ τᾶς ΓΒ ΒΔ πρὸς τὰν κειμέναν ἔκ τε τᾶς Β̅ συναμφοτέρου τᾶς ΑΒ ΒΕ καὶ τᾶς Δ̅ συναμφοτέρου τᾶς [ΓΒ] ΒΔ. ἀλλὰ ἁ συγκειμένα ἔκ τε τᾶς Ε̅ συναμφοτέρου τᾶς ΑΒ ΒΕ μετὰ τᾶς Ι̅ συναμφοτέρου τᾶς ΓΒ ΒΔ πρ(ὸς) τὰν συγκειμένα(ν) ἔκ τε τᾶς Β̅ συναμφοτέρου τᾶς ΑΒ ΒΕ (καὶ) Δ̅ συναμφοτέρου τᾶς ΓΒ ΒΔ λόγον ἔχει, ὃν πέντε πρὸς δύο· καὶ ἁ ΑΟ ἄρα πρὸς ΗΘ λόγον ἔχει, ὃν πέντε πρὸς δύο. πάλιν, ἐπεὶ ἁ ΟΔ πρὸς ΔΑ τὸν αὐτὸν ἔχει λόγον, ὃν ἁ Ε̣[Β μ]ε̣τὰ τᾶς Β̅ τᾶς ΒΔ πρὸς τὰν ἴσαν τὰ(ν) συγκειμέναν ἔκ τε τᾶς Β̅ συναμφοτέρου τᾶς ΑΒ ΒΕ μετὰ τᾶς Δ̅ [συ]ναμφοτέρου τᾶς ΓΒ ΒΔ, ἔστιν δὲ καὶ ὡς ἁ ΔΒ πρὸς ΔΕ, οὕτως ἁ συγκειμένα ἔκ τε τᾶς Β̅ τᾶς ΑΒ καὶ Γ̅ τᾶς ΓΒ καὶ τᾶς ΒΔ ποτὶ τὰν ἴσαν [τ]ᾶ τε ΕΒ καὶ τᾶ Β̅ τᾶς ΗΒΔ, ἀνομοίως οὖν τῶν λόγων τετμημένων, τουτ[έστιν] τετα[ραγ]μένας οὔσας τᾶ̣ς ἀ[να]λ[ο]γίας, δι᾽ ἴσου ὡς ἁ ΟΔ πρὸς ΔΕ, οὕτως ἁ ΑΒ τᾶς ΑΒ μετὰ τᾶς Γ̅ τ(ᾶς) ΒΓ (καὶ) ἁ ΒΔ πρὸς τὰν συγκειμέναν ἐκ τᾶς Β̅ συν[α]μφοτέρου τᾶς ΑΒ ΒΕ̣ καὶ τᾶς Δ̅ τᾶς ΓΒ ΒΔ· ὥστε κ[αὶ] ὡς ἁ ΟΕ πρὸς ΕΔ ἐστίν, ὡς ἁ ΓΒ μετὰ] τᾶς Γ̅ τᾶς ΒΔ καὶ Β̅ τᾶς Ε̣Β πρ[ὸς]

COLUMN 1

10 ΗΕ] ΗΘ Η
11 ΑΖΕ] ΑΖΘ Η
11 πεμπτομόρια] πεμπταμόρια Η
15 πρὸς] ποτὶ Η
19 πρὸς] ποτὶ Η
24 Β (alt.)] ΑΒ Η
28 πρὸς] ποτὶ Η
29 πρὸς] ποτὶ Η
34 πρὸς] ποτὶ Η

COLUMN 2

1 πρὸς] ποτὶ Η
3 πρὸς] ποτὶ Η
9 πρὸς] ποτὶ Η
9 ΑΕ] ἁ Ε Η
9 σιναμφοτέρου] sic, συναμφοτέρου Η
11 πρὸς] ποτὶ Η
13 ἀλλὰ ἁ] ἀλλ᾽ ἁ Η
16 πρὸς] ποτὶ Η
19 πρὸς] ποτὶ Η
20 πρὸς] ποτὶ Η
21 πρὸς (pr.)] ποτὶ Η
21 ΟΔ] ΘΔ Η
21 πρὸς (alt.)] ποτὶ Η
23 πρὸς] ποτὶ Η
23 τὰν συγκειμέναν] τᾶι συγκειμέναι Η
27 πρὸς] ποτὶ Η
32 οὔσας] ἐούσας Η
35 πρὸς] ποτὶ Η
38 πρὸς] ποτὶ Η
38 ὡς] οὕτως Η
39 πρὸς] ποτὶ Η

Heiberg II.196.21–202.7: *Planes in Equilibrium,* Proposition 9
Pseudocolor created from ultraviolet fluorescence and red reflectance images

τὰṿ Β̅ συναμφοτέρου τᾶς ΑΒ ΒΕ καὶ Δ̅ συναμφοτέρου τᾶς ΓΒ ΒΔ. ἔστι δὲ καὶ ὡς ἁ Δ[Ε π]ρὸς ΕΒ, οὕτ̣ως [ἅ] τε ΑΓ̣ πρὸς [Γ]Β, ἐπ̣εὶ καὶ κατὰ σύνθεσιν, καὶ ἁ Γ̅ τᾶς ΓΔ πρὸς τὰṿ Γ̅ τᾶς ΔΒ (καὶ) ἁ Β̅ τᾶς ΔΕ πρὸς τὰν [Β̅] τᾶς ΕΒ· ὥστε καὶ ἁ σ[υ]γκειμένα ἔκ τε τᾶς ΑΓ (καὶ) Γ̅ τᾶς ΓΔ καὶ Β̅ τ[ᾶ]ς̣ ΔΕ πρὸς τὰν συγκειμέναν εἴς τε τᾶς ΓΒ καὶ Γ τᾶς ΒΔ καὶ Β τᾶς [Ε]Β. ἀνομοίως οὖν πάλι[ν] τῶν λόγων τεταγμένων, τουτέστιν ἐν τεταραγμέναι̣ ἀναλογίαι, δι' ἴσου τὸν [αὐτὸν] ἕξει λόγον ἁ ΕΟ πρ(ὸς) ΕΒ, ὅν ἁ ΑΓ μετὰ τᾶς Γ̅ τᾶς ΓΔ̣ καὶ Β̅ τᾶς δὲ πρὸς διπλασίαν συναμφοτέρου τᾶς ΑΒ ΒΕ μετὰ τᾶς Δ̅ συναμφοτέρου τᾶς ΓΒ ΒΔ· ὅλα οὖν ἁ ΟΒ πρὸς ΒΕ τὸν αὐτὸν ἔχει λόγον, ὅν ἁ ἴσα τᾶ τε Γ̅ τᾶς ΑΒ μετὰ τᾶς ϛ̅ τᾶς ΓΒ καὶ τᾶ Γ̅ τᾶς Β̣Δ πρὸς τὰν Β̅ συναμφοτέρου τᾶς ΑΒ ΒΕ μετὰ τᾶς Δ̅ συναμφοτέρου τᾶς ΓΒ ΒΔ. (καὶ) ἐπεὶ αἵ τε ΕΔ ΔΓ ΓΑ ἐν τῶι αὐτῶι λόγωι ἐντὶ καὶ συναμφότερος ἑκάστα τῶν ΕΒ ΒΔ ΔΒ ΒΓ ΓΒ ΒΑ ἔστ(αι) καὶ ὡς ἁ ΕΔ πρὸς ΔΑ, οὕτως συναμφότερος ἁ ΕΒ ΒΔ πρ(ὸς) συναμφότερον τὰν ΔΒ ΒΓ μετὰ τᾶς συναμφοτέρου τᾶς ΓΒ ΒΑ. καὶ συνθέντι ἄρα ἐστὶν ὡς ἁ Ε̅ πρὸς ΑΔ, οὕτως συναμφότερος ἁ ΕΒ ΒΔ μετὰ συναμφοτέρου τᾶς ΔΒ ΒΓ (καὶ) συναμφοτέρου τᾶς ΓΒΔ, ὅ ἐστι συναμφότερος [ἁ] ΕΒ[Α] μετὰ τᾶς Β̅ συναμφοτέρου τᾶς ΑΒΓ πρὸς συναμφότερο̣(ν̣) τ̣ὰ[ν] ΒΔ ΒΑ μετὰ τᾶς Β̅ τᾶς ΒΓ·

[ὥστε κ]α̣[ὶ] ἁ̣ Β̅ π̣ρ̣ὸς τὰν Β̅ τὸν αὐτὸν ἕξει λόγοṿ, [του]τέστιν ὡς ἁ ΕΑ πρὸς [ΑΔ], οὕτ̣ω̣[ς] ἁ Β̅ [σ]υναμφοτέρου τᾶς Ε̣Β[Α μ]ε̣τ̣[ὰ] τᾶς Δ̅ συναμφοτέρου τᾶς Γ̣ΒΔ πρὸς τὰν Β̅ συναμφοτέρου τῆς Α[Β]Δ μετὰ τᾶς Δ̅ τᾶς ΓΒ· ὥστε καὶ ὡς ἁ ΕΑ πρὸς τὰ τρία πέμπτα τᾶς ΑΔ, οὕτως ἁ συγκειμένα ἔκ τε τᾶς Β̅ συναμφοτέρου τᾶς ΑΒΕ̣ καὶ Δ̅ συναμφοτέρου τᾶς ΓΒΔ πρὸς τὰ τρία πέμπτα τᾶς συγκειμένας ἔκ τε τᾶς Β̅ συναμφοτέρου τᾶς ΑΒΔ καὶ Δ̅ τᾶς ΓΒ. ἀλλ' ὡς ἁ ΕΑ πρὸς τὰ τρία πέμπτα τᾶς ΑΔ, οὕτως ἐστὶν ἁ ΕΒ πρὸς ΖΗ· καὶ ὡς ἄρα ἁ ΕΒ (πρὸς) ΖΗ, καὶ ὡς ἄρα ἁ ⟦Ε⟧Β συναμφοτέρου τᾶς ΔΒΓ πρὸς τὰ τρία πέμπτα τᾶς συγκειμένας ἔκ τε τᾶς Β̅ συναμφοτέρου τᾶς ΑΒΔ μετὰ τᾶς Δ̅ τᾶς ΓΒ. ἐδείχθη δὲ καὶ ὡς ὁ ΑΒ πρὸς ΕΒ, οὕτως ἁ Γ̅ συναμφοτέρου τᾶς [Α]ΒΔ μετὰ τᾶς ϛ τᾶς ΓΒ πρὸς τὰν Β συναμφοτέρου τῆς ΑΒΕ καὶ Δ̅ συναμφοτέρου τῆς ΓΒΔ. καὶ δι' ἴσου ἄρα ἐστὶν ὡς ἡ ΕΣ πρὸς ΖΗ, οὕτως ἁ συγκειμένα ἔκ τε τᾶς Γ̅ συναμφοτέρου τᾶς Α ΒΔ καὶ ϛ̅ τᾶς ΓΒ πρὸς τὰ Γ̅ πέμπτα τᾶς συγκειμένας ἔκ τε τᾶς Β̅ συναμφοτέρου τᾶς ΑΒΔ (καὶ) Δ̅ τᾶς ΓΒ. ἀλλ' ἁ συγκειμένα ἔκ τε τᾶς Γ̅ συναμφοτέρου τᾶς ΑΒΔ (καὶ) ϛ̅ τᾶ̣ς ΓΒ πρὸς μὲν τὰν συγκειμέναν ἔκ τε τᾶς Β̅ συναμ-

COLUMN 1

3 ἔστι] ἔστιν Η
3 πρὸς] ποτὶ Η
5 πρὸς] ποτὶ Η
6 πρὸς] ποτὶ Η
9 πρὸς] ποτὶ Η
9 εἰς] ἐκ Η
14 πρὸς] ποτὶ Η
15 Γ τᾶς ΓΔ] ΓΔ Η
15 δὲ] ΔΕ Η
16 πρὸς] ποτὶ Η
19 πρὸς] ποτὶ Η
21 πρὸς] ποτὶ Η
26 τῶν] τᾶν Η
27 ἔσται] ἐσσεῖται Η
27 πρὸς] ποτὶ Η
28 πρὸς] ποτὶ Η
32 πρὸς] ποτὶ Η
37 ΑΒΓ] ΔΒΓ Η
37 πρὸς] ποτὶ Η

COLUMN 2

1 πρὸς] ποτὶ Η
3 πρὸς] ποτὶ Η
5 πρὸς] ποτὶ Η
6 τῆς] τᾶς Η
8 πρὸς] ποτὶ Η
12 πρὸς] ποτὶ Η
17 πρὸς] ποτὶ Η
17 πρὸς] ποτὶ Η
18 ⟦Ε⟧Β] ⟦.⟧Β Η
19 πρὸς] ποτὶ Η
23 ὁ ΑΒ] ἁ ΟΒ Η
23 πρὸς] ποτὶ Η
25 πρὸς] ποτὶ Η
26 τῆς] τᾶς Η
27 τῆς] τᾶς Η
28 ἡ] ἁ Η
28 ΕΣ] ΕΒ Η
28 πρὸς] ποτὶ Η
31 πρὸς] ποτὶ Η
36 πρὸς] ποτὶ Η

Heiberg II.202.7–206.12: *Planes in Equilibrium,* Propositions 9, 10
Pseudocolor created from ultraviolet fluorescence and red reflectance images

φοτ̣έ̣ρ[ου] τᾶς ΑΒΔ (καὶ) Δ̅ τᾶς ΓΒ λόγον ἔχει, ὃν τρία πρὸς δύο, πρ(ὸς) δὲ τὰ τρία πέμπτα τᾶς αὐτᾶς λόγον ἔχει, ὃν πέντε πρὸς δύο· ἐδείχθη δὲ καὶ ὁ Α (πρὸς) ΗΘ λόγον ἔχοντα, ὃν πέντε πρὸς δύ[ο]· καὶ ὅλα ἄρα ἁ ΒΘ πρὸς ὅλαν τὰν ΖΘ λόγον ἔχει, ὃν πέντε πρὸς τὰ δύο. εἰ δὲ τοῦτο, πεμπταμόρια ἐναντία ΖΘ τᾶς ΔΒ· ΟΙ.

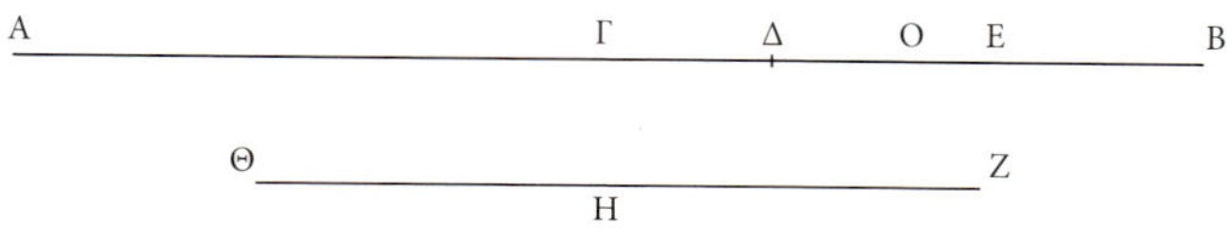

Ι̅Α̅ Παντὸς τόμου̣ ἀπὸ ὀρθογωνί(ου) κώνου τομᾶς ἀφαιρουμέν(ου) τὸ κέντρον τοῦ βάρεος ἐπὶ τᾶς εὐθείας ἐστίν, διάμετρός ἐστιν τοῦ τόμου, τὸν δὲ τρόπον κείμεν(ον)· διαιρεθείσας τᾶς εὐθείας εἰς ἴσα πέντε ἐπὶ μέσου πεμπταμορίο[υ], ὥστε τὸ τμᾶμα αὐτο[ῦ] τὸ ἐγγύτερον τᾶς ἐλάσσονος βάσι(ος) τοῦ τόμου ποτὶ τὸ λοιπὸν τμᾶμα τὸν αὐτὸν ἔχει λόγον, ὃν ἔχει τὸ στερεὸν τὸ βάσιν μὲν ἔχ(ον) τὸ τετράγωνον τὸ ἀπὸ τᾶς μείζονος τᾶν βάσεων τοῦ τόμ(ου), ὕψος δὲ τὰν ἴσαν συναμφοτέρα τᾶ τε διπλασία τᾶς ἐλάσσον(ος) τῶν βασίων καὶ τᾶ μείζονι, ποτὶ τὸ στερεὸν τὸ βάσιν μὲν ἔχο(ν) τὸ τετράγωνον τὸ ἀπὸ τᾶς ἐλάσσονος τᾶν βάσεων τοῦ τόμ(ου), ὕψος δὲ τὰν ἴσαν ἀμφοτέρας τᾶ τε διπλασία τᾶς μείζονος (καὶ) τᾶ ἐλάσσονι αὐτᾶν. ἔστωσα(ν)

ὀρθογωνίου τομᾶ δύο εὐ̣θεῖαι αἱ ΑΓ ΔΕ διάμετρος δὲ ἔστω τοῦ Α ΒΓ τμάματος ἁ ΒΖ· φανερὸν δὲ ὅτι καὶ τοῦ ΑΓΔΕ̣ παράλληλοί ἐντι τᾶ κατὰ [τ]ὸ̣ Β ἐφαπτομένα τᾶς τομᾶς· καὶ̣ τᾶ̣[ς] ΗΖ εὐθείας διαιρεθείσας εἰς πέντε ἴσα μέσο(ν) ἔστω πεμπταμόριον ἁ ΘΚ, ἁ δὲ ΘΙ πρὸς τὰν ΙΚ τὸν αὐτὸν ἐχέτω λόγον, ὃν ἔχει τὸ στερεὸν τὸ βάσι(ν) μὲν ἔχον τὸ ἀπὸ τῆς ΛΖ τετράγωνον, ὕψος δὲ τὰν ἴσαν ἀμφοτέραις τᾶ τε Β̅ τᾶς ΖΗ καὶ τᾶ ΑΖ, ποτὶ τὸ στερεὸν τὸ βάσιν ἔχο(ν) τὸ ἀπὸ τᾶς ΔΗ τετράγωνον, [ὕ]ψος δὲ τὰ ἴσαν ἀμφοτέραις τε Β̅ τᾶς ΑΖ καὶ τᾶ ΔΗ. δεικτέον (ὅτι) τοῦ ΑΔΕΓ τόμου κέντρον ἐστὶ τοῦ βάρεος τὸ Ι σαμεῖον. ἔστω δὴ τᾶ μὲν ΖΒ ἴσα ἁ ΜΝ, τᾶ δὲ ΗΒ ἴσα ἁ ΝΘ, καὶ εἰλήφθω τᾶν μὲν ΜΝΘ μέσα ἀνάλογον ἁ ΝΞ, τετάρτη δὲ ἀνάλογον ἁ ΤΝ, καὶ ὡς ἡ ΤΜ (πρὸς) ΤΝ, οὕτως ἁ ΖΘ πρός τινα ἀπὸ τοῦ Ι, ὅπου ἐὰν ἔρχηται τὸ ἕτερον σαμεῖον· οὐδὲν (γὰρ) (δια)φέρει εἴτε καὶ μεταξὺ τῶν ΗΒ τὴν ΙΡ. καὶ ἐπεὶ ἐν ὀρθογωνίου κωνίου τομᾶ διάμετρός ἐστι τοῦ τμάματος ΑΖ ΒΗ ΒΖ ἤτοι ἀρχική ἐστιν τῆς τομῆς ἢ παρὰ τὴν διάμετρον ἧκται, αἱ δὲ ΑΖ ΔΗ εἰς αὐτὴν τεταγμενως εἰσὶν κατηγμένη, ἐπειδὴ παράλληλοί εἰσι τῆι ἀπὸ τοῦ Β τῆς τομῆς ἐφαπτομένη. εἰ δὲ τοῦτο, ἔστιν ὡς ἡ ΑΖ

COLUMN 1

2 πρὸς (pr.)] ποτὶ Η
2 πρὸς (alt.)] ποτὶ Η
4 πρὸς] ποτὶ Η
5 ὁ Α] ἁ ΑΟ Η
5 πρὸς] ποτὶ Η
6 πρὸς] ποτὶ Η
7 πρὸς] ποτὶ Η
8 πρὸς] ποτὶ Η
8 τὰ] om. Η
9 πεμπτημόρια] πεμπταμόρια Η
9 ἐναντία] ἐντι ἁ Η
10 ΔΒ] ΑΒ Η
11 ια] ι Η
14 ἐστίν (pr.)] ἐστὶ ἃ Η
14 ἐστιν (alt.)] ἐστι Η
21 ἔχει] ἔχειν Η
24 βάσεων] βασίων Η
27 τῶν] τᾶν Η
30 βάσεων] βασίων Η

COLUMN 2

1 τομᾶ] κώνου τομᾶι Η
4 δὲ] δὴ Η
9 πρὸς] ποτὶ Η
11 τῆς] τᾶς Η
16 τὰ] τὰν Η
16 τε] τᾶι τε Η
21 εἰλήφθω] λελάφθω Η
23 τετάρτη] τετάρτα Η
24 ἡ] ἁ Η
24 πρὸς] ποτὶ Η
25 πρὸς] ποτὶ Η
25 ἐὰν] ἂν Η
28 τὴν] τὰν Η
32 τὴν] τὰν Η
32 ἧκται] ἄκται Η
33 αὐτὴν] αὐτὰν Η
35 τῆι] τᾶι Η
35 τῆς τομῆς] τᾶς τομᾶς Η
36 ἡ] ἁ Η

Heiberg II.206.12–210.18: *Planes in Equilibrium,* Proposition 10
Pseudocolor created from ultraviolet fluorescence and red reflectance images

πρὸς ΔΗ δυνάμει, οὕτως ἡ ΖΒ (πρὸς) ΒΗ μήκει, τουτέστιν ἡ ΜΝ πρὸς ΝΘ. ὡς δὲ ἡ ΜΝ πρὸς ΝΘ μήκει, οὕ[τ]ως ἡ ΜΝ (πρὸς) ΝΞ δυνάμει· (καὶ) ὡς ἄρα ἡ ΑΖ πρὸς Δ[Η] δ̣υ̣νάμει, οὕτως ἡ ΜΝ (πρὸς) ΝΞ δ[υ]νάμει· ὥστε καὶ μήκει ἐν τῶι αὐτῶ λόγωι. καὶ ὡς ἄρα ὁ ἀπὸ ΑΖ κ̣ύβος πρὸς τὸν ἀπὸ ΔΗ κύβον, οὕ[τ]ως ἀπὸ ΜΝ κύβος πρὸς τὸν ἀπὸ ΝΞ κύβον. ἀλλ' ὡς μὲν ὁ ἀπὸ ΝΞ κύβος πρὸς τὸν ἀπὸ ΔΗ, οὕτως ΑΒΓ τμᾶμα πρὸς τὸ ΔΒΕ τμᾶμα, ὡς δ[ὲ] ἀ̣πὸ ΜΝ κύβος πρὸς τὸν ἀπὸ ΝΞ κύβον. ἀλλ' ὡς μὲν ὁ ἀπὸ ΑΖ κύβος πρὸς τὸν ἀπὸ ΔΗ κύβον, οὕτως ΑΒ ΓΑ τμᾶμα πρὸς τὸ ΔΒΕ̣ τμᾶμα, ὡς δὲ ὁ ἀπὸ ΜΝ κύβος πρὸς τὸν ἀπὸ ΝΗΞ κύβον, οὕτως ἡ ΜΝ πρὸς ΝΤ· [ὥσ]τε καὶ διελόντι ἐστὶν ὡς ὁ Α̣Δ ΕΓ τόμος πρὸς [τ]ὸ ΔΒ τμᾶμ̣α, οὕ[τω]ς ἡ [ΜΤ] πρὸς ΝΤ, τουτέστι τὰ ΓΕ τῆς ΗΖ πρὸς ΤΝ. (καὶ) ἐπὶ τὸ στερεὸν τὸ βάσιν μὲν ἔχον τ̣ὸ ἀπὸ ΑΖ τετράγωνον, ὕψος δὲ τὴν συγκειμένην ἔκ τε τῆς Β τ(ᾶς) ΔΗ καὶ τῆς ΑΖ, πρὸς τὸν ἀπὸ ΑΖ κύβον λόγον ἔχει, ὃν ἡ Β̄ τῆς ΔΗ μετὰ τᾶς ΑΖ πρὸς ΖΑ, ὥστε καὶ ἡ Σ̣ τῆς ΝΞ μετὰ τῆς ΝΜ πρὸς ΝΜ, ἔστι δὲ καὶ ὡς ὁ ἀπὸ ΑΖ κύβος (πρὸς) τὸν ἀπὸ ΔΗ κύβον, οὕτως ἡ ΜΝ πρὸς ΝΤ, ὥστε ἀπὸ ΔΗ κύβος πρὸς τὸ στερεὸν τὸ βάσιν μὲν ἔχον τὸ ἀπὸ ΔΗ τετράγωνον, ὕψος δὲ τὴν συγκειμένην ἔκ τε τῆς Β̄ τῆς ΑΖ μετὰ τῆς ΔΗ, οὕτως ἡ ΔΗ πρὸς τὴν συγκειμένη(ν) ἔκ τε τῆς Β̄ τῆς ΑΖ καὶ τῆς ΔΗ,

ὥστε καὶ ἡ Τ̣Ν (πρὸς) τὴν [συγκειμ]ένη(ν) ἔκ τε τῆς Β̄ τῆς ΟΝ καὶ τῆς [ΤΝ], γέγονεν οὖν τάσσαρ[α μεγ]έ̣θ[εα], τὸ στερεὸν τὸ βάσιν μ[ὲν] ἔ[χο]ν τὸ ἀπὸ ΑΖ τετράγ̣ωνον, ὕψος δὲ τὴν συγκειμένην ἔκ τε τῆς Β̄ τῆς ΔΗ καὶ τῆς ΑΖ, κύβος καὶ ὁ ἀπὸ ΔΗ κύβος καὶ τὸ στερεὸν τὸ βάσιν μὲν ἔχον τὸ ἀπὸ ΔΗ [τ]ετράγωνον, ὕψος δὲ τὴν συγκειμένην ἔκ τε τῆς Β̄ τῆς ΑΖ καὶ τῆς ΔΗ, τέταρσι μεγέθεσιν ἀνάλογον σύνδυο λαμβανομένοις, τῆι τε συγκειμένηι ἔκ τε τῆς Β̄ τῆς ΝΞ καὶ τῆς ΝΜ καὶ ἑτέρου μεγέθεος τ(ῆς) ΜΝ καὶ ἄλλο ἑξῆς ἡ ΝΓ καὶ τελευταῖον ἡ συγκειμένη ἔκ τε τῆς ΒΗ τῆς ΝΟ καὶ τῆς ΝΤ· δι' ἴσου ἄρα γενήσεται ὡς τὸ στερεὸν τὸ βάσιν μὲν ἔχον τὸ ἀπὸ ΑΖ τετράγωνος, ὕψος δὲ τὴν [συγκειμ]ένη(ν) ἔκ τε τῆς Β̄ τῆς ΔΗ καὶ τῆς ΑΖ, π[ρὸ]ς τὸ στερεὸν τὸ βάσιν μὲν ἔχον τὸ ἀπὸ ΔΗ τετράγωνον, ὕψος δὲ τὴν συγκειμένην ἔκ τε τῆς Β̄ τῆς ΑΖ καὶ τῆς ΔΗ, οὕτως ἡ συγκειμένη ἔκ τε τῆς Β̄ τῆς ΝΞ καὶ τῆς ΜΝ πρὸς τὴν συγκειμένην ἔκ τε τῆς Β τῆς ΝΟ καὶ τῆς ΝΤ. ἀλλ' ὡς τὸ εἰρημένον στερεὸν πρὸς τὸ εἰρημένον στερεόν, οὕτως ἡ ΘΙ πρὸς ΙΚ· οὕτως ἡ συγκειμένη πρὸς τὴν συγκειμέν(ην)· ὥστε καὶ συνθέντι καὶ τῶν ἡγουμένων τὰ Ε̄· ἔστιν ἄρα ὡς ἡ ΖΗ πρὸς ΙΚ, οὕτως ἡ Ε̄ συναμφοτέρου τῆς ΜΝΤ (καὶ) Ῑ συναμφοτέρ(ου) [τ]ῆ[ς Ν]Ξ ΝΟ πρὸς τὴν Β̄ τῆς ΟΝ (καὶ) ΝΤ. καὶ ὡς ἡ ΖΗ πρὸς ΖΚ οὖσα(ν)

COLUMN 1

1 πρὸς (pr.)] ποτὶ H
1 ἡ] ἁ H
1 πρὸς (alt.)] ποτὶ H
2 ἡ] ἁ H
2 πρὸς] ποτὶ H
3 ἡ (pr.)] ἁ H
3 πρὸς] ποτὶ H
3 ἡ (alt.)] ἁ H
4 πρὸς] ποτὶ H
4 ἡ] ἁ H
5 πρὸς (pr.)] ποτὶ H
5 ἡ] ἁ H
5 πρὸς (alt.)] ποτὶ H
8 πρὸς] ποτὶ H
9 ἀπὸ] ὁ ἀπὸ H
9 πρὸς] ποτὶ H
11 πρὸς] ποτὶ H
12 πρὸς] ποτὶ H
13 ἀπὸ] ὁ ἀπὸ H
13 πρὸς] ποτὶ H
15 πρὸς] ποτὶ H
16 πρὸς] ποτὶ H
18 πρὸς] ποτὶ H
18 ΝΗΞ] ΔΗ H
19 ἡ] ἁ H
19 πρὸς] ποτὶ H
20 πρὸς] ποτὶ H
21 ΔΒ] ΔΒΕ H (contra A, ΔΒ; C non vidit)
21 ἡ] ἁ H
21 πρὸς] ποτὶ H
22 τῆς] τᾶς H
22 πρὸς] ποτὶ H
25 τὴν συγκειμένην] τὰν συγκειμέναν H
25 τῆς] τᾶς H
26 τῆς] τᾶς H
26 πρὸς] ποτὶ H
27 τῆς] τᾶς H
28 πρὸς] ποτὶ H
28 ἡ] ἁ H
29 Σ] Β H
29 τῆς (pr.)] τᾶς H
29 τῆς (alt.)] τᾶς H
29 πρὸς] ποτὶ H
30 πρὸς] ποτὶ H
31 ἡ] ἁ H
32 πρὸς] ποτὶ H
33 πρὸς] ποτὶ H
35 τὴν συγκειμένην] τὰν συγκειμέναν H
36 τῆς (pr.)] τᾶς H
36 τῆς (alt.)] τᾶς H
36 τῆς (ter.)] τᾶς H
37 ἡ] ἁ H
37 πρὸς] ποτὶ H
37 τὴν συγκειμένην] τὰν συγκειμέναν H
38 τῆς (pr.)] τᾶς H
38 τῆς (alt.)] τᾶς H
38 τῆς (ter.)] τᾶς H

COLUMN 2

1 πρὸς] ποτὶ H
1 τὴν συγκειμένην] τὰν συγκειμέναν H
2 τῆς (pr.)] τᾶς H
2 τῆς (alt.)] τᾶς H
3 τάσσαρα] sic, τέσσαρα H
6 τὴν συγκειμένην] τὰν συγκειμέναν H
6 τῆς (pr.)] τᾶς H
6 τῆς (alt.)] τᾶς H
7 τῆς] τᾶς H
10 τὴν συγκειμένην] τὰν συγκειμέναν H
11 τῆς (pr.)] τᾶς H
11 τῆς (alt.)] τᾶς H
11 τῆς (ter.)] τᾶς H
13 τῆι συγκειμένηι] τᾶι συγκειμέναι H
14 τῆς (pr.)] τᾶς H
14 τῆς (alt.)] τᾶς H
15 τῆς (pr.)] τᾶς H
15 τῆς (alt.)] τᾶς H
17 τῆς] τᾶς H
18 τῆς (pr.)] τᾶς H
18 τῆς (alt.)] τᾶς H
21 τὴν συγκειμένην] τὰν συγκειμέναν H
21 τῆς] τᾶς H
22 τῆς (pr.)] τᾶς H
22 τῆς (alt.)] τᾶς H
22 πρὸς] ποτὶ H
24 τὴν συγκειμένην] τὰν συγκειμέναν H
25 τῆς (pr.)] τᾶς H
25 τῆς (alt.)] τᾶς H
25 τῆς (ter.)] τᾶς H
26 ἡ συγκειμένη] ἁ συγκειμένα H
26 τῆς] τᾶς H
27 τῆς (pr.)] τᾶς H
27 τῆς (alt.)] τᾶς H
27 πρὸς] ποτὶ H
27 τὴν συγκειμένην] τὰν συγκειμέναν H
28 τῆς (pr.)] τᾶς H
28 τῆς (alt.)] τᾶς H
29 τῆς] τᾶς H
30 πρὸς] ποτὶ H
31 mg. (καὶ) (ὡς) | (ἄρα) ἡ [ΘΙ] | (πρὸς) ΙΚ] lacuna in H
31 ἡ] ἁ H
31 ἡ συγκειμένη] ἁ συγκειμένα H
32 πρὸς] ποτὶ H
32 τὴν συγκειμένην] τὰν συγκειμέναν H
33 ἡγουμένων] ἀγουμένων H
34 ἡ] ἁ H
35 πρὸς] ποτὶ H
35 ἡ] ἁ H
36 τῆς] τᾶς H
37 πρὸς] ποτὶ H
37 τὴν] τὰν H
37 τῆς] τᾶς H
38 ἡ] ἁ H
38 πρὸς] ποτὶ H
38 οὖσαν] ἐοῦσαν H

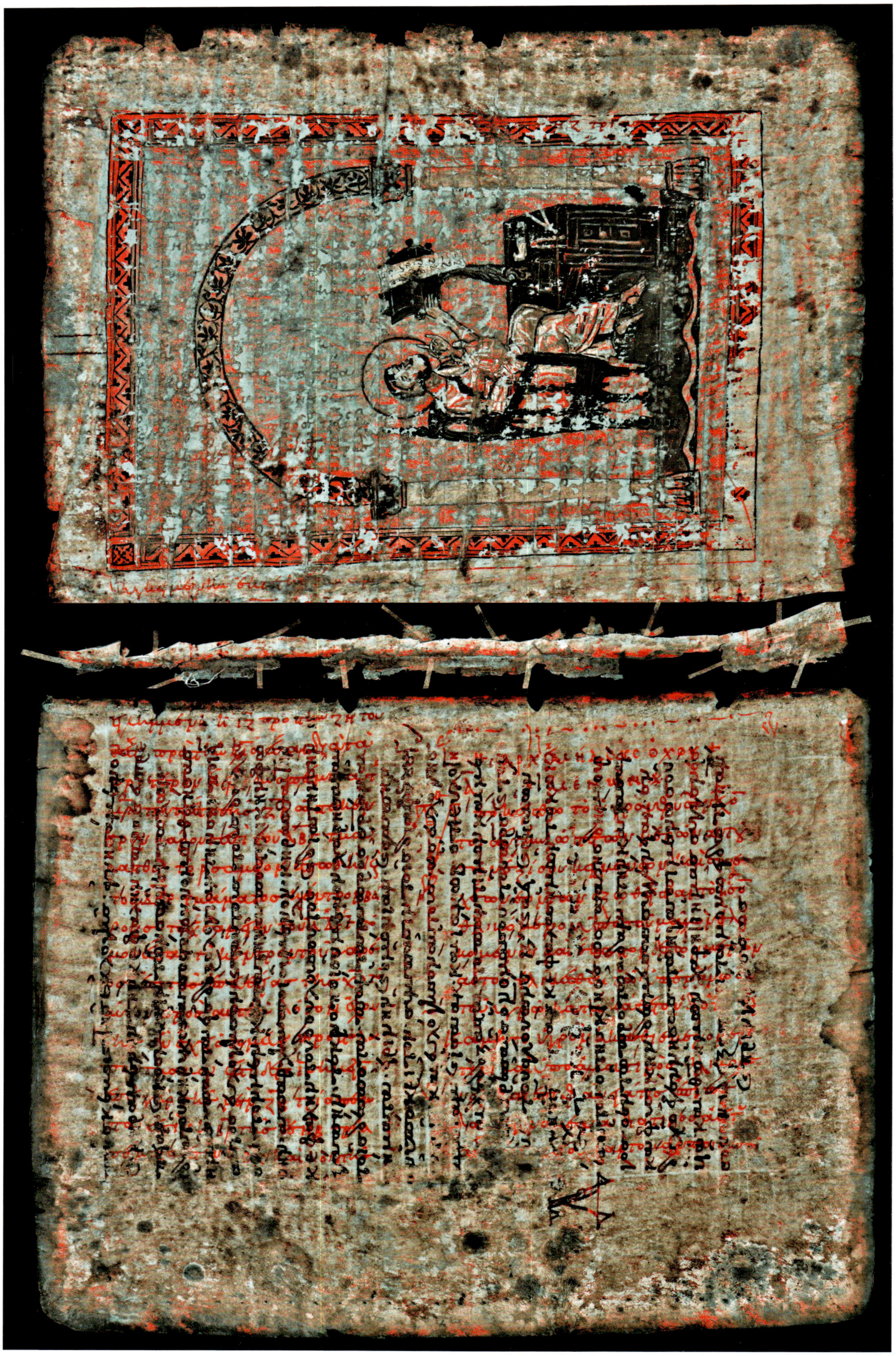

Heiberg II.210.18–212.22, II.318.1–11: *Planes in Equilibrium,* Proposition 10, *Floating Bodies* I, Introduction, Proposition 1
Pseudocolor created from ultraviolet fluorescence and red reflectance images

[αὐτᾶ]ς δ̣ύ̣[ο πέ]μπτα, ο[ὕτω]ς ἡ [Ē] συ[να]μφ[οτέρου τῆς] MNT κα̣ὶ̣ [Ī συ]ναμφοτέρου τῆ[ς] N[ΞO πρὸς τὴν] [B̄ σ]υ̣ναμ[φ]ο[τέρ]ου [τῆς MNT καὶ Δ̄] [συν]αμφ[ο]τέρου [τῆς] ΞΝΟ· ἔσται ο[ὖν] [ὡ]ς ἡ ZH [πρὸς ZI, οὕτως] ἡ Ē σ[υναμ]-[φο]τέρ[ου τῆς M]N[T καὶ Ī συν]α[μ]-[φοτέρου τῆς ΞΝΟ πρ]ὸς τὴ[ν] σ[υ]γ-[κειμένην ἔκ τε τῆς B̄ καὶ Δ̄] τ̣ῆς NΞ [καὶ Ϛ̄ τῆς ON] καὶ Γ̄ τῆ[ς] [NT]. ἐ̣π[εὶ οὖν τέσ]σαρες [εὐ]θεῖαι [ἑξῆς ἀνά]λ[ογο]ν αἱ MNΞ ONT [(καί) (ἐστιν)], ὡ̣ς μὲ̣ν [ἡ NT] πρὸς TM, οὕ̣-[τως εἰ]λημ[μ]ένη [τ]ις ἡ P̣I πρὸς [τὰ] τ̣ρί̣α πέμπ[τ]α τ[ῆ]ς [Z]H, τ[ου]τέ[σ]-τ[ι τ]ῆς MO, [ὡ]ς δὲ ἡ [συγ]κειμέν[η] ἔ[κ] [τε τῆς] B̄ [τ]ῆς NM καὶ Δ̄ τ[ῆς] N[Ξ] (καὶ) [Ϛ̄ τῆς NO καὶ Γ̄ τῆς NT πρὸς τὴν] συγκειμένην ἔκ τε τῆς Ẹ̄ συναμ-φοτέ[ρ]ου τῆς MNT καὶ Ī συνα[μ]-[φοτέρου τῆς ΞΝΟ, οὕτως ἑτέρα τις] εἰλημμένη ἡ IZ πρὸς τὴν ZH, του τέστι πρὸς τὴν MO, ἔσται διὰ τὰ πρότερον ἡ P[Z] δύο πέμπτα τ(ῆς) MN, τουτέστι τῆς ZB· ὥστε κέν-τρον βάρους ἐστὶ τοῦ ABΓ τμά-ματος τὸ P σαμεῖον. ἔστω δὴ (καὶ) τοῦ ΔBE τμάματος κέντρον βά-ρους τὸ X σαμεῖον. τοῦ ΑΔΕΓ τό-μου ἔσται τὸ κέντρον τοῦ βάρε-ος ἐπὶ τῆς ἐπ' εὐθείας τῆς XP̣ τὸ(ν) αὐτὸν πρὸς αὐτὴν λόγον ἐχού-σ̣ης, ὃν ἔχει ὁ τομεὺς πρὸς τὸ λοι-πὸν τμᾶμα. ἔστι δὲ τὸ I σημεῖο(ν). ἐπεὶ γὰρ τῆς μὲν ZB τρία πέμ-πτα ἐστὶν ἡ BP, τῆς δὲ HB τρία πέμπτα ἐστὶν ἡ BX, καὶ λοιπῆς [ἄρα τῆ]ς HZ τρία πέ̣[μπτα ἐστ]ὶν [ἡ XP. ἐπεὶ οὖν] ἐ̣στιν ὡ[ς] μ[ὲν ὁ A]ΔΕΓ [τομεὺς πρὸ]ς τὸ Δ[BE τμᾶμα, ο]ὕ[τω]ς ἡ [MT πρὸς TN, ὡ̣ς δὲ ἡ MT] π̣ρ̣ὸς [τὴν TN, οὕτως τὰ τρία πέμπτα] τῆς [HZ, ἥτις ἐστὶν ἡ XP, πρὸς PI, ἔσται] [ἄρα καὶ ὡς ὁ ΑΔΕΓ τομεὺς] π̣ρ̣ὸς [τὸ ΔBE τμᾶμα, οὕτως ἡ XP πρὸ]ς [τοῦ βάρους τὸ] P [σημεῖον, τοῦ δὲ] Δ[BE] [κέντρον βάρους τὸ X· φαν]ερὸν ο[ὖ]ν [ὅτι καὶ τοῦ ABEΓ τομέως τὸ] κέντ[ρ]ο[(ν)] [τοῦ βάρους τὸ I σημεῖον].

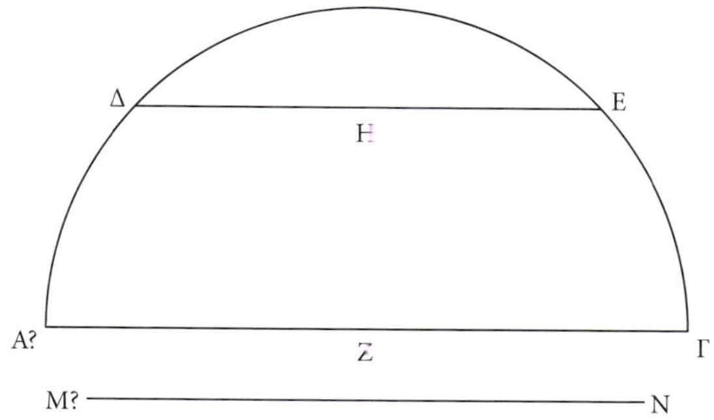

ΑΡΧΙΜΗΔΟΥΣ ΟΧΟΥ-ΜΕΝΩΝ

Ā Ὑποκείσθω τὸ ὑ̣γρὸν φύσιν ἔχο(ν) τοιαύτην, ὥστε τῶν μερῶν αὐτ(οῦ) τῶν ἐξ ἴσου κειμένων καὶ συνε-χέων ἐόντων ἐξωθεῖσθαι τὸ ἧσ$^{\sigma}$ο(ν) θλιβόμενον ὑπὸ τοῦ μᾶλλον θλι-βομένου, καὶ ἕκαστον δὲ τῶν μερῶν αὐτοῦ θλίβεσθαι τῶι ὑπεράνω αὐ-τοῦ ὑγρῶ̣ι κατὰ κάθετον διότι εἴ κα μὴ τὸ ὑγρὸν ἦ καθιεμένον ἔν τινι καὶ ὑπὸ ἄλλου τινὸς θλιβόμε-νον. κ̣α[ὶ] ἐπιφάνειά τις ἐπιπέ-δωι τεμνομένα διά τινος ἀεὶ τ(οῦ) αὐτοῦ σαμείου τὰν τομὰν ποιοῦντι

COLUMN 1

5 ἔσται] ἐσσεῖται H
6 ἡ] ἁ H
10 τῆς] τᾶς H
13 πρὸς] ποτὶ H
14 εἰλημμένη] λελαμμένα H
14 πρὸς] ποτὶ H
16 τῆς] τᾶς H
19 της] τᾶς H
20 της] τᾶς H
22 εἰλημμένη] λελαμμένα H
22 ἡ] ἁ H
22 πρὸς] ποτὶ H
22 τὴν] τὰν H
23 τὴν] τὰν H
24 ἡ] ἁ H
24 τῆς] τᾶς H
25 τῆς] τᾶς H
26 βάρους] βάρεος H
28 βάρους] βάρεος H
30 ἔσται] ἐσσεῖται H
31 τῆς (pr.)] τᾶς H
31 τῆς (alt.)] τᾶς H
32 πρὸς] ποτὶ H
32 αὐτὴν] αὐτὰν H
32 ἐχούσης] ἐχούσας H
33 πρὸς] ποτὶ H
34 σημεῖον] σαμεῖον H
35 τῆς] τᾶς H
36 ἡ] ἁ H
36 τῆς] τᾶς H
37 ἡ] ἁ H
37 λοιπῆς] λοιπᾶς H

COLUMN 2

4 ἡ] ἁ H
6 τῆς] τᾶς H
15 α] om. H
16 τοιαύτην] τοιαύταν H
16 μερῶν] μερέων H
17 συνε|χέων] συνεχέ|ων H
20 μερῶν] μερέων H
22 διότι] sic
25 καὶ] α κ̣α̣ὶ̣ H
27 ποιοῦντι] ποιέοντι H

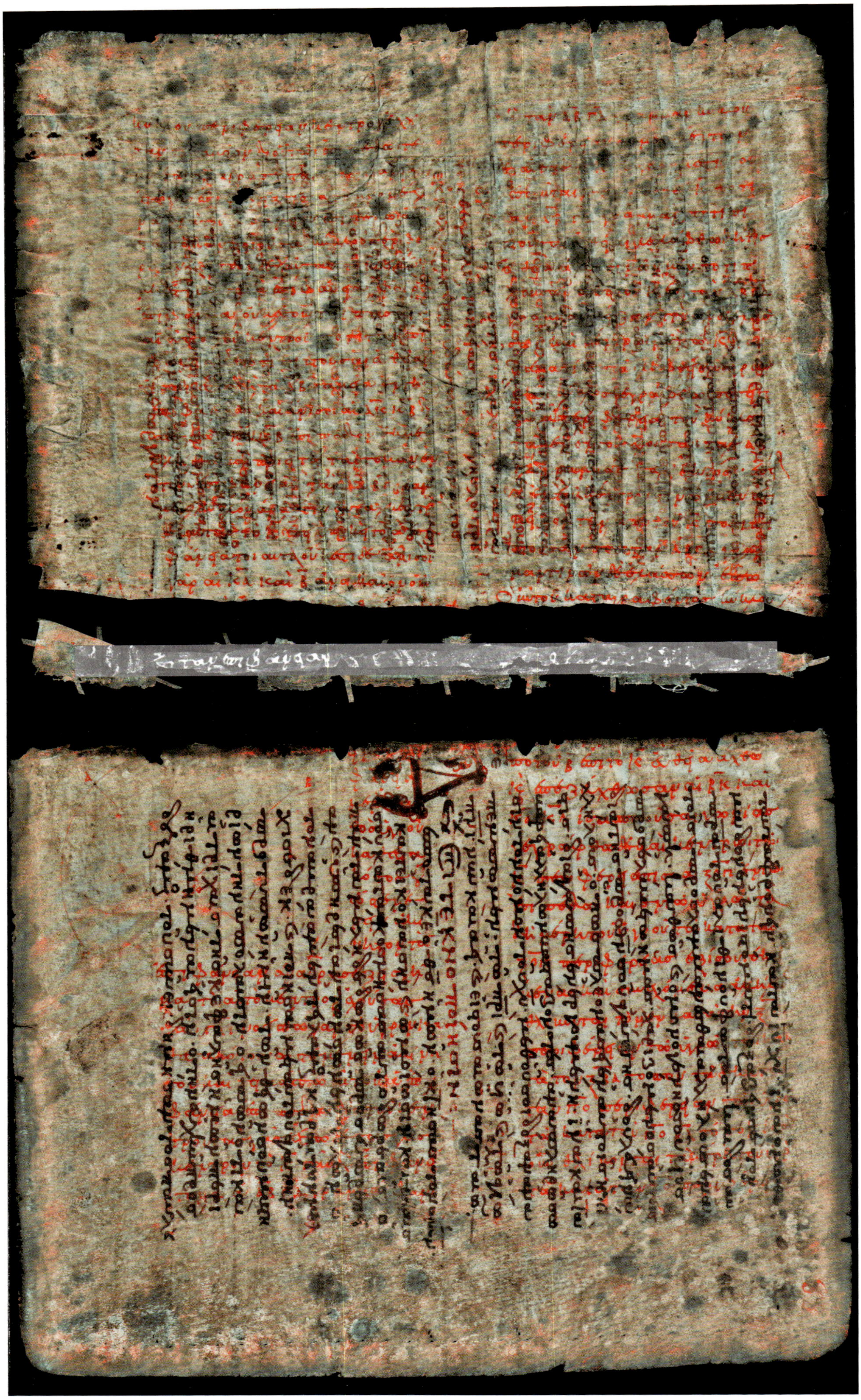

Heiberg II.318.12–320.15: *Floating Bodies* I, Propositions 1, 2
Pseudocolor created from ultraviolet fluorescence and red reflectance images; *middle,* x-ray fluorescence image of iron content

κύκλου περιφέρειαν κέντρον ἔχ(ου)σαν τὸ σ̣αμεῖον δι’ οὗ τῶι ἐπιπέδωι τέμνεται σφαίρας ἔσται [ἁ] ἐπιφάνεια. ἔστω γὰρ ἐπιφ[ά]νειά τις ἁ τεμνομένα διὰ τοῦ Κ σ̣αμείου ἐπιπέ[δ]ωι ἀεὶ τὰν τομ̣ὰν ποιοῦσα κύκλου περιφέρειαν, κέντρον δὲ αὐτᾶς τὸ Κ. εἰ οὖν μή ἐστιν αὐτὰ ἁ ἐπιφάνεια σφαίρ(ας) ἐπιφάν[ει]α, οὐκ ἐσσοῦνται πᾶσαι αἱ ἀπὸ τοῦ κέντρου ποτὶ τὰν ἐπιφάνειαν ποτιπίπτουσαι εὐθεῖαι ἴσαι. ἔσ[τ]ω δὴ τὰ ΑΒ σαμεῖα ἐν τῆι ἐπιφαν[εί]αι καὶ ἄνισοι αἱ ΑΚ ΚΒ, διὰ δὲ τῶν ΚΑ ΚΒ ἐπίπεδον ἐκβεβλήσθω καὶ ποιείτω τὰν τομὰν ἐν τᾶι ἐπιφανείαι τὰν Δ̣Α ΒΓ γραμμὴν. κύκλου ἄρα ἐστὶν αὐτά, κέντρ(ον) δὲ αὐτᾶς τὸ Κ ἐπεὶ ὑπόκειτο ἁ ἐπιφάνεια τοιαύτα. οὐκ ἔστι δὲ, ἄνισοι γὰρ αἱ ΚΑ καὶ Β. ἀναγκαῖον οὖν ἐ̣π̣ὶ τὰν ἐπιφάνειαν [σ]φ[αίρας τ]ι̣

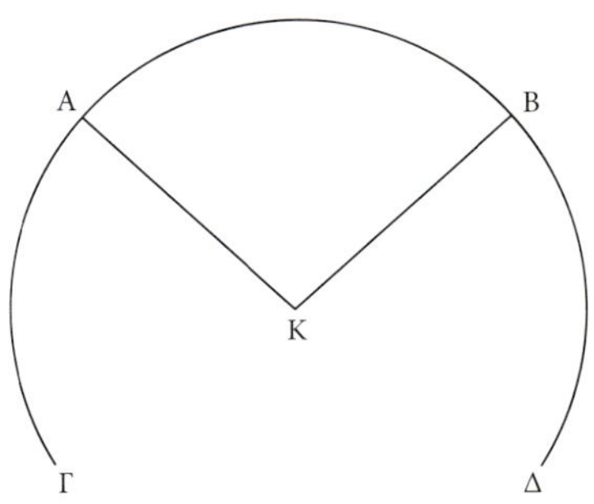

εἶμεν [ἐπι]φάνεια μέρ̣(ος). [π]α[ν]τὸς ὑγροῦ καθεστακότος (οὕτως), ὥστε μένειν ἀκίνητον, τὰ(ν) ἐπιφάνειαν σφαίρας ἕξει σχῆμα τὸ αὐτὸ κέντρον ἐχούσας τᾶι γᾶι. νοείσθω γὰρ τὸ ὑγρὸν καθεστακότος, ὥστε μένειν ἀκίνητον, καὶ τετμάσθω αὐτοῦ ἁ ἐπιφάνεια ἐπ[ι]π[έ]δωι δι[ὰ] τοῦ κέντρου τᾶς γᾶς, ἔστω δὲ τᾶς γᾶς κέντρον τὸ Κ, τᾶς δ̣’ ἐπιφανεί(ας) τομὰ ἁ ΑΒ ΓΔ γραμμά. φαμὶ

δή, τὰν ΑΒ ΓΔ γραμμὰν κύκλου περιφέρειαν [εἶ]μ̣[εν], κέντρον δὲ αὐτᾶς τὸ Κ. εἰ γὰρ μή ἐστιν, οὐ[κ] ἐσσοῦνται ἴσαι ἀ[πὸ] το[ῦ] Κ ποτὶ τ̣ὰν ΑΒ ΓΔ γραμ̣μ̣ὰν ποτιπίπτουσαι εὐθεῖαι. λελάφθω δή τις εὐθεῖα, ἅ ἐστι τιν̣ῶν μὲν ποτιπι[πτ]ουσᾶ̣ν ἀπὸ τοῦ Κ ἐπὶ τὰν ΑΒ ΓΔ γραμμὰν μείζων, τινῶν δ’ ἐλάσσων, καὶ κέντρωι μὲν τῶι Κ, διαστάματι δὲ τᾶι λ̣ηφθείσαι γραμμᾶι κύκλος γεγράφθω· πεσεῖτ(αι) οὖν ἁ περιφέρεια τοῦ κύκλου τὰ μὲν ἐντὸς ἔχουσαι τὰς ΑΒ ΓΔ γραμμάς, τὰ δ’ ἐκτός, ἐπει(δὴ) ἁ ἐκ τοῦ κέντρου τινῶν μέν ἐστι μεῖζον τᾶν ἀπὸ τοῦ Κ ποτιπιπτουσῶ̣ν ποτ[ὶ] τὰν ΑΒΓΔ γραμμάν, τινῶν δὲ ἐλάσσων. ἔστω οὖν τοῦ καταγραφέντος κύκλου π̣[ερι]φέρ̣ε̣ι̣α̣ ἁ̣ [. . . καὶ ἀ]πὸ τοῦ Β ἐπὶ τὸ Κ εὐθεῖα ἄχθω, (καὶ) ἐπεζεύχθωσαν αἱ ΒΚ καὶ ΚΑ ΚΛ ἴσας ποιοῦσαι γωνίας, γεγράφθω δὲ καὶ κέντρωι τῶι Κ περιφέρειά τις ἁ ΞΟΠ ἐν τῶι ἐπιπέδωι καὶ ἐν τῶι ὑγρῶι· τὰ δὴ μέρη τοῦ ὑγροῦ τὰ κατὰ τᾶς ΞΟΠ περιφερείας ἐξ ἴσου τε κείμενα καὶ συνεχόμενα ἀλλήλοις. θλίβονται τὸ μὲν κατὰ τὴν ΞΟ περιφέρειαν τᾶι ὑγρῶι τῶι κατὰ τὸν ΞΒΑ τόπον, τὰ δὲ κατὰ τὰν ΠΟ περιφέρειαν τῶι ὑγρῶι τῶι κατὰ τὸν ΠΟ ΒΛ τόπον· ἴσ̣(ον) οὖν θλίβονται τὰ μέρη τοῦ ὑγρ(οῦ) τὰ κατὰ τὰν ΞΟ περιφέρειαν

The entirety of Archo3v is missing from Heiberg.

COLUMN 1

18 ὑπόκειτο] sic

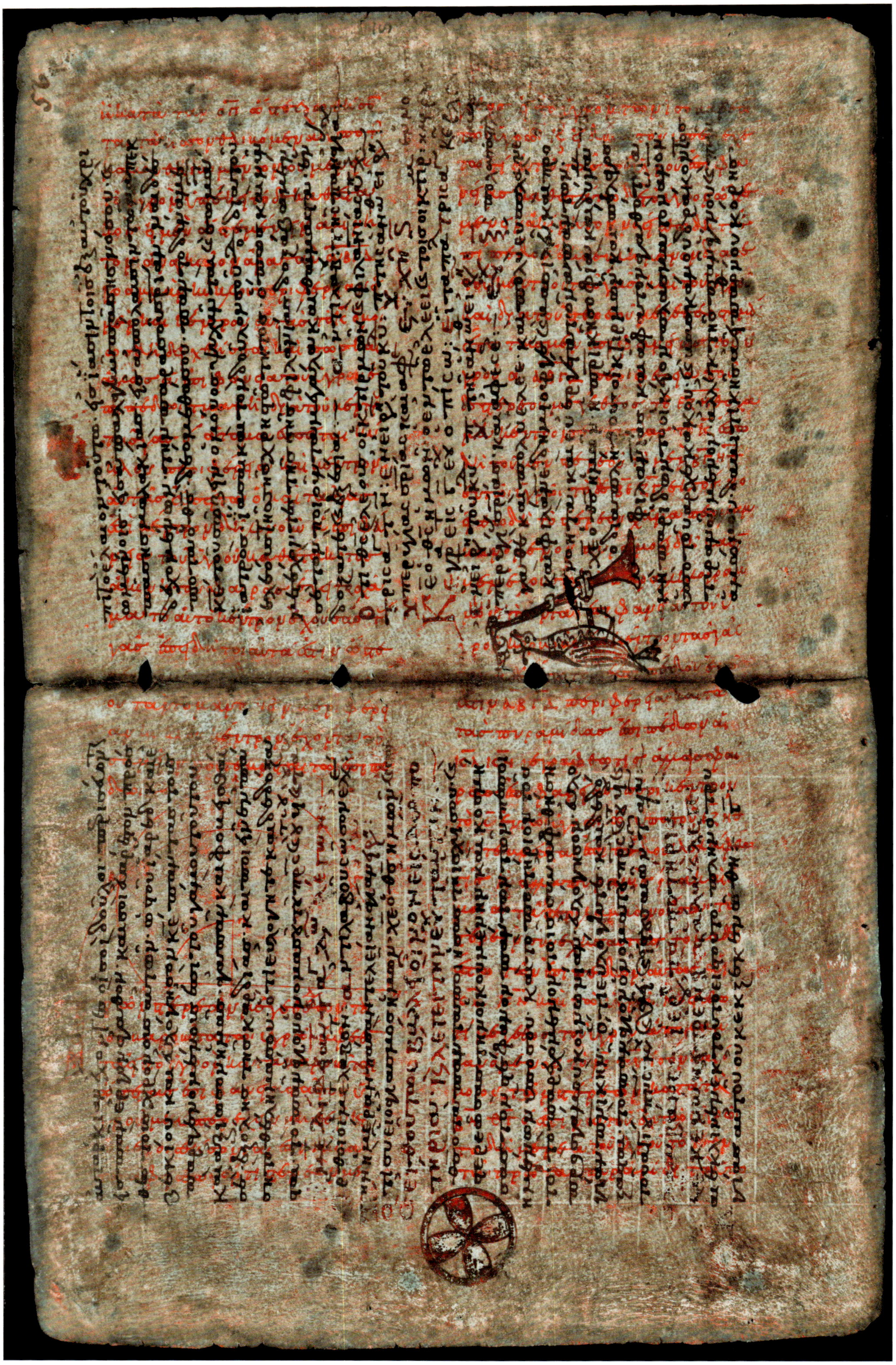

Heiberg II.320.16–324.2: *Floating Bodies* I, Propositions 2, 3
Pseudocolor created from ultraviolet fluorescence and red reflectance images

ἢ κατὰ τὰν ΟΠ· ὥστε ἐξωθήσο(ν)ται τὰ ἧσσον θλιβόμενα ὑπὸ τ(ῶν) μᾶλλον θλιβομένων· οὐ μένει (ἄρα) τὸ ὑγρόν. ὑπέκειτο δὲ καθεστακὸς εἶμεν ὥστε μένειν ἀκίνητον· ἀναγκαῖον ἄρα τὰν ΑΒΓΔ γραμμὰν κύκλου περιφέρειαν εἶμεν καὶ κέντρον αὐτᾶς τὸ Κ. ὁμοίως δὴ δειχθήσεται καί, πως καὶ ἄλλως ἁ ἐπιφάνεια τοῦ ὑγροῦ ἐπιπέδω τμαθῇ διὰ τοῦ κέντρ(ου) τᾶς γᾶς, (ὅτι) ἁ τομὰ ἐσσεῖται κύκλου περιφέρεια, καὶ κέντρον αὐτᾶς ἐσσεῖται, ὃ καὶ τᾶς γᾶς ἐστι κέντρον. δῆλον οὖν, ἁ ἐπιφάνεια τοῦ ὑγροῦ καθεστακότος ἀκινήτου σφαίρας ἔχει τὸ σχᾶμα τὸ αὐτὸ κέντρον ἐχούσας τ(ᾶς) γᾶς, ἐπειδὴ τοιαύτα ἐστίν, ὥστε [τ]ε[μνομέναν] δ[ιὰ] τούτ[ου σ]αμ[εί]ου τὰν τομὰν ποιεῖν περιφέρειαν κύκλου κέντρον ἔχοντα τὸ σαμεῖον, δι' οὗ τέμνεται τῶι ἐπιπέδωι.

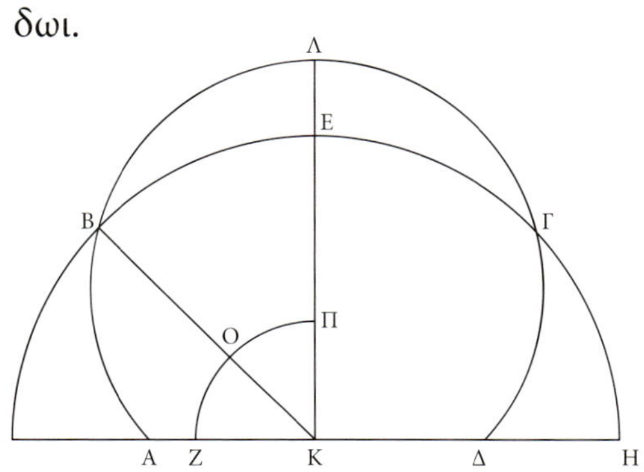

Τῶν στερεῶν μεγεθέων τὰ ἰσοβαροῦντα τῶι ὑγρῶι ἀφεθ(έν)τα εἰς τὸ ὑγρὸν καταβαροῦνται, ὥστε τᾶς ἐπιφανείας τᾶς τοῦ ὑγροῦ μὴ ὑπερέχειν μηθέν, (καὶ) [ο]ὐκέτι οἰσθήσονται ἐπὶ τὰ κά[τω]. ἀφείσθω γάρ τι στερεὸν μέγεθος εἰς τὸ ὑγρὸν τῶν ἰσοβαρέω(ν) τῶι ὑγρῶι, (καί), εἰ δυνατόν, ὑπερεχέτω τι αὐτοῦ τᾶς τοῦ ὑγροῦ ἐπιφανείας, καθεστάτω δὲ τὸ ὑγρόν, ὥστε μένειν ἀκίνητον. νοείσθω δή τι ἐπίπεδον ἐκβεβλημένον διά τε τοῦ κέντρου τᾶς γᾶς καὶ τοῦ ὑγροῦ καὶ διὰ τοῦ στερεοῦ μεγέθεος, τομὰ ἔστω τᾶς μὲν ἐπιφανείας τοῦ ὑγροῦ ἁ ΑΒΓΔ περιφέρεια, τοῦ δὲ στερεοῦ μεγέθεος τὸ ΕΖΗΘ σχᾶμα, κέντρον τε τᾶς γᾶς τὸ Κ. ἔστω δὴ τοῦ μὲν στερεοῦ τὸ μὲν ΒΓ ΗΘ ἐν τῶι ὑγρῶι, τὸ δὲ ΒΕ ΖΓ ἐκτός. νοείσθω δὴ τὸ στερεὸν σχῆμα περιλαμβανόμενον πυραμοειδῆ βάσι(ν) μὲν ἔχουσ[α τὸ] παραλληλόγραμμον τὸ [ἐ]ν τᾶι ἐπιφανείαι τοῦ ὑγροῦ, κορυφὰ[ν δὲ τὸ] κέντρον τᾶς γᾶς, τομὴ δὲ [ἔσ]τω τοῦ τε ἐπιπέδου, ἐ[ν] ὧι ἐστιν ΑΒ ΓΔ περιφέρεια, καὶ τῶ[(ν)] τᾶς πυραμίδας ἐπιπέδων αἱ ΚΛ ΚΝ. γεγράφθω τις ἄλλας σφαίρας ἐπιφανείας περὶ κέντρον τὸ Κ ἐν τῶι ὑγρῶι, ὧι ὑπὸ τοῦ ΕΖ ΗΘ [μ]ὴ τέμνεσθαι ἐπιπέδου, λελάφθω τις (καὶ) ἄλλα πυραμὶς ἴσα καὶ ὁμοία τᾶ περιλαμβανούσαι τὸ στερεὸν συνεχὴς αὐτᾶς, τομὰ δὲ ἔστω τῶν ἐπίπεδον αὐτᾶς αἱ ΚΜ ΚΝ, καὶ τῶι ὑγρῶι νοείσθω τι μέγεθος τοῦ ὑγροῦ ἀπολαμβανόμενον τὸ ΡΣ ΤΥ ἴσον καὶ ὅμοιον τῶν στερεῶν κατὰ τὰ ΒΗ ΘΓ, ὅ ἐστιν αὐτοῦ ἐν τῶι ὑγρῶι· τὰ δὴ μέρεα τοῦ ὑγροῦ τό τε ἐν τᾶι πρώται πυραμίδι τὰ ὑπὸ

COLUMN 1

9 πως] sic, ὅπως H
17 σχᾶ|μα] σχῆ|μα H
20 τεμνομέναν διὰ τούτου σαμεί|ου] [διὰ τοῦ αὐτοῦ σαμείου τμαθεῖσ]|αν H
22 ἔχοντα] ἔχοντος H
23 ἐπιπέ|δωι] ἐπιπέδωι| H
26 ἰσοβαροῦντα] ἰσοβαρέοντα H
29 μηθέν] μηδέν H
30 τὰ κά|τω] τὸ κάτω H

COLUMN 2

12 τε] δὲ H
16 πυραμοειδῆ] sic, πυραμοειδεῖ H
17 ἔχουσα] ἔχοντι H
20 τομὴ] τομὰ suppl. H
21 ΑΒ ΓΔ] ἁ ΑΒΓΔ H
23 ΚΝ] ΚΜ H
25 ὧι] τῶι H
26 μὴ τέμνεσθαι] καὶ τεμνέσθω H
30 ἐπίπεδον] ἐπιπέδων H
36 τό] τά H
37 τὰ] τα. H

Heiberg II.324.2–326.24: *Floating Bodies* I, Propositions 3, 4
Pseudocolor created from ultraviolet fluorescence and red reflectance images

τὰ(ν) ἐπιφάνειαν, ἐν ἇ ἐστιν ἁ ΞΘ περιφέρεια, καὶ τὸ ἐν τᾶι ἑτέραι, ἐν ἇι ἐστιν ἁ ΠΟ, ἐξ ἴ[σου] τέ ἐντι κείμενα καὶ συνεχῆ. οὐχ ὁμοίως δὲ θλίβονται· τὸ μὲν γὰρ κατὰ τὰ̣(ν) ΞΟ θλίβεται τῶι στερεῶι τῶι ΘΗ ΕΖ καὶ τῶι ὑγρῶι τῶι μεταξὺ τᾶν ἐπιφανειᾶν τᾶν κατὰ τὰν ΞΘ ΛΜ καὶ τῶν τᾶς πυραμίδος ἐπιπέδωι, τὸ δὲ κατὰ τὰν Π[Ο] τῶι [ὑ]γρῶι τὰν μεταξὺ τᾶν ἐπιφανειᾶν τᾶν κατὰ τὰς Π[Ο] ΜΝ καὶ τῶν τᾶς πυραμίδος ἐπιπέδω(ν). ἐλάσσων δ' ἔσται τὸ βάρος τοῦ ὑ[γ]ροῦ τοῦ κατὰ τὰς ΜΝ ΟΠ· τὸ μὲν γὰρ κατὰ τὸ ΡΣ ΤΥ ἔλασσόν ἐστι τοῦ ΕΖΗΘ στε[ρ]εοῦ· αὐτῶι (γὰρ) τῶ κατὰ τὸ ΗΒ Γ[Θ] ἴσον ἐστὶν διὰ τὸ τῶι μεγέθει [ἴ]σον εἶμεν καὶ ἰσ̣οβαρῆ ὑπο[κ]εῖσ̣θα[ι] τὸ σ[τ]ερεὸν [τῶι ὑγρῶι· τὸ δὲ λοιπὸν τῶι λοιπῶι] ἄνισόν ἐστι. δῆλον οὖν, ὅτι ἐ[ξ]ωθήσεται τὸ μέρος τὸ κατὰ τὰν ΝΟΠ περιφέρειαν ὑπὸ τοῦ (κατὰ) τὰν Ε̣Ξ περιφέρειαν, καὶ οὐκ ἔσεται τὸ ὑγρὸν ἀκίνητον. ὑπόκειται δ' ἀκίνητον ἐόν· οὐκ ἄρα ὑπερέξει τᾶς τοῦ ὑγροῦ ἐπιφανείας οὐδὲν τοῦ στερεοῦ μεγέθεος. κα̣τ̣ὰ ταῦτα δὲ τὸ στερεὸν οὐκ οἰσθήσεται ἐς τὰν κάτω· ὁμοίως γὰρ πάντα ἐσσοῦνται τὰ μέρη τοῦ ὑγροῦ τὰ ἐξ ἴσου κείμενα διὰ τὸ ἴσον βαρὺ εἶμ(εν) τὸ ὑγρ(ὸ̣ν̣) τὸ στερεόν.

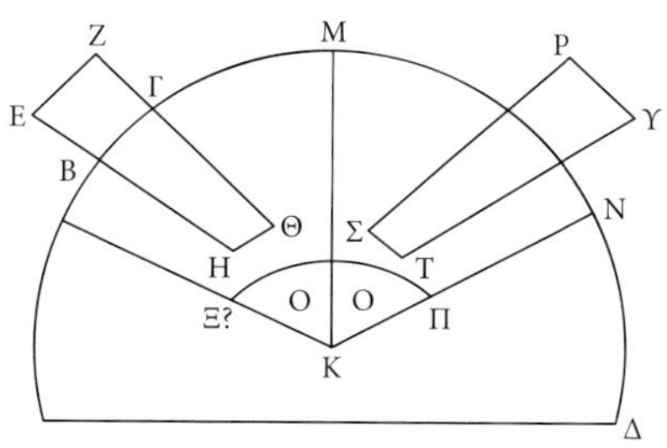

Δ̄ Τῶν στερεῶν μεγεθέων ὅ κα ἦι κ(ου)φότερον ἢ τοῦ ὑγροῦ, ἀφεθὲ(ν) ἐς τὸ ὑγρὸν οὐ καταδύσεται ὅλο(ν), ἀλλὰ ἐσσεῖταί τι αὐτοῦ ἐκτὸς τᾶς τοῦ ὑγροῦ ἐπιφανείας. ἔστω γὰρ στερεὸν μέγεθος κουφότερον τοῦ ὑγροῦ καὶ ἀφεθὲν ἐς τὸ ὑγρὸν δεδυκέτω ὅλον, εἰ δυνατόν, (καὶ) μηδὲν αὐτοῦ ἔστω ἐκτὸς τᾶς τοῦ ὑγρο[ῦ] ἐπιφανείας, κατέστηκε τῶδε τὸ ὑγρόν, ὥστε μένειν ἀκίνητο(ν). νοείσθω δή τι ἐπίπεδον ἐκβεβλημένον διὰ τοῦ κέντρου τᾶς γᾶς καὶ διὰ τοῦ ὑγροῦ καὶ τοῦ στερεοῦ μεγέθους, τεμνέσθω δὲ ὑπὸ τοῦ ἐπιπέδου τούτου ἁ μὲ(ν) τοῦ ὑγροῦ ἐπιφάνεια κατὰ τὰ(ν) ΑΒΓ περιφέρειαν, τὸ δὲ στερεὸν μέγεθος κα(τὰ) τὸ σχᾶμα, ἐν ὧι Ζ, κέν[τρον] δὲ ἔστω [τᾶς γᾶς τὸ Κ, ν]ο̣ε̣ί̣[σθω] δέ τις πυραμὶς περιλαμβάνουσα τὸ Ζ σχῆμα, καθ' ἃ καὶ πρότερον, κορυφὰν ἔχουσα τὸ Κ σαμεῖον, τεμνέσθω δὲ αὐτᾶς τὰ ἐπίπ[ε]δα ὑπὸ τοῦ ἐπιπέδου τ(οῦ) ΑΒΓ κα[(τὰ)] τὰς ΑΚ ΚΒ, λελάφθω δέ τις (καὶ) ἄλλα ἴσα πυραμὶς (καὶ) ὁμοία ταύτηι, τεμνέσθω δὲ αὐτῆς τὰ ἐπίπεδα ὑπὸ τοῦ ἐπιπέδου κατὰ τὰς ΚΒ ΚΓ, γεγράφθω δέ τις καὶ ἄλλ(ας) σφαίρας ἐπιφάνειαι ἐν τῶι ὑγρῶι περὶ κέντρον τὸ Κ, ὑποκάτω δὲ τ(οῦ) στερεοῦ μεγέθεος, τεμνέ[σ]θω δ' αὔτα ὑπὸ τοῦ αὐτοῦ ἐπιπέδου κατὰ τὰν ΞΟΠ περιφέρειαν, νοείσθω δὲ καὶ μέγεθος ἀπολαμβανόμενον τοῦ ὑγροῦ κατὰ τὸ Η ἐν τᾶ

COLUMN 1

4 συνεχῆ] συνεχέα H
5 τὰν] τω(ν) H
9 ἐ|πιπέδωι] ἐ|πιπέδων H
14 δ ἔσται] δὴ ἐσσεῖται H
19 ἰ|σοβαρῆ] ἰ|σοβαρὲ̣ς̣ H
25 ΕΞ] Ο̣Ξ H
25 ἔ|σεται] sic, ἐσσεῖ|ται H
27 δ] δ̣ὲ H
30 κατὰ ταῦτα] καταδ̣ὺν H
31 τὰν] τὰ H
33 μέρη] μέρεα H
34 ἴσον βαρὺ] ἰ̣σοβαρῆ H
35 τὸ ὑγρὸν | τὸ στε|ρεόν] τὸ ὑγρὸν κ̣α̣ὶ̣ τ̣ὸ̣ ὑ̣γ̣ρ̣ό̣ν̣ H

COLUMN 2

1 ὅ κα ἧι κου|φότερον ἢ] ξἴ κα | κουφότερον ἧι H
10 κατέστηκε τῶ|δε] καθεστακέτω | δὲ H
15 μεγέθους] μεγέθεος H
16 ἁ] ἡ H
19 σχᾶμα] σχῆμα H
27 ταύ|τηι] ταύ|ται H
28 αὐτῆς] αὐτᾶς H
31 ἐπιφάνειαι] ἐπιφάνεια H

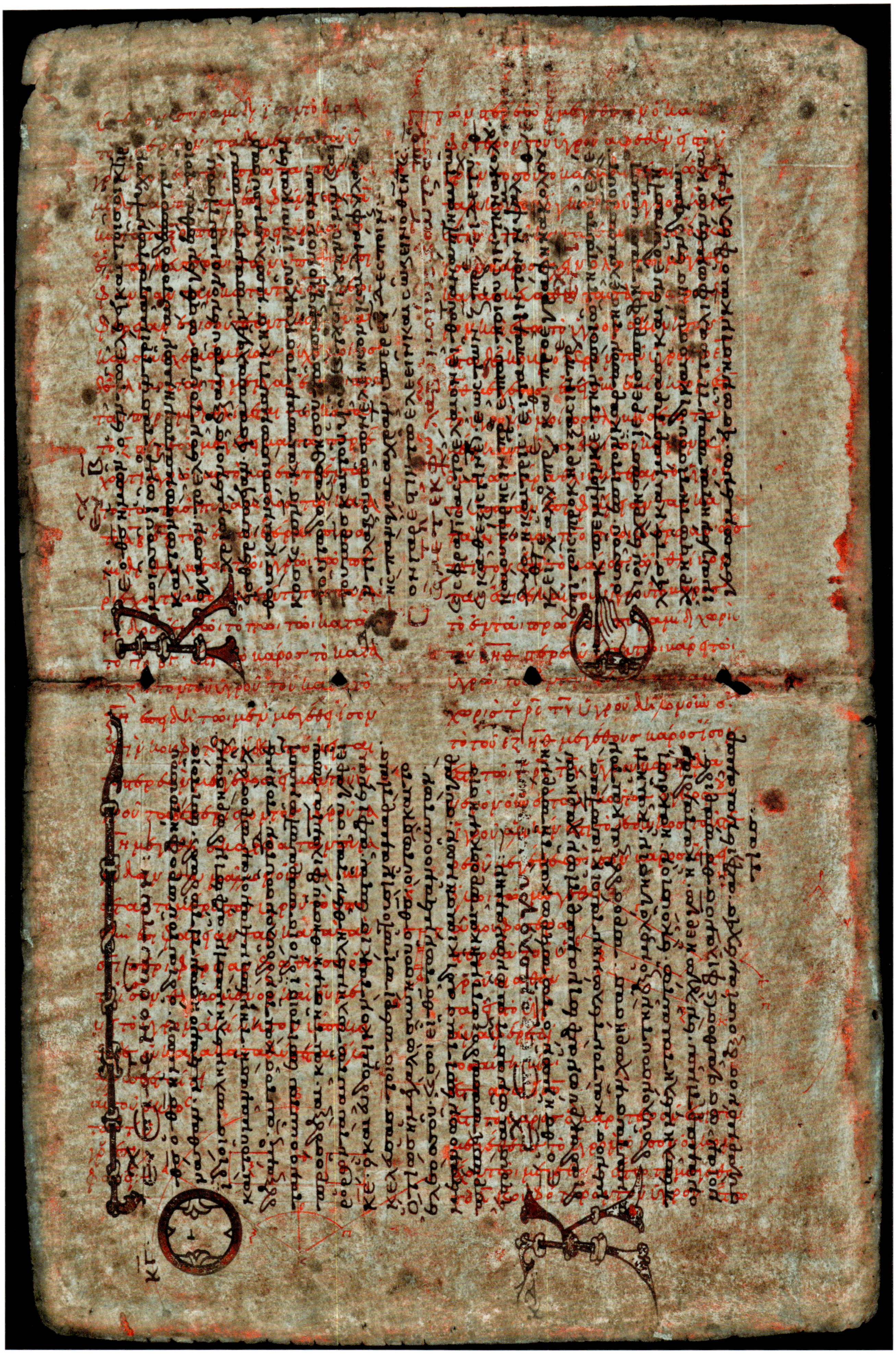

Heiberg II.326.24–330.15: *Floating Bodies* I, Propositions 4, 5, 6
Pseudocolor created from ultraviolet fluorescence and red reflectance images

ὕστερον πυραμίδι ἴσον τὸ κατὰ τὸ Ζ στερεόν· τὰ δὲ μέρεα τοῦ ὑγροῦ τοῦ ἐν τᾶι πρώται πυραμίδι τὰ ὑπὸ τὰν ἐπιφάνειαν τὰ(ν) κατὰ τὸ ΞΟ περιφέρειαν καὶ τὸ ἐν τᾶι δευτέραι τῶν ὑπὸ τὰν ἐπιφάνειαν τὰν κατὰ τὸ ΝΟΠ περιφέρειαν ἐξ ἴσου τέ ἐντι κείμενα καὶ συνεχέα ἀλλήλοις. οὐχ ὁμοίως δὲ θλίβονται· τὸ μὲν γὰρ ἐν τᾶι πρώται πυραμίδι θλίβεται τῶι κατὰ τὸ Ζ στερεῶι μεγέθει καὶ τῶι περιέχοντι ὑγρῶι αὐτὸ καὶ ἐόντι ἐν τῶι τόπωι τᾶς πυραμίδος τῶι κατὰ τὸ ΑΒ ΟΞ, τὸ δ’ ἐν τᾶι ἑ[τ]έραι πυραμίδι θλίβεται τῶι ὑγρῶι τῶι περιέχοντι αὐτὸ [κ]ạὶ ἐόντι τᾶς πυραμίδος ἐν τῶι τόπωι τῶι κατὰ τὸ ΠΟ ΒΓ, ἔστι τὸ βάρος τὸ κατὰ τὸ ΖΗ̣ τὸν τοῦ ὑγροῦ τοῦ κατὰ τὸ ΖΗ, ἐπειδὴ τῶι μὲν μεγέθει ἴσον ἐστίν, κουφότερον δὲ ὑπόκειται τὸ στερεὸν μέγεθος εἶμεν τοῦ ὑγροῦ, τạ̀ δὲ περιέχοντος ὑγροῦ τὰ [Ζ]Η μεγέθη ἑκατέρα τῶν πυραμ̣ί̣δων ἴσα· μᾶλλον οὖν θλιβήσεται τὸ μέρος τοῦ ὑγροῦ τὸ ὑπὸ τὴν ἐπιφάνειαν τὰν κατὰ τὰν ΟΠ περιφέρειαν· ἐξωθήσοι οὖν τ[ὸ] ἴσ^{σ}ον θλιβόμενον, καὶ οὐ μενεῖ τὸ ὑγρὸν ἀκίνητον. ὑπόκειτ[ο] δέ· οὐκ ἄρα καταδύσεται ὅλο[(ν)], ἀλλ’ ἔσσεταί τι αὐτ̣οῦ ἐκτὸς τᾶς τ(οῦ) ὑγροῦ ἐπιφανείας.

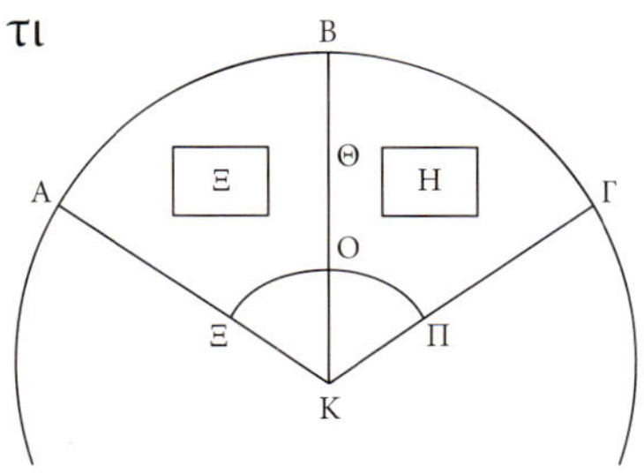

Ε̄ Τῶν στερεῶν μεγεθέων ὅ κα [κ(ου)]φότερον τοῦ ὑγροῦ, ἀφεθὲν εἰς τὸ ὑγρὸν τοσοῦτο καταδύσεται, ὡς τὸν ταλικοῦτον ὄγκον τοῦ ὑγροῦ, ἡλίκ(ος) ἐστὶν ὁ τοῦ̣ καταδεδυκότος ὄγκος, ἴσον βάρος ἔχειν ὅλωι τῶι μεγέθει. κατασκευάσθω ταὐτὰ τοῖς πρότερον, καὶ ἔστω τὸ ὑγρὸν ἀκίνητον, ἔστω δὲ κουφότερον τοῦ ὑγροῦ τὸ ΕΖ ΗΘ μέγεθος. ἐπεὶ οὖν ἀκίνητόν ἐστι(ν) τὸ ὑγρόν, ὁμοίως θλιβήσεται τὰ μέρη αὐτοῦ̣ τὰ ἐξ ἴσου κείμενα· ὁμοίως ἄρα θλιβήσεται τὸ ὑγρὸν τὸ ὑπὸ τὰν ἐπιφάνειαν τὰν κατὰ ΝΞΟ καὶ ΠΟ περιφέρειαν· ὥστε ἴσον ἐστὶ τὸ βάρος, ᾧι θλίβονται. ἔστι δὲ καὶ τοῦ ὑγροῦ τὸ βάρος τὸ ἐν τᾶι πρώτα πυραμίδι χωρὶς τοῦ ΒΗΘ στερεοῦ ἴ[σ]ọν τῶι βάρει τῶι ὑγρῶι το[ῦ ἐ]ν τᾶι [ἑτ]έραι πυραμί[δι] χωρὶς τ(οῦ) ΡΣ ΤΥ ὑγροῦ· δῆλον οὖν, (ὅτι) τὸ τοῦ ΕΖ ΗΘ μεγέθους βάρος ἴσον ἐστὶ τῶι τ(οῦ) ΡΣ ΤΥ ὑγροῦ βάρει. φανερὸν οὖν, (ὅτι) ταλικοῦτος ὄγκος τ(οῦ) ὑγροῦ, ἁλίκον ἐστὶ τὸ δεδυκὸς τοῦ στερεοῦ μεγέθεος, ἴσον βάρος ἔχει ὅλωι τῶι μεγέθει.

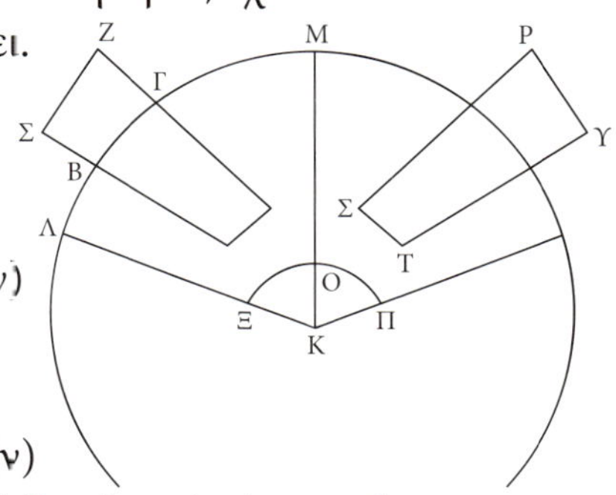

ς̄ Τὰ κουφότερα στερεὰ τοῦ ὑγροῦ βιαθέντα εἰς τὸ ὑγρ(ὸν) ἀναφέρεται τοσαύτηι βίαι ἐς τὸ ἄνω, ὅσο(ν) ἐστὶ τὸ βάρος, ὃ βαρύτερόν ἐστι τοῦ μεγέθεος τὸ ὑγρὸν τὸ ἴσον ὄγκον ἔχον τῶι μεγέθει. ἔστω τι μέγεθος τὸ Α κουφότερον τοῦ ὑγροῦ, ἔστω

COLUMN 1

5 τὸ (pr.)] τạ̀ Η
7 τὸ ΝΟΠ] τὸν Ọ̣Π Η
9 ἀλλήλοις] ἀλλάλο̣ι̣ς Η
15 τὸ (pr.)] τạ̀ Η
19 ἔστι] ἔστι δ̣ὲ̣ Η
20 τὸ ΖΗ τὸν τοῦ ὑγροῦ] τὸ Ζ ἔλασσον τοῦ βάρεος suppl. Η
25 μεγέθη] μεγέθεα Η
25 τῶν] τᾶν Η
29 ἐξωθήσοι] ἐξωθήσε̣ι̣ Η
30 ἴσ^{σ}ον] sic
31 ὑπόκει|το] sic, ὑπέ̣κει|τ̣ọ Η

COLUMN 2

1 ὅ κα] ὅ κα ᾖι Η
4 ἡλίκος] ἁλίκος Η
7 κατασκευάσθω] sic
12 μέρη] μέρεα Η
15 ΝΞΟ] τὰ. ΝΞΟ Η
20 ὑγρῶι] om. Η
22 μεγέθους] μεγέθεος Η
30 βιαθέν|τα] sic, βιασ̣θέ|τα Η
33 τοσαύτηι] τοσαύται Η

Heiberg II.330.16–334.15: *Floating Bodies* I, Propositions 6, 7
Pseudocolor created from ultraviolet fluorescence and red reflectance images

δὲ τοῦ μὲν μεγέ[θ]εος τοῦ ἐν ὧι Α βάρος τὸ Β, τοῦ δ[ὲ] ὑγροῦ τοῦ ἴσον ὄγκον ἔχοντος τῶι Α τὸ ΒΓ. δεικτέον (ὅτι) τὸ Α μέγεθος βιασθὲν ἐς τὸ ὑγρὸν ἀνοισεῖται. ἔστω ἄνω τοσαύτα βί̣α, ὅσον ἐστὶ τὸ βάρος τὸ Γ. λελάφθω γάρ τι μέγεθος τὸ ἄνω τὸ Δ βάρος ἴσο(ν) ἔχον τῶι Γ· τὸ δὴ μέγεθος τὸ ἐξ ἀμφοτέρων τῶν ἐν οἷς ΑΔ μεγεθῶ(ν) ἔστω α[ὐ]τὸς συντεθὲν κουφότερό(ν) ἐστι τοῦ ὑγροῦ· ἔστι γὰρ τοῦ μὲν μεγέθεος τοῦ ἐξ ἀμφοτέρων βάρος τὸ ΒΓ, τοῦ δὲ ὑγροῦ τοῦ ἴσον ὄγκο(ν) ἔχοντος αὐτῶι μεῖζον τοῦ ΒΓ διὰ τὸ τοῦ ἴσον ἔχοντος αὐτῶι τὸ Α τὸ βάρος εἶμεν τὸ ΒΓ. ἀφεθὲν οὖν ἔστω τὸ ὑγρὸν τὸ μέγεθ(ος) τὸ ἐξ ἀμφοτέρων τῶν ΑΔ συγκειμένων ἐς τοσοῦτον δυσεῖται, ἔστ' ἂν (καὶ) ὁ ταλικοῦτο[ς] ὄγκος τοῦ ὑγροῦ, ἄδ[ι]κον καὶ τὸ δεδυκὸς τ(οῦ) μεγέθεος, ἴσον βάρος ἔχει τῶι ὅλῳι μεγέθει· δέδεικται γὰρ τοῦτο. ἔστω δὲ ἐπιφάνειά τινος ὑγροῦ ἁ ΑΒΓΔ περιφερείας. ἐπεὶ οὖν ὁ ταλικοῦτος ὄγκος τοῦ ὑγροῦ, ἡλίκον ἐστὶ(ν) τὸ Α μέγεθο̣ς̣, ἴσον βάρος ἔχει τοῖς ΑΔ μεγέθεσιν, δῆλον ὡς τὸ δεδυκὸς αὐτοῦ ἐσσεῖται τὸ Α μέγεθος, τὸ δὲ λοιπ(ὸν) [ὑ]περάνω, ἐσσεῖ̣ται ὅλον τᾶς τοῦ ὑγροῦ ἐπιφανείας· εἰ γὰρ αὐτᾶς δεδυκὸς εἶ τέλειον, ἐσσεῖται δεδυκ[ὸ]ς. τούτου δεδειγμένου δῆλο̣ν̣ οὖν̣ (ὅ̣τ̣ι̣) ὅσα βίαι ἀναφ[έρ]εται τ̣ὸ Α μέγεθος ἐ[ς] τ[ὼ ἄνω] το[σ]α̣ῦ̣[τα θ]λ̣[ίβ]ε̣ται ὑπὸ τοῦ ἄνω [τ]οῦ Δ· ἔστω κάτω, ἐπεὶ οὐδέτερον ὑπ' οὐδε[τ]έρου ἐξωθεῖτο. ἀλλὰ τὸ Δ ἐς τὸ κάτω θλίβει τοσούτω βάρει, ἁλίκ(ον) ἐστὶ τὸ Γ· ὑπέκειτο γὰρ τὸ βάρος τὸ ἐν ὧι τὸ Δ εἶμεν ἴσον τῶι Γ· δῆλον οὖν ὃ ἔδει δεῖξαι. ΕΞ(ΗΣ)

Η ΚΑΤΑΓΡΑΦΗ ΤΟΥ ΣΧΑΜΑ(ΤΟΣ)

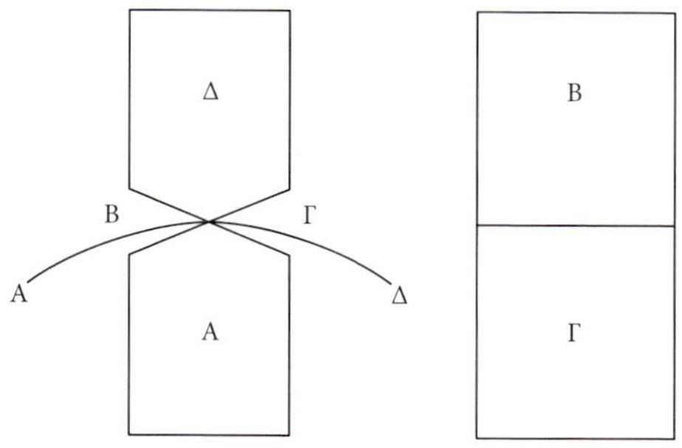

Τὰ βαρύτερα τοῦ ὑγροῦ ἀφεθέντα εἰς τὸ ὑγρὸν οἰσεῖται κάτω, ἔστ' ἂν καταβᾶντι, καὶ ἐσσοῦνται κουφότερα ἐν τῶι ὑγρῶι τοσοῦτον, ὅσον ἔχει τὸ βάρος τοῦ ὑγροῦ τοῦ ταλικ(οῦ)τον ὄγκον ἔχοντος, ἁ̣λίκο̣[ς] ἐστὶ[ν] ὁ τοῦ [σ]τερεοῦ μ̣εγέθεος ὄγκος. (ὅτι) μὲν οὖν [ο]ἰ̣[σ]εῖται ἐς τὸ κάτω, ἔστ' ἂ̣ν̣ καταβάντα, δ[ῆ]λον· τὰ γὰρ ὑποκάτω αὐτοῦ μέρη τοῦ ὑγροῦ θλιψοῦνται μᾶλλον τῶν ἐξ [ἴ]σου αὐτοῖς κειμένων μέρων, ἐπειδὴ βαρύτερον ὑπόκειται τὸ στερεὸν μέγεθος τοῦ ὑγρο̣ῦ̣· ὅτι δὲ κ(ου)φότερα ἐσσοῦνται, ὡς εἴρηται, δειχθήσετ(αι)

Ἔστω τι μέγεθος τὸ Α, ὅ (ἐστι) βαρύτερον τ(οῦ) ὑγροῦ, βάρος δὲ ἔστω τοῦ μὲν ἐν ὧι Α μεγέθεος τὸ ΒΓ, τοῦ δὲ ὑγροῦ τοῦ ἴσον ὄγκον ἔχοντος τῶι Α τὸ Β. δεικτέον, (ὅτι) τὸ Α μέγεθος ἐν τῶι ὑγρῶι ἐὸν βάρος ἕξει ἴσον τῶι Γ. λελ[ά]φθω γάρ τι μέγεθος τὸ ἐν ὧι τ̣ὸ

COLUMN 1

4 ἀ|νοισεῖται] ἀν|ο̣ι̣σεῖται H
5 ἔστω] ἐς τὸ H
5 ἄνω] ἐπάνω H
7 ἄνω] ἐν ὧι H
9 μεγεθῶν] μεγεθέων H
10 ἔστω αὐτὸς] sic, ἐς τὰ αὐ̣τὰ H
15 αὐτῶι τὸ] ὄ̣γκο̣ν̣ τῶι τοῦ̣ H
19 δυσεῖται] δύσεται H
20 ἔστ ἂν καὶ ὁ] ἔστε κα suppl. H
21 ἄδικον] sic
27 ἡλίκον] ἁλίκον H
27 ἐστὶν] ἐστὶ H
29 ὡς] ὅ̣τ̣ι̣ H
31 ὑπεράνω] α̣ὐ̣τ̣ο̣ῦ̣ ἐν ὧι Δ̣ H
31 τᾶς] ὑ̣π̣ὲ̣ρ̣ | τ̣ᾶ̣ς̣ H
32 αὐ|τᾶς] α|... H
33 δεδυκὸς εἶ τέλειον ἐσσεῖται | δεδυκὸς] δέδυ̣κε̣ν̣ τ̣ὸ̣ στερεὸν ἕ̣π̣ε̣ται | .... H
33 εἶ] sic
35 ὅσα βίαι ἀναφέρεται] ..... ἐ̣ς̣ τὸ ἄνω̣ φέ̣ρεται H
36 ἐς τὼ ἄνω τοσαῦ|τα θλίβεται] ....|.......... H

COLUMN 2

1 ἔστω] ἐς τῶι H
7 σχάματος] σχήματος H
7 in fig. ΒΑΡΟΣ ΤΟΥ ΙΣΟΟΓΚΟΥ ΤΟ Α | ΒΑΡΟΣ ΤΟΥ ΥΔΑΤΟΣ ΤΟ Β ΙΣΟΟΓΚΟ(ν)
16 καταβάντα] κ̣αταβᾶ̣ν̣τ̣ι̣ H
17 μέρη] μέρε̣α̣ H
17 θλι|ψοῦνται] θ̣λ̣ι̣|βησο̣ῦ̣νται H
19 μερῶν] μερέων H
29 τὸ | τὸ Δ] sic, τ̣ὸ̣ Δ̣| H

Heiberg II.334.15–338.13: *Floating Bodies* I, Propositions 7, 8
Pseudocolor created from ultraviolet fluorescence and red reflectance images

τὸ Δ κουφότερον τοῦ ὑγροῦ. ἔστω̣ δὲ τοῦ μὲν ἐν ᾧι τὸ Δ μέγεθος βάρει ἴσον τῶι Β βάρος, τοῦ δὲ ὑγροῦ τοῦ ἴσον ὄγκον ἔχοντος τῶι Δ̣ μεγέθει τὸ βάρος ἔστω ἴσον τῶι ΒΓ βάρει. συντεθ[έ]ντων δὴ ἔστω̣ [αὐ]τὸ τ̣ῶν μεγεθέω[ν], ἐν οἷς τὰ ΑΔ τὸ τῶν συναμφ[ο]τέρων μέγεθος ἰσοβαρὲς ἐσσεῖται τῶι ὑγρῶι· ἔστι γὰρ τῶν μεγεθέων συναμφοτέρων τὸ βάρος ἴσον ἀμφοτέροις τοῖς βάρεσιν τῶ τε ΒΓ καὶ τῶι Β, τοῦ τὲ ὑ[γ]ροῦ τοῦ ἴσον ὄγκον ἔχοντος ἀμφοτέροις τοῖς μεγέθεσι τὸ βάρος ἴσον ἐστὶ τοῖς αὐτοῖς βάρεσιν. ἀφεθέντων οὖν τῶν μεγεθέων ἐς τὸ ὑγρὸν ἰσορροπησ(οῦν)ται τῶι ὑγρῶι καὶ οὔτε εἰς τὸ ἄ̣νω· διὸ τὸ μὲν ἐν ᾧι Α μέγεθος οἰσεῖται ἐ̣σ̣τ̣ὼ κάτω τοσαύτα βία ἡ ὑπὸ τοῦ α ἐν ᾧι Δ μεγέθεος ἀνέλκεται ἐς τὸ ἄνω, τὸ δὲ ἐν ᾧι Δ μέγεθος, ἐπὶ κουφοτερόν ἐστι τοῦ ὑγροῦ, ἀνοισεῖται εἰς τὸ ἄνω τοσαύτα βίαι, ὅσον ἐστὶ τὸ Γ βάρος· δέδεικτ(αι) (γὰρ) (ὅτι) τὰ κουφότερα τ(ο̣ῦ̣) ὑγροῦ μεγέθεα στερεὰ βιασθέντα ἐς τὸ ὑγρὸν ἀναφέρονται τοσαύτα βία ἐς τὸ ἄνω, ὅσον ἐστὶ τὸ βάρος, ὡς βαρύτερό(ν) ἐστι τοῦ μεγέθεος τὸ ὑγρὸν τὸ ἴσον ὄγκ(ον) τῶι Δ μεγέθει. ἔστι δὲ τῶι Γ βάρει βαρύτερο(ν) τ(οῦ) Δ μεγέθεος τὸ ὑγρὸ(ν) τὸ ἴσ(ον) ὄγκ̣(ο̣ν̣) ἔχο(ν) τ(ῶ) Δ· δῆλον οὖν, (ὅτι) καὶ ἐν ᾧι Α μέγεθος ἐς τὸ κάτω ο̣ἰσεῖται τοσούτ̣ω̣ βάρε.., ὅσον ἐστὶ τὸ Γ.

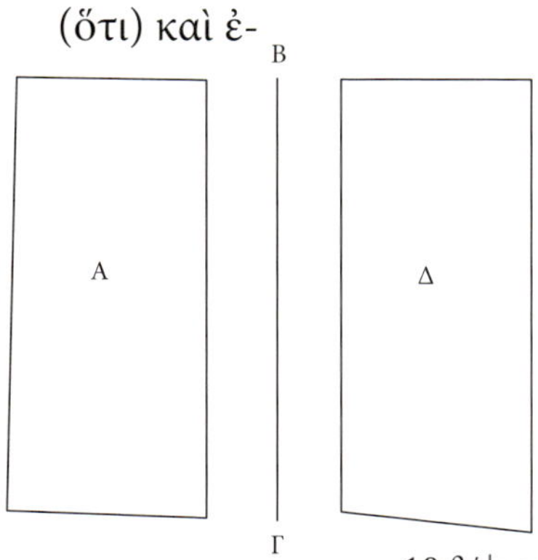

Ὑποκείσθ̣ω̣, τῶν ἐν τῶι ὑγρῶι ἀναφερομένων ἕκαστον ἀναφέρεσθ(αι) κατ̣ὰ τὰν κάθετον τὰν διὰ τοῦ̣ κέντρου τοῦ βάρεος αὐτοῦ ἀγμέναν. εἴ κα στερεόν τι μ̣έγεθος κουφ̣ότερον τοῦ ὑγροῦ σφαίρας τμάματος ἔχον σχᾶμα ἐς τὸ ὑγρ̣ὸ̣ν ἀφεθῇ οὕτω, ὥστε τὰν βάσιν τοῦ τμάματος μὴ ἅπτεσθαι το̣ῦ̣ ὑγροῦ, ὀρθὸν καταστασεῖτε τὸ σχᾶμ̣α οὕτως, ὥστε τὸν ἄξονα τοῦ τμάματος κατὰ κάθ[ετο]ν εἰ μέν· καὶ εἴ κα ὑπό τινος θλιβῆι τὸ σχᾶμα ο̣ὕτως, ὥστε τὰν βάσιν τοῦ τμάματος ἅπτεσθαι τ(οῦ) ὑγροῦ, οὐ μενεῖ κεκλιμένον, ὡς εἴ κα ἀφ[ε]θῆι, ἀλλ' ὀρθὸν ἀποκαταστασεῖτε. νοείσθω γάρ τι μέγεθ̣ο̣ς̣, οἷον εἴρηται, ἐς τὼ ὑγρὼν ἀφεόμεν[ο]ν, καὶ δ(ιὰ) τ(οῦ) ἄξονος το[ῦ] τμάματος καὶ τοῦ κέντρου τᾶς γᾶς νοείσθω ἐπίπεδον ἐκβαλλόμενον, τομὰ δ' ἔστω τᾶς μὲν ἐπιφανείας τοῦ ὑγροῦ ὁ ΑΒ ΓΔ, τοῦ δὲ σχάματος τοῦ ἐς τὸ ὑγρὸν ἀφεθέντος ἁ ΕΖ ΗΘ περιφέρεια, ἄξων δὲ τοῦ σχ̣άματος ἔστω ὁ ΘΖ· τὸ δὴ κέντρον τᾶς σφαίρας ἐστὶν ἐπὶ τᾶς ΘΖ. πρῶτον μὲν (γὰ̣ρ̣) μεῖζόν ἐστιν ἡμισφαιρίου τὸ σχᾶμα, ἔστω τὸ Κ, καὶ ἔστω, ε̣ἰ̣ δυνα(τόν), κεκλιμένον τὸ σχ̣ᾶμα ἦτο[ι] ὑπό τινος κλιθ[ὲ]ν ἢ ταὐτό. δεικτέον οὖν, (ὅτι) οὐ μενεῖ, ἀλλ' εἰς ὀρθὸν ἀπ̣ο̣καταστασεῖται, ὥ̣[στ]ε τὰ ΖΘ [κ]ατ̣ὰ

COLUMN 1

1 κουφότερον τοῦ ὑγροῦ ἔστω] τοῦ ἴσον | κουφότερον τοῦ ὑγροῦ ὄγκον ἔχοντος αὐτῶι ἔστω suppl. H
2 μέγεθος] μεγέθεος H
4 |ἴσον] ῑ|σον H
6 ἔστω] ἐς τ̣ὸ H
7 συ|ναμφοτέρων] συν|αμφοτέρων H
10 βά|ρος] βάρος| H
11 ἀμφοτέροις] συναμφοτέροις H
12 τὲ] δὲ H
20 ἐστὼ] ἐς τὸ H
20 κάτω] κάτω καὶ suppl. H
20 ἡ] om. H
21 α] sic, ευ H
21 ἀ|νέλκεται] ἀ̣ν|έλκεται H
23 ἐπὶ] ἐπεὶ H
34 ἐ|ν] |ἐν H

COLUMN 2

2 ἀνα|φερομένων] [ἄνω] | φερομένων H
8 σχᾶμα] σχῆμα H
8 ἐς] εἰς H
8 οὕτω] ο̣ὕ̣τως H
11 σχᾶμα] σχῆμα H
11 ἄ|ξονα] |ἄ̣ξ̣ο̣ν̣α̣ H
13 εἰ μέν] εἶμεν H
14 θλιβῆι] ἕλκητ̣α̣ι̣ H
14 σχᾶμα] σχῆμα H
17 ἀποκα|ταστασεῖτε] sic, ἀποκα|ταστ̣α̣σεῖτ̣α̣ι̣ H
19 τὼ ὑγρὼν] sic, τῶ ὑγρὸ̣ν̣ H
19 ἀ|φεόμενον] sic, ἀ̣φ̣ε̣|[θέν] H
20 τοῦ] τε τοῦ suppl. H
22 ἐκβαλ|λόμενον] ἐ̣κβεβλ|ημένον H
24 ὁ] ἁ̣ H
25 σχάματος] σχήματος H
27 σχάματος] τ̣μ̣άματος H
29 γὰρ] ε̣ἰ̣ H
30 σχᾶ|μα] τ̣μ̣ᾶ̣|μα H
32 σχᾶμα] σχῆμα H

Heiberg II.338.13–342.4: *Floating Bodies* I, Propositions 8, 9
Pseudocolor created from ultraviolet fluorescence and red reflectance images

κάθετον εἰ μέν. ἐπεὶ (γὰρ) ὑπόκειται κεκλίσθαι τὸ σχᾶμα, οὐκ ἔστι τὰ ΖΕ κατὰ κάθετον. ἄχθω δὴ διὰ τοῦ Κ καὶ τοῦ ΛΑ ΚΛ, τὸ δὲ Λ κέντρον ὑποκείσθω τᾶς γᾶς· τὸ δὴ σχᾶμα τὸ ἐν τ(ῶ) ὑγρῶι ἀπολελημμένον ὑπὸ τᾶς τοῦ ὑγροῦ ἐπιφανείας τὸν ἄξονα ἔχει ἐπὶ τῆς ΚΛ· εἰ γάρ κα δύ[ο] σφαιρῶν ἐπιφάνειαι τέμνοντι ἀλλήλας, τομὰ κύκλος ἐστὶν ὀρθọ̀ν ποτὶ τὰν εὐθεῖαν τὰν ἐπιζευγνύουσαν τὰ κέντρα τῆς σφαίρας. ἔστιν οὖν τοῦ σχάματος τοῦ κατὰ τὰν ΒΗΓ περιφέρεια(ν) ἀπολαμβανομέν(ου) ἐν τῶι ὑγρῶι τὸ κέντρον τοῦ βάρεος ἐπὶ τᾶς ΚΛ· ἔστω τὸ Ρ. τοῦ δὲ τμάματος ὅλου τοῦ κατὰ τὰν ΘΗΖ (περι)φέρειαν τὸ κέντρον ἐστὶ τοῦ βάρεος ἐπὶ τᾶς ΖΘ· ἔστω τὸ Ξ. τοῦ ἄρα [λ]οιποῦ σχάματος ὅ [ἐστ]ιν ἐκτὸς τᾶς τοῦ ὑγροῦ ἐπιφανείας τὸ κέντ[ρ]ον τοῦ βάρεος ἐπὶ τᾶς ΡΞ ἐκβληφθείσας (καὶ) ἀπολαφθείσας τινὸς ἁ ΕΞ ποτὶ τὰν ΞΡ τὸν αὐτὸν λόγον, ὃν ἔχει τὸ βạ́ρος τοῦ κατὰ τὰν ΒΜΓ περιφẹ́ρειαν τ(οῦ) τμάματος ποτὶ τὸ βάρ[ο]ς τοῦ ἐκτὸς τοῦ ὑγροῦ· δέδεικται γὰρ ταῦτα. ἔστω δὴ τὸ Σ κέντρον τοῦ εἰρημένου σχάματος. ἐπεὶ οὖν τοῦ μὲν σχάματος, ὅ ἐστι(ν) ἐκτὸς τοῦ ὑγροῦ, τὸ βάρος ἐς τ[ὸ] (κατα)[φ]έρεται κα τὰν [ε]ὐθεῖαν τὰν ΛΣ, τὸ δὲ Ẹ Ṇ τῷ [ὑγ]ρῶι ἔστω ἂν κατὰ τᾶς εὐθείας τ̣ᾶς Ρ̣Κ, [δ]ῆλον, ὡς οὐ μενεῖ τὸ σχᾶμα, ἀλλὰ τ[ὸ] μὲν πο[τὶ τ]ạ̀[ν] Η μέρη αὐτοῦ ἔστω̣ κά[τω] οἰσοῦνται, τὰ δὲ ποτὶ τὰν Η ἔστω ἄνω, καὶ ἀεὶ ἐς τὸ αὐτὸ οἰσοῦνται, ἕως κα ἁ ΖΘ κατὰ κάθετον γέ[ν]ηται. κατὰ κάθετον δὲ γενομένας τᾶς ΖΘ τὰ κέντρα τοῦ βάρεος ἐσσοῦνται τοῦ ἐν τῶι ὑγρῶι (καὶ) τοῦ ἐκτὸς ἐπὶ τᾶς αὐτ̣ᾶς καθέτου· ἐπιγραφὰς τᾶς ΖΘ ἐσσοῦνται· ἀντιθλιψοῦνται οὖν ἀλλήλοις τὰ ΒΙΑ κατὰ τὰν αὐτὰν κάθετον, τὸ μὲν ἐς τὼ κάτω φερόμενον, τὸ δὲ ἐς τὼ ἄνω. ὥστε μένει τὸ σχᾶμα· οὐδέτερον γὰρ ὑπ᾽ οὐδετέρου ἐξωθήσει. τὰ δ᾽ αὐτὰ ἐρεται καὶ εἰ κατὰ τὸ σχᾶμα ἡμισφαίριον ἢ τῆι ἔλασσον ἡμισφαιρίο[υ].

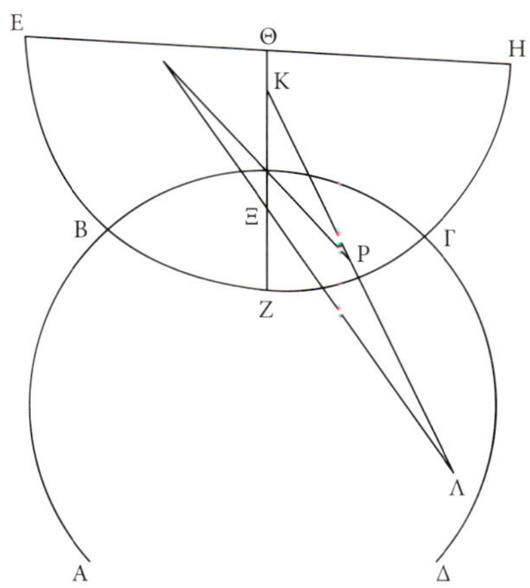

(ΚΑΙ) τὸ νῦν, εἰς τὸ σχᾶμα κουφότερον ἐὸν ἐὸν τοῦ ὑγροῦ ἀφεθῆ ἐς τὸ ὑγρὸν (οὕτως), ὥστε τὴν βάσιν αὐτοῦ ὅλην εἶμεν ἐν τῷ ὑγρῶι, ὀρθὸν κατατασεῖτ(αι) τὸ σχᾶμα οὕτως, ἔστω̣ τὸν ἄξονα αὐτοῦ καθ᾽ ἑαυτὸν εἶμεν. νοείσθω γάρ τι μέγεθος, οἷον εἴρηται, εἰς τὸ ὑγρὸν ἀφεώμενον, νοείσθω δὴ (καὶ) ἐπίπεδον ἀγόμενον δ(ιὰ) τ(οῦ) ἄ[ξ]ον(ος) τοῦ τμάματος (καὶ) διὰ τ(οῦ) [κ]έντρου τοῦ ΓΛΑ, τομὰ δẹ̀ ἔστω τᾶς μὲν ἐπι-

COLUMN 1

1 εἰ μέν] sic, εἶμεν Η
2 σχᾶμα] σχῆμα Η
4 ΛΑ ΚΑ] ΛΑ ΚΛ Η
5 σχᾶμα] σχῆμα Η
6 ἀπολελημμένον] ἀπολελαμμένον Η
8 τῆς] τᾶς Η
8 σφαι|ρῶν] σφαι|ρᾶν Η
10 |τομὰ] ạ | τομὰ Η
12 τῆς] τᾶς Η
13 σχάματος] σχήματος Η
20 σχάματος] σχήματος suppl. Η
20 ὅ ἐστιν] τοῦ suppl. Η
22 ἐκβλη|φθείσας] sic, ἐκβλη|θείσας Η
23 ἁ] τ̣ᾶς Η
25 ΒΜΓ] ΒΝ̣Γ Η
29 σχάματος] σχήματος Η
30 σχάματος] σχήματος Η
31 κατα|φέρεται] κάτω | φέρεται Η
35 σχᾶμα] σχῆμα Η
35 τὸ μὲν] τ̣ὰ Η
36 Η] ΕΗ Η
36 μέρη] μέρεα Η

COLUMN 2

6 ἐσσοῦνται] ἐσοῦνται Η
8 ἐσσοῦνται] ἐσσεῦνται Η
10 ΒΙΑ] Β.Α Η
11 ἐς τὼ] sic, ἔστω Η
11 ἐς | τὼ] sic, ἔσ|τω Η
12 σχᾶμα] σχῆμα Η
14 ἐρειται] sic, ἐσ̣σεῖται Η
15 σχᾶμα] σχῆμα Η
17 τὸ νῦν] τοίνυν Η
17 σχᾶμα] σχῆμα Η
17 ἐὸν | ἐὸν] sic
19 τὴν] τὰν Η
19 ὅλην] ὅλαν Η
21 σχᾶμα] σχῆμα Η
24 ἀφεώμενον] ἀφετώμενον Η
24 δὴ] δ̣ὲ Η

Heiberg II.342.4–346.9: *Floating Bodies* I, Proposition 9–*Floating Bodies* II, Proposition 1
Pseudocolor created from ultraviolet fluorescence and red reflectance images

φανείας τοῦ ὑγροῦ ἁ ΑΒ ΓΔ πε-ριφέρεια, τοῦ δὲ σχάματος ἁ ΕΖΗ περιφέρεια καὶ ἁ ΕΗ εὐθεῖα, ἄ-ξων δὲ ἔστω τοῦ τμάματος ἁ ΖΘ. εἰ οὖν δυνατόν, μὴ κατὰ ὀρθὸν ἔστω ἁ ΖΘ· εἰ κται οὖν, (ὅτι) οὐ μενεῖ τὸ σχῆμα, ἀλλὰ ἐπ' ὀρθὸν κατα-τασεῖται. ἔστι δὴ τὸ κέντρον τᾶς σφαίρας ἐπὶ τῆς ΖΘ· πάλιν (γὰρ) ἡμισφαιρίου ἔστω πρῶ(τον) τὸ σχᾶμα· καὶ ἔστω τὸ Κ· διὰ δὲ τοῦ Κ καὶ τοῦ κέντρου τᾶς γᾶς τοῦ Λ ἄχθω̣ δὲ κατὰ τὸ σχῆμα τὸ ἐκτὸς τοῦ ὑ-γροῦ ἀπολαμβανόμενον ὑπὸ τ(ᾶς) τοῦ ὑγροῦ ἐπιφανείας τὸν ἄξονα ἔχει ἐπὶ τᾶς διὰ τοῦ Κ, διὰ ταὐτὰ τοῖς πρότερόν ἐστιν αὐτοῦ τὸ κέν-τρον τοῦ βάρεος ἐπὶ τασι ΙΒ· ἔστω (γὰρ) τὸ Ρ. τοῦ δὲ ὅλου τμάματος τὸ κ(έν)-τρον ἐ̣[στὶ] τοῦ βάρεος ἐ̣π̣ὶ τᾶ[ς] Ζ̣Θ μεταξὺ τῶν ΚΖ· ἔστω τὸ Τ. τοῦ ἄρα λοιποῦ σχάματος τοῦ ἐν τῶι ὑ-γρῶι τὸ κέντρον ἐσσεῖται ἐπὶ τ(ᾶς) Τ εὐθείας ἐκβληθείσας τινός, δείξει (περὶ) τὸν ΤΡ τὸν αὐτὸν λόγον, ἔχει τὸ μέρος τοῦ τμάματος ἐκ-τὸς τοῦ Υ ποτὶ τὸ βάρος τοῦ σχά-ματος τοῦ ἐν τῶι ὑγρῶι· κατὰ τὸ Σ̣ κέντρου εἰρημένου σχήματ(ος), διὰ τοῦ κάθετος ἔστω τὸ ΘΣΛ· οἰ-σεῖται οὖν τὸ βάρος τοῦ μὲν τμά-ματος, ὅ ἐστιν ἐκτὸς τοῦ ὑγροῦ, κατὰ τᾶς εὐθείας τᾶς ΡΛ ἔστω κάτω, τοῦ δ' ἐν τῶι ὑγρῶι σ̣χάματ(ος) κατὰ τᾶς εὐθείας τᾶς ΕΛ ἔστω αν ει ω. οὐκ ἄρα μὲν εἰς τὸ σχᾶμα, ἀλλὰ τὰ μ(ὲν) τ(οῦ) σχάματος τὰ μὲν ποτὶ τῶι ἡ μέρει οἷς οὔτε ἔστω̣ [κάτω], τὰ δὲ ποτὶ τὸ Ε ἔσται̣ τὸ ἄνω, κ̣[αὶ ἀ]εὶ τοῦτο ἐσσεῖται, καὶ ὁ ΕΖ κ̣α̣τὰ κά-θετον γένηται.

ΣΥΡΑΚΟΥΣΙΟΥ ΑΡΧΙ-ΜΗΔΟΥΣ ΟΧΟΥΜΕΝ(ων) Α̅

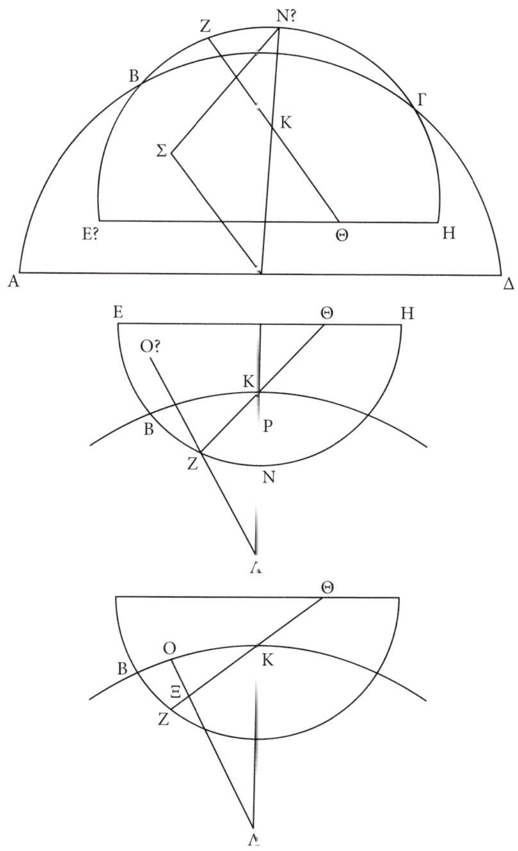

Β̅

Α̅ ΕΙ κά τι μέγεθος κουφότερον ἐὸν τοῦ ὑγροῦ ἀφεθῇ ἐ̣ς τὸ ὑγρόν, τοῦτο[(ν)] ἕξει τὸν λόγον τῶ̣ βάρει ποτὶ τὸ ὑγρόν, ὃν ἔχει τὸ δεδυκὸς μέγεθ(ος) ποτὶ τὸ ὅλον μέγεϑ̣ος. ἀφεί[σ]θω γάρ τι εἰς τὸ ὑγρὸν μέγεθος στερε-ὸν τὸ ΦΑ κουφότερον τοῦ ὑγροῦ, ἔστω δὲ τὸ μὲν δεδυκὸς αὐτοῦ τὸ Α, τὸ δὲ ἐκτὸς τοῦ ὑγ̣ροῦ τὸ Φ. δεικτ(ἐ̣ο̣ν̣)

COLUMN 1

2 σχάματος] σχήματος H
6 εἰ κται] sic
7 κατα|τασεῖται] κατασ|τασεῖται H
9 τῆς] τᾶς H
10 σχᾶμα] σχῆμα H
13 δὲ] ἁ H
18 τασι] sic
20 ἐστὶ τοῦ βάρεος] τοῦ βάρεός ἐστιν suppl. H
22 σχάματος] σχήματος H
27 Υ ποτὶ] ὑπο τὶ H
27 σχά|ματος] σχή|ματος H
29 Σ] Ο H
34 σχάματος] σχήματος H
36 αν ει ω] sic, αν.ω H
36 μὲν εἰς] μενεῖ H
36 σχᾶμα] σχῆμα H

COLUMN 2

1 ἡ] Η H
1 μέρει] μέρη H
1 οἷς οὔτε] οἰσοῦται H
3 ὁ] om. H
13 ὑγροῦ] ὑγροῦ ἐ̣ὸ̣ν̣ H

Heiberg II.346.10–350.10: *Floating Bodies* II, Propositions 1, 2
Pseudocolor created from ultraviolet fluorescence and red reflectance images

[(ὅτι) τὸ ΦΑ] μέγε[θος] τῶι βάρει πρὸς [τὸ ὑγρ]ὸν τὸ ἰσόογκον τοῦτον ἔχει τὸν λόγον, ὅν τὸ Α (πρὸς) τὸ ΦΑ̣. εἰλήφθω γάρ τ̣ι̣ τοῦ ὑγροῦ μέγεθος ἰσόογκ(ον) τῶι ΦΑ, [τ]ὸ ΝΙ καὶ τῶι μὲν Φ ἴσον ἔστω τὸ Ν, τῶι δὲ Α̣ τὸ Ι, καὶ ἔ[τ]ι τὸ μὲν τοῦ ΦΑ μεγέθους βάρο̣ς ἔστω τὸ Β, τοῦ δὲ ΝΙ τὸ Ρ[Ο], τοῦ δὲ Ι τὸ Ρ· τὸ ΦΑ (ἄρα) πρὸς τὸ ΝΙ τοῦτον ἔχει τὸν λόγον, ὅν τὸ Β πρὸς τὸ [Ρ]Ο. ἀλλ' ἐπὶ τὸ ΦΑ μέγεθος ἐς τὸ ὑγρὸν ἀφίηται κουφότερον ὑπάρχον τοῦ ὑγροῦ, δῆλον, ὡς ὁ τοῦ δεδυκότος μεγέθους ὄγκος ἴσον βάρος ἔχει τῶι ΦΑ μεγέθει· δέδεικται γὰρ τοῦτο· ἴσον ἄρα τὸ Β βάρος τῶι Ρ, ἐπει(δὴ) τὸ μὲν Β βάρος το[ῦ] ὅλου τοῦ ΦΑ μεγέθους, τὸ δὲ Ρ τοῦ Ι ὑγροῦ οὗπερ ἐγίγνετο ἴσον τὸ ἴσον ὄγκο(ν) ἔχοντι τῶι δεδυκότι μεγέθει τῶι Α· ἔχει ἄρα τὸ ΦΑ μέγεθος τῶι βάρει πρὸς τὸ ΝΙ, ὅν τὸ Ρ πρὸς τὸν ΡΟ. ὅν δὲ λόγον ἔχει τὸ Ρ πρὸς τὸν ΡΟ, τοῦτον ἔχει τὸν λόγον τὸ Ι (πρὸς) τὸ ΙΝ καὶ τὸ Α (πρὸς) τὸ ΦΑ· δέδεικτ(αι) τὸ ὀρθόν.

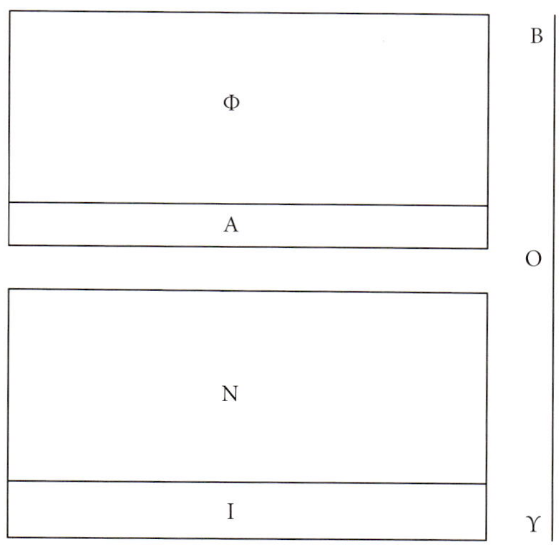

B̄ Τὸ ὀρθὸν τμᾶμα τοῦ ὀρθογωνίου κωνοειδοῦς, ὅταν τὸν ἄξονα σ̣χῆι μὴ μείζονα ἢ ἡμιόλ̣ιον τῆς μέχρι τοῦ ἄξονος, πάντα λόγον ἔχο(ν) πρὸς τὸ ὑγρὸν τῶι βάρει, ἀφεθὲν εἰς τὸ ὑγρὸν οὕτως, ὥ[σ]τε τὴν βάσιν αὐτοῦ μὴ ἅπτεσθαι τοῦ ὑγροῦ, τεθὲ(ν) κεκλιμένον οὐ μενεῖ κεκλιμένον, ἀλλὰ ἀποκαταστήσεται ὀρθ(όν). ὀρθὸν δὲ λέγω καθεστηκέναι τὸ τοιοῦτο τμᾶμα, ὁπόταν τὸ ἀ̣ποτετμηκὸς αὐτὸ ἐπίπεδον ἦι π(αρὰ) τὴν ἐπιφάνειαν ἦι τοῦ ὑγροῦ. ἔστω τμᾶμα ὀρθογωνίου κωνοειδοῦς, ο[ἵ]ον εἴρηται, καὶ κείσθω κεκλιμένον δεικτέον, ὅτι οὐ μενεῖ, ἀλλ' ἀποκαταστήσεται ὀρθό(ν). τμηθέντος δὴ αὐτοῦ ἐπιπέδωι διὰ τοῦ ἄξονος ὀρθῶι πρὸς τὸ ἐπίπεδ[ο]ν τὸ ἐν τῆ̣ι ἐπιφανείαι τοῦ ὑγροῦ τμάματος ἔστω τὸ μὴ ΑΠ ΟΛ ὀρθογωνίου κών(ου) τομή, ἄξων δὲ τοῦ τμάματος καὶ διάμετρος τῆς τομῆς ἡ ΝΟ, τῆς δὲ τοῦ ὑγροῦ ἐπιφανεί(ας) τομὴ ἡ ΙΣ. ἐπεὶ οὖν τὸ τμᾶμα οὐκ ἔστιν ὀρθόν, οὐκ ἂν εἴη παράλληλος ἡ Ω̣Λ τῆς ΙΣ· ὥστε οὐ ποιήσει ὀρθὴν γωνίαν ἡ ΝΘ πρ(ὸς) τ(ὴν) ΙΣ. ἤχθω οὖν παράλληλος ἡ ἐφαπτομένη ΙΣ ΚΩ τῆι τῆς τοῦ κώνου τομῆς κατὰ τὸ Π, (καὶ) ἀπὸ τοῦ Π παρὰ τὸ ΝΟ ἤχθω· τέμνει δὲ ἡ ΠΦ δίχα τὴν ΙΣ· δέδεικται γὰρ ἐν τοῖς κωνικοῖς. τετμήσθω ἡ [Π]Φ, ὥστε εἶναι διπλῆ τὴν ΠΒ τῆ[ς] ΒΦ, καὶ ἡ ΝΟ κατὰ τὸ

COLUMN 1

1 μέγεθος τῶι βάρει πρὸς | τὸ ὑγρὸν τὸ ἰσόογκον] τῶι β̣ά̣ρ̣ε̣ι̣ π̣ο̣τ̣ὶ̣ τ̣ὸ̣ ὑ̣γ̣ρ̣ὸ̣ν̣ | τ̣ὸ̣ ἴ̣σ̣ο̣γ̣κ̣ο̣ν̣ Η
3 ὅν] ὃ̣ν̣ ἔχει Η
3 πρὸς] ποτὶ Η
3 εἰλήφθω] λελάφθω Η
4 ἰσόογκον | τῶι ΦΑ τὸ ΝΙ] τ̣ὸ̣ Ν̣Ι̣ ἴ̣σ̣ο̣ν̣ | ὄ̣γ̣κ̣ο̣ν̣ ἔχον τ̣ῶ̣ι̣ Φ̣Α̣ Η
5 ἔ[στω] ἔσ|τω Η
7 μεγέθους] μεγέθεος Η
9 πρὸς] ποτὶ Η
10 πρὸς] ποτὶ Η
10 ἐπὶ] ἐπεὶ Η
11 ἀφίηται] ἀφεθὲν Η
13 μεγέ|θους] μεγέ|θεος Η
15 ἴ[σον] |ἴσον Η
17 βάρος τοῦ ὅλου] τ̣ὸ̣ βάρος ἐ̣σ̣τ̣ὶ̣ ὅλου Η
18 μεγέθους] μεγέθεος Η
18 οὗ|περ ἐγίγνετο] ὃ τ̣ῶ̣ι̣ | μ̣ε̣γ̣έ̣θ̣ε̣ι̣ ἐγένετο Η
22 πρὸς (pr.)] ποτὶ Η
22 ὅν] ὡς Η
22 πρὸς τὸν] ποτὶ τὸ Η
23 πρὸς τὸν] ποτὶ τὸ Η
24 πρὸς] ποτὶ Η
25 πρὸς] ποτὶ Η
26 ὀρθόν] sic, π̣ρ̣ο̣τ̣ε̣θ̣ὲ̣ν̣ Η

COLUMN 2

1 β] om. Η
2 κωνοειδοῦς] κωνοειδέος Η
2 σχῆι] ἔχ̣η̣ι̣ Η
3 τῆς] τᾶς Η
5 πρὸς] ποτὶ Η
6 τὴν] τὰν Η
9 ἀποκαταστήσεται] ἀποκαταστασεῖται Η
10 καθεστηκέναι] καθεστακέναι Η
11 ἀπο|τετμηκὸς] ἀπο|τετμακὸς Η
12 ἦι] om. Η
13 τὴν] τὰν Η
14 κωνοει|δοῦς] κωνοει|δέος Η
17 ἀποκαταστήσεται] ἀποκαταστασεῖται Η
18 τμηθέντος] τμαθέντος Η
19 πρὸς] ποτὶ Η
20 ἐν τῆι ἐπιφανείαι] ἐπὶ τᾶς ἐπιφανείας suppl. Η
21 τὸ μὴ] το|μὰ Η
23 τομή] τομά Η
24 τῆς τομῆς ἡ] τᾶς τομᾶς ἁ Η
25 τῆς] τᾶς Η
26 ἡ] ἁ Η
28 ἡ ΩΛ] ἁ Α̣Λ Η
29 ὀρθὴν γωνίαν ἡ ΝΘ πρὸς τὴν] ὀρθὰν γωνίαν ἁ ΝΘ ποτὶ τὰν Η
30 ἤχθω] ἄχθω Η
31 τῆι τῆς] τῶι τᾶς Η
32 τομῆς] τομᾶς Η
33 τὸ ΝΟ ἤχθω] τὰν ΝΟ ἄχθω ἁ ΠΦ Η
34 δὲ] δὴ Η
34 ἡ] ἁ Η
34 τὴν] τὰν Η
35 τετμήσ|θω] τετμάσ|θω Η
36 ἡ] ἁ Η
36 εἶναι διπλῆ τὴν] εἶμεν διπλασίαν τὰν Η
37 τῆς] τᾶς Η
37 ἡ] ἁ Η
37 τὸ | Ρ] τ̣ὸ̣ Ρ̣ τ̣ε̣τ̣μ̣ά̣|σ̣θ̣ω̣ Η

Heiberg II.350.10–352.24: *Floating Bodies* II, Propositions 2, 3
Pseudocolor created from ultraviolet fluorescence and red reflectance images; *middle,* x-ray fluorescence image of iron content

Ρ, ὥστε καὶ ΟΡ τῆς ΡΝ διπλῆν εἶναι· ἔσται δὴ τοῦ μείζονος ὅλου τμάματος τοῦ στερεοῦ κέντρον τοῦ βάρους τὸ Ρ, τοῦ δὲ (κατὰ) τὴν ΙΠΟΣ τὸ Β· δέδεικται γὰρ ἐν ταῖς ἰσορροπείαις, ὅτι παντὸς ὀρθογωνίου κώνου εἴδ(ου)ς τμάματος τὸ κέντρον τοῦ βάρους ἐστὶν ἐπὶ τοῦ ἄξονος διηρήσθω οὕτως, ὥστε τὸ πρὸς τῆι κορυφῆι τοῦ ἄξονος τμᾶμα διπλάσιον εἶμεν τοῦ λοιποῦ. ἀφαιρεθέντος δὲ τοῦ κατὰ τὴν ΙΠΟΣ τμάματος στερεοῦ ἀπὸ τοῦ ὅλου τοῦ λοιποῦ κέντρου ἔσται τοῦ βάρους ὁ ἐπὶ τ[(ῆς)] ΒΓ εὐθείας· δέδεικται γὰρ τοῦτο ἐν τοῖς στοιχείοις τῶν μηχανικῶν, (ὅτι), [ἐὰν] ἀπό τινος μεγέθ̣[ου]ς̣ [ἀ]φε̣ι̣ρηθη τι μέ[γεθος] τὸ αὐτὸ κέντρον ἔχον τοῦ βάρους τῶι ὅλωι μεγέθει, τοῦ λοιποῦ τὸ κέντρον ἔσται τοῦ βάρους ἐπὶ τῆς εὐθείας τῆς ἐπιζευγνούσης τὰ κέντρα τοῦ τε ὅλου μεγέθεος (καὶ) τοῦ ἀφηρημένου ἐπὶ τὰ αὐτά, ἐφ' οὗ τὸ κέντρον τοῦ ὅλου μεγέθους (ἐ̣σ̣τ̣ί̣ν̣). ἐκβεβλήσθω δὴ ἡ ΒΡ ἐπὶ τὸ [Γ], καὶ ἔστω τὸ Γ τοῦ βάρους τοῦ λοιποῦ μεγέθους. ἐπεὶ οὖν ἡ ΝΟ τῆς μὲν ΟΡ η μη δια τις δὲ μέχρι τοῦ ἄξονος οὐ μεῖζον εἰ ἡμιολ[ί]α, δῆλον, ὅτι ἡ ΡΟ τῆς μέχρι τοῦ ἄξονος οὐκ ἔστι μείζων· ἡ ΠΡ ἄρα πρὸς τὴν ΚΩ γωνίας ἀνίσους ποιεῖ, καὶ ἡ ὑπὸ τῶν ΡΠΩ γίνετ(αι)

ὀξείη· ἀπὸ τοῦ Ρ ἄ̣ρα κάθετος ἐπὶ τὴν ΠΩ ἀγομένη μεταξὺ πεσεῖτ(αι) τῶν ΠΩ. πιπτέτω ὡς ἡ ΡΘ· ἡ ΡΘ ἄρα ὀρθή ἐστι καὶ πρὸς τὸ τοῦ ὕ[δ]ατος ἐπίπεδον, ἐν ὧι ἐστιν ἡ ΣΙ, ὅ ἐστιν ἡ ἐπὶ τῆς ἐπιφανείας τοῦ ὑγροῦ. ἤχθωσαν δέ τινες ἀπὸ τῶ(ν) ΒΓ παρὰ τὰν ΡΘ· ἐνεχθήσεται δὴ τὸ μὲν ἐκτὸς τοῦ ὑγροῦ οὐ μεγέθους εἰς τὸ κάτω κατὰ τὴν διὰ τοῦ Γ ἀγομένην κάθετον· ὑπόκειται ἕκαστον τῶν βαρέων εἴς τ̣ε κάτω φέρεσθαι κατὰ τὴν κάθετον τὴν διὰ τοῦ κέντρου ἀγομένην· τὸ δὲ ἐν τῶι ὑγρῶι μέγεθος, ἐπὶ κουφότερον γίνεται τοῦ ὑγροῦ, ἐνεχθήσεται εἰς τὸ ἄνω κατὰ τὴν κάθετον τὴν διὰ [το]ῦ Β ἀγομένην. ἐπιπέδου κατὰ τὴν αὐτὴν κάθε[το](ν) ἀλλὰ ἀλλήλο[ι]ς ἀντιθλίβ[ονται], δῆλον, [ὡ]ς οὐ μ̣ε̣[ν]εῖ τὸ τμᾶμ[α] [ἐ]ν τῶι ὑγρῶι ἀλλὰ τὰ μὲν κατὰ τὸ Α εἰς τὸ ἄνω ἐνεχθήσεται, τὰ δὲ κατὰ τὸ Λ εἰς τὸ κάτω, ἀεὶ ἔστε(ν), ἕως ἂν ὀρθὸν ἀποκατασταθῆι.

ΕΞΗΣ ΤΟ ΣΧΗΜΑ

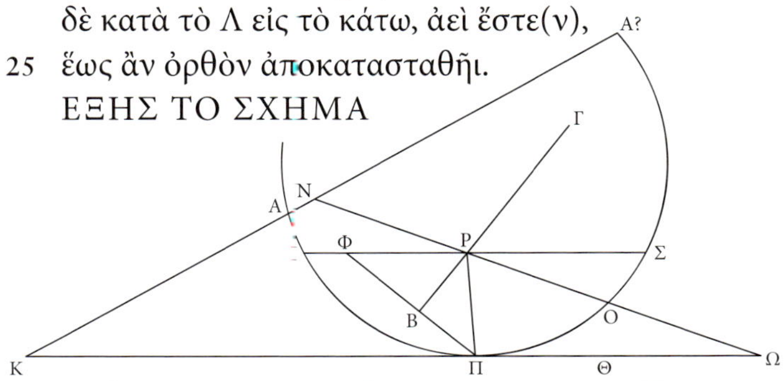

Γ̄

Ὀρθὸν τμᾶμα τοῦ ὀρθογωνίου κωνοειδοῦς, ὅταν τὸν ἄξονα ἔχῃ μὴ μείζονα ἡμιόλιον τῆς μέχρι τοὺς ἄξονας, πάντα λόγον ἔχο[ν] πρὸς τὸ ὑγρὸν τῶι βάρει, ἀφεθὲ[ν] εἰς τὸ ὑγρὸν οὕτως, ὥστε τὴν βάσι[ν]

COLUMN 1

1 τῆς ΡΝ] τᾶς ΡΗ Η
2 εἶναι ἔσται] εἶμεν ἐσσεῖται Η
2 ὅ|λου τμάματος] ἀπ̣|ο̣τμάματος Η
4 βάρους] βάρεος Η
5 τὴν] τ̣ὰ̣ν Η
8 βά|ρους] βά|ρεος Η
10 πρὸς τῆι | κορυφῆι] ποτὶ τᾶι | κορυφᾶι Η
13 δὲ] δὴ Η
13 τὴν] τὰν Η
16 ἔσται] ἐσσεῖται Η
16 τῆς] τᾱ̣ς Η
19 ἐὰν ἀπό τινος μεγέ|θους ἀφειρηθη τι μέγεθος] εἴ κα μέγεθος ἀφαιρεθῆι μὴ suppl. Η
21 βάρους] βάρεος Η
23 ἔσται τοῦ βάρους ἐπὶ τῆς] ἐσσεῖται τοῦ βάρεος ἐπὶ τᾶς Η
24 τῆς ἐπιζευγνούσης] τᾶς ἐπιζευγνυούσας Η
27 μεγέ|θους] μεγέ|θ̣ε̣ο̣ς Η
28 ἡ] ἁ Η
29 βάρους] βάρεος Η
30 μεγέθους] μεγέθεος Η
30 ἡ] ἁ Η
31 τῆς] τᾶς Η
31 η μη δια τις] sic, ἡμιο̣λ̣ί̣α τᾶς Η
33 ἡ] ἁ Η
33 τῆς] τᾶς Η
35 πρὸς τὴν] ποτὶ τὰν Η
36 ἡ] ἁ̣ Η

COLUMN 2

1 ὀξείη] ὀξεῖ ἁ Η
2 τὴν] τὰν Η
2 ἀγομένη] ἀ̣γομένα Η
3 ἡ (pr.)] ἁ Η
3 ἡ (alt.)] ἁ Η
4 ὀρθή] ὀρθά Η
4 ἐστι καὶ πρὸς τὸ τοῦ ὕδα|τος] ἐστιν π̣ο̣τ̣ὶ̣ τ̣ὸ̣ ....κ.|.ος Η
5 ἡ] ἁ Η
6 τῆς] τᾶς Η
7 ἤχθωσαν] ἄχθωσαν Η
7 δέ] δή Η
9 οὐ] τ̣οῦ Η
9 μεγέ|θους] μεγέ|θεος Η
10 τὴν] τὰν Η
11 ἀγομένην] ἀγομέναν Η
11 ὑπόκειται] ὑπόκειται γὰ̣ρ̣ Η
12 τε] τὸ Η
13 τὴν (pr.)] τὰν Η
13 τὴν (alt.)] τὰν Η
14 ἀγομένην] ἀγομέναν Η
17 τὴν] τὰν Η
18 τὴν] τὰν Η
18 ἀγομένην] ἀγομέναν Η
19 τὴν αὐτὴν] τὰ̣ν̣ αὐτὰν Η
20 ἀλλήλοις] σ̣ι̣ λη.ω Η
21 δῆλον ὡς οὐ μενεῖ τὸ τμᾶμα | ἐν τῶι ὑγρῶι] οὐ μενεῖ τὸ σχῆμα suppl. Η
24 εστεν] sic, ἔστε Η
27 γ] om. Η
27 κω|νοειδοῦς] κω|νοειδέος Η
29 τῆς] τᾶς Η
31 πρὸς] ποτὶ Η
32 τὴν] τὰν Η

Heiberg II.352.24–356.13: *Floating Bodies* II, Propositions 3, 4
Pseudocolor created from ultraviolet fluorescence and red reflectance images; *bottom,* x-ray fluorescence image of iron content

[αὐ]τοῦ [ὅλην εἶναι] ἐν τῶι ὑγρῶι, [τε]-[θὲν κ]εκλιμέ[νον] οὐ μ[ενεῖ κεκλι]-μένο̣ν, ἀλλ' ἀ̣[πο]κατα[στ]η[σεῖται] οὕτως, ὥ[στε] τ̣ὸν ἄξο[να αὐτ]οῦ κα-τὰ κάθετον εἶναι. ἀφεί̣σ̣θ[ω γά]ρ τι τμᾶμα εἰς τὸ ὑγρόν, οἷον [εἴ]ρητ(αι), καὶ ἔσται αὐτο̣ῦ̣ ἡ βάσει ἐν τῶι ὑ-γρῶι, τμη[θέ]ντος δὲ αὐτοῦ ἐπιπέ-δωι δι[ὰ τοῦ ἄξονος ὀ]ρθῶι πρὸς τὴν ἐπιφάνει[αν] τοῦ ὑγροῦ το-[μὴ] ἔστω [ἡ ΑΠΟΛ] ὀρθογωνίου κών[ου το]μή, ἄξων δὲ τοῦ τμά-ματος καὶ διὰ τῆς τομῆς ἡ ΠΦ, τῆς δ' ἐπιφανείας τοῦ ὑγροῦ το-μὴ ἡ ΙΣ. ἔπειθ' οὖν κεκλιμένον κεῖται τὸ τμᾶμα, οὐκ ἔσται κα-τὰ κάθετον ὁ ἄξων· οὐκ ἄρα ποιήσει ἡ ΠΦ ἴσας γωνίας πρὸς τῆι ΙΣ η η ΧΘ ω δή τις ἡ [ΚΩ παρὰ τὴν ΙΣ ἐφαπτομένα κατὰ] [τὸ Ο τᾶς ΑΠΟΛ το]μῆς, καὶ τοῦ μ[(ὲν)] ΑΠΟΛ στερεοῦ ἔστω τοῦ βάρους [τὸ Ρ, τοῦ δὲ ΙΠΟΣ στερεοῦ τὸ Β, καὶ] [ἐπιζευχθεῖσ]α δ[ὴ] Β[Ρ ἐκβεβλήσ]-[θω, καὶ ἔστω κέντρον τοῦ βάρους τὸ Γ τοῦ] [ΙΣ]Λ̣Α̣. [ὁμ]οίως [δὲ δειχθήσεται] ἡ [μὲν ὑπὸ τᾶν ΡΟ ΟΚ γωνία]ν [ὀξεῖ]-[α, ἡ δὲ ἀ]πὸ τοῦ [Ρ κάθετος] ἐπ[ὶ] τ[ὴν] [Κ]Ω [ἀγομένα μ]ετ[αξὺ πίπτουσα] [τῶν ΚΩ· ἔστω ἡ ΡΘ. ἐ]ὰν [δὴ ἀπὸ] τῶ[ν ΓΒ ἀ]χ[θ]ὴν ἔσ[ται παρὰ] τ[ὴν Ρ]Θ, τὸ [μὲν ἐν τῶι ὑγρῶι ἀποληφ]θ[ὲ(ν)] ἐνεχ[θήσεται ἄνω κατὰ τὴν] δ̣[ι]-ὰ τοῦ Γ [ἀγομέ]να[ν], τὸ [δ' ἐκτὸς] τοῦ ὑγρ[οῦ κ]ατὰ τ[ὴν] διὰ [τοῦ] Β [εἰ]ς τ̣[ὸ κ]ά-τω̣, [καὶ οὐ μενεῖ τὸ ΑΠΟΛ] στερεὸν οὕτως ἔχον ἐν [τῶι ὑγρῶι], ἀλλὰ τὸ μὲν [κα]τὰ τὸ [Α ἄνω τὴν] [φ]ορ̣[ὰν ἕξει, τὸ δ̣]ὲ κατ[ὰ τὸ Λ κ]ά[τω], ἕω[ς ἂν γέν]ηται ἡ ΠΦ κατὰ κά-[θ]ε̣τον.

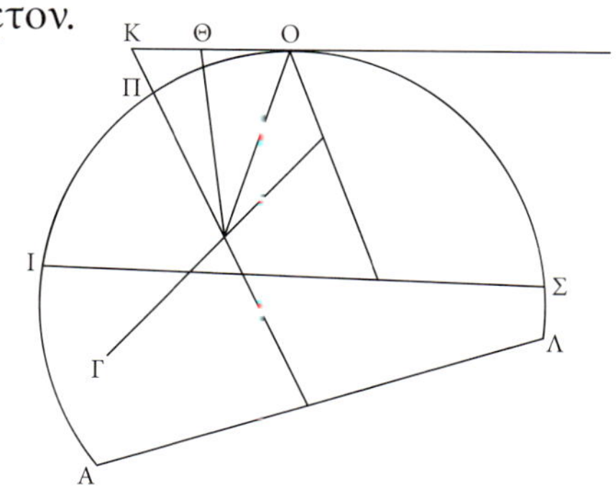

ΤΟ ὀρθὸν τμᾶμα τοῦ ὀρθογωνί(ου) κωνοειδοῦς, ὁπόταν κουφότε-ρον ᾖ τοῦ ὑγροῦ καὶ τὸν ἄξονα ἔχῃ μεῖζον ἡμιόλιον τῆς μέ-χρι τοῦ ἄξονος, ἐ̣ὰν τῶι βάρει πρὸς τὸ ἴσογκον ὑγρὸν μὴ ἐλάσ-[σονα λόγον ἔχῃ τοῦ ὃν ἔχει] [τὸ τετράγωνον τὸ ἀπὸ τῆς ὑπε]-[ροχ]ῆς, ᾗ μεῖζόν ἐστιν [ὁ ἄξ]ων̣ ἢ ἡμιόλιος [τῆς μέ]χ̣[ρι] τοῦ [ἄξ]ον[(ος)], [πρὸς τὸ τετράγωνον τὸ ἀπὸ τοῦ] [ἄξ]ονος, [ἀφεθὲ]ν ε[ἰ]ς τ[ὸ ὑγ]ρὸν [οὕτως, ὥσ]τ[ε] τὴν [β]άσι[ν] α[ὐτοῦ] [μὴ ἅπτεσθαι τοῦ ὑγροῦ, τεθὲν] κ[εκ]λ[ιμέ]νο[ν] ο[ὐ μενεῖ κεκλιμέ]-[ν]ο̣ν, [ἀ]λ̣λ̣[ὰ] ἀ̣π̣ο̣[κ]α̣[τα]στ[ήσεται] [εἰς] ὀ̣ρθό̣[ν]. ἔστω τμ[ᾶμα ὀρθο]-[γω]νί[ου κ]ων[οειδοῦς, οἷον εἴρη]-[ται, καὶ ἀφεθὲν ε̣ς τὸ ὑγρόν, εἰ δυ]-[νατόν], ἔστω μὴ [ὀρθ]όν, ἀλλ[ὰ] . . [ἐκ]κλι[θέν], τμηθέντος δὲ α[ὐτοῦ] [ἐ]πιπέδωι διὰ τοῦ ἄξον[ος ὀρ]-[θῶ πρὸς] τ̣ὴ̣ν ἐπιφάνει[αν τοῦ] [ὑ]γ[ρ]οῦ τοῦ μὲν τμάμα̣[τος τομὴ].

COLUMN 1

1 ὅλην εἶναι] ὅλαν εἶμεν H
3 ἀποκαταστησεῖται] ἀποκαταστασεῖται H
5 εἶναι] εἶμεν H
7 ἔσται] ἔστω H
7 ἡ] ἁ H
8 τμηθέντος] τμαθέντος H
9 πρὸς] ποτὶ H
10 τὴν] τὰν H
10 το|μὴ] το|μὰ H
11 ἡ] ἁ̣ H
12 τομή] τομά H
13 διὰ τῆς τομῆς] διάμετρος τ̣ᾶ̣ς̣ τ̣ο̣μ̣ᾶ̣ς̣ H
13 ἡ] ἁ H
14 τῆς] τᾶς H
14 δ] δὲ H
14 το|μὴ] το|μὰ H
15 ἡ] ἁ H
15 ἔπειθ οὖν] sic, ἐπειδὴ οὖν H
16 ἔσται] ἐσσεῖται H
18 ἡ] ἁ H
19 πρὸς] ποτὶ H
19 τῆι] τὰν H
19 η η ΧΘ ω] sic, ἄχθω H
19 ἡ|] |ἁ suppl. H
20 τὴν] τὰν suppl. H
21 τομῆς] τομᾶς H
21 τοῦ μὲν] τομὴ H
22 βάρους] βάρεος H
25 βάρους] βάρεος H
25 τοῦ|] |τ̣ο̣ῦ̣ H
26 δὲ] δὴ H
26 ἡ] ἁ H
28 ἡ] ἁ H
28 τὴν] τὰν H
30 ἡ] ἁ H
30 δὴ] δὲ H
31 ἀχθὴν] ἀχθῆι H
31 ἔσται] τ̣ι̣ν̣ε̣ς̣ H
31 τὴν] τ̣ὰ̣ν̣ H
32 ἀποληφθὲν] ἀπολαφθὲν H
33 τὴν] τὰν H
33 δι|ὰ] διὰ| H
35 τὴν] τὰν H
35 εἰς τὸ κά|τω] ἀ̣γ̣ο̣μ̣έ̣|ν̣α̣ν̣ κάτω H

COLUMN 2

2 τὴν] τὰν H
4 ἡ] ἁ H
4 κά|θετον] κάθ|ετον H
7 κωνοειδοῦς] κωνοειδέος H
9 μεῖζον] μείζονα ἢ H
9 τῆς] τ̣ᾶ̣ς̣ H
10 ἐὰν] ὅταν H
11 πρὸς] ποτὶ H
13 τῆς ὑπε|ροχῆς] τ̣ᾶ̣ς̣ ὑ̣π̣ε̣ρ̣ο̣|χᾶς H
14 ᾗ] ἇι H
15 τῆς] τᾶς H
16 πρὸς] ποτὶ H
18 τὴν] τὰν H
21 ἀποκαταστήσεται] ἀποκαταστασεῖται H
23 κωνοειδοῦς] κωνοειδέος H
26 ἐκκλιθέν] κεκλιμένον H
26 τμηθέντος] τμαθέντος H
28 πρὸς] ποτὶ H
28 τὴν] τὰν H
29 τομὴ] τ̣ο̣μ̣ὰ̣ H

Heiberg II.364.2–368.7: *Floating Bodies* II, Propositions 7, 8
Pseudocolor created from ultraviolet fluorescence and red reflectance images

Τὸ ὀρθὸν τμῆμα τοῦ ὀρθογωνίου κωνοειδοῦς, ὅταν τὸ ὑγρὸν κ(ου)φότερον ᾖ καὶ τὸν ἄξονα ἔχῃ μείζονα ἢ ἐλάσσονα δὲ ἢ ὥστε λόγον ἔχειν πρὸς τὴν μέχρι τοῦ ἄξονος ἢ ἡμιόλιον τῆς μέχρι τοῦ ἄξονος, ὃν τὰ ΡΕ πρ(ὸς) ΔΑ, ἀφεθὲν ἐς τὸ ὑγρὸν οὕτως, ὥστε τὴν βάσιν ὅλην εἶναι ἐν τῶι ὑγρῶι, οὐδέποτε καταστήσεται οὕτως, ὥστε τὴν βάσιν αὐτοῦ ἅπτεσθαι τῆς τοῦ ὑγροῦ ἐπιφανείας. ἔστω τμῆμα, οἷον εἴρηται, καὶ ἀφεθὲν ἐς τὸ ὑγρὸν καθάπερ ἐρρέθη, καθεστηκέτω οὕτως, ὥστε τὴν βάσιν αὐτοῦ μ[ὴ κ]αθ' ἓν ἅπτεσθαι τῆς τοῦ ὑγροῦ ἐπιφανείας. τμηθέντος γὰρ αὐτοῦ ἐπιπέδωι ὀρθῶι πρ(ὸς) τὴν τοῦ ὑγροῦ ἐπιφάνειαν τομὴ ἔστω ἡ ΑΠ ΟΛ ὀρθογωνίου κών(ου) τομῆς, ἔστω δὲ καὶ τῆς τοῦ ὑγροῦ ἐπιφανείας τομὴ ἡ ΣΑ, ἄξων δ' ἔστω τοῦ τμήματος καὶ διάμετρος ἡ ΠΦ, π[ά]λιν δὲ τεμήσθω ἡ ΠΦ κα(τὰ) μὲν τὸ Ρ, ὥστε διπλασίαν εἶναι τὴν [Ρ]Π τῆς ΡΦ, κατὰ δὲ τὸ Ω, ὥστε τὴν ΠΦ πρὸς τὴν ΡΩ λόγον ἔχει(ν) ὃν τὰ ΙΕ πρὸς Δ, καὶ ἡ ΩΚ ὀρθὴ ἤχθω τῆι ΠΦ· ἔσται δ' ἐλάσσων ἡ ΡΩ τῆς μέχρι τοῦ ἄξονος. ἀπειλήφθω οὖν τῇ μέχρι τοῦ ἄξονος ἴση ἡ ΡΗ, καὶ ἡ μὲν ΤΟ ἤχθω ἐφαπτομένη τῆς τομῆς κατὰ τὸ Ο παράλληλος οὖσα τᾶι ΛΣ, ἡ δὲ ΝΟ τῆι ΠΦ, τεμνέτω δὴ ἡ ΝΟ τὴν ΚΩ πρότερον κατὰ τὸ Ι. ὁμοίως δὴ τῶ πρὸ τούτου δειχθήσετ(αι), (ὅτι) ἡ ΝΟ ἤτοι ἡ ἡμιολία τῆς [ΟΙ] ἢ μεῖζον ἡμιολία· γίνεται ἡ δὲ ΟΘ τῆς ΘΝ ἔλασσον ἢ διπλασία τῆς ΒΝ, (καὶ) κατεσκευάσθω τὰ αὐτά· ὁμοίως οὖν δειχθήσεται ἡ ΡΘ ὀρθὰς γωνίας ποιοῦσα πρὸς τὴν ΤΟ καὶ πρὸς τὴν τοῦ ὑγροῦ ἐπιφάνειαν, καὶ ἀπὸ τῶν ΒΓ ἀχθεῖσαν παρὰ τὴν ΡΟ κάθετοι ἔσονται ἐπὶ τὴν τοῦ ὑγροῦ ἐπιφάνει(αν). κατενεχθήσεται οὖν τὸ μὲν ἐκτὸς τοῦ ὑγροῦ τμῆμα εἰς τὸ ὑγρὸν κατὰ τὴν διὰ τοῦ Β κάθετον, τὸ δ' ἐν τῶι ὑγρῶι ἀνενεχθήσεται κατὰ τὴν Γ· φανερὸν οὖν, (ὅτι) ἐπικλιθήσεται τὸ στερεόν, [ὥ]στε τὴν βάσιν αὐτοῦ μηδὲ καθ' ἓν ἅπτεσθαι τῆς τοῦ ὑγροῦ ἐπιφανείας, ἐπειδὴ νῦν καθ' ἓν σημεῖον ἁπ[το]μένη εἰς τὰ κάτω φέρεται ἐπὶ τὰ αὐτὰ τῶ Α. φανερὸν δέ, (ὅτι), κἂν ἡ ΟΝ μὴ τέμνῃ τὴν ΩΚ, ταῦτα δειχθήσεται.

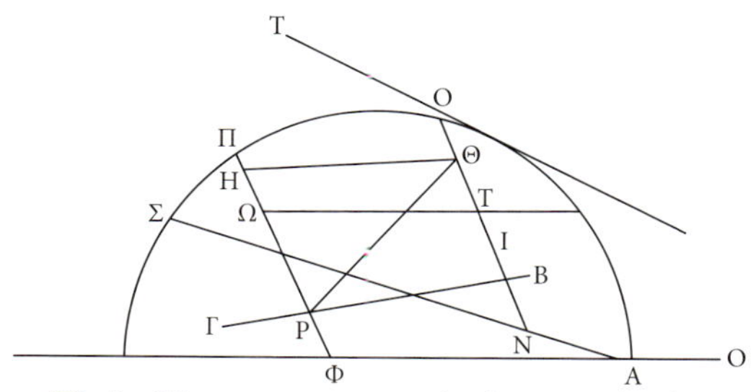

Τὸ ὀρθὸν τμῆμα τοῦ ὀρθογωνί(ου) κωνοειδοῦς, ὅταν τὸν ἄξονα ἔχῃ μεῖζον ἡμιόλιον τῆς μέχρι τοῦ ἄξονος, ἐλάσσονα δὲ τήν, ὥστε πρὸς τὴν μέχρι τοῦ ἄξονος τοῦτον ἔχειν τὸν λόγον, ὃν ἔχει τὰ ΙΕ ἡ πρ(ὸς) τὰ Δ, ἐὰν τὸ βάρο[ς] πρὸς τὸ ὑγρὸν ἐλάσσονα λόγον ἔχῃ τοῦ, ὃν ἔχει

COLUMN 1

1 τμῆμα] τμᾶμα H
2 κωνοειδοῦς] κωνοειδέος H
4 ἢ (pr.)] ην H
5 πρὸς τὴν] ποτὶ τὰν H
7 πρὸς] ποτὶ H
7 ἐς] εἰς H
8 τὴν] τὰν H
8 ὅ|λην εἶναι] ὅ|λαν εἶμεν H
10 καταστήσεται] καταστασεῖται H
10 τὴν] τὰν H
11 τῆς] τᾶς H
12 τμῆμα] τμᾶμα H
14 καθε|στηκέτω] καθε|στακέτω H
15 τὴν] τὰν H
16 mg. ἅπτεσθ(αι) τ(ῆς) | τ(οῦ) ὑγρ(οῦ) ἐπι|φανεί(ας). δει|κτέ(ον) (ὅτι) οὐ | μενεῖ ἀλλ(ὰ) (ἀπο)κλιθή|σετ(αι) (ὥσ)τε | τ(ὴν) βάσ(ιν) | αὐτοῦ
16 mg. τῆς] τᾶς H
16 mg. ἀποκλιθήσεται] ἀνακλιθήσεται οὕτως H
16 μὴ] μηδὲ H
16 τῆς] τᾶς H
17 τμηθέντος] τμαθέντος H
18 πρὸς] ποτὶ H
19 τὴν] τὰν H
19 τομὴ] τομὰ H
20 ἡ] ἁ H
21 τομῆς] τομά H
21 τῆς] τᾶς H
22 τομὴ ἡ] τομὰ ἁ H
22 δ ἔ|στω] δὲ | ἔστω H
23 τμήματος] τμάματος H
24 ἡ (pr.)] ἁ H
24 τεμήσθω] sic, τεμνέσθω H
24 ἡ (alt.)] ἁ H
25 εἶναι] εἶμεν H
26 τὴν] τὰν H
26 τῆς] τᾶς H
27 τὴν] τὰν H
27 πρὸς τὴν] ποτὶ τὰν H
28 πρὸς] ποτὶ τὰ H
28 ἡ] ἁ H
28 ὀρθὴ] ὀρθὰ H
29 ἤχθω τῆι] ἄχθω τᾶι H
29 ἔσται] ἐσσεῖται H
29 δ] δὴ H
30 ἡ] ἁ H
30 τῆς] τᾶς H
31 ἀπειλήφθω] ἀπολελάφθω H
31 τῇ] τᾶι H
32 ἴση ἡ] ἴσα ἁ H
32 ἡ] ἁ H
33 ἤχθω ἐφαπτομένη τῆς τομῆς] ἄχθω ἐφαπτομένα τᾶς τομᾶς H
34 οὖσα] ἐοῦσα H
35 ΛΣ] ΣΛ H
35 ἡ] ἁ H
35 τῆι] τᾶι H
35 δὴ] δὲ H

COLUMN 2

1 ἡ] ἁ H
1 τὴν] τὰν H
3 ἡ (pr.)] ἁ H
3 ἡ (alt.)] om. H
3 τῆς] τᾶς H
4 ἡ δὲ] δὴ ἁ H
4 ΟΘ] ΟΙ H
4 τᾶς] τῆς H
5 ΘΝ] ΙΝ H
5 ἔλασσον] ἐλάσσων H
5 τῆς] τᾶς H
6 οὖν] δὴ H
7 ἡ] ἁ H
8 πρὸς τὴν (pr.)] ποτὶ τὰν H
8 πρὸς τὴν (alt.)] ποτὶ τὰν H
10 τὴν ΡΟ] τὰν ΡΘ H
11 ἔσονται] ἐσσοῦνται H
11 τὴν] τὰν H
13 τμῆμα] τμᾶμα H
14 τὴν] τὰν H
15 τὴν] τὰν H
17 τὴν] τὰν H
18 τῆς] τᾶς H
18 ἐ|πιφανείας] ἐ | ἐπιφανείας H
19 ση|μεῖον] σα|μεῖον H
20 ἁπτομένη] ἁπτόμενον suppl. H
20 εἰς τὰ] ἐπὶ τὸ suppl. H
22 ἡ] ἁ H
22 τὴν] τὰν H
24 τμῆμα] τμᾶμα H
25 κωνοειδοῦς] κωνοειδέος H
26 μεῖζον] μείζονα H
26 τῆς] τᾶς H
27 τὴν] ἢ H
28 πρὸς τὴν] ποτὶ τὰν H
29 πρὸς] ποτὶ H
30 ἐὰν] ὅταν H
30 πρὸς] ποτὶ H

Heiberg II.368.7–372.9: *Floating Bodies* II, Proposition 8
Pseudocolor created from ultraviolet fluorescence and red reflectance images

τὸ τετράγωνον τὸ ἀπὸ τῆς ὑπεροχῆς, ᾗ μείζων ἐστὶν ὁ ἄξων ἢ ἡμιόλιος τῆς μέχρι τοῦ ἄξονος, πρὸς τὸ̣ τετράγωνον τὸ ἀπὸ τοῦ ἄξονος, ἀφεθὲν ἐς τὸ ὑγρόν, ὥστε τὴν βάσι(ν) αὐτοῦ μὴ ἅπτεσθαι τοῦ ὑγροῦ, οὔτ᾽ ἐς ὀρθὸν ἀποκαταστήσεται οὐ̣ μὴν κεκλιμένον, πλὴν ὁπόταν ὁ ἄξω(ν) αὐτοῦ πρ(ὸς) τὴν ὑγροῦ ἐπιφάνειαν πο[ι]ῆι γωνίαν ἴσην τῆι μελλούσηι λέγεσθαι. ἔστω τμῆμα οἷον εἴρηται, καὶ ἡ ΒΔ ἴση τῶι ἄξον[ι], καὶ ἡ μ(ὲν) ΒΚ τῆς ΚΔ διπλῆ (ἔστω), ἡ δὲ ΚΡ ἴση τῆι μέχρι τοῦ ἄξονος, ἔστω δὴ (καὶ) ἡ μὲν Τ̣Β ἡμιολία τῆς ΒΡ, ἡ δὲ ΓΔ τ(ῆς) ΚΡ, ὃν δὴ λόγον ἔχει τὸ τμῆμα τῶ βάρει πρὸς τὸ ὑγρόν, τοῦτον ἐχέτω τὸ ἀπὸ τῆς ΦΧ τετράγωνον πρ(ὸς) τὸ ἀπὸ τῆς ΑΒ, ἔστω δὴ καὶ ἡ Φ δ[ι]πλασία τῆς Χ. δῆλον οὖν, ὅτι ἡ Φ . πρὸς τὴν ΔΒ ἐλάσσονα λόγο(ν) ἔχει τοῦ, ὃν ἔχει ἡ Β πρ(ὸς) τὴν ΒΔ· ἔστι γὰρ ὑπεροχή, ᾗ μείζων ἡμιόλιος ὁ ἄξων τῆς μέχρι τοῦ ἄξονος· ἐλάσσων ἄρα ἡ ΦΧ τῆς ΒΤ· (ὥσ)τε (καὶ) ἡ Φ τῆς ΒΡ. ἔστω δὴ τῆι Φ ἴση ἡ ΡΨ, καὶ τῆι ΒΔ ὀρθὴ ἤχθω ἡ ΨΕ δυναμένη τὸ ἥμισυ τοῦ ὑπὸ τῶν ΚΡ ΒΨ, καὶ ἐπεζεύχθω ἡ Β[Ι]Ε. δεικτέον, ὅτι τὸ τμῆμα ἀφεθὲν ἐς τὸ ὑγρὸν, ὡς εἴρηται, καταστή(σεται) κεκλιμένον, ὥστε τὸν ἄξονα πρ(ὸς) τὴν ἐπιφάνειαν τοῦ ὑγροῦ ποιεῖν ἴσην γωνίαν τῆι ΙΒ. ἀφειρήσθω γάρ τι ἐς τὸ ὑγρὸν τμῆμα, καὶ ἡ βάσις αὐτοῦ μὴ ἁπτέσθω τ[(ῆς)] τ(οῦ)

ὑγροῦ ἐπιφανείας, (καί), εἰ δυνατό(ν), μὴ ποιείσθω ὁ ἄξων αὐτοῦ πρὸς τὴν ἐπιφάνειαν τοῦ ὑγροῦ ἴσην τῆι Β, ἀλλὰ μείζω πρῶτον τμηθέντος δὴ τοῦ τμήματος ἐπιπέδωι διὰ τοῦ ἄξονος πρ(ὸς) τὴν ἐπιφάνειαν τοῦ ὑγροῦ τομὴ ἔσται ἡ ΑΠΟΛ ὀρθογώνιον κώνου τομή, ἐν δὲ τῆι τοῦ ὑγροῦ ἐπιφανείαι ἡ ΞΣ, ἄξω(ν) δὲ καὶ διάμετρος τοῦ τμήματος ἡ ΝΟ. ἤχθω δὴ καὶ ἡ μὲν ΠΟ̣ παρὰ τὴν ΞΣ ἐφαπτομένη τῆς ΑΠ ΟΛ τομῆς κατὰ τὸ Π, ἡ μὲν Π̣Μ ἄρα τὴν ΝΟ, ἡ δὲ ΠΙ κάθετος ἐπὶ τὴν ΝΟ, καὶ τῆι ΒΡ ἔστω ἡ ΗΒΡ τῆι ΟΩ, ἡ δὲ ΡΚ τῆι Ω̣Θ, καὶ (ὀρθ)ὴ ἡ ΩΗ τῶ ἄξονι. ἐπεὶ οὖν ὑπόκειται ὁ ἄξω(ν) τοῦ τμήματος πρ(ὸς) τὴ(ν) ἐπιφάνειαν τοῦ ὑγροῦ γωνίαν ποιεῖ μείζονα τῆς Ε, [δ]ῆλον, (ὅτι) το[ῦ] ΠΟϘ τριγώνου ἡ πρὸς τῶι Ϙ γωνία μεῖζον τῆς Β· [μ]είζονα οὖν λόγ(ον) ἔχει τὸ τετράγωνον τὸ ἀπὸ τῆς ΠΙ πρὸς τὸ τετράγωνον τὸ ἀπὸ τ(ῆς) Ε̣Ϙ ἢ τὸ τετράγωνον τὸ ἀπὸ τῆς ΕΨ πρὸς τὸ τετράγωνον τὸ ἀπὸ τῆς ΨΒ. ἀλλ᾽ ὃν μὲν λόγον ἔχει τὸ ἀπὸ τῆς ΠΙ τετράγωνον πρὸς τὸ ἀπὸ τῆς ΙϘ, τοῦτον ἔχει ἡ ΚΡ πρὸς ΥΙ, ὃν δὲ λόγον ἔχει τὸ τετράγωνον τὸ ἀπὸ τῆς ΞΨ πρὸς τὸ τετράγωνον τὸ ἀπὸ τῆς ΨΒ, τοῦτο(ν) ἔχει ἡμίσεια τῆς ΚΡ πρὸς τὴν ΨΒ· (καὶ) ὃν ἄρα λόγον ἔχει ἡ ΚΡ πρὸς τὴν ϘΙ, ἡ ΠΕΗ ἡμίσεια τῆς ΚΡ πρὸς τὴν ΨΒ· ἐλάσσων ἄρα ἢ διπλῆ

COLUMN 1

1 τῆς] τᾶς H
1 ὑπερο|χῆς] ὑπερο|χᾶς H
2 ᾗ] ᾇι H
3 τῆς] τᾶς H
3 πρὸς] ποτὶ H
5 τὴν] τὰν H
6 αὐτοῦ] om. H
7 ἀποκαταστήσεται] ἀποκαταστασεῖται H
9 πρὸς τὴν] ποτὶ τὰν H
10 ἴσην τῆι μελλούσηι] ἴσαν τᾶι μελλούσαι H
11 τμῆμα] τμᾶμα H
12 ἡ (pr.)] ἁ H
12 ἴση] ἴσα H
12 ἡ (alt.)] ἁ H
13 τῆς] τᾶς H
13 διπλῆ] διπλασ̣ί̣α H
13 ἔστω] om. H
13 ἡ] ἁ H
13 ἴση] ἴσα H
14 τῆι] τᾶι H
14 ἡ] ἁ H
15 τῆς] τᾶς H
15 ἡ δὲ ΓΔ] ἁ δὲ ΤΔ H
15 τῆς] τᾶς H
16 τμῆμα] τμᾶμα H
17 πρὸς] ποτὶ H
18 τῆς] τᾶς H
18 πρὸς] ποτὶ H
19 τῆς] τᾶς H
19 δὴ] δὲ H
19 ἡ] ἁ H
20 τῆς] τᾶς suppl. H
21 ἡ] ἁ H
21 Φ.] ΦΧ H
21 πρὸς τὴν] ποτὶ τὰν H
22 ἡ] ἁ H
22 πρὸς τὴν] ποτὶ τὰν H
23 ὑπεροχὴ] ὑπεροχά H
23 ᾗ] ᾇι H
24 τῆς] τᾶς H
25 ἡ] ἁ H
25 τῆς] τᾶς H
26 ἡ] ἁ H
26 τῆς] τᾶς H
26 τῆι] τᾶι H
26 ἴση ἡ] ἴσα ἁ H
27 τῆι] τᾶι H
27 ὀρθὴ ἤχθω] ὀρθὰ ἄχθω H
27 ἡ] ἁ H
28 δυναμένη] δυναμένα H
29 ἡ] ἁ H
29 ΒΙΕ] Β.Ε H
30 τμῆμα] τμᾶμα H
30 ἐς] ε̣ἰ̣ς H
31 καταστήσεται] καταστασ̣ε̣ῖτα̣ι H
32 πρὸς] ποτὶ H
33 τὴν] τὰν H
34 ἴσην γωνίαν] γω̣ν̣ί̣αν ἴ̣σ̣αν H
34 τῆι] τᾶι H
34 ΙΒ] Ε̣Β̣Ψ̣ H
34 ἀφειρήσθω] ἀ̣φήσθω H
35 τμῆμα] τμᾶμ̣α H
35 ἡ] ἁ H
36 τῆς] τᾱ̣ς H

COLUMN 2

2 πρὸς | τὴν] ποτὶ | τὰν H
3 ἴσην | τῆι] ἴσαν | τᾶι H
4 τμη|θέντος] τμα|θέντος H
5 τμήματος] τμάματος H
6 πρὸς τὴν] ποτὶ τὰν H
7 τομὴ] τ̣ομὰ H
7 ἡ] ἁ H
8 ὀρθογώνιον] sic
8 τομὴ] τομὰ H
8 τῆι] τᾶι H
9 ἡ] ἁ H
11 ἡ (pr.)] ἁ H
11 ἤχθω] ἄχθω H
11 ἡ (alt.)] ἁ H
11 ΠΟ] ΠΥ H
12 τὴν] τὰν H
12 ἐφαπτομένη τῆς] ἐφαπτομένα τᾶς H
13 τομῆς] τομᾶς H
13 ἡ] ἁ H
14 τὴν (pr.)] τὰν H
14 ἡ] ἁ H
14 τὴν (alt.)] τὰν H
15 ΗΒΡ] ΗΒ H
16 ἡ (pr.)] ἁ H
16 τῆι] τᾶι H
16 ἡ] ἁ H
18 τμήματος] τμάματος H
18 πρὸς τὴν] ποτὶ τὰν H
19 ποιεῖ] π̣ο̣ιε̣ῖ̣ν̣ H
20 τῆς] τᾶς H
20 Ε] Β̣ H
20 ΠΟϘ] ΠΙΥ H
21 ἡ πρὸς] ἁ ποτὶ H
21 Ϙ] Υ̣ H
22 τῆς] τᾶς H
22 οὖν] δὴ H
23 τῆς] τῆς H
24 πρὸς] ποτὶ H
24 τῆς] τᾶς H
25 ΕϘ] Ι̣Υ H
25 τῆς] τᾶς H
26 πρὸς] ποτὶ H
27 τῆς] τᾶς H
28 τῆς] τᾶς H
28 πρὸς] ποτὶ H
29 τῆς] τᾶς H
29 ΙϘ] Ι̣Υ H
29 ἡ] ἁ H
30 πρὸς] ποτὶ H
31 τῆς] τᾶς H
31 πρὸς] ποτὶ H
32 τῆς] τᾶς H
33 τῆς] τᾶς H
33 πρὸς τὴν] ποτὶ τὰν H
34 καὶ ὃν] μ̣ε̣ῖ̣ζον[a] H
34 ἡ] ἁ H
34 πρὸς | τὴν] ποτὶ | τὰν H
35 ϘΙ] Υ̣Ι H
35 τῆς] τᾶς H
36 πρὸς τὴν] ποτὶ τὰν H

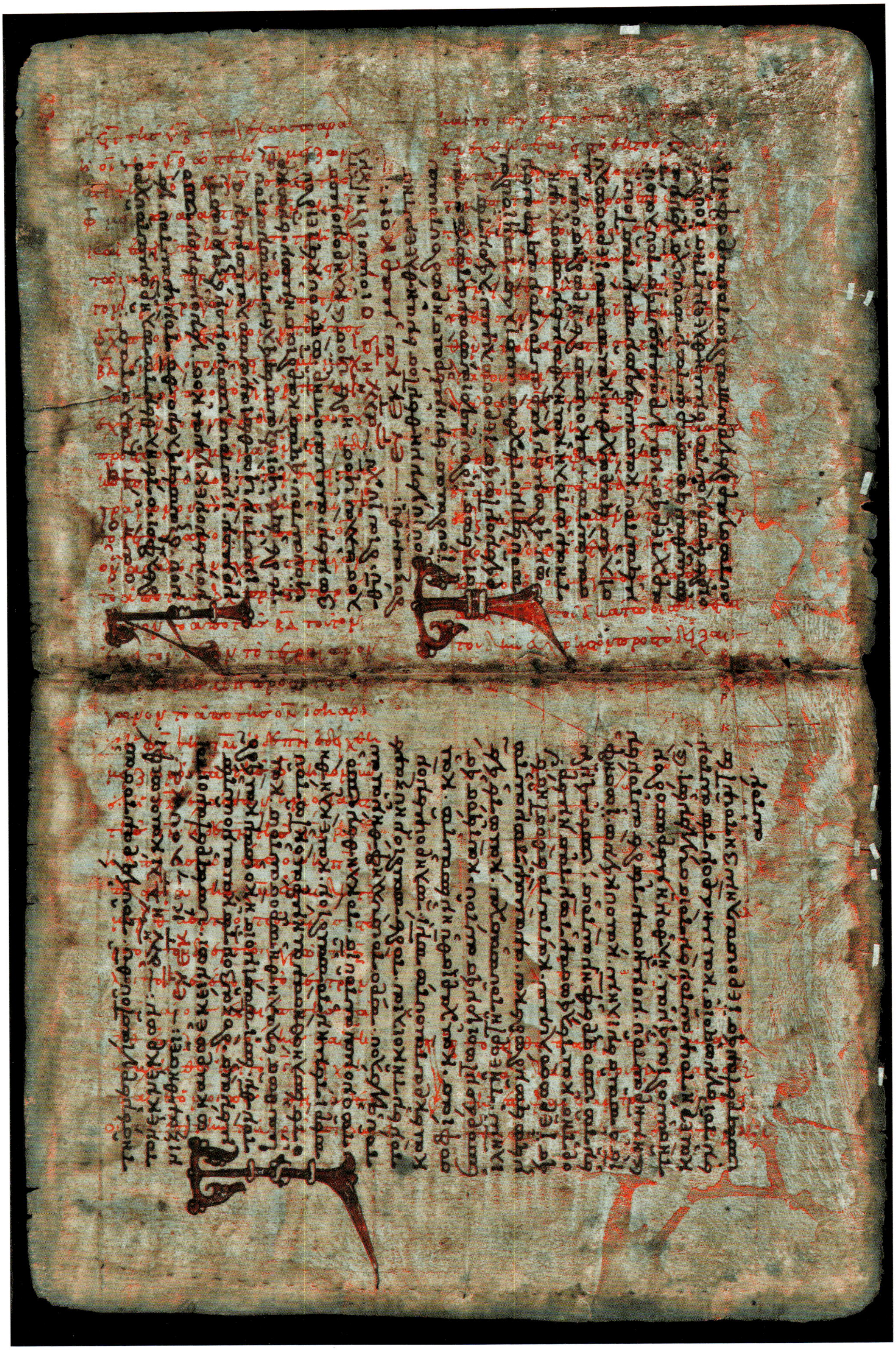

Heiberg II.372.9–374.19: *Floating Bodies* II, Proposition 8
Pseudocolor created from ultraviolet fluorescence and red reflectance images

ἡ ϘΙ τῆς ΨΒ. τῆς δ' ἐλάσσω ἄρα ἡ ΟΙ τῆς ΨΒ· ὥστε ἡ ΙΩ μείζων ἐστὶ τῆ[ς] ΨΡ. ἡ δὲ ΨΡ ἴση ἐστὶ τῆς Φ· μείζων ἄρα ἐστὶν ἡ ΠΗ τῆς Φ. καὶ ἐπεὶ ὑπόκειται τὸ τμῆμα τῶι βάρει πρὸς τὸ ὑγρὸν ἔχειν λ̣όγον, ὃν τετράγωνον τὸ ἀπὸ τῆς ΦΧ πρὸς τὸ τετράγωνον τὸ ἀπὸ τ(ῆς) ΒΔ, ὃν δὲ λόγον ἔχει τὸ τμῆμα τῶι βάρει πρὸς τὸ ὑγρόν, τοῦτον ἔχει τὸν λόγον τὸ δεδυκὸς αὐτ(οῦ) πρὸς τὸ ὅλον τμῆμα, ὃν δὲ τὸ δεδυκ̣ὸς πρὸς τὸ ὅλον, τοῦτον ἔχει τὸ τετράγωνον τὸ ἀπὸ τῆς ΠΜ πρ(ὸς) τὸ τετράγωνον τὸ ἀπὸ τῆς ΟΝ̣, ὃν ἄρα λόγον ἔχει τὸ τετράγων(ον) τὸ ἀπὸ τῆς ΦΧ πρὸς τὸ τετράγωνον τὸ ἀπὸ τῆς ΒΔ, τοῦτον ἔχει τὸν λ[όγ]ον τὸ τετράγωνον τὸ ἀπὸ τῆς ΜΠ πρὸς τὸ τετράγωνον τὸ ἀπὸ τῆς ΟΝ· ἴση ἄρα (ἐστὶν) ἡ ΦΧ τῆι ΠΜ. ἡ δὲ ΠΗ ἐδείχθη μείζων οὖσα τῆς Φ· δῆλον οὖν, (ὅτι) ἡ ΠΜ ἐλάσσων ἡμιολία ἐστὶ(ν̣) τῆς ΠΗ, ἡ δὲ ΠΗ τῆς ΗΜ μείζ(ων) ἢ διπλασίων. ἔστω οὖν ἡ ΠΖ διπλασία τῆς ΖΜ· ἔσται δὴ τὸ μὲν Θ κέντρον τοῦ βάρους στερεοῦ, τοῦ δ' ἐν τῶι ὑγρῶι τὸ Ζ· τοῦ λοιποῦ μεγέθους τὸ κέντρον τοῦ βάρους ἔσται ἐπὶ τῆς τᾶ[ς] ΖΘ ἐπιζευγνυούσης, καὶ ἐκβεβλήσθω ἐπὶ τὸ ΕΓ· δειχθήσεται δὲ ὁμοίως ἡ ΘΗ κάθετο[ς] οὖσα ἐπὶ τὴν τοῦ ὑγροῦ ἐπιφάνει[(αν)],

καὶ τὸ μὲν ἐντὸς τοῦ ὑγρο̣ῦ τ̣μῆμ[α] ἐνεχθήσεται εἰς τὸ ἐκτὸς τοῦ ὑγροῦ κατὰ τὴν διὰ τοῦ Ζ [ἀ]γομένην κά[θ]ετον ἐπὶ τὴν τοῦ ὑγροῦ ἐπιφάνεια(ν), τὸ δ' ἐκτὸς τοῦ ὑγροῦ ἐνεχθήσετ(αι) ἐς τὸ ὑγρὸν κατὰ τὴν διὰ τοῦ Γ· οὐ̣ μενεῖ δὲ τὸ τμῆμα κατὰ τὴν ὑποτεθεῖσαν κλίσιν. οὐδὲ μὴν ἐ[ς] ὀρ̣θ[ὸ]ν ἀποκαταστήσηται. δῆλόν γε διὰ τού[τ]ων· ἐπ̣ὶ γὰρ τῶν ἠγμένω(ν) διὰ τῶν ΖΓ καθέτων ἡ μὲν διὰ τοῦ Ζ ἀγομένη τῆς ΓΖ ἐπὶ τὰ αὐτὰ μέρη πίπτει, ἐφ' ἅ ἐστί κα τὸ Γ, ἡ δὲ διὰ τοῦ Γ ἐπὶ τὰ αὐ̣τὰ τῆι Ζ[Γ], δῆλον, (ὅτι) (διὰ) τὰ προειρημένα τὸ μὲν Ζ [κ]έντρον ἀνοισθήσεται, τὸ δὲ Γ κάτω̣· ὥστε τοῦ ὅλου μεγέθους τὰ ἐπὶ τ̣ὰ αὐτὰ [μέρη] τοῦ Α κάτω οἰσθήσεται. τοῦ δ' ἦν εὔχρηστον πρὸς τὸ δεῖξαι.

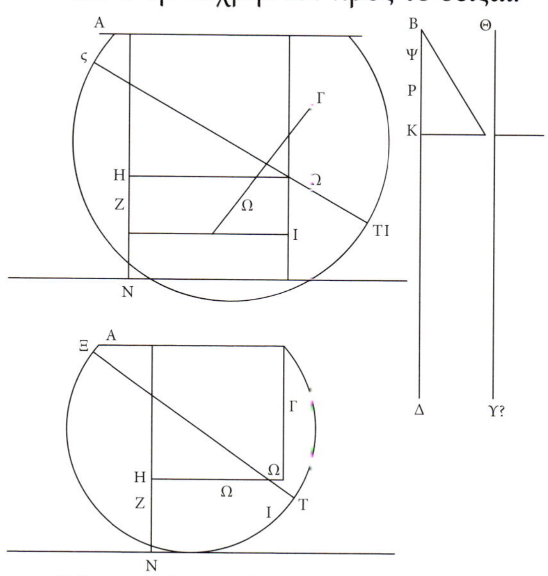

Ὑποκείσθω πάλιν τ̣ὰ μ̣ὲν ἄλλα τὰ αὐτά, ὁ δ' ἄξων τοῦ τμήματος (πρὸς) τὴ(ν) ἐπιφάνειαν το̣ῦ ὑγροῦ ποιείτω γωνίας [τῆ]ς Β· ἔ̣λασ̣σ̣ον δῆλ(ον)

COLUMN 1

1 ἡ] ἁ Η
1 ϘΙ] ΥΙ Η
1 τῆς (pr.)] τᾶς Η
1 τῆς (alt.)] τᾶς Η
1 δ] δ̣ὲ Η
1 ἐλάσσω] ἐλάσσων Η
2 ἡ (pr.)] ἁ Η
2 τῆς] τᾶς Η
2 ἡ (alt.)] ἁ Η
3 τῆ[ς] τᾶς Η
3 ἡ] ἁ̣ Η
3 ἴση] ἴσα Η
4 ἡ] ἁ Η
4 ΠΗ] Ι̣Ω̣ Η
4 τῆς] τᾶς Η
5 τμῆμα] τμᾶμα Η
6 πρὸς] ποτὶ Η
7 τῆς] τᾶς Η
8 πρὸς] ποτὶ Η
8 τῆς] τᾶ̣ς̣ Η
9 τμῆμα] τμᾶμα Η
10 πρὸς] ποτὶ Η
12 πρὸς] ποτὶ Η
12 τμῆμα] τμᾶμα Η
13 πρὸς] ποτὶ Η
14 τῆς] τᾶς Η
14 πρὸς] ποτὶ Η
17 τῆς] τᾶς Η
17 πρὸς] ποτὶ Η
18 τῆς] τᾶς Η
20 τῆς] τ̣ᾶ̣ς̣ Η
20 πρὸς] ποτὶ Η
21 τῆς] τᾶς Η
21 ἴση] ἴσα Η
22 ἡ (pr.)] ἁ Η
22 τῆι] τᾶι Η
22 ἡ (alt.)] ἁ Η
23 οὖσα] ἐοῦσα Η
23 τῆς] τᾶς Η
24 ἡ] ἁ Η
25 τῆς (pr.)] τᾶς Η
25 ἡ] ἁ Η
25 τῆς (alt.)] τᾶς Η
25 ΗΜ] ΝΜ Η
26 ἡ] ἁ Η
26 δι|πλασία] δ̣ι̣|π̣λ̣α̣σ̣ί̣ω̣ν̣ Η
27 τῆς] τᾶς Η
27 ἔσται] ἐσσεῖται Η
28 βάρους] βάρεος Η
29 δ] δὲ Η
29 τοῦ] τ̣ο̣ῦ̣ δ̣ὴ̣ Η
30 μεγέθους] μ̣ε̣γ̣έ̣θ̣ε̣ο̣ς Η
31 βάρους] βάρεος Η
31 ἔσται] ἐσσεῖται Η
31 τῆς τᾶς] sic, τᾶς Η
32 [ΖΘ] Ζ̣Θ̣ ε̣ὐ̣|θ̣ε̣ί̣α̣ς̣ Η
32 ἐπιζευγνυούσης] ἐπιζευχθείσας Η
33 ΕΓ] Ε̣Π Η
33 δειχθή|σεται] δειχθήσ|εται Η
34 ἡ] ἁ Η
34 κάθετος] κ̣ά̣θ̣|ε̣τ̣ο̣ς Η
35 οὖσα] ἐ̣ο̣ῦ̣σ̣α Η
35 τὴν] τὰν Η

COLUMN 2

1 τμῆμα] τμᾶμα Η
3 τὴν] τὰν Η
3 ἀγομένην] ἀ̣γμέναν Η
4 τὴν] τὰν Η
4 ἐπιφάνειαν] ἐπιφάνει|αν Η
5 δ] δ̣ὲ Η
6 ἐς] ε̣ἰ̣ς Η
6 ὑγρὸν] ἐ̣ν̣τ̣ὸ̣ς Η
6 τὴν] τὰν Η
7 τμῆμα] τμᾶμα Η
7 τὴν] τὰν Η
7 ὑπο|τεθεῖσαν] ὑπο|κειμέναν Η
8 ἐς ὀρ[θὸν] εἰς τὸ ὀρ|θὸν Η
9 ἀποκαταστήσηται] ἀποκαταστασεῖται Η
9 γε] δὲ Η
10 ἐπὶ γὰρ] ἐπειδ̣ὴ Η
10 ἠγμένων] ἀγμένων Η
11 ἡ] ἁ Η
12 ἀγομένη] ἀ̣γμένα Η
13 μέρη] μέρεα Η
13 κα τὸ] τ̣ὸ Η
13 ἡ] ἁ Η
14 ΖΓ] Ζ. Η
16 ἀνοισθήσεται] ἄνω οἰσθήσεται Η
17 μεγέθους] μεγέθεος Η
17 ἐπὶ τὰ | αὐτὰ] om. Η
18 μέρη] μ̣έ̣ρ̣ε̣α Η
18 τοῦ] τ̣ὰ̣ ἀ̣π̣ὸ̣ τοῦ Η
19 πρὸς] ποτὶ Η
21 δ] δ̣ὲ Η
21 τμήματος] τ̣μ̣ά̣μ̣α̣τ̣ο̣ς Η
21 πρὸς] π̣ο̣τ̣ὶ Η
22 τὴν] τ̣ὰ̣ν Η
23 γωνίας τῆς Β· ἔλασσον δῆλον] γωνίαν ἐλάσσονα τᾶς ποτὶ | τῶι Β· ἐλάσσονα δὴ λόγον Η

Heiberg II.374.20–378.28: *Floating Bodies* II, Propositions 8, 9
Pseudocolor created from ultraviolet fluorescence and red reflectance images

ἔχει τὸ τετράγωνον τὸ ἀπὸ τῆς ΠΙ πρὸς [τὸ] ἀπὸ τῆς ΙϘ ἢ τὸ ἀπὸ τῆς ΕΨ πρὸς τὸ ἀπὸ τῆς Ψ[Β]· καὶ ἡ ΚΡ ἄρα πρὸς τὴν ϘΙ ἐλάσσονα λόγον ἔχει [ἢ] ἡμίσεια τῆς ΚΡ πρὸς τὴν ΨΒ. μεῖζον ἄρα ἐστὶν ἢ διπλασίων ἡ ΙϘ τῆς ΨΒ· ἡ δὲ ω̅ ἔλασσον τῆς ΨΒ. ἔσται ἄρα καὶ ἡ ΠΗ ἐλάσσων τῆς Φ. ἡ δὲ ΜΠ τῆς ΦΧ (ἴσ)η· δῆλον, (ὅτι) μείζω(ν) ἡμιολία ἡ ΠΜ τῆς ΠΗ, ἡ δὲ ΠΗ ἐλάσσων ἢ διπλασία τῆς ΗΜ. ἔστω οὖν ἡ ΠΖ τῆς ΖΜ διπλῆ. πάλιν οὖν τοῦ μὲν ὅλου κέντρον ἔσται τ[(οῦ)] βάρ[ο]υς Θ, τοῦ δ' ἐν τῶι ὑγρῶι τὸ Ζ· ἐπι[ζευχ]θείσης δὲ τῆς ΖΘ καὶ ἐκβληθείσης ἔσται τὸ κέντρον τοῦ ἐκτὸς τοῦ ὑγροῦ ἐπ[ὶ] τῆς ἐκβαλλομένης. ἔστω τὸ Γ, καὶ ἤχθωσαν κάθετος ἐπὶ τὴν τοῦ ὑγροῦ ἐπιφάνειαν αἱ διὰ τῶν ΖΓ π[αρ]ὰ τὴν ΗΘ· δῆλον οὖν, (ὅτι) οὐ μενεῖ τὸ ὅλον τμῆμα, ἀλλὰ κλειθήσεται, ὥστε τὸν ἄξονα πρὸς τὴν [ἐπιφ]άνειαν τοῦ ὑγρ(οῦ) ποιεῖν γωνίαν μείζονα ἧς νῦν ποιεῖ. καὶ ἐπὶ δὲ οὖται γωνίαν μείζο[να τῆς] Β ποιοῦντος [τοῦ] ἄξονος πρὸ[ς τὸ] ὑγρὸν καθίστ[ησται] [τ]ὸ τμῆμα οὐδ' ἐλάσσονα, φανερό[ν], ὅτι τηλικαύτην ποιοῦντος ἀποκατασταθήσεται· οὕτως (γὰρ) ἔσται ἥ τε ΙΟ ἴση τῆι ΨΒ (καὶ) ἡ Ρ . τῆι ΨΡ (καὶ) ἡ ΠΗ τῇ Φ· ἡμιολία οὖν ἔσται ἡ ΜΠ τῆς Π . , [ἡ δ]ὲ ΠΗ τῆς ΗΜ διπλασ[ία. τ]ὸ [δὲ] Η ἄρα τοῦ ἐν τῶι ὑγρῶι

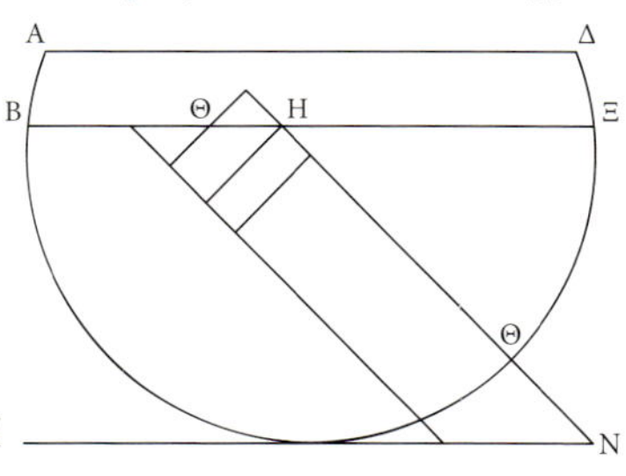

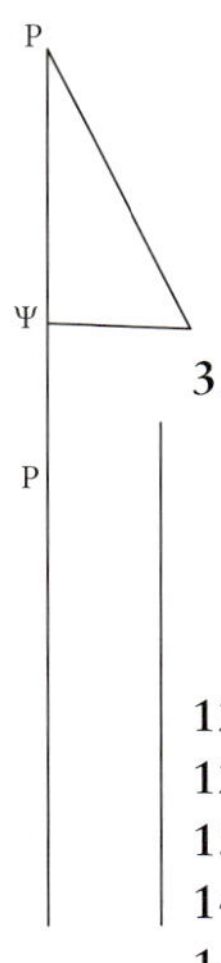

βάρους κέντρον ἐστίν· ὥστε κατὰ τὴν αὐτὴν κάθετον ἀνενεχθήσεται, καὶ τὸ ἐκτὸς καὶ οὐδὲν κατενεχθήσεται. μενεῖ ἄρα· ἀντωθοῦνται γὰρ ὑπ' ἀλλήλων. τὸ ὀρθὸν τμῆμα τοῦ ὀρθογωνίου κωνοειδ(ού)ς, ὅταν τὸν ἄξονα ἔχῃ μείζονα μὲν ἡμιόλιον τῆς μέχρι τοῦ ἄξονος, ἐλάσσονα δὲ ἢ ὥστε τοῦτον ἔχει[ν τὸ]ν λόγον, ὃν ἔχει τὰ Ι̅Ε̅ πρὸς Δ̅, [ἐ]ὰν τῶι βάρει πρὸς τὸ ὑγρὸν μείζον[α λό]γον ἔχῃ τό, ὃν ἔχει ἡ ὑπεροχή, ᾗ μεῖζόν ἐστι τό ἀπὸ τοῦ ἄξονος τετράγωνον τοῦ τετραγώνου τοῦ ἀπὸ τῆς ὑπεροχῆς, ᾗ μείζων ἐστὶν ὁ ἄξω(ν) ἢ ἡμιόλιος τῆς μέχρι το[ῦ] ἄξον[(ος)], πρὸς τὸ τετράγωνον τὸ ἀπὸ τοῦ ἄξονος, ἀφεθὲν εἰς το ὑγρὸν οὕτως, ὥστε τὴν βάσιν αὐτοῦ ὅλην εἶναι ἐν τῶι ὑγρῶι, τεθὲν κεκλιμένον οὔτε καταστραφήσεται, ὥστε τὸν ἄ[ξο]να αὐτοῦ κατὰ κάθετον εἶναι, [οὔτε] μενεῖ κεκλιμένον, πλὴν ὅταν ὁ ἄξων αὐτοῦ πρὸς τ[ὴ]ν ἐπιφάνεια(ν) τοῦ ὑγροῦ ποιεῖ γωνίαν ἴσην τῆι ληφθείσηι ὁμοίως, ἧι πρότερον. ἔστω τμῆμα οἷον εἴρηται, καὶ κείσθω ἡ ΛΒ ϘΠ τῶι ἄξονι τοῦ τμήματος, καὶ ἡ μὲν ΒΚ τῆς ΚΔ διπλασία ἔστω, ἡ δὲ ΚΡ (ἴσ)η τῆι μέχρ[ι] τοῦ ἄξονος, ἡ δὲ ΤΒ ἡμιολία τῆς ΒΡ, ὃν δὲ λόγον ἔχει τὸ τμῆμα το βάρει πρὸς τὸ ὑγρόν, τοῦτον ἔχει ἡ ὑπεροχή, ᾗ ὑπερέχει τὸ τετράγωνον τὸ ἀπὸ τῆς ΒΔ τοῦ τετραγώνου τοῦ ἀπὸ τῆ[ς] ΦΧ, πρός τὸ τετράγωνον τὸ ἀπὸ τῆς Β[Δ, ἔστ]ω δὲ [ἡ] Φ

COLUMN 1

1 τῆς] τᾶς H
2 πρὸς] ποτὶ H
2 τῆς (pr.)] τᾶς H
2 ΙϘ] ΙΥ H
2 τῆς (alt.)] τᾶς H
3 πρὸς] ποτὶ H
3 τῆς] τᾶς H
3 ἡ] ἁ H
4 πρὸς τὴν] ποτὶ τὰν H
4 ϘΙ] ΥΙ H
4 ἔ|χει] |ἔχει H
5 ἢ] om. H
5 τῆς] τᾶς H
5 πρὸς τὴν] ποτὶ τὰν H
6 ἐστὶν] ἐσσεῖται H
6 ἡ] ἁ H
7 ΙϘ] ΙΥ H
7 τῆς (pr.)] τᾶς H
7 ἡ] ἁ H
7 δὲ] ἄρα H
7 ω̅] sic, ΩΙ H
7 ἔλασσον] ἐλάσσων H
7 τῆς (alt.)] τᾶς H
7 ΨΒ] ΨΡ H
8 ἔσται] ἐσσεῖται H
8 ἄρα] οὖν H
8 ἡ] ἁ H
8 τῆς] τᾶς H
9 ἡ] ἁ H
9 ἴση] om. H
9 μείζων] μείζων ἢ H
10 ἡ (pr.)] ἁ H
10 τῆς] τᾶς H
10 ἡ (alt.)] ἁ H
11 διπλασία] διπλασίων H
11 τῆς] τᾶς H
31 Ρ.] ΩΙ H
31 τῆι (alt.)] τᾶι H
31 καὶ (alt.)] καὶ τῆι Φ H
32 ΠΗ] ΠΡ H
32 τῇ Φ] om. H
32 οὖν] ἄρα H
32 ἔσται] ἐσσεῖται H
32 ἡ (alt.)] ἁ H
32 ΜΠ] .Π H
33 τῆς (pr.)] τᾶς H
33 Π.] ΠΗ H
33 ἡ] ἁ H
33 τῆς (alt.)] τᾶς H
33 διπλα|σία] διπλασία| H
34 τὸ δὲ] τὸ H

COLUMN 2

2 τὴν αὐτὴν] τὰν αὐτὰν H
3 καὶ οὐδὲν κατενε|χθήσεται] ἐς τὸ κάτω ἐνε|χθήσεται H
5 ἀλλήλων] ἀλλάλων H
6 τμῆμα] τμᾶμα H
6 κωνοειδούς] κωνοειδέος H
8 ἡμιόλιον] ἢ ἡμιόλιον H
8 τῆς] τοῦ H
10 πρὸς] ποτὶ H
10 ἐὰν] καὶ H
11 πρὸς] ποτὶ H
12 ἡ ὑπεροχὴ ᾗ] ἁ ὑπεροχὰ ᾇ H
12 ἡ] ἁ H
12 τῆς] τᾶς H
13 ἔσται] ἐσσεῖται H
14 βάρους] βάρεος H
14 Θ] τὸ Θ H
15 ἐπιζευχθείσης] ἐπιζευχθείσας H
15 τῆς] τᾶς H
15 ἐκ|βληθείσης] ἐκ|βληθείσας H
16 ἔσται] ἐσσεῖται H
16 τοῦ | ἐκτὸς] τοῦ βά|ρεος τοῦ ἐκτὸς suppl. H
17 τῆς ἐκβαλλο|μένη] τᾶς | ἐκβληθείσας suppl. H
18 ἤχθωσαν] ἄχθωσαν suppl. H
18 κά|θετος] [κά]|θετοι H
19 τὴν] τὰν H
20 αἱ] om. H
20 τὴν] τὰν H
21 |δῆλον] δῆ|λον H
21 τμῆ|μα] τμᾶ|μα H
22 κλειθήσεται] sic, H
23 πρὸς τὴν] ποτὶ τὰν H
24 ἧς] ἇς H
25 |ποιεῖ] | om. H
25 καὶ ἐπὶ δὲ οὖται] ἐπεὶ οὖν οὔτε H
26 τῆς] τᾶς H
27 πρὸς] ποτὶ H
27 καθίστησται] σταθήσεται H
27 τμῆ|μα] τμᾶ|μα H
28 οὐδ] οὔτ H
29 τηλικαύτην] ταλικαύταν H
29 ἀποκατα|σταθήσεται] γωνίαν | σταθήσεται H
30 ἔσται ἥ τε | ΙΟ] ἁ ΙΩ ἐσσεῖ|ται H
31 ἴση τῆι] ἴσα τᾶι H
31 ἡ] ἁ H
16 ἢ ἡμιόλιος] ἢ ἡ|μιόλιος H
16 τῆς] τᾶς H
17 πρὸς] ποτὶ H
17 ἄ|ξονος] ἄξ|ονος H
19 τὴν] τὰν H
19 ὅλην εἶναι] ὅλαν εἶμεν H
21 καταστραφήσεται] κατασταθήσεται H
22 εἶναι] εἶμεν H
24 πρὸς τὴν] ποτὶ τὰν H
25 ἴσην τῆι] ἴσαν τᾶι H
26 ληφθείσηι] λαφθείσαι H
26 ἧι] ᾇι H
27 τμῆμα] τμᾶμα H
28 ἡ] ἁ H
28 ΛΒ] ΔΒ H
28 ϘΠ] ἴσα H
28 τμήμα|τος] τμάμα|τος H
29 ἡ] ἁ H
29 τῆς] τᾶς H
30 ἡ] ἁ H
30 τῆι] τᾶι H
31 ἡ] ἁ H
31 τῆς] τᾶς H
32 τμῆμα] τμᾶμα H
32 το] sic
33 πρὸς] ποτὶ H
33 ἔχει] ἐχέτω H
33 ἡ] ἁ H
34 ὑπεροχή] ὑπεροχά H
34 ᾗ] ᾇ H
35 τῆς] τᾶς H
36 τῆς] τᾶς H
37 πρός] ποτὶ H
38 τῆς] τᾶς H
38 ἡ] ἁ H

Heiberg II.378.28–382.27: *Floating Bodies* II, Proposition 9
Pseudocolor created from ultraviolet fluorescence and red reflectance images

διπλασία τῆς Χ. δῆλο[ν], ὅτι ἡ ὑπεροχή, ᾗ ὑπερέχει τὸ τετράγωνον τὸ ἀπὸ τῆς ΒΔ τοῦ ἀπὸ τῆς ΒΤ, πρὸς τὸ τετράγωνον τὸ ἀπὸ τῆς ΒΔ ἐστὶν ἤ ἐστιν ὁ ἄξων τοῦ τμήματος ἢ ἡμιό[λ]ιος τῆς μέχρι τ̣(ο̣ῦ̣) ἄξονος. μείζονι ἄρα ὑπεροχῆ [τὸ] τετράγωνον τὸ ἀπὸ τῆς ΒΔ τοῦ ἀπὸ τῆς ΦΧ ἢ τὸ τετράγωνον τὸ ἀ̣πὸ τῆς ΒΔ τοῦ τε̣τ̣ραγώνου τούτου ἀπὸ τῆς ΒΤ· ὥστε ἔλασσ̣ό̣ν ἐστιν ἡ ΦΧ τῆς ΒΤ· καὶ ἡ Φ ἄρα τῆς ΒΡ. ἔστω οὖν τῆ̣ι Φ ἴση ἡ ΡΨ, καὶ ἡ Ψ[Ε] ὀρθὴ ἤχθω τῆι ΒΔ δυναμένη [τ]ὸ̣ ἥμισυ τοῦ περιεχομένου ὑπὲρ τῆς ΚΡ ΨΒ. φαμὶ δὴ τὸ τμῆμα ἀφεθὲν ἐς τὸ ὑγρόν, ὥστε τὴ(ν) βάσιν αὐτοῦ ὅλην εἶναι ἐν τῶι ὑγρῶι, καταστήσεσθαι οὕτως, [ὥσ]τ̣ε τὸν ἄξονα αὐτ(ο̣ῦ) πρὸς τὴν ἐπιφάνειαν τοῦ ὑγροῦ γωνίαν ποιεῖν ἴσην τῆι Β. ἀφείσθω μὲν γὰρ τὸ τμῆμα, ὡς εἴρηται, ἐς τὸ ὑγρόν, καὶ μὴ ποιείτω̣ ὁ ἄξων (πρὸς) τὴν ἐπιφάνειαν τοῦ ὑγροῦ γωνίαν ϙ^H τῆ ΙΒ, ἀλλὰ μείζονα πρότερον. τμηθέντος δὲ αὐτοῦ ἐπιπέδωι ὀ̣ρθῶι πρὸς τὴν ἐπιφ[άν]ειαν τοῦ ὑγροῦ ἔστω τοῦ τμήματος τομὴ ἡ ΑΠ ΟΛ ὀρθογωνίου κώνου τομή, τῆς δὲ τοῦ ὑγροῦ ἐπιφανείας ΤΙ α, ἄξων δ' ἔστω τοῦ τμήματ(ος) καὶ διάμετρος ἡ ΝΟ, καὶ τετμήσθω κατὰ τὰ ΩΘ, ὡς καὶ πρότερον, ἤχθω δὲ καὶ ἡ μὲν ΥΠ παρὰ τὴν ΤΙ ἐφαπτομένην τῆς τομῆς κατὰ τὸ Π, ἡ δὲ ΠΗ̣

[παρ]ὰ τὴ[ν] Ν[Ο, ἡ] δὲ [ΠΣ κάθετος] [ἐ]πὶ τὸν ἄξονα̣. [ἐπεὶ γὰρ ὁ ἄξων] τοῦ τμήματος πρὸς τὴν ἐπι[φάνει]αν τοῦ ὑγροῦ ποιεῖ γω[νίαν] με̣ί̣[ζονα] τῆς ΒΕ, εἴη ἂν ἡ ΣΥΠ μ̣ε̣ῖ̣ζ̣ο̣[ν] τ̣ῆ̣ς̣ Β· τὸ ἄρα τετρ̣ά̣γωνον τὸ ἀπὸ τῆς ΠΣ̣ πρὸ̣ς τ̣ὸ τετράγωνον τὸ ἀπὸ τ[(ῆς)] ΣΥ μ̣ε̣ί̣ζονα λόγον ἔχει ἢ τ[ὸ] τετράγω[νον τὸ] ἀ̣πὸ τῆς ΨΕ πρὸς τὸ τετράγωνον τὸ ἀπὸ τῆς ΨΒ̣. (καὶ) Κ[Ρ] ἄρα [(πρὸς)] ΣΥ μείζονα λόγον ἔχει ἡμισείας τῆς ΚΡ πρὸς [τ]ὴν ΨΒ· ἐλάσσω(ν) ἄρα ἡ ΣΥ ἢ διπλάσια τῆς ΨΒ. καὶ ΠΣΟ τῆς ΨΒ ἐλάσσων· ἡ ΣΩ̣ ἄρα μείζων τῆς ΡΨ καὶ ἡ ΠΗ τῆ[ς] Φ̣. καὶ ἐπεὶ τὸ τμῆμα τῶι βάρει λόγον ἔχει πρὸς τὸ ὑγρόν, ὃν ἡ ὑπεροχή, ᾗ μεῖζόν ἐστιν τὸ τετράγωνον τὸ ἀπὸ τῆς ΒΔ τοῦ τετραγώνου τοῦ ἀπὸ τῆς ΦΧ, πρὸς τὸ τε[τράγ]ω[νο]ν τὸ ἀπὸ τῆς ΒΔ, ὃν δὲ λόγον ἔχει τὸ τμῆμα τῶι βάρει [(πρὸς)] τὸ ὑγρόν, τοῦτον ἔχει τὸν λόγον τὸ δεδυκὸς αὐτοῦ τμῆμα πρὸς τὸ ὅλο(ν), ὅ̣τι τὸν αὐτὸν ἕξει λόγον τὸ δεδυκὸς αὐτοῦ τμῆ̣μα πρὸς τὸ ὅλον τμῆμα, ὃν ἡ ὑπεροχή, [ᾗ] ὑπερέχει τὸ τετράγωνον τὸ ἀπὸ τῆς ΒΔ τοῦ τετραγώνου τοῦ ἀπὸ τῆς ΦΧ, πρὸς τὸ τετράγωνον τὸ ἀπὸ ΒΔ· ἕξει οὖν (καὶ) τὸ ὅλον τμῆμα πρὸς τὸ ἐκτὸς τοῦ ὑγροῦ λόγον, ὃν τὸ ἀπὸ τῆς ΒΔ πρὸς τὸ ἀπὸ τῆς ΦΧ. ὃν δὲ λόγον ἔχει τὸ ὅλον τμῆμα πρὸς τὸ ἐκτὸς τοῦ ὑγροῦ, τοῦτον ἔχει τὸ ἀπὸ τῆς ΝΟ πρὸς τὸ ἀπὸ τ̣ῆς ΜΠΙ̣· ἴση (ἄρα) ἡ Μ[Π τ]ῆ̣ι ΦΧ. [ἡ] δὲ ΠΗ [ἐ]δείχ[θη] μεῖζ(ο̣ν) τ̣ῆς Φ· ἡ Μ[Η (ἄρα) ἐ]λάσσων ἐστὶ[ν]

COLUMN 1

1 τῆς] τᾶς H
1 ἡ] ἁ̣ H
1 ὅτι] ο̣ὐ̣ν̣ ὅ̣τ̣ι̣ H
1 ὑ|περοχή] ὑ̣|περοχά H
2 ᾗ] ᾆι H
3 τῆς (pr.)] τᾶς H
3 τοῦ] τὸ H
3 τῆς (alt.)] τᾶς H
4 πρὸς] ποτὶ H
4 τῆς] τᾶς H
5 ἐστὶν ἤ ἐστιν ὁ ἄξων τοῦ τμή|ματος ἢ ἡμιόλιος] ᾆι μ̣ε̣ί̣ζ̣ω̣ν̣ ἐστὶ̣ν̣ ἢ ἡμιό̣λ̣ι̣ο̣ς | ὁ̣ ἄξω̣ν̣ τ̣ο̣ῦ̣ τ̣μ̣ά̣μ̣α̣τ̣ο̣ς̣ H
6 τῆς] τ̣ᾶ̣ς H
7 ὑπεροχῆ] ὑ̣π̣ε̣ρ̣έ̣χ̣ε̣ι̣ H
8 τῆς] τᾶς H
9 τῆς] τᾶς H
10 τῆς] τᾶς H
10 τοῦ] τὸ H
10 τούτου] τοῦ H
11 τῆς] τᾶς H
11 ὥστε ἔλασσόν ἐστιν ἡ | ΦΧ] ὥστε ἁ ΦΧ̣ ἐ̣λ̣ά̣σ̣σ̣ω̣ν̣ ἐ̣σ̣|τ̣ὶ H
12 τῆς (pr.)] τᾶς H
12 ἡ] ἁ̣ H
12 τῆς (alt.)] τᾶς H
13 τῆι] τᾶ̣ι̣ H
13 ἴση] ἴσα H
13 ἡ (pr.)] ἁ H
13 ἡ (alt.)] ἁ̣ H
14 ὀρθὴ ἤχθω] ὀρθὰ ἄχθω H
14 τῆι] τᾶι H
14 δυναμένη] δυναμένα H
16 δὴ] ὅτι H
16 τμῆ|μα] τμᾶ|μα H
17 τὴν] τὰν H
18 ὅλην εἶναι] ὅλαν εἶμεν H
19 καταστήσεσθαι] καταστασεῖ̣ται H
20 πρὸς τὴν] ποτὶ τὰν H
22 ἴσην τῆι] ἴσαν τᾶι H
23 τμῆμα] τμᾶμα H
24 πρὸς] π̣ο̣τ̣ὶ̣ H
25 τὴν] τὰν H
25 ϙ^H] ἴ̣σ̣α̣ν̣ H
25 τῆ] τ̣ᾶ̣ι̣ H
26 ΙΒ] Β H
26 τμη|θέντος] τμα|θέντος H
28 πρὸς τὴν] ποτὶ τὰν H
29 τμήματος τομὴ ἡ] τμάματος τομὰ ἁ H
30 τομή] τομ̣ά H
31 τῆς] τᾶς H
32 [ΤΙ α] sic, ἁ̣ | ΤΙΜ̣ H
32 δ ἔστω τοῦ τμήματος] δὲ τῆς τομῆς H
33 ἡ] ἁ H
33 τετμήσ|θω] τετμάσ|θω H
35 ἤχθω] ἄχθω H
35 ἡ] ἁ H
36 τὴν] τὰν H
36 ἐφαπτομένην | τῆς τομῆς] ἐφαπτομένα | τᾶς τομᾶς H
37 ἡ] ἁ̣ H
37 ΠΗ] Π̣Μ̣ H

COLUMN 2

1 — 14 non legit H
15 ἄρα μείζων] μείζω̣ν̣ ἄρ̣α H
15 τῆς ΡΨ] ἁ̣ ΣΩ̣ τᾶς Ρ̣Ψ̣ H
15 ἡ ΠΗ|] ἁ̣ | Π̣Η̣ H
16 τῆς] τ̣ᾶ̣ς H
16 τμῆμα] τμᾶμα H
17 πρὸς] ποτὶ H
17 ἡ] ἁ̣ H
18 ὑπεροχὴ ᾗ] ὑ̣π̣ε̣ρ̣ο̣χ̣ὰ̣ ᾆ̣ι H
19 τῆς] τᾶς H
20 τῆς] τᾶς H
20 πρὸς τὸ|] ποτὶ | τ̣ὸ H
21 τῆς] τᾶς H
22 τμῆμα] τμᾶμα H
22 πρὸς] π̣ο̣τ̣ὶ̣ H
24 τμῆμα] τμᾶμα H
24 πρὸς] ποτὶ H
24 ὅλον | ὅτι] ὅ|τι H
25 δεδυκὸς | αὐτοῦ] |δ̣ε̣δ̣υ̣κ̣ὸ̣ς̣ α̣ὐ̣τ̣ο̣ῦ̣ H
26 τμῆμα] μ̣έ̣ρ̣ο̣ς H
26 πρὸς] ποτὶ H
26 τμῆμα] τμᾶμα H
27 ἡ ὑπεροχὴ ᾗ] ἁ ὑ̣π̣ε̣ρ̣ο̣χ̣ὰ̣ ᾆ̣ι H
28 τῆς] τᾶς H
29 τῆς] τᾶς H
29 πρὸς | τὸ] π̣ο̣τ̣ὶ̣ τ̣ὸ̣| H
31 |καὶ] κ̣α̣ὶ̣| H
31 τμῆμα] τμᾶμα H
31 πρὸς] π̣ο̣τ̣ὶ̣ H
32 τὸ] τ̣ὸ̣ τ̣ε̣τ̣ρ̣ά̣γ̣ω̣ν̣ο̣ν̣ τ̣ὸ̣ H
32 τῆς] τ̣ᾶ̣ς H
33 πρὸς] ποτὶ H
33 τῆς] τᾶς H
34 τμῆμα] τμᾶμα H
34 πρὸς] ποτὶ H
35 τῆς] τᾶς H
36 πρὸς] ποτὶ H
36 τῆς] om. H
36 ΜΠΙ] ΠΜ H
36 ἴση ἄρα | ἡ ΜΠ] ἴ̣σ̣α̣ ἄ̣ρ̣α̣ ἁ̣ ΜΠ| H
37 τῆι] τ̣ᾶ̣ι H
37 ἡ] ἁ H
37 ἐδείχθη] δ̣έ̣δ̣ε̣ι̣κ̣τ̣α̣ι̣ H
37 μεῖζον|] μ̣ε̣ί̣|ζ̣ω̣ν̣ H
38 τῆς] τ̣ᾶ̣ς H
38 ἡ] ἁ H
38 ΜΗ ἄρα] ἄ̣ρ̣α̣ Μ̣Η̣ H

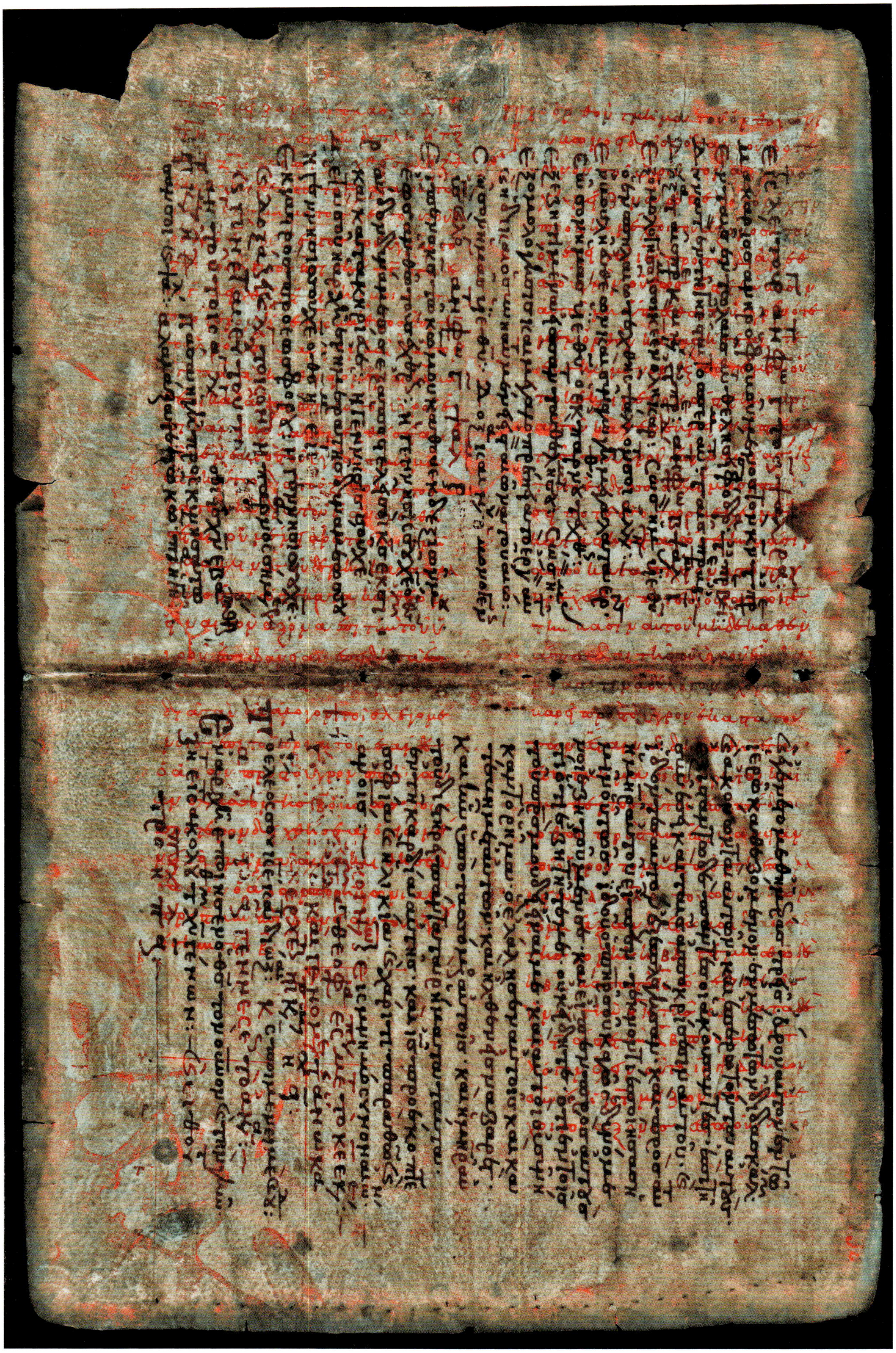

Heiberg II.382.27–386.16: *Floating Bodies* II, Propositions 9, 10
Pseudocolor created from ultraviolet fluorescence and red reflectance images

τῆς X· μείζων ἢ διπλασία ΔΙ ἡ ΠΗ τῆς ΗΜ. ἔστω οὖν διπλῆ ἡ ΠΖ τῆς ΖΜ, καὶ ἐπιζευχθεῖσα ἡ ΖΘ ἐ̣[κβεβ]λή[σ]θω ἐπὶ τὸ Γ· ἔσται οὖν τοῦ [μὲν] ὅλου̣ τμήματος κ̣έντρον τοῦ [β]άρεος τὸ Θ, τοῦ δ' ἐκτὸς τοῦ ὑγροῦ τὸ ΖΠ̣, τοῦ δ' ἐντὸς ἐπὶ τῆς ΘΓ· ἔστω δὲ τὸ Γ. δ̣ειχθήσεται δὴ ὁμοίως το[(ῖς)] πρότερον ἥ τε ΘΚ κάθετος ἐπὶ τὴ(ν) τοῦ ὑγροῦ ἐπιφάνειαν καὶ διὰ τῶν [Ζ]Γ παρὰ τὴ[ν] ΘΗ ἀγόμεναι . Α κάθετοι καὶ αὐταὶ ἐπὶ τὴν τοῦ ὑγροῦ ἐπιφάνειαν. κατενεχθήσεται (ἄρα) [τ]ὸ μὲν ἐκτὸς τοῦ ὑγροῦ τμῆμα ἐς τὸ κάτω διὰ τοῦ Ζ, τὸ δ' ἐντὸς κατὰ τὴν διὰ τοῦ Γ ἀνενεχθήσεται· οὐ μενεῖ ἄρα τὸ ὅλον τμῆμα ἀκλινές. οὐδὲ μὴν καταστραφήσεται, ὥστε κατὰ κάθετον εἶναι τὸν ἄξονα ἐπὶ τὴν τοῦ ὑγροῦ ἐπιφάνειαν, ἐπειδὴ τὰ ἐπὶ τὰ αὐτὰ τῶι Λ ἐς τ[ὸ ἄ]νω φέρεται, διὰ τὰν ἀνάλογον τοῖς λεγομένοις ἐπὶ τοῦ πρὸ αὐτοῦ. ἐὰν δὲ ὁ ἄξων πρὸς τὸ ὑγρὸν ποιῆι γωνίαν ἔλασσον τῆς Β, ὁμοίως τοῖς πρότερον δειχθήσεται ὅτι οὐ μένει τὸ τμῆμα, ἀλλὰ κλιθήσεται, ἕως ἂν ὁ ἄξων πο[ι]ῆι γωνίαν πρὸς τὴν ἐπιφάνειαν τοῦ ὑγρ(οῦ) ἴσην τῆι Β.

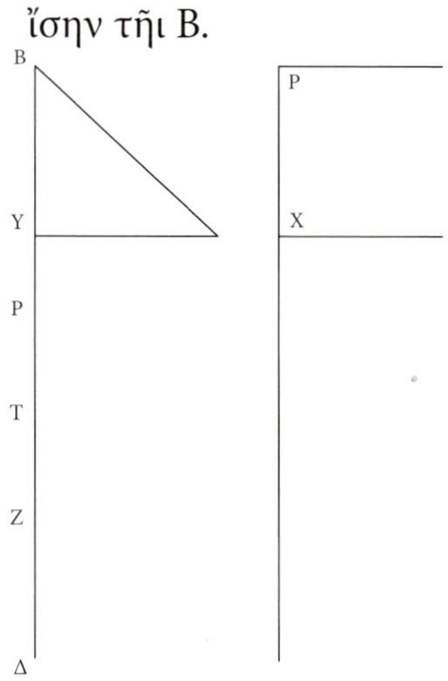

Τὸ ὀρθὸν τμῆμα τοῦ ὀρθογωνίου κωνοειδοῦς, ὅταν κουφότερον ὂν τοῦ ὑγροῦ τὸν ἄξονα ἔχῃ μείζονα ὥστε λόγον ἔχειν πρὸς τὴν μ̣έχρι τοῦ ἄξονος τοῦ, ὃν ἔχει τὰ $\overline{\text{ΙΕ}}$ πρὸς τὰ $\overline{\Delta}$, ἀφεθ(ὲν) ἐς τὸ ὑγρὸν οὕτως, ὥστε τὴν βάσιν αὐτοῦ μὴ ἅπ̣τεσθαι τοῦ ὑγροῦ, ὀ̣τὲ μὲν ὀρθὸν καταστησεῖται, ὁτὲ δὲ κεκλιμένον, (καὶ) ποτὲ μὲν οὕτω κεκλιμένον, ὥστε τὴν βάσι(ν) αὐτοῦ καθ' ἓν σημεῖον ἅπτεσθαι τῆς τοῦ ὑγροῦ ἐπιφανείας, (καὶ) τοῦτο ἐν δισσοῖς [κ]λίμασι ποιήσει, ποτὲ δὲ οὕτως κεκλιμένο(ν) καταστήσεται, ὥστε τὴν βάσιν αὐτοῦ κατὰ πλείονα τόπον βρέχεσθαι, π[ο]τὲ δ' οὕτως, ὥστε τὴν βάσιν αὐτοῦ μηδὲ καθ' ἓν ἅπτεσθαι τῆς τοῦ ὑγροῦ ἐπ[ι]φανείας· τίνα δὲ λόγον ἔχοντα̣ [τ]ῷ̣ βάρει πρὸς τὸ ὑγρὸν ἕκαστα τούτων ἔσται, νῦν δηλωθήσεται. ἔστω τμῆμα, οἷον εἴρηται, καὶ τμηθέντος αὐτοῦ ἐπ[ι]πέδωι ὀρθῶι πρὸς τὴν ἐπιφάνειαν τοῦ ὑγροῦ τομὴ ἔστω ἐν τῆ ἐπιφανείαι ΑΠ̣ΟΛ ὀρθογωνίου κών(ου) τομή, ἄξων δ' ἔστω καὶ διάμετρ(ος) τῆς τομῆς ἡ ΒΔ, τετμήσθω δὲ ἡ ΒΔ κατὰ τὸ Κ, ὥστε διπλῶς εἶναι τὴν ΒΚ τῆς ΚΔ, κατὰ δὲ τὸ Τ, ὥστε τὴν ΔΒ πρὸς τὴν ΚΤ λόγον ἔχειν, ὃν τὰ $\overline{\text{ΙΕ}}$ (πρὸς) $\overline{\Delta}$· δῆλον οὖν, (ὅτι) ἡ ΚΤ μείζων ἐστὶ τῆς μέχρι τοῦ ἄξονος. ἔστω οὖν ἡ ΚΡ

COLUMN 1

1 τῆς] τᾶς Η
1 ἢ διπλασία ΔΙ] sic, ἄρα ἐστὶν ἢ διπλασία suppl. Η
1 ἡ | ΠΗ] ἁ ΠΗ| suppl. Η
2 τῆς] τᾶς Η
2 οὖν] δὴ suppl. Η
2 διπλῆ ἡ ΠΖ] ἁ ΠΖ διπλασία suppl. Η
3 τῆς] τᾶς suppl. Η
3 ἡ] ἁ suppl. Η
5 τμήματος] τμάματος suppl. Η
6 δ] δὲ suppl. Η
7 ΖΠ] Ζ suppl. Η
7 δ] δὲ suppl. Η
7 ἐπὶ τῆς] ἐν τᾶι suppl. Η
9 ἥ τε ΘΚ] ἁ ΘΗ suppl. Η
9 τὴν|] |τὰν suppl. Η
10 τοῦ ὑγροῦ ἐπιφάνειαν] ἐπιφάνειαν τοῦ ὑγροῦ suppl. Η
10 καὶ] καὶ αἱ suppl. Η
11 τὴν] τὰν suppl. Η
11 .Α] om. Η
12 τὴν] τ̣ὰ̣ν̣ Η
12 τοῦ ὑγροῦ ἐ|πιφάνειαν] |ἐπιφάνειαν τ̣ο̣ῦ̣ ὑ̣γ̣ρ̣ο̣ῦ̣ Η
13 ἄρα|] |ἄ̣ρ̣α̣ Η
14 τμῆμα] τμᾶμα Η
15 δ] δὲ Η
16 τὴν] τὰν Η
17 ἄρα] οὖν Η
17 τμῆ|μα] τμᾶ|μα Η
20 εἶναι] εἶμεν Η
20 τὴν] τὰν Η
22 ἐς τὸ ἄνω φέρεται] κάτω τὰ δὲ ἐπὶ τὰ αὐ|τὰ τῶι Α ἐς τὰ ἄνω οἰσθήσεται suppl. Η
23 τὰν] τὸν Η
25 πρὸς] ποτὶ Η
26 ἔλασσον] ἐλάσσονα Η
26 τῆς] τᾶς Η
28 τμῆμα] τμᾶμα Η
30 πρὸς τὴν] ποτὶ τὰν Η
31 ἴσην τῆι] ἴσαν τᾶι Η

COLUMN 2

1 τμῆμα] τμᾶμα Η
1 ὀρθογωνί|ου] ὀρθογωνίου| Η
2 κωνοειδοῦς] κωνοειδέος Η
5 πρὸς τὴν] ποτὶ τὰν Η
6 πρὸς] ποτὶ Η
7 ἐς] εἰς Η
7 οὕτως] om. Η
7 τὴν] τὰν Η
9 καταστησεῖται] καταστασεῖται Η
9 ὁτὲ | δὲ] ὀ̣τ̣ὲ̣ δ̣ὲ̣| Η
11 τὴν] τὰν Η
12 σημεῖον] σαμεῖον Η
13 τῆς] τᾶς Η
14 κλίμασι] κ̣λ̣ι̣μ̣ά̣τ̣ε̣σ̣σ̣ι̣ Η
16 καταστήσεται] καταστασεῖται Η
16 τὴν] τὰν Η
18 δ] δὲ Η
19 τὴν] τὰν Η
20 τῆς] τᾶς Η
21 τίνα] ὃν suppl. Η
21 ἔχοντα] ἔχοντος suppl. Η
22 πρὸς] ποτὶ Η
22 τού|των] αὐ|τ̣ῶ̣ν Η
23 ἔσται] ἐσσεῖται Η
24 τμῆμα] τμᾶμα Η
25 τμηθέντος] τμαθέντος Η
26 πρὸς τὴν] ποτὶ τὰν Η
27 τομὴ] τομὰ Η
27 τῆ] τᾶι Η
29 τομή] τομά Η
29 δ] δ̣ὲ̣ Η
30 τῆς τομῆς ἡ] τ̣ᾶς τομᾶς ἁ Η
30 τετμήσθω] τετμάσθω Η
31 ἡ] ἁ̣ Η
31 διπλῶς] δ̣ι̣π̣λ̣α̣σ̣ί̣α̣ν̣ Η
32 εἶναι τὴν] ε̣ἶ̣μ̣ε̣ν̣ τὰν Η
32 τῆς] τᾶς Η
33 τὴν (pr.)] τὰν Η
33 πρὸς τὴν] ποτὶ τὰν Η
34 ὃν] ὡς Η
34 πρὸς] ποτὶ Η
35 ἡ] ἁ Η
35 τῆς] τᾶς Η
36 ἡ] ἁ Η

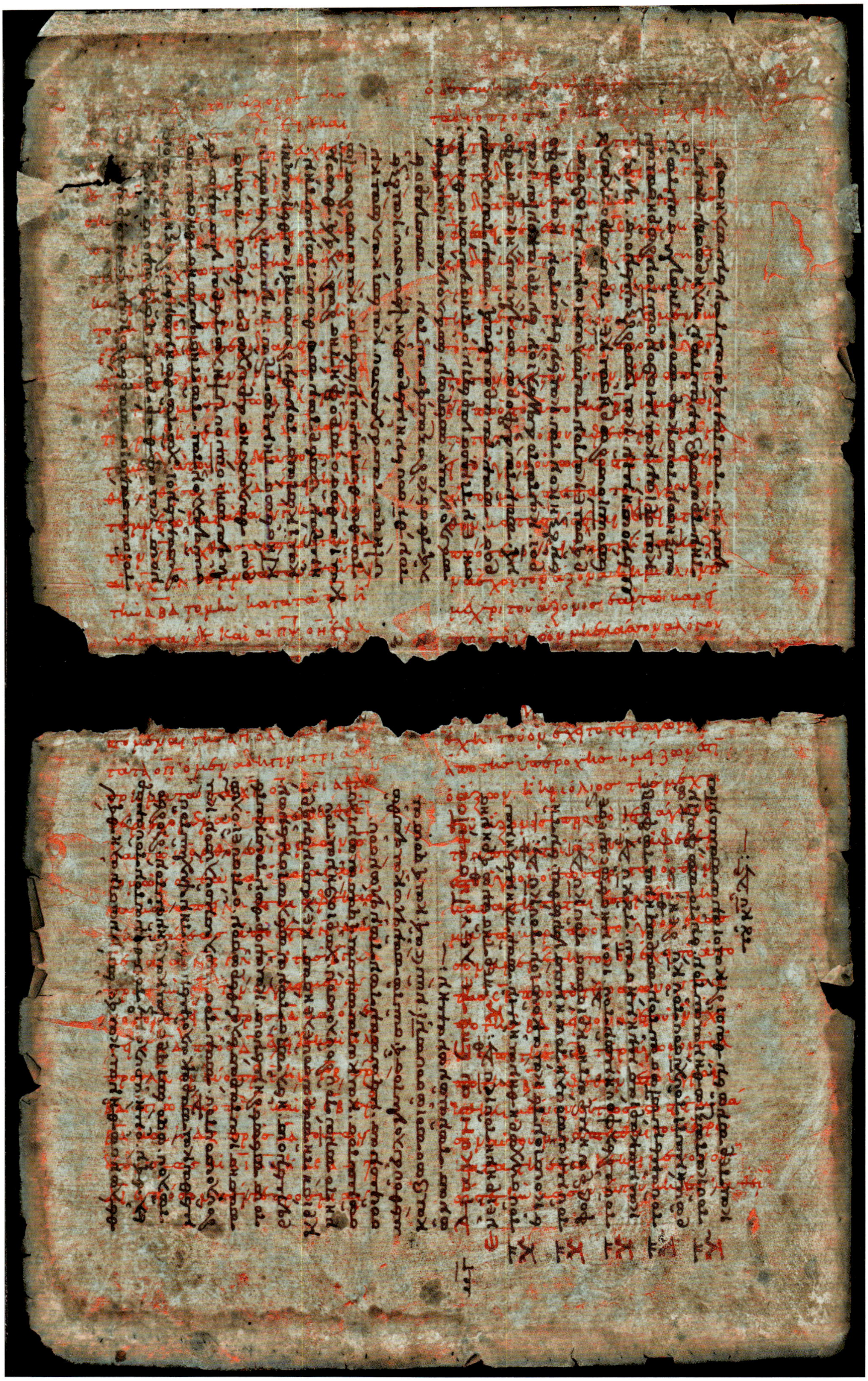

Heiberg II.386.16–390.28: *Floating Bodies* II, Proposition 10
Pseudocolor created from ultraviolet fluorescence and red reflectance images

ἴση τῆι μέχρι τοῦ ἄξονος, τῆς ΔΕ ΒΡ ἡμίσεια ἔστω ἡ ΡΣ· ἔστι δὲ καὶ ἡ ΣΒ ἡμιολία τῆς ΒΡ. ἐπιζευχθεί(ση)ς δὲ τῆς ΑΒ καὶ τῆς ΤΕ ὀρθῆς [ἀ]χθείσης ἤχθω ἡ ΕΖ παρὰ τὴν ΒΔ, καὶ πάλιν τῆς ΑΒ δίχα τμηθείσης κατὰ τὸ Θ ἤχθω παρὰ τὴν ΒΔ ἡ ΘΗ̣, καὶ εἰλήφθω ὀρθογωνίου κώνου τομὴ ἡ ΑΕΙ περὶ διάμετρον τὴν ΕΖ καὶ ἡ ΑΘΔ περὶ διάμετρον τὴ(ν) ΘΗ, ὥστ' ὁμοίαν εἶναι τὰ ΑΘ ΙΑ ΘΔ τμήματα τῶι ΑΒΛ τμήματι· γραφήσεται δὴ ἡ ΑΕΙ κώνου τομὴ διὰ τοῦ Κ, ἡ δὲ ἀπὸ τοῦ Ρ ὀρθὴ ἀχθεῖσα τῆι ΒΔ τεμεῖ τὴν ΑΕΙ. τεμνέτω κατὰ τὰ Υ Γ, καὶ διὰ τῶν ΥΓ ἤχθωσαν παρὰ τὴν ΒΔ αἱ ΥΧ ΓΝ, τεμνέτωσαν δὲ αὗται τὴν ΑΒΔ τομὴν κατὰ τὰ ΞΦ, ἤχθωσαν δὲ καὶ αἱ ΠΨ ΟΗ ἐφαπτόμεναι τῆς ΑΠ ΟΛ τομῆς κατὰ τὰ ΟΠ. ομενα δή τινα τρία τρήματα τὰ ΑΠΟΛ ΑΕΙ ΑΘΔ περιεχόμενα ὑπὸ τῶν εὐθειῶ(ν) καὶ τῶν ὀρθογωνίων κώνω(ν) τομῶν ὀρθὰ καὶ ὅμοια, (καὶ) ἄνισα καὶ ἀπείληπται ἀφ' ἑκάστης βάσεως, ἀπὸ δὲ τοῦ Ν ἀνηγμέναι̣ αἱ ΝΞ Γ̣Ν [Ο]Γ· ὁ τῆς ΒΓ (ἄρα) πρὸς τὴν ΣΞ τὸν συγκείμενον λόγον ἕξει [Ι]Λ πρὸς ΛΑ, καὶ ὃν ἔχει ἡ ΑΔ πρὸς ΔΙ. ἔχει δὲ καὶ ἡ ΛΙ̣ πρὸς ΛΑ, ὃν δύο πρ(ὸς) Ε̅· ἡ (γὰρ) ΤΒ πρ(ὸς) ΒΔ ἐστί, ὡς δύο πρ(ὸς) Ε̅, καὶ ἡ ΕΒ πρ(ὸς) ΒΑ καὶ ἡ ΔΖ πρὸς ΔΑ, τούτων δὲ διπλῶς αἱ ΛΙ ΛΑ· ἡ ΔΕ Α[Δ] (πρὸς) ΔΙ ἔχει, ὅσον πέντε πρὸς μίαν,

ὁ δὲ συνημμένος λ̣όγο̣ς̣ ἐξ οὗ̣ ὃν ἔχει τὰ δύο πρὸς τὰ Ε̅ καὶ ἐξ οὗ̣ ὃν ἔχει τὰ πέντε πρὸς τὸ ἕν, ὁ αὐτός ἐστι τ̣ὸ̣ ὧν ἔχει τὰ δύο πρὸς τὸ ΑΔ· ἔστιν ἡ ΟΓΔ τ[(ῆς)] ΓΞ. διὰ τὰ αὐτὰ δὴ καὶ ἡ ΠΥ τῆς ΥΦ. ἐπείπερ̣ ἐστὶν ἡ ΔΣ ἡμιολία τ(ῆς) ΚΡ, δῆλον, ὅτι ἡ ΒΣ ὑπερο̣χὴ ἐστι, ᾗ μείζων ἐστὶν ὁ ἄξων ἡμιόλιος τῆς μέχρι τοῦ ἄξονος. εἰ μὲν οὖν τὸ τμῆμα τῶι βάρει πρὸς τὸ ὑγρὸ(ν) τοῦτον ἔχει τὸν λογον, ὃν τὸ ἀπὸ τ(ῆς) ΒΕ πρὸς τὸ ἀπὸ τῆς ΒΔ, ἢ μείζων τούτου τοῦ λόγου, ἀφεθὲν τὸ τμῆμα εἰς τὸ ὑγρὸν οὕτως, ὥστε τὴν βάσιν αὐτοῦ μὴ ἅπτεσθαι τοῦ ὑγροῦ, ὀρθὸν καταστήσετα̣ι̣· δέδεικται (γὰρ) πρότερον, ὅτι ἐὰν τμῆμα μείζονα ἔχον τὸν ἄξονα ἢ ἡμιόλιον τ(ῆς) μέχρι τοῦ ἄξονος, ἐὰν τῶι βάρει πρὸς τὸ ὑγρὸν μὴ ἐλάσσονα λόγον ἔχηι τοῦ, ὃν ἔχει τὸ τετράγωνο[ν τὸ] ἀπὸ τῆς ὑπεροχῆς, ᾗ μείζων ἐστὶ(ν) ὁ ἄξων ἢ ἡμιόλιος τῆς μέχρι τοῦ ἄξονος, πρὸς τὸ τετράγωνο(ν) τὸ ἀπὸ τῆς τοῦ ἄξονος, ἀφεθὲν ἐς τὸ ὑγρὸν οὕτως, εἴρηται, ὀρθὸν καταστήσηται. ἐπὰν δὲ τὸ τμῆμα τῶι βάρει πρὸς τὸ ὑγρὸν ἐλάσσονα μὲν ἔχη τοῦ̣ ὃν ἔχει τὸ ἀπὸ τῆς ΣΒ πρὸς τὸ τετράγωνον τὸ ἀπὸ τῆς ΒΔ, μείζονα δὲ τοῦ, ὃν ἔχει τὸ ἀπὸ τῆς ΞΘ τετράγωνον τὸ ἀπὸ τῆς ΒΔ, ἀφεθὲν ἐς τὸ ὑγρὸν κεκλιμένον οὕτως, ὥστε τὴν βάσιν αὐτοῦ μὴ ἅπτεσθαι τοῦ ὑγρ(οῦ), καταστήσεται κεκλιμένον οὕτ(ως), ὥστε τὴν βάσιν αὐτοῦ μηδὲν καθ' ἓν

COLUMN 1

1 ἴση τῆι] ἴσ̣α̣ τᾶι H
1 τῆς] τᾶς H
2 ἡ] ἁ H
3 ἡ] ἁ H
3 τῆς] τᾶς H
3 ἐπιζευχθείσης] ἐπιζευχθείσας H
4 τῆς (pr.)] τᾶς H
4 τῆς (alt.)] τᾶς H
4 ὀρθῆς] ὀρθᾶς H
4 ἀχθεί|σης] ἀ̣χθεί|σας H
5 ἤχθω] ἄχθω H
5 ἡ] ἁ H
5 τὴν] τὰν H
6 τῆς] τᾶς H
6 τμηθείσης] τμαθείσας H
7 ἤχθω] ἄχθω H
7 τὴν] τὰν H
7 ἡ] ἁ H
8 εἰλήφθω] λελάφθω H
9 τομὴ] τομὰ H
9 ἡ] ἁ H
9 τὴν] τὰν H
10 ἡ] ἁ H
10 τὴν] τὰν H
11 ὥστ] ὥστε̣ H
11 εἶναι] εἶμεν H
11 ΑΘ] ΑΕ H
12 τμήμα|τι] τμάμα|τι H
13 ἡ] ἁ H
14 τομὴ] τομὰ H
14 ἡ] ἁ H
14 ὀρ|θὴ] ὀρ|θὰ H
15 τῆι] τᾶι H
15 τὴν] τὰν H
17 ἤχθωσαν] ἄχθωσαν H
17 τὴν] τὰν H
18 ΥΧ] ΥΚ H
19 τὴν] τὰν H
19 τομὴν] τομὰν H
19 ἤ|χθωσαν] ἄ|χ̣θ̣ω̣σ̣α̣ν̣ H
20 ΟΗ] ΟΦ H
21 τῆς] τᾶς H
21 τομῆς] τομ̣ᾶ̣ς̣ H
22 ομενα] sic
23 τρήματα] sic, τμάματα H
24 τῶν] τᾶν H
24 εὐθειῶν] εὐθειᾶν H
25 τῶν] τ̣ᾶν H
26 τομῶν] τομᾶν H
26 καὶ ἄνι|σα] ἄνι|σ̣α δ̣έ̣ H
27 ἑκάσ|της] ἑκάσ|τας H
28 ἀνηγ|μέναι] ἀναγ|μένα̣ι̣ H
29 ΓΝ ΟΓ] Π̣Ν.Γ H
30 πρὸς τὴν] ποτὶ τὰν H
30 ΣΞ] Γ̣Ξ H
31 πρὸς] ποτὶ H
32 ἡ (pr.)] ἁ H
32 πρὸς] ποτὶ H
32 ἡ (alt.)] ἁ H
33 πρὸς (pr.)] ποτὶ H
33 πρὸς (alt.)] ποτὶ H
33 ἡ] ἁ H
33 (γὰρ)] // H
33 πρὸς (ter.)] ποτὶ H
34 ἐστί] ἐστί̣ν̣ H
34 πρὸς (pr.)] ποτὶ H
34 ἡ] ἁ H
34 πρὸς (alt.)] ποτὶ H
35 ἡ] ἁ H
35 πρὸς] ποτὶ H
36 ἡ] ἁ H
36 πρὸς] ποτὶ H

COLUMN 2

1 συνημμένος] σ̣υ̣γ̣κ̣ε̣ί̣μ̣ενος H
2 πρὸς] ποτὶ H
3 πρὸς] ποτὶ H
3 τὸ ὧν] τῶι ὃν H
4 πρὸς] ποτὶ H
4 ἡ] ἁ H
4 ΟΓΔ] ΟΓ H
4 τῆς] τ̣ᾶ̣ς H
5 ἡ] ἁ H
5 τῆς] τᾶς H
6 ἐπείπερ] ἐπεὶ δ̣έ / H
6 ἡ] ἁ H
6 τῆς] τᾶς H
7 ἡ] ἁ H
7 ὑπεροχή] ὑπεροχά H
7 ἐστι] ἐστι̣ν̣ H
8 ᾗ] ἇι H
9 τῆς] τᾶς H
10 τμῆμα] τμᾶμα H
10 πρὸς] ποτὶ H
11 τῆς] τ̣ᾶ̣ς H
12 ΒΕ] ΒΣ H
12 πρὸς] ποτὶ H
12 τῆς] τᾶς H
12 μείζων] μείζονα̣ H
13 τμῆμα] τμᾶμα H
14 τὴν] τὰν H
16 καταστήσεται] καταστασεῖται H
17 τμῆμα] τμᾶμα H
18 τῆς] τᾶ̣ς H
20 πρὸς] π̣οτὶ H
22 τῆς ὑπεροχῆς ᾗ] τᾶς ὑπεροχᾶς ἇι H
23 τῆς] τᾶς H
24 πρὸς] ποτὶ H
27 καταστήσηται] καταστασεῖται H
27 ἐπὰν] ἐπὴν H
27 τμῆ|μα] τμᾶ|μα H
28 πρὸς] ποτὶ H
30 τῆς] τᾶς H
30 πρὸς] ποτὶ H
31 τῆς] τᾶς H
32 τῆς] τᾶς H
32 ΞΘ] Ο̣Ξ H
33 τῆς] τᾶς H
34 τὴν] τὰν H
36 καταστήσεται] καταστασεῖται H
37 τὴν] τὰν H

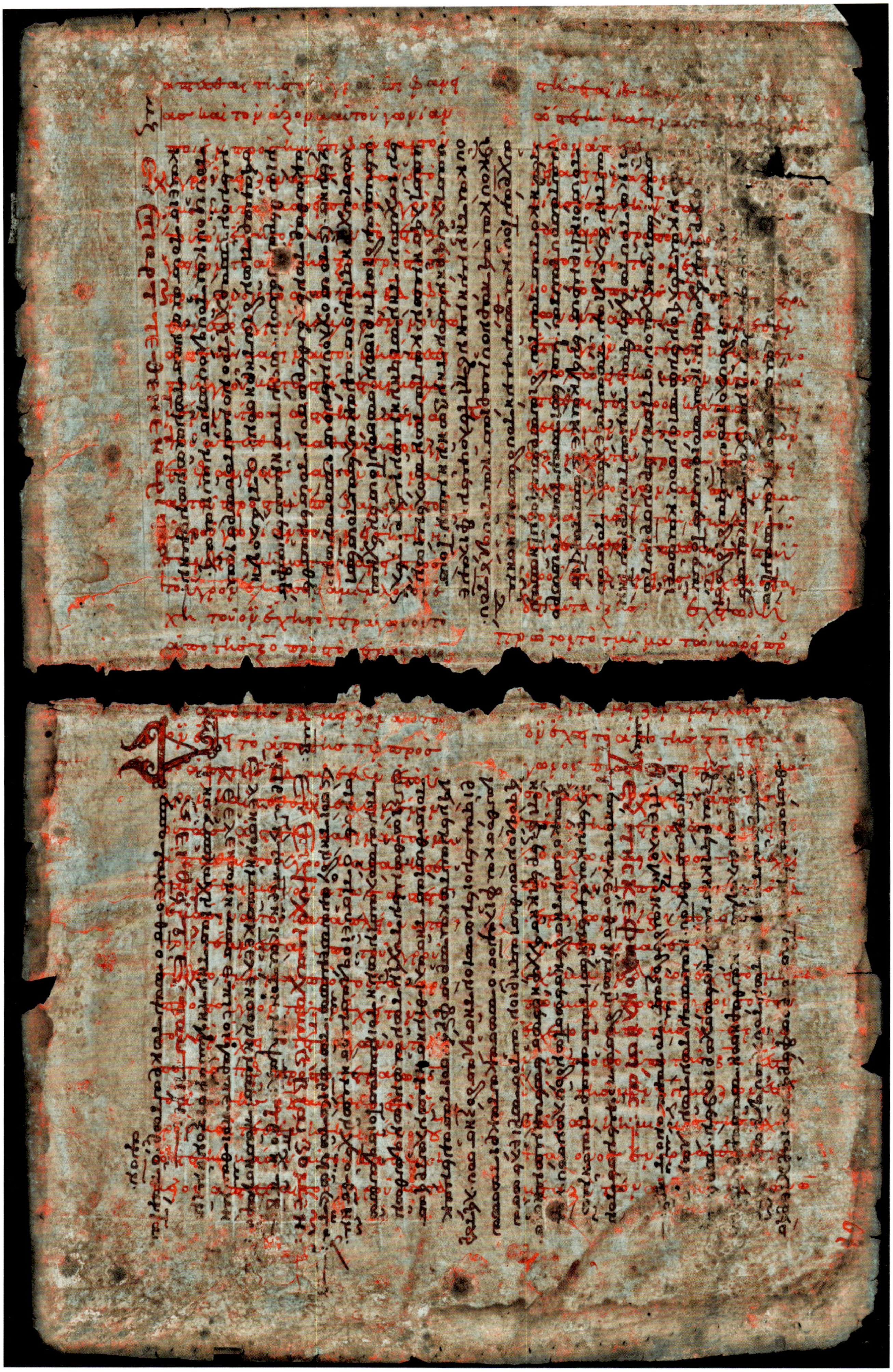

Heiberg II.390.28–394.12: *Floating Bodies* II, Proposition 10
Pseudocolor created from ultraviolet fluorescence and red reflectance images

ἅπτεσθαι τῆς τοῦ ὑγροῦ ἐπιφανείας, καὶ τὸν ἄξονα αὐτοῦ γωνίαν ποιεῖν πρὸς τὴν ἐπιφάνειαν τοῦ ὑγροῦ μείζονα τῆς Η. ἐὰν δὲ τὸ τμῆμα τῶι βάρει πρὸς τὸ ὑγρὸν τοῦτον ἔχη τὸν λόγον, τὸ τετράγωνον τὸ ἀπὸ τῆς ΞΟ πρὸς τὸ τετράγωνον τὸ ἀπὸ τῆς ΒΔ, ἀφεθὲν ἐς τὸ ὑγρὸν κεκλιμένον οὕτω, ὥστε τὴν βάσιν αὐτοῦ μὴ ἅπτεσθ(αι) τοῦ ὑγροῦ, καταστήσεται κεκλιμένον οὕτως, ὥστε τὴν βάσιν αὐ̣τοῦ ἅπτεσθαι καθ’ ἓν τῆς τοῦ ὑγρ(οῦ) ἐπιφανείας, καὶ τὸν ἄξονα αὐτοῦ πρὸς τὴν ἐπιφάνειαν τοῦ ὑγροῦ γωνίαν ποιεῖν εἴση τῇ Η. ἐὰν δὲ τὸ τμῆμα τῶι βάρει πρὸς τὸ ὑγρὸν ἐλάσσονα μὲν λόγον ἔχη τοῦ, ὃν ἔχη τὸ τετράγωνον τὸ ἀπὸ τῆς ΞΟ πρὸς τὸ τετράγωνο(ν) [τ]ὸ ἀπὸ τῆς ΒΔ, μείζονα δὲ τοῦ, ὃν ἔχει τὸ ἀπὸ τῆς ΠΦ πρὸς τὸ ἀπὸ τῆς ΒΔ, ἀφεθὲν ἐς τὸ ὑγρὸν καὶ τεθὲν κεκλιμένον οὕτως, ὥστε τὴν βάσιν αὐτοῦ μὴ ἅπτεσθαι τοῦ ὑγροῦ, καταστήσεται κεκλιμένον οὕτως, ὥστε τὴ(ν) δὲ βάσιν αὐτοῦ κατὰ πλείονα τόπον τέμνεσθαι ὑπὸ τοῦ ὑγροῦ. ἐν δὲ τὸ τμῆμα πρὸς τούτω βάρει πρὸς τὸ ὑγρὸν τοῦτον ἔχει τὸν λόγον, ὃν ἔχει τὸ τετράγωνον τὸ ἀπὸ τῆς ΠΦ πρὸς τὸ τετράγωνο(ν) τὸ ἀπὸ τῆς ΒΔ, ἀφεθὲν ἐς τὸ ὑγρὸν καὶ τεθὲν κεκλιμένον (οὕτως), ὥστε τὴν βάσιν αὐτοῦ καθ’ ἓν σημεῖον ἅπτεσθαι τοῦ ὑγροῦ, καταστήσεται δὲ κεκλιμ̣ένον οὕτως, ὥστε τὴν βάσιν αὐτοῦ καθ’ ἓν σημεῖον ἅπτεσθα̣ι τοῦ ὑγροῦ ἐπιφανείας, (καὶ) τὸν ἄξονα αὐτοῦ ποιεῖ γωνίας ἴσην τῆι Ψ. ἐὰν δὲ τ̣ὸ τμῆμα τῶι βάρει πρὸς τὸ ὑγρὸν ἐλάσσονα λόγον ἔχη τοῦ, ὃν ἔχει τὸ τετράγωνον τὸ ἀπὸ τῆς ΠΦ πρὸς τ̣ὸ τετράγωνον τὸ ἀπὸ τῆς ΒΔ, ἀφεθὲν ἐς τὸ ὑγρὸν καὶ τεθὲν κεκλιμένο(ν) οὕτως, ὥστε τὴν β̣άσιν αὐτοῦ μὴ ἅπτεσθαι τοῦ ὑγροῦ, καταστήσεται κεκλιμένον οὕτως, ὥστε τὸν μὲν ἄξονα αὐτοῦ πρὸς τὴν ἐπιφάνειαν τοῦ ὑγροῦ γωνίαν ποιεῖν ἐλάσσονα τῆς Ψ, τὴν δὲ βάσιν τοῦ μηδὲ καθ’ ἓν ἅπτεσθαι τῆς τοῦ ὑγροῦ ἐπιφανείας. δειχθήσεται δὲ ταῦτα ἑξῆς. ἐχέτω δὴ πρῶτον τὸ τμῆμα τῶι βάρει πρ(ὸς) τὸ ὑγρὸν μείζονα μ̣ὲν λόγον το(ῦ), ὃν ἔχει τὸ ἀπὸ τῆς ΞΠ τετράγωνον πρὸς τ[ὸ] ἀ̣πὸ τῆς ΒΔ, ἐ̣λάσσονα δὲ τοῦ, ὃν ἔχ̣ει τὸ ἀπὸ τῆς ὑπεροχῆς τετράγωνον, ᾗ μείζω̣(ν̣) (ἐστὶν) ὁ ἄξων ἡμι̣όλιος τῆς μέχρι τοῦ ἄξονος, πρὸς τὸ ἀπὸ τῆς ΒΔ τετράγωνον, κ(αὶ) ὑποκείσθω τὸ πρότερον κατε[σκευ]ασμ[έ]νο(ν) σχῆμα, ὃν δῆλον ἔχει τὸ τμῆμα τῶι βάρει πρὸς τὸ ὑγρόν, τοῦτον ἐχέτω τὸ ἀπὸ τῆς Ψ τετράγωνον πρὸς τὸ ἀπὸ τῆς ΒΔ· ἔστι δὴ Ψ τῆς μὲν ΞΠ μ̣είζων ἐστὶ(ν) ὁ ἄξων ᾗ ἡμιόλιος τῆς μέχρ̣[ι] τ(ο̣ῦ̣) ἄ̣ξονος. ἐνηρμώσθω δέ τις μεταξὺ τῶν ΑΠΟ Λ[Α] ΞΔ κώνω(ν)

COLUMN 1

1 τῆς] τᾶς Η
3 πρὸς τὴν] ποτὶ τὰν Η
4 τῆς] τᾶς Η
4 Η] Ϙ̣ Η
5 τμῆμα] τμᾶμα Η
5 πρὸς] ποτὶ Η
7 τῆς] τᾶς Η
7 πρὸς] ποτὶ Η
8 τῆς] τᾶς Η
9 οὕτω] οὕτως Η
10 τὴν] τὰν Η
11 καταστήσεται] καταστασεῖται Η
12 τὴν] τὰν Η
13 τῆς] τᾶς Η
15 πρὸς τὴν] ποτὶ τὰν Η
16 εἴση] sic, εἴσην̣ Η
16 τῇ] τᾶι Η
17 τμῆμα] τμᾶμα Η
17 πρὸς] ποτὶ Η
19 ἔχη] ἔχει Η
20 τῆς] τᾶς Η
20 πρὸς] ποτὶ Η
21 τῆς] τᾶς Η
22 τῆς] τᾶς Η
22 πρὸς] ποτὶ Η
23 τῆς] τᾶς Η
25 τὴν] τὰν Η
26 καταστήσε|ται] καταστασεῖ|ται Η
27 τὴν] τὰν Η
30 ἐν] εἰ Η
30 τμῆμα] τμᾶμα Η
31 πρὸς] ποτὶ Η
33 τῆς] τᾶς Η
33 πρὸς] ποτὶ Η
34 τῆς] τᾶς Η
36 τὴν] τὰν Η
37 κατα|στήσεται] κατα|στασεῖται Η

COLUMN 2

2 τὴν] τὰν Η
2 ση|μεῖον] σα|μεῖον Η
5 ἴσην τῆι] ἴσαν τᾶι Η
5 τμῆμα] τμᾶμα Η
8 τῆς] τᾶς Η
8 πρὸς] ποτὶ Η
9 τῆς] τᾶς Η
11 τὴν] τὰν Η
12 καταστήσεται] καταστασεῖται Η
14 πρὸς τὴν] ποτὶ τὰν Η
16 τῆς] τᾶς Η
16 τὴν] τὰν Η
17 τῆς] τᾶς Η
20 τμῆμα] τμᾶμα Η
20 πρὸς] ποτὶ Η
22 τῆς] τᾶς Η
23 πρὸς] ποτὶ Η
23 τῆς] τᾶς Η
24 τῆς] τᾶς Η
24 ὑ|περοχῆς] ὑ|περοχᾶς Η
25 ᾗ] ᾶι Η
26 τῆς] τᾶς Η
27 πρὸς] ποτὶ Η
27 τῆς] τᾶς Η
30 τμῆμα] τμᾶμα Η
31 πρὸς] ποτὶ Η
32 τῆς] τᾶς Η
33 πρὸς] ποτὶ Η
33 τῆς] τᾶς Η
34 Ψ] ἁ Ψ Η
34 τῆς] τᾶς Η
35 τῆς] τᾶς Η
36 ἐνηρμώσθω] ἐναρμόσθω Η

Heiberg II.399.5–402.2: *Floating Bodies* II, Proposition 10
Pseudocolor created from ultraviolet fluorescence and red reflectance images; *bottom,* x-ray fluorescence image of iron content

πλα[σία τῆ]ς ϡΘΕ. ὡς τῶι ΟΥΝ ἡ ΠΗ διπλ[ασία τῆς] ΗΘ, καὶ ἐπεζεύχθω ἡ [Η]Κ καὶ ἐκβεβλήσθω ἐπὶ τὸ [Ω]. ἔσται [δ]ὴ το[ῦ] μὲν ὅλου τμήματος κέντρον τοῦ βάρους τὸ Κ, τοῦ δ’ ἐν τῶι ὑγρῶι τὸ Η, τοῦ δ’ ἐκτ[(ὸς)] ἐπὶ τῆς ΚΩ· ἔσται τὸ Ω. δειχθήσεται δὴ ὁμοίως ἥ τε ΚΤ κάθετος ἐπὶ τὴν τοῦ ὑγροῦ ἐπιφάνειαν καὶ διὰ τῶν ΝΩ ἔσται π(αρὰ) [τ]ὴν Κϡ. φανερόν, (ὅτι) οὐ μένει τὸ τμῆμα, ἀλλ’ ἐπικλίνει, ἕως ἂν ἡ βάσις αὐτοῦ ἅπ[τ]ηται κ[α]θ’ ἓν σημεῖον τῆς τοῦ ὑγροῦ ἐπιφανείας, καθάπερ ἐδείκν[υ]το ἐν τῶι ἑτέρωι τμήματι, ὡς ἐχεῖ ἐπὶ τοῦ τρίτου, καὶ μενεῖ [(οὕ)]τως τὸ τμῆμα καθεστηκός. ἐν ἴσοις γὰρ τμήμασι τοῖς ΑΠΟ . [ΑΟΘΛ. ἠ]γ[μέ]ναι ἔσοντ[αι ἀ]π’ [ἄκρων] τῶν βάσεων αἱ ΑΧ ΑΟ ἴσας [ἀ]φαιροῦ[σ]αι· δειχθήσεται γὰ[ρ] α[ὐτῶι] τῶι ΑΠΟ ὁμ[οί]ως τοῖς πρότερον. ἴσας οὖν ποιήσει τὰς γωνίας ὀξείας αἱ ΑΟ ΑΧ πρὸς τὰς τῶν τμημάτων διαμέτρ[(ους)], ἐπεὶ δ’ ἴσαι εἰσὶν πρὸς τοῖς ΝΥ γωνίαι καὶ αἱ ΒΟ ΒΤ ἴσαι εἰ[σὶ]ν, ὥστε καὶ ΟΡ ΡΤ καὶ αἱ Ο[Υ] Πϡ ἴσαι ΥΞ Θϡ. δίπλη οὖν ἐσ[τι τῆς] ϡΘ, ἐπιζ[ευ]χθείσης δὲ τῆς ϡΚ ἐκβλη[θ]είσης ἐπὶ τὸ [Ω] ἔσται τοῦ π[αντὸς] τμήματος [κέ]ντρου βάρους τοῦ Κ, το[ῦ] δ’ ἐν τῶι ὑγρῶι τ[ὸ] ϡ, [τοῦ δ’ ἐκτὸς] ἐπὶ τῆς ΚΩ ἔστω τ[ὸ] Ω.

[καὶ] ἡ Κϡ κάθετ[ός] (ἐστιν) ἐπὶ τὴ[ν] τ[οῦ] ὑγροῦ ἐπιφάνειαν. κατ[ὰ τὰς] αὐ[τὰς] οὖν εὐθείας τώ τ’ ἐν τῶι ὑγρ[ῶι ἀνε]νεχθήσεται καὶ τὸ ἐκτὸς [τοῦ ὑγροῦ] κατενεχθήσεται· μεν[εῖ τ]ὸ τμ[ῆμα], καὶ ἥ τε βάσις καθ’ ἓν σημ[εῖον ἅ]ψεται τῆς τοῦ ὑγροῦ ἐπιφανεί[ας], (καὶ) ὁ ἄξων τοῦ τμήματος πρὸς τὴν ἐπιφάνειαν τοῦ ὑγροῦ ποιήσει γωνίαν ἴσην τῆι προγεγραμμένηι. ὁμοίω[ς] δὲ δειχθήσεται, [κ]αὶ ἐὰν τὸ τμῆμα τῶι βάρει πρὸς τὸ ὑγρὸν λόγον ἔχη τὸν αὐτόν, τὸ ἀπὸ τῆς ΜΠ τετράγωνον πρὸς τὸ ἀπὸ τῆς ΒΔ, (ὅτι) [ἀ]φεθὲν [ἐς τ]ὸ ὑγρ[ὸ]ν, ὥστε τὴν βάσιν αὐτοῦ μὴ ἅπτεσθαι τῆς τοῦ ὑγροῦ ἐπιφανείας, κατατήσεται κεκλιμένον οὕτως, ὥστε τὴν βάσιν αὐτοῦ καθ’ ἓν σημεῖον ἅπτεσθαι τῆς τοῦ [ὑ]γρο[ῦ ἐπιφανείας καὶ τὸν ἄξονα] αὐτοῦ πρὸς τὴν ἐπιφάνειαν τοῦ ὑγροῦ γωνίαν ἴσην πρὸς τῆι Φ.

Ε(ΞΗΣ) ΑΙ ΚΑΤΑΓΡΑΦΑΙ.

Ἐχέτω δὴ πάλιν τμῆμα τῶι βάρ[ει] πρὸς τὸ ὑγρό[ν σ]μεῖον λόγον ἢ ὃν ἔχει τὸ ἀπὸ [τ]ῆς ΝΤ πρὸς τὸ ἀπὸ ΒΔ, ὃν λόγον ἔχει τ[ὸ] τμῆμα τῶι βάρει πρὸς τὸ ὑγρόν, τοῦτον [ε]χέτω τὸ ἀπὸ τ(ῆς) Ψ τετράγω[ν]ο[ν]· ἐλά[σ]σω[ν] δὴ οὖν ἐστιν ἡ Ψ [τ]ῆς Ο[Ν]. πάλιν [δὴ] οὖν ἐνηρμόσθω τις μεταξ[ὺ] τῶν ΑΜ ΔΑ ΠΟΛ τεμῶν τὴν ΨΣ ΗΠ παρὰ τὴν ΒΔ ἠγμέν[η]. ἴση δ’ ἡ ΡΗ ΗΨ. τέ[μνει] δὴ αὐτὴ τὴν με[τ]αξὺ τοῦ κώνου τομὴν κατὰ τοῦ, τὴν δὲ τὴν ΞΡ

COLUMN 1

1 — 2 non legit H
1 ὡς τῶι ΟΥΝ] sic
2 καὶ ἐπε|ζεύχθω ἡ ΗΚ] inc. H, |καὶ ἐπεζεύχθω ἁ ΗΚ
4 ἔσται] ἐσσεῖται H
4 τμή|ματος] τμά|ματος H
5 βάρους] βάρεος H
6 δ] δὲ H
7 τῆς] τᾶς H
7 ἔσται] ἔστω H
8 ἥ] ἅ H
9 τὴν] τὰν H
10 ΝΩ] ΗΩ H
10 ἔσται] σαμείων H
10 παρὰ | τὴν] |παρὰ τὰν H
11 φανερόν] δῆλον οὖν H
12 τμῆμα] τμᾶμα H
12 ἐπικλίνει] ἐπικλιθήσεται H
13 ἡ] ἁ H
13 ἅπτηται] ἅπτεται H
14 σημεῖον] σαμεῖον H
14 τῆς] τᾶς H
15 καθάπερ] des. H
35 ἔστω] sic

COLUMN 2

1 κάθετός ἐστιν ἐπὶ τὴν τοῦ | ὑγροῦ] κάθετός ἐστιν ἐπὶ τὰν τοῦ ὑγρ|οῦ suppl. H
2 ἐπιφάνειαν] inc. H
3 τώ] sic, |τό H
3 τ] τε H
5 μενεῖ] μενεῖ [δὴ] H
5 τμῆμα] τμᾶμα suppl. H
6 ἥ] ἅ H
6 σημεῖον] σαμεῖον suppl. H
6 ἅ|ψεται] ἅψ|εται suppl. H
7 τῆς] τᾶς suppl. H
8 |ὁ ἄξων] ὁ | ἄξων H
8 τμήματος] τμάματος suppl. H
8 πρὸς τὴν] ποτὶ τὰν H
9 γω|νίαν] γωνί|αν H
10 ἴσην τῆι προγεγραμμένηι] ἴσαν τᾶι προγεγραμμέναι H
10 προγεγραμμένηι] des. H
17 κατατήσεται] sic

Heiberg II.402.3–404.3: *Floating Bodies* II, Proposition 10
Top, pseudocolor created from ultraviolet fluorescence and red reflectance images; *bottom,* x-ray fluorescence image of iron content

εὐ̣[θ]εῖ[α]ν κατὰ τ[ὸ] Η. δειχθή[σετ]α̣ι̣ δὲ̣ [ἡ Π]Υ δ̣ι̣πλ[ῆ] τῆς Υ̣Ι̣, κ̣[αθάπερ δέδει][κται] κ̣αὶ ἡ ΓΟ τῆς ΓΠ̣. ἤχθ[ω] δ[ὲ καὶ] [ἡ μὲ]ν ΠΩ ἐφαπτομέ[νη] τῆς ΑΠ ΟΛ κατὰ τ̣[ὸ] Τ, τῆι δὲ ΠΕ̣ κάθετος ἐπὶ τὴ(ν) [Β]Δ, καὶ ἡ Υ̣Α [ἐ]πιζευ̣[χ]θεῖσα διήχθω̣ [ἐπὶ] τὸ Χ· ἔσται δὴ ἥ τε $^{\alpha\iota}$ τῆ[ι] ΙΧ κ[αὶ] ἡ ΑΧ τῆι ΠΩ παράλληλος. [δ]εικτέο(ν) δή, ἔστιν τὸ [τ]μῆμα ἀφ[ε]θὲν ἐς τὸ ὑγρὸν καὶ τεθὲν κ̣εκλιμένον οὕτως, ὥστε τὴν βάσιν αὐτοῦ μὴ̣ ἅπτεσθαι τοῦ ὑγροῦ, οὕτως, ὥστε τὸν ἄξονα αὐτοῦ κεκλιμένον καταστήσεται πρὸς τὴν ἐπιφάνειαν τοῦ ὑγροῦ ποιεῖν γωνίαν ἐλάσσονα τῆς Φ, τὴ[ν δ]ὲ̣ βάσιν αὐτ[οῦ] μηδὲ κα[θ' ἓν] ἅ̣π̣τ̣ε̣σ̣θαι τῆς [το]ῦ̣ ὑγρ[οῦ] ἐπι[φ]αν[είας. ἀ]φείσθω οὖν εἰ[ς τὸ ὑ]γρὸν

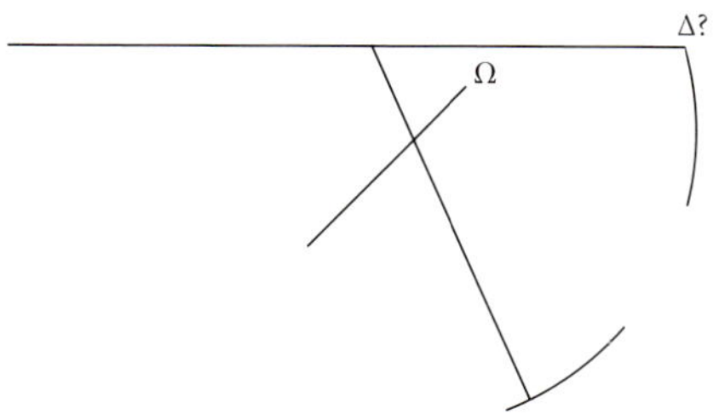

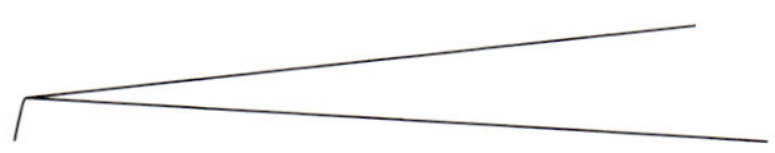

[καὶ καθ]εστη[κ]έτω̣, [ὥστε τ]ὴ̣ν βάσιν̣ [αὐ]τοῦ κ̣[αθ'] ἓ̣[ν̣] σημεῖο̣[ν ἅ]πτεσθαι τῆς τοῦ ὑγρο[ῦ ἐπιφανεία]ς, τμη[θέντ]ος δὴ [τοῦ τ]μήματος [ἐπ]ιπ[έ][δωι ὀρθῶι πρ]ὸς τὴν τοῦ ὑγρ[οῦ ἐπι]φ[ά][νειαν διὰ τοῦ] ἄ[ξ̣ο]ν[ο]ς τομῆ[ς, ὥστ]ε [τῆς μὲν τ]οῦ τμ[ή̣]μ̣α̣τος [ἐ]πιφα[νείας ἡ ΑΗ]Β[Λ ὀ̣ρθογ]ωνίου κώ(ου) [τομή, τῆς δ]ὲ τ[οῦ̣] ὑγροῦ [ἡ] ΑΖ, ἄξ[ων] [δ]ὲ̣ τοῦ τμήμ[ατος καὶ] διάμετρος τῆς τ[ο]μῆς ἡ ΒΔ, καὶ [τετμήσθω] [ἡ] ΒΔ κατὰ τὰ ΚΡ̣ ὁμοίω̣ς τοῖ[ς ἐπά][ν]ω, ἤχθω δὲ καὶ ἡ̣ ΗΑ παρὰ̣ τὴν [Α]Ζ ἐφαπτομένη τῆς τ[οῦ κώ]ν̣ου τομῆς κατὰ τὸ Η, ἡ̣ δὲ ΗΘ π[α]ρὰ τὴν ΒΔ, ἡ δὲ ΗΘ κ̣άθετος ἐπὶ τὴ(ν) ΒΔ. ἔπει οὖν τὸ τμ̣ῆμα τῶι βάρει (πρὸς) τὸ ὑγρὸν τοῦτον ἔχει τὸν [λό]γον, ὃν ἔχει τὸ ἀπ̣ὸ̣ τ̣ῆς Ψ τ̣ε[τράγωνον] [πρὸς τὸ ἀπὸ τῆς] ΒΔ, [ὃν δὲ λόγον] ἔχει τὸ τμῆ[μα] τῶι βά[ρ]ε̣ι̣ πρὸς τ[ὸ] ὑγρόν, τοῦτον ἔχ̣ε̣ι̣ [τὸ ἀ]π[ὸ] τῆς Η[Θ] [τ]ετράγω[νον] π̣ρ̣ὸς τ̣ὸ ἀπ̣[ὸ τ(ῆς) ΒΔ] [δ]ιὰ τ̣ὰ α̣[ὐτ]ὰ̣ [τ̣ο̣]ῖς πρότερον, [ὅτι] ἴ̣ση ἐ[στὶ ἡ] ΗΘ τῆ̣ι Ψ, ὥστε ἴσα ἐστὶ κα[ὶ τ]ὰ ΑΗΖ [ΑΠ]Χ τμήματα. (καὶ) ἐπὶ (ἴσ)οις καὶ ὁμο̣ι̣οις τμήμ̣[ασι] το[ῖς] . Π̣ ΓΑ ΒΔ ΒΑ ἀπ' ἄκ[ρων τῶν] β[άσ]εων̣. ἠγμέναι εἰσὶ αἱ ΑΧ [ΑΖ] [ΑΖ ἴσα] τμήματα ἀφαιροῦσαι· [δῆ]λ̣[ον ὅ]τι ἴσας ποιοῦσι [γ]ων̣[ίας] [πρὸ]ς τοῖς δι[αμέ̣τ̣]ρ̣[οις] τ̣ῶ̣[ν τμημά][τ]ω̣[ν]. τῶν ἐπὶ [δὲ̣ τῶν ΗΙΤ ΡΩΕ τρι]γώνων ἴσαι [εἰσὶ αἱ πρὸς τοῖς ΙΩ] ἴσα . . .

. . .

COLUMN 1

1 εὐθεῖαν] inc. H
2 ἡ] ἁ H
2 τῆς] τᾶς H
2 δέδει|κται] ἐδεί|χθη H
3 ἡ] ἁ H
3 τῆς] τᾶς H
3 ΓΠ] Γ̣Ν̣ H
3 ἤχθω] ἄχθω H
4 ἡ] ἁ H
4 ἐφαπτομένη] ἐφαπτομέ̣ν̣α H
4 τῆς] τᾶς H
5 Τ] Π̣ H
5 τῆι] ἁ̣ H
5 τὴν] τὰν H
6 ἡ] ἁ H
6 ΥΑ] .Δ H
6 διήχθω] om. H
7 ἔσται] ἐσσεῖτα̣ι̣ H
7 δὴ] δὲ̣ H
7 ἥ τε] ἁ̣ H
7 τῆι] τᾶ̣ι̣ H
7 καὶ] ἴ̣σ̣α̣ κ̣α̣ὶ̣ H
8 ἡ] ἁ̣ H
8 τῆι] τᾶι H
9 τμῆμα] τμᾶμα H
9 ἐς] εἰ̣ς̣ H
10 τεθὲν] om. H
10 οὕτως|] ο̣ὕ̣τ̣|ως H
11 τὴν] τὰν H
12 ὥστε τὸν ἄξονα | αὐτοῦ κεκλιμένον καταστήσεται] κ̣α̣τ̣α̣σ̣τ̣α̣σ̣ε̣ῖ̣τ̣α̣ι̣ | κεκλι̣μένο̣ν̣ ὥ̣σ̣τ̣ε̣ τ̣ὸ̣ν̣ ἄ̣ξ̣ο̣ν̣α̣ H
14 |πρὸς τὴν ἐπιφάνειαν τοῦ ὑγροῦ] π̣ο̣τ̣ὶ̣ τ̣ὰ̣ν̣ | ἐπιφάνεια̣ν̣ τ̣ο̣ῦ̣ ὑγροῦ H
15 |ποιεῖν γωνίαν] γ̣ω̣ν̣ί̣α̣ν̣ | π̣ο̣ι̣εῖν H
15 τῆς] τᾶς suppl. H
16 τὴν] τὰν suppl. H
17 τῆς] τᾶς suppl. H
18 οὖν] γὰρ suppl. H

COLUMN 2

1 καθεστηκέτω ὥστε τὴν] καθεστακέτω οὕτως ὥστε τὰν suppl. H
2 σημεῖον] σ̣α̣μ̣ε̣ῖ̣ο̣ν̣ H
3 τῆς] τᾶς H
3 τμη|θέντος] τ̣μ̣α̣|θέντος H
4 δὴ] δ̣ὲ̣ H
4 τμήματος] τ̣μ̣ά̣ματος H
5 πρὸς τὴν] ποτὶ τὰν H
6 τομῆς] τομὰ̣ H
6 ὥστε] ἔ̣σ̣τ̣ω̣ H
7 τῆς] τᾶς H
7 τμήματος] τμάματος H
8 ἡ] ἁ H
8 ΑΗΒΛ] Α̣ΘΗΛ H
9 τομή] τομά̣ H
9 τῆς] τ̣ᾶ̣ς H
9 ἡ ΑΖ ἄξων | δὲ] ἐ̣π̣ι̣φανε̣ί̣α̣ς̣ | ἁ̣ Α̣Ζ̣ ἄ̣ξ̣ω̣ν̣ δ̣ὲ̣ H
10 τοῦ τμήματος] om. H
11 τῆς τομῆς] τ̣ᾶ̣ς̣ τ̣ο̣μ̣ᾶ̣ς H
11 ἡ] ἁ̣ H
11 τετμήσθω] τ̣ε̣τ̣μ̣ά̣σ̣θ̣ω̣ H
12 |ἡ] ἁ̣| H
12 ὁμοίως] des. H

Heiberg II.406.1–408.3: *Floating Bodies* II, Proposition 10
Pseudocolor created from ultraviolet fluorescence and red reflectance images

...... [καὶ ἐπ]ε̣ι̣δ[ή] ἐ̣[σ]τιν̣ δι[πλῆ ἡ ΡΥ τῆς] Υ̣Ι̣, φ[αν]ερόν, [ὅτι ἡ ΗϞ ἐλάσσων ἐσ]τὶν ἡ [Β] τῆς [ϞΤ. ἔστω οὖν ἡ ΗΥ] διπ[λα]σία τῆς [ΥΤ καὶ ἐπιζευχθ]ε̣ῖ̣σα δ̣ι̣ήχθω [ἡ ΥΚΤ. ἔσται δὲ κέντ]ρ[α τ]ῶν [β]άρω(ν) [τοῦ ὅλου τὸ Κ, το]ῦ δ' ἐν τῷ̣ι̣ ὑγρῶι [τὸ Υ, τοῦ δ' ἐκτὸς ἐπὶ τῆς] Κ[Θ]. ἔστα̣[ι] [οὖν φανερὸν διὰ τ]ὰ̣ π̣ρ̣ό̣τερα, [ὅτι οὐ μενεῖ τὸ τμῆμα] ο[ὕτ]ω̣ς, ... ἀλλ[ὰ κ]λι[θήσεται, ὥστε τὸν ἄξονα α]ὐτοῦ μηδὲ [καθ' ἓν σημεῖον το]ῦ ὑγροῦ ἐπι[φάνειας. ὅτι δὲ κατασ]τήσεται ο[ὕ][τως, ὥστε τὸν ἄξονα] α̣ὐ̣τοῦ πρὸς [τὴν ἐπιφάνειαν τοῦ ὑγρ]οῦ π̣ο̣ι̣ε̣ῖ̣ν̣ [γωνίαν ἐλάσσονα τῆς] Φ, δειχθή[σεται. κατεστάτ]ω ο̣ὖ̣ν̣, εἰ δυ[να(τόν)], οὕτω[ς], ὥστε ποιεῖν γωνίαν μὴ ἐ[λάσσο]ν̣α̣ τῆς Φ, καὶ τὰ ἄλλα [κ]α(τ̣α̣)σκευάσθω τὰ αὐτὰ τοῖς ἐν τῶι τρίτωι σχήματι. ὁμοίως δὲ δειχθήσε̣τ̣αι ἡ Θ[Η] ἴση τῆι Ψ· ὥστε (καὶ) τῆι ΙΠ. (καὶ) ἐπειδ̣[ὴ δ]ὲ̣ ἡ Λ γωνία οὐκ ἐλάσσων ἐ[στὶ] τῆς Φ, οὐκ ἄρα μείζω(ν) ἐστὶν ἡ ΓΒ [τῆς] ΣΒ, οὐδὲ ἡ ΓΡ τῆι ΣΡ οὐδὲ ἡ [ΗϞ] τῆς Ο̣Γ̣. καὶ ἐπειδὴ ἡ ΙΠ ἡμιολ[ία] ἐστὶ τῆς ΠΥ, ἐλάσσ(ων) δὲ ἡ ΥΠ [τῆς Η]Ο̣, καὶ ἡ μὲν Η[Θ] ἴσηι τῆι ΗΙ, [ἡ δὲ] ΗϞ οὐκ ἐλάσσω(ν) τῆς [Θ]Γ, [μ]είζων ἄρα ἡ ϞΗ τῆι ΠΥ· [ἡ ἄ]ρ[α] ΓΔ μείζων ἐστὶν ἢ διπλ̣ῆ̣ [τῆς] ϞΘ. ἔστω δὴ ἡ Υ διπλῆ [τῆ]ς [Ϟ]Θ, κ̣αὶ ἐ[π]εζευχθεῖσα ἡ [Υ]Κ̣ ἐ[κ]βεβλ[ή]σθω· δῆλον δὲ ὁμοί[ως] τ̣ο̣ῖς πρότερον, (ὅτι) οὐ μενε̣ῖ̣ τὸ τμῆμ[α, ἀ]λλὰ κληθήσεται, ὥστε τὸν ἄ[ξ]ονα α̣ὐτοῦ πρὸς τὴν ἐπιφάνεια(ν)

τοῦ ὑ[γροῦ γωνίαν ποιεῖν ἐλάσσονα] [τῆς Φ]

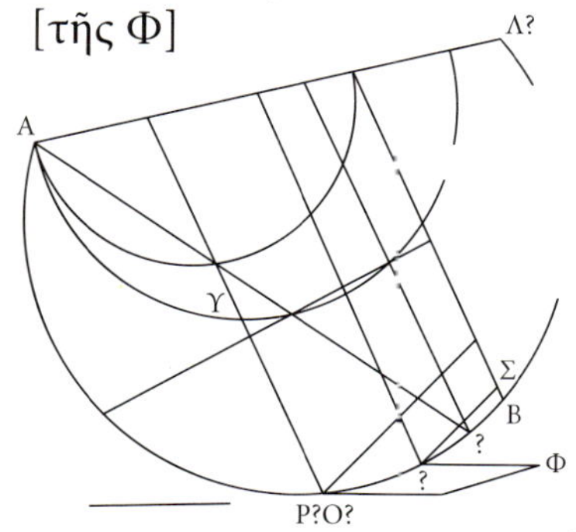

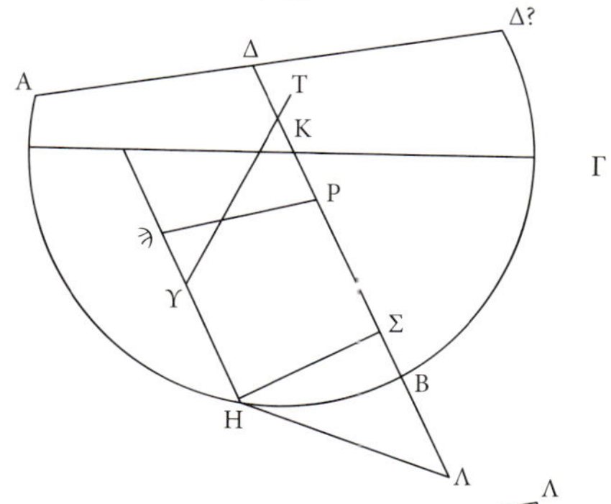

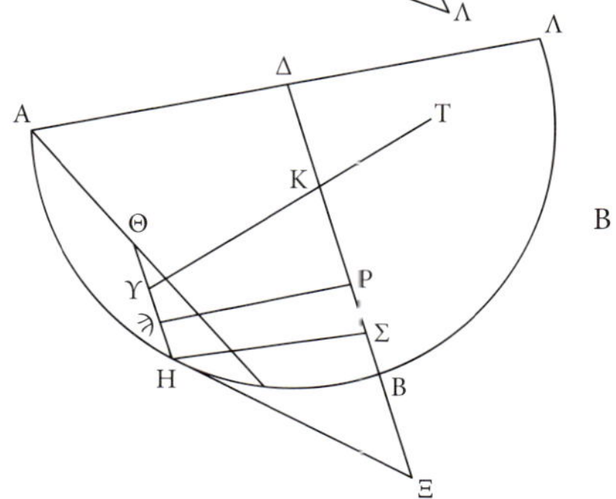

ἔστω δὴ πάλιν τὸ τμῆμα πρὸς τὸ ὑγρὸν τῶι βάρει μείζονα μὲν λόγον ἔχον τοῦ, ὃν ἔχει τὸ ἀπὸ τῆς ΖΠ τετράγωνον πρὸς τὸ ἀπὸ τῆς ΒΔ, ἐλάσσονα δὲ τοῦ, ὃν ἔχει τὸ ἀπὸ τ(ῆς) ΞΟ τετράγωνον πρὸς τὸ ἀπὸ τῆς ΒΔ, ὃν δὲ λόγον ἔ[χ]ει τὸ τμῆμα τῶι βάρει πρὸς τὸ ὑγρόν, τοῦτον ἐχέτω τὸ ἀπὸ τῆς Ψ τετρ[ά]γωνον πρὸς τὸ ἀπὸ τῆς [ΒΔ· δῆλο]ν οὖν, ἡ Ψ τῆς μὲν ΖΠ μεί[ζ]ων [ἐσ]τί, [τ]ῆς [δὲ] ΞΟ ἐλάσσων. ἐνηρμώσθω δὴ εἰς τὸν μεταξὺ

COLUMN 1

21 -σκευάσθω] inc. H
23 ἡ] ἁ̣ H
23 ἴση τῆι] ἴσα τᾶι H
23 τῆι (alt.)] τᾶι H
24 καὶ] ἴ̣σ̣α̣ H
24 ἐπειδὴ δὲ] ἐπεὶ ο̣ὖ̣ν̣ H
24 ἡ] ἁ H
25 τῆς] τᾶς H
26 ἡ (pr.)] ἁ H
26 τῆς] τ̣ᾶ̣ς H
26 ἡ (alt.)] ἁ H
27 ἡ] ἁ H
27 τῆς] τᾶς H
27 ΟΓ] Θ̣Γ H
28 ἡ] ἁ H
28 τῆς] τᾶς H
28 ΠΥ] τϘΗ H
29 ἡ (pr.)] ἁ H
29 ΥΠ] ΠΥ H
29 τῆς] τᾶς H
29 ΗΟ] // H
29 ἡ (alt.)] ἁ H
30 τῆι] τᾶι H
30 ἡ] ἁ H
31 τῆς] τᾶς H
31 ΘΓ] /Γ H
31 ἄρα] ἔσται H
31 ἡ] ἁ H
31 τῆι | ΠΥ] |τᾶς ΠΥ H
32 ἡ] ἁ H
32 ΓΔ] ΗϞ H
32 διπλῆ|] διπλα|σί̣α̣ H
33 τῆς] τᾶς H
33 ϞΘ] ΦΘ H
33 ἡ] ἁ H
33 διπλῆ] διπλα|σ̣ί̣α̣ H
34 τῆς] τᾶς H
34 ϞΘ] Υ̣Θ H
34 ἡ] ἁ H
36 τμῆ|μα] τμᾶ|μα H
38 πρὸς τὴν] ποτὶ τὰν H

COLUMN 2

2 τῆς] τᾶς suppl. H
3 τμῆμα] τμᾶμα H
3 πρὸς] ποτὶ H
5 τῆς] τᾶς H
6 πρὸς] ποτὶ H
6 τῆς] τᾶς H
7 τῆς] τᾶς H
8 πρὸς] ποτὶ H
8 τῆς] τᾶς H
9 τμῆμα] τμᾶμα H
10 πρὸς] ποτὶ H
11 τῆς] τᾶς H
11 πρὸς] ποτὶ H
12 τῆς] τᾶς H
12 οὖν] οὖν ὅ̣τ̣ι̣ H
12 ἡ] ἁ H
12 τῆς] τᾶς H
13 ἐστί] ἐ̣σ̣τ̣ί̣ν̣ H
13 τῆς] τᾶς H
14 ἐνηρμώσθω] sic

Heiberg II.408.3–412.5: *Floating Bodies* II, Proposition 10
Pseudocolor created from ultraviolet fluorescence and red reflectance images

τῶν ΑΙΔ ΑΠΟΛ τμημάτων τῆς Ψ . , παράλληλος [δ]ὲ τῆι ΒΔ ἡ ΦΙ τέμνουσα τὴν μ[ετ]α[ξ]ὺ τοῦ κώνου τομὴ(ν) κατὰ τὸ Υ· πάλιν δὴ ἡ ΙΦΥ ΔΙ τῆς ΥΙ δειχθήσεται, καθάπερ ἡ ΟϘ τῆς [ΞΓ]. ἤχθω δὲ ἀπὸ το[ῦ] Φ τῆς ΙΠ ΟΛ ἐφαπτομένη κατὰ τὸ Φ ἡ ΦΩ· ὁμοίως δὴ τοῖς πρότερον δειχθήσεται ἡ (μὲν) ΑΙ τῆ[ι] ΧΙ τῆι Η, ἡ δὲ ΑΧ τῆι ΦΩ παράλληλος. δεικτέων δή, ὅτι τὸ τμῆμα ἀφ[ε]θὲν ἐς τὸ ὑγρόν, ὥστε τὴν βάσιν [α]ὐτοῦ μὴ θιγγάνειν τοῦ ὑγροῦ, (καὶ) [τ]ε̣θὲν κεκλιμένον οὕτως κλιθήσεται, ὥστε τὴν βάσιν αὐ[τ]οῦ κατὰ πλείονα τόπον βρέχεσθαι ὑπὸ τοῦ ὑγροῦ. ἀφείσθω γὰρ εἰς τὸ ὑγρόν, ὡς εἴρηται, καὶ κείσθω τὸ πρῶτον καὶ οὕτως κεκλιμένον, ὥστ̣ε τ̣ὴν βάσιν αὐτοῦ̣ [μη]δὲ καθ' ἓν ἅπτεσθαι τῆς τοῦ ὑγροῦ ἐπιφανεί[(ας)], τμηθέντος δὲ αὐτοῦ ἐπιπέδωι διὰ τοῦ ἄξονος πρὸς τὴν τοῦ ὑγροῦ ἐπιφάνειαν ἐν μὲν τῆι τοῦ τμήματος ἐπιφανείαι γίνεται τομὴ ἡ ΑΒΓ, ἐν δὲ τῆι τοῦ ὑγροῦ ἡ ΕΖ, ἄξων δ' ἔστω τῆς τομῆς καὶ διάμετρος τοῦ τμήματος ἡ ΒΔ, καὶ τετμήσθω ἡ ΒΔ κατὰ τὸ ΚΡ ὁμοίως τοῖς πρότερον, ἤχθω δὲ καὶ ἡ μὲν ΗΛ παρὰ τὴν ΑΖ ἐφαπτομένη τῆς ἀπὸ τῆς ΑΒΓ τομῆς κα τὸ Η, ἡ δὲ ΗΘ π(αρὰ) τὴν ΒΔ, ἡ δὲ ΗΓ κάθετος ἐπὶ τὴ(ν) ΒΔ. ἐπὶ δὲ τὸ τμῆμα τῶι βάρει λόγο(ν) ἔχει πρὸς τὸ ὑγρόν, ὃν τὸ ἀπὸ τῆς Ψ τετραγώνου πρὸς τὸ ἀπὸ τῆς ΒΔ, δῆλον, (ὅτι) ἡ Ψ ἴση ἐστὶν τῆ[ι] ΗΘ· δειχθήσεται γὰρ ὁμοίως τοῖς πρότερον· ὥστε

καὶ ἡ ΗΘ ἴση ἐστὶν [τ]ῆι ΦΙ· καὶ τὰ τμήματα ἄρα τὰ ΑΦ ΧΕ ΒΖ ἴσα ἐστὶν ἀλλήλοις. ἐπεὶ δ' ἐν ἴσοις καὶ ὁμοίοις τμήμασι τοῖς [Α]Π ΟΛ [Α]ΒΓ ἠγμέναι εἰσὶν αἱ ΑΧ ΕΖ ἴσα τμήματα ἀφαιροῦσαι, καὶ ἡ μὲν ἀπ' ἄκρας τῆς βάσεως, ἡ δὲ οὐκ ἀπ' ἄκρας, ἐλάσσονα ποιήσ[ει] τὴν ὀξεῖαν πρὸς τὴν διάμετρον τοῦ τμήματος ἡ ἀπ' ἄκρας τῆς βάσεως [ἠ]γμένη. καὶ ἐπειδ[ὴ] τοῦ ΗΛΓ τριγώνου ἡ Λ μείζων τῆς Ω γωνίας τοῦ ΦΤΩ τριγώνου, δῆλον, ὅτι ἐλάσσων ἐστὶν ἡ ΒΓ τῆς ΒΤ, ἡ δὲ ΓΡ τῆς ΡΤ μείζω(ν), (καὶ) ἡ Ηϡ μείζων τῆς ΦΗ· ἡ δὲ ϡΘ ἄρα ἐλάσσων τῆς ΗΙ. καὶ ἐπειδὴ δέ ἐστιν ἡ ΦΥ τῆι ΥΙ, δῆλον, ὡς ἡ Ηϡ μεί[ζων (ἐστὶν)] ἢ διπλασία τῆς [ϡ]Θ. ἔστω οὖν [ἡ] Η[Α] δι[π]λ[ασία] τῆς ΑΘ· δῆλον δὴ ἐκ τούτων, (ὅτι) οὐ μενεῖ τὸ τμῆμα, ἀλλὰ ἐπικλιθήσεται, ἕως ἂν ἡ βάσις αὐτ(οῦ) θίγηι καθ' ἓν σημεῖον τῆς τοῦ ὑγροῦ ἐπιφανείας. ἁπτέσθω δὴ καθ' ἓν σημεῖον, ὡς ἐν τῶι τρίτωι σχήματι γεγράφθω, καὶ τὰ ἄλλα τὰ αὐτὰ κατασκευάσθω· δειχθήσεται δὲ πάλιν μή τε ΘΜ ἴση οὖσα τῆι ΦΙ καὶ τὰ ΑΦΧ ΑΒΥ τμήματα ἴσα ἀλλήλοις. καὶ ἐπειδὴ ἐν ἴσοις καὶ ὁμοίοις τμήμασι τοῖς Α ΠΟ ΛΑ ΒΓ ἠγμέναι εἰσὶν αἱ ΑΧ ΑΚ ἴσα τμήματα ἀφαιροῦσαι, ἴσας ποιῶσι γωνίας (πρὸς) ταῖς διαμέτροις τῶν τμημάτων· τῶν ἄρα ΔΒΣ ΦΤΩ αἱ (πρὸς)

COLUMN 1

1 τῶν] τᾱν H
1 ΑΙΔ] ΑΞΔ H
1 τῆς] ἴσα τᾶι H
2 Ψ.] Ψ/ H
2 τῆι] τᾶι H
2 ἡ] ἁ H
3 τὴν] τὰν H
3 τομὴν] τομὰν H
4 ἡ] ἁ H
4 ΙΦΥ] ΦΥ H
4 τῆς] τᾶς H
5 ἡ] ἁ H
5 ΟϘ] ΟΓ H
5 τῆς] τᾶς H
6 ἤχθω] ἄχθω H
6 τῆς] τοῦ H
6 ΙΠ ΟΛ] ΑΠΟΛ H
6 ἐ|φαπτομένη] ἐ|φαπτομένα H
7 ἡ] ἁ H
8 ἡ] ἁ H
9 τῆι (pr.)] τᾶι H
9 τῆι Η] ἴσα H
9 ἡ] ἁ H
9 τῆι (ter.)] τᾶι H
10 δεικτέων] sic, δεικτέον H
10 δή] δέ H
10 τμῆμα] τμᾶμα H
11 τὴν] τὰν H
12 αὐτοῦ μὴ θιγγάνειν] μὴ ἅπτεσθαι φανείας H
14 τὴν] τὰν H
15 βρέχεσθαι] τέμνεσθαι H
19 τὴν] τὰν suppl. H
20 τῆς] τᾶς H
21 τμηθέντος] τμαθέντος H
22 πρὸς τὴν] ποτὶ τὰν H
23 τῆι] τᾶι H
23 τμήμα|τος] τμάμα|τος H
24 τομὴ] τομὰ H
24 ἡ] ἁ H
25 τῆι] τᾶι H
25 ἡ] ἁ H
26 δ] δὲ H
27 ἡ] ἁ H
27 τετμήσθω] τετμάσθω H
28 ἡ] ἁ H
28 τὸ] τὰ H
29 ἤχθω] ἄχθω H
29 ἡ] ἁ H
30 τὴν] τὰν H
30 ΑΖ] ΕΖ H
30 ἐφαπτομένη] ἐφαπτομένα H
30 τῆς] τᾶς H
31 τομῆς] τομᾶς H
31 ἡ] ἁ H
32 τὴν (pr.)] τὰν H
32 ἡ] ἁ H
32 ΗΓ] ΗΣ H
32 τὴν (alt.)] τὰν H
33 τμῆμα] τμᾶμα H
34 πρὸς] ποτὶ H
34 τῆς] τᾶς H
35 τετραγώνου] τετράγωνον H
35 πρὸς] ποτὶ H
35 τῆς] τᾶς H
36 ἡ] ἁ H
36 ἴση] ἴσα H
36 τῆι] τᾶι H

COLUMN 2

1 ἡ] ἁ H
1 ἴση] ἴσα H
1 τῆι] τᾶι H
2 τμήματα] τμάματα H
3 ἀλλήλοις] ἀλλάλοις H
3 ἐπεὶ] ἐπὶ H
4 τμήμασι] τμαμάτεσσι H
5 ἠγμέναι εἰσὶν] ἀγμέναι ἐντὶ H
5 τμή|ματα] τμά|ματα H
6 ἡ] ἁ H
7 τῆς] τᾶς H
7 βάσεως] βάσιος H
7 ἡ] ἁ H
7 οὐ|κ] οὐκ| H
9 τὴν] τὰν H
9 πρὸς τὴν] ποτὶ τὰν H
10 τμήματος] τμάματος H
10 ἡ] ἁ H
10 τῆς] τᾶς H
11 βάσεως] βάσιος H
11 ἠγμένη] ἀχθεῖσα H
12 ΗΛΓ] ΗΛΣ H
12 ἡ] ἁ H
13 τῆς] τᾶς H
14 ἡ] ἁ H
15 τῆς] τᾶς H
15 ἡ] ἁ H
15 τῆς] τᾶς H
16 ἡ] ἁ H
16 Ηϡ] Ηλ H
16 τῆς] τᾶς H
16 ἡ] ἁ H
16 δὲ] om. H
17 τῆς] τᾶς H
17 ἐπειδὴ | δέ] sic, ἐπεὶ δι|πλῆ H
18 ἡ] ἁ H
18 τῆι] τᾶς H
18 ὡς] /ὅτι H
19 ἡ] ἁ H
19 τῆς] τᾶς H
20 οὖν] δὴ suppl. H
20 ἡ] ἁ suppl. H
21 τῆς] τᾶς H
22 τμῆμα] τμᾶμα H
23 ἡ] ἁ H
24 σημεῖον] σαμεῖον H
24 τῆς] τᾶς H
26 σημεῖον] σαμεῖον H
27 γεγράφθω] ἐγράφθη H
29 μή] /ἤ H
29 ἴση] ἴσα H
29 οὖσα] ἐοῦσα H
30 τῆι] τᾶι H
30 ΑΒΥ] ΑΒΖ H
30 τμή|ματα] τμή|ματα H
31 ἀλλήλοις] ἀλλάλοις H
31 ἐπειδὴ] ἐπεὶ H
32 τμήμασι] τμαμάτεσσι H
33 ἠγμέναι εἰσὶν] ἀγμέναι ἐντὶ H
34 ΑΚ] ΑΖ H
34 τμήματα] τμάματα H
35 ποιῶσι] ποιοῦσι H
35 πρὸς] ποτὶ H
36 τμημά|των] τμαμά|των H
37 ΔΒΣ] ΛΗΣ H
37 πρὸς] ποτὶ H

Heiberg II.412.5–412.14, II.426.1–23: *Floating Bodies* II, Proposition 10, *Method*, Introduction
Pseudocolor created from ultraviolet fluorescence and red reflectance images

τὸ Ι̣Σ̣ ΑΩ γωνίαι ἴσαι εἰσίν, καὶ ΒΕ εὐθεῖα τῆς ΒΤ ἴση καὶ ἡ ΣΡ τῆι ΠΡΤ (καὶ) ἡ Η⅁ τῆι ΦΗ καὶ ἡ ⅁Ο τῆι Η[Ι]. ἐπεὶ δὲ διπλῆ ἐστιν ἡ ΦΥ τῆς ΥΙ, φανερόν, (ὅτι) ἡ Η⅁ μείζων (ἐστὶν) ἢ διπλῆ τῆς ⅁Θ. ἔστω οὖν ἡ ΗΛ ⅄ τῆς ΛΘ⅄ διπλασίων· πάλιν δ᾽ ἐκ τούτων δῆλον, ὡς οὐ μενεῖ τὸ τμῆμα, ἀλλ᾽ ἐπικλιθήσεται ἐπὶ τὰ αὐτὰ τῶι Α. ἐπεὶ δὴ καθ᾽ ἕ(ν) σημεῖον ὑποτεθῆ τὸ τμῆμα ἅπτεσθαι τοῦ ὑγροῦ, δῆλον, ὅτι κατὰ πλείονα τόπον ἡ βάσις ὑπὸ τοῦ ὑγροῦ καταληφθήσεται.

ΑΡΧΙΜΗΔΟΥΣ
ΟΧΟΥΜΕΝΩΝ
B̄

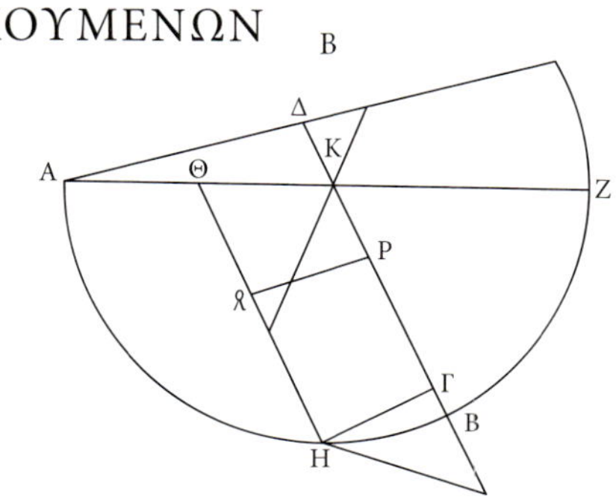

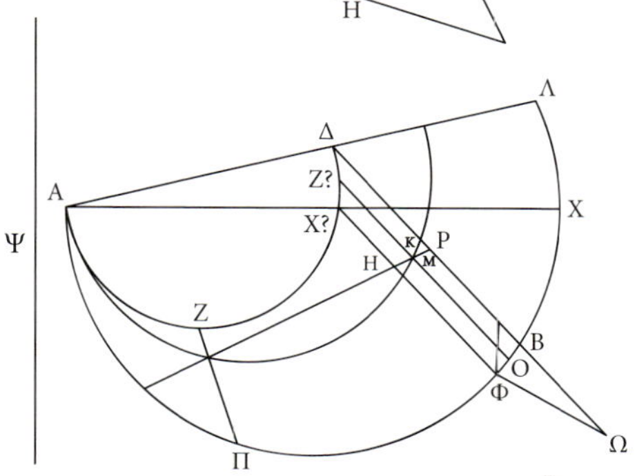

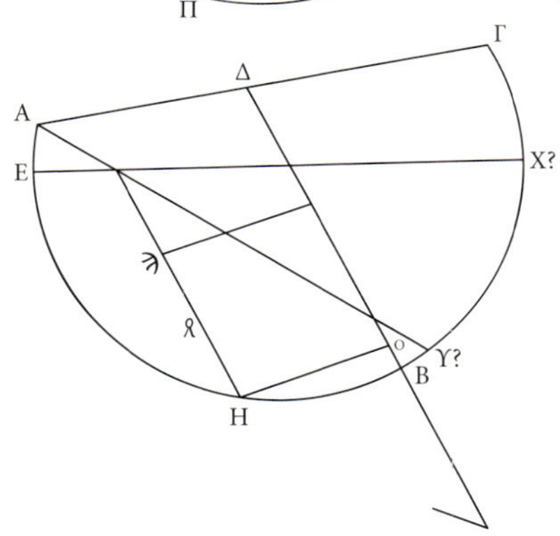

ΑΡΧΙΜΗΔΟΥΣ ΠΕΡΙ ΤΩΝ ΜΗΧΑΝΙΚΩΝ ΘΕΩ̣ΡΗΜΑΤΩΝ (ΠΡΟΣ) ΕΡΑΤΟΣΘΕΝΗΝ· ΕΦΟΔΟΣ

Ἀρχιμήδης Ἐρατοσθένει εὖ πρά(ττ)ειν. ἀπέστειλά σοι πρότερον τῶν εὑρημένω[ν] θεωρημάτων ἀναγράψας αὐτὰ̣ς τὰς προτάσεις φάμενος εὑρίσκειν ταύτας τὰς ἀποδείξεις, ἃς ο̣ὐκ εἶπον ἐπὶ τοῦ παρόντος· ἦσαν δὲ τῶν ἀπεσταλμένων θεωρημάτων αἱ προτάσεις αἵδε· τοῦ μὲν

Ā πρώτου· ἐὰν εἰς πρίσμα ὀρθὸν παραλληλόγραμμον ἔ̣χον βάσιν κύλινδρος ἐγγραφῆι τὰς μὲν βάσεις ἔχων ἐν τοῖς ἀπεναντίον παραλληλογρ̣άμμοις, τὰς δὲ πλευρὰς ἐπὶ τῶ̣ν λοιπῶν τε̣σ̣σάρων ἐπιπέδων ἐφαπτομένας, διὰ δὲ τοῦ κέντρου τοῦ κύκλου, ὅ ἐστι βάσις τοῦ κυλίνδρου, καὶ μιᾶς πλευρᾶς τοῦ τετραγώνου τοῦ ἐν τῶι κατεναντίον ἐπιπέδω[ι] ἀχθῆι ἐπίπεδον, τὸ ἀ̣χθὲν ἐπίπεδον ἀποτέμη τμῆμα ἀπὸ τοῦ κυλίνδρου, ὅ ἐστι περιεχόμενον ὑπὸ δύο ἐπιπέδων καὶ ἐπιφανείας κυλίνδρου, ἑνὸς μὲν τοῦ ἀχθέντος, ἑτέρου δὲ ἐν ὧι ἡ βάσις ἐστὶν τοῦ κυλίνδρου τῆς μεταξὺ τῶν εἰρημένω̣ν ἐπιπέδων τὸ ἀποτμηθὲν ἀπὸ τοῦ κυλίνδρου τμῆμα ἕ̣κτον μέρος ἐστ[ὶ] τοῦ ὅλου πρίσματος.

B̄ τοῦ δὲ ἑτέρου θεωρ̣ήματος ἡ πρό(τασις) ἥδε (ὅτι) ἐὰν εἰς κύ̣βον κύλινδρος

COLUMN 1

1 ΙΣ ΑΩ] Κᵞα͞ω Η
1 εἰσίν] ἐντί Η
2 ἴση] ἴσα Η
2 ἡ] ἁ Η
2 τῆι] τᾶι Η
3 ἡ (pr.)] ἁ Η
3 τῆι (pr.)] τᾶι Η
3 ἡ (alt.)] ἁ Η
3 ⅁Ο] λΟ Η
3 τῆι (alt.)] τᾶι Η
4 ἡ] ἁ Η
4 τῆς] τᾶς Η
5 ἡ] ἁ Η
6 τῆς] τᾶς Η
6 ἡ] ἁ Η
7 τῆς] τᾶς Η
9 τμῆμα] τμᾶμα Η
11 σημεῖον] σαμεῖον Η
11 τμῆμα] τμᾶμα Η
13 ἡ] ἁ Η
14 καταληφθήσεται] καταλ̣αφθήσεται Η

COLUMN 2

7 αὐτὰς] αὐτῶν Η
13 Α] om. Η
18 τεσ|σάρων] τ̣ο̣ῦ̣ | π̣ρ̣ί̣σ̣μ̣α̣τ̣ο̣ς̣ Η
19 ἐφαπτομέ|νας διὰ δὲ] κ̣α̣ὶ̣ δ̣ι̣ά̣ τ̣ε̣| Η
35 Β] om. Η
35 πρότασις|] πρότ̣α̣σ̣|ι̣ς Η
36 ὅτι] om. Η

Heiberg II.426.23–430.12: *Method,* Introduction
Pseudocolor created from ultraviolet fluorescence and red reflectance images

ἐγγραφῆι τὰς μὲν βάσεις ἔχων πρὸς τοῖς κατεναντίον παραλληλογράμμοις, τὴν δὲ ἐπιφάνειαν [τ]ῶν λοιπῶν τεσσάρων ἐπιπέδων ἐφαπτόμενος, ἐγγραφῆ (καὶ) ἄλλος κύλινδρος εἰς τὸν αὐτὸν κύβον τὰς μὲν βάσεις ἔχων ἐν ἄλλο(ις) παραλληλογράμμοις, τῆι δὲ ἐπιφανείαι τῶν λοιπῶν τεσσάρ(ων) ἐπιπέδων ἐφαπτ̣όμενος τὸ περιληφθὲν σχῆμα ὑπὸ τῶν ἐπιφανειῶν τῶν κυλίνδρων, ὅ ἐστι(ν) ἐν ἀμφοτέροις τοῖς κυλίνδρ(οις), δίμ̣ο̣ιρόν ἐστι τοῦ ὅλου κύβου. συμβαίνει δὲ ταῦτα τὰ θεωρήμα(τα) διαφέρειν τῶν πρότερον εὑρημένων· ἐκεῖνα μὲν γὰρ τὰ σχήματα, τά τε κωνοειδῆ καὶ σφαιροειδῆ καὶ τὰ τμήματα τὰ αὐτ̣ά τε πρὸς ἄλληλα καὶ πρ(ὸς) κώνων καὶ κυλίνδρων συνεκρίναμεν, ἐπιπέδων δὲ περιεχομένω στερεῶι σχήματι οὐδὲν αὐτῶν ἴσον ἐὸν εὕρηται, τούτων δὲ τῶν σχημάτων τὸ μ(ὲν) δυσὶν ἐπιπέδοις καὶ ἐπιφανείας κυλίνδρων ἕκαστον αὐτῶν ἐπιπέδωι περιεχομένωι στερεῶι σχήματι ἴσον εὑρίσκεται. τούτων δὴ τῶν θεωρημάτων τὰς ἀποδείξεις ἐν τῶιδε τῶι βιβλίωι γράψας ἀποστελῶ σοι. ὁρῶν δέ σε, καθάπ(ερ) λέγω, σπουδαῖον καὶ φιλοσοφία̣ς̣ προεστῶτα ἀξ[ι]ολόγως καὶ τὴν ἐν τοῖς μα[θ]ήμ[α]σιν κατὰ τὸ ὑποπίπτ(ον)

θεωρίαν τετιμηκότα ἐδοκίμασα γράψαι σοι καὶ εἰς τὸ αὐτὸ βιβλίον ἐξορίσας τρόπου τινὸς ἰδιότητα, καθ’ ὃν ἐπιπορευόμενον ἔσται λαμβάνειν ἀφορμὰς εἰς τὸ δύνασθαί τινα τῶν ἐν τοῖς μαθήμασι θεωρεῖν διὰ τῶν̣ μηχανικῶν. τοῦτο δ̣ὲ̣ πέπισμαι [χρή]σιμον εἶναι οὐδὲν ἧ̣σ̣σο̣ν̣ καὶ ε̣ἰ̣ς τ̣ὴ(ν̣) ἀπόδειξιν αὐτῶν τῶν θεωρημάτων. καὶ γὰρ προτέρων μοι φανέντων μηχανικῶς ὕστερ(ο)ν γεωμετρικῶς ἀπεδείχθη δ(ιὰ) τὸ χωρὶς ἀποδείξεως (εἶναι) τὴν δ(ιὰ) τ(οῦ) τρόπου θεωρίαν· ἑτοιμότερον (γάρ) ἐστι προλαβόντα δ(ιὰ) τοῦ τρόπου γνῶσίν τινα τῶν ζητημάτων πορίσασθαι τὴν ἀπόδειξιν μᾶλλον ἢ μηδενὸς ἐγνωσμένου [ζ]ητεῖν. διὸ καὶ τὰς εὑρήσ(εις) τῶν θεωρημάτων τούτων Εὔδοξος ἐξήνεγκε πρῶτος· τὴν ἀπόδειξίν τε τοῦ κώνου καὶ τῆς πυραμί(δος), (ὅτι) τρίτον μέρος (ἐστὶν) ὁ μὲν κῶν[(ο)]ς τοῦ κυλίνδρου, ἡ δὲ πυραμὶς τ̣(οῦ) πρίσματος, τῶν βασιν ἐχόντων τὴν αὐτὴν καὶ ὕψος ἴσον, οὐ μικρὰν ἀπονείμαι τις Δημοκρίτωι μερίδα πρώτ̣[ω]ι̣ τὴν ἀπόφασιν τὴν περὶ τοῦ̣ εἰρημένου σχήματος χωρὶς ἀποδείξεως ἀποφηναμένωι. ἡμῖν [δ]ὲ συμβαίνει καὶ τοῦ ν̣ῦ̣ν̣ ἐκδι[δ]ο̣μένου θεωρήματος τὴν εὕρεσ(ι̣ν̣) ὁμοίαν ταῖς πρότερον γεγενῆσθ(αι)· ἠβουλήθην δὲ τὸν τρόπον ἀ[ν]αγράψας ἐξενεγκεῖν ἅμα μὲν

COLUMN 1

5 καὶ] δ̣ẹ̀ καὶ H

8 τῆι δὲ ἐπι|φανείαι] τὴν δὲ ἐπι|φάνειαν H

20 τὰ αὐτά τε πρὸς ἄλληλα καὶ πρὸς] αὐτῶν τῶι μεγέθει σχήμασι suppl. H

25 τὸ μὲν] τῶν H

26 ἐπιφανεί|ας] ἐπιφανεί|α̣ις H

27 αὐτῶν] ἐ̣ν̣ὶ̣ τῶν̣ H

COLUMN 2

3 ἐξορίσας] ἐξορίσα̣ι H

4 ἐπιπορευόμενον] σ̣οι π̣α̣ρεχόμενον H

8 πέπισμαι] sic

20 διὸ καὶ τὰς εὑρήσεις] ...... διόπερ καὶ suppl. H

21 ἐξήνεγ|κε] ἐξηύρη|κεν̣ H

23 τε] .ε. H

24 ἐστὶν] om. H

Heiberg II.430.12–432.27: *Method,* Introduction
Pseudocolor created from ultraviolet fluorescence and red reflectance images. *Top,* Heiberg photograph (registered); *bottom,* x-ray fluorescence image of iron content

καὶ διὰ τὸ προειρηκέναι ὑπὲρ [α]ὐ̣τ[οῦ], μή τι̣[σι]ν δο[κῶ]μεν [κ]ενὴν̣ [φω]νὴ[ν] καταβεβλ[ῆσ]θαι, [ἅ]μ[α] [δὲ κ]αὶ̣ πεπ[ι]σμένοις εἰς τὸ μάθημα οὐ̣ μ̣ι̣κ̣ρὰν συ[μ]βαλέσθαι χ̣[ρ]εί[α]ν· ὑπολαμ[βά]νω γάρ τινας ἢ [τῶ]ν ὄντω̣ν ἢ ἐπιγεινομένων (διὰ) το[ῦ] ἀπ[οδει]χθέν[το]ς τρόπου καὶ ἄλλα θ̣εωρήματα ο[ὔ]πω . . ὑποπεπτωκό[τ]α εὑρή[σ]ειν. γράφομεν οὖν πρῶτον τὸ καὶ πρ[ῶ]τον [φ]ανὲν διὰ τῶν μηχαν[ικῶ(ν)], ὅ[τι πᾶ]ν τμῆμα ὀρθογωνίου [κ]ώνου τομῆς ἐπίτριτόν ἐστιν τριγώνου τοῦ βάσιν ἔχοντος τὴν αὐτὴν καὶ ὕψος ἴσον, μετὰ δὲ το[ῦ] το ἕκαστον διὰ τοῦ αὐτοῦ τρόπ[(ου)] θεωρηθέντων· ἐπὶ τέλει [δὲ το]ῦ βιβλίου γράφομεν [τ]ὰ[ς] γεωμ[ετρ]ο[υ][μένας . . .] [. . .] [τασεις ἀπεστείλαμεν . . .] [ἐὰν ἀπὸ μεγέθους μέγεθος ἀ][φαιρεθῆι, τὸ δὲ αὐτὸ σημεῖον κέν][τρ]ον [τοῦ βάρους ᾖ τοῦ τε ὅλου] [κ]α[ὶ] το[ῦ] ἀφ[αιρουμένου, τοῦ] [λ]οι[π]οῦ τὸ [αὐτὸ σημεῖον κέντρον] [ἐσ]τὶ [τοῦ βάρους. ἐὰν ἀπὸ μεγέ][θ]ους μέγ[εθος] ἀφαιρ[ε]θ[ῆι, ἧι δὲ] [μὴ] τὸ [αὐτὸ σημεῖον κ]έ[ν]τρ[ον] το[ῦ βάρου]ς το[ῦ] τε [ὅ]λ[ου] μεγέθ[ους] [κ]αὶ το[ῦ ἀφ]αιρο[υ]μένου μεγέ[θους], [τὸ κέ]ν[τρον] ἐστὶ τοῦ βάρους τοῦ [λοιποῦ] μ[εγέ]θους ἐπὶ [τ]ῆ[ς εὐθείας] [τῆς ἐπιζευγ]νούσ[η]ς [τ]ὰ κ[έντρα] [τοῦ βάρους τοῦ] τε ὅλου μεγέ[θους] [καὶ τοῦ ἀφαιρουμένο]υ ἐκβε[βλη]μένης καὶ ἀφαιρεθείσης ἀπ' αὐτῆς [πρὸ]ς τὴν μεταξὺ τῶν εἰρημένων κέντρων τοῦ βάρους τοῦτον ἔχ(ου)σα τὸν λόγον, ὃν ἔ[χει] τὸ βάρος το[ῦ] ἀφ[η]ρ[η]μένου μεγέθους πρὸ[ς] τὸ λ[οι]πὸν [β]άρος τοῦ [λ]ο̣[ι]ποῦ με[γέ(θους)].

[ἐ]ὰ[ν] ὁπω[σων]οῦν μεγεθέων τὸ κέ(ν)τρον τοῦ βάρ[ο]υς ἐπὶ τῆς αὐτῆς εὐθείας [ᾖ], καὶ το[ῦ] ἐ[κ] πάν[τ]ων συ[γ]κειμένου μεγέθο[υ]ς τὸ κέντρον ἔστ(αι) ἐπὶ [τ]ῆς αὐτῆς [εὐ]θείας. πάσης εὐθεί[α]ς τὸ κέντρον ἐστὶ τοῦ βάρους ἡ διχοτομία τῆς εὐθείας. π[α]ντὸς τριγώνου τὸ κέντρον ἐστὶν τοῦ [β]άρους τὸ ση[μεῖ]ον, [καθ' ὃ αἱ ἐκ] τῶν γωνιῶν τοῦ τ[ρ]ιγώνου ἐπὶ μέσ(ας) [τὴ]ς π[λ]ευ[ρ]ὰς ἀγόμεναι εὐθεῖαι τέμνουσιν ἀλλήλας. παντὸς παραλληλογράμμου τὸ κέντρον ἐστὶν [τοῦ βάρους τὸ σημεῖον, καθ' ὃ αἱ] [διάμετροι συμπίπτουσιν. κύκλου] τὸ [κ]έντρον τοῦ [βά]ρους ἐστὶν ὃ (καὶ) [τοῦ κύκλου] ἐστὶ κέντρον. παντὸς [κυλίνδρου τὸ κέντρον τοῦ βάρους] [ἐστὶν ἡ διχοτομία τοῦ ἄξονος. παν][τὸς πρίσματος τὸ κέντρον ἐστὶ τοῦ] [βάρους ἡ διχοτομία τοῦ ἄξονος. παν][τὸς κώνου τὸ κέντρον ἐστὶν τοῦ βά][ρους ἐπὶ τοῦ ἄξονος διαιρεθέντος] [οὕτως, ὥστε τὸ πρὸς τῆι κορυφῆι τμῆ][μα τριπλάσιον εἶναι τοῦ λοιποῦ. χρη][σόμεθα δὲ καὶ ἐν τῶι προγεγραμ][μένωι Κωνοειδῶν τῶιδε θεωρή][ματι· ἐὰν ὁποσαοῦν μεγέθη ἄλ][λοις μεγέθεσιν ἴσα τὸ πλῆθος] [κατὰ δύο τὸν αὐτὸν ἔχηι λόγον τὰ ὁ][μοίως τεταγμένα, ἧι δὲ τὰ πρῶτα]

COLUMN 1

4 πεπισμένοις] sic, πεπεισμένοις H

9 .. ὑ|ποπεπτωκότα] ἡμῖν συν|παραπεπτωκότα H

19 γεωμετρου|μένας] γεωμετρι|[κὰς] H

35 ἐπιζευγνούσης] ἐπιζευγνυούσης H

36 μεγέθους | καὶ] καὶ| suppl. H

COLUMN 2

7 ὁπωσωνοῦν] sic, ὁποσωνοῦν H

17 τὴς] τὰς H

Heiberg II.434.7–438.2: *Method,* Introduction, Proposition 1
Pseudocolor created from ultraviolet fluorescence and red reflectance images

μεγέθη ἐν τόποις ὁποιοισοῦν, ἢ τὰ πάντα ἤ τινα αὐτῶν, [καὶ τ]ὰ ὕστερα μεγέθη πρὸς τὰ ὁμό[λ]ογα ἐν τοῖς αὐτοῖς λόγοις ᾖ, πάντα τὰ πρῶτα μεγέθη πρὸς πάντα τὰ λεγόμενα τὸν αὐτὸν ἕξει λόγον, ὃν ἔχει πάντα τὰ ὕστερον πρὸς πάντα τὰ λεγόμενα. ἔστω τμῆμα τὸ ΑΒΓ περιεχόμενον ὑπὸ εὐθείας τῆς ΑΓ καὶ ὀρθογωνίου κώνου τομῆς τῆς ΑΒΓ, καὶ τετμήσθω δίχα ἡ ΑΓ (κατὰ) τὸ Δ, (καὶ) παρὰ τὴν διάμετρον ἤχθω ἡ ΔΒΕ, καὶ ἐπεζεύχθωσαν αἱ ΑΒ ΒΓ. λέγω (ὅτι) ἐπίτριτόν ἐστιν τὸ ΑΒΓ τμῆμα τοῦ ΑΒΓ τριγώνου. ἤχθωσαν ἀπὸ τῶν ΑΓ σημείων ἡ μὲν ΑΖ παρὰ τὴν ΔΒΕ, ἡ δὲ ΓΖ ἐπιψαύουσα τῆς τομῆς, καὶ ἐκβεβλήσ[θω] ἡ [ΓΒ καί τετμήσθω τὴν ΑΖ] [κα]τὰ τὸ Κ, κ̣α̣ὶ̣ [κ]ε̣ί̣[σθω τῆι ΓΚ] ἴση ἡ ΚΘ, καὶ νοείσθω ζυγὸς ὁ ΓΘ κ(αὶ) μέσον αὐτοῦ τὸ Κ καὶ τὸ ΕΔ παράλληλος τυχοῦσα ἡ ΜΞ. ἐπεὶ οὖν παραβολή ἐστιν ἡ ΓΒΑ, καὶ ἐφάπτεσθαι ἡ ΓΕ, καὶ τεταγμένως ἡ ΓΔ, ἴση (ἐστὶν) ἡ ΕΒ τῆι ΒΔ· τοῦτο γὰρ ἐν τοῖς στοιχείοις δείκνυται· διὰ δὴ τοῦτο, [κ]αὶ δι(ότι) παράλληλοί εἰσι(ν) αἱ ΖΑ ΜΞ τῆι ΕΔ, ἴση ἐστὶν καὶ ἡ μὲν ΜΝ τῆι ΝΞ, ἡ δὲ ΖΚ τῆι ΚΑ. καὶ ἐπεί ἐστιν ὡς ἡ ΓΔ πρ(ὸς) ΑΞ, οὕτως ἡ ΜΞ πρὸς ΞΘ, τοῦτο (γὰρ) τὸ λῆμμα δ̣είκνυται, ὡς δὲ ἡ ΓΑ πρ(ὸς) ΑΞ, οὕτως ἡ ΓΚ πρὸς ΚΝ, καὶ ἴση ἐστὶν ἡ ΓΚ τῆι ΚΘ, ὡς ἄρα ἡ ΘΚ πρὸς ΚΝ̣, οὕτως ἡ ΜΞ πρὸς ΞΟ.

καὶ ἔστι τὸ Ν σημεῖον κέντρον τοῦ βάρους τῆς ΜΞ εὐθείας, ἐπείπερ ἴση ἐστὶν ἡ ΜΝ̣ τῆι ΝΞ, ἐὰν ἄρα τῆι ΞΟ ἴσην θῶμεν τὸ ΝΤ κέντρον τοῦ βάρους αὐτῆς τὸ Θ, ὅπως ἴση ἡ ΤΘ τῆι ΘΗ, ἰσορροπήσει ἡ ΤΗ τῆι ΜΞ αὐτοῦ μενούσηι διὰ τὸ ἀντιπεπονθότως τετμῆσθαι τὴν ΘΝ τοῖς ΤΗ ΜΞ βάρεσιν, καὶ ὡς τὴν ΘΚ πρὸς ΚΝ, οὕτως τὴν ΜΞ πρ̣ὸς τὴν ΗΤ· ὥστε τοῦ ἐξ ἀμφοτέρων βάρους κέ(ν)τρον ἐστὶν τοῦ βάρους τὸ Κ. ὁμοίως δὲ καὶ ὅσαι ἐ̣ὰν ἀχθῶσιν ἐν τῶι ΖΑΓ τριγώ̣νωι παράλληλοι τῆι ΗΔ, ἰσορροπήσουσιν αὐτοῦ μενούσαις ταῖς ἀπολαμβανομέναις ἀπ' αὐτῶν ὑπὸ τῆ[ς] τομῆς μετενεχθείσαις περὶ [κ]έ̣[ν]τ̣ρ̣ο̣ν̣ τ̣οῦ βά[ρους τὸ Θ]. καὶ [ἔσται τοῦ ἐ]ξ [ἀμφοτέρων τῶ]ν̣ [β]α̣ρῶν κέντρων τοῦ βάρους τὸ Κ. καὶ ἐπεὶ ἐκ μὲν τῶ[ν] ἐν τῶι ΖΑ[Γ] τριγώνωι συνέστηκεν̣, ἐκ̣ δὲ τῶν ἐν τῆι τομῆι ὁμοίως τῆι ΟΞ λαμβανομένων συνέστηκε τὸ ΑΒΓ τμῆμα, ἰσορροπήσε̣ι̣ ἄρα τὸ ΖΑΓ τρίγωνον αὐτ̣οῦ μενόντω(ν) τμήματι τῆς τομῆς τεθέντι περὶ κέντρον τοῦ βάρους τὸ Θ κατὰ τὸ Κ σημεῖον, ὥστε τοὺς ἐξ ἀμφοτέρων κέντρον εἶναι τοῦ βάρους τὸ Κ. τετμήσθω δὲ ἡ ΓΚ τῶι Χ, ὡς τετραπλασίαν εἶναι τὴν ΓΚ τῆς ΚΧ· ἔσται ἄρα τὸ Χ σημεῖον κέντρον τοῦ βάρ(ου)ς τὸ ΑΖΓ τρίγωνον· τοῦτο (γὰρ) δείκν[υ]τ(αι)

COLUMN 1

2 ὕστε|ρα] ὕ̣σ̣τ̣ε̣|ρ̣ο̣ν̣ H
6 ἕξει] ἔχει H
12 κατὰ τὸ] τῶι H
20 καί τετμήσθω τὴν ΑΖ | κατὰ] ἐπὶ suppl. H
21 ἴση|] |ἴση suppl. H
22 καὶ (pr.)] om. H
23 τὸ (alt.)] τῆι H
25 ἐφά|πτεσθαι] ἐφά|πτε̣ται H
26 ΓΕ] ΓΖ H
33 τὸ | λῆμμα] ἐν | λήμματι H

COLUMN 2

1 ἔστι] ἐ̣π̣ε̣ὶ̣ H
2 ἐ|πείπερ] ἐ̣σ̣τ̣ί̣ν̣ | ἐπείπ̣ε̣ρ̣ H
4 τὸ | ΝΤ] τ̣ὴ̣ν̣ | Τ̣Η| H
5 κέντρον] κα̣ὶ̣ κέντρον H
19 περὶ | κέντρον τοῦ βάρους τὸ Θ καὶ | ἔσται τοῦ ἐξ ἀμφοτέρων τῶν βα|ρῶν] ἐ̣π̣ὶ̣ τ̣ὸ̣ | [Θ ὥστε εἶναι τοῦ ἐξ ἀμφοτέ]|ρων H
23 ΖΑΓ] Γ̣Ζ̣Α̣ H
25 ΟΞ] Ξ̣Ο̣ H
28 μενόντων] μένον τῶι H
31 τοὺς] το̣ῦ̣ H
33 δὲ] δ̣ὴ̣ H
34 ὡς τετραπλασίαν] ὥ̣σ̣τ̣ε̣ τρ̣ι̣πλασίαν H
36 τοῦ] om. H
37 τὸ ΑΖΓ τρίγωνον] το̣ῦ̣ ΑΖΓ̣ τριγώνου H
37 τοῦτο γὰρ δείκνυται] δέδ̣ε̣ι̣κ̣τ̣α̣ι̣ γὰρ̣ H

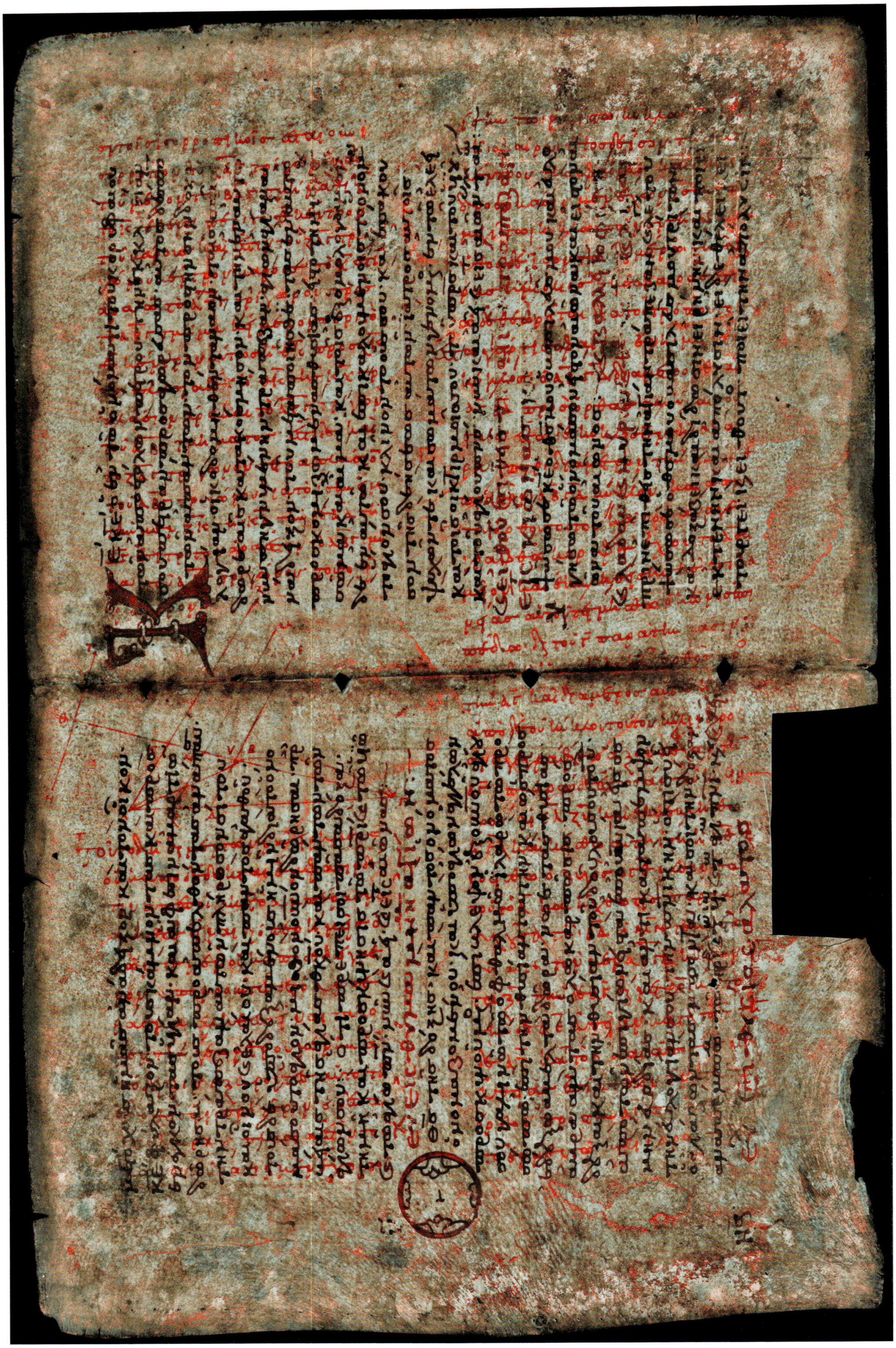

Heiberg II.438.2–440.18: *Method*, Propositions 1, 2
Pseudocolor created from ultraviolet fluorescence and red reflectance images

ἐν τοῖς ἰσορροπικοῖς. ἔσται οὖν ἰσόρροπον τὸ ΖΑΓ τρίγωνον αὐτοῦ μένον τῶι ΒΑΓ τμήματι (κατὰ) τὸ Κ τεθέντι περὶ τὸ Θ κέντρον τοῦ βάρους, καί ἐστιν τοῦ ΖΑΓ τριγώνου κέντρον βάρους τὸ Χ, ἔστι(ν) ἄρα ὡς τὸ ΑΖΓ τρίγωνον πρὸς τὸ ΑΒΓ τμῆμα κείμενον περὶ τὸ Θ κέντρον, οὕτως ἡ ΘΚ πρὸς ΧΚ. τριπλασία δέ (ἐστιν) ἡ ΘΚ τῆς ΚΧ· τρ[ι]πλάσιον ἄρα καὶ τὸ ΑΖΓ τρίγων(ον) τοῦ ΑΒΓ τμήματος· ἔστι δὲ καὶ τὸ ΖΑΓ τρίγωνον τετραπλάσιο(ν) τοῦ ΑΒΓ τριγώνου διὰ τὸ ἴσην εἶν(αι) τὴν μὲν ΖΚ τῆι ΚΑ, τὴν δὲ ΑΔ τῆ[ι] ΔΓ· ἐπίτριτον ἄρα ἐστὶν τὸ ΑΒΓ τμῆ[μ]α τοῦ Α[Β]Γ̣ τριγώνου. τοῦτο γοῦν φα[νε]ρόν.

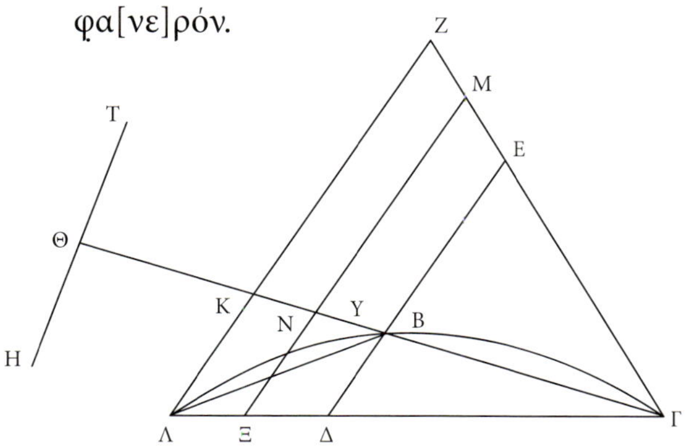

τ
Τοῦτο δὴ δ(ιὰ) μὲν τῶν νῦν εἰρημένω(ν) οὐκ ἀποδέδεικται, ἔμφασιν δέ τινα πεποίηκε τὸ συμπέρασμα ἀληθὲς εἶναι· διόπερ ἡμεῖς ὁρῶντες μὲν οὐκ ἀποδεδειγμένον, ὑπονοοῦντες δὲ τὸ συμπέρασμα ἀληθὲς εἶναι, τάξομεν τὴν γεωμετρουμένην ἀπόδειξιν ἐξευρόντες αὐτοὶ τὴ(ν) ἐδοθεῖσαν πρότερον. ὅτι δὲ πᾶσα σφαῖρα διπλασία ἐστὶν τοῦ κ̣ώνου τοῦ βάσιν μὲν ἔχοντος ἴσην τῶι μεγίστωι κύκλωι τῶν ἐν τῆι σφαίραι, ὕψος δὲ ἴσον τῆι ἐκ τ(οῦ) κέντρου τῆς σφαίρας, καὶ ὁ κύλινδρος ὁ βάσιν μὲν ἔχων ἴσην τῶι μεγίστωι κύκλωι τῶν ἐν τῆι σφαίραι, ὕψος δὲ ἴσον τῶι δ(ια)μέτρωι τῆς σφ(αί)ρας, ἡμιόλιος τῆς σφαίρας ἐστίν, ὧδε θεωρεῖται διὰ τοῦ τρόπου τούτ(ου). ἔστω γάρ τις σφαῖρα, ἐν ᾗ μέγιστος κύκλος ὁ ΑΒΓΔ, διάμετροι δὲ αἱ ΑΓ ΒΔ πρὸς ὀρθὰς ἀλλήλαις οὔσαις, ἔστω δὲ κύκλος ἐν τῆι σφαίραι περὶ διάμετρον τὴν ΒΔ ὀρθ(ὸς) πρὸς τὸν ΑΒ ΓΔ κύκλον, καὶ ἀπὸ τοῦ ὀρθοῦ τούτου κῶνος ἀναγεγράφθω κορυφὴν ἔχων τὸ Α σημεῖον, καὶ ἐκβληθ̣είσης τῆς ἐπιφανείας αὐτοῦ τετμήσθω ὁ κῶνος ἐπιπέδωι δ(ιὰ) τοῦ Γ παρὰ τὴν βάσιν· ἔστιν δ[ὴ] ἡ τομὴ κύκλ(ος) ὀρθὸς πρ(ὸς) τὴν ΑΓ, καὶ διάμετρος αὐτοῦ ἡ ΕΖ. ἀπὸ δὲ τοῦ κύκλου τούτου κύλινδρος ἀναγεγράφθω ἄξονα ἔχων τὴ(ν) ΑΓ, πλευραὶ δὲ ἔστωσαν τοῦ κυλίνδ̣ρου αἱ ΕΛ ΖΥ· καὶ ἐκβεβλήσθω ἡ ΓΑ, καὶ κείσθω αὐτῆ ἴση ἡ ΑΘ, (καὶ) νοείσθω ὁ ζυγὸς ὁ ΓΘ, μέσον δὲ αὐτοῦ τὸ Α, καὶ ἤχθω τις παράλληλ(ος) τυχ(οῦ)σα τῆι ΒΔ ἡ ΜΝ, τεμνέτω δ̣ὴ αὕτη τὸν μὲν ΑΒΓΔ κύκλον (κατὰ) τὰ ΞΟ, τὴν δὲ ΑΓ δ(ιά)μετρο(ν) κ(ατὰ) τὸ Σ, τὴν δὲ ΑΕ εὐθεῖαν κατὰ τὸ Τ̣, τὴ(ν) δὲ ΑΖ κα(τὰ) τὸ Ρ, καὶ ἀπὸ τῆς ΜΝ εὐθείας ἐπίπεδον ἀνεστάτω ὀρθὸν πρὸς τὴν ΑΓ· ποιήσει δ[ὴ τ]οῦτο ἐν μὲν τῶι κυλίνδρωι το[μὴν]

COLUMN 1

17 γοῦν] ο̣ὖ̣ν Η
18 φανερόν] φανε̣ρόν ἐ̣σ̣τ̣ι̣ν̣ Η
19 Τ] sic, om. Η
28 ἐδοθεῖσαν] sic, ἐκ̣δοθεῖσαν Η

COLUMN 2

6 τῶι] τῆι Η
8 διὰ τοῦ] κατὰ Η
8 τρόπου] τρόπον Η
8 τούτου] τόνδε Η
20 ἔστιν δὴ ἡ τομὴ κύκλος ὀρθὸς πρὸς] ποιήσει δὴ κύκλον ὀρθὸν πρὸς suppl. Η
23 τὴν | ΑΓ] τῆι | ΑΓ ἴσον Η
25 ΖΥ] ΖΗ Η
28 |τυχοῦσα] ὑ|π̣ά̣ρχουσα Η
30 δὴ] δ̣ὲ̣ Η
32 Τ] Π Η
36 Η add. κύκλον οὗ ἔσται διάμετρος ἡ ΜΝ | ἐν δὲ τῆι ΑΒΓΔ σφαίραι

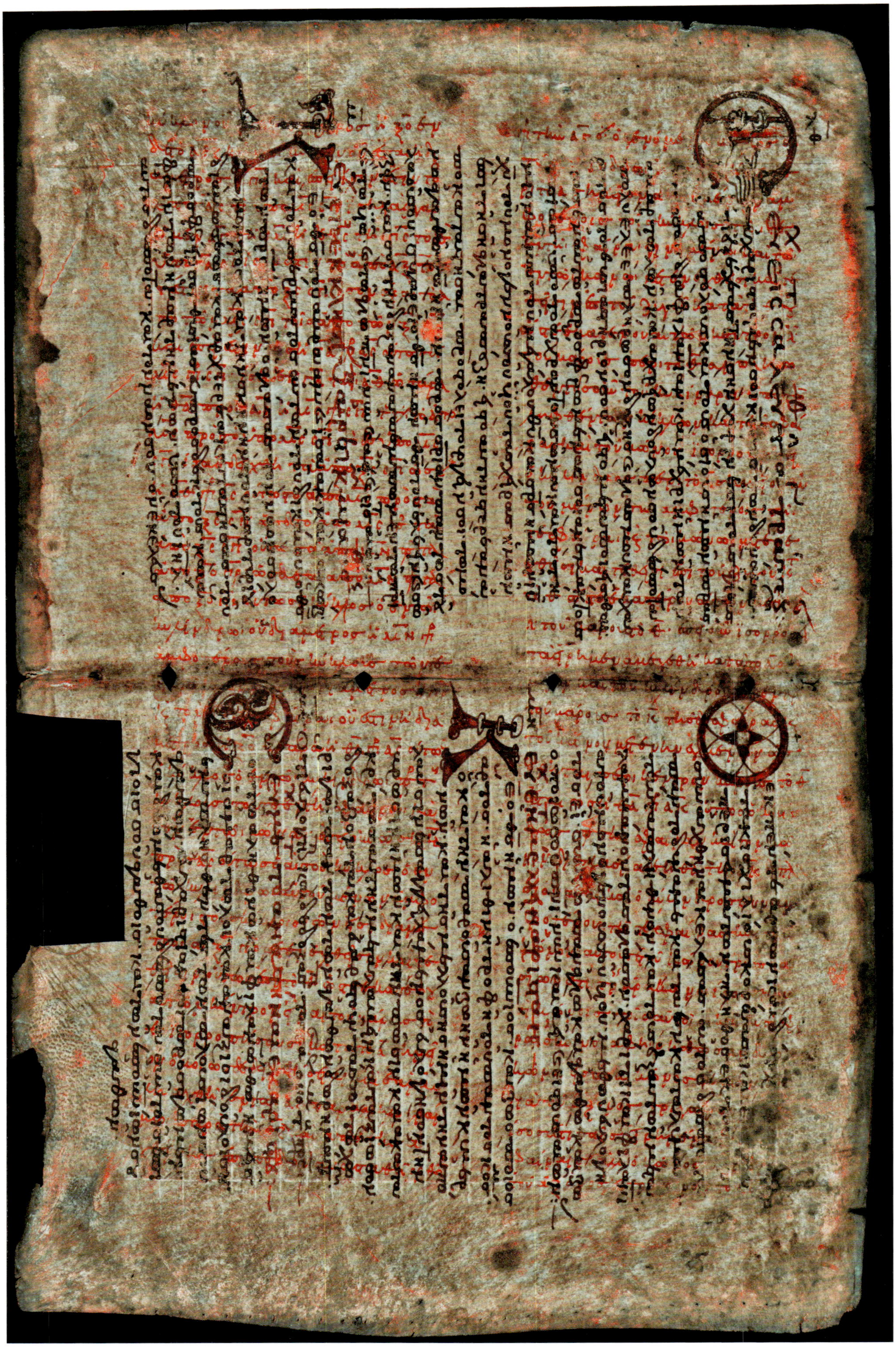

Heiberg II.440.18–444.11: *Method,* Proposition 2
Pseudocolor created from ultraviolet fluorescence and red reflectance images

κύκλον, οὗ [ἔσται διάμετ]ρος ἡ ΞΟ, ἐν δὲ τὸ ΑΕΖ κ[ώνω]ι κ[ύκλο]ν, οὗ ἔσται ἡ διάμετρος [ἡ] ΠΡ, καὶ ἐπεὶ ἴσον ἐστὶν τὸ ὑπὸ ΓΑΣ, τὸ ὑπὸ ΜΣ ΣΠ, ἴση γὰρ γὰρ ἡ μὲν ΑΓ τῆι ΣΜ, ἡ δὲ ΑΣ τῆι ΠΣ, τὸ δὲ ὑπὸ ΓΑ ΑΣ ἴσον ἐστὶν τὸ ἀπὸ ΑΞ, το[υ]τέστιν τὰ ἀπὸ ΞΣ ΣΠ, ἴσον ἄρα τὸ ἀπὸ τῶν ΜΣ ΣΠ τοῖς ἀπὸ τῶν ΞΣ ΣΠ. καὶ ἐπεί ἐστιν ὡς ἡ ΓΑ (πρὸς) ΑΣ, οὕτως ἡ ΜΣ (πρὸς) ΣΠ, ἴση δὲ ἡ ΓΑ τῆι ΑΘ, ὡς ἄρα ἡ ΘΑ πρὸς ΑΣ, ἡ ΜΣ (πρὸς) ΣΠ, τ(ου)τ(έστι) τὸ ἀπὸ ΜΣ πρὸς τὸ ὑπὸ ΜΣ ΣΠ. τὸ δὲ ὑπὸ ΜΣ ΣΠ ἴσα ἐδείχθη τὰ ἀπὸ ΞΣ ΟΠ· ὡς (ἄρα) ἡ ΑΘ (πρὸς) ΑΣ, οὕτως τὸ ἀπὸ ΜΣ πρὸς τὰ ἀπὸ ΞΣ ΣΠ. ὡς δὲ τὸ ἀπὸ ΜΣ (πρὸς) τὰ ἀπὸ ΞΣ ΣΠ, οὕτως τὰ ἀπὸ ΜΝ (πρὸς) τὰ ἀπὸ ΞΟ ΠΡ, ὡς δὲ τὰ ἀπὸ ΜΝ (πρὸς) τὰ ἀπὸ ΞΟ ΠΡ, οὕτως ὁ κύκλος ὁ ἐν τῶι κυλίνδρωι, οὗ διάμετρος ἡ ΜΝ, (πρὸς) ἀμφοτέρους τοὺς κύκλους τῶν τε [ἐν] τῶι κ[ώ]νω̣[ι], οὗ ἐστι̣ διάμετρος ἡ ΠΡ, (καὶ) τὸν ἐ[ν τῆι σ]φ[α]ίραι, οὗ ἐστιν ἡ διάμετρος ἡ ΞΟ· [ὡς] ἄρα ἡ ΘΑ (πρὸς) ΑΣ, οὕτως ὁ κύκλος ὁ ἐν τῶι κυλίνδρωι (πρὸς) τ(οὺς) κύκλους τόν τε ἐν τῆι σφαίραι καὶ τὸν ἐν τῶι κώνωι. ἐπεὶ οὖν ὡς ἡ ΘΑ πρὸς ΑΣ, οὕτως ὁ αὐτὸς κύκλος ὁ ἐν τῶι κυλίνδρωι αὐτοῦ μένων ἀμφοτέροις τοῖς κύκλοις, ὧν εἰσι(ν) διάμετροι αἱ ΞΟ, ΠΡ, μετενεχθεῖσιν καὶ τεθεῖσιν οὕτως ἐπὶ τὸ Θ, ὥστε ἑκατέρ(ου) αὐτῶν κέντρον εἶναι τοῦ βάρους τὸ Θ, ἰσορροπήσουσι κατὰ τὸ Α σημεῖον. ὁμοίως δὲ δειχθήσεται, καὶ ἐὰν ἄλλη ἀχθῆ ἐν τῶι ΑΖ̣ παραλληλογράμμωι παρὰ τὴν [Ε]Ζ, καὶ ἀπὸ τῆς ἀχθείσης ἐπίπεδον ἀνασταθῇ ὀρθὸ(ν)

(πρὸς) τὴν ΑΓ, (ὅτι) ὁ γενόμενος κ[ύκ]λος [ἐν] τῶι κυλίνδρωι ἰσορρ[ο]πή[σ]ε̣ι̣ π̣ε̣ρὶ τὸ Α σημεῖον αὐτοῦ μέν[ω]ν ἀμφοτέροις τοῖς κύκλοις τῶι τε ἐν τῇ σφαίραι γινομένωι καὶ τῶι ἐν τῶι κώνωι μετενεχθεῖσι καὶ τεθεῖσιν ἐπὶ τοῦ ζυγοῦ κατὰ τ[ὸ] Θ (οὕτως), ὥστε ἑκατέρου αὐτῶν κέντρον (εἶναι) τοῦ βάρους περὶ τὸ Θ. συμπληρωθέντος οὖν τοῦ κυλίνδρου ὑπὸ τῶ(ν) ληφθέντων κύκλων καὶ τῆς σφαίρας καὶ τοῦ κώνου ἰσορροπήσει ὁ κύλινδρος περὶ τὸ Α σημεῖον αὐτοῦ μένων συναμφοτέροις τῆι τε σφαίραι (καὶ) τῶι κώνωι μετενεχθεῖσι καὶ τεθεῖσι ἐπὶ τοῦ ζυγοῦ (κατὰ) τὸ Θ, ὥστε ἑκατέρου αὐτῶν κέν[τ]ρ̣(ον) (εἶναι) τοῦ βάρους τὸ Θ. ἐπεὶ οὖν ἰσορροπ̣εῖ τὰ εἰρημένα μεγέθη κατὰ τὸ Α σ[η]μ[εῖο]ν καὶ τοῦ κυλίνδρου τ̣[ὸ κ]έντρ(ον) τοῦ βάρους τὸ Κ, τῆς δ[ὲ] σφα[ί]ρας (καὶ) τοῦ κώνου μετενηνεγμέν[ω]ν, ὡς εἴρηται, περὶ κέντρον βάρ̣ους τὸ Θ, ἔσται, ὡς ἡ ΘΑ (πρὸς) ΑΚ, οὕτως ὁ κ[ύ] λ̣ι̣[ν]δρος (πρὸς) τὴν σφαῖραν καὶ τὸν κῶνον. διπλασία δὲ ἡ ΘΑ τῆι ΑΚ· διπλά̣σιον ἄρ̣α καὶ ὁ κύλινδρος συναμφοτέρου τῆς τε σφαίρας καὶ τοῦ κώνου. αὐτοῦ τε τοῦ κώνου τριπλασίων ἐστί· τρ(εῖς) ἄρα κῶνοι ἴσοι [(εἰσὶ)] δυσὶ κώνοις τοῖς αὐτοῖς καὶ δυσὶ σφ(αί)ραις. κοινο[ὶ] ἀφηιρήσθωσαν δύο κῶνοι· εἷς ἄρα κῶνος [ο]ὗ ἐστ̣ιν τὸ διὰ τ(ο̣ῦ̣) ἄξονος τρίγωνον τὸ [ΑΕ]Ζ ἴσος ἐστὶ ταῖς εἰρ̣ημέναις δυσὶ σ̣φαίραις. ἀλλ' ὁ κῶνος, οὗ τ̣ὸ διὰ τοῦ ἄξονός (ἐστι) τρίγωνον τὸ ΑΕ[Ζ, ἴσ(ος)] (ἐστὶν)

COLUMN 1

4 ΓΑΣ] ΓΑ Α̣Σ̣ Η
4 τὸ] τῶι Η
4 γὰρ γὰρ] sic
13 ΟΠ] ΣΠ Η
20 τῶν] τόν suppl. Η
21 ἐστι] om. Η
35 ΑΖ] ΑΓ̣ Η

COLUMN 2

16 τεθεῖσι] τεθεῖσιν Η
18 μεγέθη] σ̣τ̣ε̣ρ̣ε̣ὰ̣ Η
20 καὶ τοῦ κυλίνδρου τὸ] τ̣ο̣ῦ̣ μ̣ὲ̣ν̣ κ̣υλίνδρου π̣ε̣ρ̣ὶ̣ Η
26 τῆι] τῆς Η
29 τε] δὲ Η
33 οὗ ἐστιν] ὁ ἔχων Η
36 ἀλλ ὁ] ὁ̣ δ̣ὲ̣ Η
37 ἐστι] om. Η

Heiberg II.444.12–446.29: *Method,* Propositions 2, 3
Pseudocolor created from ultraviolet fluorescence and red reflectance images

ὀκτὼ κώνοις, ὧν ἐστι τὸ διὰ τ(ο̣ῦ̣) ἄξονος τρίγωνον τὸ ΑΒΔ, διὰ τὸ διπλῆν εἶναι τὴν ΕΖ τῆς ΒΔ. (ἄρα) ὀκτὼ κῶνοι οἱ εἰρημένοι ἴσοι εἰσὶ δυσὶ σφαίραις. τετραπλασίων ἄρα ἐστὶν ἡ σφαῖρα, ἧς μέγιστος κύκλος ὁ ΑΒΓΔ, τοῦ κώνου, οὗ κορυφὴ μέν ἐστι τὸ Α σημεῖον, βάσις δὲ ὁ περὶ διάμετρον τὴν ΒΔ κύκλος ὀρθὸς ὢν πρὸς τὸν ΑΓ. ἤχθωσαν δὴ διὰ τῶν ΒΔ σημείων ἐν τῶι ΛΖ παραλληλογράμμωι τῆι ΑΓ παράλληλοι ο̣ἱ̣ ΦΒ ΧΨ ΔΩ, (καὶ) νοείσθωσαν κύλινδροι, ὧν βάσ(εις) μὲν οἱ περὶ διαμέτρους τὰς ΦΨ ΧΩ κύκλους, ἄξων δὲ ὁ ΑΓ. ἐπεὶ δ̣[ὴ] δ̣[ι]πλ[άσι]ός (ἐστιν) ὁ [κύλι]νδρος, οὗ ἐστι τὸ διὰ [τοῦ ἄ]ξονος παραλληλόγραμμον τὸ ΦΩ, τοῦ κυλίνδρ(ου), [οὗ ἐστι τὸ δι]ὰ̣ [τ(οῦ)] ἄ̣ξ̣ο̣ν̣ο̣[ς παραλ]ληλόγραμμον τὸ ΦΔ, αὐτὸς δὲ οὗτος τριπλασίων ἐστὶν τοῦ κώνου, οὗ ἐστι τὸ διὰ τοῦ ἄξονος τρίγων(ον) τὸ ΑΒΔ, ὡ[ς] ἐν τοῖς στοιχείοις, ἑξαπλασίων ἄρα ὁ κύλινδρος, οὗ (ἐστι) τὸ διὰ τοῦ ἄξονος παραλληλόγραμμον τὸ ΦΩ, τοῦ κώνου, οὗ (ἐστι) τὸ διὰ τοῦ ἄξονος τρίγωνον τὸ ΑΒΔ. [ἐδ]είχθη δὲ τοῦ αὐτοῦ κώνου τετραπλασία οὖσα ἡ σφαῖρα, ἧς μέγιστος μέν ἐστιν ὁ κύκλος ὁ ΑΒΓΔ· ἡμιόλιος ἄρα ὁ κύλινδρος τῆς σφαίρας· ὅπερ ἔδει δειχθῆναι. τοῦ τοῦ δ̣ὲ θεωρήματος, διότι πᾶ̣σα σφαῖρα τετραπλασία ἐστὶ τοῦ̣ κώνου βάσιν μὲν ἔχοντος τὸν μέγιστον κύκλον, ὕψος δὲ ἴσον

τῆι ἐκ τοῦ κέντρου τῆς σφαίρας, ἡ ἔννοια ἐγένετο, ὅ̣τι πάσης σ[φα]ίρας ἡ ἐπιφάνεια τετραπλασία (ἐστὶ) τοῦ μεγίστου κύκλου τῶν ἐν τῆι σφαίραι· ὑπόληψις (γὰρ) ἦν καὶ δι(ότι) π[ᾶς κ]ύκλ(ος) ἴσος (ἐστὶ) τριγώνωι τῶι [β]άσιν μὲν ἔχοντι τὴν τοῦ κύκλου περιφέρειαν, ὕψ(ος) δὲ ἴσον τῆι ἐκ τοῦ κέντρου τοῦ κύκλ(ου),

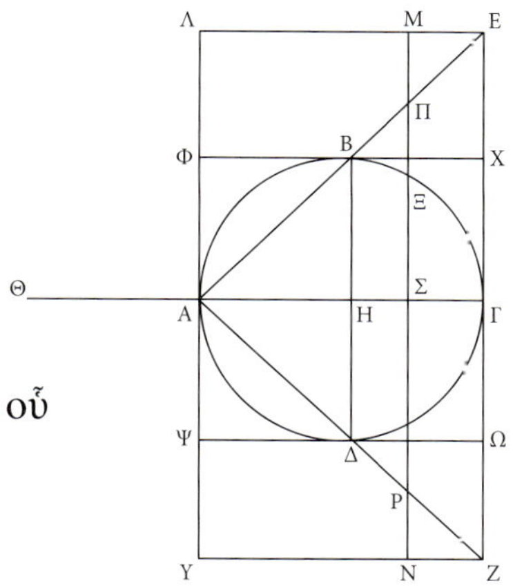

καὶ δι(ότι) πᾶσα σφαῖρα ἴση ἐστὶ κώνωι τῶι βάσιν μὲν ἔχ(ον)τι τὴν ἐπιφάνειαν τ[ῆ]ς σφαίρας, ὕψο(ς) δὲ ἴσον τῆι ἐκ τοῦ κέντρ(ου) τῆς σφαίρ(ας). θεωρεῖται δὲ διὰ τοῦ τρόπου τούτου . π̣ . δ . . . . ἔ̣σ̣τ̣α̣ι̣ . . [σ]φ[αιρο]ειδ̣ . . [τ]ὸ̣ σχῆμα ὁ κύλινδρος ὁ̣ [β]άσ̣ι̣ν̣ μ̣ὲ̣(ν̣) ἔχων ἴσην τῶι μεγίστωι κύκλωι τῶ(ν) ἐν τῶι σφαιροειδεῖ, ὕψος δὲ ἴσον τῶι ἄξονι τοῦ σφαιροειδοῦς, ἡμιόλιός (ἐστι) τοῦ σφαιροειδοῦ̣ς̣· τούτου δὲ θεωρηθέντος φανερόν, (ὅτι) παντὸς σφα[ι]ροειδοῦς ἐπιπέδῳ τμηθέντος διὰ τοῦ κέντρου ὀ̣ρθῶι πρόσθετον ἄξονα τὸ ἥμισυ τοῦ σφαιροειδοῦς διπλάσιόν [(ἐστι)] τοῦ κώνου τοῦ βάσιν μὲν ἔχον[τος] τὴν αὐτὴν τῶι τμάματι κα[ὶ ἄ]ξονα τὸν αὐτόν. ἔστω (γάρ) τι σφαιροει[δὲ]ς κ̣α̣ὶ τετμήσθω ἐπιπέδωι διὰ τοῦ ἄξο̣νος, καὶ γινέσθω ἐν τῆι ἐπιφαν[είαι α]ὐτοῦ ὀξυγωνίου κώνου τομὴ ἡ ΑΒΓ[Δ], διάμετροι [δ]ὲ αὐτῆς ἔστωσαν αἱ ΑΓ ΒΔ, κέντρον

COLUMN 1

3 ἄρα] οἱ ἄρ̣α̣ Η
10 τὸν] τὴν Η
13 οἱ] αἱ Η
16 |ΧΩ] | om. Η
17 δὴ] οὖν Η
27 ἐστι] om. Η
34 τοῦ τοῦ] sic
34 δὲ θεωρήματος] τ̣εθεωρήματος Η

COLUMN 2

20 τούτου] ταύτου Η
21 om. Η
22 σχῆμα ὁ κύλινδρος ὁ βάσιν μὲν] καὶ ὅτι ὁ κύλινδρος ὁ τὴν μὲν [β]άσιν suppl. Η
26 σφαιροειδοῦς] σφαιροειδοῦς| Η
29 πρόσθετον] sic, πρός τ̣ε τὸν Η
32 τμά|ματι] τμή|ματι Η

Heiberg II.446.19–450.25: *Method,* Proposition 3
Pseudocolor created from ultraviolet fluorescence and red reflectance images

δẹ̀ τὸ Κ, ἔ[στ]ω δ[ὲ] κύκλος τις ἐν τῶι σφαι[ρο]ειδεῖ περὶ διάμετρον τὴν ΒΔ ὀρθ[(ὸς)] ὢν πρὸς τὴν ΑΓ, νοείσθω δὲ κῶνος βάσιν ἔχων τὸν εἰρημένον κύκλον, κορυφὴν δὲ τὸ Α σημεῖον, καὶ ἐκβληθείσης τῆς ἐπιφανείας αὐτοῦ τετμήσθω ὁ κῶνος ἐπιπέδῳ διὰ τοῦ Γ παρὰ τὴν βάσιν· ἔσται δὴ ἡ τομὴ αὐτοῦ κύκλος ὀρθὸς (πρὸς) τὴν ΑΓ, διάμετρος δὲ αὐτοῦ ἡ ΕΖ. ἔστω δὲ καὶ ὁ κύλινδρος βάσιν μὲν ἔχων τὸν αὐτ(ὸν) κύκλον, οὗ διάμετρος ἡ ΕΖ, ἄξονα δὲ τὴν ΑΓ εὐθεῖαν, καὶ ἐκβληθείσης τῆς ΓΑ κείσθω αὐτῇ ἴση ἡ ΑΘ, (καὶ) νοείσθω ὁ ζυγὸς ὁ ΘΓ, μέσον δὲ αὐτοῦ τὸ Α, ἤχθω δέ τις ἐν τῶι ΛΖ παραλληλογράμμωι π(αρὰ) τὴν ΕΖ ἡ ΜΝ, καὶ ἀπὸ τῆς ΜΝ ἐπίπεδον ἀνεστάτω ὀρθὸν πρὸς τὴν ΑΓ· ποιήσει δὲ τοῦτο ἐν μὲν τῶι κυλίνδρωι τομὴν κύκλον, οὗ διάμετρος ἡ ΜΝ, ἐν δὲ τῶι σφαιρ[ο]ειδεῖ τομὴν, οὗ (διά)μετρος ἡ ΞΟ, ἐν δὲ τῶι κώνωι τομὴν κύκλον, οὗ διάμετρος ἡ ΠΡ. καὶ ἐπεὶ (ἐστιν), ὡς ἡ ΓΑ πρὸς τὴν ΑΣ, οὕτως ἡ ΕΑ πρὸς ΑΠ, τουτ(έστιν) ἡ ΜΣ (πρὸς) τὴν ΣΠ, ἴση δὲ ἡ ΓΑ τῆι ΑΘ, ὡς (ἄρα) ἡ ΘΑ (πρὸς) ΑΣ, οὕτως ἡ ΜΣ (πρὸς) ΣΠ. ὡς δὲ ἡ ΜΣ (πρὸς) [Σ]Π, (οὕτως) τὸ ἀπὸ ΜΣ (πρὸς) τὸ ὑπὸ ΜΣ ΣΠ· τῶ δὲ ὑπὸ ΜΣ ΣΠ ἴσα τὰ ἀπὸ τῶ[(ν)] ΠΣ ΣΞ. ἐπεὶ γάρ ἐστιν, ὡς τὸ ὑπὸ ΑΣ ΣΓ (πρὸς) τὸ ἀπὸ ΣΞ, οὕτως τὸ ὑπὸ ΑΚ ΚΓ, τουτέστιν τὸ ἀπὸ ΑΚ, (πρὸς) τὸ ἀπὸ ΚΒ, ἀμφότεροι (γὰρ) οἱ λόγοι ἐν τῶι τῆς πλαγίας (πρὸς) τὴν ὀρθίαν εἰσίν, (ὡς) δὲ ἀπὸ ΑΚ (πρὸς) τὸ ἀπὸ ΚΒ, (οὕτως) τὸ ἀπὸ ΑΣ (πρ̣ὸ̣ς̣) τὸ ἀπὸ ΣΠ, ἐναλλὰξ ὡς τὸ ἀπὸ

ἀπὸ ΑΣ (πρὸς) τὸ ὑπὸ ΑΣΓ, τὸ ἀπὸ ΠΣ (πρὸς) τὸ ἀπὸ ΣΞ. ὡς δὲ τὸ ἀπὸ ΑΣ (πρὸς) τὸ ὑπὸ ΑΣΓ, τὸ ἀπὸ ΣΠ (πρὸς) τὸ ὑπὸ ΣΠ ΠΜ· ἴσον (ἄρα) τὸ ὑπὸ ΜΠ ΠΣ τῶι ἀπὸ ΞΕ. κοινὸν προσκείσθω τὸ ἀπὸ ΠΣ· τὸ ἄρα ἀπὸ ΜΕ ΣΠ τοῖς ἀπὸ ΠΣ ΣΞ ἴσον. ὡς (ἄρα) ἡ ΘΑ (πρὸς) ΑΣ, τὸ ἀπὸ ΜΣ (πρὸς) τὰ ἀπὸ ΜΣ ΣΞ. ὡς δὲ τὸ ἀπὸ ΜΣ (πρὸς) τὰ ἀπὸ ΣΞ ΣΠ, οὕτως ὁ ἐν τῶι κυλίνδρῳ κύκλος, οὗ διάμετρος ἡ ΜΝ, (πρὸς) ἀμφοτέρους τοὺς κύκλους, ὧν διάμετροι αἱ ΞΟ ΠΡ· ὥστε ἰσορροπήσουσι περὶ τὸ Α σημεῖον ὁ κύκλος, οὗ (διά)μετρος ἡ ΜΝ, αὐτοῦ μένων ἀμφοτέροις τοῖς κύκλοις, ὧν διάμετροι αἱ ΞΟ ΠΡ, μετενεχθεῖσι (καὶ) τεθεῖσιν τοῦ ζυγοῦ κατὰ τὸ Θ, ὥστε ἑκατέρου αὐτῶν κέντρον εἶναι τὸ Θ. ἐπεὶ οὖν ἐστι τοῦ μὲν κύκλου, [οὗ] (δ̣ι̣ά̣)μετρος ἡ ΜΝ, κέντρ[ο]ν τοῦ βάρους τὸ Σ, συναμφοτέρων δὲ τῶ(ν) κύκλων, ὧν (εἰσι) διάμετροι αἱ ΞΟ ΠΡ, μετενηνεγμένων κέντρον τοῦ βάρους τὸ Θ· καὶ ὡς ἄρα ἡ ΘΑ (πρὸς) ΑΣ, (οὕτως) ὁ κύκλ(ος), οὗ (διά)μετρ(ος) ἡ ΜΝ, (πρὸς) ἀμφοτέρους τοὺς κύκλους, ὥς εἰσι (διά)μετροι αἱ ΞΟ ΠΡ. ὁμοίως δὲ δειχθήσεται, καὶ ἐὰν ἄλλη τις ἀχθῇ ἐν τῶι ΛΖ παραλληλογράμμωι π(αρὰ) τὴν ΕΖ, καὶ ἀπὸ τῆς ἀχθείσης ἐπίπεδον ἀνασ̣τ̣αθῆι ὀρθὸν (πρὸς) τ(ὴν) ΑΓ, ὁ γενόμενος κύκλ(ος) ἐν τῶι κυλί(ν)δρωι ἰσορροπήσει περὶ τὸ Α σημεῖο(ν) αὐτοῦ μένων συναμφοτέροις τοῖς κύκλοις τῶι τε ἐν τῶι σφαιροειδεῖ γινομένωι καὶ ἐν τῶι κώνωι μετενεχθεῖσιν τοῦ ζ[υ]γ(οῦ)

COLUMN 1

1 τις] om. H
2 ὀρθὸς | ὢν] ὀρθ|ὸς H
17 ἀ|πὸ] |ἀπὸ H
19 δὲ] δὴ suppl. H
35 δὲ] δẹ̀ τ̣ὸ̣ H
36 ὡς τὸ ἀπὸ | ἀπὸ] sic, ἄ̣ρ̣α̣ ἔ̣σ̣τ̣α̣ι̣ ὡ̣ς̣ τ̣ὸ̣ | ἀπὸ H

COLUMN 2

4 ΞΕ] ΞΣ H
6 ἀπὸ (pr.)] ὑ̣πὸ H
6 ΜΕ] Μ̣Σ̣ H
19 τὸ Θ ἐπεὶ οὖν ἐστι τοῦ μὲν κύκλου | οὗ διάμετρος ἡ ΜΝ κέντρον] om. H
20 βά|ρους] |β̣άρους H
21 Σ] Θ̣ H
26 ὥς εἰσι] ὧν H

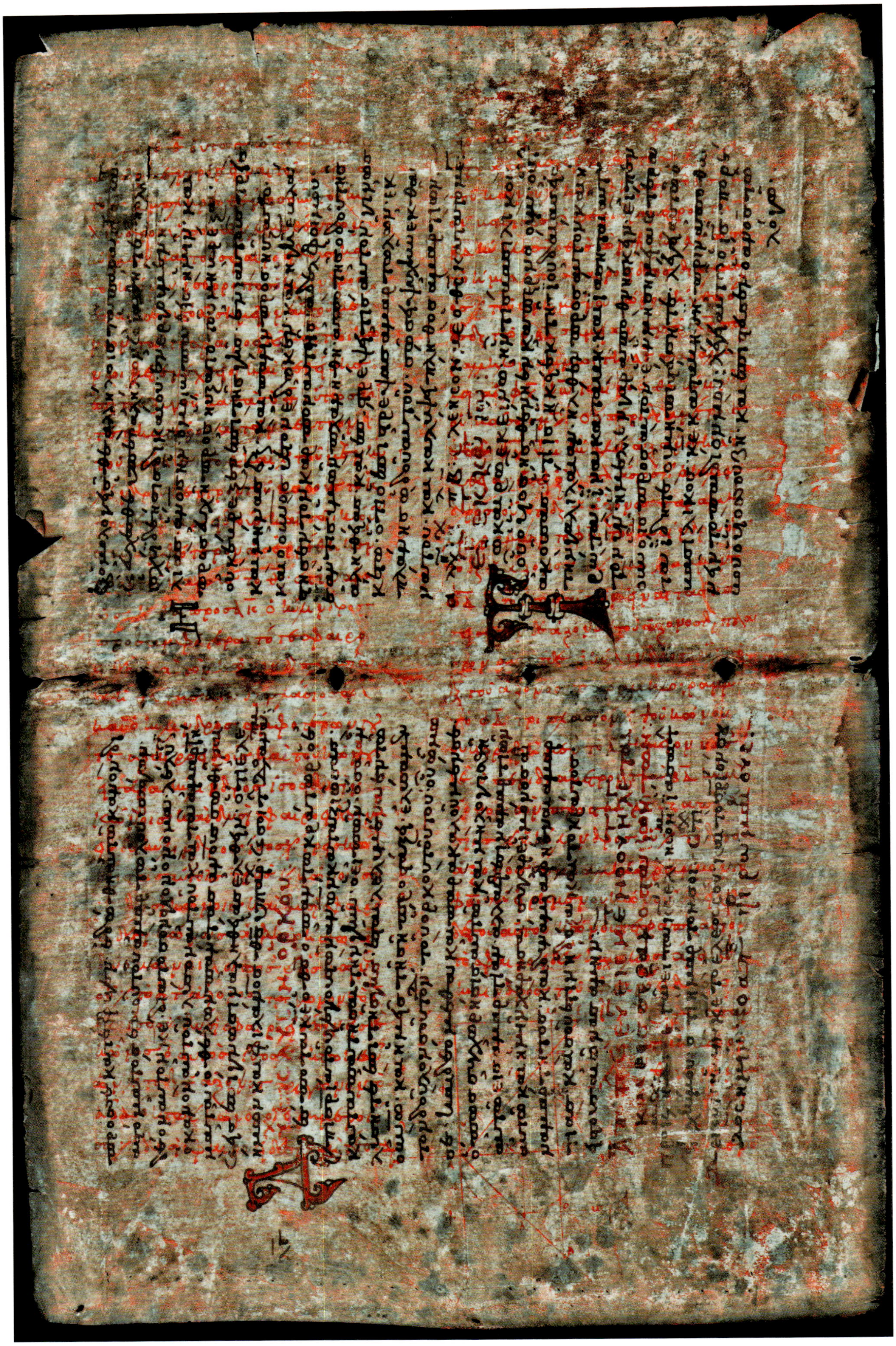

Heiberg II.450.25–454.10: *Method*, Propositions 3, 4
Pseudocolor created from ultraviolet fluorescence and red reflectance images

κατὰ τὸ Θ οὕτως, ὥστε ἑκατέρ(ου̣) αὐ̣τῶν κέντρον εἶναι τοῦ βάρους τὸ Θ. συμπληρωθέντος οὖν τοῦ κυλίνδρου ὑπὸ τῶν ληφθέντων κύκλων καὶ τοῦ σφαιροειδοῦς καὶ τοῦ κώνου ἰσόρροπος ὁ κύλινδρος ἔσται περὶ τὸ Α σημεῖον αὐτοῦ μένων τῶι τε σφαιροειδεῖ καὶ τῶι κώνωι μετενεχθεῖσι καὶ τεθείσης ἐπὶ τοῦ ζυγοῦ κατὰ τὸ Θ οὕτως, (ὥσ)τε ἑκατέρου αὐτῶν κέντρον (εἶναι) τοῦ βάρους τὸ Θ. καί (ἐστι) τοῦ μὲν κυλίνδρου κέντρον τοῦ βάρους τὸ Κ, τοῦ δὲ σφαιροειδοῦς καὶ τῶι κών(ωι) συναμφότερον, ὡς ἐρρέθη, κέντρον τοῦ βάρους τὸ Θ· ἔστιν ἄρα, ὡς ἡ ΘΑ πρὸς ΑΚ, ὁ κύλινδρος πρὸς ἀμφότερα τό τε σφαιροειδὲς καὶ τὸν κῶνον. διπλασία δὲ ἡ ΘΑ τῆς ΑΚ· διπλάσιος ἄρα καὶ ὁ κύλινδρος ἀμφοτέρων (τοῦ) τε σφαιροειδοῦς καὶ τοῦ κών(ου)· εἷς ἄρα κύλινδρος ἴσος δυσὶν κώνοις καὶ δυσὶ σφαιροειδέσιν. εἷς δὲ κύλινδρος ἴσος (ἐστὶ) τρεῖς κώνοις τοῖς αὐτοῖς· τρεῖς (ἄρα) κῶνοι ἴσοι (εἰσὶ) δυσὶ κώνοις καὶ δυσὶ σφαιροειδέσι κώνοις. ἀφηρήσθωσα̣[(ν)] δύο κῶνοι· λοιπὸς (ἄρα) εἷς κῶν(ος), οὗ (ἐστι) τὸ (διὰ) τ(οῦ) ἄξονος τρίγωνον τὸ ΑΕΖ, ἴσος (ἐστὶ) δυσὶ σφαιροειδέσιν. εἷς δὲ κῶνος ὁ αὐτὸς ἴσος (ἐστὶν) ὀκτὼ κών(οις), ὧν (ἐστι) τὸ (διὰ) τ(οῦ) ἄξονος τρίγωνον τὸ ΑΒΔ· ὀκτὼ (ἄρα) κῶνοι οἱ εἰρημένοι ἴσοι (ε̣ἰ̣σ̣ὶ̣) δυσὶ σφαιροειδέσι· καὶ τέσσαρ[(ες)]

ἄρα κῶνοι ἴσοι [(εἰσὶν)] ἑ̣ν[ὶ σ]φ̣α̣ι̣ρ̣ο̣ε̣ι̣[δεῖ]· τετραπλάσιον (ἄρα) ἐστὶ τὸ σφ[αιρ]οει[δὲ]ς τοῦ κώνου, ἔστι κορυφὴ μὲν τὸ Α σημεῖον, βάσις δὲ ὁ περὶ διάμετρον τὴ(ν) ΒΔ κύκλος ὀρθὸς ὢν (πρὸς) τὴν ΑΓ, ὥστε τὸ ἥμισυ τοῦ σφα.ροειδέος διπλάσιός (ἐστι) τοῦ εἰρη̣μένου κώνου. ἤχθωσ(αν) δὲ (διὰ) τῶν ΒΔ σημείων ἐν τῶι ΛΖ παραλληλογράμμωι τῆι ΑΓ παράλληλοι αἱ ΦΧ ΨΩ, καὶ νοείσθω κύλινδρ(ος), οὗ βάσεις μ(έν) (ἐστιν) οἱ περὶ διαμέτρους τὰς ΦΧ ΨΩ κύκλοι, ἄξων δὲ ἡ ΑΓ εὐθεῖα. ἐπεὶ (οὖν) διπλάσιός (ἐστιν) ὁ κύλινδρος, οὗ (ἐστι) τὸ (διὰ) τ(οῦ) ἄξονος παραλληλόγραμμον τὸ ΦΩ, τοῦ κυλίνδρου, οὗ (ἐστι) τὸ (διὰ) τ(οῦ) ἄξονος π(αρα)λληλόγραμμον τὸ ΦΔ, (δ̣ι̣ὰ̣) τὸ ἴσας αὐτ̣ῶ̣ν εἶναι τὰς βάσεις, [τὸ]ν δὲ ἄξον[α] τοῦ ἄξονος διπλάσιον, αὐτὸς δὲ ὁ κύλινδρος, οὗ (ἐστι) τὸ (διὰ) τοῦ ἄξονος παραλληλόγραμμ(ο̣ν̣) τὸ ΦΔ, τριπλάσιόν (ἐστι) τοῦ κώνου, οὗ κορυφὴ μὲν τὸ Α σημεῖον, βάσ(ις) δὲ ὁ περὶ διάμετρον τὴν ΒΔ κύκλ(ον) ὀρθὸς ὢν πρὸς τὴν ΑΓ, ἑξαπλάσιος (ἄρα) ὁ κύλινδρος, οὗ (ἐστι) τὸ (διὰ) τοῦ ἄξονος παραλληλόγραμμον τὸ ΦΩ, τοῦ εἰρημένου κώνου. ἐδείχθη δὲ τοῦ αὐτοῦ κώνου τετραπλάσιον τὸ σφαιροειδές· ἡμιόλιος ἄρα ὁ κύλινδρος τοῦ σφαιροειδοῦς· ΟΙ.

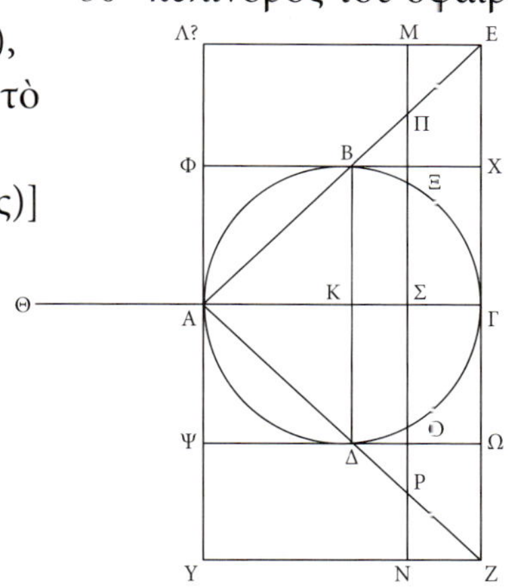

Ὅτι δὲ πᾶν τμῆμα ὀρθογώνιον κωνοειδὲς ἐπι[πέδω] ἀπο[τ]εμν[ό]μενο(ν)

COLUMN 1

16 ἄρα] οὖν H
20 ΘΑ] Α̣Θ H
34 ἴ|σοι] ἴ̣σ̣|οι̣ H

COLUMN 2

1 εἰσὶν] om. H
3 ἔστι] οὗ H
3 μὲν] μέν ἐ̣σ̣τ̣ι̣ H
5 ὥστε] καὶ H
6 σφαιροειδέος] σφαιροειδοῦς H
8 πα|ραλληλογράμμωι] παρ|αλληλογράμμωι H
11 ἐστιν] sic, om. H
12 ἡ] τῆι H
13 εὐθεῖα] εὐθεῖαι H
15 ἐστι] om. H
16 παραληλόγραμμον] sic, παραλληλόγραμμον H
19 ἐστι] om. H
23 κύκλον] sic, κύκλος H
29 ἄρα] ἄρα ἐστὶν H
33 κω|νοειδὲς] κω|νοει̣δ̣ο̣ῦ̣ς̣ H

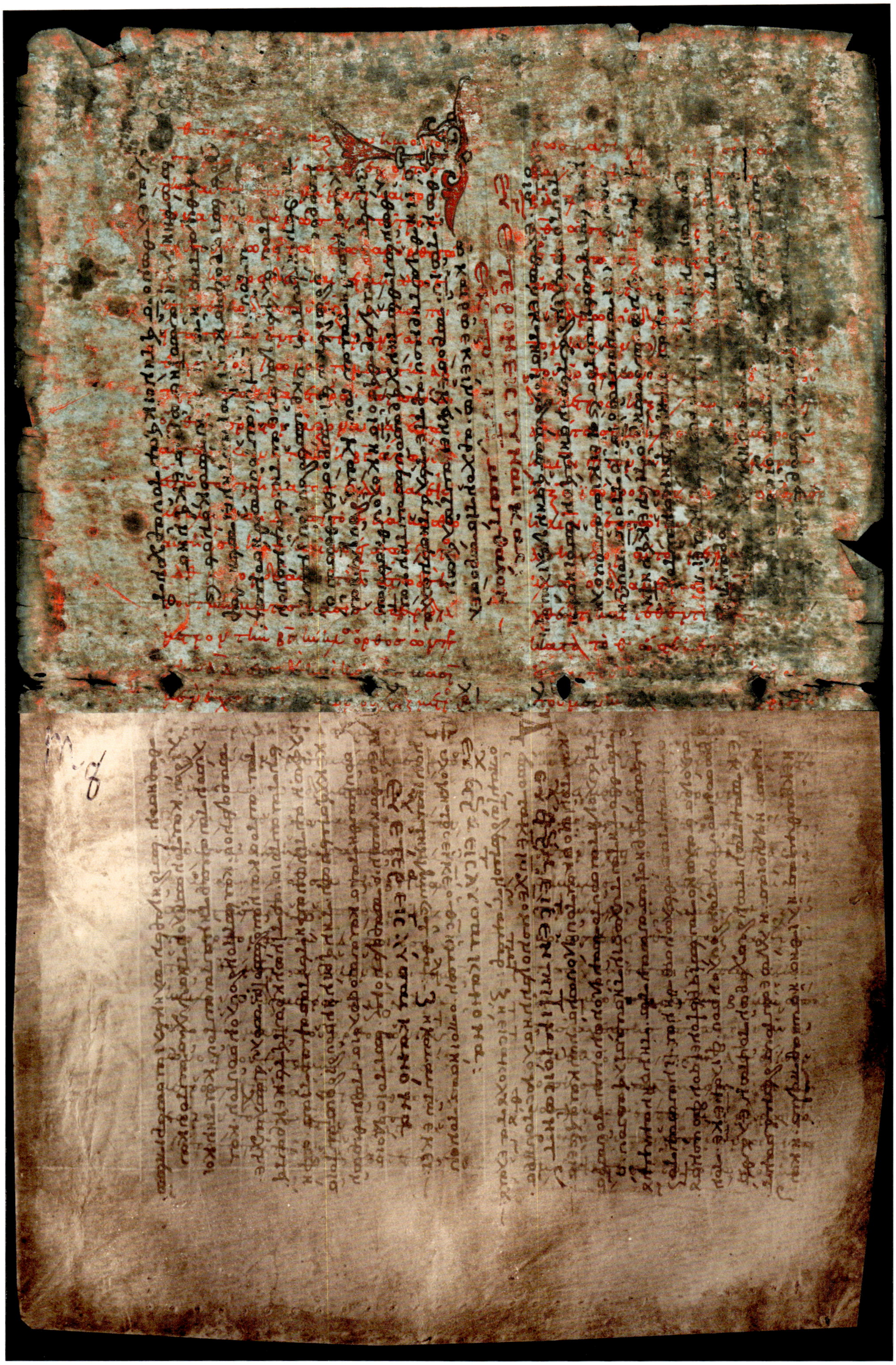

Heiberg II.454.10–456.34: *Method,* Proposition 4
Top, pseudocolor created from ultraviolet fluorescence and red reflectance images; *bottom,* Heiberg photograph

ὀρθῶι πρὸς τὸν ἄξ[ον]α ἡμιόλιό(ν) (ἐστι) τοῦ κώνο̣υ̣ τοῦ βάσιν ἔχοντος τὴν αὐτὴν τῶι τμήματι καὶ τὸν ἄ̣ξονα τὸν αὐτόν, ὡς διὰ τοῦ τρόπ(ου) τούτου θεωρεῖται. ἔστω γὰρ ὀρθογώνιον κωνοειδὲς καὶ τετμήσθω ἐπιπέδω διὰ τοῦ ἄξονος, καὶ ποιείτω τομὴν ἐν τῆι ἐπιφανείαι ὀρθογωνίου κώνου τομὴν τὴν ΑΒ, τετμήσθω δὲ καὶ ἑτέρωι ἐπιπέδωι ὀρθῶι πρὸς τὸν ἄξονα, καὶ ἔστω αὐτῶν κοινὴ τομὴ ἡ ΒΓ, ἄξων δὲ ἔστω τοῦ τμήματος ὁ ΔΑ, καὶ ἐκβεβλήσθω ἡ Δ[Α] ἐπὶ τὸ Θ, καὶ κείσθω αὐτῇ ἴση ἡ ΑΘ, καὶ νοείσθω ὁ ζυγ(ὸς) ὁ ΑΘ, μέσον δὲ αὐτοῦ τὸ Α, ἔστω δὲ ἡ τοῦ τμήματος βάσις ὁ περὶ διάμετρον τὴν ΒΓ κύκλ(ος) ὀρθὸς ὢν (πρὸς) τὴν ΑΔ, ἔστω δὲ καὶ κῶνος βάσι(ν) μὲν ἔχων τὸν [κύ]κλον, οὗ (ἐστι) (διά)μετρ(ος) ἡ ΒΓ, κορυφὴ δὲ τὸ Α σημεῖον, ἔστω δὲ καὶ κύλινδρος βάσιν μὲν ἔχω(ν) τὸν κύκλον, οὗ δ(ιά)μετρος ἡ ΒΓ, ἄξονα δὲ τὸν ΑΔ, καὶ [ἤχ]θω τις ἐν τῶι παραλληλογράμμωι ἡ ΜΝ παράλληλο̣ς οὖσα τῇι ΒΓ, καὶ ἀπὸ τῆς ΜΝ ἐπίπεδον ἀνεστάτω ὀρθὸν (πρὸς) τὴν ΑΔ· ποιήσει δὴ τοῦτο ἐν μὲν τῶι κυλίνδρωι τομὴ(ν) κύκλον, οὗ (διά)μετρος ἡ ΜΝ, ἐν δὲ [τῶι τμ]ήματι τοῦ ὀρθογωνίου κωνοειδοῦς τομὴν κύκλο[ν], οὗ (διά)μετρος ἡ ΞΟ. καὶ ἐπὶ ὀρθογωνί(ου) κώνου τομῆς ἐστιν ἡ ΒΑΓ, [δι]άμετρος [δὲ] αὐτῆ̣ς ἡ ΑΔ, καὶ τεταγμένως κατηγμέναι εἰσὶν αἱ ΞΣ, ΒΔ, (ἔστιν) ὡς ἡ ΔΑ (πρὸς) ΑΣ, οὕτως [τὸ] ἀ̣π̣[ὸ] ΒΔ (πρὸς) τὸ ἀπὸ ΞΟ. ἴση δὲ ἡ ΔΑ τῆι ΑΘ· ὡς (ἄρα) ἡ ΘΑ (π̣ρ̣ὸ̣ς̣) ΑΣ, (οὕ)(τως) τὸ ἀπὸ ΜΣ (πρὸς) τὸ ἀπὸ ΣΞ. ὡς δὲ τὸ ἀπὸ ΜΣ (πρὸς) τὸ ἀπὸ ΣΞ, οὕτως ὁ κύκλος ὁ [ἐν] τῶι [κυ]λίνδρωι, οὗ διάμετρος ἡ ΜΝ, (πρὸς) τὸν κύκλον τὸν ἐν τῶι τμήμα[τι] τοῦ ὀρθογωνίου κωνοειδοῦς, οὗ διάμετρος ἡ ΞΣ· (ἔστιν) ἄρα ὡς ἡ ΘΑ (πρὸς) ΑΣ, οὕτως ὁ κύκλος, οὗ διάμετρος ἡ ΜΝ, (πρὸς) τὸν κύκλο(ν), οὗ [δι]άμετρος ἡ ΞΟ. ἰσόρροπος (ἄρα) ὁ κύκλ[(ος)], οὗ (διά)μετρ(ος) ἡ ΜΝ, ὁ ἐν τῶι κυλίνδρωι (πρὸς) τὸ Α σημεῖον αὐτοῦ μένων τῶι [κύ]κλωι, οὗ διάμετρος ἡ ΞΟ, μ̣ετε[νε]χθέντι καὶ τεθέντι ἐ̣πὶ τ(οῦ) ζυγοῦ κατὰ τὸ Θ, ὥστε κέντρον αὐτοῦ εἶναι τοῦ βάρους τὸ Θ. ἐπεὶ οὖν τοῦ μὲν κύκλ(ου), οὗ (ἐστιν) ἡ δ(ιά)μετρος ἡ ΜΝ, κέντρον τοῦ βάρους τὸ Σ, τ(οῦ) δὲ κύκλου, οὗ δι[ά]μετρος ἡ ΞΟ, μετενηνεγμένου [κέ]ντρον τοῦ βάρους τὸ Θ, καὶ ἀντι[π]επονθότως τὸν αὐτὸν ἔχει λό[γο]ν ἡ ΘΑ (πρὸς) ΑΣ, ὃν ὁ κύκλος, οὗ διάμετρος ἡ ΜΝ, (πρὸς) τὸν κύκλον, οὗ διάμετρος ἡ ΞΟ. ὁμοίως δὲ δειχθήσεται, καὶ ἐν ἄλλη τις ἀχθῇ ἐν τῶι ΕΓ παραλληλογράμμωι παρὰ τὴν ΒΓ, καὶ ἀπὸ τῆς ἀχθείσης ἐπίπεδον ἀνασταθῆι ὀρθὸν (πρὸς) τὴν ΑΘ, (ὅτι) ἰσορροπήσει (πρὸς) τῶ Α σημείωι ὁ γενόμενος κύκλος ἐν τῶι κυλίνδρωι αὐτοῦ μένων τῶι γενομένωι ἐν τῶ τμήματι τοῦ ὀρθογωνίου κωνο-

COLUMN 1

4 ὡς] ὧδε H
13 ἔστω] ἔσται H
13 ὁ] ἡ H
16 ΑΘ] ΔΘ H
19 ἔστω δὲ καὶ] νοείσθω δὲ suppl. H

COLUMN 2

3 ΞΟ] ΞΣ H
10 ΞΣ] ΞΟ̣ H
13 ΞΟ] ξσ H
19 ἐπεὶ οὖν] καί ἐστι suppl. H
20 ἐστιν ἡ διάμετρος] διάμετρός ἐστιν suppl. H
22 οὗ] οὗ ἐ̣σ̣τ̣ι̣ H
28 ἐν] sic

Heiberg II.456.34–460.14: *Method,* Propositions 4, 5
Top, pseudocolor created from ultraviolet fluorescence and red reflectance images; *bottom,* Heiberg photograph (registered)

ειδέος [με]τενεχθέ̣ν[το]ς τοῦ ζυγοῦ κατὰ τὸ Θ οὕτως, ὥστε κέντρον εἶν(αι) αὐτοῦ τοῦ βάρους τὸ Θ. συμπληρωθέντος οὖν τοῦ κυλίνδρου καὶ τοῦ τμήματος τοῦ ὀρθογωνίου κωνοειδέ[ο]ς ἰσορροπήσει περὶ τὸ Α σημεῖον κύλινδρος αὐτοῦ μένων τ(ῶ) τμήματι τοῦ ὀρθογωνίου κωνοειδέος μετενεχθέντι καὶ τεθέντι τοῦ ζυγοῦ κατὰ τὸ Θ (οὕτως), ὥστε κέ(ν)τρον εἶναι αὐτοῦ τοῦ βάρους τὸ Θ. ἐπεὶ δὲ ἰσορροπεῖ περὶ τὸ Α σημεῖον τὰ εἰρημένα μεγέθη, καί ἐστι τοῦ μὲν κυλίνδρου κέντρον βάρους τὸ Κ σημεῖον δίχα τεμνομένης τ̣ῆς ΑΔ κατὰ τὸ Κ σημεῖον, τοῦ τμήματος μετενηνεγμέν(ου) κέντρον ἐστὶ τοῦ βάρεος τὸ Θ, ἀντιπεπονθότως τὸν αὐτὸν ἕξει λόγον ἡ [Θ]Α πρὸς ΑΚ, ὃν ὁ κύλινδρ(ος) πρὸς τὸ τμῆμα. διπλασία δὲ ἡ Θ̣Α τῆς ΑΚ· διπλάσιος ἄρα καὶ ὁ κύλινδρος τοῦ τμήματος. ὁ δὲ αὐτὸς κύλινδρος τριπλάσιός (ἐστι) τοῦ κώνου τοῦ βάσιν ἔχοντος

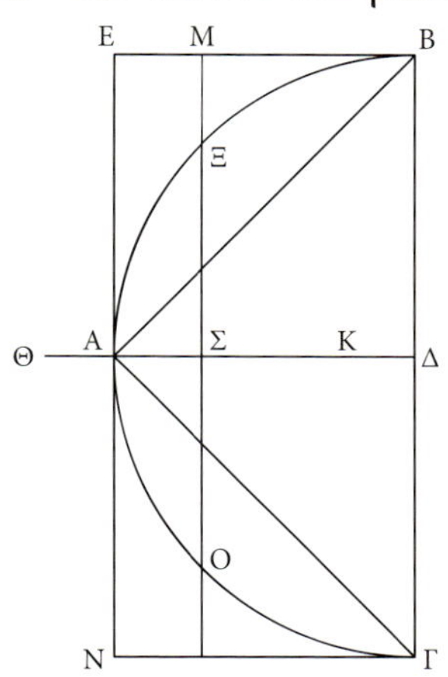

τὸν κύκλο(ν), οὗ διάμετρος ἡ ΒΓ, κορυφὴ δὲ τὸ Α σημεῖο̣ν̣· δῆλον οὖν, (ὅτι) τὸ τμῆμα ἡμιόλιό(ν) ἐστιν τοῦ αὐτοῦ κώνου. ΟΙ.

ὅτι δὲ τοῦ τμήματος τοῦ ὀρθογωνίου κωνοειδέος ἀποτεμνομέν(ου) ἐπιπέδωι ὀρθῶι πρὸς τῶ̣ν ἄ̣ξο̣ν[α] τὸ κέντρον τοῦ βάρους ἐστὶν ἐπὶ [τ(ῆς)] εὐθείας, ἥ ἐστιν ἄξων τοῦ τμήματος, τμηθείσης οὕτως τῆς εἰρημένης εὐθείας, ὥστε διπλασίονα εἶναι τὸ μέρος αὐτοῦ το πρὸς τῆι κορυφῆι τ(οῦ) λοιποῦ τμήματος, ὧδε διὰ τοῦ τρόπου θεωρεῖται· ἔστω τμῆμα ὀρθογών[ιο]ν κωνοειδὲς ἀποτεμνόμενο[ν] ἐπιπέδωι ὀρθῶι πρὸς τὸν ἄξονα καὶ τετμήσθω ἐπιπέδωι ἑτέρωι διὰ τοῦ ἄξονος, καὶ ποιε̣ί̣τω τομὴν ἐν τῆι ἐπιφανείαι τὴν ΑΒΓ ὀρθογωνίου κώνου τομήν, τοῦ δὲ ἀποτετμηκότος τὸ τμῆμα ἐπιπέδου καὶ τοῦ τμήματος κοινὴ τομὴ ἔστω ἡ Β[Γ], ἄξων δὲ ἔστω τοῦ τμήματος καὶ διάμετρος τῆς ΑΒΓ τομῆς ἡ ΑΔ εὐθεῖα, καὶ τῆι ΔΑ εὐθεί[αι] ἴση κείσθω ἡ ΑΘ, κ[αὶ] νοείσθω ζυγὸς ὁ ΔΘ, μέσον δὲ αὐτῆς τὸ Α, ἔστω δὲ καὶ κῶνος γεγραμμένος ἐν τῶι τμήματι, πλευραὶ δὲ αὐτοῦ αἱ ΒΑ ΑΓ, ἤχθω δέ τις ἐν τῆι τοῦ ὀρθογωνίου κώνου τομῆι ἡ ΞΟ παράλληλος οὖσα τῆι ΒΓ, τεμνέτω δὲ αὕτη τὴν μὲν τοῦ ὀρθογωνίου κώνου τομὴν κατὰ τὸ Ξ Ο, τὰς δὲ τοῦ κώνου πλευρὰς (κατὰ) τὸ ΠΡ σημεῖα. ἐπεὶ οὖν ἐ̣ν ὀρθογωνίου κ̣ώ̣νου τομῆ̣ι κάθετοι ἠγμέναι εἰσὶν ἐπὶ τὴν διάμετρον αἱ ΞΟ̣ ΒΔ, (ἔστιν), (ὡς) ἡ ΔΑ (πρὸς) ΑΣ, οὕτως τὸ ἀπὸ ΒΔ (πρὸς) τὸ ἀπὸ ΞΣ. ὡς δὲ ἡ ΔΑ (πρὸς) ΑΣ, (οὕτως) ἡ ΒΔ (πρὸς) Π̣Σ, ὡς δὲ ἡ ΒΔ (πρὸς) ΠΣ, οὕτως τὸ ἀπὸ ΒΔ (πρὸς) τὸ ὑπὸ τῶν ΒΔ ΠΣ· ἔσται ἄρα καί, ὡς τὸ ἀπὸ ΒΔ πρὸς τὸ ἀπὸ ΞΣ, οὕτως

COLUMN 1

1 μετενεχθέντος] μετενεχθέ̣ν̣τ̣ι̣ ἐ̣π̣ὶ Η
5 κωνο|ειδέος] κωνο|ειδοῦς Η
7 κύλινδρος] ὁ κύλινδρος Η
19 λό|γον] λόγ|ον Η
20 ΑΚ] τὴν ΑΚ suppl. Η
36 ΟΙ] om. Η

COLUMN 2

1 τῶν] sic
5 διπλασίονα] διπλάσιον Η
6 τὸ (alt.)] om. Η
9 κωνοειδὲς] κωνοειδοῦς Η
19 τῆι] τῆς Η
20 εὐθείαι ἴση] ἐκβληθείσης ἴση αὐτῆι suppl. Η
21 αὐ|τῆς] sic
22 γε|γραμμένος] ἐγγε|γραμμένος Η
28 τὸ] τ̣ὰ̣ Η
30 τὸ] τὰ Η
32 ΞΟ] ΞΣ̣ Η

Heiberg II.460.14–462.35: *Method,* Proposition 5
Pseudocolor created from ultraviolet fluorescence and red reflectance images; *bottom,* Heiberg photograph (registered)

[τὸ ἀπὸ] ΒΔ πρ[(ὸς)] τὸ ὑπὸ ΒΔ ΠΣ. ἴσον (ἄρα)
τὸ ἀπὸ ΞΣ τὸ ὑπὸ ΒΔ ΠΣ· ἀνάλογον
ἄρα εἰσὶν αἱ ΒΔ ΣΞ ΣΠ, (διὰ) δὴ τοῦτό (ἐστιν)
ὡ̣ς ἡ ΒΔ (πρὸς) ΠΣ, οὕτως τὸ ἀπὸ ΞΣ (πρὸς) τὸ
ἀπὸ ΣΠ. ὡς δὲ ἡ ΒΔ (πρὸς) ΠΣ, (οὕτως) ἡ ΔΑ
(πρὸς) ΑΣ, τουτ(έστιν) ἡ ΘΑ (πρὸς) ΑΣ· καὶ ὡς ἄρα
ἡ ΘΑ (πρὸς) ΑΣ, (οὕτως) τὸ ἀπὸ ΞΣ (πρὸς) τὸ ἀπὸ ΣΠ.
ἀνεστάτω δὴ ἀπὸ τῆς ΞΟ ἐπίπε-
δον ὀρθὸν (πρὸς) τὴν [Α]Δ· πο[ι]ήσει δὲ
τοῦτο ἐν μὲν τῶι τμήματι τοῦ ὀρ-
θογωνίου κωνοειδέος κύκλον,
οὗ διάμετρος ἡ ΞΟ, ἐν δὲ τῶ κώ-
νωι κύκλον, οὗ διάμετρος ἡ ΠΡ.
(καὶ) ἐπεί ἐστιν ὡς ἡ ΘΑ (πρὸς) ΑΣ, οὕτως
τὸ ἀπὸ ΞΣ (πρὸς) τὸ ἀπὸ ΣΠ, οὕτως ὁ κύ-
κλος, οὗ διάμετρος ἡ ΞΟ, (πρὸς) τὸν
κύκλον, οὗ διάμετρος ἡ ΠΡ, ὡς (ἄρα)
ἡ ΘΑ (πρὸς) ΑΣ, (οὕτως) ὁ κύκλος, οὗ διάμε-
τρος ἡ ΞΟ, (πρὸς) τὸν κύκλον, οὗ δ(ιά)με-
τρος ἡ ΠΡ. ἰσορροπήσει οὖν πε-
ρὶ τὸ Α σημεῖον ὁ κύκλος, οὗ (διά)με-
τρος ἡ ΞΟ, αὐτοῦ μένων τῶι κύ-
κλωι, οὗ δ(ιά)μετρος ἡ ΠΡ, μετενε-
χθέντι τοῦ ζυγοῦ κατὰ τὸ Θ (οὕτως), (ὥσ)-
τε κέντρον εἶνα̣ι τοῦ βάρους τὸ
Θ. ἐπεὶ οὖν τοῦ μὲν κύκλου, οὗ διά-
μετρος ἡ ΞΟ, αὐτοῦ μένοντος κέν-
τρον ἐστὶν τοῦ βάρους τὸ Σ, τοῦ δὲ
κύκλου, οὗ διάμετρος ἡ ΠΡ, μετε-
νεχθέντος ὡς ἐρρέθη κέντρο(ν̣)
τοῦ βάρους τὸ Θ, καὶ ἀντιπεπον-
θότως τὸν αὐτὸν ἔχει λόγον ἡ
ΘΑ (πρὸς) ΑΣ, ὃν ὁ κύκλος, οὗ διάμε-
τρος ἡ ΞΟ, (πρὸς) τὸν κύκλον, οὗ (διά)-
μετρος ἡ ΠΡ, ἰσορροπήσουσιν
ἄρα (πρὸς) τ[ῶι Α] σημείω. ὁμοίως
δὲ δειχθήσεται, κ̣α̣ὶ [ἐ]ὰν ἄλλη

τις ἀχθῆι ἐν τῆι τοῦ ὀρθογωνίου
κώνου τομῆι παράλληλος τῆι
ΒΓ, καὶ ἀπὸ τῆς ἀχθείσης ἐπί-
πεδον ἀνασταθῆι ὀρθὸν (πρὸς) τ(ὴν)
ΑΔ, (ὅτι) ὁ γενόμενος κύκλος ἐν τῶι
τμήματι τοῦ ὀρθογωνίου κωνο-
ειδέος αὐτοῦ μέν̣ων ἰσορροπή-
σει περὶ τὸ Α σημεῖον τῶι [γ]ενομέ-
νωι κύκλωι ἐν τῶ̣ι κ[ών]ω[ι μ]ετενε-
χθέντι καὶ τεθέντι τοῦ ζυγοῦ (κατὰ)
τὸ Θ, ὥστε κέντρ̣ον εἶναι αὐτοῦ
τοῦ βάρους τὸ Θ. συμπληρωθέν-
των οὖν ὑπὸ τῶν κύκλων τοῦ
τε τμήματος (καὶ) τοῦ κώνου ἰσορ-
ροπήσουσι περὶ τ̣ὸ Α σημεῖον
τεθέντες οἱ κύκλοι οἱ ἐν τῶι τμή-
ματι αὐτοῦ μένον̣τες πᾶσι τ(οῖς)
κύκλοις τοῖς ἐν τῶι κώνωι με-
τενεχθεῖσι καὶ τεθεῖσι τοῦ ζυγ(οῦ)
κατὰ τὸ Θ οὕτως, ὥστε̣ ἑκάστ(ο̣υ̣)
αὐτῶν κέντρον εἶναι τοῦ βά-
ρους τὸ Θ· ἰσόρροπον οὖν (καὶ) τὸ
τμῆμα τοῦ ὀρθογωνίου κω-
νοειδέος περὶ τὸ Α σημεῖον αὐ-
τοῦ μένον τῶι κώνωι μετενε-
χθέντι καὶ τεθέντι τοῦ ζυγοῦ
κατὰ τὸ Θ (οὕτως), ὥστε κέντρον (εἶναι)
τοῦ βάρους αὐτοῦ τὸ Θ. ἐπεὶ οὖν
συναμφοτέρου τ̣ῶν μεγεθέ-
ων ὡς ἑνὸς λέγομεν κέντρον
(ἐστὶν) τοῦ βάρους τὸ Α, αὐτοῦ δὲ τοῦ κώ-
νου τοῦ μετε̣νη̣νεγμένου κέντρ(ον)
τοῦ βάρους τὸ Θ, τοῦ λοιποῦ ἄρα
μεγέθους τὸ κέντρον (ἐστὶ) τοῦ βά-
ρ[ο]υς ἐπὶ τῆς ΑΘ εὐθείας ἐκβ̣ε-
βλημένης ἐπὶ τὸ Α καὶ ἀποληφ-
θεῖσα αὐτῆς τῆς ΑΚ τηλικαύτ(ης),

COLUMN 1

3 διὰ δὴ] κ̣α̣ὶ̣ δ̣ι̣ὰ̣ H
20 οὖν] ἄρα suppl. H

COLUMN 2

6 κωνο|ειδέος] κωνο|ειδεως H
20 οὕτως ὥστε ἑκάστου] σημεῖον οὕτως ὥστε suppl. H
29 συναμφοτέρου] συναμφοτέρων H
29 μεγεθέ|ων] μεγεθ|ῶν H
30 λέγομεν] λεγομένων H

Heiberg II.462.36–466.23: *Method*, Propositions 5, 6
Top, Heiberg photograph (registered); *bottom*, pseudocolor created from ultraviolet fluorescence and red reflectance images

[ὥστε τὴν ΑΘ πρὸς αὐτὴν τοῦτον ἔ]-[χειν τὸν λό]γον̣, [ὃν ἔχ]ει τ̣ὸ̣ τ̣μ̣ῆ̣μ̣α̣ [(πρὸς) τὸν κῶνον. ἡμ]ιόλιον δ̣έ ἐστιν τ̣ὸ [τμῆμα τοῦ κ]ώνου· ἡμιόλιος (ἄρα) (ἐστὶ) καὶ [ἡ Θ]Α τῆς ΑΚ, [καί ἐ]σ[τ]ιν τὸ Κ̣ κ̣[έ]ντρον το[ῦ] β[ά]ρους τοῦ ὀρθογω-[νί]ο[υ] κωνοειδ̣έος τῆς ΑΔ τετμημένης οὕτως, ὥστε διπλάσιον (εἶναι) τὸ μέρος αὐτῆς [τὸ] πρὸς τῆι κ[ορ]υφῆι τοῦ τμήματος τοῦ λοιποῦ τμήματος.

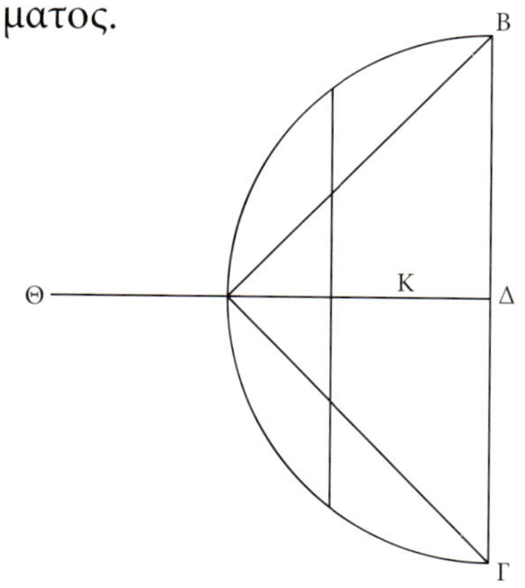

εἶ[ναι τοῦ βάρους ἐπὶ τῆς εὐθείας, ἥ] (ἐστιν) ἄξων τοῦ ἡμιολίου, τμηθείσ(ης) οὕτως, ὥστε τὸ τμῆμα αὐτῆς τὸ πρὸς τῆι κορυφῆι τοῦ ἡμισφαιρίου (πρὸς) τὸ λοιπὸν τμῆμα τοῦτον ἔχει τὸν λόγον, ὃν ἔχει τὰ πέντε πρὸς τὰ τρία. ἔστω σφαῖρα καὶ τετμήσθω ἐπιπέδωι διὰ τοῦ κέντρου, καὶ γινέσθω ἐν τῆι ἐπιφανείαι τομὴ ὁ ΑΒ ΓΔ κύκλος, διάμετροι δὲ ἔστωσαν τ(οῦ) κύκλου (πρὸς) ὀρθὰς ἀλλήλαις αἱ ΑΓ ΒΔ, ἀπὸ δὲ τῆς ΒΔ ἐπίπεδον ἂν ἔστω ὀρθὸν (πρὸς) τὴν ΑΓ, (καὶ) ἔστω κῶνος ὁ βάσιν ἔχων τὸν περὶ διάμετρον τὴν ΒΔ κύκλον, κορυφὴν δὲ τὸ Α σημεῖον, πλευραὶ δὲ ἔστωσαν τοῦ κώνου αἱ ΒΑ̣ ΑΔ, κ̣α̣ὶ [ἐκβεβ]λήσθω ἡ ΓΑ, καὶ [κείσθω τῆι ΓΑ ἴσ]η ἡ Α[Θ, (καὶ)] [νο]είσ̣θ̣ω̣ [ζυγ]ὸς ἡ Θ[Γ] ε[ὐθ]εῖ[α, μ]έ[σο](ν) [δὲ αὐ]τοῦ τὸ Α, καὶ [ἤχ]θ[ω] τις ἐν τ̣ῶ̣ι ΒΑ[Δ ἡ]μι[κυκλ]ίω ἡ ΞΟ̣ παράλληλος οὖσα τ[ῆι ΒΔ, τ]εμνέτω δὲ αὕτη τῆς μ[ὲν] τοῦ̣ ἡ̣μικ[υ]κλ[ί]ο[υ] περιφέ[ρ]ειαν κ̣ατὰ τ̣ὸ̣ ΞΟ, τὰς δὲ τοῦ κώ[νου] πλευ[ρ]ὰς κατὰ τὰ ΠΡ σημεῖα, [τὴν] δὲ Α[Γ κα]τὰ τὸ Ε, καὶ ἀπὸ τ(ῆς) ΞΟ ἐπίπ[εδον] ἀνεστάτω [ὀ]ρθὸν (π̣ρ̣ὸ̣ς̣) [τὴ]ν Α̣[Ε]· ποιήσει δὲ [τ]ο[ῦ]το ἐν μὲ(ν) τῶι ἡμι[σφ]αιρ[ί]ωι τομὴν [κ]ύ[κλο](ν), οὗ (διά)μετρος ἡ ΞΟ, ἐν δὲ τῶι κώνωι τομὴν [κύκλ(ον)], οὗ (διά)μετρος ἡ ΠΡ. [(καὶ)] [ἐ]πεί [ἐστ]ι[ν ὡ]ς [ἡ ΑΓ (πρὸς) ΑΕ], τὸ ἀπὸ ΞΑ (πρὸς) τὸ ΑΕ̣, [τ]ῶι δ̣ὲ̣ [ἀ]π̣[ὸ] ΞΑ ἴσ[α] τὰ ἀπ̣[ὸ] [ΑΕ ΕΞ, τῆι δὲ ΑΕ ἴση ἡ ΕΠ, ὡς ἄρα ἡ ΑΓ] (πρὸς) ΑΕ, (οὕτως) τὰ ἀπὸ ΞΕ ΕΠ (πρὸς) τὸ ἀπὸ ΕΠ. ὡς δὲ τὸ ἀπὸ ΞΕ ΕΠ (πρὸς) τὸ ἀπὸ ΕΠ, (οὕτως) ὁ κύκλος ὁ περὶ (διά)μετρον τὴν ΠΡ, καί (ἐστ.ν) ἡ ΓΑ τῆι ΑΘ ἴση· ὡς ἄρα ἡ ΘΑ (πρὸς) ΑΕ, οὕτως ὁ κύκλος ὁ περὶ διάμετρον τὴν ΠΡ (πρὸς) τὸν κύκλο(ν) τὸν περὶ διάμετρον τὴν ΠΡ. ἰσορροπήσουσιν ἄρα περὶ τὸ Α σημεῖον ἀμφότεροι οἱ κύκλοι, (εἰσὶ) δ(ιά)μετροι αἱ ΞΟ ΠΡ, αὐτοῦ μένο(ν)τες τῶι κύκλωι, οὗ (διά)μετρος ἡ ΠΡ, μετενεχθέντι καὶ τεθέντι κατὰ τὸ Θ (οὕτως), ὥστε κέντρον εἶναι αὐτοῦ τοῦ βάρους τὸ Θ. ἐπεὶ οὖν ἀμφοτέρων μὲν τῶν κύκλων εἰσὶ διάμετροι αἱ ΞΟ ΠΡ, αὐτοῦ μενόντων κέντρον τοῦ βάρ̣ο̣υ̣ς ἐστὶν

COLUMN 1

11 ματος] ματος παντ̣ὸ̣ς̣ ἡ̣μ̣ι̣σ̣φ̣α̣ι̣ρ̣ί̣ο̣υ̣ τ̣ὸ̣ κ̣έ̣ν̣τ̣ρ̣ο̣ν̣ Η

12 εἶναι τοῦ βάρους ἐπὶ τῆς εὐθείας] τοῦ βάρους ἐπὶ τῆς εὐθείας ἐστίν suppl. Η

13 τοῦ ἡμιολίου] sic, α̣ὐ̣τ̣ο̣ῦ̣ Η

15 κορυφῆι] ἐπιφαν̣ε̣ί̣α̣ι̣ Η

17 ἔχει] ἔχειν Η

20 γινέσθω] γ̣ε̣νέσθω Η

25 ἂν ἔστω] sic, ἀνεσ̣τ̣ά̣τω Η

26 ὁ βάσιν] β̣α̣βάσ̣ι̣ν̣ μ̣ὲ̣ν̣ Η

COLUMN 2

8 τὸ] τ̣ὰ̣ Η

12 δὲ] δὴ Η

τῶν κύκλων, ὧν εἰσι | διάμετροι αἱ ΞΟ, ΠΡ, αὐ-
170ᵛ col. 1 τοῦ μενόν|των κέντρον τοῦ βάρους ἐστὶν | ⟨τὸ Ε, τοῦ δὲ κύκλου, οὗ ἐστι διά|μετρος ἡ ΠΡ, μετενεχθέντος | τὸ Θ, ἔστιν, ὡς ἡ ΕΑ πρὸς ΑΘ, οὕτως ὁ κύκλος, | οὗ διάμετρος ἡ ΠΡ, πρὸς τοὺς κύκλους, | ὧν διάμετροι αἱ⟩ ΞΟ, ⟨ΠΡ. ὁμοίως | δὲ καί, ἐὰν ἄλλη τις ἀχθῇ ἐν τῇ | τοῦ ὀρθογωνίου κώνου τομῇ | παράλληλος τῇ⟩ Β⟨Η⟩Δ, καὶ ⟨ἀπὸ | τῆς ἀχθείσης ἐπίπεδον | ἀνασταθῇ⟩ ὀρθὸν πρὸς ⟨τὴν | ΑΓ⟩, ἰσορροπ⟨ήσουσιν⟩ περὶ τὸ Α | ⟨σημεῖον⟩ ἀμφότερ⟨οι οἱ

κύκλοι | ὅ τε ἐν τῷ ἡμισφαιρίῳ γενό⟩μεν⟨ος⟩ | κ⟨αὶ ὁ ἐν τῷ κών⟩ῳ αὐ⟨τοῦ μένοντες τῷ | γ⟩ενομένῳ ⟨κύκλῳ ἐν τῷ κώ|νῳ⟩ μετενεχθέντι ⟨καὶ⟩ τε⟨θέντι

163ʳ col. 1 τοῦ⟩ | ζυγοῦ κατὰ τὸ Θ. ⟨συμπληρωθέν|των οὖν ὑπὸ τῶν κύκλων τοῦ τε⟩ | ἡμισφαιρίου καὶ τοῦ κώ⟨νου⟩ ἰσορ|⟨ροπήσουσι περὶ τὸ Α σημεῖον· πάν- |

170ᵛ col. 2 τὸ Θ σημεῖον. . . . . . . | . . . δ . . . . | . . . . ἔλασσον . . . . |
. . . .
163ʳ col. 2 . . . .

Heiberg II.466.23–468.22: *Method,* Proposition 6
Top, Heiberg's transcription of fol. 170v; *bottom,* pseudocolor created from ultraviolet fluorescence and red reflectance images

...
...
...
...
............Ξ̣Ọ........
...
...
............Β̣.Δ̣......
...
........ὀ̣ρ̣θ̣ὸ̣ν̣ (π̣ρ̣ὸ̣ς̣)...
..ἰ̣σ̣ο̣ρ̣ρ̣ο̣π̣....... π̣ε̣ρ̣ὶ̣ τ̣ὸ̣ Α̣
.... ἀ̣μ̣φ̣ο̣τ̣ε̣ρ̣..........
.... μ̣ε̣ν̣..
.... ω̣ι̣ α̣.............
. ε̣ν̣ο̣μ̣ε̣ν̣ω̣ι̣.............
... μ̣ε̣τ̣ε̣ν̣ε̣χ̣θ̣έ̣ν̣τ̣ι̣... τ̣ε̣........
ζ̣υ̣γ̣ο̣ῦ̣ κ̣α̣τ̣ὰ̣ τ̣ὸ̣............
...
...
ἡμισφαιρίου καὶ τοῦ κών[ο]υ̣ ἰσορ-
ροπήσουσι περὶ τὸ Α σημεῖον̣ π[ά](ν)-
τ[ες] ο[ἱ] κ[ύκλοι] οἵ τε ἐν τῶ ἡμ[ισφαι]-
ρί[ωι] καὶ οἱ ἐν τῶι κώ[νωι] αὐτοῦ
μένοντε[ς] πᾶσι τοῖ[ς] κύκλοι[ς τοῖς ἐν]
τῶι κώνωι μετενεχθεῖσι καὶ τε-
θεῖσι τοῦ ζυγοῦ κατὰ τὸ Θ (οὕτως), ὥσ-
τε κέντρον εἶναι ἑκάστου αὐτῶ(ν)
τὸ Θ· ἰσορρο[π]ή[σουσι] ἄρα περὶ
τὸ Α σημεῖον συναμφότερα τό τ[ε]
ἡμ[ισ]φαίριον καὶ ὁ κῶνος [αὐτοῦ]
[μένον]τα τῶι κώνωι μετενεχθέν-
τ̣[ι (καὶ) τε]θέ[ντι] τοῦ [ζυ]γοῦ [κα]τὰ τὸ Θ
(οὕτως), [ὥ]στε κέν[τρ]ο(ν) (εἶναι) α[ὐτοῦ
τ]ο[ῦ β]άρ[(ους)]
[τὸ Θ σ]ημεῖ[ον]. διηρήσθω δὴ [ὁ κ]ω-
ν̣ο̣ς̣ ε̣ἰ̣ς̣ δ[ύο] μ[έρ]η [ἄν]ι[σ]α [ὥσ]τε τὸ μ[εῖ]-
ζο̣ν (πρὸς) [τὸ ἔλασ]σον λ[όγ]ο[ν ἔχειν τοῦ]-

[τον, ὃν ἔχει]...
...
...
...
...
...
...
...
...
...
...
...
...
...
...
...
... [κώ]-
[ν]ου αὐτοῦ μένον τ̣ὸ κέντρ[ο]ν τ(οῦ)
βάρους τ̣ὸ̣ Χ̣, τῶν δ̣ὲ̣ τριῶν [ὀ]γδοη-
[μορίων αὐτ]ο̣ῦ̣ τῶν κατὰ τὸ Θ κει-
μ[έν]ων κ̣έ̣[ν]τρ̣ον εἶναι τοῦ βά-
ρου[ς τὸ] Θ. καί [(ἐστιν)], ὡ[ς ἡ] ΘΑ (π̣ρ̣ὸ̣ς̣)
ΑΧ, [(οὕτως)]
ὁ κῶνος ο[ὗ] (ἐστιν) [ἄ]ξ[ων ἡ Α]Κ (πρὸς) τὰ
τ[ρία ὀγ]δ̣οημόρ[ια] α̣[ὐτοῦ τοῦ κών](ο̣υ̣). [ὁ]
(γὰρ) ἄ̣[ξ]ων ὁ αὐτός (ἐστιν)..........
[τ ... ἰ]σορροπ[ή]σ̣ε̣ι̣ [(περὶ) τὸ Χ ση]-
μεῖον, καὶ τὸ ἡμισφ[αίριον αὐ]το[ῦ]
μένον τοῖς πέν̣τ̣ε̣ [ὀγδοημορίοις]
τοῦ κώνου κει[μέ]ν̣οι[ς κατὰ] τ[ὸ] Θ̣.
καὶ ἐπεὶ τετ[ραπλασία ἐστὶν]
ἡ σφαῖρα τοῦ κώνο[υ, οὗ βάσι]ς
ὁ π̣ερὶ (διά)μετρον [τ]ὴν Β̣[Δ κύκλ]ος,
κ̣ορυφὴ δὲ τ[ὸ] Α [σημεῖον, δι]πλά-
σιον δὲ τὸ ἡμ̣ι̣σφα[ιριόν ἐστι] τ(ο̣ῦ̣)
κώ[ν]ου. ὁ δὲ [κ]ῶ̣[νος] πρ̣[ὸ]ς τὰ π̣έ̣ν̣[^{τε}]

COLUMN 1

22 τε] om. H
27 ἑκάστου αὐτῶν] [αὐτῶν] τοῦ βάρους H
28 ἰσορροπήσουσι ἄρα] ὥστε ἰσορροπήσουσι suppl. H
28 περὶ|] |περὶ suppl. H
29 συναμφότερα] om. H
30 |ἡμισφαίριον] ἡμι|σφαίριον suppl. H
31 μένοντα] μένοντας H
33 εἶναι αὐτοῦ] αὐτοῦ [ε̣ἶ̣ν̣α̣ι̣] H
34 After σημεῖον Heiberg's continuous reading breaks off until Arch22v1.5.

Heiberg II.468.25–470.8: *Method,* Propositions 6, 7
Pseudocolor created from ultraviolet fluorescence and red reflectance images

ὀ[γ]δοημόρια αὐτοῦ (λόγον) ἔχει, ὃν [ὀκ]τὼ [(πρὸς) τ]ὰ πέντε. τὸ (ἄρα) ἡμι[σφ(αί)]-ριον . . . . ντ[ι] π[έ]ν[τε ὀγ]δοη . . . . . . (πρὸς) . . . ἔστ[ω. ἔ]στ[αι] οὖν [κ]α̣ὶ̣ ἡ . . (πρὸς) Α̣ . . Ι̅Α̣̅ (πρὸς) Ε̣̅. κέντρο̣ν̣ [δὲ ἔσται τοῦ βάρους τοῦ] [ἡμισ]φα[ι]ρί[ου] τ̣ὸ Φ καὶ . . . τῆς . . . (π̣ρ̣ὸ̣ς̣) ΑΦ . . . λόγον ἔχει, ὃν Ι̅[Ϛ̅] (πρὸς) Ε̣̅ . . . . . . δὴ . . . Φ [ὥστε τ]ὴν Α̣Φ̣ (πρὸς) . . [λό]γον [ἔ]χ[ει(ν)], ὅ[ν ἔχει τὰ τ]ρ[ία] . . . . ὀρ-θῶι (πρὸς) τὸν ἄξ[ον]α τοῦ σφαι-ροειδέος κέντρον (ἐστὶ) τ(οῦ) βάρο[υς ἐπὶ] τῆς [εὐθεία]ς, [ἥ (ἐστιν) ἄξων το]ῦ . . . . μα̣ . . . τμηθείσης ὥστε τῆς εἰρημένης εὐθείας [τ]ῶ (πρὸς) [τὴν] [κο]ρυφὴ[ν] τοῦ σφαιροειδέος (πρὸς) τὸ λοιπὸν τμῆμα τοῦτον ἔχει τὸν λόγον, ὃν ἔχει τὰ πέντε πρὸς τρία.

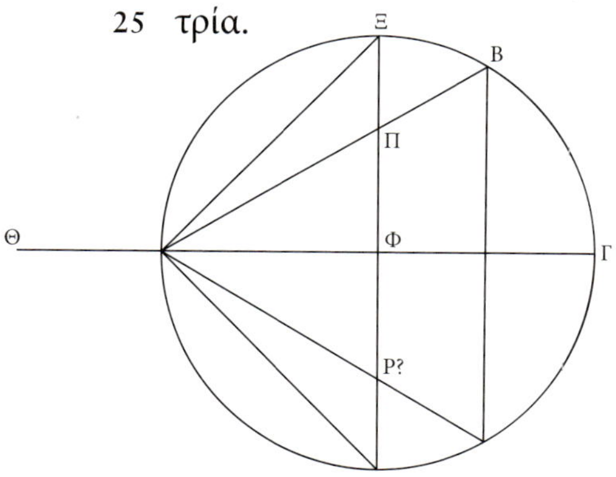

θ[εωρεῖται δὲ διὰ τ]ο[ῦ τ]ρόπ[ου τ]ού-[του καὶ ὅτι πᾶν τμῆμα] σ̣φ[αί]-[ρας π]ρὸς τ[ὸν κῶνον τ]ὸν βάσι(ν) [ἔ]χ[ο]ν[τα] τὴν [αὐτὴν τῶι τμήματι]

[καὶ ἄξονα] τὸν [αὐτὸν] . . . . ρι . . τμ̣ή-. . . τ̣ο̣ῦ̣ ἀντι̣[κει]-[μένου τμήματος̣ πρὸς τὸν ἄξ[ον]α. [ἔστω (γὰρ) σφαῖρα τεμνο]μένη ἐπιπέδωι . . . [κ]αὶ τετμ[ήσθω] ὥστε . . . ἐπι . . . . κ̣υ̣λ̣ι̣ν̣δ̣ρ̣ . . . . καὶ ἔστ[ω] τῆς μ̣ὲν [σφαίρας τομ]ὴ [ὁ Α]Β ΓΔ κ[ύκλο]ς, τοῦ [δ᾽ ἐπιπέδ]ου τοῦ ἀπ[οτ]ετμη[κ]ό-[τος] . . . τοῦ τμήματος ἡ [Β]Δ [εὐ]θ̣ε̣[ῖα]. καὶ ἔστω το[ῦ ΑΒ Γ]Δ [κύκλ(ου)] [διάμετ]ρ[ο]ς ἡ ΑΓ (πρὸς) ὀρθὰ[ς] τῆι [ΒΔ] ε̣ὐ̣θ̣[εί]α̣ι̣, τ̣ὸ̣ δ̣ὲ̣ τμῆμα [τῆς σφαίρας] οὗ κορυφὴ τὸ Α σημεῖον. ἐν μὲν τῶι ἑτέρωι σχήμα-[τι μεῖζον] ἡμισ̣φ̣α̣ι̣ρ̣ί̣ο̣υ̣, [ἐν] δὲ τῶ ἑτέρ[ωι ἔλασσον], καὶ ἀπειλήφθω τε [μὲ]ν Α[Η ἴ]ση ἑκατέρα τῶν Ε Η ΗΖ, τῆ [δὲ] ΑΓ [ἴση ἑκατέρα τῶν] ΚΗ Η[Λ], καὶ ἀπὸ τῆς Κ[Λ ἐ]π[ίπ]ε-δον ἀνεστάτω ὀρθὸν πρ(ὸς) τὴν ΑΓ, (καὶ) [ἐ]ν τῶι ἐπιπέδωι τούτωι κύκλ(ος) [γεγ]ρ[ά]-φθω (περὶ) (διά)μετρον τὴν ΚΑ, καὶ ἀ-π[ὸ τοῦ] κύκλου τούτου κύλινδρος [ἄξ]ονα ἔχων [τ]ὴν Α[Η]. ἔσ̣τ̣ω̣ [δὲ κῶ]-ν̣ο̣ς βάσιν μὲν [ἔχων τὸν κύκ]λο(ν) [τὸν π]ερὶ δι[άμετρον τὴν ΕΖ ὀρθὸν ὂν] (πρὸς) τὴν ΑΓ, [κορυφὴν δὲ τὸ Α, οὗ πλευ]-[ραὶ] αἱ [Ε]Α Α̣[Ζ] . . . . [καὶ ἤχθω ἐν τῶι]

COLUMN 1

26–29 These lines have been reconstructed based on Heiberg's reading.

COLUMN 2

21 τε] sic

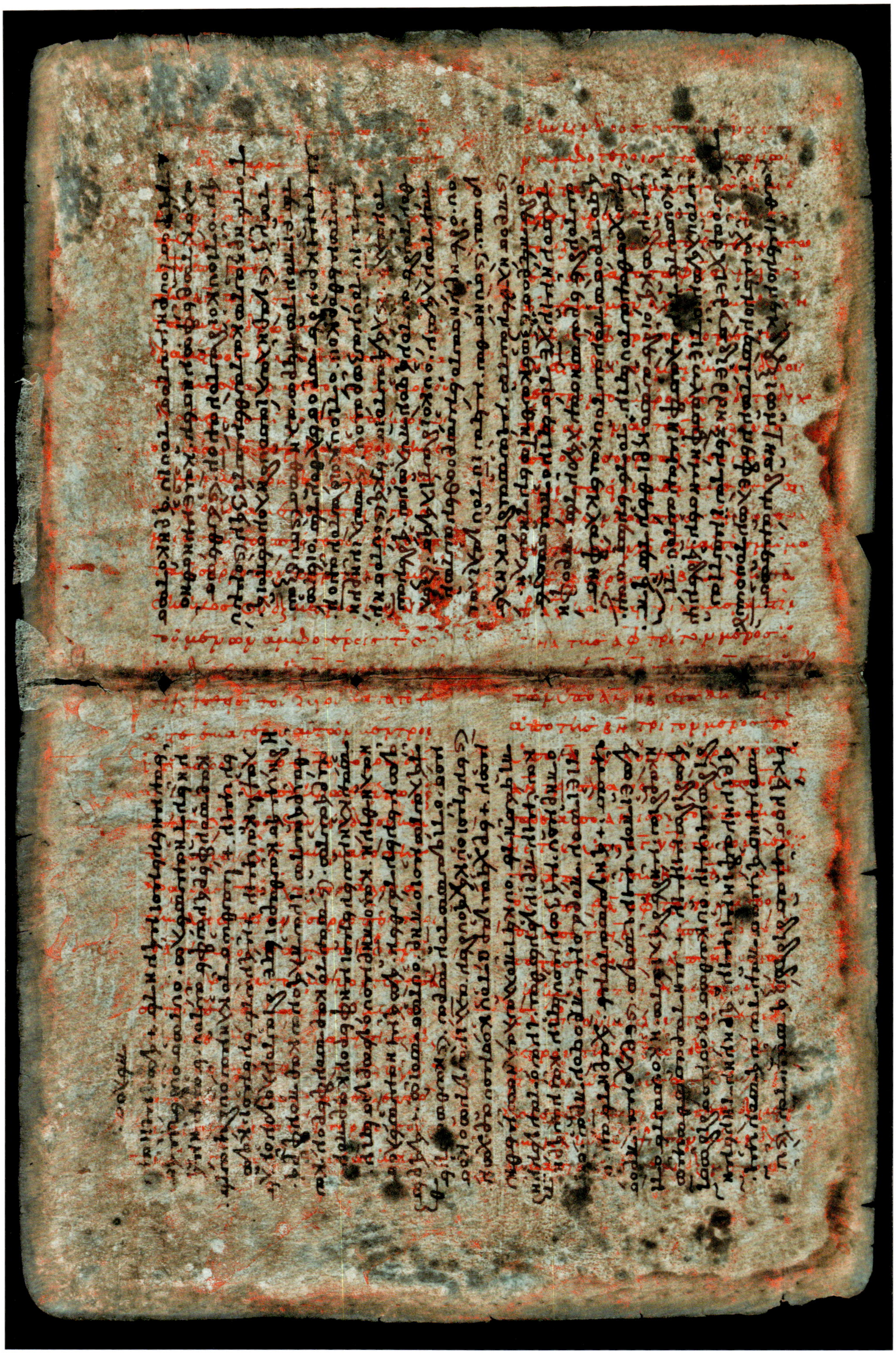

Heiberg II.470.9–472.23: *Method,* Proposition 7
Pseudocolor created from ultraviolet fluorescence and red reflectance images

Κ[Θ] παρạλληλογράμμωι ἡ ΜΝ [τῆ]ι ΚΛ παράλληλος· τε[μνέ]τω δὲ [αὐτὴ] τὴν μὲν [σφαῖραν κατὰ τὰ ΞΟ τὸν] [δὲ κῶνον] κατὰ τὰ ΠΡ . . . πλευρὰς . . . [καὶ ἀπὸ τῆς] ΜΝ ἐπίπεδον [ἀνεστάτω ὀρθὸν (πρὸς)] τὴν ΑΓ· ποιήσει [δὴ τοῦτο ἐν μὲν] τῶι κυλίνδρωι το[μὴν κύκλ]ον, οὗ (ἐστι) διάμετρος ἡ ΜΝ, ἐν δ[ὲ] τῶι τμήματι τῆς σφαίρας το[μὴν] κύκλον, οὗ διάμετρος ἡ ΞΟ, ἐν δὲ τῶι κώνωι, οὗ βάσις ὁ περὶ διάμετρον τὴν ΕΖ κύκλον, κορυφὴ [δὲ τὸ Α ση]μεῖον, κύκλον, ο[ὗ] διάμετρος ἔσται ἡ ΠΡ. ὁμοίως δὴ τοῖς πρότερον δειχθ[ήσε]ται ἰσόρροπον περὶ τὸ Α σημεῖọ(ν) ὁ κύκλος, οὗ (διά)μετρος ἡ ΜΝ, αὐτοῦ μένων ἀμφοτέροις τ(οῖς) (κύκλοις), ὧν (διά)μετρος ἡ ΞΟ ΠΡ, μ̣ε[τ]ε[νε]χ[θεῖ]σι (καὶ) τεθεῖσι(ν) τοῦ ζυγοῦ κατὰ τὸ Θ, ὥστε ἑκατέρου αὐτῶν κέντρον (εἶναι) τ(οῦ) βάρους τὸ Θ· τοῦτο γοῦṿ δέ[δεικτ]αι. συμπληρωθέντων (οὖν) [ὑ]π̣ọ̀ τ[(ῶν)] (κύκλων) τοῦ τε κυλίνδρου καὶ τοῦ [κώ]νου (καὶ) τ(οῦ) τμήματος τῆς σφαίρας τοῦ ἔχοντος ἄξονα τὴν ΑΗ εὐθεῖαν ἰσόρροπο[ι] περὶ [τ]ὸ Α σημεῖον. πάντες οἱ (κύκλοι) ἐν τ[ῶι] [κυ]λ̣[ί]νδρ[ωι] ạ̣ὐτοῦ μένοντες πᾶσι τοῖς ἐ[ν τ]ῶ[ι] κώ[ν]ωι κύκλοις [(καὶ) πᾶσι] ἐ[ν τῶι τ]μ̣[ή]μ̣ατι τῆς σφ(αί)ρας [μετενεχθεῖσι] τ̣ọῦ ζυγọῦ [καὶ τεθεῖσι οὕ]τως, ὥσ̣τε [κ]έντρ(ον) [τοῦ βάρους ἐστὶ]ν τὸ Θ ἰσόρροπος ἄρα . . . . ε̣ι̣α̣ṿ καὶ

ὁ κύλινδρος αὐτοῦ μένων συναμφοτέροις τῶι τ̣ẹ κώνωι καὶ τῶι τμήματι τῆς σφαίρ[(ας)] μετενηνεγμένοις καὶ κ[ει]μ̣έṿ[(οις)] τοῦ ζυγοῦ κατὰ τὸ Θ. τεμνέσθω δ̣ὲ ἡ ΑΓ κατὰ τὰ ΦΧ σημεῖα (οὕτως), ὥστε τὴν μὲν ΑΧ [(εἶναι)] ἴσην τῆι ΧΗ, τ̣ὴν δὲ ΑΦ τρίτον μέρος τῆς ΑΗ· ἔσται δὴ το[ῦ] μὲν κυλίνδρου κέντρον τοῦ βάρους τὸ Χ (διὰ) τὸ διχοτομίαν εἶναι τὸ Χ τ(οῦ) ἄξονος. ἐπεὶ οὖν ἰσορροπεῖ περὶ τὸ [Α ση]μεῖον τὰ εἰρημένα μεγέθη, ἔστ(αι) ὡς ὁ κύλινδρος πρὸς ἀμφ̣ọ́ṭẹρα τόν τε κῶνον, τὸ ΕΖ, καὶ τὸ τμῆμα τῆς σ̣φαίρας τὸ ΒΑ̣Δ, (οὕτως) ἡ ΘΑ (πρὸς) ΑΧ. καὶ ἐπεὶ τριπλασία ἐστὶν [ἡ] ΗΑ τῆς ΑΦ, τρίτον μέρος (ἐστὶν) τὸ ὑπὸ τ(ῆς) ΓΑ ΑΦ τὸ ὑπὸ ΓΑ ΑΗ, τ(ου) τ(έστιν) τῶν ὑπὸ ΑΗ ΗΕ. ἔστω δὴ καὶ τ(οῦ) ἀπὸ τῆς ΒΗ τρίτον μέρος τὸ ὑπὸ ΓΑ ΑΥ. λοιπὸν ἄρα τὸ ἀπὸ ΑΗ τριπλάσιόν (ἐ̣σ̣ṭị̣ṿ) τοῦ ὑπὸ ΑΓ ΨΦ, τῶ δὲ ἀπὸ ΑΗ ἴσον τὸ ἀπὸ τῆς ΗΕ. τὸ (ἄρα) ὑπὸ ΑΓ ΥΦ τρίτον μέρ(ος) (ἐστὶν) τὸ ἀπὸ ΕΗ, ἴση δὲ ἡ ΓΑ τῆι ΑΘ, τὸ (ἄρα) ὑπὸ ΘΑ ΥΦ τρίτον μέρος (ἐστὶ) τοῦ ἀπὸ τ(ῆς) ΗΕ. καὶ ἐπεί (ἐστιν) ὡς τὸ ἀπὸ τῆς ΚΗ (πρὸς) τὸ ἀπὸ ΗΕ̣, οὕτως ὁ κύκλος ὁ περ̣ị̀ δ̣ị̣ά̣μετρον τὴν ΚΑ (πρὸς) τὸν κύκλον τὸν περὶ (δ̣ị̣ά̣)μετρον τὴν ΖΕ, ὡς δὲ ὁ κύκλ[ος] (πρὸς) τὸ[ν] κύκλ[(ον)], οὕτως ὁ κύλịν-δρος, [οὗ (ἐστιν) β]ά[σ]ις ὁ περ̣ὶ (διά)μετρ(ον) τὴν ΚΛ κύκλ(ος), (πρὸς) τὸν κύλινδρο(ν) [ο]ῦ̣ βάσις ὁ περὶ (διά)μετρό(ν) ἐστị(ν)

COLUMN 1

5 Heiberg's continuous reading resumes.
14 ἔσται] ἐστιν H
18 κύκλοις|] κ̣ύ̣|[κλ̣ọ̣ι̣ς̣] H
19 διάμετρος ἡ] διάμετροι αἱ suppl. H
19 μετενεχθεῖ|σι] |[μ̣ε̣τ̣ε̣ν] εχθεῖσι H
20 καὶ τεθεῖσιν] om. H
22 εἶναι τοῦ βάρους] τοῦ βάρους εἶναι suppl. H
23 οὐν|] |ọ̣ṳ̣ṿ H
24 ὑπὸ τῶν κύκλων] κ̣α̣ị̣ H
24 τε] om. H
24 καὶ | τοῦ] κ̣α̣ị̣ τ̣ọ̣ῦ̣| H
25 τῆς | σφαίρας] τῆς σφαίρας| H
26 Heiberg cuts off from here until end of column.

COLUMN 2

8 ΑΦ] Η̣Φ H
11 τὸ Χ τοῦ] τοῦ Α̣Η̣ H
14 ἀμφότερα] ἀμφότερọṿ H
15 τὸ] ἡ H
19 τῆς] sic, om. H
19 ΓΑ ΑΦ] ΓΗ ΗΦ suppl. H
19 τὸ] τοῦ suppl. H
19 ΓΑ ΑΗ] ΑΗ ΗΓ suppl. H
19 τουτέστιν] ἴσον δὲ suppl. H
20 τῶν] τῶ̣ι̣ H
20 ἔστω] ἔσται H
22 ΓΑ ΑΥ] ΓΗ [ΗΦ̣] H
22 Heiberg's continuous reading breaks off.

δρος, | οὗ βάσις ὁ περὶ> διάμετρον | <τὴν .. κύκλος>
104v col. 1 πρὸς τὸν ... | .... <ὁ κύλινδρος, | οὗ> βάσις <.... ὁ περὶ> | διάμετρον τὴν ΚΛ κύκλος πρὸς τὸν ΑΕΖ | κῶνον. ὡς δὲ τὸ ἀπὸ ΘΑ πρὸς ..... | .... ἄρα ἡ .. | .... πρὸς τὸν κῶνον. | ἐδείχθη δὲ καί, <ὡς ἡ ΘΑ> πρὸς ΑΧ, | οὕτως ὁ κύλινδρος, οὗ βάσις ὁ περὶ διάμετρ|<ον> τὴν ΚΛ κύκλος <πρὸς τὸ> | τμῆμα <τῆς σφαίρας τὸ ΑΒΔ | καὶ τὸν> κῶνον· καὶ ὡς ἄρα ἡ ΘΑ | πρὸς συναμφοτέρας τὰς ..

Φ. | .... τὸ ΑΒΔ | <τμῆμα τῆς σ>φαίρ<ας>
... τα ... | .... καὶ .... | .... ὅ τε | ..
.... deest ½ columna | ὡς 104v col. 2
τὸ ΑΒΔ τμῆμα πρὸς τὸν κύλινδρον, | οὗ ἐστι βάσις

... τα ... | .... καὶ .... | .... ὅ τε | ..
.... deest ½ columna | ὡς 104v col. 2
τὸ ΑΒΔ τμῆμα πρὸς τὸν κύλινδρον, | οὗ ἐστι βάσις ὁ περὶ διάμετρον τὴν | .. κύκ<λος>, ἄξων <δὲ ὁ> α<ὐ-τός, | οὕτως> .... Χ πρὸς .... ὡ<ς δὲ ὁ> | κύλιν-

δρος, οὗ βάσις <ὁ περὶ διά|μετρον> τὴν Κ<Λ κύκλος πρὸς τὸν> ΑΒΔ | κῶνον, <οὕτως> .... | . τω .... πρὸς. | .Β .... η | .Φ .... | ὡς ἡ .... | .... | ἡ Α. τῇ .... deest ½ columna |
104r col. 1 ...... καὶ ἡ ΗΓ καὶ ......

Heiberg II.472.23–474.5: *Method,* Proposition 7
Heiberg's transcription of fol. 104v

[ἡ ΖΕ· (ὡς) (ἄρα) τὸ ἀπὸ ΑΘ (πρὸς) τὸ ὑπὸ ΑΓ ΥΦ, (οὕτως) ὁ]
[κύλινδρος, οὗ] β̣ά̣σ̣ι̣ς̣ [ἐστὶν ὁ περὶ]
δ̣ι̣ά̣μ̣ε̣τ̣ρ̣ο̣ν̣ τ̣[ὴν] Κ̣Λ̣ κ̣ύ̣κ̣λ̣ο̣ς̣ (π̣ρ̣ὸ̣ς̣) τ̣ὸ̣ν̣ Α̣Ε̣Ζ̣
κ̣ῶ̣ν̣ο̣ν̣. ὡ̣ς̣ δ̣ὲ̣ τ̣ὸ̣ ἀ̣π̣ὸ̣ Θ̣Α̣ (π̣ρ̣ὸ̣ς̣) [τὸ ὑπὸ ΑΓ ΥΦ],
[(οὕτως) ἡ ΑΓ (πρὸς) ΥΦ· ὡς] ἄ̣ρ̣α̣ ἡ [ΑΓ (πρὸς)]
[ΥΦ, οὕτως ὁ κύλινδρος] (π̣ρ̣ὸ̣ς̣) τ̣ὸ̣ν̣ κ̣ῶ̣ν̣ο̣ν̣.
ἐ̣δ̣ε̣ί̣χ̣θ̣η̣ δ̣ὲ̣ κ̣α̣ὶ̣ [ὡς ἡ ΑΓ] (π̣ρ̣ὸ̣ς̣) [ΑΧ],
ο̣ὕ̣τ̣ω̣ς̣ ὁ̣ κ̣ύ̣λ̣ι̣ν̣δ̣ρ̣ο̣ς̣, ο̣ὗ̣ β̣ά̣σ̣ι̣ς̣ ὁ̣ π̣ε̣ρ̣ὶ̣ δ̣ι̣ά̣μ̣ε̣τ̣ρ̣-
[ον] τ̣ὴ̣ν̣ Κ̣Λ̣ κ̣ύ̣κ̣λ̣ο̣[ς (πρὸς) τὸ]
τ̣μ̣ῆ̣μ̣α̣ [τῆς σφαίρας τὸ ΑΒΔ]
[καὶ τὸν] κ̣ῶ̣ν̣ο̣ν̣· κ̣α̣ὶ̣ ὡ̣ς̣ ἄ̣ρ̣α̣ ἡ̣ [ΑΘ]
(π̣ρ̣ὸ̣ς̣) [συναμφοτέρας] τ̣ὰ̣ς̣ [ΑΥ] Φ̣[Χ],
[οὕτως τὸ κύλινδρος πρὸς] τ̣ὸ̣ Α̣Β̣Δ̣
[τμῆμα τῆς σ]φ[αί]ρ̣[ας] . . . α̣ . . .
. . . . κ̣α̣ὶ̣ . . . .
. . . . [συναμφ]ο̣τ̣ε̣-
[ερ] . . . . [ΑΥ ΦΧ]

ὡ̣ς̣ τ̣ὸ̣ Α̣Β̣Δ̣ τ̣μ̣ῆ̣μ̣α̣ π̣ρ̣ὸ̣ς̣ τ̣ὸ̣ν̣ κ̣ύ̣λ̣ι̣ν̣δ̣ρ̣ο̣ν̣,
ο̣ὗ̣ ἐ̣σ̣τ̣ι̣ β̣ά̣σ̣ι̣ς̣ ὁ̣ π̣ε̣ρ̣ὶ̣ δ̣ι̣ά̣μ̣ε̣τ̣ρ̣ο̣ν̣ τ̣ὴ̣ν̣
. . κ̣υ̣κ̣ . . . ἄ̣ξ̣ω̣ν̣ . . . . .
. . . . Χ̣ (π̣ρ̣ὸ̣ς̣) . . . . ω̣ . . . .
κ̣ύ̣λ̣ι̣ν̣δ̣ρ̣ο̣ς̣, ο̣ὗ̣ β̣ά̣σ̣ι̣ς̣ . . . . .
. . . . . τ̣ὴ̣ν̣ Κ̣ . . . . Α̣Β̣Δ̣
. ω̣ν̣ο̣ν̣ . . . .
. τ̣ω̣ . . . . (π̣ρ̣ὸ̣ς̣) .
. Β̣ . . . .
. . . . . . η
. Φ̣ . . .
ὡ̣ς̣ ἡ̣ . . .
. . .
ἡ Α̣ . τ̣ῆ̣ι̣ . . .
. . .
. . .
. . .
. . .

104r col. 1 ......καὶ ἡ ΗΓ καὶ ......

η′.

⟨Ὁμοί|ως δὲ θεωρεῖτ⟩αι διὰ τοῦ ⟨αὐ|τοῦ τρόπου καί, ὅτι⟩ πᾶν τμῆμα ⟨σφαι|ροειδέος⟩ ἀποτετμημένον ἐπιπέδῳ | ὀρθῷ πρὸς τὸν κῶνον τὸν βάσιν ἔχον-|τα τὴν αὐτὴν τῷ τμήματι καὶ | ἄξονα τὸν αὐτὸν τοῦτον ἔχει τὸν | λόγον, ὃν ἔχει συναμφότερος ἥ τε | ἡμίσεια τοῦ ἄξονος τοῦ ⟨σ⟩φαιρο|⟨ειδέος⟩ καὶ | ⟨τοῦ ἄξονος⟩ τοῦ | ⟨ἀντι⟩κειμέ|νου ⟨τμήμα|τος⟩ πρὸ⟨ς | τὸν ἄξονα τοῦ | ἀντικειμέ|νου τμήματος⟩

.....|..............|.........⟨τοῦ δὲ |

104r col. 2 ἀποτε⟩τμηκότος ⟨τὸ τμῆμα ἐπι|πέδου ἡ ΒΔ, ἡ δὲ⟩ ΓΑ εὐθεῖα διά|⟨με⟩τρ⟨ος ἔστω ὀρθὴ πρὸς τὴν⟩ | ΒΔ

καὶ τετμή⟨σθω κ⟩ατ⟨ὰ τὸ Η ση|μεῖον· ὥ⟩στε τοῦ τμήμ⟨ατος, οὗ κορυ⟩|φὴ τὸ Α σημεῖον, ἄξων ⟨ἔσται ἡ ΑΗ,⟩ | τ⟨οῦ δ⟩ὲ ἀντικειμέν⟨ου ἄξων ἡ | Η⟩Γ. τετμήσθω δὲ ἡ ΑΗ κατὰ ⟨τὸ Χ, | ὥστε⟩ εἶναι, ὡς τὴν ⟨Α⟩Χ πρὸς ΧΗ, ⟨οὕ|τως τήν τε ΑΗ καὶ τὴν⟩ τετρα|⟨πλασί⟩αν τῆς ΗΓ πρὸς τὴν ΑΗ καὶ | τὴν διπλασίαν ⟨τῆς | ΗΓ. λ⟩έγω, ὅτι | ⟨τοῦ τ⟩μ⟨ήματος,| οὗ⟩ κορυφὴ | τὸ Α ση|μεῖον, | ⟨κ⟩έντρ⟨ον τοῦ | βάρους

166r col. 1 ἐστι | τὸ⟩ Χ |......|........| φοτέροις .... τμημ ..., οὗ κορυ|⟨φὴ⟩ ... σημεῖον ..... ΗΑ .. | ἐχ ..

Heiberg II.474.6–476.9: *Method,* Propositions 7, 8, 9
Heiberg's transcription of fol. 104r

. . . . . κ̣α̣ὶ̣ ἡ Α̣Γ̣ κ̣α̣ὶ̣ . . . .
. . . . α̣ι̣ δ̣ι̣ὰ̣ δ̣ὲ̣ τ̣ο̣ῦ̣ α̣υ̣
. . . . π̣ᾶ̣ν̣ τ̣μ̣ῆ̣μ̣α̣ . . . .
. . . . ἀ̣π̣ο̣τ̣ε̣τ̣μ̣η̣μ̣έ̣ν̣ο̣υ̣ ἐ̣π̣ι̣π̣έ̣δ̣ω̣ι̣
ὀ̣ρ̣θ̣ῶ̣ι̣ π̣ρ̣ὸ̣ς̣ τ̣ὸ̣ν̣ κ̣ῶ̣ν̣ο̣ν̣ τ̣ὸ̣ν̣ β̣ά̣σ̣ι̣ν̣ ἔ̣χ̣ο̣ν̣-
τ̣α̣ τ̣ . ν̣ α̣ὐ̣τ̣ . ν̣ τ̣ῶ̣ι̣ τ̣μ̣ή̣μ̣α̣τ̣ι̣ κ̣α̣ὶ̣
ἄ̣ξ̣ο̣ν̣α̣ τ̣ὸ̣ν̣ α̣ὐ̣τ̣ὸ̣ν̣ τ̣ο̣ῦ̣τ̣ο̣ν̣ ἔ̣χ̣ε̣ι̣
τ̣ὸ̣ν̣ λ̣ό̣γ̣ο̣ν̣, ὃ̣ν̣ ἔ̣χ̣ε̣ι̣ σ̣υ̣ν̣α̣μ̣φ̣ό̣τ̣ε̣ρ̣ο̣ς̣ ἥ̣ τ̣ε̣
η̣ . . . . . . τ̣ο̣ῦ̣ ἄ̣ξ̣ο̣ν̣ο̣ς̣ τ̣ο̣ῦ̣ . φ̣α̣ι̣ρ̣ο̣-
. . . . . . κ̣α̣ὶ̣
. . . . . . τ̣ο̣ῦ̣
. . . . . κ̣ε̣ι̣μ̣ε̣-
ν̣ο̣υ̣ . . . . .
. . . π̣ρ̣ο̣ .
. . .
. . .
. . .

FIGURE NOT DOCUMENTED

. . . . . τ̣μ̣η̣κ̣ό̣τ̣ο̣ς̣ . . . .
. . . . ε̣ὐ̣θ̣ε̣ῖ̣α̣ δ̣ι̣α̣
. . τ̣ . . . .
Β̣Δ̣ κ̣α̣ὶ̣ τ̣ε̣τ̣μ̣η̣ . . . . . α̣τ̣ . . . . . .
. . . . σ̣τ̣ε̣ . . . τ̣μ̣η̣μ̣ . . . .
φ̣η̣ τ̣ὸ̣ . σ̣η̣μ̣ε̣ῖ̣ο̣ν̣ ἀ̣ξ̣ω̣ν̣ . . . . . .
τ̣ . . . . ἀ̣ν̣τ̣ι̣κ̣ε̣ι̣μ̣ε̣ν̣ . . . .
. Γ̣ τ̣ε̣τ̣μ̣ή̣σ̣θ̣ω̣ . . ἡ̣ Α̣Η̣ κ̣α̣τ̣ὰ̣ . . .
. . . . ὡ̣ς̣ τ̣ὴ̣ν̣ . Χ̣ (π̣ρ̣ὸ̣ς̣) . Η̣ . .
. . . . τ̣ρ̣ .
. . . . α̣ν̣ τ̣ῆ̣ς̣ Η̣Γ̣ π̣ρ̣ὸ̣ς̣ τ̣ὴ̣ν̣ Α̣Η̣ κ̣α̣ὶ̣
τ̣ὴ̣ν̣ δ̣ι̣π̣λ̣α̣σ̣ί̣α̣ν̣ . . .
. . . ε̣ . ω̣ (ὅ̣τ̣ι̣)
. . . . μ̣ . . . .
. . κ̣ο̣ . υ̣φ̣ὴ̣
τ̣ὸ̣ Α̣ σ̣η̣-
μ̣ε̣ῖ̣ο̣ν̣
. ε̣ν̣τ̣ρ̣ . . . .
. . .
. . . . Χ̣ [εἰ γὰρ ἡμι]-

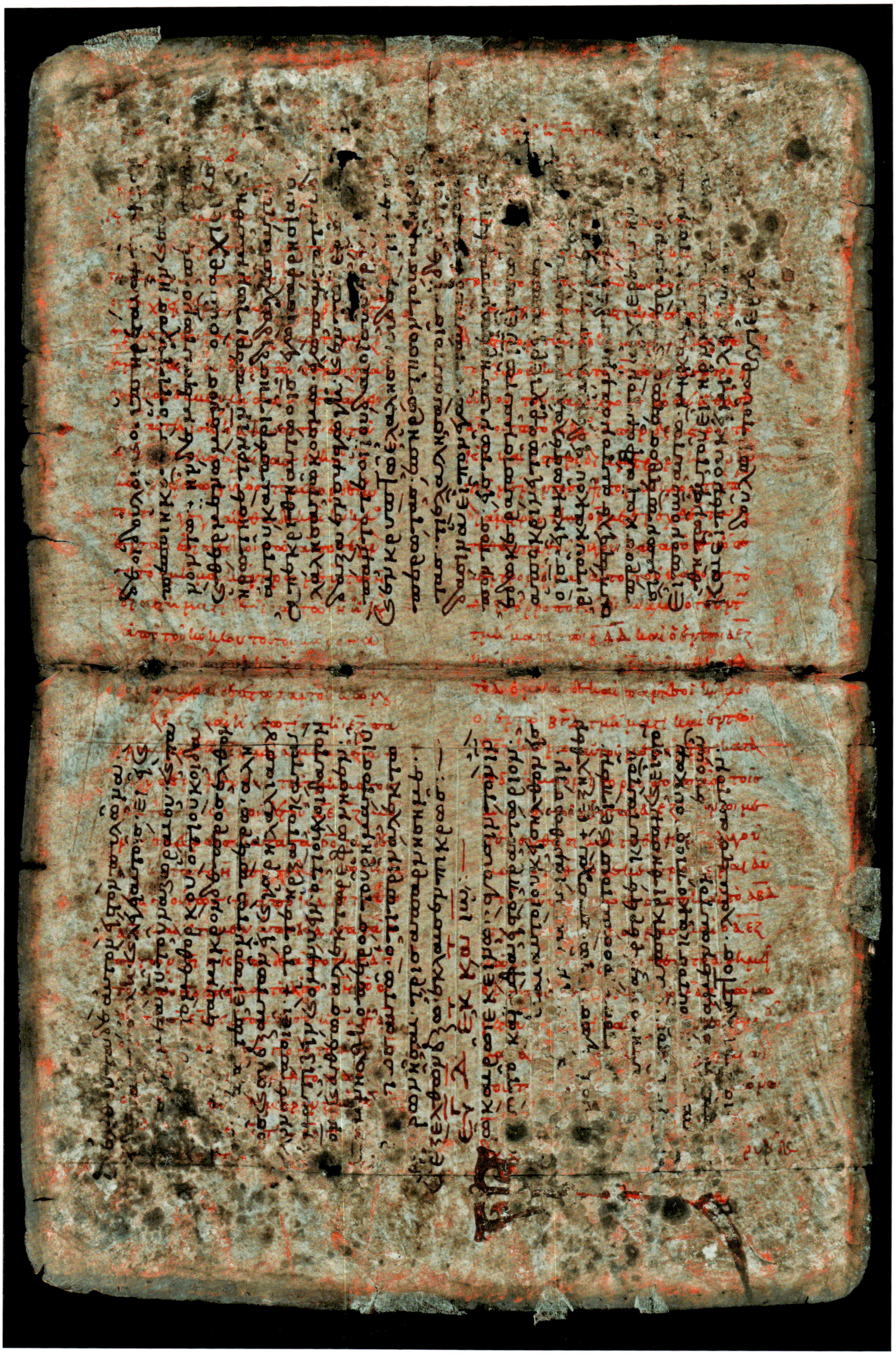

Heiberg II.476.9–478.25: *Method*, Proposition 9
Pseudocolor created from ultraviolet fluorescence and red reflectance images

[σ]φαιρίόν [(ἐστι)] τὸ τ̣μῆ[μα κέντρον] [ἐστὶν τὸ Η] σημεῖ[ον ὥστε (ἐστὶν) ὡς ἡ] [ΑΗ καὶ τετραπλ]ασ[ία τῆς ΗΓ (πρὸς) τὴν ΑΗ] (καὶ) [τὴν] δι[π]λασία̣ν τῆς [ΗΓ, (οὕτως)] [τὰ πέν]τ[ε π]ρὸς τρί[α], κέντρον ἄρα το̣[ῦ β]άρου[ς ἐστὶν τοῦ τμήμα]- [τ]ο̣ς τὸ Χ. εἰ [δ]ὲ μὴ [(ἐστιν)] ἡμι[σφ] α̣ίρ[ιον, (ἔστω)] ἐν μὲν τῶι ἑ̣τέρωι σ̣χήματι μεῖζ[(ον)] ἡμ[ι]σφαι[ρί]ου, ἐν δὲ τῶι ἑτέρωι ἔλα(σ̣)- σ[ον]. καὶ ἐκβεβλήσθω ἡ ΑΓ, καὶ κείσ- θω̣ αὐτῆ ἴση ἡ ΑΘ, καὶ τῆι ἐκ τοῦ κ̣ἐ̣ν̣[τρου] τῆς σφαίρας ἴση ἡ ΓΞ, κα̣ὶ νοείσθω ζυγός, τὸ μέσον δὲ αὐ- τοῦ τὸ Α, γεγράφθω δὲ κα̣ὶ κύκλ(ος) ἐν τῶι ἐπιπέδωι τῶι ἀποτέμν(ον)- τι τὸ τμῆμα κέντρωι μὲν τῶι Η, διαστήματι δὲ ἴσω τῶι Η η, (καὶ) ἀπὸ τοῦ κύκλου τούτου κῶ̣ν̣ο̣ς ἀ- νε[στ]ά̣τω κορυφὴν ἔχων τ[ὸ Α σ]η̣μ̣ε̣ῖ̣- ον, πλευραὶ δὲ ἔστωσ̣αν τοῦ κών(ου) αἱ ΑΕ ΑΖ, καὶ ἤχθω τις τῆι ΕΖ πα- ρά̣λ[λη]λ̣ο̣ς ἡ Κ̣Λ καὶ συμβα̣λλέτω [τῆι] μ[ὲ]ν̣ [π]εριφερεία̣ι τοῦ τμήματος κατὰ τὰ ΚΛ, [τ]οῦ̣ [δ]ὲ τοῦ ΑΕ ΑΖ κώ- ν[ου] πλευραῖς κατὰ τὰ ΡΟ, τῆι δὲ Α̣[Γ] κ[α]τὰ τὸ Η ἐπίπεδόν (ἐστιν) ὡς ἡ Α̣ (πρὸς) ΑΠ, οὕτως τὸ ἀπὸ ΚΑ (πρὸς) τ̣[ὸ ἀ]π̣ὸ̣ ΑΠ̣, καί (ἐστι) τὸ μὲν ἀπὸ ΚΑ ἴσα τὰ ἀ- πὸ τῶν [Α]Π ΠΚ, τῶ̣ι δὲ ἀπὸ τῆς ΑΠ τὸ ἀπὸ ΠΟ, ἐπεὶ καὶ τὸ ἀπὸ ΑΗ τὸ ἀ- πὸ τῆς ΕΗ (ἐστὶν) ἴσον, ὡς (ἄρα) ἡ ΓΑ (πρὸς) ΑΠ̣, οὕτως τὰ ἀπ̣ὸ̣ ΚΠ̣ ΠΟ (πρὸς) τὸ ἀ[πὸ ΠΟ]. ὡς δὲ τὰ ἀπὸ ΚΠ Π̣Ο̣ (πρὸς) τὸ [ἀ]π̣[ὸ] ΠΟ̣, οὕτως ὁ (κ̣ύ̣κ̣λ̣ο̣ς̣) περ̣[ὶ (διά)]μετρον τὴν ΚΛ̣ [καὶ] ὁ [π]ερὶ (διά)[μετ]ρ̣ο(ν) τὴν Ο̣Ρ̣ (πρὸς) τ[ὸ]ν κ[ύ]- [κλον τὸ]ν̣ π[ε]ρ[ὶ] δι[ά]μετ[ρον τ]ὴ̣ν̣ Ο̣Ρ̣,

[(καὶ)] ἴ̣ση (ἐ̣σ̣τ̣ὶ̣ν̣) ἡ Γ[Α] τῆ̣ι ΑΘ̣· [ὡς ἄρα ἡ ΘΑ (πρὸς)] [ΑΠ, (οὕτως) ὁ] (κ̣ύ̣κ̣λ̣ο̣ς̣) ὁ̣ π̣ε̣ρ[ὶ] δ̣ι̣[άμετρον τὴν] ΚΛ̣ κ̣α̣ὶ̣ [ὁ περὶ διάμετρον τὴν ΟΡ (πρὸς) τὸν] [πε]ρ̣[ὶ] δ̣ι̣ά̣μ̣ε̣τ̣ρ̣ ον τὴν] ΟΡ κ[αί] ἐ[στι τ(οῦ) μ(ὲν)] [περὶ διάμετρ]ον τὴν Κ̣Λ̣ [κύ]κλο̣[υ κέν]- τρ[ο]ν̣ τὸ Π̣ τ̣οῦ δὲ περίμετρο̣ν [τὴν ΟΡ] (κ̣ύ̣κ̣λ̣ο̣υ̣) κ̣έ̣ντρον τ̣ὸ Θ̣. μετακείσθω̣ [(οὖν)] ὁ [(περὶ)] (διά)[μ]ετρον τὴν ΟΡ κ[ύ]κ̣[λο]ν κ[αὶ] κείσθω το[ῦ] ζ̣υγοῦ κ̣ατὰ τὸ Θ, ὥ[στ]ε̣ κ̣έντρο(ν) [(εἶναι)] αὐ̣τοῦ τοῦ̣ βάρους τὸ Θ· ὡς (ἄρα) ἡ ΘΑ (πρὸς) ΑΠ̣, οὕ̣τως̣ ὁ κ̣ύκλ(ος) [ὁ] περὶ (διά)μετρον τὴ(ν) ΚΛ̣ καὶ ὁ περὶ διάμετρον τ̣ὴν [Ο]Ρ αὐ- το̣ῦ μένο̣ντος (πρὸς) τὸν κύκλον τὸν (περὶ) διάμετρο̣ν τὴν ΟΡ μετενεχθέντα (καὶ) τεθέντα τοῦ ζ̣υγοῦ κ̣α̣τ̣ὰ̣ τὸ Θ, ὥστε κέντρον εἶναι αὐτοῦ̣ τοῦ βάρους τὸ Θ· ἰσόρροποι (ἄρα) ο̣ἱ κύκλο̣ι ὅ τε ἐν τ(ῶι) τμήματι [τ]ῶι ΒΑΔ καὶ ὁ ἐν τῶι ΑΕΖ κ̣ώ̣ν̣ω̣[ι τῶι ἐν τῶι Α]Ε̣Ζ̣ [κ]ῶ̣ν[ωι] κατὰ τὸ Α. ὁμο̣ί̣ω̣ς δὲ καὶ πάντες οἱ κύκλοι ο̣ἱ ἐν τῶι ΒΓΔ τμήματι καὶ ἐν τῶι ΑΕΖ̣ κώ̣ν̣ω[ι] αὐτοῦ μένοντες κατὰ τὸ Α σημεῖον ἰσόρροποι πᾶσι τοῖς κύκ̣λ̣ο̣ις τοῖ̣ς ἐν τῶι ΑΕΖ κώνωι με- τε̣ν̣εχθε̣ῖ̣σι κα̣ὶ τ̣εθε̣ῖ̣σι τοῦ ζυγοῦ κατ̣ὰ̣ τὸ̣ Θ, ὥστε κέ[ντ]ρον εἶναι αὐ- [τ]ο̣[ῦ] τοῦ [βά]ρ[ους τ]ὸ̣ Θ· ὥστε καὶ τὸ ΑΒΔ τμῆμ̣α̣ τῆς σφαίρας καὶ ὁ ΑΕΖ κῶ̣νος ἰσόρροποι π̣ερὶ τὸ Α σημεῖ- ον αὐτοῦ μ̣έ̣ν̣ο̣[ν]το[ς τ]ῶ̣ι ΕΑΖ [κ]ώνω μετεν[ε]χ[θέ]ν̣τ̣ι καὶ τεθ[έ]ντι [τ]ο̣ῦ̣ ζυγ(οῦ) κα[τ]ὰ [τ]ὸ [Θ], ὥστε κέντρο̣ν̣ ε̣ἶ̣ναι αὐ- τοῦ το[ῦ] βάρους τὸ Θ. ἔσ̣τ[ω δ]ὲ [τῶι] κώνωι τῷ̣[ι] βάσιν μὲν ἔχο̣ντι τὸν [π]ερὶ δ[ι]άμετρον τὴν ΕΖ κ̣[ύκ]λο̣[ν, κ]ορυφ(ὴν) δὲ

COLUMN 1

10 Heiberg's continuous reading resumes.
17 ἴσω τῶι Η η] sic, τῶι ἴσωι τῆι Α̣Η Η
18 κῶνος ἀ|νεστάτω] γεγράφ|θω κῶνος suppl. Η
19 σημεῖ[ον] σημεῖον| suppl. Η
24 τοῦ] τ̣α̣ῖ̣ς Η
26 ἐπίπεδον] ἐπ̣ὶ ἐπε̣ὶ δή Η
26 Α] Α̣Γ Η
28 τὸ] τῶι Η
30 τὸ (alt.)] τῶι Η
32 ΠΟ] Ο̣Π̣ Η

COLUMN 2

2 ὁ κύκλος] om. Η
3 πρὸς τὸν | περὶ διάμετρον] κύ|κ̣λος πρὸς τ̣ὸ̣ν̣ π̣ε̣ρ̣ὶ̣ Η
4 καί ἐστι τοῦ μὲν | περὶ διάμετρον τὴν ΚΛ κύκλου κέν|τρον τὸ Π τοῦ δὲ περίμετρον τὴν ΟΡ | κύκλου κέντρον τὸ Θ] ἐπεὶ ο̣ὖ̣ν̣ ὡ̣ς̣ ο̣ἱ | περὶ διαμέτρο̣υ̣ς̣ τ̣ὰ̣ς̣ Κ̣Λ̣ Ο̣Ρ̣ κ̣ύ̣κ̣λ̣ο̣ι̣ | πρὸς τ̣ὸ̣ν̣ π̣ε̣ρ̣ὶ̣ δ̣ι̣ά̣μετρον τ̣ὴ̣ν̣ Ο̣Ρ̣ | ο̣ὕ̣τ̣ω̣ς ἡ ΑΘ̣ πρὸς ΠΑ̣ Η
7 οὖν] om. Η
8 κύκλον] sic, κύ̣κ̣λ̣ο̣ς Η
13 μένοντος] μένοντε̣ς Η
19 κατὰ] περὶ suppl. Η
21 ΒΓΔ] Β̣Α̣Δ Η
26 αὐ|τοῦ] αὐ|τῶν Η
29 ἰσόρροποι] ἰσορροπεῖ Η
30 μένοντος] μένοντα̣ Η

Heiberg II.478.25–482.16: *Method,* Proposition 9
Pseudocolor created from ultraviolet fluorescence and red reflectance images

τὸ Α σημεῖον, ἴσος κύλινδρος [ὁ] ΜΝ, καὶ τετμήσθω ἡ ΑΗ̣ [κ]α̣τὰ [τὸ Φ] οὕτως, ὥστε τριπ̣λα[σ]ί[α]ν̣ εἶναι τὴ(ν) ΑΦ τῆς ΦΗ· τὸ Φ [(ἄρα)] σ̣ημεῖον̣ κ̣έντρ[ο(ν)] ἐστὶν τοῦ βάρους τοῦ̣ ΕΑΖ κώνου· τ̣[(οῦ)]το γὰρ γράφεται. καὶ τετμήσθω δὴ ὁ ΜΝ κύλινδρο̣ς ἐπιπέδωι π(αρὰ) τὴν̣ βάσιν οὕτως, ὥστε τὸν Μ̣ κύ̣λι(ν)δρον ἰσορροπεῖν τ̣ῷ ΕΑΖ κώνωι. ἐπεὶ οὖν̣ ἰσόρροπος ὁ ΕΑΖ κῶνος καὶ τὸ ΑΒΔ τμῆμα αὐτοῦ μένοντα τῶ[ι] ΕΑΖ κώνωι μετενεχθέντι καὶ τεθέντι τοῦ ζυγοῦ κατὰ τὸ Θ, ὥστε κέντρον ε̣ἶναι αὐτοῦ τοῦ βάρ(ου)ς τὸ Θ, καί ἐστιν τὸ ΕΑΖ κώνωι ἴσ(ος) ὁ ΜΝ κύλινδρος, καὶ κεῖται ἑκάτερος τῶ(ι) ΜΝ κυλίνδρωι κατὰ τὸ Θ, καὶ ἰσόρροπος ὁ ΜΝ κύλι(ν)δ̣[ρος] τῶι ΕΑ̣Ζ [κ]ώνωι. λ̣[οι]πὸς (ἄρα) ὁ Ν κύλινδρος ἰσορροπεῖ τῷ ΒΑΔ τμήματι τῆς σ̣φαίρας κατὰ τὸ Α σημεῖον. καὶ ἐπεὶ ἐστιν̣ ὡς τὸ ΒΑΔ τμῆμα τῆς σφαίρας (πρὸς) τὸ(ν) κῶνον, οὗ β̣άσις ὁ περὶ διάμετρον τὴν ΒΔ κύκλος, κορυ̣φὴ δὲ τὸ Α σημεῖον, ο̣ὕτως ἡ ΞΗ (πρὸς) ΗΓ· τ(οῦ)το (γὰρ) προσγέγραπται. ὡς δὲ ὁ ΒΑΔ κῶνος (πρὸς) τὸν ΕΖ κῶνον, οὕτως ὁ κύκλος ὁ περὶ διάμετρον τὴν ΒΔ πρὸς τὸ̣ν κύκλον τὸν περὶ διάμετρον τὴν ΕΖ, ὡς δὲ ὁ κύκλος (πρὸς) τὸ(ν) κύκ̣λον, οὕτως τὸ ἀπὸ ΒΗ (πρὸς) τὸ ἀπὸ ΗΕ, καί̣ (ἐστι) τ̣ῶι μ̣ὲν ἀπὸ ΒΗ ἴσ̣ον τὸ ὑπὸ ΓΗ ΗΑ, τῶι δὲ ἀπὸ ΗΕ ἴ̣σον τὸ̣ ἀπὸ ΗΑ, ὡς δὲ τ[ὸ] ὑπὸ ΓΗ Η̣Α̣ (πρὸς) τὸ

[ἀ]πὸ ΗΑ, ο̣ὕτως ἡ̣ ΓΗ (πρὸς) ΗΑ· ὡς (ἄρα) [ὁ Β]ΑΔ κῶ̣ν̣ος (π̣ρὸς) τὸν ΕΑΖ κῶνο(ν), [(οὕτως) ἡ] ΓΝ (πρ̣ὸς) [Η]Α. ἐ̣δείχθη δὲ κα̣ὶ ὡς ὁ ΒΑΔ κῶνος (πρ̣ὸς) ΒΑΔ τμῆμα, (οὕτως) ἡ ΓΗ (πρ̣ὸς) ΗΞ· δι᾽ ἴσου (ἄρα) ὡς τὸ ΒΑΔ (πρὸς) τὸν ΕΑ̣Ζ κ̣ῶνον, οὕτως ἡ ΞΗ̣ (πρὸς) ΗΑ. κ̣α[ὶ] ἐπεί (ἐστιν) ὡς ἡ ΑΧ (πρὸς) ΧΗ, (οὕτως) ἡ ΗΑ καὶ ἡ τετραπλασία τῆς ΗΓ̣ (πρὸς) τὴ̣ν ΑΗ καὶ τὴν διπλ(α)σίαν τῆς ΗΓ, ἀνάπ̣αλιν ἔσ̣ται ὡς ἡ ΗΧ (πρὸς) ΧΑ, (οὕτως) ἡ διπλασία τῆς ΓΗ καὶ ἡ ἑξαπλῆ τ̣ῆς ΗΑ. (πρὸς) τὴν τετραπ̣λῆν τῆς ΓΗ καὶ τ(ὴν) ΗΑ. σ̣υνθέντι ὡς ἡ̣ ΗΑ (πρὸς) ΑΧ, (οὕτως) ἡ ἑξαπλασία τῆς ΓΗ καὶ διπλ(α)σίαν τὴν ΗΑ (πρὸ̣ς) τὴν ΗΑ καὶ τετραπλῆν τὴν ΗΓ. καὶ τ̣ῆς μὲν ἑξαπλασίας τῆς ΗΓ καὶ διπλασίας τῆς ΗΓ [καὶ] διπλασία̣ς τῆς ΗΑΔ [μ]έρος ἡ ΗΞ τῆς δὲ τετρ̣απλασίας τῆς ΗΓ καὶ τῆς ΗΑ τέ̣ταρτον μέρος ἡ ΓΦ· τοῦτο (γὰρ) φανερόν· ὡς ἄρα ἡ ΗΑ (πρὸς) ΑΧ, ο̣ὕτως ἡ ΞΗ (πρὸς) ΓΦ· ὥστε καὶ ὡς ἡ ΞΗ (πρὸ̣ς) ΗΑ, οὕτως ἡ ΓΦ (πρὸς) ΧΑ. ἐδείχθη δὲ καὶ ὡς ἡ̣ ΞΗ (πρὸς) ΗΑ, οὕτως τὸ τμῆμα, οὗ ἐστι κ̣ορυφὴ τὸ Α σημεῖ(ον), βάσις δὲ ὁ περὶ διά̣μετρον τὴν ΒΔ κύκλος, (πρὸς) τὸν̣ κῶνον, οὗ (ἐστι) κορυφὴ τὸ Α σημεῖον, βάσ̣ις δὲ ὁ περὶ διάμετρον τὴν ΕΖ κ̣ύκ̣λον· ὡς (ἄρα) τὸ [Β]ΑΔ τμῆμα (πρὸς) τὸ̣ν ΕΑΖ κῶνον, (οὕτως) ἡ ΓΦ (πρὸς) ΧΑ. κ̣αὶ ἐπεὶ [ἰ]σόρροπος ὁ Μ κύλινδρος τῶι ΕΑΖ κώνωι κα(τὰ) τὸ̣ Α, καί (ἐστι) το̣ῦ μ(ὲν) Μ κυλί[ν]δρου κέ(ν)τρον βάρους τὸ [Θ], τοῦ̣ [δ]ὲ ΕΑΖ̣ κών(ου) τὸ Φ, ἔσται ἄ̣[ρ]α̣ ὡ̣[ς ὁ] Ε̣Α̣[Ζ κ]ῶ̣ν̣[ος] (πρὸς) τὸ̣(ν)

COLUMN 1

2 τὸ Φ | οὕτως] τ̣ὸ̣ | Φ Η
3 τριπλασίαν] τετραπλασίαν Η
4 ΑΦ] Α̣Η̣ Η
5 ἐστὶν] ἐστὶ Η
6 γράφεται] προσγράφεται Η
7 δὴ] ἔ̣τ̣ι̣ Η
7 παρὰ | τὴν βάσιν οὕτως] |τέμνοντι π̣ρ̣ὸ̣ς ὀ̣ρ̣θ̣ὰ̣ς Η
15 τὸ] sic
19 τῶι ΕΑΖ κώνωι λοιπὸς ἄρα ὁ | Ν κύλινδρος ἰσορροπεῖ τῷ ΒΑΔ] ἑ̣κ̣α̣τέρ̣οι̣ς ἰσόρροπο̣ς κ̣αὶ ὁ Ν̣ τ̣ῶ̣ι̣ Η
27 προσγέγραπται] προσ̣γράφεται Η

COLUMN 2

3 ΓΝ] ΓΗ Η
5 ΒΑΔ] Β̣Α̣Δ̣ τ̣μ̣ῆ̣μ̣α̣ Η
15 ἑξαπλασία] ἑξαπλασίαν̣ Η
19 ΗΓ καὶ διπλασίας τῆς ΗΑΔ μέρος | ἡ ΗΞ] ΗΑ ἡ ΗΞ Η
30 κύκλον] κύκλος Η
34 Μ] om. Η

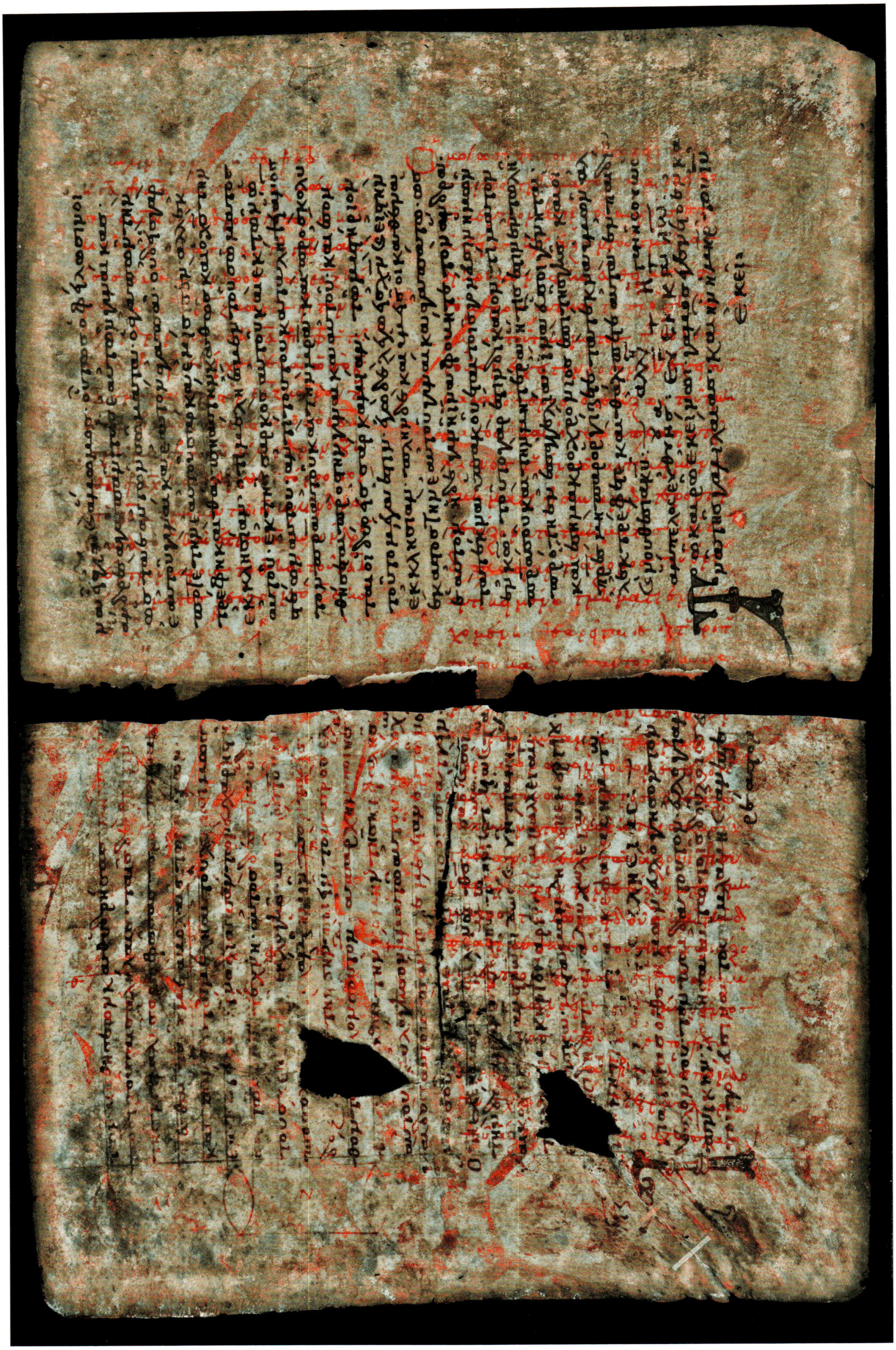

Heiberg II.482.16–484.19: *Method*, Propositions 9, 10, 11
Pseudocolor created from ultraviolet fluorescence and red reflectance images

Μ κύλινδρον, (οὕτως) ἡ ΘΑ (πρὸς) ΑΦ, τουτ(έστιν) ἡ ΓΑ (πρὸς) ΑΦ. καί (ἐστι) τῶ ΕΑ̣Ζ κώνω ἴ-σος ὁ ΜΝ κύλινδρος (πρὸς) τὸν Ν κύ̣-λινδρον, οὕτως ἡ ΑΓ (πρὸς) ΓΦ. καί (ἐστιν) ἴσος ὁ ΜΝ κύλινδρος τῶι ΕΑΖ κώ̣-νωι· ὡ̣[ς] (ἄρ̣α̣) ὁ ΕΑΖ κῶνος (πρὸς) τὸν Ν κύλινδρον, οὕτως ἡ ΓΑ (πρὸς) ΓΦ, τ(ου) τ(έστιν) [ἡ Θ]Α (πρὸς) [Γ]Φ̣. ἐδείχθη δὲ καὶ ὡς τὸ Β ΑΔ τμῆμα πρὸς τὸν ΕΑΖ κῶνον, (οὕτως) ἡ ΓΦ (πρὸς) ΧΑ· δι' [(ἴσ)ο]υ (ἄρα) ἔσται ὡς τὸ ΑΒΔ τμῆμα (πρὸς) τὸν Ν κύλινδρον, (οὕτως) ἡ ΘΑ (πρὸς) ΑΧ. καὶ ἐδείχθη ἰσόρροπον τὸ ΒΑΔ τμῆμα τῶι Ν κυλίνδρωι κατὰ τὸ Α, καί ἐστι τοῦ Ν κυλίνδρ(ου) κέντρον βάρους τὸ Θ· καὶ τοῦ ΒΑΔ (ἄρα) τμήματος κέντρον τὸ Χ. ἑξῆς τὸ ΣΧ(ΗΜΑ).

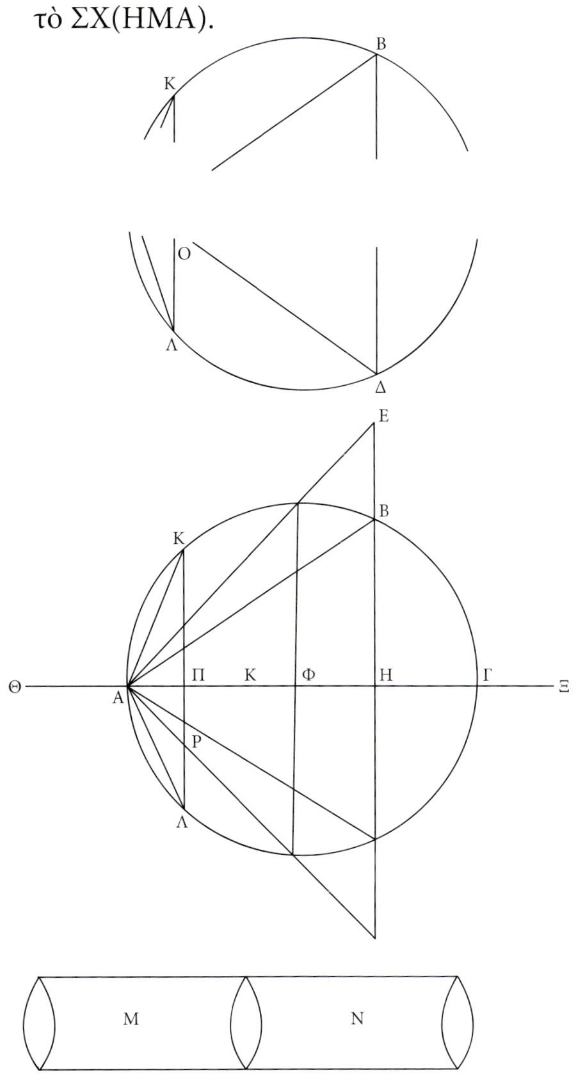

Ὁμοίως δὲ τούτοις θεωρεῖται [καὶ (ὅτι)] παντὸς τμήματος σφαιροειδ[έ]ος τὸ κέντρον ἐστὶν τοῦ βάρους [ἐπὶ] τ[(ῆς)] εὐθείας, ἥ (ἐστιν) ἄξων τοῦ τμήματ(ο̣ς̣), διῃρημένης τῆς εὐθείας, [ὥ]στε τὸ μέρος αὐτῆς τὸ πρὸς τῆ [κ]ο-ρυφῆι τοῦ τμήματος (πρὸς) τὸ λοι[π(ὸν)] τοῦτον ἔχει τὸν λόγον, ὃν ἔχει συ-ναμφότερος ὅ τε ἄξων τοῦ τμή-ματος καὶ ἡ τετραπλασία τ(οῦ) ἄξονος τ(οῦ) ἐν τῶι ἀντικειμένω̣ι̣ τμήματι (πρὸς) συναμφότερον τόν τε ἄξονα τοῦ τμήματος καὶ τὴ(ν) διπλασίαν τ(οῦ) ἄξονος τοῦ ἐν τ(ῶ) ἀντικειμένωι τμήματι ἐν τῆ[ι ἐ]-χομένηι. θεωρεῖται δὲ δ(ιὰ) τ(οῦ) τρόπ(ου) τούτου καὶ διότι παντὸς ἀμβλυγω-ν[ίου] (π̣ρ̣ὸ̣ς̣) τ̣[ὸ]ν̣ [κῶ]ν̣ο̣ν τὸν βάσιν ἔχον-τ̣[α] τὰν αὐτὰν τῶι τμήματι (κ̣α̣ὶ̣) ἄξονα τὸν αὐτὸν τοῦτον ἔχει λόγο(ν̣), ὃν ἔχει συναμφότερος ὅ τε ἄξω(ν) τοῦ τμήματος καὶ ἡ τριπλασία τῆς προσούσης τῶι ἄξονι (πρὸς) συ-ναμφότερον τόν τε ἄξονα τοῦ τμή-ματος τοῦ κωνοειδοῦς καὶ τὴν δι-πλασίαν τῆς προσούσης τῶι ἄξο-νι, κέντρον δὲ τ̣οῦ βάρους τοῦ ἀμβλυ-γωνίου κωνοειδέος τμηθέντος τ[οῦ] ἄ̣[ξ]ο̣ν̣ος αὐτοῦ ὥσ̣τ̣ε τὸ (πρὸς) τῆι κορυφῆι τμ̣[ῆ]μ̣α (πρὸς) τὸν λοιπὸν λό-γον ἔχει, ὃ[ν ἔχει] ἡ τετραπλασία τοῦ ἄξον̣[ος κ]αὶ ὀκταπλασία

COLUMN 1

2 ἴ|σος] |ἴ̣σ̣ο̣ς̣ H
16 ἑξῆς] σημεῖον H

COLUMN 2

1 καὶ ὅτι|] καὶ | ὅτι H
8 συ|ναμφότερος] συ|ν̣αμφότερον H
15 ἐν τῆι ἐ|χομένηι] ἐμ̣π̣ε̣ρ̣ι̣ε̣|χομένη H
17 τούτου καὶ διότι παντὸς ἀμβλυγω|νίου] καὶ ὅτι πᾶν τμῆμα ἀμβλυγωνίου κωνο|ειδέος suppl. H
19 τὰν αὐτὰν] τὴν αὐτὴν H
20 ἔχει] ἔχει τ̣ὸ̣ν̣ H
29 αὐτοῦ] om. H
30 λό|γον] |λόγον H
31 ἡ τετραπλασία] ὅ̣ τε τριπ̣λ̣ά̣σ̣ι̣ο̣ς̣ H
32 καὶ] καὶ ἡ suppl. H

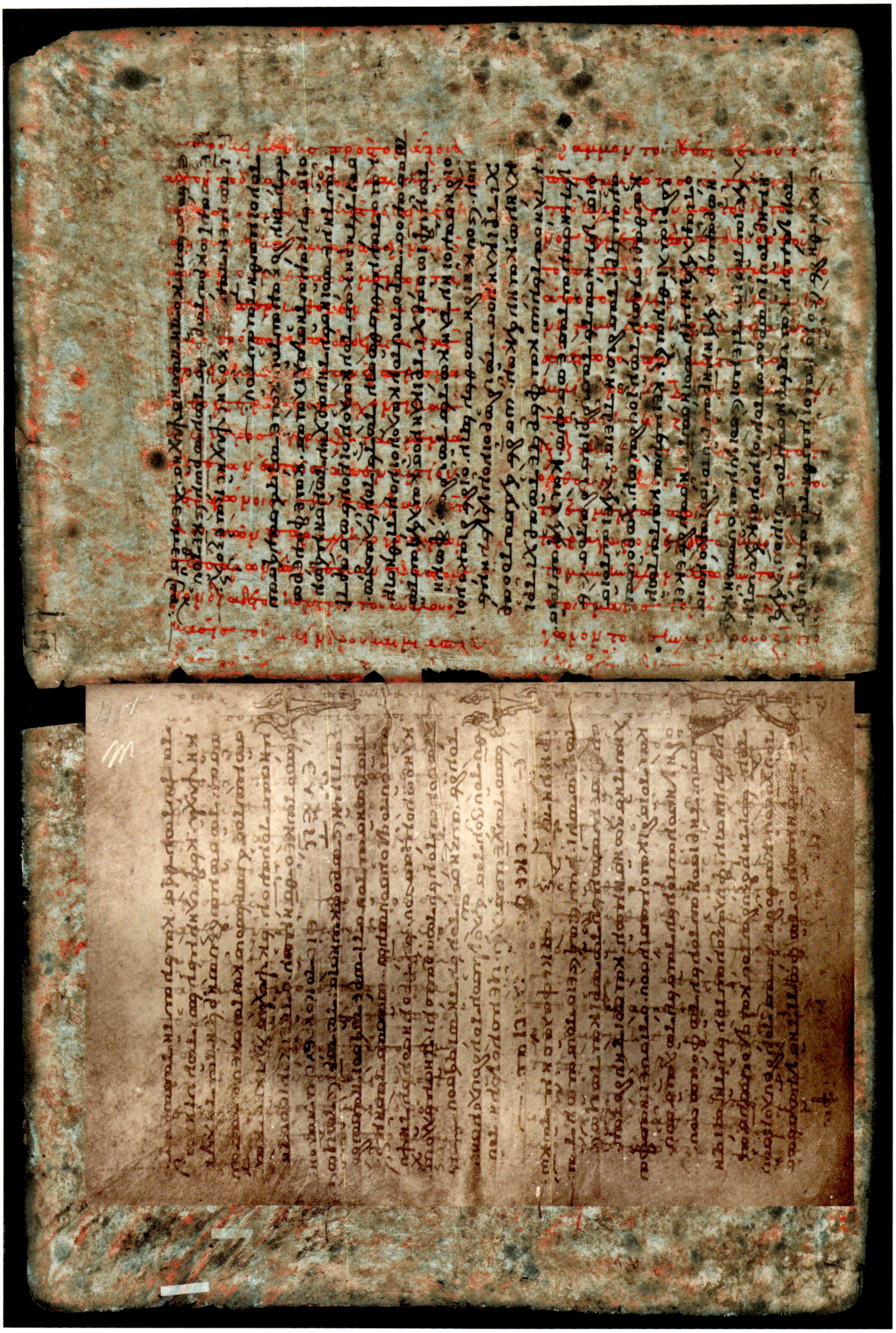

Heiberg II.484.19–488.5: *Method,* Propositions 11, 12
Pseudocolor created from ultraviolet fluorescence and red reflectance images; *bottom,* Heiberg photograph (registered)

τ̣ῆς προκειμένης πρὸς τὸν ἄξονα αὐτοῦ τοῦ κ̣ωνοειδέος καὶ τὴν τετρα-[πλ]ασ[ίαν] αὐτῆς τῆς προκειμένη ὄ̣ντων δ̣ὲ̣ καὶ ἄλλων πλειόνων ὁ-μοίων το[ύ]το[ι]ς θεωρουμένων τὰ πλεί[ω] περιλήψομεν. ἀρκοῦ̣ν̣τος [γ]ὰρ̣ ὁ τρόπος ὑποδέδεικται διὰ τ(ῶν) προειρημέν[ω]ν. ἐὰν εἰς πρίσμα ὀ̣ρθὸν τετραγώνους ἔχοντι βάσ(εις) κύλινδρος ἐγγραφῇ τὰς μὲν βά-σ̣ει[ς] ἔχων ἐν τοῖς ἀπεναντίον τετραγώνοις, τὴν δὲ ἐπιφάν[εια](ν) τ(ῶν) λοιπῶν παραλληλογράμμων τεσσάρων ἐπιπέδων ἐφαπτόμε-νον, διὰ δὲ τοῦ κέντρου τοῦ κύκλου, ὅ (ἐστι) βάσις τοῦ κυλίνδρου, καὶ μιᾶς πλευ-ρᾶς τοῦ [τ]ε[τραγώνου ἐπιπε]-δον ἀχ[θ]ῇ τ[ὸ ἀ]πο̣[τ]μ[η]θ̣ὲν σ̣χῆ-μ̣α̣ ὑπὸ τοῦ [ἀ]χ̣θ̣έ̣ντος ἐπιπέδ(ου) [ϛ̄] ἐστὶ μέρος τοῦ ὅλου πρίσματ̣ος, (διὰ) τοῦ τρόπου τούτ̣ου θεωρεῖτα̣ι. δείξαντες δὴ ἀναχωρή[σ]ο̣μ[εν] ἐπὶ τὴν διὰ τῶν γεωμετρουμέ-νων ἀπόδειξιν αὐτο[ῦ]. νοείσθ̣ω̣ πρίσμα ὀρθὸν τετρ[αγ]ώ̣νους ἔχ[(ον)] βάσεις ἐν τῶι πρίσματι κύλιν-δρος ἐγγεγρ[α]μμένος ὡς εἴρη-ται, τμηθέντο[ς] δὲ τοῦ πρί[σ]μ[α]-τος (διὰ) τοῦ ἄξονος ἐπιπέδωι ὀρ-[θ]ῶι (πρὸς) τὸ ἐπίπεδο[ν] τὸ ἀποτετμη-κὸς τὸ [τ]μ[ῆ]μα τοῦ κυλίνδρου τ(οῦ) μὲ[ν] π̣[ρί]σ̣ματ̣ο̣ς τ[(οῦ)] κύλ[ί]νδρο̣υ̣ [κ]ο̣ι̣ν̣[ὴ το]μὴ ἔστω ΑΒ παραλληλό̣-

γραμμον, τοῦ δὲ ἐπιπέδου τοῦ ἀ-ποτετμηκότος τὸ τμῆμ̣α̣ ἀ[π]ὸ τοῦ κυλίνδρου καὶ τοῦ (διὰ) τοῦ ἄ[ξο]-νος ἠγμένου ἐπιπέδου ὀρθοῦ (πρὸς) τὸ ἐπίπεδον τὸ ἀποτετμηκὸς τὸ ἀπὸ τοῦ κυλίνδρου τμῆμα κοι-νὴ τομὴ ἔστω ἡ ΒΓ εὐθεῖα, ἄξω(ν) δὲ ἔστω τοῦ πρίσματος καὶ τ[ο]ῦ κυλίνδρου ἡ ΓΔ εὐθεῖα, καὶ τεμνέ-τω αὐτὴν ἡ ΕΖ δίχ̣α καὶ (πρὸς) ὀρθ(άς), (καὶ) (διὰ) τῆς ΕΖ ἐπίπεδον ἀνεστάτω ὀρθὸν (πρὸς) τὴν ΓΔ· ποιήσει δὴ τοῦ-το ἐν μὲν τῷ πρίσματι τομὴν τετράγωνον, ἐν δὲ τῶι κυλίνδρωι τομὴν κύκλον. ἔστω οὖν τοῦ μὲν πρίσματος τομὴ τὸ ΜΝ τετρά-γωνον, τοῦ δὲ κυλίνδρου ὁ ΞΟ ΠΟ κύκλ(ος) ἔσ̣τ̣[ω] δὴ τ̣[ὰ] Π . σ̣ημ̣ε̣ῖ̣[α] . . . . . . [ὥστε ἐφαπτέσθω ὁ (κύκλος)] τῶν τοῦ τετρα[γ]ώ̣ν[ου π]λ̣ε̣υ̣ρῶν κατὰ τὰ ΞΟΠΡ σημεῖα, το[ῦ] δὲ ἐπιπέδου τοῦ ἀποτετμηκότος τὸ τμῆμα ἀπὸ τοῦ [κ]υλίνδρου καὶ τοῦ διὰ τῆς ΕΖ ἀχθέντος ἐπιπέδου ὀρθοῦ (πρὸς) τὸν ἄξονα τοῦ κυλίνδρου κοινὴ τομὴ ἔ̣στω ἡ ΚΛ εὐθεῖα· τέμνει δὲ αὐτὴν δίχα ἡ ΠΘΞ. ἤχθω δέ τις εὐθεῖα ἐν τῷ ΟΠΡ ἡμικυκλίωι ἡ ΣΤ (πρὸς) ὀρθ(ὰς) οὖ-σα τῆι ΠΞ, καὶ ἀπὸ τῆς ΣΤ ἐπί-πεδον ἀνασταθὲν ὀρθὸν (πρὸς) τ̣[(ὴν)] ΞΠ ἐκβεβλήσθω ἐφ' ἑκάτερα τὸ ἐπίπεδον, ἐν̣ ὧ̣ι (ἐστιν) ἡ ΞΟΠΡ κύ-κλ[ος· π]ο̣ι̣ήσει δὴ τοῦτο ἐν τῶι ἡμικυ-λίνδρωι, οὗ (ἐστι) βάσις τὸ ΟΠΡ ἡμικύ-κλιος, [ὕ]ψος δὲ ὁ ἄξων τοῦ πρίσ-

COLUMN 1

3 προκειμένη] sic
4 ὄντων δὲ] πρὸς α̣ὐ̣τ̣ὸ̣ν H
4 ὁ|μοίων τούτοις] ἁ̣ .... H
6 πλείω] lacuna in H
6 ἀρκοῦντος] sic, ῥη...τως H
7 γὰρ] ἐ̣π̣εὶ H
17 τοῦ] τοῦ ἀπεναντίον suppl. H
18 ἀχθῇ] ἀχθῆι ὅ̣τ̣ι̣ H
20 ϛ] ἕκτον suppl. H
32 τοῦ κύλίνδρου] τ̣ο̣ῦ̣ τ̣ὸ̣ν̣ κύλινδρον H
33 κοινὴ] ἔ̣χ̣ο̣ν̣τ̣ο̣ς H

COLUMN 2

17 ΞΟ ΠΟ] ΞΟΠΡ H
18 ἔστω δὴ τὰ Π. σημεῖα ... | ... ὥστε ἐφαπτέσθω ὁ κύκλος] καὶ ἐφαπτέσθω ὁ κύκλος suppl. H
30 ΠΞ] ΠΧ̣ H
35 ἡμικύ|κλιος] ἡμικύ|κλιον H

Heiberg II.488.5–490.24: *Method,* Proposition 12
Top, pseudocolor created from ultraviolet fluorescence and red reflectance images; *bottom,* Heiberg photograph (registered)

ματος, τομὴν παραλληλόγραμ̣μον, οὗ ἔσται μ̣ί̣α μὲν πλευρὰ ἴσηι τῆι ΣΤ, ἡ δὲ ἑτέραι τῆι τοῦ κυλίνδρου πλευρᾶι, ποιήσει δὲ κ(αὶ) ἐν τῶι τμήματι τῶι ἀποτετμημένωι ἀπὸ τοῦ κυλίνδρου τὸ ΜΗ παραλληλόγραμμον, οὗ (ἐστιν) ἡ μὲν ἑτέρα πλευρὰ ἴση τῆι ΝΥ· ἔστω δ' οὕτω̣ς ἡ ΝΥ ἠγμένη ἐν τῶι ΔΕ παραλληλογράμμωι παράλληλος οὖσα τῆι ΒΩ ἴσην ἀπολαμβάνουσα τὴν Σ̣Ι τῆι ΠΧ. καὶ ἐπεὶ παραλληλόγραμμόν (ἐστι) τὸ ΕΓ, (καὶ) παράλληλος ἡ ΝΙ̣ τῆι ΘΓ, καὶ δὴ ἠγμέναι (ἐστὶν) καὶ ΕΘ ΘΒ, (ἔστιν) ὡς ἡ ΕΘ (πρὸς) ΘΙ, (οὕτως) ὡς ἡ ΩΓ (πρὸς) ΓΝ, τουτ(έστιν) ἡ ΒΩ (πρὸς) ΥΝ. ὡς δὲ ἡ ΒΩ (πρὸς) ΥΝ, (οὕτως) τὸ παράλληλον τὸ γενόμενο(ν) ἐν τῶι [ἡμ]ικυλινδρίωι (πρὸς) τὸ γενόμενον ἐν τῶι ἀποτμήματι τῶι ἀποτμηθέντι ἀπὸ τ(οῦ) κυλίνδρου· ἀμφότερον γὰρ τ(ῶν) παραλληλογράμμων ἡ αὐτὴ πλευρά ἐστ[ι]ν ἡ Ο̣Τ· καὶ ἴση (ἐστὶν) ἡ ΕΘ τῆι ΘΠ, ἡ δὲ Ι̣Θ τῆι ΧΘ· καὶ ἐπεὶ ἴση (ἐστὶν) ἡ ΠΘ τῆι ΘΞ, ὡς (ἄρα) ἡ Θ . (πρὸς) ΘΧ, οὕτως τὸ γενόμενον παραλ[ηλόγρ]α̣μμον ἔστω ἡμικυλίνδρι(ον) (πρὸς) τὸ γεν̣όμ̣εν̣ον ἐν τ̣ῶ̣ι ἀποτμήμα[τ]ι ἀπὸ τοῦ κυλίνδρου. νοείσθω μετακείμενον τῶι ἐν τῶι τμήματ[ι] παραλλ̣ηλόγραμμ(ον) καὶ κείμενον κατὰ τὸ Ξ̣, ὥστε κέντρον (εἶναι) αὐτ(οῦ) τοῦ βάρους τὸ Ξ, καί (ἐστι) νοε̣ίσθω [ζυ]γ(ὸς) ἡ ΠΞ, μέσον [δὲ] α[ὐ]το[ῦ τὸ] Θ· ἰσορροπε̣ῖ̣ δὴ (περὶ)

τὸ Θ σημεῖον τὸ παραλληλόγραμμον τὸ ἐν τῶι ἡμικυλινδρίω̣ι̣ τὸ γενόμενον τῶι παραλληλόγραμμ(ον) τῶι γενομένωι ἐν τῶι ἀποτμή[μ]ατι ἀπὸ τοῦ κυλίνδρου μετενεχθέντι καὶ τεθέντι τοῦ ζυγοῦ κ̣α̣τ̣ὰ τ̣ὸ Ξ οὕτως, ἔσται κέντρον (εἶναι) τοῦ αὐτοῦ βάρους τὸ Ξ σημεῖον. καὶ ἐπεί ἐστι τοῦ μὲν παραλληλογράμμου τοῦ γενομένου ἐν τῶι ἡμικυλινδρίωι κέντρον τοῦ βάρους τὸ Χ, τοῦ δὲ παραλληλογράμμου τοῦ γενομένου ἐν τῶι τμήματι τῶ. ἀποτμηθέντι μετενηνεγμένου κέντρον τοῦ βάρους τὸ Ξ, καὶ τὸν αὐτὸν ἔχει λό(γον) ἡ ΞΘ (πρὸς) ΘΧ, ὃν τὸ παραλληλόγραμμον, οὗ εἴπαμεν κεντρον εἶναι τοῦ βάρους τὸ Χ, (πρὸς) τὸ παραλληλόγραμμον, οὗ εἴπαμεν κέντρον εἶναι τοῦ βάρους τὸ Ξ̣, ὁμο[ίω]ς δὴ δειχθήσεται, (ὅτι) καὶ ἐὰν ἄλλη τις ἀχθῆι ἐν τῶι ΟΠΡ ἡμικυκλίωι (πρὸς) ὀρθὰς τῆι ΠΘ, καὶ ἀπὸ τῆς ἀχθείσης ἐπίπεδον ἀνασταθῆ ὀ̣ρθὸν (πρὸς) τὴν ΠΘ καὶ ἐκβληθῆι [ἐ]-[φ'] ἑκάτερα τοῦ ἐπιπέδου τοῦ ἐν ὧι (ἐστιν) ὁ ΞΟ ΠΡ κύκλος, (ὅτι) τὸ γινόμενον παραλληλόγραμμον ἐν τῶι ἡμ̣ικυ[λι]ν̣δρίωι ἰσόρροπον περὶ τὸ Θ σημεῖον αὐτ̣[ο]ῦ̣ μένον τῶι παραλληλογράμμωι τῶι γενομένωι ἐν τῶι τμήματι τῶι ἀποτμηθέντι ἀπὸ τοῦ κυλίνδρου̣ μετενεχθέν[τι] κ̣αὶ τεθέντι τοῦ ζυγοῦ κατὰ τὸ Ξ οὕτως, ὥστε κέντρον εἶναι αὐτο̣ῦ τοῦ̣ βάρους τὸ Ξ σημεῖο̣ν̣. καὶ [πᾶ]ν

COLUMN 1

2 ἴ|σηι] sic, ἴ|ση H
3 ἑτέραι] sic, ἑτέρα H
6 τὸ ΜΗ] τομὴν H
8 δ] δ̣ὲ H
12 ΣΙ] Ε̣Ι H
15 δὴ ἠγμέναι ἐστὶν καὶ] sic, δ̣ιηγμέναι εἰσὶν αἱ H
22 ἀμφότερον] ἀμφοτ̣έ̣ρ̣ω̣ν H
24 ΟΤ] ΣΤ H
26 Θ.] ΘΞ H
27 παραλ|ληλόγραμμον] sic
28 ἔστω] ἐ̣ν̣ τῶι H
28 ἡμικυλίνδριον] ἡμικυλινδρίω̣ι̣ H
31 τῶι] τὸ H

COLUMN 2

2 τὸ γε|νόμενον] α̣ὐ̣τ̣|ο̣ῦ̣ μένο̣ν̣ H
3 παραλληλόγραμμον] παραλληλογράμμωι H
7 ἔσται] sic
17 εἴπαμεν] sic, εἴπωμεν H
19 εἴπαμεν] sic, εἴπο̣μ̣ε̣ν̣ H
20 δὴ] δ̣ὲ̣ H
21 ἐὰν] ὅταν H
36 πᾶν] sic, πάντ̣α H

Heiberg II.490.24–494.3: *Method,* Propositions 12, 13
Pseudocolor created from ultraviolet fluorescence and red reflectance images

ἄρα τὰ παραλληλόγραμμα τὰ γενόμενα ἐν τῶι ἡμικυλινδρίω̣[ι αὐ]τοῦ μένοντα ἰσορρο[π]ήσει περὶ τὸ Θ σημεῖον πᾶσι τοῖς παραλληλογράμμοις τοῖς γενομένοις ἐν τῶι τμήματι τῶι ἀποτμηθέντι ἀπὸ τοῦ κ̣υ̣λίνδρου μετενηνεγμένους κειμένους το[ῦ] ζυγοῦ κατὰ [τ]ὸ Ξ σημεῖον· ἰσορροπε̣ῖ̣ν καὶ τὸ ἡμικυλίνδριον αὐτοῦ μένον περ[ὶ] τὸ Θ σημεῖον τῶι τμήματι τῶι ἀποτμηθέντι καὶ τεθέντι τοῦ ζυγ(οῦ) κατὰ τὸ Ξ οὕτως, ὥστε κέντρον (εἶναι) αὐτοῦ τοῦ βάρους τὸ Ξ σημεῖον.

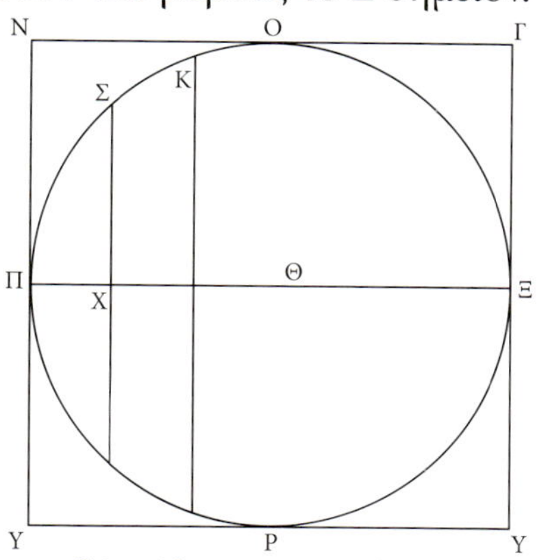

Ἔστω δὴ πάλιν τὸ περὶ [μ]έσον τὸν ἄξονα παραλληλόγραμμον τὸ ΜΝ̣ καὶ ὁ κύκλος ὁ ΞΟ ΠΡ, [κ]αὶ ἐπεζεύχ[θω]σαν αἱ ΘΗ ΘΜ καὶ ἀ̣νεστάτω ἐπὶ αὐτῶν ἐπίπεδα ὀρθὰ (πρὸς) τὸ ἐπίπεδον, ἐν ὧι (ἐστιν) ὁ ΞΟ ΠΡ κύκλος, (καὶ)

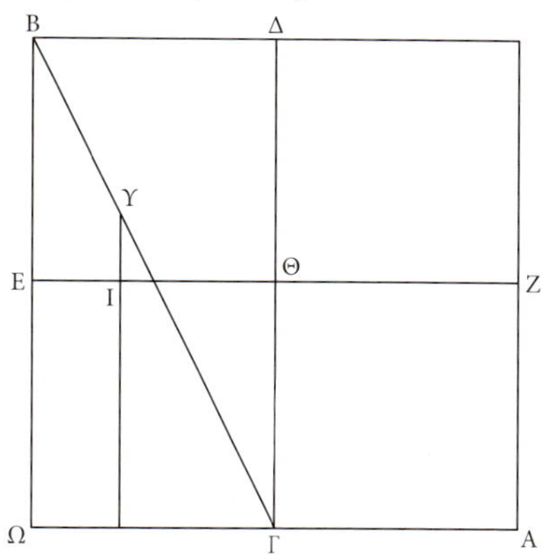

ἐκβεβλήσθω ἐφ' ἑκάτερα τὰ εἰρημένα ἐπίπεδα· ἔσ[τ]αι δή τι πρίσμα βάσιν μὲν [ἔ]χον τηλικαύτην, ἡλίκη (ἐστὶ) τὸ ΘΜΗ τρίγωνον, ὕψος δὲ ἴσον τῶι ἄξονι τοῦ κυλίνδρου, καί (ἐστι) τὸ πρίσμα τοῦτο τέταρ(τον) μέρος τοῦ ὅλου πρίσματος [τ]ο̣[ῦ] περὶ ὅλον τὸν κύλινδρον. ἤχθωσ(αν) δέ τινες εὐθεῖαι ἐν τῶι ΟΠΡ ἡμι[κυ]κλίω̣ καὶ ἐν τῶι ΜΝ τετραγώνῳ̣ αἱ ΚΛ ΤΥ ἴσον ἀπέχουσαι τ̣ῆι ΣΠΞ· τέμνουσιν δὴ αὗται τὴν μ(ὲν) τοῦ ΟΠΡ ἡμικυκλίου περιφέ̣ρεια̣(ν) κατὰ τὰ ΚΤ σημεῖα, τὴν δὲ ΟΡ (διά)μετρον κατὰ τὰ ΕΖ, τὰς δὲ ΘΗ ΘΜ κατὰ τὰ ΦΧ, καὶ ἀνεστάτω ἀπὸ τῶν ΚΛ ΤΥ ἐπίπεδα ὀρθὰ (πρὸς) τὴν ΟΡ καὶ ἐκβεβλήσθω ἐφ' ἑκάτερα τοῦ ἐπιπέδου, ἐν ὧι ἐστι(ν) ὁ ΟΞ ΠΡ κ̣[ύκ]λ(ος)· ποιοῦσι δὴ αὗται ἐν [μ]ὲν τῶι ἡμικυλινδρίωι, οὗ βάσις μέν ἐστιν τὸ ΟΠΡ ἡμικύκλιον, ὕψ(ος) δὲ τὸ αὐτὸ τῶι κυλίνδρω, τομὴν πα[ρ]αλληλόγραμμον, οὗ ἔσται μία μὲν πλευρὰ ἴση τῆι ΚΕ̣, ἡ δὲ ἑτέρα ἴση τῶι ἄξονι τοῦ κυλίνδρου, ἐν δὲ τῶι πρίσματι τῶι ΘΗ ΝΜ ὁμοίως παραλληλόγραμμον, οὗ ἔσται μία μὲν ἴση τῆι Χ, ἡ δὲ ἑτέρα ἴση τῶι ἄξονι· διὰ τὰ α[ὐ]τὰ [τ]ῶ ἐν τῶι αὐτῶι ἡμ[ι]κυλινδρίωι ἔσται τὸ μ[(ὲν)] παραλληλόγραμμον, οὗ ἔσται μία μὲν πλ[ευ]ρὰ ἴσηι τῆι ΤΖ, ἡ δὲ ἑτέρα ἴση τῶι ἄξο[νι τ]ο[ῦ] κυλίνδρου, ἐν δὲ τῶι τ[ρίσ]μα[τ]ι̣ μ̣ί̣α μ(ὲν) πλευρὰ ἴση τ[ῆι] ΦΥ, ἡ [δ]ὲ ἑτέρα ἴση τῶι ἄξον[ι] τοῦ κυλίνδρου (καὶ)

COLUMN 1

7 μετενηνεγμέ|νους κειμένους] μετ̣ενηνεγμ̣έ|νοις κειμένοις H
15 περὶ μέσον] ὀρθὸν πρὸς suppl. H
18 ΘΗ ΘΜ] ΘΜ̣ ΘΗ H
18 ἐπὶ] ἀ̣π H
20 ἐστιν ὁ ΞΟ ΠΡ κύκλος] ἐστι τ̣ὸ̣ Ο̣Π̣Ρ̣ ἡμικύκλ̣ι̣ο̣ν̣ H

COLUMN 2

4 ὕ|ψος] |ὕψος H
8 περὶ ὅλον] περιέχοντ̣ο̣ς̣ H
11 τῆι] τῆς H
15 ΕΖ] Σ Ζ H
20 |ὁ ΟΞ ΠΡ] ὁ̣ | [Ξ̣Ο̣Π̣Ρ̣] H
20 ποιοῦσι] ποιήσει suppl. H
20 αὗται] ἕτερον suppl. H
24 ἔσται] ἐστιν H
25 ΚΕ] ΚΣ̣ H
27 ΘΗ ΝΜ] ΘΗΜ̣ H
29 Χ] Λ̣Χ̣ H
31 τὸ μὲν] τ̣ι̣ H
32 ἔσται] ἐ̣σ̣τ̣ι̣ H
32 μί|α] μ̣ί̣α H
33 ἴσηι] sic, ἴση H
34 |ἑτέρα] ἑ̣τ̣έ|ρ̣α̣ H
35 μία μὲν|] παραλληλό|γραμμον, οὗ ἐστιν ἡ μὲν μία suppl. H
36 ΦΥ] Υ̣Φ̣ H
37 καὶ] lacuna in H

Heiberg II.494.5–498.2: *Method,* Proposition 14
Pseudocolor created from ultraviolet fluorescence and red reflectance images

ἔστω πρίσμα ὀρθὸν τετραγών ἔχον βάσ[(εις)], καὶ ἔστω αὐτοῦ μία τῶ(ν) β̣άσεων τὸ ΑΒΓΔ τετ̣ράγωνον, [καὶ] ἐγγεγράφθω εἰς τὸ πρίσμα κύ-λι̣νδρος, καὶ ἔστω τοῦ κυλίνδρου βάσις ὁ ΕΖ ΗΘ κύκλος ἐφαπτό-μενος τῆς τοῦ τετραγώνου πλευ-ρᾶς τῆς Ε κατενα̣ντ̣ίον ἐπ̣ιπέ-δωι τοῦ ΑΒ ΓΔ τῆς κατὰ τὴν ΓΔ ἐπίπεδον ἤχθω· ἀποτεμεῖ ἀ-ποτεμεῖ δὴ τοῦτο ἀπὸ τοῦ ὅλου πρίσματος, ἔσται τέτ̣αρτον μέρ(ος) τοῦ ὅλου πρίσματος, αὐτὸ δὲ τοῦ̣το ἔσται περιεχόμενον ὑπὸ τριῶν πα̣ραλληλογράμμων καὶ δύο τρι-γώνων κατεναντίον ἀλλήλο̣ις. γεγράφθω δὴ ἐν τῶι ΕΖ̣Η ἡμικυ-κλίωι ὀρθογωνίου κώνου τομή, διά[μ]ε[τ]ρος δὲ αὐτῆς ἔστω ἡ ΖΚ, ἔστω δὲ καὶ παρ̣᾽ ἣν δύνανται [αἱ] καταγόμεναι ἐν τῆι τομῆι α̣ὐ̣-τὴ ἡ ΖΚ καὶ ἤχθω τις ἐν τῶ ΔΗ παραλληλογράμμωι ἡ ΜΝ [πα]ράλληλ(ος) οὖσα τῆι ΚΖ· τεμεῖ δὴ αὕτη τὴν μὲν τοῦ ἡμικυκλί[(ου)] περιφέρειαν κατὰ τὸ Σ̣, τὴν δὲ τ[(οῦ)] κώνου τομὴν κατὰ τὸ Λ. καὶ ἔστ[(αι)] ἴσον τὸ ὑπὸ ΜΝΛ τῶι ἀπὸ τῆ[ς] ΝΣ̣· τοῦτο γάρ ἐστι σαφές̣· (διὰ) τοῦ-το δὴ ἔστ(αι), ὡς ἡ ΜΝ (πρὸς) ΝΛ, οὕτ(ως) τὸ ἀπὸ ΜΝ (πρὸς) τὸ ἀπὸ ΝΣ. καὶ ἀ-πὸ τῆς ΜΝ ἐπίπεδον ἀνεστά-τω ὀρθὸν (πρὸς) τὴν ΕΗ· ποιήσει δὴ τὸ ἐπίπεδον ἐ̣ν τῶι πρίσματι τῶι ἀποτμηθέντι ἀ̣π̣ὸ τοῦ ὅλ(ου) πρίσματος τομὴν τ̣ρ̣ίγωνο̣ν

ὀρθογώνιον, οὗ ἔσται μία τῶν (περὶ) τὴν ὀρθὴν γωνίαν ἡ ΜΝ, [ἡ δ]ὲ ἑ-τέραι ἐν τῶ[ι] ἐπιπέδω τῶι (κ̣α̣τ̣ὰ̣) τὴ(ν̣) ΓΔ ὀρθὴν (πρὸς) τὴν ΓΔ ἀ[ν]ε̣σ̣τ̣α̣μένη ἀπὸ τοῦ Μ ἴση τῶι ἄξονι τοῦ κυλί(ν)-δρου, ἡ δὲ ὑποτείνουσα ἐ[ν] α[ὐ]τ̣[ῶ] τῶι τέμνοντι ἐπιπέδω· ποιήσει δὴ κ̣[αὶ] ἐν τῶι τμήματι τῶι ἀποτμη-θέντι ἀπὸ τοῦ κυλίνδρου ὑπὸ τοῦ ἐπιπέ̣δου το̣ῦ ἀχθέντος διὰ τῆς ΕΗ καὶ τῆς τοῦ τετραγών[ου] πλευρ(ᾶς) τῆ[ς κα]τεναντ̣[ί]ον τῆς ΓΔ τομὴν τρίγωνον ὀρθογώ̣νιον, οὗ ἔστ̣αι μί-[α] τ̣ῶν περὶ τὴν ὀρθὴν γωνί̣αν ἡ [ΝΣ], ἡ δ̣ὲ̣ ἑτ[έρα] ἐν τ̣[ῆι ἐπι]φ[α]νείαι τ̣οῦ κυ[λ]ίνδρου ἀν[εστα]μέν[η] ἀ̣-π̣ὸ̣ τοῦ Σ̣ ὀρθὴ (πρὸς) τὸ ΔΗ ἐπίπεδον, [ἡ δὲ ὑπο]τείνουσ[α] ἐν τῶι [τέ]μ̣ν[ο]ν̣-[τι ἐ]π̣ι̣π̣[έ]δωι, [καὶ ἔστ]αι τ[ὰ τρίγω]-να ὅμοια. καὶ ἐπεὶ ἴσον ἐστὶν τὸ ὑπὸ ΜΝ ΝΛ τ̣ῶι ἀπὸ ΝΣ· [το]ῦ̣τ̣ο̣ (γὰρ) φα̣[ν]ερὸν τ[ὸ] σχῆ[μ]α̣. ἔ̣σ̣ται ὡς ἡ ΜΝ̣ (πρὸς) ΝΛ, [οὕτως τὸ ἀ]πὸ ΜΝ (πρὸς) τὸ [ἀπὸ] ΝΣ, ὡ̣[ς δ]ὲ̣ τ[ὸ ἀ]π[ὸ] ΜΝ (πρὸς) τὸ ἀπὸ [Ν]Σ̣, [οὕτως τ]ὸ̣ ἀ[πὸ τ]ὴ̣ν ΜΝ̣ [τ]ρίγω-[νον ἐν] τ̣ῶι [ὅλ̣ωι] ἀποτ̣[μη]θέντι πρ(ίσ)-ματ̣ι (π̣ρ̣ὸ̣ς̣) [τὸ ἀ]π̣ὸ̣ τὴ̣[ν] Ν̣[Σ τρί]γ̣ω̣ν̣ο̣ν τὸ ἐν τῶι ἀποτε̣[μ]ν̣[ομέ]ν̣ωι τὸ ἀ-πὸ τοῦ κυλίνδρου ἀφηρ[η]μένο̣ν̣. ὡς (ἄρα) ἡ ΜΝ (πρὸς) ΝΛ, ο̣ὕ̣[τως τ]ὸ̣ τ̣ρίγω̣ν̣(ον) (πρὸς) τὸ τρίγωνον. ὁμοίως δὲ δειχθή-σ̣εται, (καὶ) ἐν ἄλλη τις ἀχθῆ ἐ̣ν̣ τ[ῶ]ι ΔΗ παραλληλογράμμωι π(αρὰ) τὴν Κ̣Ζ, [καὶ ἀ]π̣ὸ τῆς ἀχθείσης ἐπίπεδο̣ν ἀνασταθῇ ὀ̣ρθὸν (πρὸς) τ(ὴν)

COLUMN 1

1 τετραγών] sic, τετραγώνο̣υ̣ς H
10 ἀποτεμεῖ ἀ|ποτεμεῖ] sic
19 om. H
20 καὶ παρ ἣν δύνανται αἱ | καταγόμεναι] lacuna in H
21 αὐ|τὴ] ..|τῆς H
26 Σ] Ξ H
27 ἔσται] ἐστιν H
29 ΝΣ] ΝΖ H
31 ΜΝ] Κ̣Η̣ H
31 ΝΣ] Λ̣Σ H

COLUMN 2

2 ἑ|τέραι] sic, ἑ|τέρα H
3 κατὰ τὴν | ΓΔ ὀρθὴν] ἀ̣π̣ὸ̣ τῆς | ΓΔ ὀρθὴ H
4 ἀνεσταμένη] ἀ̣ν̣α̣γ̣ο̣μ̣έ̣νη H
5 Μ] Ν H
7 δὴ] δ̣ὲ̣ H
12 τῆς (alt.)] τῆ̣ι̣ H
15 ΝΣ] Μ̣Ξ̣ H
16 ἀνεσταμένη] [ἀ̣ν̣]ηγμένη H
16 ἀ|πὸ] ἀπὸ| H
17 Σ] Ξ suppl. H
17 ΔΗ] Κ̣Ν H
18 τέμνον|τι ἐπιπέδωι] τέμνοντι ἐπιπέδωι suppl. H
19 καὶ ἔσται τὰ τρίγω|να ὅμοια καὶ] ὁμοίως ο̣ὐ̣ν̣ H
21 |ὑπὸ ΜΝ ΝΛ] ὑ̣|πὸ ΜΝ̣ ΜΛ̣ H
21 ΝΣ] Μ̣Ξ H
22–23 In these lines only significant differences from Heiberg are indicated.
22 τὸ σχῆμα] ἐστιν suppl. H
25 ΝΣ] ΜΞ suppl. H
25 τὴν] τῆς suppl. H
32 ἐν] ἐὰν H

Heiberg II.498.2–38: *Method,* Proposition 14
Pseudocolor created from ultraviolet fluorescence and red reflectance images

ΕΗ, (ὅτι) ἔσται ὡς τὸ τρίγωνον τὸ γενόμενον ἐ[ν] τῶι πρίσματι (πρὸς) τὸ τρ[ίγω]ν̣ο̣ν̣ τ̣ὸ̣ ἐ̣ν̣ τῶι ἀποτμήμα(τι) τὸ ἐν τῶι ἀπὸ τοῦ κυλίνδρου, (οὕτως) ἡ ἀχθεῖσα ἐν τ̣ῶ̣ι̣ ΔΗ̣ παραλληλογράμμωι παράλληλος οὖσα τῇ ΚΖ̣ (πρὸς) τὴν ἀποληφθεῖσαν ἀπὸ τῆς ΗΖ τοῦ ὀρθογωνίου κώνου τομῆς καὶ τῆς ΕΗ διαμέτρου. συμπληρωθέντος οὖν τοῦ τε ΔΗ παραλληλογράμμου ὑπὸ τῶν ἀγομένων παρὰ τὴν ΚΖ καὶ τοῦ τμήματος τοῦ περιεχομένου ὑπό τε τῆς τοῦ ὀρθογωνίου κώνου το[μῆς] καὶ τῆς ΕΗ (δια)μέτρου ὑπὸ τ̣ῶν [ἀ]πολαμβανομένων ἐν τ̣ῷ̣ [τμ](ή)ματι· συμπληρωθέντος δ̣ὲ καὶ τοῦ πρίσματος ὑπὸ τῶν τριγ̣ώ̣ν̣ων τῶν [γ]ε̣νομ̣έ̣νω̣ν̣ ἐ̣ν̣ [αὐ]τῶι, (καὶ) τοῦ τμήματος τοῦ ἀποτμηθέντος ἀπὸ τοῦ κυ̣[λίνδρου]· ἔστα̣ι̣ τινὰ μεγέθη ἴ̣σα ἀλλήλο[ις, τὰ] τ[ρί]γων̣α τὰ ἐν τῶι πρίσματ̣ι̣, (καὶ) ἕτερα μεγέθη, αἵ εἰσιν εὐθεῖα̣ι̣ [ἐν] τῷ ΔΗ παραλλη[λογ]ράμμ[ω] παράλληλοι οὖσαι τ̣[ῇ]ι̣ ΖΚ ἴ[σ]α̣ι ἀλλήλο̣ι̣ς̣ [κα]ὶ ἔτι τ̣ῶ̣ι̣ πλήθει ἴσα τοῖ̣ς̣ ἐν τῷ πρίσματι τριγών[(οις)]· ἔσται δὲ καὶ ἕτ̣ερα τρ[ί]γωνα τὰ γενόμενα ἐν τῶι ἀποτμηθέντ̣ι̣ ἴσα τῶι πλήθει τοῖ̣ς̣ γενομέ̣νοις ἐν τῶι πρίσματι τριγώνοι[ς]· καὶ αἱ ἕτε[ραι εὐθ]ε̣ῖ̣[αι] ἀπολαμβανόμεναι ἀ̣[πὸ] τῶν

ἀγομένων π(αρὰ) τὴν Κ[Ζ μετ]αξὺ τῆς τοῦ ὀρθογωνίο̣[υ κώ]νου τομῆς καὶ τῆς ΕΗ ἴσ̣[αι] τ̣ῶ̣ι̣ πλήθει ταῖς ἐν τῶι ΔΗ π[αραλ]ληλογράμμωι ἠγμ̣ένα̣ις π[(αρὰ)] τὴν ΚΖ, καὶ ἔσται πάντα τὰ τρίγωνα τὰ ἐν τῶι πρίσματι πρὸς πάντα τὰ τρίγωνα τὰ ἐν τῶι ἀποτμηθέντι τῶι ἀπὸ τοῦ κυλίνδρου ἀφηρημένα, οὕτως πᾶσαι αἱ εὐθεῖαι αἱ ἐν τῶι ΔΗ παραλληλογράμμωι (πρὸς) πάσας τὰς εὐθείας τὰς μεταξὺ τῆς τοῦ ὀρθογωνίου κώνου τομῆς καὶ τῆς ΕΗ εὐθείας. (καὶ) ἐκ μὲν τῶν ἐν τῶι πρίσματι τριγώνων σύγκειται τὸ πρίσμα, ἐκ δὲ τῶν ἐν τῶι ἀποτμήματι τῶι ἀπ̣ὸ τοῦ κυ[λ]ί̣ν[δ]ρου τὸ ἀ[π]ό̣τμημα, ἐκ δὲ τῶν εὐθειῶν τῶν ἐν τῶι ΔΗ παραλληλογράμμωι (τῶν) παρὰ τὴν ΚΖ τὸ ΔΗ παραλληλόγραμμον, ἐκ δὲ τῶν [εὐ]θειῶν μεταξὺ τῆς τοῦ ὀρθογωνίου κώνου τομῆς καὶ τῆς ΕΗ τὸ τμῆμ̣α τῆς παραβολῆς· ὡς (ἄρα) τὸ πρ(ίσ)μα (πρὸς) τὸ ἀπότμημα το(οῦ) ἀπὸ τ(οῦ) κ̣υλ̣ίνδρου, οὕτως τὸ ΔΗ πα[ρ]αλληλόγραμμον (πρὸς) τὸ ΕΖΗ τμῆμα τὸ περιεχόμενον ὑπὸ τῆς τοῦ ὀρθογωνίου κώνου̣ τομῆς καὶ τῆς ΕΗ̣ εὐθ̣ε̣ία̣ς̣. ἡμιόλιον δέ (ἐστι) τὸ ΔΗ παρ[α]λ̣λ[ηλό]γραμμο̣ν τοῦ τμήματο̣ς τοῦ π[ε]ρ[ι]εχομέν(ου) ὑπὸ τῆς τοῦ ὀρθογωνίου κώ̣[νου] [το]μ̣ῆς καὶ τῆ[ς] ΕΗ εὐθ̣είας̣· δέ-

COLUMN 1

3 τρίγωνον τὸ ἐν τῶι ἀποτμήματι | τὸ ἐν τῶι] .... τμήματ|..... Η
6 οὖσα] om. Η
7 |ΚΖ] Κ̣Ζ̣| Η
7 ἀπὸ] ὑ̣πὸ Η
8 ΗΖ] Ε̣Η̣Ζ Η
9 συμ|πληρωθέντος] |σ̣υ̣μ̣π̣λ̣η̣ρ̣ω̣θ̣έ̣ν̣τ̣ο̣ς Η
10 τε] om. Η
11 ἀγομέ|νων] ἠγμ̣έ̣|ν̣ω̣ν̣ Η
14 τομῆς|] τ̣ο̣|μ̣ῆ̣ς Η
15 ΕΗ] om. Η
15 ἀ|πολαμβανομένων] |ἀ̣πολαμβανομένω̣ν̣ Η
17 συμπληρω-] des. Η. From this point on Heiberg's reading for the most part stops.

COLUMN 2

4 -ει ταῖς] inc. Η
9 τῶι ἀπὸ] τμ̣ή̣ματ̣ι̣ Η
19 ἀπὸ τοῦ κυλίνδρου τὸ ἀπότμη|μα] ἀποτμηθέντι ἀπὸ τοῦ κυλίν|δρου τὸ ἀπότμημα suppl. Η
20 τῶν εὐθειῶν] om. Η
21 τῶν | παρὰ τὴν] παρ̣|α̣λ̣λ̣ή̣λ̣ω̣ν̣ τῇ̣ι̣ Η
23 εὐθειῶν] lacuna in Η
25 τμῆ|μα] τμῆμα suppl. Η
27 τοοῦ] sic, τὸ Η
28 οὕτως] οὕτω Η
32 ἐστι] om. Η

Heiberg II.500.1–502.7: *Method,* Propositions 14, 15
Pseudocolor created from ultraviolet fluorescence and red reflectance images

δεικται γὰρ τοῦτο ἐν τοῖς πρότερο(ν) ἐκδ̣εδο[μ]ένοις· ἡμιόλιον ἄρα (ἐστὶ) κ̣α̣[ὶ τὸ πρίσ]μ̣α̣ τ(οῦ) ἀποτμήματ(ος) τοῦ [ἀ]φηρημένου ἀπὸ τοῦ κυλ̣ί̣ν̣δρου· οἵων (ἄρα) ἐστὶ τὸ ἀπότμημα το[ῦ κυ]λίνδρου δύο, τοιούτων (ἔσται) τὸ πρίσμα τρ̣ι̣ῶν. τοιούτων ἐστὶν τὸ ὅλον πρίσμα τὸ περὶ ὅλον τὸν κύλινδρον Ι̅Β̅ (διὰ) τὸ Δ̅ (εἶναι) τὸ ἕτερον τοῦ ἑτέρου· οἵων (ἄρα) τὸ ἀπότμημα τοῦ κ[υ]λίνδρου δύο, τοιούτων ἐστὶ(ν) τὸ ὅλον πρίσμα Ι̅Β̅· ὥστε τὸ τμῆμα τὸ ἀποτμηθὲν ἀπὸ τοῦ ὅλ(ου) κυλίνδρου ἕκτον μέρος (ἐ̣σ̣τ̣ὶ̣) τ(οῦ) [ὅ] λ̣ο[υ] πρίσματος.

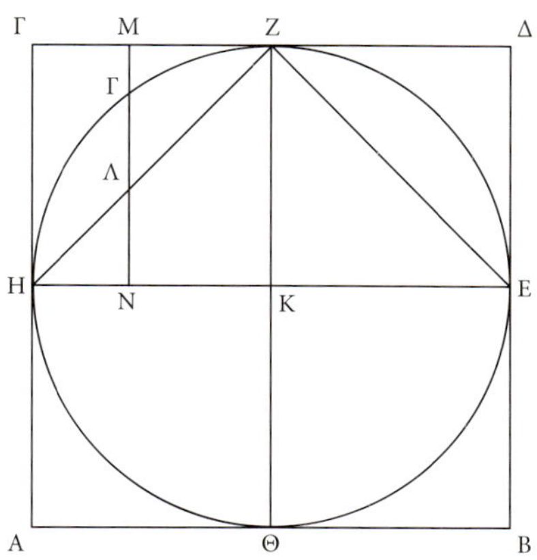

Ἔστω πρίσμα [ὀ]ρθὸν τετραγώνο[υ]ς ἔχον βάσεις, ὧν μία ἔστω τὸ ΑΒ ΓΔ τετράγωνον, καὶ ἀπειλήφθω εἰς τὸ πρίσμα ὁ κύλινδρος, οὗ βάσ[(ις)] ἔστω ὁ ΕΖ ΗΘ κύκλος· ἐφάψεται δὴ οὗτος τῶν τοῦ τετραγώνο̣υ πλευρῶν κατὰ τὰ ΕΖ ΗΘ σημεῖα· κέντρον δὲ αὐτοῦ ἔστω τὸ Κ, διὰ δὲ τῆς ΕΗ διαμ̣έτρου καὶ τῆς πλ̣ε̣υρᾶς τοῦ τ̣ετραγώνου τοῦ ἐν τῇ[ι] ἑτ[έ]ρα̣ι̣ [βά]σ̣ει [τοῦ] π̣ρ̣ίσματ̣[ος] τοῦ κα[τὰ] τ̣ὴν ΓΔ ἐπί[πε]δο[ν ἤχ]θω· τοῦτο δὴ ἐπίπεδον ἀποτέμνει πρ̣ί̣σ[μα ἀ]πὸ τοῦ ὅλ̣[ου πρί]σματος [καὶ] ἀπὸ τῆ[ς βάσε(ως)] καὶ ἀπ[ὸ τοῦ κυ]λ̣ίνδρο̣υ̣ [τ]μῆ[μα]. τ̣οῦτο ἔστα̣ι̣ [δὲ] τ̣ὸ τμῆμα τὸ ἀποτμηθὲν ἀπὸ τοῦ κυλίνδρου [ὑ]πὸ τ[(οῦ)] ἀχθέντ̣ος ἐπιπέδου ἕκτον μέρος ὧ̣ν δειχθήσεται τοῦ ὅλου πρίσματος. πρῶτον δὲ δείξομεν (ὅτι) δυνατ(ὸν) ἔσται εἰς τὸ τμῆμα τὸ ἀποτμηθὲν ἀπὸ τοῦ κυλίνδρου σχῆμα στερεὸν ἐγγράψαι καὶ ἄλλο περιγράψαι ἐκ πρισμάτων συγκειμ̣ένον ἴσον ὕψος ἐχόντων κ(αὶ) [β]ά̣σ̣ε̣ι̣ς̣ τριγώνους ἐχόντων ὁμο[ί]ας, ὥστε τὸ περιγραφὲν σχῆ[μ]α̣ τ̣οῦ ἐγγρ[α]φέντος ὑ̣περέχ[ειν] ἐ̣λ̣ά̣σ̣σ̣ο̣[νι π]αντὸς τοῦ̣ δοθ[(έν)]τος στερεοῦ μεγέθους. τούτ[ου] γὰρ τ[ο]ῦ πρίσματος τοῦ κατὰ τὸ ΕΔ ΖΗ παρ[αλλη]λ̣ογράμμ(ου) [ἐσ]τὶν τ̣ο[ῦ] μ̣ὲ̣ν πρίσματος τ̣οῦ ἀποτ̣εμ̣νομένου ὑπ̣ὸ τοῦ λοξ(οῦ) ἐπιπέδου ἥμισυ, τοῦ δ̣ὲ ὅλου πρ(ίσ)ματος η̅ μέρος τούτου ἀεὶ δίχα τεμνομένου ὀρθοῖς ἐπιπέδ(οις) πρὸς τὴν ΕΗ̣ ἔσται ποτὲ τὸ κα(τα)λειπόμενον πρίσμα ἔλασσ(ον) ἥμισυ τοῦ δοθέντος στερε̣οῦ μεγέθο̣υ̣ς [λ]ελείφθω καὶ ἔστω καταλειπόμενο̣ν̣ [τ]ὸ̣ πρίσμα τὸ βάσ̣ει[ς μὲν ἔχο]ν̣ [τὰ] τρίγωνα τὰ [κ]α̣τ̣ὰ̣ [τὰς] Ζ̣Κ [Λ]Μ̣ εὐθείας, ὕψος [δὲ ἴσον τ]ῇ̣[ι] Κ[Μ. α]ὐ̣τ̣ὸ̣ δὴ τὸ

COLUMN 1

- 6 ἔσται] ἐ̣σ̣τ̣ὶ̣ H
- 8 περὶ ὅλον] περιέχον H
- 13 ὅλου] om. H
- 14 ὅλου] om. H
- 18 ἀπειλήφθω] ἐγγεγρ̣ά̣φθω̣ H
- 19 ὁ] om. H
- 20 ΕΖ ΗΘ] ΕΖΗ H
- 20 ἐφάψεται] ἐφάπτεται suppl. H
- 23 αὐτοῦ] om. H
- 23 διὰ δὲ] καὶ διὰ suppl. H
- 24 τῆς] μιᾶς suppl. H
- 25–27 lacuna in H

COLUMN 2

- 3 τῆς βάσεως] τοῦ κυλίνδ̣ρου H
- 3 καὶ ἀπὸ τοῦ] ἀπότμημα̣ H
- 4 τμῆμα τοῦτο ἔσται δὲ] [λ̣έγω δ̣ὴ ὅ̣τ̣ι̣ τ̣ο̣ῦ]το H
- 5 ἀποτμηθὲν] ἀποτετμη̣μ̣έ̣ν̣ο̣ν̣ H
- 7 ὧν] ὄ̣ν̣ H
- 18 δοθέν|τος στερεοῦ] π̣ρ̣ο̣|τ̣εθέ̣ν̣τ̣ο̣ς̣ H
- 19 τούτου] lacuna in H
- 21 ΕΔ ΖΗ] ΒΔ H
- 22 Heiberg's continuous reading breaks off.

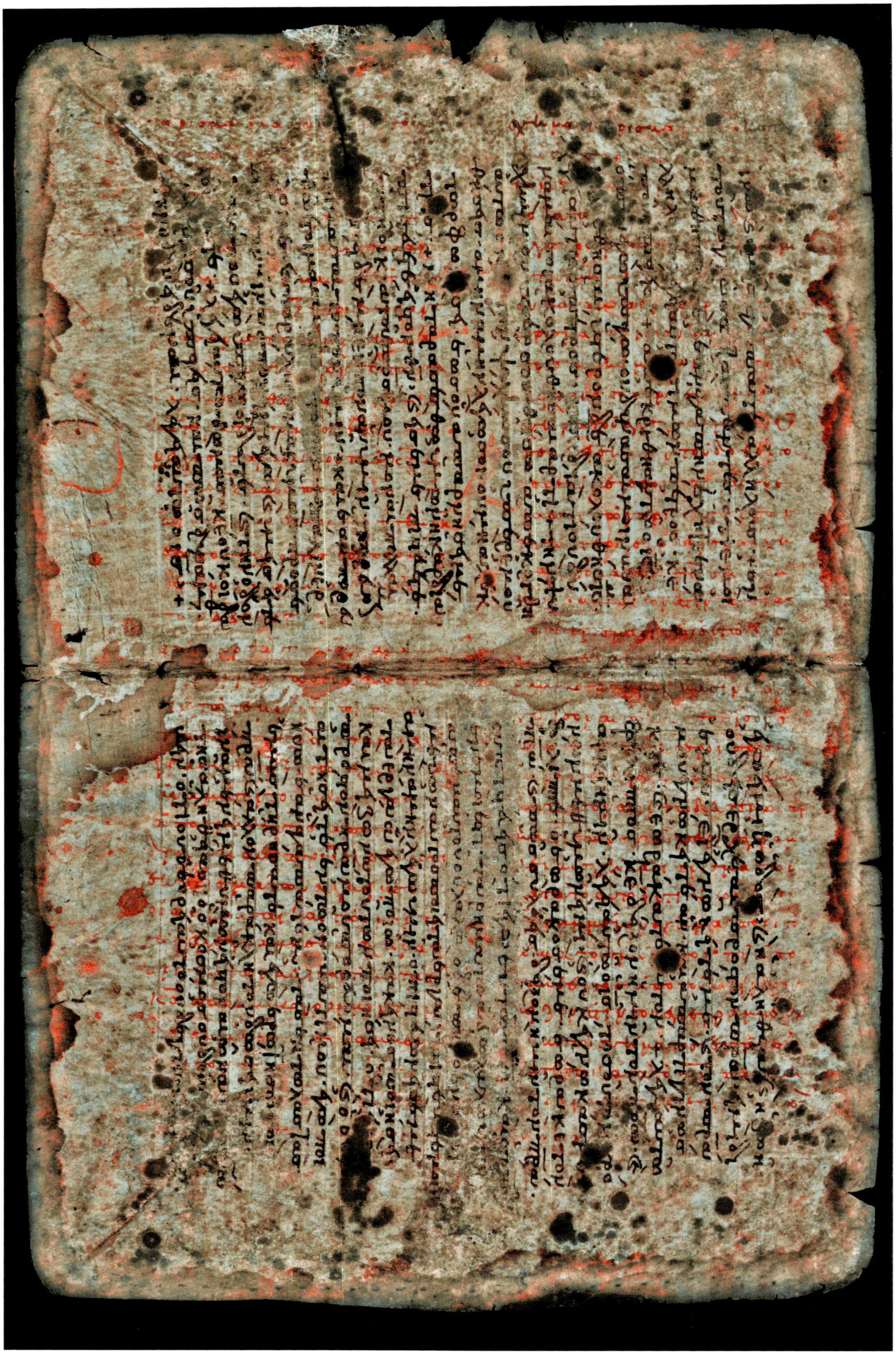

Heiberg II.502.7–504.4: *Method,* Proposition 15
Pseudocolor created from ultraviolet fluorescence and red reflectance images

π̣ρίσμα ἔλασσόν̣ [ἐστιν ἢ] τὸ ἥ-
[μ]ισυ̣ τοῦ̣ [δοθέντος στερεο]ῦ̣ μεγέ-
[θους] . . .
. . .
. . . [διὰ τὰ] . . . ἤ[χ]θ[ωσ]α̣[ν π]α̣-
[ρά]λ̣λ̣[η]λ̣[οι τῆι] ΚΖ αἱ ΜΛ̣ Π̣[ΡΣ]Τ τέ̣[μν(ου)]-
σι [δὲ αὗται τὴν] ΕΖ [πε]ριφέρειαν ε-
. . . . . ν κατὰ τὰ [Ν]Ξ[Ο] σημε̣ῖ̣α
. . . . η . . ων τούτων̣ π̣α-
[ράλληλοι ἤχ]θω[σα]ν̣ τῆ[ι] Κ̣Ε [ἐ]φ' ἑ-
κάτερα το̣[ύ]τ̣ων . . . . ἕ̣ω̣ς τ̣ῆ̣ς . . .
ν ἐγγύς παραλλή[λ]ου τ[ῆ]ς ΚΖ α̣ἱ̣
ΑΒΓ Δ[Ε]Ζ καὶ ἀπὸ τ[(ῶν) ΜΛ]Π̣ Ρ̣Σ̣Τ̣
ἐπί[πεδα ἀν]εστά[τω ὀρθὰ] (π̣ρ̣ὸ̣ς̣) τὴν Ε̣Κ
ἕως το[ῦ] τέμ[ν]ο̣ντος ἐπιπ̣[έδου ἀπὸ]
δὲ τ[ῶ]ν [π]α̣ρ̣αλ̣λ̣ή[λων εὐθειῶν]
τῶ̣ν ΑΒ Γ[Δ Ε]Ζ [ἐπίπεδα ἀνε]-
στά̣τ̣[ω] ὀ̣ρθὰ (πρὸς) [τὸ] Ε̣ [Ζ π]αραλ̣λ̣η-
λ̣ό̣γραμμο̣ν̣ ἕως οὗ [ἐπιπίπτου]-
σιν τῶ τέμ̣ν̣[ον]τ̣ι̣ ἐπιπ̣[έδ]ω̣ι̣. ἔ[σ]-
τα̣ι̣ δ[ή τι σχῆμ]α̣ [στ]ε̣[ρ]ε̣[ὸν] ἐ̣[γγε]-
γραμμέ̣ν̣ο̣ν̣ [ἐν] τῶ̣ι̣ [σ]χή[ματι]
ἀνὰ μ̣έσον τοῦ̣ [τ]μή[μα]τ̣ο̣ς [τοῦ]
ἀπο[τ]μηθέντο̣ς ἀπὸ̣ το̣[ῦ κυλίν]-
δρου̣ κ̣αὶ ἄλλο̣ π̣εριγεγραμ̣μ̣[έν(ον)]
ἐκ πρισμάτων συγκείμενο[ν]
οἵων̣ [εἴ]ρ̣ηται, καὶ τῶν̣ μ̣[ὲ]ν̣ τ̣ρ̣[ί]-
τ̣ω̣[ν] ἐγγεγρ̣αμμέ[ν]ω[ι] σχήμα[τι]
πρισμάτων μέγιστον τὸ κ̣ατὰ τὸ
ΚΟ παρ̣[α]λ̣λ̣[η]λόγραμμον, τ[ῶ]ν
δὲ ἐν τῶι [περιγ]ε̣γ̣ραμμέν[(ωι)]
[μέγ]ιστό[ν ἐσ]τ̣ι̣ [τ]ὸ̣ [ΚΛ παραλλη]-
[λόγραμμον, καί ἐστι ἔλασσον]
[τῶν μὲν ἐν τῶι] ἐ̣γγ[εγραμμένωι]
σχήματι [π]ρισμάτων τὸ κατὰ
τὴ̣ν Π[Ο] π̣α̣ρ̣[α]λ̣λ̣ηλόγ̣ρ̣[αμμον],
τ[ῶ]ν δὲ [ἐν τῶι πε]ριγεγρ[αμμένωι]
τὸ κατὰ [τὴν ΕΟ. ὁμοίως] δ[ὴ] . . .
[ἐ]γγε̣[γ]ράφ[θω καὶ εἰς] τ[ὸ] ἄλ[λο] ἥμι-
[σ]υ̣ τοῦ τμήματ̣[ος σχῆμα στερε]-
ὸ̣ν, κ̣α[ὶ] ἄλ̣λ̣ο π[ε]ρ̣[ι]γε̣[γ]ρ[ά]φ̣[θω ἐκ]
[π]ρισμάτ̣ω[ν ἴσων] κ̣α̣ὶ̣ [ὁμοίων αὐ]-
[τ]ο̣ῖ̣ς σ̣υ̣[γ]κειμ[έν]ω̣[ν. λοιπὸν] δὲ̣
[δ]εῖξα̣ι (ὅ̣τ̣ι̣) τὸ π̣[ε]ριγεγ[ρ]αμ̣[μέν(ον)]
σ̣χῆμ̣α τοῦ ἐγγεγραμ̣μ[ένου] ὑ-
περέχει ἑκ[άστο]υ̣ τοῦ δοθέντος
στερεοῦ μ̣εγέθο[υς. ἐ]πε̣ὶ̣ [γ]ὰ̣ρ̣ τὸ ἔ-
λ̣ασσ[ο]ν̣ τῶν πρι[σμά]τ̣ω̣ν τ̣ῶν
ἐν [τ]ῶι περιγεγραμ̣μ̣ένωι σ̣χή-
[μ]α[τι] τὸ κ̣ατὰ τ̣ὸ̣ ΘΟ̣ π̣α̣ρ̣αλλη-
[λό]γραμμον ἴσον ἐστὶν τῶι̣ ἐ̣λ̣ά[σ]-
[σο]ν̣ι̣ πρίσματι τῶι ἐν τῶι ἐγγε-
[γραμ]μέν̣ω̣ι̣ τ̣ῶ̣ι̣ κ̣ατὰ τ[ὸ Π]Ο̣ [πα]-
ραλληλόγρ[α]μ̣μ̣ο̣ν̣· βάσιν γὰρ ἔ̣-
χει ἴσον αὐτῶ, καὶ ὕψος ἴσον· ὁ-
[μο]ί̣ω̣ς δ̣ὲ̣ [καὶ] τὸ̣ [δ]εύτερον πρ̣ίσμα
[τῶν] ἐν̣ τῶι ἐγεγραμ̣μ̣έν̣ῳ σχή-
[μ]α̣τ̣ι̣ ἴσον ἐστὶν̣ τῶ δευτέρωι πρ(ί̣σ̣)-
μ̣ατι [τ]ῶ̣[ν] ἐν̣ τ̣ῶ̣ι̣ περ̣ιγεγραμ-
[μ]ένωι σχήματ̣ι πρισμάτ̣ων
[κ]ατὰ τὸ αὐτὸ ὄ̣ντι· δῆλο̣ν̣ [(ἄρα) (ὅτι)] τ̣[ὸ]
[γεγ]ραμμένον σχῆμα περὶ τὸ
ἥμισυ τοῦ τμή[μα]τ̣ος τοῦ ἀπο-
τμηθέντος ἀπὸ τοῦ κ̣υ̣λίνδρου̣
[μ]εῖζόν ἐστιν τοῦ ἐγγεγραμμέν̣(ου)
[ἐν] αὐτῶι σχήματος ἐν τ̣ῶ̣ι̣ π[ρ](ίσ)-
[μ]ατι̣ τῶι κατὰ τὸ Ζ̣[Μ] πα[ρα]λ̣λ̣η-
[λόγρα]μ̣μ̣ο̣ν̣ [. . . δ]έ̣ ἐ̣σ̣τ̣[ιν ἔλ]α̣σσ(ον)
. . .

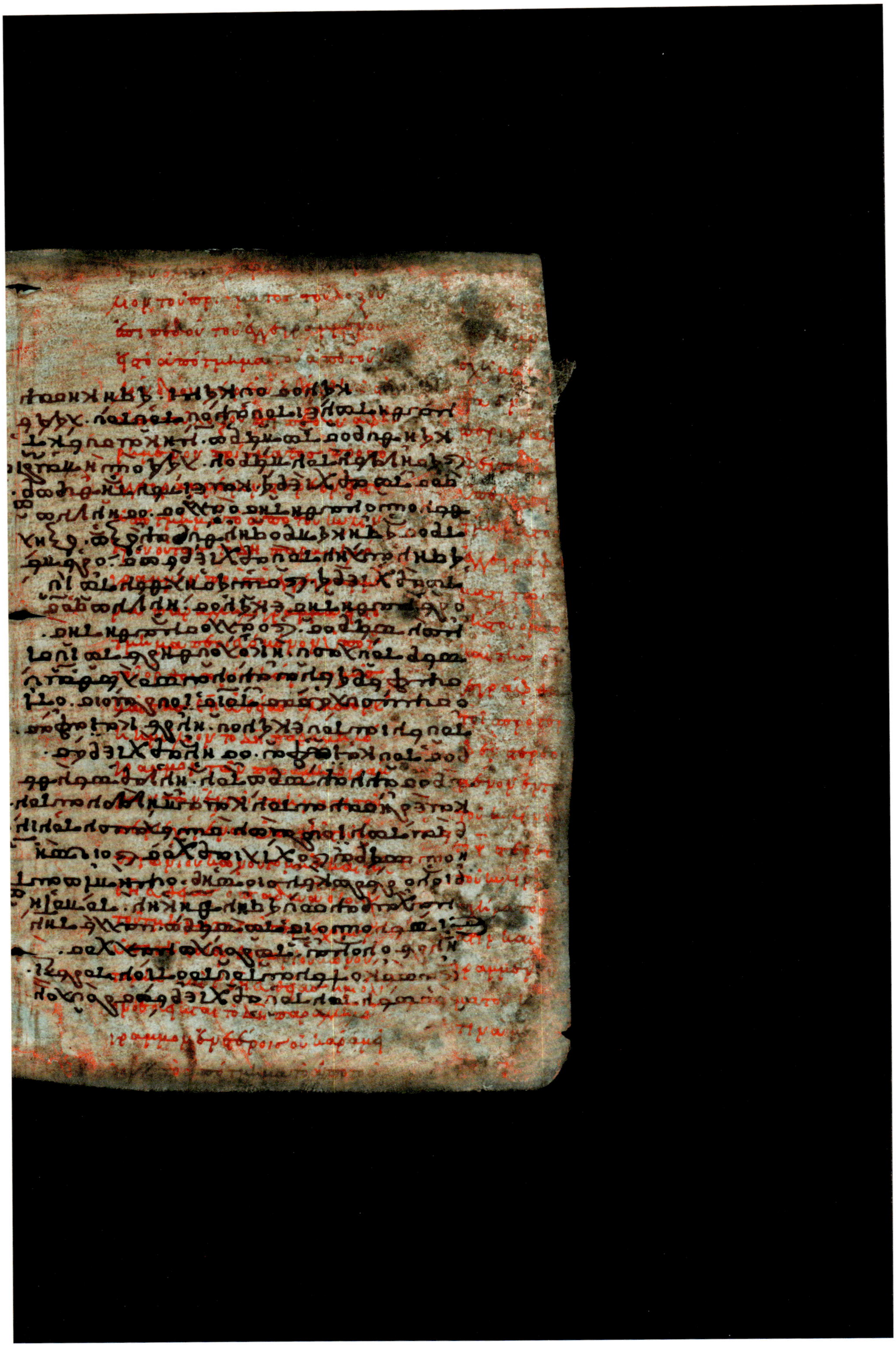

Heiberg II.504.5–506.4: *Method,* Proposition 15
Pseudocolor created from ultraviolet fluorescence and red reflectance images

. . . [τοῦ κυλίν]δρου ἔλασσον ἄρα ἢ ἡμιόλιον τοῦ πρίσματος τοῦ λοξοῦ ἐπιπέδου τοῦ ἐγγεγραμμένου εἰς τὸ ἀπότμημα τοῦ ἀπὸ τοῦ κυλίνδρου στερεοῦ. ἐδείχθη ὡ̣ς̣ τ̣ὸ̣ ἀπὸ τοῦ λοξοῦ ἐπιπέδου ἀφῃρημένου πρίσματος πρὸς τὸ ἐγγεγραμμένον στερεὸν εἰς τὸ ἀπότμημα τὸ ἀπὸ τοῦ κυλίνδρου, οὕτως τὸ ΔΗ παραλληλόγραμμον πρὸς τὰ ἐγγεγραμμένα παραλληλόγραμμα εἰς τὸ τμῆμα περιεχόμενον ὑπὸ τ(ῆς) τοῦ ὀρθογωνίου κώνο̣[υ] τομῆς καὶ τῆς ΕΗ εὐθείας· ἔλασσον (ἄρα) ἢ ἡμιόλιον τὸ ΔΗ παραλληλόγραμμον τῶν παραλληλογράμμων τῶν ἐν τῶι τμήματι τῶι περιεχομένωι ὑπὸ τῆς τοῦ ὀρθογωνίου κώνου τομῆς καὶ τῆς ΕΗ εὐθείας· ὅ(περ) ἀδύνα(τον), ὅλου (γὰρ) τοῦ τμήματος τ[ο]ῦ̣ περιεχομέν(ου) ὑπὸ τῆς τοῦ ὀρθογωνίου κώνου τομῆς καὶ τ(ῆς) ΕΗ εὐθείας ἡμιόλιον δέδεικται τὸ ΔΗ παραλληλόγραμμον ἐν ἑτέροις. οὐκ ἄρα μεῖζόν (ἐστι) τὸ ἀπότμημα τὸ ἀπὸ τοῦ [κυλίνδρου . . .]
[. . .]
[. . .]
[. . .]
[. . .]
[. . .]
[. . .]

[. . . περὶ τὸ ἀπότμη]μα τὸ ἀ[πὸ τοῦ κυλίνδρου στε]ρεοῦ ενε [. . . ἀ]ποτεμνο[μεν . . .] σχῆμα . . [. . .] τ̣α ὅμ[ο]ιον [. . . ἔστω τὸ] περιγραφ[ὲν μεῖζον τοῦ γρα]φέντος ἐλ[άσσονι ὑπεροχῆι ἤ] ὑπερέχει [τὸ πρίσμα τοῦ ἡμιολίου τοῦ] τμήματος [τοῦ ἀπὸ τοῦ κυλίνδρου]. ἐγγεγράφθ[ω δὲ ἐν τῶ τμή]ματι τῶι π[εριεχομένω ὑπό τε] τῆς τοῦ ὀρθογ[ωνίου κώνου τομῆς] καὶ τῆς ΕΗ [εὐθείας, καὶ περι]γεγράφθω, [καὶ ἔσται ὁμοίως] τοῖς πρότερο[ν τὸ περιγρα]φὲν στερεὸν [σχῆμα καὶ τὸ ἐγγεγραμ]μένον ἐν τῶι [ἀποτμηθέντι ἀπὸ] τοῦ κυλίνδρο[υ, καὶ πάλιν ἔστω] τὸ Ψ στερεὸν [μεῖζον τοῦ ἀπὸ] τοῦ κυλίνδρου [τῶι ἀπὸ τοῦ] σχήματος ἐ[λάσσονι τοῦ .] ἔστιν καὶ τὸ Ψ [μεῖζον τοῦ ἐγγε]γραμμένου σ[χήματος εἰς τὸ τμῆ]μα τοῦ κυλίν[δρου. καὶ ἔσται] τινὰ μεγέθ[η ἴσα ἀλλήλοις τὰ] πρίσματα [τὰ ἐν τῶι πρίσματι] [τῶι ἀποτετμημένωι ὑπὸ τοῦ λοξοῦ] [ἐπιπέδου . . .]
[. . .]
[. . .]
[. . .]
[. . .]
[. . .]

COLUMN 1

2 Heiberg's continuous reading resumes.

6 ὡς τὸ] δ̣ὲ̣ ὡ̣ς̣ τ̣ὸ̣ H

7 ἀπὸ] ὑ̣πὸ H

22 ὅλου γὰρ] ἐ̣π̣εὶ H

28 Heiberg's continuous reading breaks off.

Heiberg II.506.4–31: *Method,* Proposition 15
Pseudocolor created from ultraviolet fluorescence and red reflectance images

[. . .]
[. . .]
[. . .]
[. . . καὶ ἕτε][ρα] μ̣εγέθ̣η
[. . .] τ̣ὰ δ̣ὲ̣ στερεὰ τὰ
[κατὰ τὰ ἐν τῶι ΔΗ παραλλη]λογράμ-
[μωι παράλληλα π]ρὸς τὰ στερεὰ
[σχήματα . . .] τὰ περιγεγραμ-
[μένα περὶ τὸ ἀπότμημα (καὶ) τ]ὰ παραλ-
[ληλόγραμμα τὰ ἐν τῶι] ΔΗ παραλ-
[ληλογράμμωι παράλλ][η]λ̣α πρὸς τὰ
[παραλληλόγραμμ][α] τὰ ἐν τῶι
[σχήματι τῶι ἐγγ]εγραμμένωι
[ἐν τῶι τμήματι τῶι] περιεχομέ-
[νωι ὑπὸ τῆς το]ῦ ὀρθογωνίο̣υ̣
[κώνου τομῆς καὶ ὑπὸ] τῆς ΕΗ εὐθεί-
[ας ἐστιν . . . . . ἐν το][ῖ]ς α̣ὐ̣τοῖς λόγ-
[οις τὸ . . παραλληλ]όγραμμον με-
[. . . τοῦ] σ̣χήματος
[τοῦ περιγεγραμμένον] περὶ τὸ τμῆ-
[μα τὸ περιεχόμ]ενον ὑπὸ τῆς
[ὀρθογωνίου κώνου το]μῆς καὶ ΕΗ
[εὐθείας . . . . ἄ]λλων δὴ πρ(ισ)-
[μάτων ὄντων . . . . τ]ῶ̣ν ἐν τῶι
[στερεῶι σχήματι τὸ ἀ]ποτετμημέ-
[νωι ὑπὸ τοῦ λοξ]οῦ ἐπιπέδου.
[ὁμοίως δὲ τοῖς πρότ][ε]ρον δειχθήσε-
[ται . . . . .] τα̣ὐ̣τὸν τ(ῶν)
[. . .]
[. . .]
[. . .]
[. . .]
[. . .]
[. . .]
[. . .]

. . .
. . .
[τ . . περιεχομεν . . ὑπὸ τοῦ]
[ὀρθ]ο̣γωνίου τομῆς καὶ τῆς ΕΗ
εὐθείας καὶ πάντα τὰ πρίσμα(τα)
τὰ ἐν τῶι πρίσματι τῶι ἀποτε-
τμημένωι ὑπὸ τοῦ λοξοῦ ἐ̣[π]ιπέ-
δο̣υ [(πρὸς) πάν̣τ]α τὰ πρίσμα[τ]α τὰ
ἐν τῶι στερ̣ε[ῶι σ]χήμα(τι) τῶι περιγε-
γραμμένωι περὶ τ̣ὸ ἀπότμημα τ(οῦ)
κυλίνδρου τὸν αὐτὸν ἕξει λόγον, ὃν
πάντα τὰ παραλληλόγραμμα τὰ ἐν
τῶι ΔΗ παραλληλογράμμωι (πρὸς) πά(ν)-
τα τὰ παραλληλ̣ό̣γραμμα τὰ ἐν τ(ῶι)
σχήματι τῶι περ[ι]γεγραμμένωι
περὶ τὸ τμῆμα τὸ περιεχόμενον ὑ-
πὸ τῆς τοῦ ὀρθο̣γωνίου κώνου τομ[(ῆς)]
καὶ τῆς ΕΗ εὐθείας, τουτέστιν τὸ πρ[(ίσ)]-
μα ἀποτ[ε]τμημ̣ένον ὑπὸ τοῦ λο-
ξοῦ ἐ̣πιπ̣έδου (π̣ρ̣ὸς) τὸ σχῆμα τὸ (περι)γε-
γραμμένον περὶ τὸ τμῆμα τοῦ κυ-
λίνδρου τὸν αὐτὸν ἕξει λόγον, ὃν
τὸ Δ[Η] παραλ̣ληλόγραμμον (πρὸς) τὸ
σχῆμα τὸ περιγεγραμμένον ὑπὸ
τῆς τοῦ ὀρθογωνίου κώνου τομῆς
καὶ τῆς ΕΗ εὐθείας. μεῖζον δέ ἐστι
τὸ πρίσμα τὸ ἀποτετμημένον ὑ-
π[ὸ] τοῦ λοξοῦ ἐπιπέδου ἢ ἡμιόλι(ον)
τοῦ στερεοῦ σχήματος τοῦ περιγε-
γραμμένου [π]ερὶ τ̣ὸ̣ [ἀπό]τμημα
[τοῦ ἀπὸ τοῦ κ̣υ̣λίνδρου]

COLUMN 1

5 Heiberg's continuous reading resumes.
5 |εὐθείας] [ε̣ὐ̣|θ̣]ε̣ίας H
9 στερεῶι] om. H
18 πρίσ|μα] πρί|σ̣μ̣α̣ H
30 ἀπότμημα | τοῦ ἀπὸ τοῦ κυλίνδρου] τμῆμα τοῦ | κυλίνδρου suppl. H

Heiberg II.16.9–18.26: *Spiral Lines,* Propositions 2, 3, 4, 5
Pseudocolor created from ultraviolet fluorescence and red reflectance images

σ̣αμ[ε]ῖ[ο]ν̣, [ὁ ΜΝ· ἐν τούτωι δὴ τῶι] χρόνωι καὶ τὸ ἕτερον σαμεῖον διαπορεύεται τὰν ΖΗ. πάλιν δὴ καὶ ἐν ᾧ τὰν ΔΕ γραμμὰν διεπορεύετ[ο] τὸ σαμεῖον, ἔσ̣τ̣ω ὁ ΝΞ χρόνος· ἐ̣[ν τούτω δὴ καὶ τὸ ἕτερον] [σα]μεῖ[ον] δ̣[ιαπορεύεται τὰν ΗΘ]· [τὸν αὐτὸν δὴ λόγον ἐξοῦντι ἅ τε] [Γ]Δ π[οτὶ τὰν ΔΕ γραμμάν, ὃν ὁ] χρ[όνος ὁ ΜΝ ποτὶ ΝΞ, καὶ ἁ ΖΗ ποτὶ] [τὰν ΗΘ, ὃν ὁ χρόνος ὁ ΜΝ ποτὶ] [τὸν ΝΞ. δῆλον οὖν ὅτι τὸν] αὐτὸν ἔχοντι λόγον ἁ ΓΔ ποτὶ τὰν ΔΕ, ὃν ΑΖΗ ποτὶ τὰν ΗΘ.

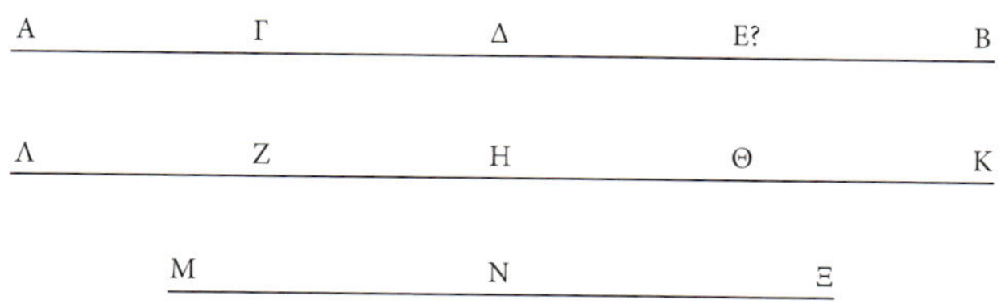

Γ̄ Κύκλων δοθέντων ὁποσων(οῦν) τῶι πλήθει δυνατόν (ἐστιν) εὐθεῖ(αν) λαβεῖν μείζονα [ἐοῦσαν] τᾶν τῶ(ν) (κύκλων) περιφερειᾶν. (περι)γραφέντ(ος) (γὰρ) περὶ ἕκαστον τῶν κύκλων πολυγώνου δῆλον ὡς ἁ ἐκ πα̣σῶν συγκειμένη τ[ᾶ]ν περι[μ]έτρων εὐθεῖα μείζων ἔσται πα̣σᾶν τᾶν τῶν κύκλων περιφερ̣μένα ὑπερέ̣[ξει τᾶ̣ς] εὐθ[ε]ί̣α̣[ς], εἰς τοσαῦτα ἴσα διαι̣[ρε]θ̣ε̣ίσ̣[ας τᾶς] εὐ̣θ̣ε̣ί̣α̣ς τὸ ἓν τμᾶμα ἔλ̣α̣σ[σον ἐσσεῖ][ται τᾶς ὑπερ]ο̣χᾶ̣ς. εἶμ̣ε̣[ν οὖν κα] [ἢ ἁ περιφέρεια] μ̣ε̣ί̣ζων [τᾶς εὐ][θείας, ἑνὸς τμάμ̣α̣]τος [ποτι][τεθέντος ποτὶ τὰ̣ν] εὐ̣θεῖαν τ̣[ᾶς] [μὲν ἐλάσσονος τᾶν δ]ο̣θ[εισᾶν] [δῆλον ὡς μείζων̣ ἐσ]σεῖτα[ι], [τᾶς δὲ μείζονος] ἐλάσσων· κα̣ὶ̣ [(γὰρ)] ἁ ποτικε̣[ιμ]ένα̣ ἐλάσσ[ων] ἐσ[τὶ] τᾶς ὑπεροχᾶς. κύκλου δο[θέντος] καὶ εὐθείας ἐπιψαυούσας [τοῦ] κύκλου δυ[να]τέ̣ν ἐστιν ἀπὸ [τοῦ] κέντρου τοῦ κύκλου ἀγαγεῖν ε̣[ὐθεῖ]αν ἐπὶ τὰν ἐπι̣ψαύο̣υσαν, ὥ[στε] τὰν μεταξὺ [τᾶς] ἐπιψαυούσα̣[ς] καὶ τᾶς τοῦ κ[ύ]κλου περιφερ[είας] εὐθεῖα^{v} ποτὶ τὰν ἐκ τοῦ κέντ[ρου] ἐλάσσονα λόγον· ἔχειν [ἢ] ἁ π̣[ερι]φέ[ρ]εια τοῦ κύκλου ἁ μεταξὺ [τᾶς] ἁφᾶς κ̣[αὶ] τ̣[ᾶς διαχθ]είσας [ποτὶ] τὰ̣[ν] δ̣[οθεῖσαν ὁ]π̣ο̣ι̣ανο̣ῦ̣[ν κύ]κλου περιφέρε̣ι̣α̣ν. δεδό[σ]θω [(κύκλος)] ὁ ΑΒ̣[Γ], κ̣έν[τρ]ο̣ν̣ [δὲ] αὐτοῦ τὸ Κ, [κ[αὶ]] ἐπιψα[υ]έτω τοῦ κύκλ[ου] ἁ̣ ΔΖ κ̣[ατὰ] τὸ Β, δ̣εδόσθω δὲ καὶ κ̣ύκλου [περι]-

COLUMN 1

14 ΑΖΗ] ἁ ΖΗ Η
20 πα|σῶν] πα|σᾶν Η
21 συγκειμένη] συγκειμένα Η
22 ἔσται] ἐσσεῖται Η

COLUMN 2

1 μένα] θεμένα Η
2 εἰς] καὶ εἰς Η
4 εἶμεν οὖν κα] εἰ μὲν οὖν καὶ Η
5 ἢ] om. Η

Heiberg II.20.3–22.12: *Spiral Lines,* Propositions 5, 6
Pseudocolor created from ultraviolet fluorescence and red reflectance images

[ἔχε]ι̣ ποτὶ τὰν ΘΚ, ὃν ἁ ΒΘ ποτὶ τὰ[(ν)] [ΘΗ]. ἁ̣ (ἄρα) ΖΘ ποτὶ τὰν ΘΚ ἐλάσσο[να] λ̣όγον ἔχει τοῦ ὃν ἁ ΒΘ περιφέρεια π̣οτὶ τὰν δοθεῖσαν περιφέρει(αν), [δι](ότι) ἁ̣ μὲν ΒΘ εὐθεῖα ἐλάσσων ἐστ[ὶ] [τᾶς] ΒΘ περιφερείας, ἁ δὲ ΘΗ μεί[ζω]ν τᾶς δοθείσας περιφερεία(ς)· [ἐλάσ]σονα οὖν λόγον ἔχει καὶ ἁ̣ ΖΘ [πο]τὶ τὰν ἐκ τοῦ κέντρου ἢ ἁ ΒΘ [περ]ιφέρεια ποτὶ τὰν δοθεῖσαν [περ]ιφέρειαν. ἑξῆς τὸ ΣΧΑΜΑ. [κύκλ]ου δοθέντος [κ]αὶ ἐν τῶι κύκλωι [γραμμᾶ]ς ἐλάσσονος τᾶς διαμέ[τρου] δυ̣ν̣ατὸν ἀπὸ τοῦ κέντρου τοῦ [κύ]κλου ποτὶ τὰν περιφέρειαν [αὐτ]οῦ ποτιβαλεῖν εὐθεῖαν τέμν(ου)[σαν] τὰν ἐν τῶι κ[ύ]κλωι δεδομέν(αν) [γρα]μμάν, ὥστε τὰν ἀποληφθεῖ[σαν] εὐθεῖαν μεταξὺ τᾶς περιφε[ρεία]ς καὶ τᾶς τε εὐθείας τᾶς ἐν τῶι [κύκ]λω δεδομένας ποτὶ τὰν ἐπι[ζευ]χθεῖσαν ἀπὸ το̣ῦ̣ πέρατος τᾶς [ποτιπ]εσούσας τοῦ ἐπὶ τᾶς περιφε[ρείας] π̣οτὶ τὸ ἕτερον μέρος τᾶς [ἐν τῶ]ι κύ[κ]λωι δεδομένας εὐθεί(ας) [τὸν ταχθέντ]α λόγον ἔχειν, εἰ καὶ [ὁ δοθεὶς λόγος ἐλάσσω]ν̣ ἢ̣ι τοῦ

. . . κεν[τρον] δὲ αὐτοῦ τὸ Κ, καὶ ἐν αὐτῶι δεδόσθω εὐθεῖα ἐλάσσων τᾶς διαμέτρου ἁ ΓΑ, καὶ (λόγον) ἔχει ἁ Ζ (πρὸς) Η, ἐλάσσω(ν) τοῦ ὃν ἔχει ἁ ΓΘ π̣οτὶ τὰν ΚΘ, καθέτου οὔσας τᾶς ΚΘ· ἄχθω δὲ ἀπὸ τοῦ κέντρου παρὰ τὰν ΑΓ ἁ ΚΝ καὶ τᾶ ΚΓ̣ πρὸς ὀρθὰς ἁ ΓΛ· ὁμοῖα δή (ἐστι) τὰ ΓΘΚ ΓΚΛ τρίγωνα. ἔστιν οὖν ὡς ἁ ΓΘ ποτὶ τὰν ΘΚ οὕτως ἁ ΚΓ ποτὶ τὰν ΓΛ· ἐλάσσ^{ον}α ἄρα λόγον ἔχει ἁ Ζ ποτὶ τὰν Η ἢ ἁ ΚΓ ποτὶ τὰν ΓΛ. ὃν δὴ λόγον ἔχει ἁ Ζ ποτὶ τὰν Η, τοῦτον ἐχέτω (πρὸς) μείζονα τᾶς ΓΛ. ἐχέτω τὰν ΒΗ, κεισθω δὲ ἁ ΒΝ μεταξὺ τᾶς περιφερείας καὶ τᾶς εὐθείας διὰ τοῦ Γ· δυνατὸν δέ ἐστι(ν) οὕτως τέμνειν· καὶ πεσείτω ἐκτ(ός), ἐπὶ μείζων ἐστὶν τᾶς ΓΛ. ἐπεὶ οὖν ἁ ΚΓ ποτὶ ΒΝ τ̣ὸ̣ν αὐτὸν ἔχει λόγ(ον), ὃν ἁ Ζ ποτὶ Η, καὶ ἁ ΕΒ ποτὶ ΒΓ τὸν αὐτὸν ἔξει λόγον ὃν ἁ Ζ ποτὶ Η. ἑξ(ῆς) τὸ ΣΧΑΜΑ.

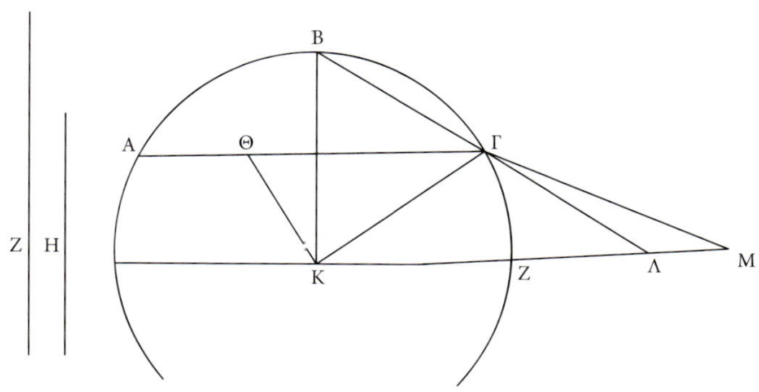

COLUMN 1

1 ποτὶ] ἁ ΘΖ ποτὶ Η
3 περιφέρει|α] περιφέρεια| Η
12 κύκλου] ς κύκλου Η
18 ἀποληφθεῖ|σαν] ἀπολαφθεῖ|σαν Η
20 τε] om. Η
26 εἰ καὶ] εἴ κα Η

COLUMN 2

1 κεντρον] om. Η
4 λόγον] λόγον ὃν Η
4 πρὸς] ποτὶ Η
6 οὔσας] ἐούσας Η
11 ἐλάσσονα] ἐλάσσω Η
14 πρὸς] ποτὶ Η
15 ΒΗ] ΒΝ Η
18 πεσείτω] πεσεῖται Η
23 σχᾶμα] σχῆμα Η

Heiberg II.28.24–32.10: *Spiral Lines*, Propositions 9, 10
Pseudocolor created from ultraviolet fluorescence and red reflectance images

ΞΓ (πρὸς) [Κ]Β, καὶ λοιπὰ ἁ ΙΓ ποτὶ λο̣ι̣πὰν τὰν ΒΕ [(ἐστὶν) ὡ]ς ἁ ΞΓ ποτὶ ΓΚ. [ὃν δὲ] λ̣ό̣γον ἔχει ἁ Ξ[Γ] ποτὶ ΓΚ, τοῦτον̣ ἔχει ἁ Η [ποτὶ Ζ]· ποτιπέπτωκε δ̣ὴ ἁ ΚΕ̣ [ποτὶ] τ[ὰ]ν ἐκβεβλημένα(ν), [(καὶ)] ἁ μετα[ξὺ τᾶ]ς [ἐκβ]εβλημένας [(καὶ)] τᾶς περ̣ιφε̣ρ̣είας ἁ ΒΕ ποτὶ τὰ(ν) Γ̣[Ι τὰν ἀπὸ τᾶς] ἐπιψαυούσας ἀπολαφθεῖσαν τὸν αὐτὸν ἔχει λόγ(ον), [ὅ]ν ἁ Ζ̣ π̣οτὶ τὰν Η. ἑξ(ῆς)

[Α Κ]ΑΤΑΓΡΑΦΑ.

εἴ κα γραμμαὶ ἑξῆς τεθέωντι ὁπο[σ]α̣ι̣ο̣ῦ̣ν̣ [τῶι ἴσωι] ἀλλαλᾶν ὑπερέχουσα[ι, ᾖ δ]ὲ ἁ ὑπεροχὰ ἴσα τᾶι ἐλ̣[αχίστα], καὶ ἄλλαι γραμμαὶ [τεθέω]ντι τῶι μὲν πλήθει ἴσα [ταύτα]ις, τῶι δὲ μεγέθει ἑκάστα [μεγίστα], τετράγωνα τὰ ἀπὸ τᾶν [ἰσᾶν] τὰ μέγιστα ποτιλαμβ̣άνοντα τό τε ἀπὸ τᾶς μεγίστας τετράγωνον καὶ τὸ περιεχόμενον [ὑ]πό τε τᾶς ἐλαχίστα̣ς καὶ τᾶς ἴσας πάσαις [ταῖς] τῶι ἴσ(ω) ἀλλα̣λᾶν ὑπερεχούσαις τριπλ(ά)σια ἐσσοῦνται τῶν τετραγώνω(ν) πάντων τῶν ἀπὸ τᾶν τῶι [ἴσωι] ἀλλαλᾶν ὑπερεχουσ̣ᾶ[ν].

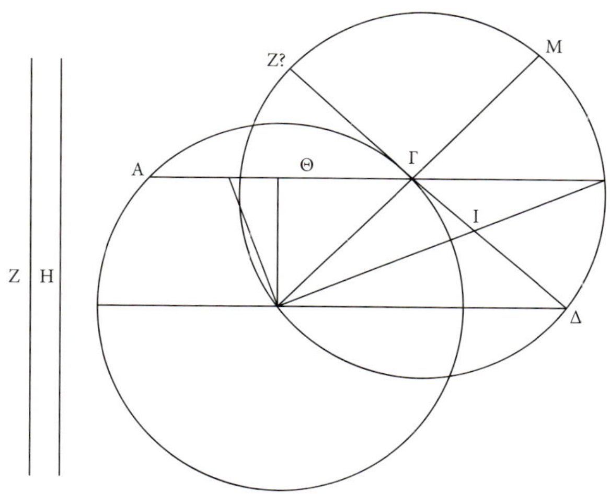

Ἔστωσαν γραμμαὶ ὁποσαιοῦν [ἐφε]ξῆς κείμεναι τ[ῶι ἴσωι ἀ]λλαλ[ᾶ]ν ὑπερέχουσαι αἱ ΑΒ ΓΔ Ε̣[Ζ Η]Θ, ἁ̣ δὲ Θ ἴ̣σα ἔστω τῆι ὑπερ[ο]χ̣[ᾶι, ποτικεί]σθω δὲ ποτὶ τὰ̣[ν Β ἴσα τᾶι Θ ἁ Ι, πο]τί τε δὲ τὰν Γ ἁ Κ ἴσα τᾶ Η, [ποτὶ δὲ τ]ὰ̣ν̣ Δ ἁ Λ ἴσα τ̣ᾶ Ζ, [ποτὶ δὲ τ]ὰ̣ν [Ε] ἁ Μ ἴσα τᾶι Ε, ποτὶ δὲ τὰν Ζ [ἁ Ν ἴσα τᾶι] Δ, ποτὶ δὲ τὰν Η ἁ Ξ ἴσα [τᾶι Γ, πο]τὶ δὲ τὰν Θ ἁ Ο ἴσηι τῆι Β· ἐσσοῦ[νται] δὲ αἱ γενόμεναι ἰσαι ἀλλήλ̣α̣ι̣ς̣ (καὶ) τᾶι̣ μεγίστα. δεικτέον οὖν (ὅτι) τὰ τετράγωνα τὰ ἀπὸ πασᾶν τᾶν τε Α καὶ τᾶν γενομενᾶν ποτιλαβόντα τό τε ἀπὸ τᾶς Α τεράγωνον καὶ τὸ περιεχόμενον ὑπό τε τᾶς Θ (καὶ) τᾶς ἴσας πάσαις ταῖς ΑΒ ΓΔ ΕΖ ΗΘ τριπλάσιά ἐντι τῶν τετ[ρ]αγώνω[ν] πάντων τῶν ἀ[πὸ τᾶν] ΑΒ ΓΔ ΕΖ ΗΘ. (ἔστιν) δὴ τὸ μὲν ἀπὸ τᾶς ΒΙ τετράγωνον ἴσον τοῖς ἀπὸ τῶν ΙΒ τετραγώνο̣ις [κ]α̣ὶ̣ [δύο] το̣ῖς ὑπὸ (τᾶν) Β[Ι] περιεχομένοις, τὸ δὲ ἀπὸ τῆς ΚΓ ἴσον τοῖς ἀπὸ τῶ̣ν Κ[Γ] τετραγώνοις καὶ [δ]ύο τοῖς ὑ̣πὸ [τ]ῶν ΚΓ (περι)εχομένων· ὁμοίω[ς δ]ὴ καὶ τὰ ἀπὸ τᾶν ἀλλᾶν τᾶν ἰσᾶν τᾶι Α τετράγωνα ἴ[σ]α ἐντὶ τοῖς ἀπὸ τῶν τμαμάτων [τετ]ρ[α]γώ[ν]οις καὶ δυσὶ τοῖς ἀπὸ τῶν τ[μ]α[μ]άτων (περι)εχομένοις. τὰ μὲν οὖν ἀπὸ τᾶ[ν] ΑΒ̣ ΓΔ ΕΖ [ΗΘ καὶ τὰ ἀπὸ τᾶν ΙΚ ΛΜ], Ν[Ξ] ΟΠ π[οτιλ]αβό̣ντα τὸ ἀπ[ὸ] τᾶς Α [τετ]ράγωνον [διπλ]άσ[ιά ἐν]τ̣ι̣ [τ]ῶ[ν] ἀπ[ὸ]

COLUMN 1

1 πρὸς] ποτὶ Η
4 ποτιπέπτωκε] ποτιπέπτωκεν Η
10 τὰν] τὸν Η
11 ἁ καταγραφά] ἡ καταγραφή Η
18 τετράγωνα] τὰ τετράγωνα Η
19 τὰ μέγιστα] τᾶι μεγίσται Η

COLUMN 2

4 τῆι] τᾶι Η
6 τε] om. Η
7 Δ] ΔΛ Η
10 ἴσηι τῆι] ἴσα τᾶι Η
11 ἀλλήλαις] ἀλλάλαις Η
13 τᾶν] τᾶς Η
21 τῶν] τᾶν Η
22 τᾶν] om. Η
23 τῆς] τᾶς Η
24 τῶν] τᾶν Η
25 τῶν] τᾶν Η

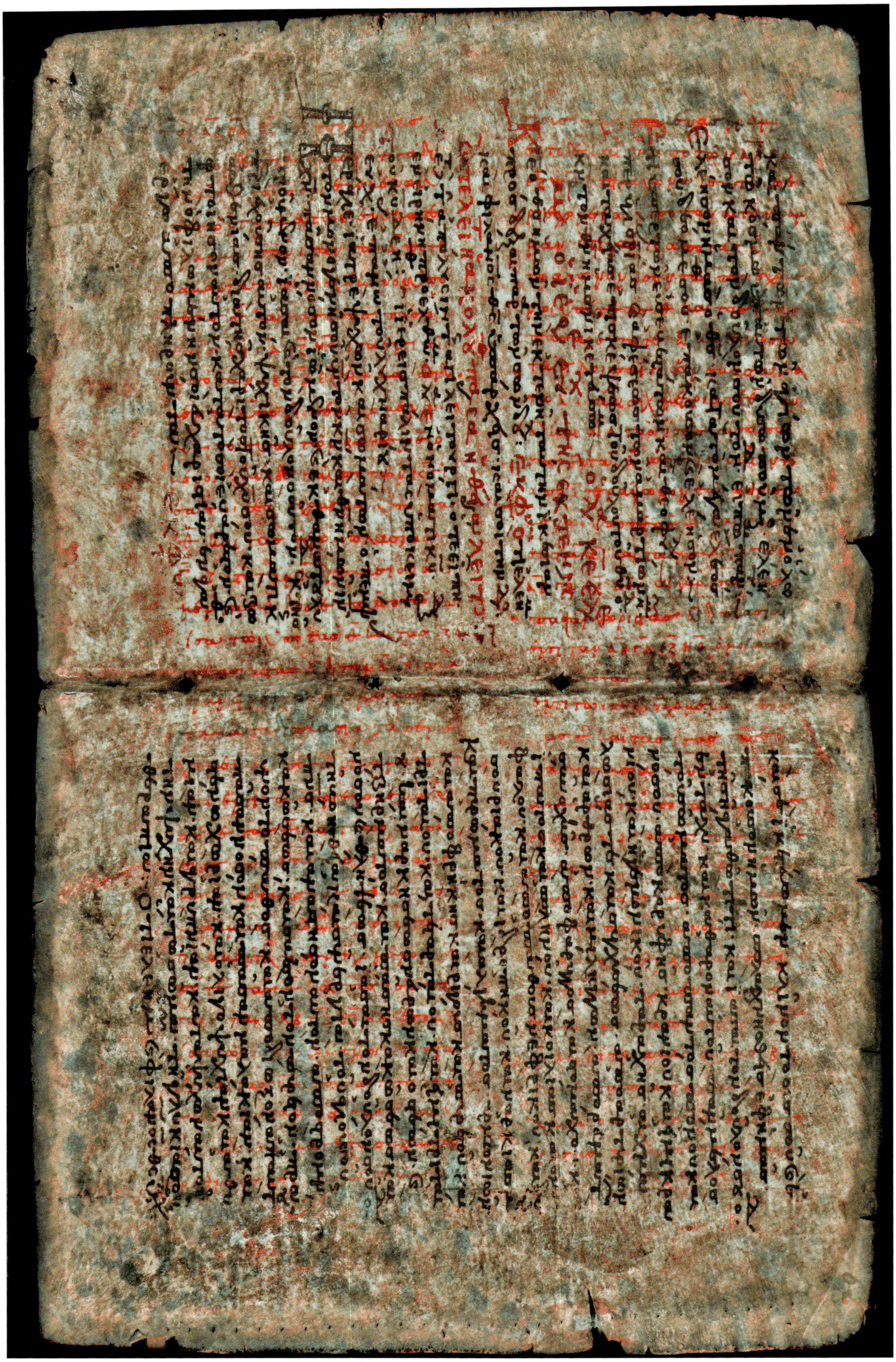

Heiberg II.32.10–34.24: *Spiral Lines,* Proposition 10
Pseudocolor created from ultraviolet fluorescence and red reflectance images

τᾶν ΑΒ ΓΔ ΕΖ ΗΘ τετραγώνοις· λοιπὸν δὲ ἐπιδείξομεν ὅτι τὰ διπλάσια τῶ(ν) περιεχομένων ὑπὸ τῶν τμαμάτων ἐν ε καὶ τε γραμμᾶι τᾶν ἰσᾶν τᾶι Α ποτιλαβόντα τὸ περιεχόμενον ὑπό τε τᾶς Θ καὶ τᾶς ἴσας πάσαι[ς] ταῖς ΑΒ ΓΔ ΕΖ ΗΘ ἴσα ἐντὶ τοῖς ἀπὸ τῶν ΑΒ ΓΔ ΕΖ ΗΘ. καὶ ἐπὶ δύο μὲν τὰ ὑπὸ ΒΙ περιεχόμενα ἴσα δυσὶ τοῖς ὑπὸ τῶν ΒΘ περιεχομένοις, δύο δὲ τὰ ὑπὸ τῶν ΚΓ ἴσα τῶι περιεχομένω ὑπό τε τᾶς Θ καὶ τᾶς τετραπλασία [τᾶς] Γ διὰ τὸ τὰν Κ διπλασίονα εἶμεν τᾶς Θ, δύο δὲ τὰ ὑπὸ τῶν Δ[Λ] ἴσα τῶι ὑπὸ τᾶς Θ καὶ τᾶς ἑξαπλασίας Δ (διὰ) τὰν Λ τριπλασίαν εἶμεν τᾶς Θ, ὁμοίως δὲ (καὶ) τἄλλα τὰ διπλάσια τὰ περιεχόμενα ὑπὸ τᾶν τμαμάτω(ν) [ἴσ]α ἐντὶ τῶι περιεχομένωι ὑπό τε τᾶς Θ καὶ τᾶς πολλαπλασίας ἀεὶ κατὰ τοὺς ἑξῆς ἀριθμοὺς ἀρτίους τᾶς ἑπομένας [γ]ραμμᾶς, τὰ οὖν σύμπαντα ποτιλαβόντα τὸ περιεχόμενον ὑπό τε τᾶς Θ καὶ τᾶς ἴσας πάσαις τᾶν ΑΒ ΓΔ ΕΖ ΗΘ ἐσοῦντ(αι) ἴσα τῶι π[ερ]ιεχ[ομ]ένωι ὑπό τε τᾶς Θ καὶ τᾶς ἴσας π[άσ]α[ι]ς τᾶ τε Α καὶ τᾶ τρι[π]λασία τᾶς Γ καὶ τᾶ περ[ι]σσᾶ κατὰ τοὺς ἑξῆς [ἀ]ριθμοὺς περισσοὺς πολλα[πλα]σίους τᾶς ἑ[πο]μένας γραμμ(ᾶς). ἐντὶ δὲ καὶ τὰ ἀπὸ τῶν ΑΒ ΓΔ ΕΖ ΗΘ τετράγωνα ἴσα τῶι περιεχομένωι ὑπὸ τᾶν αὐτᾶν γραμμᾶν. ἔστι γὰρ τὸ ἀπὸ τᾶς Α τετράγωνον ἴσον τῶι περιεχομένωι ὑπό τε τᾶς Θ καὶ τᾶς ἴσας πάσαις τᾶ τε Α καὶ τᾶ ἴσα ταῖς λοιπαῖς, ὧν ἑκάστα ἴσα τῶ Α· ἰσάκις (γὰρ) μετρια τε Θ τὰν Α καὶ ἁ Α τὰς ἴσας αὐτᾶ πάσας ἐν τᾶι Α· ὥστε ἴσον ἐστὶ τὸ ἀπὸ Α τετράγωνον τῶι περιεχομένωι ὑπό τε τᾶς Θ καὶ τᾶς ἴσας τᾶ Α καὶ τᾶ διπλασία τῶν ΑΒ ΓΔ ΕΖ ΗΘ· αἱ γὰρ ἴσαι τᾶ Α πᾶσαι χωρὶς τᾶς Α διπλάσιαί ἐντι τᾶν ΑΒ ΓΔ ΕΖ ΗΘ. ὁμοίως δὲ καὶ [τὸ] ἀπὸ τᾶς Α τετράγων[ον ἴ]σο[ν] ἐντὶ τῶι περιεχομένωι ὑπό τε τᾶς Θ καὶ τᾶς ἴσας τᾶι τε Β (καὶ) τᾶ διπλασία τᾶν ΔΕ Ζ ΗΘ, ὁμοίως δὲ καὶ τὰ ἀπὸ τᾶν ἀλλᾶν τε[τράγωνα] ἴσα ἐντὶ τοῖς περιεχομένοις ὑπό τε [τᾶς] Θ καὶ τᾶς ἴσας αὐτᾶ τε καὶ τᾶ διπλασία τῶν λοιπῶν. δῆλον οὖν, [(ὅτι)] τὰ ἀπὸ πασᾶν τετράγωνα ἴσα ἐντὶ τῶι περιεχομένωι ὑπό τε τ(ᾶς) Θ καὶ [τ]ᾶς [ἴσ]ας πάσ[α]ι[ς τ]ᾶ [τ]ε Α καὶ τᾶ τριπλα[σ]ία [τ]ᾶς Β (καὶ) [τᾶ] πενταπλασία [τ]ᾶς Γ (καὶ) τ[ᾶ] κατὰ τοὺς ἑξῆς [ἀ]ριθμοὺς περισσοὺς πολλαπλασία τᾶς [ἑπ]ομένας.

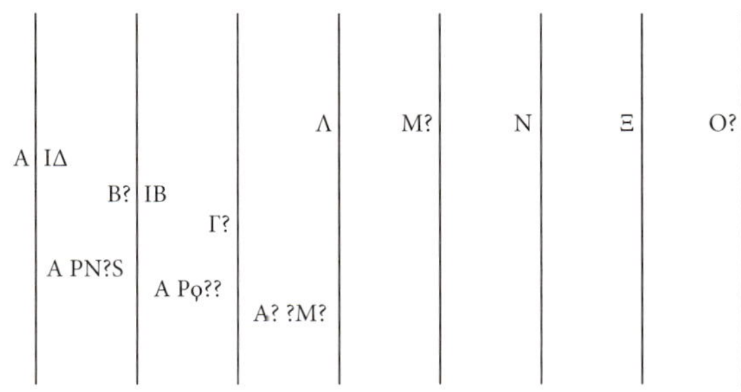

COLUMN 1

1 τετραγώνοις] τετραγώνων Η
2 ἐπιδείξομεν] ἐπιδειξοῦμες Η
4 ε και τε] ἑκατέρα Η
9 τῶν] τᾶν Η
9 ἐπὶ] ἐπεὶ Η
11 τῶν] τᾶν Η
12 τῶν] τᾶν Η
14 τετραπλασία] τετραπλασίας Η
16 τῶν] τᾶν Η
18 Δ διὰ τὰν] τᾶς Δ διὰ τὸ τὰν Η
21 τᾶν] τῶν Η
29 τᾶν] ταῖς Η
29 ἐσοῦνται] ἐσσοῦνται Η
32 Γ] Β Η
32 καὶ (alt.)] καὶ τᾶι πενταπλασίαι Η

COLUMN 2

2 τῶν] τᾶν Η
9 ὧν] ἄν Η
10 τῶ] τᾶι Η
10 μετρια] sic, μετρεῖ ἁ Η
15 τῶν] τᾶν Η
19 Α] Β Η
22 ΔΕ Ζ ΗΘ] Γ Δ Ε Ζ Η Θ Η
27 τῶν λοιπῶν] τᾶν λοιπᾶν Η

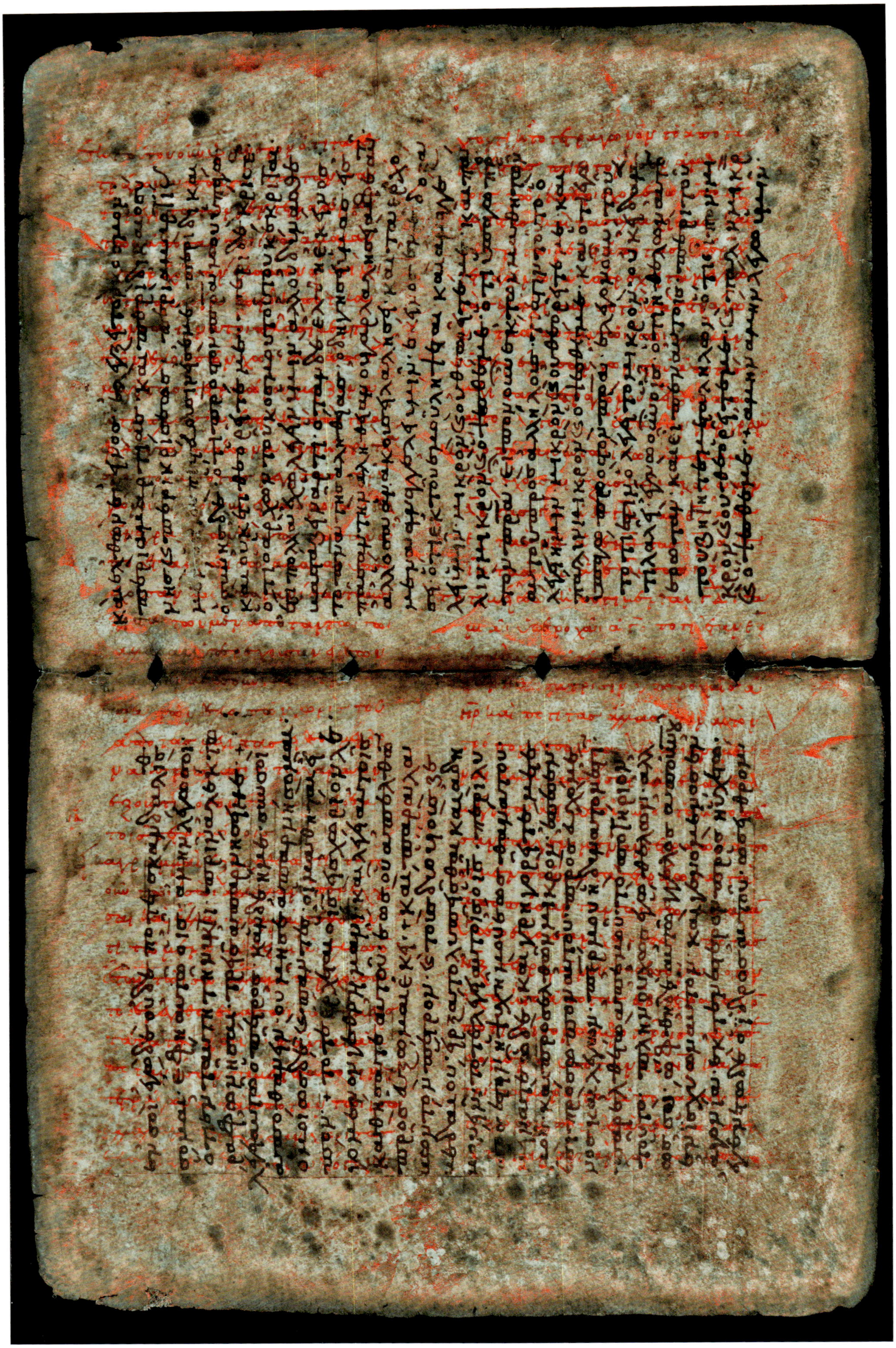

Heiberg II.34.26–38.18: *Spiral Lines,* Propositions 10, 11
Pseudocolor created from ultraviolet fluorescence and red reflectance images

ἐκ τούτου οὖν φανερὸν ὅτι τω τετράγωνα πάντα ἀπὸ τᾶν ἰσᾶν τᾶ μεγίστα τῶν μὲν τετραγώνων τῶν ἀπὸ τᾶν τῶι ἴσω ἀλλαλᾶν ὑπερεχουσᾶν ἐλάσσονά ἐστιν ἢ τριπλάσια, ἐπειδὴ ποτιλαβόντα τινὰ τριπλάσιά ἐντι, τῶν δὲ λοιπῶν χωρὶς τοῦ ἀπὸ τ(ᾶς) μεγίστας τετραγώνου μείζονα ἢ τριπλάσια, ἐπειδὴ τὰ ποτιλαφθέντα ἐλάσσονά ἐντι ἢ τριπλ(ά)σια τοῦ ἀπὸ τᾶς μεγίστας τετραγώνου. (καὶ) τ̣οίνυν, εἴ κα ὁμοῖα εἴδεα ἀναγρα[φέ]ωντι ἀπὸ πασᾶν, ἀπὸ τὲ τᾶν̣ [τ]ῶ ἴσω ἀλλαλᾶν ὑπερ̣εχουσᾶν καὶ ἀπὸ τᾶν ἰσᾶν τᾶ μεγίστα τῶν μὲν ἀπὸ τᾶν τῶ ἴσωι ἀλλαλᾶν ὑπερεχουσᾶν εἰδέων ἐλάσσονα ἐσσοῦνται ἢ τριπ̣λάσια, τῶν δὲ λοιπῶν χωρὶς τοῦ ἀπὸ τᾶς μεγίστας εἴδεος μείζονα ἢ τριπλάσια· τὸν γὰρ αὐτὸν ἑξοῦντι λ̣όγον τ̣[ὰ] ὁ̣μοῖα εἴδεα τοῖς τετραγώνοις.

ΙΑ ΕΙ κα γραμμαὶ ἑξῆς τεθέωντι ὁποσ(αι)οῦν τῶι ἴσωι ἀλληλᾶν ὑπερέχ(ου)σαι, καὶ ἄλλαι γραμμαὶ τεθέωντι τῶ μὲν πλάθει μιᾶι ἐλάσσο(ν)ες τᾶν τῶ ἴσω ἀλλᾶν ὑπερεχουσᾶ(ν), τὸ δὲ μεγέθει ἑκάστα ἴσα τᾶι μεγίστα, τὰ τετράγωνα πάντα τὰ ἀπὸ τᾶν ἰσᾶν τᾶ μεγίστα ποτὶ μὲν τετράγωνα τὰ ἀπὸ τᾶν ἰσᾶν τῶι ἴσωι ἀλλαλᾶν ὑπερεχουσᾶν χωρὶς τᾶς ἐλαχίστας ἐλάσσονα λόγον ἔχοντι ἢ τὸ τετράγωνον τὸ ἀπὸ τᾶς μεγίστας ποτὶ τὸν ἴσον ἀμφοτέροις τῶι τε περιεχομένω ὑπό τε τ(ᾶς) μεγίστας καὶ τᾶς ἐλαχίστας καὶ [τ]ῶ̣ι τρίτωι μέρει ἀπὸ τᾶς ὑπεροχ(ᾶς) τετραγώνωι, ᾇ ὑπερέχει τὰ μεγίστα τᾶς ἐλαχίστας, ποτὶ δὲ τὰ τετράγωνα τὰ ἀπὸ τᾶν τῶι ἴσωι ἀλλαλᾶν ὑπερχουσᾶν χωρὶς τοῦ ἀπὸ τᾶς μεγίστας τετραγώνου μείζονα τοῦ αὐτοῦ λόγου. ἔστωσαν γὰρ γραμμαὶ ὁποσαιοῦν τῶι ἴσωι ἀλλαλᾶν ὑπερέχουσαι ἑξῆς κείμεναι, ἁ μὲν ΑΒ τᾶς ΓΔ, ἁ δὲ ΓΔ τᾶς ΕΖ, ἁ δὲ ΕΖ τᾶς ΗΘ, ἁ δὲ ΗΘ τᾶς ΙΚ, ἁ δὲ ΙΚ τᾶς ΛΜ, ἁ δὲ ΛΜ τᾶς ΝΞ, ποτικείσθω δὴ ποτὶ μὲν τὰν ΓΔ ἴσα μιᾶι ὑπεροχᾶι ἁ ΓΟ, ποτὶ δὲ τὰν ΕΞ ἴσα δυσ[ὶ]ν ὑπερ̣οχαῖς ἁ ΕΠ, [ποτὶ] δὲ τὰν ΗΘ ἴσα τρισὶν ὑπεροχαῖς ἁ ΗΡ, καὶ ποτὶ τὰς ἄλλας τὸν αὐτὸν τρόπον· ἐσσοῦνται δὴ αἱ γενόμεναι ἀλλήλαις ἴσαι καὶ ἑκάστα τᾶ μεγίστα. δεικτέον οὖν (ὅτι) τὰ ἀπὸ πασᾶν τᾶν γενομενᾶν τετράγωνα ποτὶ μὲν πάντα τὰ τετράγωνα τὰ ἀπὸ πασᾶν τᾶν τῶι ἴσωι ἀλλαλᾶ(ν) ὑπερεχουσᾶν χωρὶς τοῦ [ἀ]πὸ τᾶς ΝΞ τετραγώνου ἐ̣λάσσονα λ̣όγον ἔχει ἢ τὸ ἀπὸ τᾶς ΑΒ τετράγωνο(ν) ποτὶ τὸ ἴσον ἀμφοτέροις τῶ τε (περι)εχόμενο̣[ν] ὑπὸ τᾶν ΑΒ ΝΞ καὶ τῶι τρίτωι μέρει τοῦ ἀπὸ τᾶς ΝΥ τ̣ετραγώνου, ποτὶ δὲ τὰ τετρ̣άγωνα τὰ ἀπ̣ὸ τᾶν αὐτᾶν χωρὶς το[ῦ ἀ]πὸ τᾶ[ς]

COLUMN 1

1 τω] sic, τὰ H
2 πάντα] πάντα τὰ H
26 ἀλληλᾶν] ἀλλαλᾶν H
28 πλάθει] πλήθει H
29 ἀλλᾶν] ἀλλαλᾶν H
33 ἰσᾶν] om. H

COLUMN 2

18 ΕΞ] ΕΖ H
23 ἀλλήλαις] ἀλλάλαις H
31 περι|εχόμενον] περι|εχομένωι H
29 ἀλλᾶν] sic

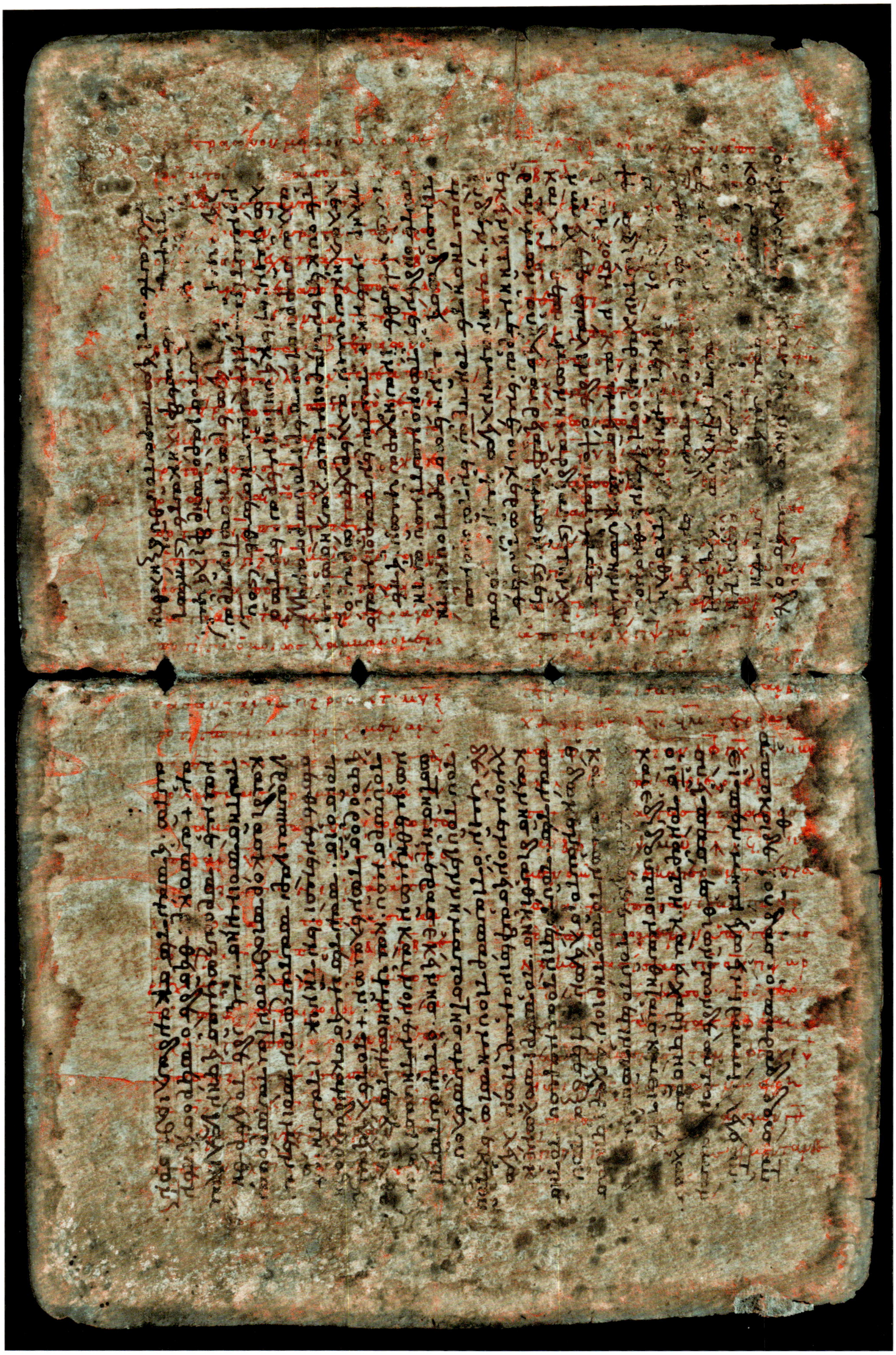

Heiberg II.38.19–42.7: *Spiral Lines,* Proposition 11
Pseudocolor created from ultraviolet fluorescence and red reflectance images

[ΑΒ] τετραγώνου μείζονα λόγον ἔχει [ἢ τ]ο̣ῦ̣ αὐτοῦ λ[ό]γ[ου]. ἀπολελ[άφθω] [ἀφ’] ἑ̣κάστας τᾶν τῶι ἴσω̣[ι ἀλλ]α̣λᾶ(ν) [ὑπερεχ]ο̣υσᾶν ἴσαι τᾶι ὑπεροχᾶι· ὃ̣ν̣ [δὴ] λ̣όγον ἔχει τὸ ἀπὸ τᾶς Α̣Β πο̣[τὶ συνα]μφότερα τό τε ὑπὸ τᾶ̣ν̣ ΑΒ [ΦΒ περιεχόμ]ε̣νον καὶ τὸ τρίτον μέρος [τοῦ] ἀπὸ τᾶς ΑΦ τετραγώνο[υ], τοῦτον ἔχει τὸν λόγον τό τε ἀπὸ τ[(ᾶς)] ΟΔ τετράγωνον ποτί τε τὸ περιεχ[ό]μενον ὑπὸ τᾶν ΟΔ ΔΧ̣ καὶ τὸ τρίτον μέρος τοῦ ἀπὸ [τᾶς] ΧΟ τετραγώνου καὶ τὸ τετράγων̣[ον] τ̣ὸ ἀπὸ τᾶς Π̣Ζ ποτὶ τὸ περι̣εχ̣όμεν[ο]ν̣ ὑπὸ τᾶν ΠΖ ΨΖ καὶ τὸ τρίτον μέρος [το]ῦ ἀπὸ τᾶς Ψ̣Π τετραγών[(ου)] καὶ τὰ ἀπὸ τᾶν ἀλλᾶν τετράγων(α) ποτὶ τὰ ὁμοίως λαμβανόμενα [χωρία· καὶ τὰ πάντα δὴ τὰ ἀπὸ] πασᾶν τᾶν Ο̣Δ ΠΖ ΡΟΣ ΚΤ ΜΥΞ ποτί τε πάντα περιεχομέναν ὑπό [τ]ε τᾶς ΝΞ καὶ τᾶς π̣ά̣σ̣αις ταῖς εἰρημέναις γρ[α]μμαῖς καὶ τὰ τ̣ρ̣ι̣ταμό[ρια] τῶν τετραγώνων τῶ(ν) [ἀ]πὸ τᾶν ΟΧ ΠΨ ΡΩ Σϡ ΤϘ ΥΝ τὸν αὐτὸν ἑξοῦντι λόγον, ὃν τὰ ἀπὸ τ[(ᾶς)] Α̣Β̣ [τετ]ρά[γ]ω[νον] ποτὶ τὰ συναμφότερα τό τ̣ε̣ ὑπὸ τᾶν ΑΒ ΦΒ περιεχόμενον κ̣αὶ τὸ [τρί]τον μέρος τοῦ ἀπὸ Φ[Α] τετραγώνου. εἰ οὖν κα δειχθῆι τό τε περι[ε]χόμενον ὑπό τε τᾶς ΝΞ (καὶ) τᾶς ἴσας πάσαις τ(αῖ)ς ΟΔ ΠΖ ΡΘ Σ̣Κ ΤΜ̣ Ν̣Ξ καὶ τὰ τρίτα μέρη τῶν τετραγώνων τῶν ἀπὸ τᾶ̣ν [Ο]Χ ΠΨ ΡΩ Σ̣ϡ ΤϘ ΥΝ τ[(ῶν)]

[μ]ὲ̣ν̣ τ̣ετράγωνον τῶν ἀπὸ τᾶν ΑΒ ΓΔ Ε[Ζ ΗΘ ΙΚ ΛΜ ἐλάττονα, τῶν] [δὲ τ]ετ[ρ]αγώ[νων τῶν ἀπὸ τᾶν ΓΔ], ΕΖ [ΗΘ] Ι̣Κ̣ ΛΜ̣ [ΝΞ μεί]ζο[να, δ]ε̣[δ]ει[γμ]ένον ἐ̣σ̣[σεῖται τὸ προτε]θέν. ἔστι [δὴ τὸ μ̣ὲν περιεχόμε]ν[ο]ν̣ ὑπό τ[ε] τ̣ᾶ̣ς Ν[Ξ καὶ τᾶς ἴσα]ς π̣ά̣σαις ταῖς [ΟΔ ΠΖ Ρ]Θ Σ[Κ] ΤΜ ΥΞ καὶ τὰ τρίτα μέρ[η τῶν τετρα]γώνων τῶν ἀπὸ τᾶν ΟΧ [ΠΨ ΡΩ] [Σ]ϡ ΤϘ ΥΝ ἴσα̣ τοῖς τετρ[αγών]ο̣ι̣ς̣ [τοῖ]ς ἀπὸ ΧΔ [ΨΖ ΩΘ ϡΚ ϘΜ] Ν̣Ξ καὶ τῶι πε[ρ̣ιεχομένωι ὑ]πό τε τᾶς Ν̣Ξ̣ καὶ [ἴσας] πάσαις [τ]α̣ῖ̣ς [Ο]Χ Π[Ψ Ρ]Ω Σ̣ϡ [Τ]Ϙ ΥΝ καὶ τῶι τρί[τ]ωι [μ]έρει [τ]ῶ̣ν̣ τετραγώνων τῶ̣ν ἀπὸ τᾶν ΟΧ ΠΨ ΡΩ Σϡ ΤϘ̣ ΥΝ, [τὰ δὲ ἀπὸ τ]ᾶ̣ν ΑΒ̣ ΓΔ [ΕΖ ΗΘ Ι]Κ Λ̣Μ̣ τετράγωνα ἴσα τ̣οῖς ἀπὸ τᾶν ΒΦ ΧΔ ΨΖ Ω̣[Θ] ϡΚ ϘΜ τετραγών(οις) καὶ τοῖς [ἀπ]ὸ̣ τᾶν ΑΦ ΓΧ ΕΨ ΜΩ Ρϡ Λ[Ϙ] κ[αὶ] τ̣ῶι περιεχομένω ὑπὸ τᾶν [ΒΦ κ]αὶ τᾶς διπλασίας τᾶν ΑΦ [ΓΧ Ε]Ψ ΜΩ Ιϡ ΛϘ. κοινὰ μὲν οὖν [ἐντ]ι ἑκατέρων τὰ τετράγωνα τὰ [ἀ]πὸ τᾶν ἰσᾶν τᾶ[ι] ΝΞ, τὸ δὲ περιεχόμενον ὑπό τε τᾶς ΝΞ καὶ τᾶς ἴσας τ(αῖ)ς ΟΧ ΠΨ ΩΡ ϡΣ ϘΤ Υ̣Ν ἔλασσόν (ἐστι) τοῦ περιεχομένο̣υ̣ ὑπό τε τᾶς ΒΦ καὶ τᾶς διπλασίας τᾶν ΑΦΓ ΧΕΨ ΗΩΙ ϡΛ̣Ϙ διὰ τὸ τὰς νῦν εἰρημένας γραμμὰ̣[ς] τ̣αῖς μὲν ΓΘ ΕΠ ΡΗ̣ ΙΣ̣ [ΛΤ Υ]Ν [ἴσ]ας εἶμεν, τᾶν δὲ

COLUMN 1

2 ἢ] om. H
22 πάσαις] ἴσας πάσαις H
26 τὰ] τὸ H
33 ΝΞ] ΥΞ H
34 μέρη] μέρεα H

COLUMN 2

1 μὲν τετράγωνον] τετραγώνων H
33 ΓΘ] ΓΟ H

Heiberg II.42.7–46.2: *Spiral Lines*, Proposition 11
Pseudocolor created from ultraviolet fluorescence and red reflectance images

λοιπᾶν μείζονας, καὶ τὰ τετράγωνα δὲ τὰ ἀπὸ τᾶν ΑΦ ΓΧ ΕΨ ΗΩ [Ι]ϡ ΛϘ· δέδεικται γὰρ̣ τοῦτο ἐν τοῖς ἐπάνω· ἐλά(ττ)ο[να] ἄρα ἐντὶ τὰ ῥηθ[έν]τα χωρία τῶν τετραγώνω(ν) τῶν ἀπὸ τῶν ΑΒ ΓΔ ΕΖ ΗΘ ΙΚ ΛΜ. λοιπὸν δὲ δείξομεν (ὅτι) μείζονά ἐ(ν)τι τῶν τετραγώνων τῶν ἀπὸ τᾶν ΓΔ ΕΖ ΗΘ ΙΚ ΛΜ ΝΞ. [πάλιν δ]ὴ [τὰ] τετράγωνα τὰ ἀπὸ τᾶν ΓΔ ΕΖ ΗΘ ΙΚ ΛΜ ΝΞ ἴσα ἐντὶ τοῖς τε ἀπὸ τᾶν ΧΓΕ ΨΗ ΩΙ ϡΛϘ καὶ τῶι περιεχομένωι ὑπό τε τᾶς ΝΞ καὶ [τᾶς] διπλασίας πασᾶν τᾶν ΧΓ ΕΨ ΩΙ ϡΛϘ. καί (ἐστι) κοινὰ μὲν τὰ ἀπὸ τᾶν ΧΔ ΨΖ ωΔ ϡΚ ΜϘ̣ ΝΖ, (μεῖζον) δὲ τὸ ὑπό τε τᾶς ΝΖ καὶ τᾶς ἴσας πάσ(αι)ς τ(αῖ)ς ΟΧ [ΠΨ] ΡΩ [Σ]ϡ Τ̣[Ϙ] ΥΝ το[ῦ] ὑπὸ τ[ᾶς] [ΝΞ καὶ] τᾶς δ̣ι̣π̣λ̣α̣σ̣ί̣[ας] π̣α̣σ̣ᾶ̣ν τᾶν ΓΧ ΕΨ ΗΩ Ιϡ Λ̣Ϙ, ἐντὶ δὲ καὶ τετράγωνα τὰ ἀπὸ τᾶν ΧΟ ΨΠ ΩΡ ϡΣ ϘΤ ΥΝ τῶν ἀπὸ τᾶν ΓΧ ΕΥ̣ Γ̣Η ωΙ ϡΛ Ϙ (μείζονα) ἢ [τρι]πλάσια· δέδεικται (γὰρ) καὶ τοῦτο· μείζονα ἄρα ἐντὶ γὰρ η θέντα χωρία τῶν τετραγώνων τῶν ἀπὸ τᾶν ΓΔ ΕΖ ΗΘ ΙΚ ΛΜ ΝΞ. ἑξ(ῆς) τὸ ΣΧΑΜΑ.

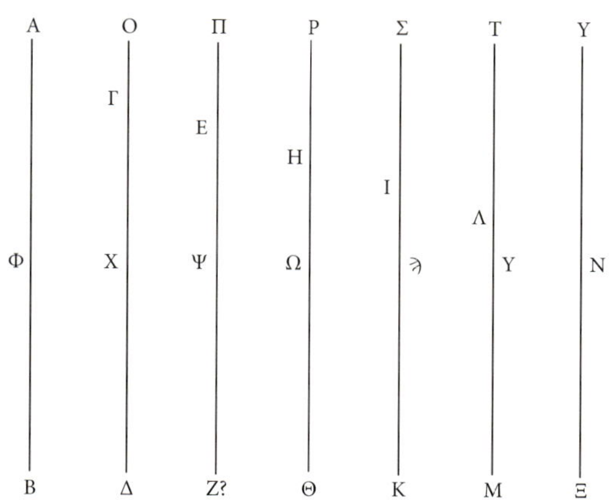

Καὶ τοίνυν εἴ κα ὁμο[ῖα ἀν]αγραφέντι ἀπὸ πασᾶν, ἀπό τε [τᾶν τῶι ἴσ]ωι ἀλλαλᾶν ὑπ̣εχουσᾶν καὶ ἀ̣πὸ τᾶν ἰσᾶν τᾶ μεγίστα, ε̣ἴδ[εα], πάν[τα] τὰ [δ]ὲ̣ ἀπὸ τᾶν τῶι ἴσωι ἀλλαλᾶν ὑπερεχουσᾶν χωρὶς τοῦ ἀπὸ τᾶς ἐλαχίστας εἴδεος ἐλάσσ̣ονα λόγον ἐξοῦντι [ἢ] τὸ τετράγ̣ωνον τὸ ἀπὸ τᾶς μεγίστας ποτὶ τὸ ἴσ̣ον ἀμφοτέροις τῶι τε περιεχομέ̣νωι ὑπό τε τᾶς μεγίστας καὶ τᾶς ἐλαχίστας καὶ τῶι τρίτωι μέρει τοῦ ἀπὸ τᾶς ὑπεροχᾶς, ᾇ ὑπερέχει ἁ μεγίστα τᾶς ἐλαχίστας, ποτὶ δὲ τὰ ἀπὸ τᾶν αὐτᾶν εἴδε̣α χωρὶς τ[οῦ] ἀπὸ τᾶς μεγίστ(ας) μείζο[ν]α τοῦ αὐτοῦ λόγου· τὸν αὐτὸ(ν) (γὰρ) ἕξουσι λ̣ό̣γον τὰ ὁμοῖα εἴδεα τοῖς τετραγώνοις. εἴ κα εὐθεῖα [ἐπιζευχθῇ γραμμὰ ἐν ἐπιπέδωι καὶ] μένοντο[ς] τοῦ [ἑτ]έρ[ου π]έρατ[ος αὐτᾶ]ς ἰσοταχέως περιενεχθεῖσα ὁσακισοῦν ἀποκατασταθῆι πάλιν, ὅθεν ὥ̣[ρ]μ[α]σεν, ἅμα δὲ τᾶ γραμμᾶι περιαγομέναι φέρηταί τι σημεῖον ἰσοτ[αχέ]ως αὐτὸ̣ ἑωυτῶ κατὰ τᾶς εὐθείας ἀρξάμενον ἀπὸ τοῦ μένοντ[ο]ς πέρατος, τὸ σαμεῖον ἕλικα γράψει ἐν τῶι ἐπιπέδωι. καλείσθω οὖν τὸ μὲν πέρας τᾶς εὐθείας τὸ μένον περιαγομένας αὐτᾶς ἀρχὰ τᾶς ἕλικο̣ς. [ἁ δ]ὲ θέ̣σις τᾶς γραμμᾶς, ἀφ᾽ ἇς ἄρξατο ἁ εὐθεῖα περιφέρεσθαι, ἀρχὰ τᾶς περιφορᾶς. εὐθε̣ῖα, ἂν μὲν α̣ὐ̣τᾶι πρώται περιφορᾶ δια[π]ορευσθῇ τὸ σαμεῖον τὸ̣ κατὰ τᾶς εὐθείας

COLUMN 1

6 τῶν] τᾶν Η
7 δείξομεν] δειξοῦμες Η
14 ΧΓ] ΓΧ Η
14 ΩΙ] ΗΩ Ι Η
16 ωΔ] ΩΘ Η
16 ΝΖ] ΝΞ Η
17 ΝΖ] ΝΞ Η
21 τετράγωνα] τὰ τετράγωνα Η
22 ΕΥ] ΕΨ Η
23 ΓΗ] Η Η
25 γὰρ η θέντα] sic, γα ῥηθέντα Η
27 ἑξῆς τὸ ΣΧΑΜΑ] om. Η

COLUMN 2

1 ἀναγραφέν|τι] ἀναγραφέων|τι Η
3 ὑπεχουσᾶν] ὑπερεχουσᾶν Η
4 δὲ] om. Η
17 ἕξουσι] ἑξοῦντι Η
24 ση|μεῖον] σα|μεῖον Η
25 ἑωυτῶ] ἑαυτῶι Η
33 τᾶς] τῆς Η
34 αὐτᾶι] ἐν τᾶι Η
35 διαπορευσθῇ] διαπορευθῆι Η

Heiberg II.46.2–48.21: *Spiral Lines,* Propositions 11, 12, 13
Pseudocolor created from ultraviolet fluorescence and red reflectance images

[φε]ρόμενον, πρώτα καλείσθω, ἂν [δ' ἐ]ν τᾶι δευτέραι περιφορᾶι τὸ αὐ-τ[ὸ] σαμεῖον διανύσῃ, δευτέρα, (καὶ) ἄλλαι ὁμοίως ταύταις ὁμωνύμ(ως) [τα]ῖς περιφοραῖς καλείσθωσαν. τὸ δὲ χωρίον τὸ περιλαφθὲν ὑ-πό τε τᾶς ἕλικος τᾶς ἐν τᾶι πρώ-ται περιφορᾶι γραφείσας καὶ τᾶς εὐθείας, ἅ ἐστι πρώτα, πρῶ(τον) καλείσθω, τὸ δὲ περιλαφθὲν ὑπό τε τᾶς ἕλικος τᾶς ἐν τᾶι δευτέραι περιφορᾶι γραφείσας καὶ τᾶς εὐθείας τᾶς δευτέρας δεύτερο(ν) καλείσθω. καὶ εἴ κα ἀπὸ τοῦ σα-μείου, ὅ ἐστιν ἀρχὰ τᾶς ἕλικος, ἀχθῇ τις εὐθεῖα γραμμά, τᾶς εὐθείας ταύτας ἐπὶ τὰ αὐτά, ἁ περιφορὰ γεγένηται, προαγό-[μενα καλείσθω, τὰ δὲ ἐπὶ θά]-τερα ἑπόμενα. ὅ τε γραφθεὶς κύκλος κέντρωι μὲν τῶι σαμείωι, ὅ ἐστιν ἀρχὰ τᾶς ἕλικος, διαστάμα-τι δὲ τᾶι εὐθείαι, ἅ ἐστιν πρώται, πρώτως καλείσθω, ὁ δὲ γραφθεὶς κέντρωι μὲν τῶι αὐτῶι, διαστάμα-τι δὲ τᾶι διπλασίαι εὐθείαι δεύ-τερος καλείσθω, καὶ οἱ ἄλλοι δὲ ἑξῆς τούτοις τὸν αὐτὸν τρόπον.

ΙΒ ΕΙ κα ποτὶ τὰν ἕλικα τᾶι μὲν μιᾶι περιφορᾶ ὁποιαοῦν γεγραμμέ-να[ν] ἀπὸ τᾶς ἀρχᾶς τᾶς ἕλικ(ος) εὐθεῖαι ἐμπεσῶντι ὁποιαιοῦν ἴσας ποιοῦσαι γωνίας ποτ' ἀλλά-λας, τῶι ἴσω ὑπερέχοντι ἀλλα[λᾶ](ν). ἔστω ἕλιξ, ἐφ' ἇς αἱ ΑΒ ΑΓ̣ ΑΔ ΑΕ ΑΖ ἴσας γωνί̣ας ποιοῦσαι πο-τ' ἀλλάλας. δεικτ[έ]ο̣ν ὅτι τῶι ἴσωι ὑπερέχει ἁ ΑΓ τᾶς ΑΒ καὶ ἁ ΑΔ τᾶς ΑΓ καὶ αἱ ἄλλαι ὁμοίως. ἐν ᾧι (γὰρ) χρόνωι ἁ περιαγομένα γραμμὰ ἀπὸ τᾶς ΑΒ ἐπὶ τὰν ΑΓ ἀφι[κ]νεῖτ(αι), ἐν τούτω τῶι χρόνωι τὸ σαμεῖον τὸ κατὰ τᾶς εὐθείας φερόμεν(ον) τὰν ὑπεροχὰν διαπορεύεται, ἅ ὑπερέχει ἁ ΓΑ ταν ΑΒ, ἐν ᾧι δὲ χρόνωι ἀπὸ τᾶς ΑΓ ἐπὶ τὰν ΑΔ, ἐν τούτωι διαπορεύεται τὰν ὑπερο χάν, ἅ ὑπερέχει ἁ ΑΔ τᾶς ΑΓ. ἐ-ν ἴσωι δὲ χρόνωι ἁ περιαγομέ-να γραμμὰ ἀπό τε τᾶς ΑΒ ἐ-πὶ τὰν ΑΓ ἀφικνεῖται καὶ ἀπὸ τᾶς ΑΓ ἐπὶ τὰν ΑΔ, ἐπειδὴ αἱ γω-νίαι ἴσαι ἐντί· ἐν ἴσωι ἄρα χρό-νωι τὸ κατὰ τᾶς εὐθείας φερό-μ[ενο]ν̣ σαμε̣ῖ̣ο̣ν̣ διαπορ̣[εύ]ε̣ται τὰν ὑπεροχάν, ἅ ὑπερέχει ἁ [ΓΑ] τᾶς ΑΒ, καὶ τὰν ὑπεροχάν, ὑπε-ρέχει ἁ ΑΔ τᾶς ΑΓ. τῶι ἴσωι (ἄρα) ὑπερέχει ἅ τε ΑΓ τᾶς ΑΒ καὶ ἁ [Α]Δ τᾶς ΑΓ, κα̣ὶ αἱ λοιπαί.

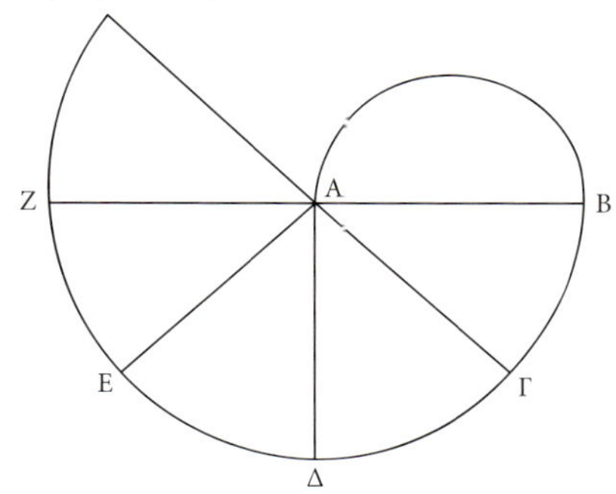

ΙΓ ΕΙ κα εὐθεῖα γραμμὰ τᾶς ἕλικος ἐπιψαύῃ, καθ' ἓν μόνον ἐπιψαύ-σει σαμεῖον. ἔστω ἕλιξ, ἐφ' ἇς τὰ ΑΒ Γ̣Δ, ἔστω δὲ καὶ ἀρχὰ μὲν τᾶς

COLUMN 1

4 ἄλλαι] αἱ ἄλλαι H
18 γεγένηται] γένηται H
18 προαγό|μενα] προαγού|μενα H
20 γραφθεὶς] γραφεὶς H
22 διαστάμα|τι] διαστήμα|τι H
24 πρώτως] πρῶτος H
24 γραφθεὶς] γραφεὶς H
25 διαστάμα|τι] διαστήμα|τι H
29 εἴ κα] εἰ καὶ H
29 τᾶι] τὰ H

COLUMN 2

21 ὑπε|ρέχει] ἇι ὑπε|ρέχει H
28 καὶ] om. H

Heiberg II.48.21–52.5: *Spiral Lines,* Propositions 13, 14
Pseudocolor created from ultraviolet fluorescence and red reflectance images

ἕλικος τὸ Α σημεῖον, ἀρχὰ δὲ τᾶς περιφορᾶς ἁ ΑΔ εὐθεῖα, καὶ ἐπιψαέτω τᾶς ἕλικος εὐθεῖά τις ἁ ΖΕ. φαμὶ δὴ καθ' ἓν μόνον σαμεῖον ἐπιψαύειν αὐτᾶς. ἐπιψαυέτω γάρ, εἰ δυνατόν, κατὰ δύο σαμεῖα τὰ ΓΗ, καὶ ἐπεζεύχθωσαν αἱ ΑΓ ΑΗ, καὶ ἁ γωνία δίχα τετμάσθω ἁ περιεχόμενα ὑπὸ τῶν ΑΗ ΑΓ, καθ' ὃ δὲ σαμεῖον ἁ δίχα τέμνουσα τὰ(ν) γωνίαν τᾶι ἕλικι ποτιπίπτει, ἔστω τὸ Θ. τῶι δὴ ἴσω ὑπερέχει ἅ τε ΑΗ τᾶς ΑΘ καὶ ἁ ΑΘ τᾶς ΑΓ, ἐπειδὴ ἴσας γωνίας περιέχ(ου)σι ποτ' ἀλλάλας· ὥστε διπλάσιαί ἐντι αἱ αΗ αΓ τᾶς αΘ. ἀλλὰ τᾶς ἐν τῶι τριγώνωι τᾶς αΘ δίχα τεμνούσας τὰν γωνίαν μείζων [ἐ]ντὶ ἢ διπλάσιαι· δῆλον (οὖν), ὅτι, καθ' ὃ συμπίπτει σαμεῖον τᾶι ΓΗ εὐθεία ὡς αΘ, μεταξὺ τῶν ΘΑ ἐντὶ σαμείων· τέμνει (ἄρα) ἁ ΕΖ τὰν ἕλικα, ἐπειδή τι τῶ[ν] ἐν τᾶι ΓΗ σαμείων ἐντός ἐστι τ[(ᾶς)] ἕλικος. ὑπόκειτο δὲ ἐπιψαύουσα· καθ' ἓν ἄρα μόνον ἅπτεται ἁ ΕΗ τᾶς ἕλικος.

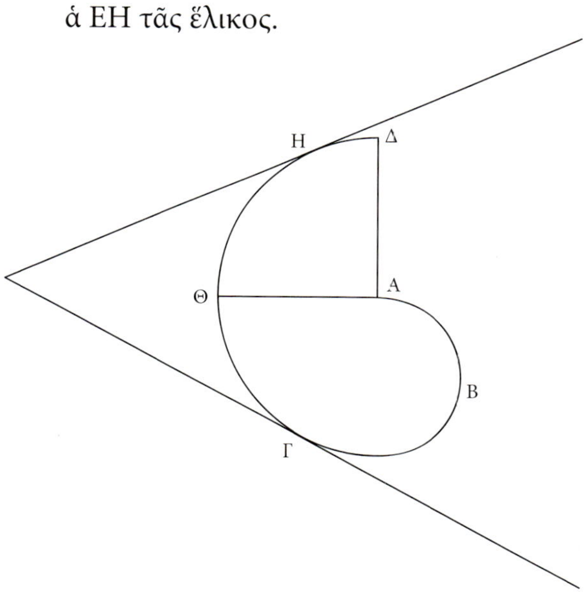

εἴ κα ποτὶ τὰν ἕλικα τὰν ἐν [τᾶι πρώται] περιφορᾶν γεγραμμέναν πο[τι]πεσέωντι δύο εὐθεῖαι ἀπὸ τοῦ σαμ[εί]ου, ὅ ἐστιν ἀρχὰ τᾶς ἕλικος, καὶ ἐ̣κ̣βληθέων ποτὶ τὰν τοῦ πρώ[του κύ]κλου περιφοράν, τὸν αὐτὸν ἑξοῦντι λόγον αἱ ποτὶ τὰν ἕλικα ποτιπίπτουσαι ποτ' ἀλλάλας, ὧν αἱ περιφέρειαι τοῦ κύκλου αἱ μεταξὺ τοῦ πέρατος τᾶς ἕλικος καὶ τῶν περάτων τᾶν ἐκβληθεισᾶν εὐθειᾶ(ν) τῶν ἐπ[ὶ] τᾶς περ.φερείας γινομένων, ἐπὶ τὰ προαγούμενα λαμβανομενᾶν τᾶν περιφερειᾶν ἀπὸ τοῦ πέρατος τᾶς ἕλικος. ἔστω ἕλιξ ἁ ΑΒ ΓΔ ΕΘ ἐν τᾶι πρώται περιφορᾶι γεγραμμένα, ἀρχὰ δὲ τᾶς μὲν ἕλικος ἔστω τὸ Α σαμεῖον, ἁ [δὲ] ΘΑ̣ [εὐ]θεῖα [ἀ]ρχὰ τᾶς περιφορ[ᾶ]ς ἔστω, καὶ κύκλος ὁ ΘΚΗ ἔστω ὁ πρῶτος, ποτιπιπτόντων δὲ ἀπὸ τοῦ Α σαμείου ποτὶ τὰν ἕλικα αἱ αΕ ΑΔ καὶ ἐκπιπτόντων ποτὶ τὰν τοῦ κύκλου περιφέρειαν ἐπὶ τὰς ΖΗ. δεικτέον, (ὅτι) τὸν αὐτὸν ἔχοντι λόγον ἁ ΑΕ ποτὶ τὰν ΑΔ, ὃν ἁ ΘΚΖ περιφέρεια ποτὶ τὰν ΘΚΗ περιφέρειαν. περιαγομένας (γὰρ) τᾶς ΑΘ γραμμᾶς δῆλον ὡς τὸ μὲ(ν) Θ σαμεῖον κατὰ τᾶς τοῦ ΘΚΗ κύκλου περιφερείας ἐνηνεγμένον (ἐστὶν) ἰσοταχέως, τὸ δὲ Α κατὰ τᾶς εὐθείας φερομ̣ε̣ν̣ον τὰν ΑΘ γραμμὰν π[επό]ρ̣ευται, καὶ τὸ Θ [σα]μεῖον κα̣τὰ τᾶς τοῦ κύκλου

COLUMN 1

1 σημεῖον] σαμεῖον H
2 ἐπι|ψαέτω] sic, ἐπι|ψαυέτω H
9 τῶν] τᾶν H
18 μεί|ζων] μεί|ζονες suppl. H (e BG)
21 ὡς αΘ] ἁ ΑΘ H
25 ὑπόκειτο] sic, ὑπέκειτο H

COLUMN 2

1 εἴ] ιδ εἴ H
2 περιφορᾶν] περιφορᾶι H
6 περιφοράν] περιφέρειαι H
8 ὧν] ὃν H
34 πεπόρευται] πορεύετα. H

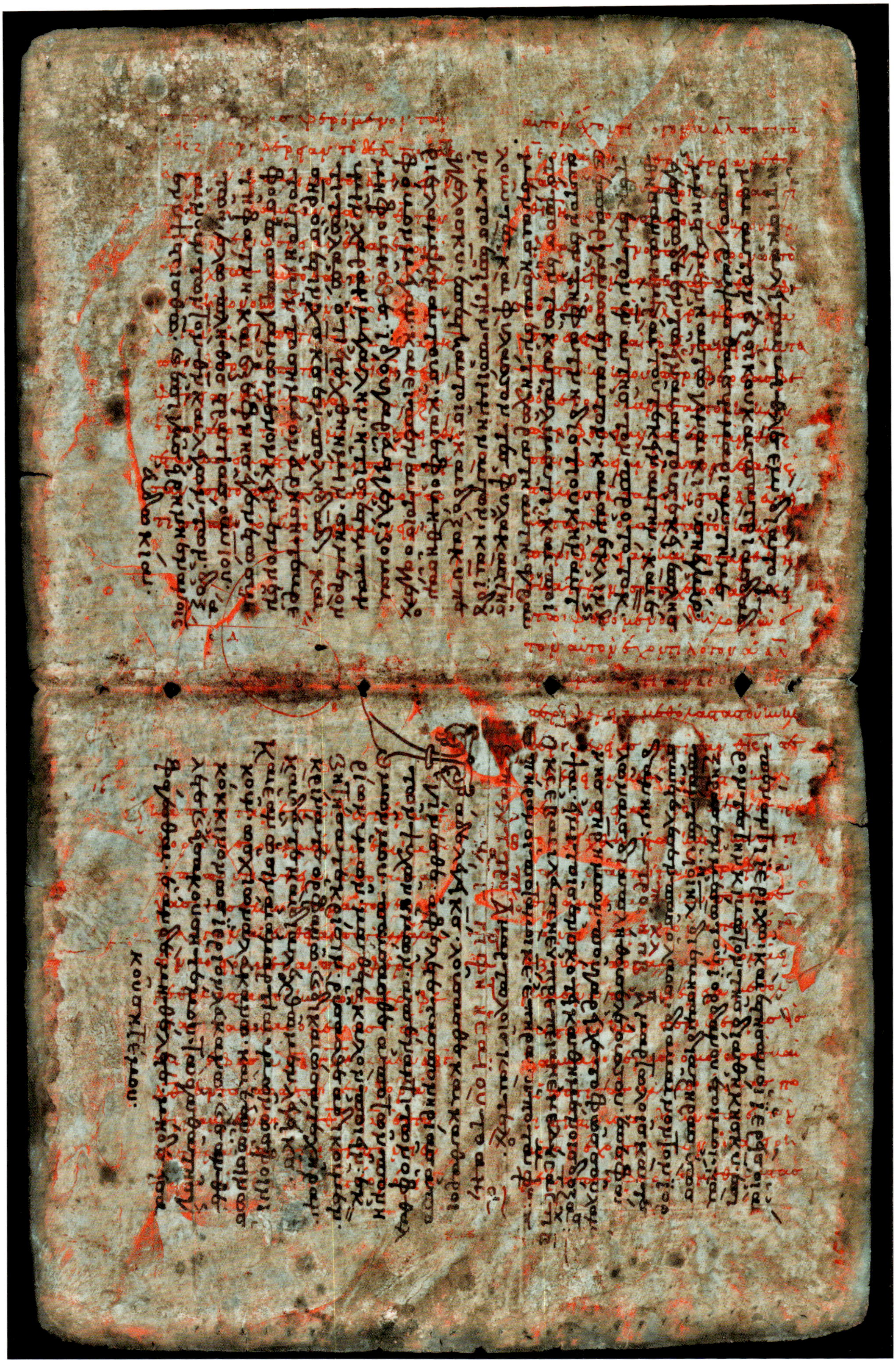

Heiberg II.52.5–54.17: *Spiral Lines,* Propositions 14, 15
Pseudocolor created from ultraviolet fluorescence and red reflectance images

περιφερείας φερόμενον τὰν ΘΚΖ [πε]ριφέρειαν, τὸ δὲ Α τὰν ΑΕ εὐθεῖαν, (καὶ) πάλιν τό τε Α σημεῖον τὰν ΑΔ γραμμὰν καὶ τὸ Θ τὰν ΘΚ̣Α̣ περιφέρειαν, ἑκάτερον ἰσο̣ταχέως αὐτὸ ἑωυτῶ φερόμενον· δῆλον οὖν (ὅτι) τὸν αὐτὸν ἔχοντι λόγον ἁ ΑΕ ποτὶ τὰν Α̣Δ, ὅν ἁ ΘΚ[Ζ] περιφέρεια ποτὶ τὰν ΘΚΗ περιφέρειαν δέδεικται γὰρ τοῦτο ἔξω ἐν τοῖς πρώτοις. [ὁ]μοίως δὲ δειχθήσεται, καὶ εἴ κα ἑτέρα τᾶν ποτιπιπτ(ου)σᾶν ἐπὶ τὸ πέρας τᾶς ἕλικος ποτιπίπτη, τὸ αὐτὸ συμβαίνειν.

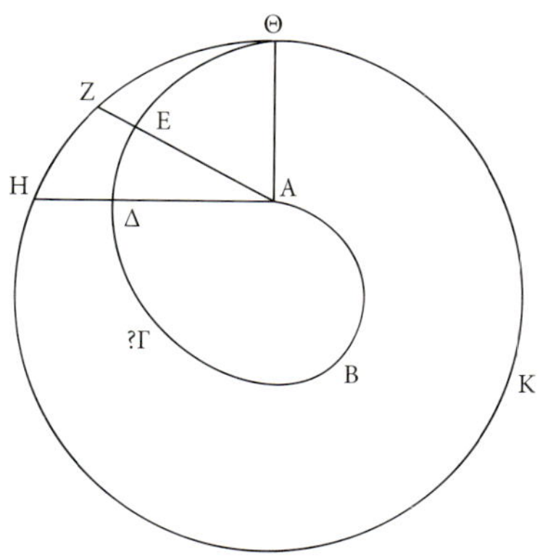

ΙΕ ΕΙ κα ποτὶ τὰν ἐν τᾶι δευτέραι (περι)φορᾶι γεγραμμέναν ἕλικα ποτιπίπτοντι εὐθεῖαι ἀπὸ τᾶς ἀρχᾶς τᾶς ἕλικος, τὸν αὐτὸν ἐξοῦντι λόγον αἱ εὐθεῖαι ποτ' ἀλλάλαν, ὧν αἱ εἰρημέναι περιφέρειαι μεθ' ὅλας τᾶς τοῦ κύκλου περιφερείας λαμβανομένας. ἔστω ἕλιξ, ἐφ' ἇς αἱ ΑΒ ΓΔΘ, ἁ̣ μὲν ΑΒΓ ΔΘ ἐν τᾶι πρώται π̣εριφορᾶι γεγραμμέναι, ἁ δὲ ΘΛ Ε̣Μ ἐν τᾶ δευτέραι, καὶ π̣οτιπίπτοντι εὐθεῖαι αἱ ΑΕ Α[Λ]. δει[κ]τέον, ὅτι τ̣ὸ̣(ν) αὐτὸν ἔχοντι λόγον ἁ ΑΛ ποτὶ τὰ(ν) ΑΕ, ὅν ἁ ΘΚΖ περιφέρεια μεθ' ὅλ(ας) τᾶς τοῦ [κύκλ]ου περιφερείας (πρὸς) ΘΚΗ με[θ'] ὅλας τᾶς τοῦ κύκλου περιφερείας. ἐν ὅσω γὰρ χρόνωι τὸ Α σαμεῖον κατὰ τᾶς εὐθείας φερόμενον τὰν ΑΛ γραμμὰν διαπορεύεται, καὶ τὸ Θ σαμεῖον κατὰ τᾶς τοῦ κύκλου περιφερείας φερόμενον ὅλαν τε τὰν τοῦ κύκλου περιφέρειαν καὶ ἐπὶ τὰν ΘΚΖ περιφέρειαν διαπορεύεται, (καὶ) πάλιν τὸ Α σαμεῖον τὰν ΑΕ εὐθεῖ(αν) κατὰ τὸ Ε ὅλαν τε τὰν τοῦ κύκλου περιφέρειαν καὶ ἐπὶ τὰν ΘΚΗ, ἑκάτερον ἰσοταχ̣έως αὐτὸ ἑωυτῶι φερόμενον· δῆλον οὖν (ὅτι) τὸν αὐτὸν ἔχοντ̣ι λόγον ἁ ΑΛ γρ[α]μμὰ ποτὶ τὰν ΑΕ, ὅν [ἁ] ΘΚ[Ζ] περιφέρεια μεθ' ὅλας τᾶς τοῦ κύκλ(ου) περιφερείας ποτὶ τὰν ΘΚΗ περιφέρειαν μεθ' ὅλας τᾶς τοῦ κύκλ(ου) περιφερείας. τὸν αὐτὸν δὲ τρόπον δειχθήσεται, καὶ εἴ κα ποτὶ τὰν ἐν τᾶ[ι] τρίται περιφορᾶι γεγραμμέναν ἕλικα ποτιπεσέωντι εὐθεῖαι, τὸν αὐτὸν λόγο(ν) ἐξοῦντι ποτ' ἀλλάλας, ὅν ἁ εἰρημένα περιφέρεια μεθ' ὅλ(ας) τᾶς τοῦ κύκλου περιφερείας δὶς λαμβανομένας· ὁμοίως δὲ καὶ αἱ ποτὶ τὰς ἄλλας ἕλι[κ]ας ποτιπίπτ[ου]σαι δε̣ίκνυται (ὅτι) τὸν αὐτὸν ἔχοντι λόγον, ὅν αἱ εἰρημέναι περιφέρειαι μεθ' ὅλας τᾶς

COLUMN 1

3 σημεῖον] σαμεῖον H
5 ΘΚΑ] ΘΚΗ H
6 ἑωυτῶ] ἑαυτῶι H
16 πο|τιπίπτοντι] πο|τιπίπτωντι H
19 ἀλλάλαν] ἀλλάλας H
20 ὧν] ὅν H

COLUMN 2

3 πρὸς] ποτὶ H
11 ἐπὶ] ἔτι H
14 κατὰ] καὶ H
15 ἐπὶ] ἔτι H
16 ἑω|υτῶι] ἑα|υτῶι H
24 εἴ κα] ἢν H
33 δείκνυται] δείκνυντοι H

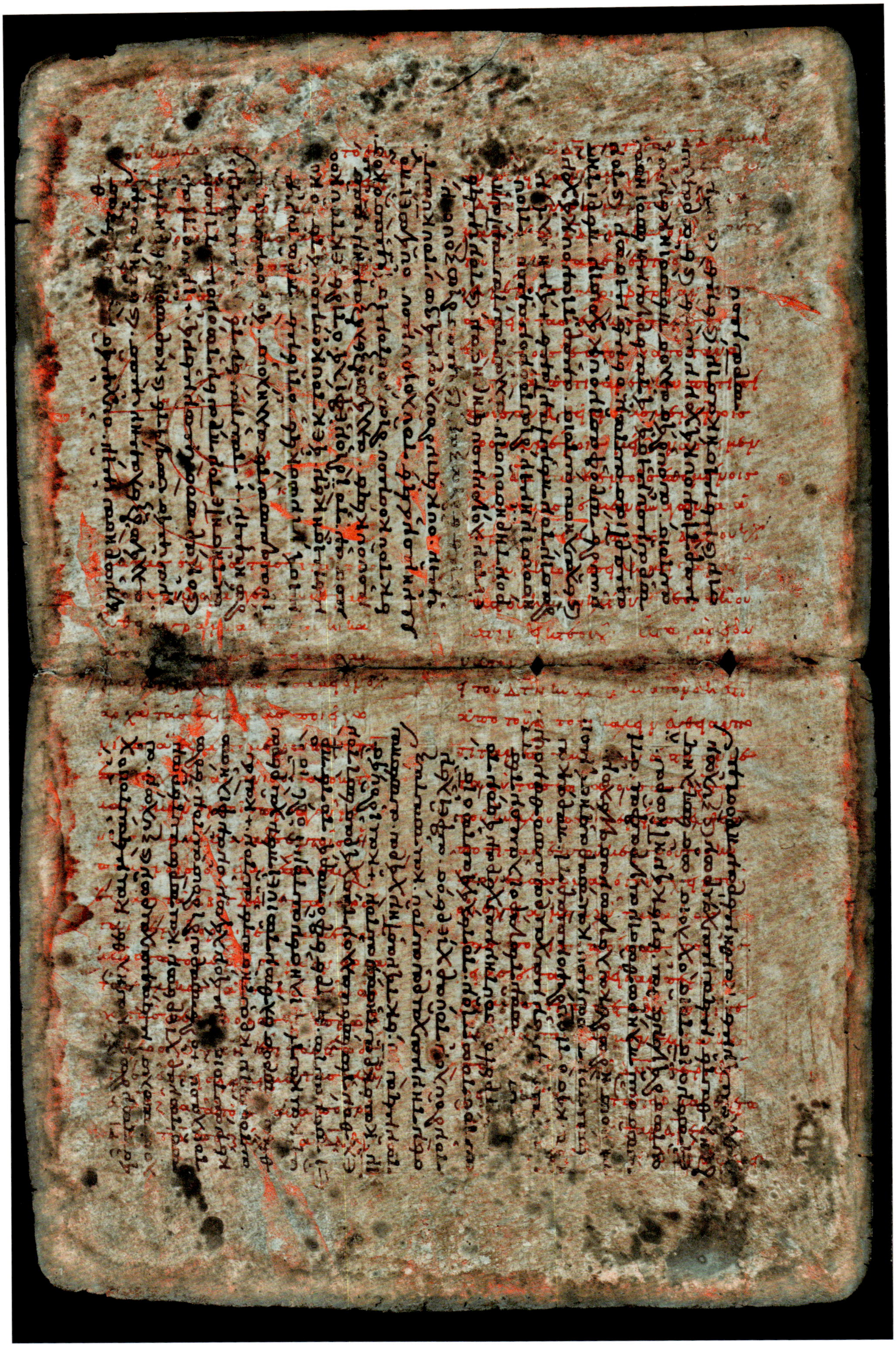

Heiberg II.54.17–58.5: *Spiral Lines,* Proposition 16
Pseudocolor created from ultraviolet fluorescence and red reflectance images

τοῦ κύκλου περιφερ̣ε̣ί̣[ας] τοσαύτας λαμβανομένας, [ὅ]σ̣ος ἐστὶ(ν) [ὁ] ε[ν ἐ]λάσσων ἀριθμὸς τᾶ[ν] [πε]ρι[φ]ο[ρᾶν], κ̣[αὶ] εἴ κα ἁ ποτιπ̣ί̣[πτουσα ἁ ἑκ]α̣τ̣[έρα] π̣ο̣τ̣ὶ τ̣[ὸ] π̣έρας [τᾶς ἕ]λικος πί[π]τηι.

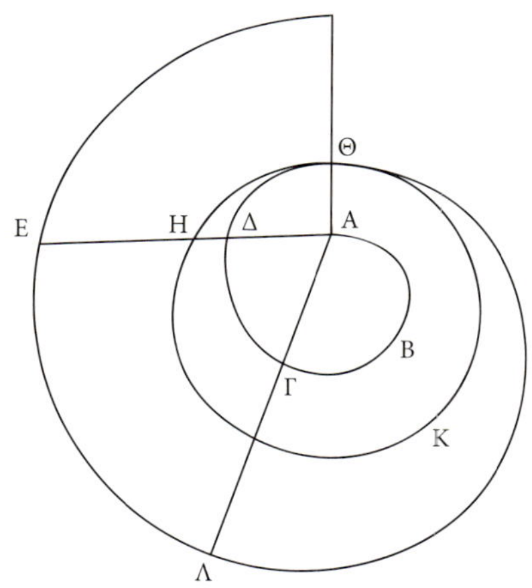

ιϛ ΕΙ κα τᾶς ἕλικος τᾶς ἐν τᾶι π̣ρ̣ώ̣τα π̣εριφορᾶ γεγ[ρα]μμένας εὐθεῖα γραμμὰ ἐπ̣[ι]ψαύηι, καὶ ἀπὸ [τ]ᾶς ἁφᾶς [εὐ]θεῖα γραμμὰ ἐπιζευχθῆ [ἐ]πὶ τὸ σαμεῖον, ὅ (ἐστιν) ἀρχὰ τᾶς ἕλικος, ἅς ποιεῖ γωνίας ἁ ἐφαπτομένα ποτὶ τὰ(ν) ἐπιζευχθεῖσαν, ἀνίσοι ἐσσοῦντ(αι) καὶ ἁ μὲν ἐν τοῖς προαγουμένοις ἀμβλεῖα, ἁ δὲ ἐν τοῖς ἑπομένοις ὀξεῖα. ἔστω ἕλιξ, ἐφ' ἇς τὰ ΑΒ ΓΔΘ, ἐν τᾶι πρώται περιφορᾶι γε[γρ]α̣μμένα, καὶ ἔστω τὸ μὲν [Α] σαμεῖον ἀρχὰ τᾶς ἕλικος, ἁ δὲ Α̣Θ εὐθεῖ̣α ἀρχὰ τᾶς πε[ρι]φορᾶς, [ὅ τε] πρῶτ(ος) κ[ύ]κλος ὁ ΘΚΗ, ἐπιψαυέτω δέ τις εὐθεῖα γραμμὰ τᾶς ἕλικ(ος) ἁ ΔΕΖ̣ κατὰ τὸ [Δ, κ]αὶ ἀπὸ τοῦ Α [ἐπὶ] τὸ Α ἐπεζεύχ[θω] ἁ ΔΑ. δεικτ[έον] (ὅτι) ἁ ΔΖ ποτὶ τὰν ΑΔ ἀμβλεῖαν ποιεῖ γωνίαν. γ̣εγρά[φ]θ[ω κύκ]λ(ος) ὁ ΔΤΝ κέ̣ντρωι μὲν τῶι Α, δι[α]σ̣τάματι δὲ τ̣ῶι ΑΔ· ἀνα̣γκαῖον δὴ τούτ(ου) τοῦ [κ]ύκλου τὰ μ̣ὲν ἐν τοῖς πρ[οα]γευμένοις περιφέρειαν ἐντὸς πίπ̣τειν τᾶς ἕλικο̣ς, τὰν δὲ ἐν τοῖς ἑπομένοις ἐκτὸς διὰ τὸ τᾶν ἀ[πὸ] τοῦ Α ποτὶ τὰν ἕλικα ποτιπιπτουσᾶν εὐθειᾶν τὰς μὲν ἐν τοῖς [π]ροαγευμένοις μείζονας εἶμεν [τ]ᾶ̣ς ΑΔ, τὰς δὲ ἐν τοῖς ἑπομένοις [ἐλ]άσσονας. (ὅτι) μὲν οὖν ἁ γωνία ἁ [π]εριεχ[ο]μένα ὑπὸ τῶν ΑΔΖ οὐ(κ ἔστιν) [ὀ]ξεῖα δῆλον, ἐ̣π̣ειδὴ μείζων ἐστὶ(ν) τᾶς τοῦ ἡμικυκλ̣ί̣ου, (ὅτι) δὲ ὀρθὴ οὐ[κ] ἔστιν δεικτέ̣ο̣ν (οὕτως)· ἔστω γὰρ, εἰ δυνατόν, ὀ[ρ]θή· ἡ ἄ[ρα] Ε[Δ]Ζ [ἐ]π[ιψαύ]ει τοῦ ΔΤΝ κύκ̣λου. δυνατὸν δή ἐστι(ν) ἀπὸ τοῦ Α ποτιβαλεῖν εὐθεῖαν ποτὶ τὰν ἐπιψαύο[υσ]αν, ὥστε τὰν μεταξὺ τᾶς ἐπιψαυ̣ούσας (καὶ) τᾶ̣ς τοῦ κύκλου περιφερείας εὐθεῖα(ν) ποτὶ τὰν ἐκ τοῦ κ̣έντρου τοῦ κύκλου ἐλάσσονα λόγον ἔχειν τοῦ, ὃν ἔχει ἁ μεταξ̣ὺ τᾶς ἁφᾶς (καὶ) τᾶς ποτιπιπτούσ̣ας περιφέρειας (ὅτι) τὰν δοθεῖσαν περιφέρειαν. ποτιπιπτέτω δὴ [ἁ Α]Ι· τεμε̣ῖ̣ δ̣ὴ αὔτα [τ]ὰ̣ν μὲν ἕλικα κατὰ [τὸ Λ, τὰν δὲ] τοῦ ΔΝΤ̣ περιφέ[ρ]ει[αν] κ̣[ύκλου κ]ατὰ τὸ Ρ· καὶ ἐχέτω [ἁ ΡΙ εὐθεῖα πο̣τ̣ὶ] τὰν ΑΡ ἐλά[σσο][να λόγον τοῦ ὃν ἔχει] ἁ ΔΡ (περι)φέρεια

COLUMN 1

3 εν] sic

26 Α (pr.)] Δ Η

COLUMN 2

3 διαστά|ματι] διαστή|ματι Η

4 τῶι] τᾶι Η

14 τῶν] τᾶν Η

15 ἐστὶν] ἐστὶ Η

16 ὀρθὴ] ὀρθὰ Η

17 ἔστιν] ἔστι Η

18 ὀρθὴ ἡ] ὀρθὰ ἁ suppl Η

Heiberg II.58.5–60.21: *Spiral Lines,* Propositions 16, 17
Pseudocolor created from ultraviolet fluorescence and red reflectance images

ποτὶ τὰν ΔΝΤ περιφέρειαν· (καὶ) ὅλα ἄρα ἁ ΙΑ ποτὶ τὰν ΑΡ ἐλάσσονα λόγον ἔχει ἢ ἁ ΡΔ ΝΤ περιφέρεια ποτὶ τὰν ΔΝΤ περιφέρειαν, τουτ(έστιν) ὃν ἔχει ἁ ΣΗΚΘ περιφέρεια ποτὶ τὰν ΗΚΘ περιφέρεια(ν). ὃν δὲ ἁ ΣΗΚΘ περιφέρεια ποτὶ τὰν ΗΚΘ περιφέρειαν, τοῦτον ἔχει ἁ ΑΛ εὐθεῖα ποτὶ τὰν ΑΔ· δέδεικται γὰρ τοῦτο· ἐλάσσονα ἄρα λόγον ἔχει ἁ ΙΑ ποτὶ τὰν ΑΡ ἤπερ ἁ ΛΑ ποτὶ τὰν ΑΔ· ὅπερ ἀδύνατ(ον)· ἴσα (γὰρ) ἁ ΡΑ τᾶι ΑΔ. οὐκ //ἔστιν ἄρα ///ὀρθὴ ἁ περιεχομένα ὑπὸ τῶν ΑΔΖ. δέδεικται δὲ (ὅτι) οὐδὲ ὀξεῖα· ἀμβλεῖα ἄρα ἐστίν. ὥστε ἁ λοιπὰ ὀξεῖά ἐστιν. ὁμοίως δὲ δειχθήσεται, καὶ ε̣ἴ̣ κ̣α ἁ ἐπιψαύουσα τᾶς ἕλικος κατὰ τὸ πέρας ἐπιψαύει, τὸ αὐτὸ συμβήσεται.

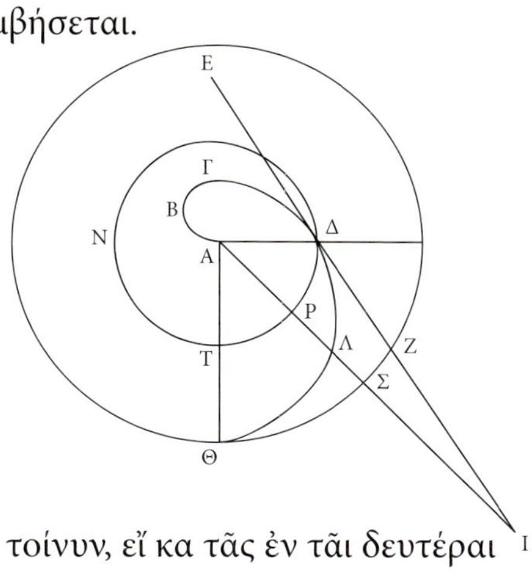

(ΚΑΙ) τοίνυν, εἴ κα τᾶς ἐν τᾶι δευτέραι περιφορᾶι γεγραμμένας ἕλικος ἐπιψαύη ἁ εὐθεῖα, τὸ αὐτὸ συμβήσεται. ἐπιψαυέτω γὰρ ἁ ΕΖ̣ [εὐθεῖα] τᾶς ἐν τᾶ[ι] δευ[τ]έραι περιφορᾶι γεγραμμένας ἕλικος κατὰ τὸ Δ, καὶ τὰ ἄλλα τὰ αὐτὰ τ[(οῖς)] πότερον κατεσκευάσθω. ὁμοίως δὴ τᾶς τοῦ ΡΝΔ̣ περιφερείας κύκλου τὰ μὲν ἐν τοῖς προαγευμένοις τᾶς ἕλικος ἐντὸς πεσοῦνται, τὰ δὲ ἐν το[ῖ]ς ἑπομένοις ἐκτ(ός)· ἁ οὖν γωνία ὑπὸ τᾶν ΑΔΖ οὐκ (ἔστιν) ὀρθά, ἀλλ’ ἀμβλεῖα. ἔστω γάρ, εἰ δυνατόν, ὀρθά· ἐπι̣ψαύσει δὴ ἁ ΕΖ τοῦ ΡΝΔ κύκλου κατὰ τὸ Δ. ἄχθω δὴ πάλιν ποτὶ τὰν ἐπιψαύουσαν αἱ ΑΙ καὶ τ[ε]μνέτω τὰν (μὲν) ἕλικα κατὰ τὸ [Χ], τὰν δὲ τοῦ ΡΝΔ κύκλου περιφέρειαν κατὰ τὸ Ρ, ἐχέτω δὲ ἁ ΡΟ ποτὶ ΡΑ ἐλάσσον(α) λόγον τοῦ ὃν ἔχει ἁ ΔΡ περιφέρεια ποτὶ ὅλαν τὰν τοῦ ΔΡ̣Ν κύκλου περιφέρειαν καὶ ποτὶ τὰ̣(ν) ΔΝΤ· δέδεικται γὰρ τοῦτο δυνατὸν ἐόν· καὶ ὅλα ἄρα ἁ ΙΑ ποτὶ τὰν ΑΡ ἐλάσσονα (λόγον) ἔχει ἢ ἁ ΡΔΝΤ περιφέρεια μεθ’ ὅ̣λας τᾶς τοῦ κύκλου περιφερείας ποτὶ τὰν ΔΝΤ περιφέρει̣αν μεθ’ ὅλας τᾶς τοῦ κύκλου περιφερείας. ἀλλ’ ὃν̣ ἔχει λόγον ἁ ΡΔΝΤ περιφέρεια μεθ’ ὅλας τᾶς τοῦ ΔΝΤΡ κύκλου περιφερείας ποτὶ τὰν ΔΝΤ περιφέρειαν μ̣ε̣θ’ ὅ̣λας τᾶς τοῦ Δ Ν[Τ]Ρ κύκλου περιφερείας, τοῦτο(ν) ἔχει τὸν λόγον ἁ ΣΗΚΘ περιφέρεια μεθ’ ὅλας τᾶς τοῦ κύκλου περιφερείας τᾶς ΘΣΗΚ ποτὶ

COLUMN 1

11 ΙΑ] ΑΙ Η
13 ΑΔ] ΔΑ Η
14 ὀρθὴ] ὀρθὰ Η
14 τῶν] τᾶν Η
21 καὶ] ιζ καὶ Η

COLUMN 2

3 πότερον] sic, πρότερον Η
8 γωνία] γωνία ἁ Η
9 ἀλλ] ἀλλὰ Η
16 ΡΟ] ΡΙ Η

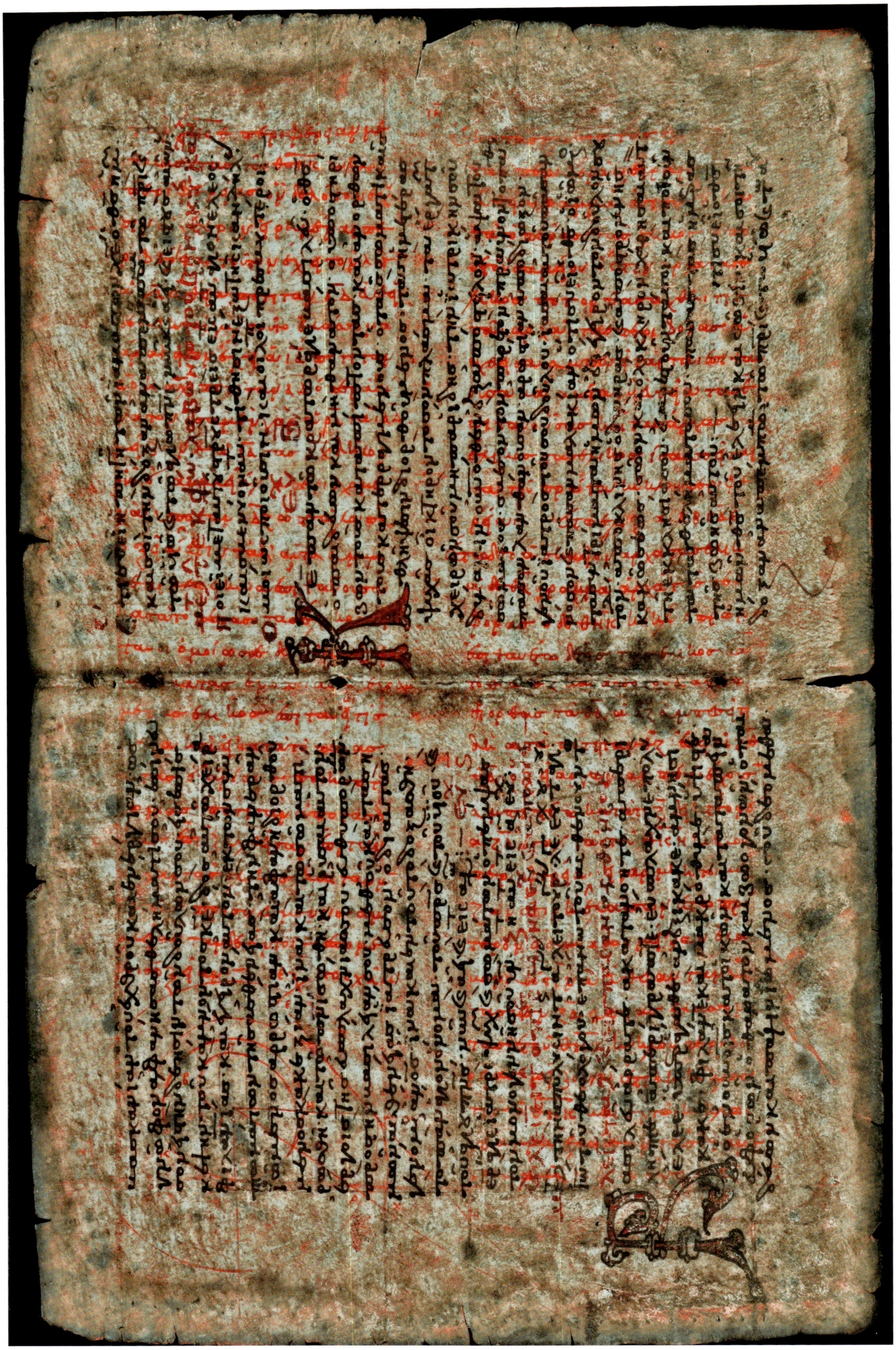

Heiberg II.60.21–64.2: *Spiral Lines,* Propositions 17, 18
Pseudocolor created from ultraviolet fluorescence and red reflectance images

τὰν Η̣ΚΘ περιφέρειαν μεθ’ ὅλας τᾶς τοῦ ΘσΗΚ κύκλου περιφερείας, ὃν δὲ λόγον ἔχ(ου)σιν αἱ ὕστερον εἰρημέναι περιφέρειαι, τοῦτον ἔχει τὸν λόγ(ον) ἁ ΧΑ εὐθεῖα ποτὶ τὰν ΑΔ εὐθεῖ(αν)· δέδεικται γὰρ τοῦτο· ἐλάσσονα ἄρα λόγον ἔχει ἁ ΙΑ ποτὶ τὰν ΑΡ ἢ αΧ ποτὶ τὰν ΑΔ· ὅπερ ἀδύνατον ἴσα μὲν γὰρ ἁ ΡΑ τᾶι ΑΔ, μείζων δὲ ἁ ΙΑ τᾶς ΑΧ. δῆλον οὖν, (ὅτι) ἀμβλεῖά (ἐστιν) ἁ περιεχομένα ὑπὸ τᾶν ΑΔΖ· ὥστε ἁ λοιπὰ ὀξεῖά ἐστιν. τὰ δ’ αὐτὰ συμβήσεται, εἴ κα ἁ ἐπιψαύουσα κατὰ τὸ πέρας τᾶς ἕλ[ι]κο[ς ἐπ]ιψαύοι. ὁμοίως δὲ δει[χ]θ[ήσ]ε̣τ̣[α]ι, κα[ὶ ε]ἴ κα τᾶς ἐν ὁποια[οῦ]ν γεγραμμένας ἕλικος ἐπιψαύει τις εὐθεῖα, καὶ εἰ κατὰ τὸ πέρας αὐτᾶς, (ὅτι) ἀνίσ̣ο̣υς ποιήσει τ(ὰς) [γ]ωνίας ποτὶ τὰν ἀπὸ τᾶς ἁφᾶς ἐπιζευχθεῖσαν ἐπὶ τὰν [ἀρ]χὰν τᾶς ἕλικος καὶ τὰν (μὲν) [ἐ]ν̣ τ̣[οῖ]ς προσαγευμένοις ἀμβλεῖαν, τὰν δὲ ἐν τοῖς ἑπομένοις ὀξεῖαν. ἑξ(ῆς) τὸ ΣΧΑΜ(Α).

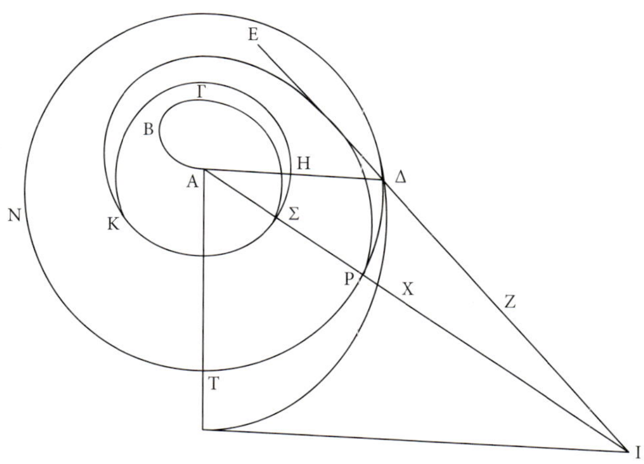

ΙΗ

ΕΙ κα τᾶς ἕλικος τᾶς ἐν τᾶι πρώται περιφορᾶι γεγραμμένας εὐθεῖα γραμμὰ ἐπιψαύηι κατὰ τὸ πέρας τᾶς ἕλικος, ἀπὸ δὲ τοῦ σαμείου, ὅ ἐστιν ἀρ[χ]ὰ τᾶς ἕλικος, ποτ’ ὀρθὰς ἀχθῆι τις τᾶι ἀρχᾶι τᾶς περιφορᾶς, ἁ ἀχθεῖσα συμπεσεῖται τᾶι ἐπιψαυούσα, καὶ ἁ μεταξὺ εὐθεῖα τᾶς ἐπιψαυούσας καὶ τᾶς ἀρχᾶς τ̣ᾶς ἕλικος τᾶς ἕλικος ἴσα ἐσσεῖται τᾶι τοῦ πρώτου κύκλου περιφερείαι. ἔστω ἕλιξ ἁ ΑΒ ΓΔΘ, ἔστω δὲ τὸ Α σημεῖον ἀρχὰ τᾶς ἕλικ(ος), ἁ δὲ ΘΑ γραμμὰ ἀρχὰ τᾶς περ̣ι̣φορᾶς, ὁ δὲ ΘΗΚ κύκλ(ος) ὁ πρῶτος, ἐπιψαυέτω δέ τις τᾶς ἕλικος κα(τὰ) τὸ Θ ἁ ΘΖ, καὶ ἀπὸ τοῦ Α ἄχ[θ]ω (πρὸς) ὀρθὰς τᾶ̣ ΘΑ ἁ ΑΖ· συμπεσεῖτ(αι) δὴ αὔτα ποτὶ τὰν ΘΖ, ἐπεὶ αἱ ΖΘ, ΘΑ ὀξεῖαν γωνίαν περιέχουσι(ν). συμπιπτέτω κατὰ τὸ Ζ. δεικτέον, (ὅτι) ἁ ΖΑ ἴσα (ἐστὶ) τᾶι τοῦ ΘΚΗ κύκλου περιφερείαι. εἰ γὰρ μή, ἤτοι μείζων ἐστὶν ἢ ἐλάσσων. ἔστω πρότερον, εἰ δυνατόν, μείζων. ἔλαβον δή τινα εὐθεῖαν τὰν ΛΑ τᾶς μὲν ΖΑ εὐθείας ἐλάσσον[α], τᾶς δὲ τοῦ ΘΗΚ κύκλου περιφερείας μείζονα. ἔστι δὴ κ̣ύκλος τις ὁ ΘΗΚ καὶ ἐν τῶι κ̣ύκλωι γραμμὰ ἐλάσσων τᾶς διαμέτρ[ου] ἁ ΘΗ (καὶ) (λόγος), ὃν ἔχει [ἁ Θ]Α̣ [(πρὸς)] ΑΛ,

COLUMN 1

3 ἔχου|σιν] ἔχον|τι Η
10 ἴσα] ἴση Η
10 ἁ ΡΑ τᾶι ΑΔ] ἡ ΡΑ τῆι ΑΔ Η
11 ἁ ΙΑ τᾶς ΑΧ] ἡ ΙΑ τῆς ΑΧ Η
14 ἐστιν] ἐστι Η
15 εἴ κα] καὶ εἴ κα Η
20 εἰ] εἴ κα Η
25 προσαγευμένοις] προαγευμένοις Η
27 σχᾶμα] σχῆμα Η

COLUMN 2

14 σημεῖον] σαμεῖον Η
19 πρὸς] ποτ’ Η
21 περιέχουσιν] περιέχοντι Η
33 πρὸς] ποτὶ Η

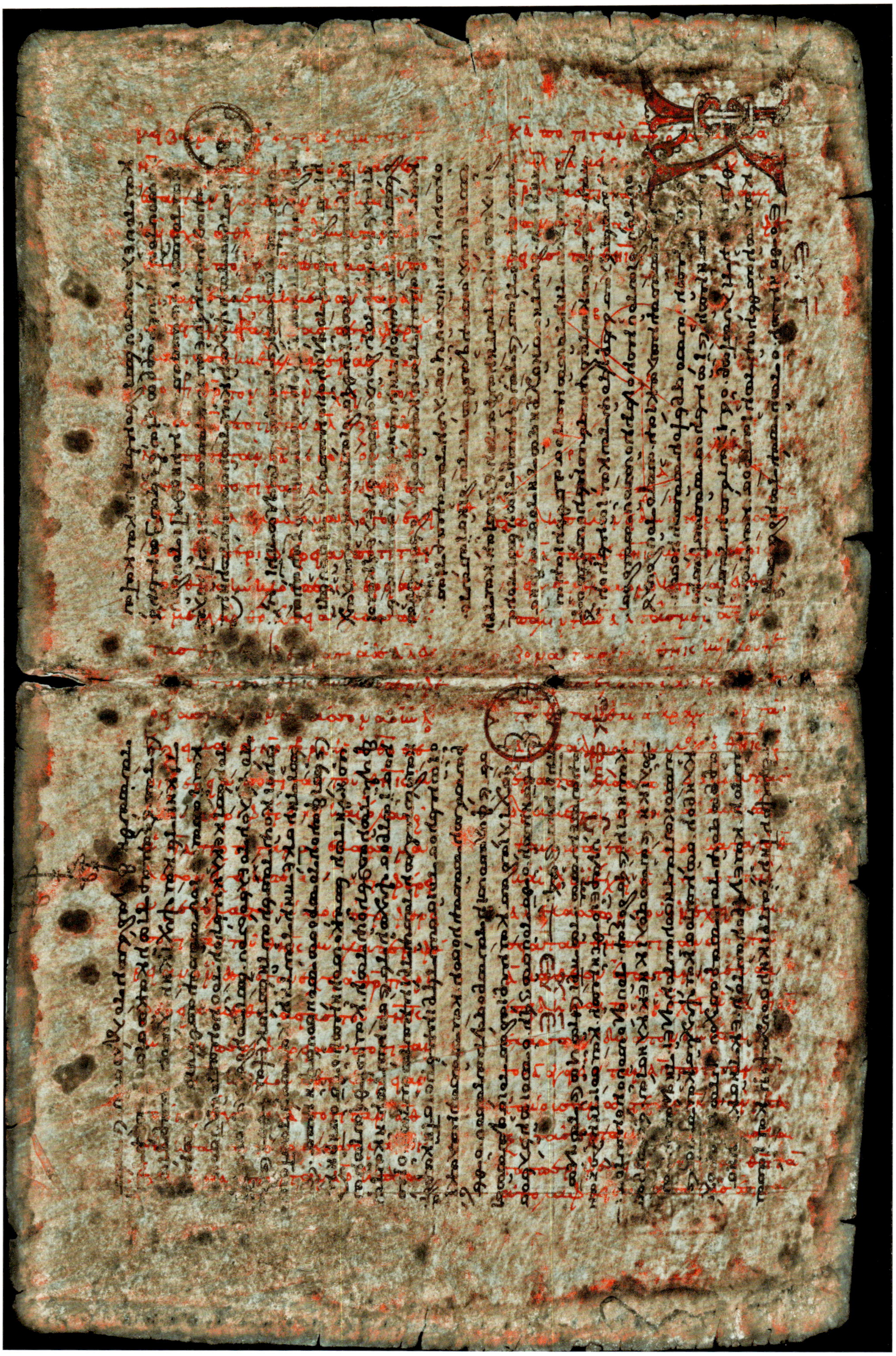

Heiberg II.64.2–66.11: *Spiral Lines,* Proposition 18
Pseudocolor created from ultraviolet fluorescence and red reflectance images

μείζων [το]ῦ ὃν ἔχει ἁ ἡμίσεια τ[(ᾶς)] Η[Θ ποτὶ τ]ὰν ἀπὸ τοῦ Α κάθετο(ν) ἐπ' αὐτὸν ἀγομέναν, δι(ότι) καὶ τοῦ, ὃν ἔχει ἁ ΘΑ (πρὸς) ΑΖ· δυνατὸν ο[ὖν] ἐστιν ἀπὸ [τ]ο[ῦ] Α ποτιβαλεῖν ποτὶ τὰν ἐκβεβλημέναν τὰν ΑΝ, ὥ[σ]τε τὰν μεταξὺ τᾶς περιφερεί(ας) καὶ τᾶς ἐκβεβλ[η]μένας τὰν ΝΡ (πρὸς) ΘΡ τὸν [α]ὐτὸν ἔχειν λόγον, ὃν ἁ [ΘΑ] ποτὶ τὰν ΑΛ· ἕξει οὖν ΝΡ ποτὶ τὰν ΡΑ λόγον, ὃν ἁ ΘΡ εὐθεῖα ποτὶ τὰν ΑΛ. ἁ δὲ ΘΡ ποτὶ τὰν ΑΛ ἐλάσσονα λόγον ἔχει ἢ ἁ Θ[Ρ] περιφέρεια ποτὶ τὰν τοῦ ΘΗΚ κύκλου περι[φ]έρειαν· ἁ μὲν γὰρ ΘΡ εὐθεῖα ἐλάσσων (ἐστὶ) τᾶς ΘΡ [περι]φερείας, ἁ δὲ ΑΛ εὐθε̣ῖ̣α τᾶς τοῦ ΘΗΚ κύκλου περιφε ρείας μείζων· ἐλάσσονα οὖν (λόγον) ἕξει καὶ ἁ ΝΡ (πρὸς) ΡΑ ἢ ἁ ΘΡ περιφέρεια ποτὶ τὰν τοῦ ΘΗΚ κύκ[λ]ου περιφέρειαν· καὶ ὅλας (οὖν) ἁ ΝΑ ποτὶ τὰν αΡ ἐλάσσονα λόγον ἔχει ἤπε[ρ] ἁ Θ[Ρ] περιφέρεια μεθ' ὅλας τοῦ κύκλου περιφερεί[(ας)] ποτὶ τὰν τοῦ ΘΗΚ κύκλου περιφέρειαν. ὃν δὲ λόγον ἔχει ἁ ΘΡ περιφέρεια μεθ' ὅλας τᾶς τοῦ ΘΗΚ κύ[κλο]υ περιφερείας ποτὶ τὰν [τοῦ Θ]Η[Κ] κ[ύ]κλου περ[ι]φέρειαν, τ̣[οῦ]τ̣[ον] ἔχ[ει] ἁ̣ Χ̣Α ποτὶ τὰν ΑΘ· δέδεικται [γ]ὰ[ρ τοῦτ]ο· ἐλάσσονα [λό]γ[(ον)] ἔχ[ει ἁ] Ν̣Α π̣ο̣τ̣ὶ τὰν ΑΡ ἤ(περ) ἁ ΧΑ ποτὶ τὰν ΑΘ· ὅ[π]ερ ἀδύ̣ν̣α[τ](ον). ἁ (μὲν) (γὰρ) ΝΑ μείζ[ω]ν [(ἐστὶ) τᾶς] ΑΧ, ἁ̣ [δὲ] ΑΡ ἴσα ἐστὶ τᾶι [ΘΑ. οὐκ ἄ]ρα μείζων ἁ ΖΑ τᾶς τ[οῦ κύκλου π]εριφερείας τοῦ ΘΗΚ.

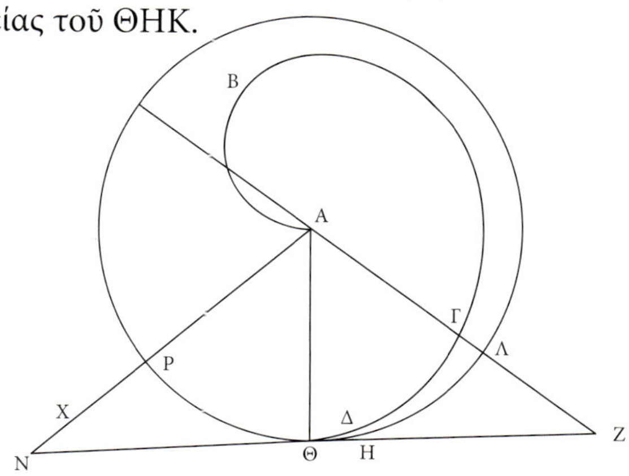

ΙΘ Ἔστω δὴ πάλιν, εἰ δυνατόν, ἐλάσσω(ν) ἁ [Ζ]Α τᾶς τοῦ ΘΗΚ κύκλου περιφ[ε]ρείας. ἔλαβον δη τινα ευθαν πάλιν τὴν ΑΛ τᾶς μὲν ΑΖ μείζονα, τᾶς δὲ τ̣ο̣ῦ̣ ΘΗΚ κύκλου (περι)φ̣ε̣ρ̣ε̣ίας ἐλάσσονα, (καὶ) [ἄγω] ἀπ̣ὸ τοῦ Θ τὰν ΘΜ παράλληλον τᾶι ΑΖ. πάλιν οὖν κύκλ(ος) (ἐστὶν) ὁ ΘΗΚ (καὶ) ἐν αὐτῶι ἐλάσσων γραμ̣μ̣ὰ τᾶς διαμέτρου ἁ Θ[Η κ]αὶ ἄλλα ἐπ[ι]ψαύουσα τοῦ κ̣ύκλου κατὰ τὸ Θ καὶ (λόγος), ὃν ἔχει ἁ ΑΘ ποτὶ τὰν ΑΛ̣, ἐλάσσων τοῦ, ὃν ἔχει ἡ ἡμίσεια τᾶς ΘΗ ποτὶ τὰν ἀπ[ὸ] τοῦ Α κάθετον ἐπ' αὐτὰν ἀγμέναν, ἐπειδὴ καὶ τοῦ ὃν ἔχει ἁ ΘΑ (πρὸς) ΑΖ, ἐλάσσων (ἐστί)· δυνατὸν οὖν ἐστιν ἀ̣π̣[ὸ] τοῦ Α ἀγαγεῖν τὰν ΑΠ ποτὶ τὰν ἐπιψαύουσαν, ὥστε τὰν [Ρ]Ν̣ τὰν μεταξὺ τᾶς ἐν τῶι κ̣[ύκλωι εὐθεί]ας καὶ τᾶς περιφερείας [πο]τ̣ὶ [τ]ὰν ΘΠ τὰ(ν) ἀπολαφθεῖσαν ἀπὸ τᾶς ἐπιψαύ-

COLUMN 1

3 ἀγομέναν] ἀγμέναν Η
4 πρὸς] ποτὶ Η
9 πρὸς] ποτὶ Η
10 οὖν] οὖν ἁ Η
20 πρὸς] ποτὶ Η
25 ὅλας] ὅλας τᾶς Η

COLUMN 2

8 ευθαν] sic, εὐθεῖαν Η
9 τὴν] τὰν Η
18 ΑΛ] ΑΔ Η
18 ἡ] ἁ Η
21 πρὸς] ποτὶ Η
27 ἐπιψαύ|ουσαν] sic

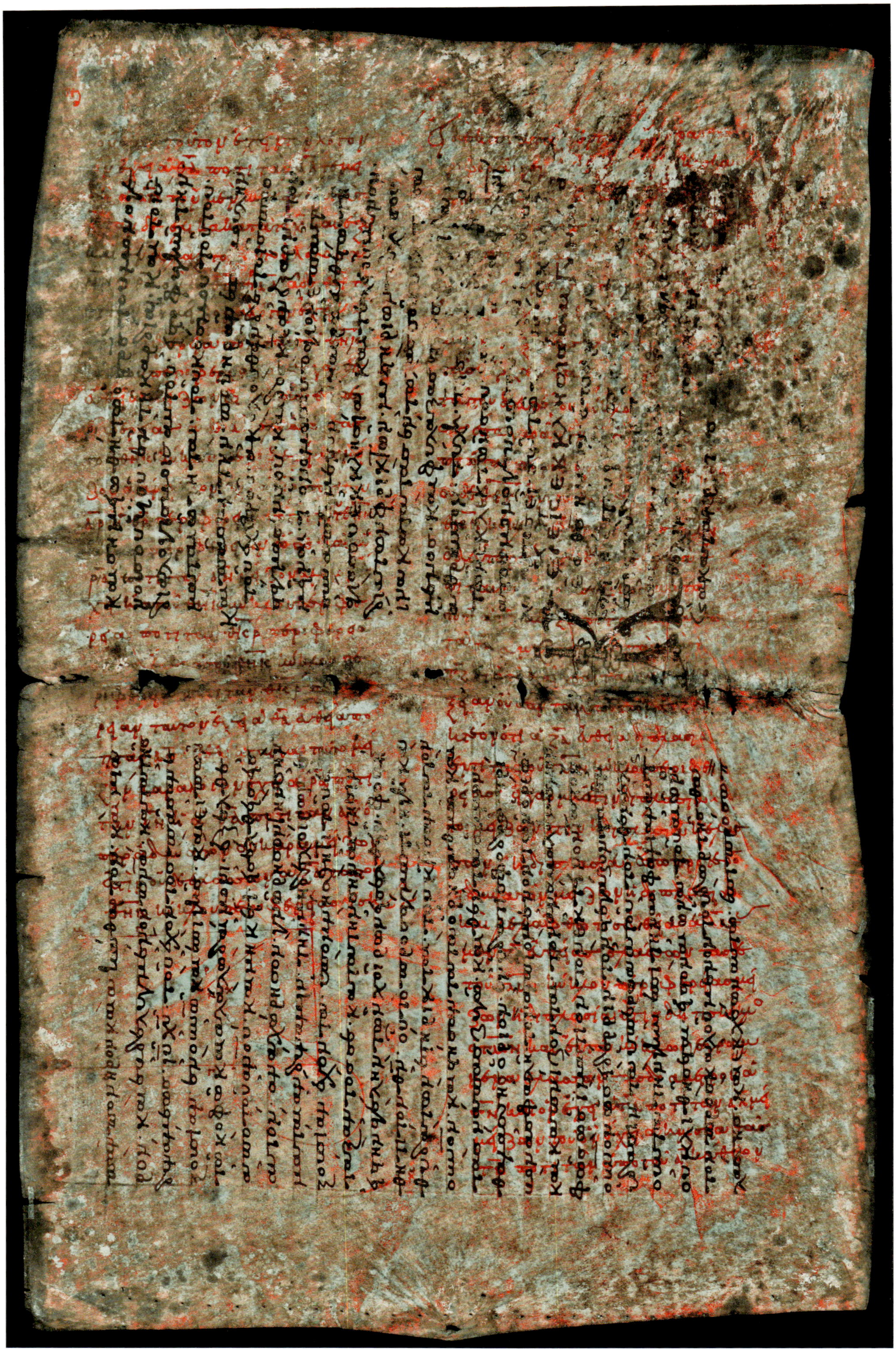

Heiberg II.66.11–68.28: *Spiral Lines,* Propositions 18, 19
Pseudocolor created from ultraviolet fluorescence and red reflectance images

ουσαν̣ τοῦτον ἔχειν τὸν λόγον, ὃν ἔχει ἁ ΘΑ ποτὶ τὰν ΑΛ· τεμεῖ δὴ ἁ ΑΠ τὸν μὲν κύ[κ]λον [κ]ạτὰ τὸ Ρ, τὰν δὲ ἕλικα κατὰ τὸ Χ· καὶ ἕξει καὶ ἐναλλὰξ τὸ[ν α]ὐτὸν λόγον ἁ ΝΡ (πρὸς) ΡΑ, ὃν ἁ ΘΠ (πρὸς) ΑΛ. ἁ δὲ ΘΠ [πο]τὶ τὰν [Α]Λ̣ μείζονα λόγον ἔχει ἢ [ἁ] [Θ]Ρ̣ [π]εριφέρεια ποτὶ τὰν τοῦ ΘΗΚ [κύκ]λου περιφέρ[ει]α[ν· ἁ μὲν] γὰ[ρ] Θ̣Π̣ εὐθεῖα μείζων ἐστὶ[ν τ]ᾶς Θ[Ρ] περιφερείας, ἁ δὲ Α[Λ] ἐλάσσω[ν] τᾶς τοῦ ΘΗΚ κύκλου περιφερείας· μείζονα ἄρα [λόγ]ον ἔχ[ει] ἁ Ν̣Ρ ποτὶ τὰν ΑΡ ἢ ΘΡ περιφέρεια ποτὶ τ[ὰν] τ(οῦ) ΘΗΚ κύκλου περιφέρειαν· ὥστε καὶ ἁ ΡΑ ποτὶ τὰν ΑΝ μείζονα λόγον [ἔ]χει ἢ ἁ τοῦ ΘΗΚ κύκλου περιφέρεια ποτὶ τὰν ΘΚΡ περιφέρεια(ν). ὃν [δὲ] (λόγον) ἔ[χει] ἁ τοῦ ΘΗΚ κύκλου περιφέρεια ποτὶ τὰν ΘΚΡ πε̣[ριφ]έρειαν, ταὐτὸν ἔχει ἁ ΘΑ εὐθεῖα ποτὶ τὰν ΑΧ· [δ]έδ̣εικται γὰρ τοῦτο· μείζονα ἄρα λόγον ἔχει ἁ ΡΑ ποτὶ τὰν ΑΗ ἢ ἁ ΘΑ ποτὶ τὰν ΑΧ· ὅπερ ἀδύνατον. οὐκ ἄρα μείζων ἐστὶν οὐδὲ ἐλάσσων ἁ ΖΑ τᾶς τοῦ ΘΗΚ κύκλου περιφερείας· ἴση (ἄρα).

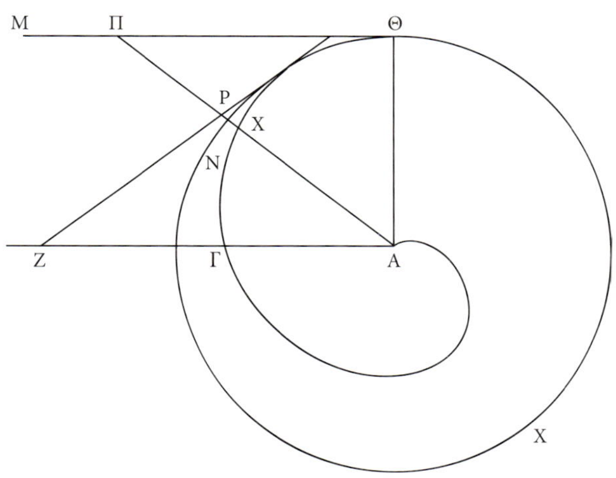

Κ̄ ΕΙ δὲ κατὰ τᾶ[ς] ἐν τᾶι [δευτέ]ραι π[ε]ριφορᾶι γεγ[ραμμένας ἕλι]κ[ο]ς κατὰ [τ]ὸ [πέρας] ἐπ[ιψαύηι εὐθεῖα, καὶ ἀπὸ] [τᾶς ἀρχᾶ]ς [τᾶς] ἕ[λ]ι[κος] ἀχ[θῇ] [τις] ποτ᾽ [ὀ]ρ[θ]ὰ[ς τᾶι ἀρχᾶι τᾶς περι][φορᾶς, σ]υμ[πε]σ[εῖται αὕτα ποτὶ] [τὰν ἐπιψαύουσαν, καὶ ἐσσεῖται ἁ εὐθεῖ][α ἁ μετα]ξ[ὺ] τᾶ[ς ἐπιψαυούσας καὶ] τᾶς [ἀ]ρχᾶ[ς] τᾶ[ς ἕλικος διπλασία] τᾶς τοῦ δευτέρ̣ου κύκλο[υ περιφερεί]ας. ἔστω γὰρ ἁ μὲν [ΑΒΓΘ ἕλιξ ἐν τᾶι] πρώται πε̣ριφο̣ρ̣[ᾶι] γε̣[γρα]μμ[έ]να, ἁ δὲ ΘΕΓ ἐν τᾶ δ̣ευ̣τέ[ραι, καὶ ὁ μ]ὲν ΘΚΗ κύκλ[ος ὁ] πρ[ῶτος, ὁ δ]ὲ [Τ]ΜΝ ὁ δεύτερο[ς, ἔστω] δ̣ὲ [τι]ς [γρα]μμὰ ἐπιψαύ[ουσα τᾶ]ς ἕλικος κατὰ τὸ Θ ἁ ΤΖ, ἁ [δὲ] Ζ[Α] ποτ᾽ ὀ[ρθὰς] ἄχθωι τᾶ ΤΑ· συμ[πεσεῖται δὲ] τᾶ [αὐτᾶ] τᾶ ΤΖ διὰ τὸ δεδεῖχ̣θαι τὰν γωνίαν ὀξεῖαν οὖσαν τὰν ὑπὸ τῶν ΑΤΖ. δεικτέον ὅτι ἁ ΖΑ εὐθεῖα διπλασία ἐντὶ τᾶς τοῦ ΤΜΝ κύκλου περιφερείας. εἰ γὰρ μή ἐστιν διπλασία, ἤτοι μείζων ἐστὶν ἢ διπλασία ἢ ἐλάσσων ἢ διπλασία. ἔστω πρότερο(ν), εἰ δυνατόν, μείζων ἢ διπλασία, καὶ λελάφθω τις εὐθεῖα ἁ ΛΑ τ(ᾶς) μὲν Ζ[Α] εὐθείας ἐλάσσων, τᾶς δὲ τοῦ [Τ]ΜΝ κύκλου περιφερείας μείζων ἢ διπλασία. ἔστιν δή τις κύκλ(ος) ὁ ΤΜΝ καὶ ἐν τῶι κύκλωι γεγραμμένα ἐλάσσων τᾶς διαμέτρου ἁ ΤΝ, καὶ ὃν ἔχει ἁ ΤΑ ποτὶ τὰν ΑΛ, μει μείζων τοῦ, ὃν ἔχει ἁ ἡμίσεια τᾶς ΤΝ ποτὶ τὰν ἀπὸ τοῦ Α κάθετον

COLUMN 1

1 ουσαν] οὔσας H
6 πρὸς (pr.)] ποτὶ H
6 πρὸς (alt.)] ποτὶ H
13 ΝΡ] ΠΡ H
24 ΑΗ] ΑΝ H
27 ἴση] ἴσα H

COLUMN 2

1 κατὰ] καὶ H
3 ἐπιψαύηι] ἐπιψαύοι H
13 ΘΕΓ] ΘΕΤ H
20 οὖσαν] ἐοῦσαν H
20 τῶν] τᾶν H
25 ἢ] ἐστὶν ἢ H
33 μει] sic

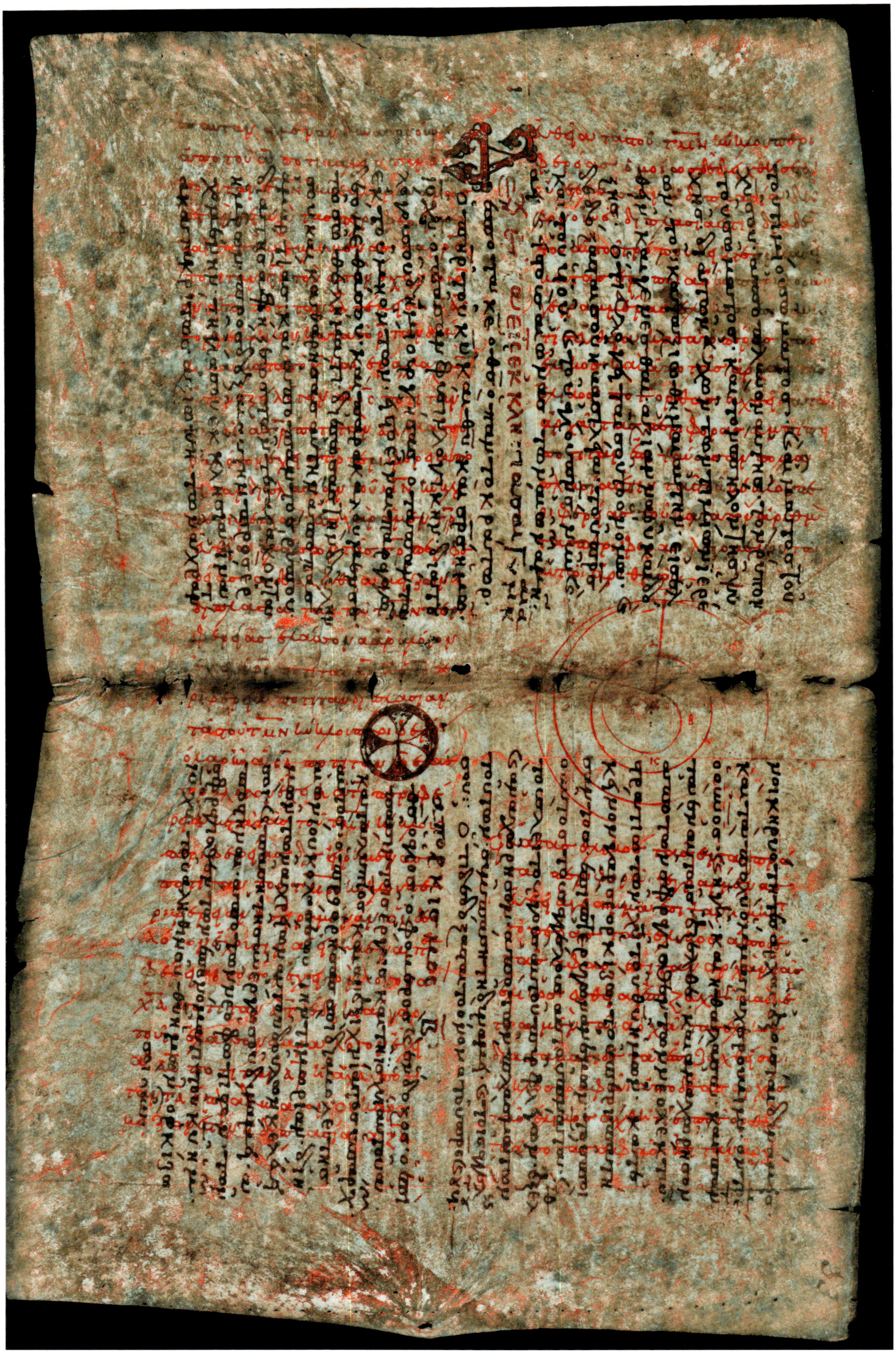

Heiberg II.68.28–72.10: *Spiral Lines,* Propositions 19, 20
Pseudocolor created from ultraviolet fluorescence and red reflectance images

ἐπ' αὐτὰν ἀγμέναν· δυνατὸν οὖν (ἐστιν) ἀπὸ τοῦ Α ποτιβαλεῖν τὰν ΑΣ ποτὶ τὰν ΤΜΝ ἐκβεβλημέναν, ὥστε τὰν μεταξὺ τᾶς περιφερεί[ας] καὶ τᾶς ἐκβεβλημένας τὰν ΡΣ ποτὶ τὰν ΤΡ τὸν αὐτὸν ἔχειν λόγο(ν), ὃν ἁ ΤΑ ποτὶ τὰν ΑΛ· τεμεῖ δὴ ἁ ΑΣ τὸν μὲ[(ν)] κύκλον κατὰ τὸ Ρ, τὰν δὲ ἕλικα κατὰ τὸ Χ· καὶ ἐναλλὰξ τὸ(ν) αὐτὸν ἕξει λόγον ἁ ΡΣ ποτὶ τὰν ΤΑ, ὃν ἁ ΤΡ ποτὶ τὰν ΑΛ. ἐλάσσονα λόγον ἔχει ἁ ΤΡ περιφέρεια ποτὶ τὰν διπλασίαν τοῦ ΜΝ κύκλ(ου) περιφέρειαν· ἔστι γὰρ ἁ μὲν ΤΡ εὐθεῖα ἐλάσσων τᾶς ΤΡ περιφερείας, ἁ δὲ ΑΛ εὐθεῖα μείζων ἢ διπλασία τᾶς τοῦ ΤΜΝ περιφερείας· ἐλάσσονα ἄρα λόγον ἔχει ἁ ΡΣ ποτὶ τὰν ΑΡ̣ ἢ ἁ ΤΡ περιφέρεια ποτὶ τὰν διπλασίαν τᾶς τοῦ ΤΜΝ κύκλου π̣ερ̣ιφερε̣ί̣(ας)· ὅλα οὖν ἁ ΣΑ ποτὶ τὰν [ΑΡ] ἐ[λ]άσσονα λόγον ἔχει ἢ ἁ ΤΡ περιφέρεια μετὰ τᾶς τοῦ ΤΜΝ κύκλου περιφερείας δὶς εἰρημένας ποτὶ τὰν τοῦ ΤΜΝ κύκλου περιφέρειαν δὶς εἰρημέναν. ὃν δὲ λόγον ἔχουσιν αἱ εἰρημέναι (περι)φέρειαι, τοῦτον ἔχει τὸν λόγον ἁ ΧΑ ποτὶ τὰν ΑΤ· δέδεικται γὰρ τοῦτο· ἐλάσσονα ἄρα λόγον ἔχει ἁ ΑΣ ποτὶ τὰν ΑΡ ἢ ἁ ΧΑ ποτὶ τὰν ΤΑ· ὅ(περ) ἀδύνατον. οὐκ ἄρα μείζων ἐστὶν ἢ διπλασία ἁ ΖΑ εὐθεῖα τᾶς τοῦ ΤΜΝ κύκλου περιφερείας. ὁμοίως δὲ δειχθήσεται, οὐδὲ ἐλάσσων ἢ διπλασία. δῆλον οὖν, (ὅτι) διπλασία ἐστίν. διὰ δὲ τοῦ αὐτοῦ τρόπου δεικτέον, καὶ εἴ κα τᾶς ἐν [ὁ]ποιαοῦν περιφορᾶι γεγραμμένας ἕλικος ἐπιψαύηι τις εὐθεῖα κατὰ τὸ πέρας τᾶς ἕλικος, καὶ ἀπὸ τᾶς ἀρχᾶς τᾶς ἕλικος ποτ' ὀρθὰς ἀχθεῖσα τᾶι ἀρχᾶι τᾶς περιφορᾶς συμπίπτει ποτὶ τὰν ἐπιψαύουσαν, πολλαπλασίαν ἐστὶν τᾶς τοῦ κύκλου περιφερείας τοῦ κατὰ τὸν ἀριθμ(ὸν) τᾶς περιφορᾶς λεγομένου τῶι αὐτῶι ἀριθμῶι.

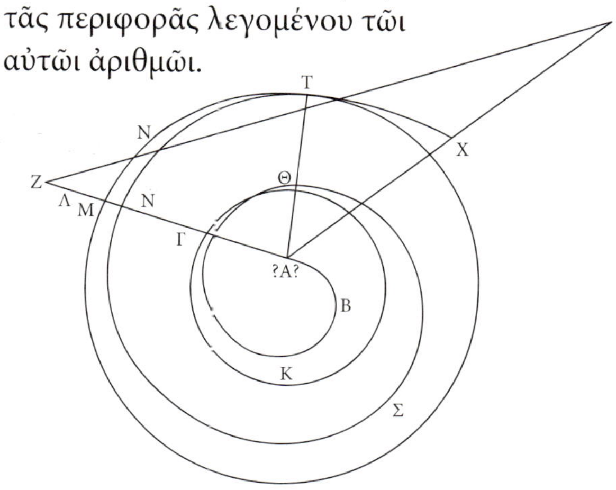

ΕΙ κα τᾶς ἕλικος τᾶς ἐν τᾶι πρώται περιφορᾶι γεγραμμένας εὐθεῖα γραμμὰ ἐπιψαύη μὴ (κατὰ) τὸ πέρας τᾶς ἕλικος, ἀπὸ δὲ τᾶς ἁφᾶς ἐπὶ τὰν ἀρχὰν τᾶς ἕλικος εὐθεῖα ἐπιζευχθῆι, καὶ κέ(ν)τρωι μὲν τᾶι ἀρχᾶι τᾶς ἕλικος, διαστάματι δὲ τᾶι ἐπιζευχθείσαι κύκλος γραφῆι, ἀπὸ δὲ τᾶς ἀρχᾶς τᾶς ἕλικος ἀχθῆ τις ποτ' ὀρθὰς τᾶ ἀπὸ τᾶς ἁφᾶς ἐπὶ τὰν ἀρχ(ὰν)

COLUMN 1

3 ΤΜΝ] ΤΝ Η
6 ἔχειν] ἔχει Η
11 ἐλάσσο|να] ἁ δὲ ΤΡ ποτὶ τὰν ΑΛ ἐλάσσο|να Η lacunam non animadvertit
12 ἁ] ἢ ἁ Η
14 ἔστι] ἔστιν Η
17 ΤΜΝ] ΤΜΝ κύκλου Η
28 ἔχουσιν] ἔχοντι Η

COLUMN 2

12 πολλα|πλασίαν] πολλα|πλασία Η
17 εἴ] κα εἴ Η
24 διαστάματι] διαστήματι Η
27 τᾶ] om. Η

Heiberg II.72.10–74.28: *Spiral Lines,* Proposition 20
Pseudocolor created from ultraviolet fluorescence and red reflectance images

τᾶς ἕλικος ἐπιζευχθεῖσα, συμπεσεῖται αὕτα ποτὶ τὰν ἐπιψαύουσαν, καὶ ἐσσεῖται ἁ μεταξὺ εὐθεῖα τᾶς τε συμπτώσιος κ̣[α]ὶ̣ τᾶς ἀρχᾶς τᾶς ἕλικος ἴσα τῶι περιφερεία τοῦ γραφέ[ν]τος κύ[κλ](ου) τας μεταξὺ τᾶς ἐφ' ἅς καὶ τᾶς τομᾶς, καθ' ὃ τέμνει ὁ γραφεὶς κύκλος τὰν ἀρχὰν τᾶς περιφορᾶς, ἐπὶ τὰ προαγεύμενα λαμβανομένας τᾶς περιφερείας ἀπὸ τοῦ σαμείου τοῦ ἐν τᾶι ἀρχᾶι τᾶς περιφορᾶς. ἔστω ἕλιξ, ἐφ' ἅς ἁ ΑΒ ΓΔ, ἐν τᾶι πρώτα περιφορᾶι γεγραμμέναι, καὶ ἐπιψαυέτω τις αὐτᾶι εὐθεῖα ἁ ΕΖ κατὰ τὸ Δ, ἀπὸ δὲ τοῦ Δ ποτὶ τὰν ἀρχὰν τᾶς ἕλικος ἐπεζεύχθω [ἁ ΑΔ, καὶ κέντρωι μὲν τῶι Α, δι]αστάματι δὲ τῶι ΑΔ κύκλος γεγράφθω ὁ ΔΜΝ, τεμνέτω δ' οὖτ(ος) τὰν ἀρχὰν τᾶς περιφορᾶς (κατὰ) τὸ Κ, ἄχθω δὲ ἁ ΖΑ ποτὶ τὰν ΑΔ ὀρθά. (ὅτι) μὲν οὖν αὕτα συμπίπτει δῆλον· ὅτι δὲ καὶ ἴσα (ἐστὶν) ἁ ΖΑ εὐθεῖα τᾶ ΚΜΗΔ περιφερεία δεικτέον. εἰ γὰρ μή, ἤτοι μείζων ἐστὶν ἢ ἐλάσσων. ἔστω, εἰ δυνατόν, πρότερον μείζων, λελάφθω δέ τις ἁ ΛΑ τᾶς μὲν ΖΑ εὐθείας ἐλάσσων, τᾶς δὲ ΚΜΝΔ περιφερείας μείζων. πάλι(ν) δὴ κύκλος ἐστὶν ὁ ΚΜΝ καὶ ἐν τῶ κύκλωι γραμμὰ ἐλάσσων τᾶς διαμέτρου ἁ ΔΝ καὶ λόγος,

ὃν ἔχει ἁ ΔΑ (πρὸς) ΑΛ, μείζων τοῦ, ὃν ἔχει ἁ ἡμίσεια τᾶς ΔΝ ποτὶ τὰν ἀπὸ τοῦ Α κάθετον ἐπ' αὐτὰ(ν) ἀγμέναν· δυνατὸν οὖν ἐστιν ἀπὸ τοῦ Α ποτιβαλεῖν τὰν ΑΕ ποτὶ τὰν ΝΔ ἐκβεβλημέναν, ὥστε τὰν ΕΡ ποτὶ τὰν ΔΡ τὸν αὐτὸν ἔχειν λόγον, ὃν ἁ ΔΑ ποτὶ τὰν ΑΔ· δέδεικται γὰρ τοῦτο δυνατὸ(ν) ἐόν· ἕξει οὖν καὶ ἁ ΕΡ ποτὶ τὰν ΑΡ τὸν αὐτὸν λόγον, ὃν ἁ ΔΡ ποτὶ τὰν Α[Λ]. ἁ δὲ ΑΡ ποτὶ τὰν ΑΛ ἐλάσσονα λόγον ἔχει ἢ ἁ ΔΡ περιφέρεια ποτὶ τὰν ΚΜΔ περιφέρειαν, ἐπεὶ ἁ μὲν ΑΡ ἐλάσσων ἐστὶ(ν) τᾶς ΔΡ περιφερείας, ἁ δὲ ΑΛ μείζων τᾶς ΚΜΔ περιφερείας· ἐλάσσονα οὖν λόγον ἔχει ἁ ΕΡ εὐθεῖα (πρὸς) ΡΑ ἢ ἁ ΔΡ περιφέρει[α] ποτὶ τὰν ΚΜΔ περιφέρειαν· ὥστε καὶ ἁ ΑΕ (πρὸς) ΑΡ ἐλάσσονα (λόγον) ἔχει ἢ ἁ ΑΔ ΜΡ περιφέρεια (πρὸς) ΚΜΔ περιφέρειαν. ὃν δὲ (λόγον) ἔχει ἁ ΚΜΡ ποτὶ τὰν ΚΜΔ περιφέρειαν, τοῦτον ἔχει ἁ ΧΑ (πρὸς) ΑΔ· ἐλάσσονα ἄρα λόγον ἔχει ἁ ΕΑ (πρὸς) ΑΡ ἢ ἁ ΑΧ (πρὸς) ΔΑ· ὅπερ ἐστὶν ἀδύνατον. οὐκ ἄρα μείζων ἁ ΖΑ τ(ᾶς) ΚΜΔ περιφερείας. ὁμοίως δὲ τ(οῖς) πρότερον δειχθήσεται (ὅτι) οὐδὲ ἐλάσσων ἐστίν· ἴσα ἄρα. διὰ δὲ τοῦ αὐτοῦ τρόπου δειχθήσεται, (καὶ) εἴ κα τᾶς ἐν τᾶι δευτέραι περιφορᾶι γεγραμμένας ἕλικος ἐπι-

COLUMN 1

4 συμπτώσιος] sic, συμπτωσιας Η
5 τῶι] τᾶι Η
7 ἐφ ἅς] ἀφᾶς Η
16 αὐτᾶι] αὐτᾶς Η
19 δι|αστάματι] δι|αστήματι Η
26 ΚΜΗΔ] ΚΜΝΔ Η

COLUMN 2

1 πρὸς] ποτὶ Η
9 ΑΔ] ΑΛ Η
15 ΑΡ] ΔΡ Η
15 ἐστὶν] ἐστὶ Η
19 πρὸς] ποτὶ Η
21 πρὸς] ποτὶ Η
22 ΑΔ ΜΡ] ΚΜΡ Η
22 πρὸς] ποτὶ Η
25 πρὸς] ποτὶ Η
26 πρὸς] ποτὶ Η
27 πρὸς] ποτὶ Η

Heiberg II.74.29–78.9: *Spiral Lines*, Propositions 20, 21
Pseudocolor created from ultraviolet fluorescence and red reflectance images

ψαύη εὐθεῖα μὴ κατὰ τὸ πέρας τᾶς ἕλικος, τὰ δὲ ἄλλα τᾶι αὐτᾶι κατασκευασθέντι, (ὅτι) ἁ μεταξὺ εὐθεῖα τᾶς πο[τὶ] τὰν ἐπιψαύουσαν συμπίπτουσα καὶ τᾶς ἀρχᾶς τ̣ᾶς ἕλικος ἴσα ἐστὶν ὅλα τᾶ τοῦ γραφ[έ](ν)τος κύκλου περιφερείᾳ καὶ ἔτι τᾶ μεταξὺ τῶν εἰρημέν̣ων σαμείων, ὡσαύτως τᾶς περιφερ[εία]ς λαμβανομένας· καὶ εἴ κα τᾶς ἐν ὁποι[αοῦν] γεγραμμένας περιφορᾶ[ς] ἕλικος ἐπιψαύει τ[ις] εὐθεῖα μὴ (κατὰ) [τὸ] πέρας [τᾶς] ἕλικος, τὰ δὲ ἄλλα [τὰ αὐτὰ κ]ατασκευασθαιωντι, ὅτι ἁ [με]ταξὺ εὐ[θεῖα] τῶν εἰρημένων σαμείων πολλαπλασία τέ̣ ἐστιν τᾶς τοῦ γραφέντος κύκλου περιφερεί[α]ς κατὰ τὸν ἑνὶ ἐλάσσονα [ἀ][ριθμὸν τοῦ, καθ' ὃν αἱ περιφοραὶ] λέγονται, καὶ ἔτι ἴσα τᾶ μεταξὺ τ(ῶν) εἰρημένων σαμείων ὁμοίως λαμβανομένας.

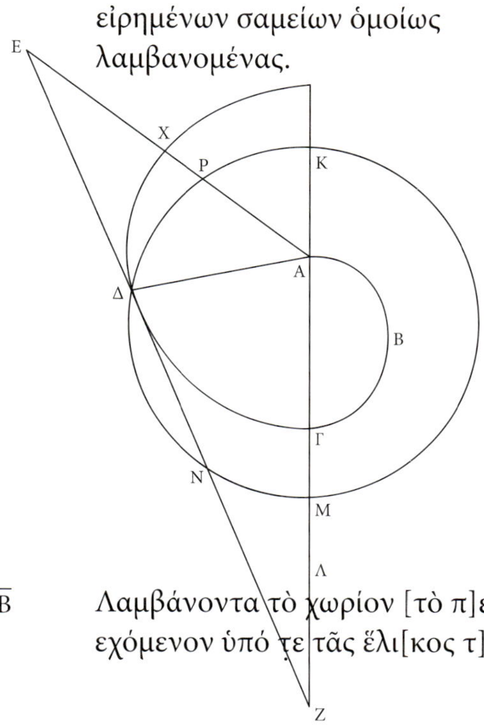

KB Λαμβάνοντα τὸ χωρίον [τὸ π]ερ[ι]εχόμενον ὑπό τ̣ε τᾶς ἕλι[κος τ]ᾶ[ς] ἐν τᾶι πρώται περιφορᾶι γεγραμμένας καὶ τᾶς εὐθείας τᾶς πρώτας ἐν τᾶι ἀρχᾶι τᾶς [πε]ριφορᾶς δυνατόν ἐστι περὶ αὐτὸ σχῆμα ἐπίπ̣εδον περιγράψαι κ̣αὶ ἄλλο ἐγγρά[ψαι] ἐξ ὁμοίων τομέων συγκεί[με]ν̣(ον), ὥστε τὸ περιγεγραμμένον [τοῦ ἐγ]γεγραμμένου μείζων εἶμεν ἐλάσσονι παντὸς τοῦ προτεθέντος χωρίου. ἔστω ἕλιξ, ἐφ' ἇς ἁ Α[Β] Γ̣[Δ], ἐν τᾶι πρώται περιφορᾶι γεγραμμένα, ἔστω δὲ ἀρχὰ μὲν τᾶς ἕλικος τὸ Θ σαμεῖον, ἀρχὰ δὲ τᾶς περιφορᾶς ἁ ΘΑ, ὁ δὲ πρῶτος [κ]ύκλος ὁ ΖΗ ΙΑ, αἱ δὲ ΑΗ ΖΙ διάμετροι αὐτοῦ (πρὸς) ὀρθὰς ἀλλάλαις. ἀ̣ε̣ὶ̣ δὴ τᾶς ὀρ[θᾶς γωνίας δίχα τεμνομέ]νας καὶ τοῦ τομέως τοῦ τὴν ὀρθὴν γωνίαν περιέχοντος ἐσσεῖται τὸ καταλειπόμενον τοῦ τομέως ἔλασσον τοῦ προτεθέντος· καὶ ἔστω γεγενημέν(ος) ὁ̣ τομεὺς ὁ ΑΘΚ ἐλάσσων τοῦ προτεθέντος χωρίου. διαιρείσθωσαν δὴ οὖν αἱ γωνίαι αἱ τέσσαρες ὀρθαὶ εἰς τὰς ἴσας γωνί(ας) τὰς περιεχομένας ὑπὸ τᾶν ΑΘ ΘΚ, καὶ αἱ ποιοῦσαι τὰς γωνίας εὐθεῖαι ἐς τὰν κατὰ τὰν ἕλικα ἄχθωσιν. καθ' ἃ δὴ τέμνει σημεῖον ἁ ΘΚ τὰν ἕλικα, ἔστω τὸ Λ, καὶ κέντρωι τὸ Θ, διαστάματι δὲ τῶι ΘΛ κ̣ύ̣κλος γε-

COLUMN 1

2 τᾶι αὐτᾶι] τὰ αὐτὰ H

14 κατασκευασθαιωντι] sic, κατεσκευασθαιωντι H

16 τέ ἐστιν] τίς ἐστι H

22 λαμβανομένας] λαμβανομέναι H

23 diagram extends over text (sic)

COLUMN 2

7 τομέων] τομων H (A)

9 μείζων] μεῖζον H (A)

17 πρὸς] ποτ' H (A)

20 τὴν | ὀρθὴν] τὰν | ὀρθὰν H (A)

26 διαιρείσθω|σαν] διαιρήσθω|σαν H (A)

27 αἱ (pr.)] om. H (A)

31 τὰν] τὴν H (A)

32 ἃ] ὃ H (A)

33 σημεῖον] σαμεῖον H (A)

34 τὸ] τῶι H (A)

34 δια|στάματι] δια|στήματι H (A)

Heiberg II.78.9–80.15: *Spiral Lines,* Proposition 21
Pseudocolor created from ultraviolet fluorescence and red reflectance images

γράφθω· πεσεῖται δὲ αὐτο[ῦ ἁ] μ̣ὲν ε̣[ἰς τ]ὰ προαγ[εύμεν]α [περ]ιφέρειαι ἐντὸς τᾶς ἕλικος, ἁ δ[ὲ] εἰς τὰ ἑπόμενα ἐκτός. γ[ε]γράφθω δὴ ἁ περιφέρει[α], ἔστ(αι) κἂν συμπέσῃ τᾶ ΘΑ κατὰ τὸ̣ Ο ἁ ΟΜ καὶ τᾶι μετὰ τὰν [Θ]Κ εὐθεῖαν π[ο]τὶ τὰν ἕ̣λικα ποτιπ[ιπτούσ]α. πάλιν δὴ (καὶ), καθ' ὃ [τ]έ[μνει] σαμεῖον̣ ἁ ΘΜ, [ἔστω τὸ Ν, καὶ κ]έντρωι τῶι Θ, δια[στ]άματι δὲ τᾶ ΘΝ κύκλος γεγράφθω, ἔσται καὶ συμπέσῃ ἁ περιφέρεια τοῦ κύκλ(ου) καὶ τᾶ μετὰ τὰν ΘΜ ποτιπ[ί]πτου[σ]αν ποτὶ τὰν ἕλικα, ὁμοίως δὲ καὶ διὰ τῶν ἄλλω(ν) πάντων, καθ' ἂν τέμνοντι τὰ(ν) ἕλικα αἱ τὰς ἴσας γωνίας ποιοῦσαι, κύκλοι γεγράφθωσ(αν) κέντρωι τῶι Θ, ἔστ' ἂν συμπέσῃ ἑκάστας ἁ περιφέρεια τᾶ τε προαγευμέναι εὐθείαι καὶ τᾶ ἑπομέναι· ἔσται δή τι περὶ τὸ λαφθὲν χωρίον περιγεγραμμένον ἐξ ὁμοίων [τομ]έων συγκείμενον καὶ ἄλλο ἐγγεγραμμένον. ὅτι δὲ τὸ περιγεγραμμένον σχᾶμα τοῦ ἐγγεγραμμένου μείζων ἐστιν ἐλάσσονι τ[(οῦ)] προτεθὲν χωρίου δειχθήσεται. ἔστι γὰρ ὁ μὲν ΘΛο τομεὺς ἴσ(ος) τῶ ΘΜΛ, ὁ δὲ ΘΝΠ τῶι ΘΝΡ, ὁ δὲ ΘΧΣ τῶι ΘΧΤ, ἔστι δὲ καὶ τῶ(ν) ἄλλων τομέων ἕκαστος τῶν ἐν τῶι ἐγγεγραμμένωι σχάμ̣[ατι] ἴσ[ο]ς τῶι κοινὰν ἔχοντι πλ[ευρὰν] τομ[εῖ] τῶν ἐν τ[ῶι] περιγεγρ[αμ]μένωι σχάματι τομέων. δῆλ[ο]ν οὖν, (ὅτι) καὶ πά[ντ]ες οἱ τομεῖς πάν̣τεσσιν ἴσοι ἐσο[ῦ]νται· [ἴσο]ν ἄρα̣ [ἐστὶ]ν τὸ ἐγγεγραμμ[ένο]ν [σχᾶ]μα [ἐν τῶι χωρίωι τ̣ῶ[ι περιγε]γραμμένωι περὶ τ̣ὸ χωρίον σχάματι χωρὶς τοῦ ΘΑ[Κ] τ[ο]μέως· μόνος (γὰρ) ἑωυτὴν λέλαπται τῶν ἐν τῶι περιγεγραμμέν[ωι σχάματι]. δῆλον οὖν, (ὅτι) τὸ περιγεγραμμένο(ν) σχᾶμα τοῦ ἐγγεγραμμένου μεῖζόν ἐστι τῶ ΑΘΚΘ τομεῖ, ὅς ἐλάσσων ἐστὶν τοῦ πρ[οτεθέντ]ος.

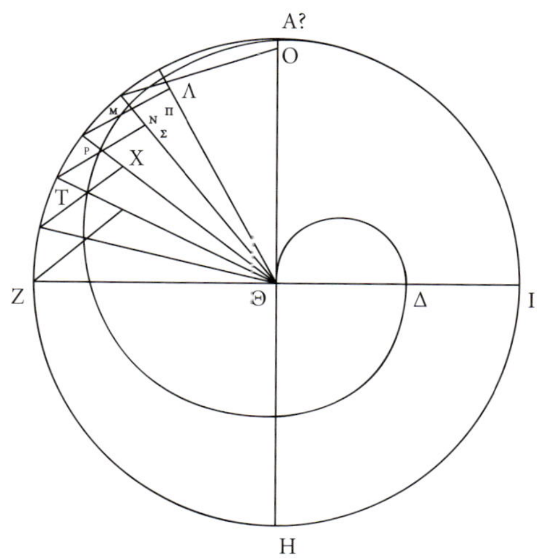

ΚΓ Ἐκ τούτου δὲ φανερὸν (ὅτι) δυνατ(όν) (ἐστι) περὶ τὸ εἰρημένον χωρί[ο]ν σχᾶμα, οἷον εἴρηται, γράφειν, ὥστε τὸ περιγεγραμμένον σχᾶμα μεῖζον εἶναι τοῦ χωρί[ου] ἔλασσο(ν) (εἶναι) παντὸς τοῦ προτεθέντος χωρίου, καὶ πάλιν ἐγγράφειν, ὥσ[τ]ε τὸ χωρίον ὁμοίως μεῖζον εἶμεν τ(οῦ) ἐγγραφέντος σχάματος ἐλάσσονι παντὸς τοῦ προτεθέντος χωρί(ου).

COLUMN 1

2 περι|φέρεια] περι|φέρεια Η
11 δι|αστάματι] δι|αστήματι Η
12 τᾶ] τῶι Η
15 ποτιπί|πτουσαν] ποτιπι|πτούσαι Η
24 ἔσται] ἐσσεῖται Η
29 σχᾶμα] σχῆμα Η

COLUMN 2

1 σχάματι] σχήματι Η
4 σχάματι] σχήματι Η
5 τομεῖς] τομέες Η
7 σχᾶμα] σχῆμα Η
9 σχάματι] σχήματι Η
11 ἑωυτὴν] οὗτος Η
12 σχάματι] σχήματι Η
14 σχᾶμα] σχῆμα Η
15 ΑΘΚΘ] Α.ΚΘ Η
17 ΚΓ] om. Η
18 σχᾶ|μα] σχῆ|μα Η
20 σχᾶμα] σχῆμα Η
21 εἶναι] εἶμεν Η
22 εἶναι] ἐστι Η
25 σχάματος] σχήματος Η

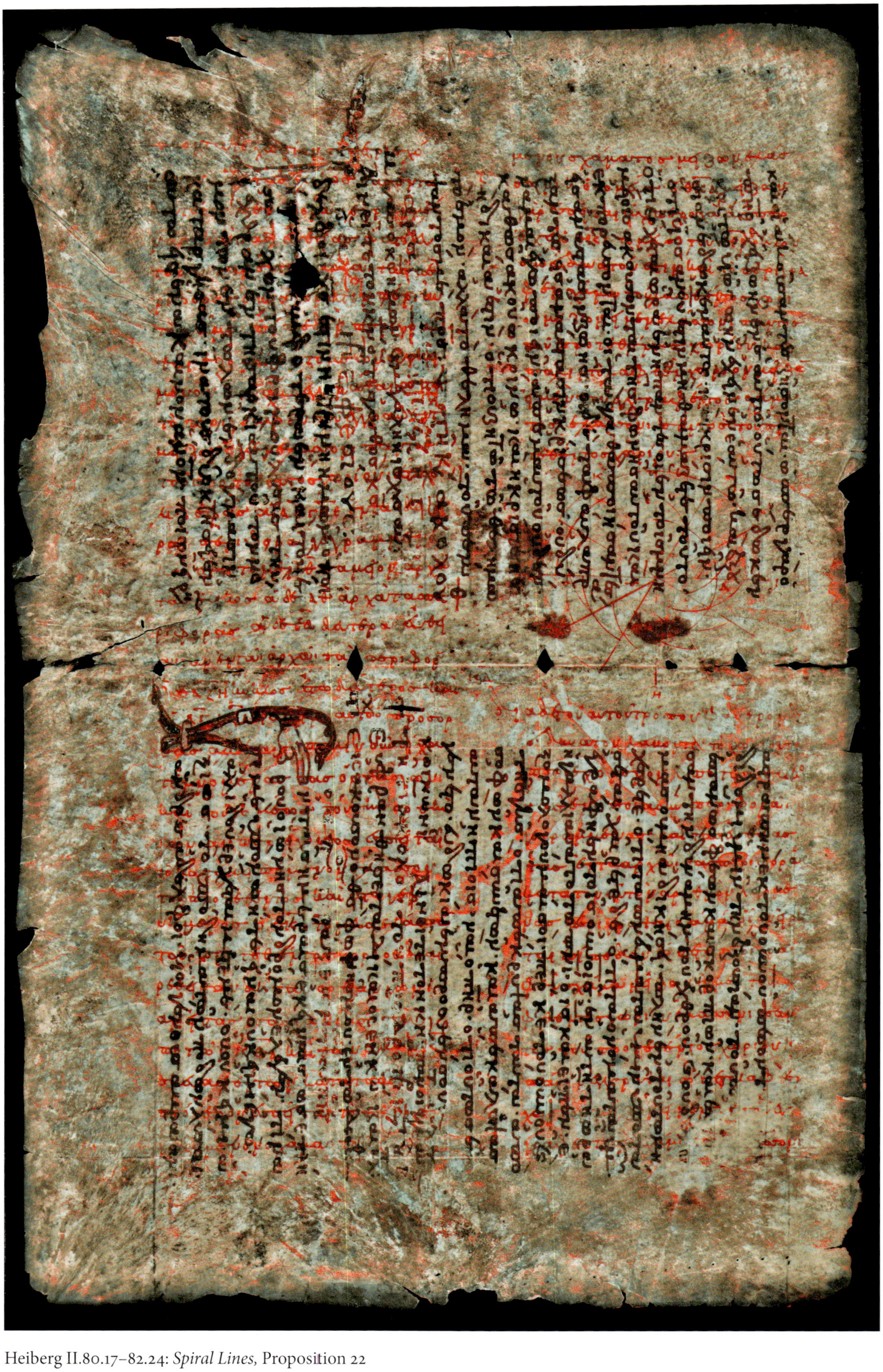

Heiberg II.80.17–82.24: *Spiral Lines,* Proposition 22
Pseudocolor created from ultraviolet fluorescence and red reflectance images

λαβόντα τὸ χωρίον τὸ περιεχό-μ[ε]νον ὑπ[ὸ] τᾶς ἕλικος τᾶς ἐν τᾶ δευτέρ[αι] περι[φ]ορᾶι γεγραμμέ-νας καὶ τᾶς [εὐ]θείας, ἅ ἐστι δευ-τέρα τᾶν ἐν τ[ᾶι] ἀρχᾶι τᾶς πε-ριφορᾶς, δυνα[τ]όν ἐστιν περὶ αὐ-τὸ σχᾶμα ἐπίπεδον περιγρά-ψαι ἐξ ὁμοίων τομέων συγκεί-μενον κα[ὶ] ἄλλο ἐγγράψαι, ὥστε τὸ περιγραφὲν τοῦ ἐγγραφέντ(ος) μεῖζον εἶμεν ἐλάσσονι παντὸς τοῦ προτεθέντος χωρίου. ἔστω ἕ-λιξ, ἐφ' ἇι ἁ ΑΒ ΓΔΕ, ἐν τᾶι δευτέ-ραι περιφορᾶι γεγραμμένα, καὶ ἔστω τὸ μὲν Θ σαμεῖον ἀρχὰ τᾶς ἕλικος, ἁ δὲ ΑΘ ἀρχὰ τᾶς πε-ριφορᾶς, ἁ δὲ ΕΑ δευτέρα εὐθεῖ-αι τᾶν ἐν τᾶι ἀρχᾶι τᾶ[ς] περιφορ(ᾶς), ὁ δὲ ΑΖΗ κύκλος ἔστω δεύτερος καὶ [αἱ] ΑΓ Η̣ΖΙ [δ]ιάμε̣τρ[ο]ι αὐτοῦ πρὸς ὀρ-θὰς ἀλλ[ά]λαις. πάλιν οὖν δίχα τεμνομένας τᾶς ὀρθᾶς γωνί(ας) καὶ τοῦ τομέως τοῦ τὴν ὀρθὴν γωνίαν περιέχοντος ἐσσεῖται τὸ καταλειπόμενον ἔλασσον τοῦ προτεθέντος· καὶ ἔστω γεγε-νημένος ὁ ΘΚ[Α] τομεὺς ἐλάσσω(ν) τοῦ προτεθέντος χω̣ρίου. διαι-ρεθεισᾶν δὴ τᾶν ὀρθᾶν γωνι-ᾶν εἰς τὰς ἴσας γωνίας τᾶ ὑ-πὸ τῶν ΚΘΑ καὶ τῶν ἄλλων (κατα)-σκευασθέντων κατὰ τὰ αὐ̣τ̣ὰ̣ [τ(οῖς)] πρότερον ἐσσεῖται τὸ περι[γ]ε-[γραμ]μένον σχᾶμα τοῦ ἐγγεγραμ-μένου σχάματος μ̣είζων ἐλάσ-σωνι ἢ ὁ τομεὺς ὁ ΘΚΑ· μείζων γὰρ ἐσσεῖται α υπεροχα, ἇ ὑπερ-έχει ὁ ΘΚΑ τομεὺς τοῦ ΘΕΡ. δῆλον οὖν, (ὅτι) δυνατόν ἐστιν καὶ τὸ περιγρα-φὲν σχᾶμα τοῦ λαφθέντος χωρί-ου μείζων εἶμεν ἐλάσσονι παντὸς τοῦ προτεθέντος χωρίου, καὶ πάλιν τὸ λαφθὲν χωρίον μείζω(ν) εἶμεν τοῦ ἐγγραφέντος σχάμα-τος ἐλάσσονι παντὸς τοῦ προ-τεθέντος χωρίου.

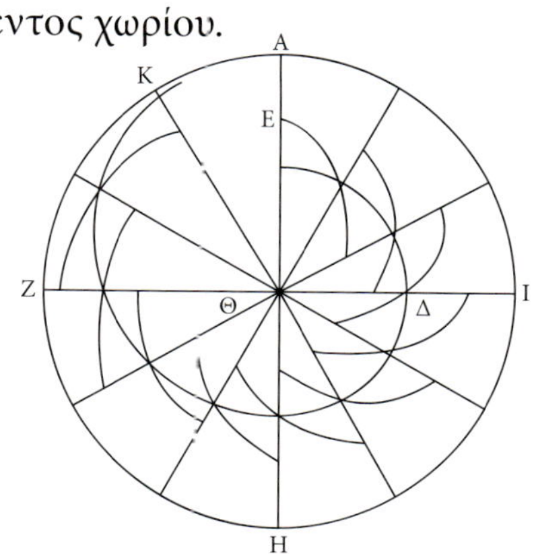

ΚΔ

Διὰ δὲ τοῦ αὐτοῦ τρόπου φανερὸν δι-(ότι) δυνατὸν λαβόντα τὸ χωρίον τὸ περιεχόμενον ὑπό τ[ε τ]ᾶς ἕλικ(ος) τᾶν ἐν ὁποιαοῦν περιφορᾶι γεγραμμένας καὶ τᾶς εὐθείας τᾶς ἐν τᾶ ἀρχᾶι τᾶς περιφορᾶς κατὰ τὸν αὐτὸν ἀρ[ι]θμὸν λεγομέ-νας περιγράψαι σχᾶμα, οἷον εἴρη-ται, ἐπίπεδον, ὥστε τὸ περιγρα-φὲν σχᾶμα μεῖζον εἶμεν τοῦ λα-φθέντος χωρίου ἐλάσσονι παν-τὸς τοῦ προτεθέντος χωρίου, (καὶ) πάλιν ἐγγράψαι, ὥσ[τ]ε τὸ λαφθὲν χωρίον με̣ῖζον εἶμεν τ̣[οῦ] τοῦ ἐγ-γραφέντος σχά̣μ[ατος ἐλά]σσονι

COLUMN 1

1 λαβόντα] κγ λαβόντα H
6 ἐστιν] ἐστι H
7 σχᾶμα] σχῆμα H
17 ΕΑ] ΕΑ ἁ H
17 εὐθεῖ|αι] sic, εὐθεῖ|α H
19 ὁ] om. H
20 πρὸς] ποτ' H
23 τὴν ὀρθὴν] τὰν ὀρθὰν H
31 τῶν] τᾶν H
34 σχᾶμα] σχῆμα H

COLUMN 2

1 σχάματος] σχήματος H
1 ἐλάσ|σωνι] sic, ἐλάσ|σονι H
3 α υπεροχα] sic
6 σχᾶμα] σχῆμα H
9 μείζων] μεῖζον H
10 σχάμα|τος] σχήμα|τος H
13 ΚΔ] om. H
16 τᾶν] τᾶς H
20 σχᾶμα] σχῆμα H
21 ὥστε] ἔστω H
22 σχᾶμα] σχῆμα H
26 τοῦ τοῦ] sic, τοῦ H
27 σχάματος] σχήματος H

Heiberg II.82.24–86.14: *Spiral Lines,* Propositions 23, 24
Pseudocolor created from ultraviolet fluorescence and red reflectance images

[παν]τὸς τοῦ προτε[θέντος] χ[ωρίου]. λαβόντα τὸ χωρίον [τὸ περιεχό]-μενον ὑπό τε τᾶς ἕλικος, ἅ ἐστιν ἐλάσσων τᾶς ἐν μιᾶι περιφορᾶι γεγραμμένας, οὐκ ἐχούσας πέρ(ας) τὰν ἀρχὰν τᾶς ἕλικος, καὶ τᾶν εὐθειᾶν τᾶν ἀπὸ τῶν περάτων τᾶς ἕλικος ἀγομενᾶν δυνατόν (ἐστι) περὶ τὸ χωρίον σχᾶμα ἐπίπεδ(ον) περιγράψαι ἐξ ὁμοίων τομέων συγκείμενον καὶ ἄλλο ἐγγράψαι, ὥστε τὸ περιγραφὲν σχᾶμα τοῦ ἐγγραφέντος μείζονι μὲν ἐλάσ-σονι παντὸς τοῦ προτεθέντος χω-ρίου. ἔστω ἕλιξ, ἐφ' ἇς ἁ ΑΒΓΔΕ, πέρατα δὲ αὐτᾶς τὰ αΕ, ἔστω δὲ ἀρχὰ τᾶς ἕλικος τὸ Θ, καὶ ἐπεζ[εύ]χθωσαν αἱ αΘ ΘΕ. [γεγρά]-φθω δὴ κύκλος κέντρωι μὲν τῶι Θ, διαστάματι δὲ τῶι ΘΑ, καὶ συμπιπτέτω τᾶ ΘΕ κατὰ τὸ ΖΑ. εἰ δὲ τᾶς γωνίας τᾶς ποτὶ τὸ Θ καὶ τοῦ τομέως τοῦ ΘΑΖ δίχα τεμνομένων ἔσται τὸ καταλει-πόμενον τοῦ προτεθέντος ἐ-λάσσων. ἔστω ἐλάσσων τομεὺς ὁ ΘΑΚ τοῦ προτεθέντος. ὁμοίως δὴ τοῖς πρότερον γεγράφθωσ(αν) κύκλοι διὰ τῶν σαμείων, καθ' ἃ τέμνουσι τὰν ἕλικα οἱ τὰς ἴσ(ας) γωνίας ποιοῦσ(αι) ποτὶ [τ]ῷ̣ι Θ, ὥσ-τε τᾶν περιφερειᾶν ἑκάστα συμπίπτειν τᾶ τε προαγευμένα (καὶ) τᾶ ἑπομένα· ἐσσεῖται δή τι τὸ π̣[ε]ριεχόμενον χωρίον ὑπό τε τᾶς [Α]Β[Γ]ΔΕ ἕλικος καὶ τᾶν αΘ ΘΕ εὐθει-ᾶν περιγεγραμμένον σχᾶμα ἐ-πίπεδον ἐξ ὁμοίων τομέων συγκεί-μενον καὶ ἄλλο ἐγγεγραμμένον, (καὶ) τὸ περιγεγραμμενον τοῦ ἐγγεγραμ-μένου ἐλάσσονι ὑπερέχει τοῦ προ-τεθέντος χωρίου· ἐλάσσων γάρ ἐστι(ν) ὁ ΘΑΚ τομεύς. ἐκ τούτου φανερόν (ἐστιν), (ὅτι) δυνατόν ἐστιν περὶ τὸ εἰρημένον χωρίον ἐπίπεδον, οἷον εἴρηται, περι-γράψαι, ὥστε τὸ περιγραφὲν σχᾶμα μεῖζον εἶμεν τοῦ χωρ[ί]ου ἐλάσσονι παντὸς τοῦ προτεθέντος χωρί(ου),

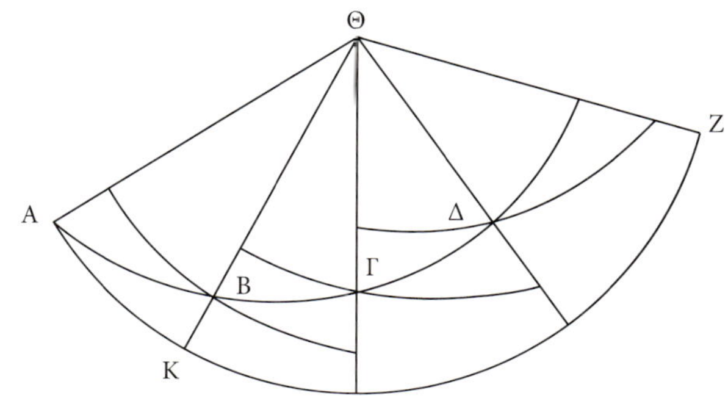

ΚΕ Τὸ περιλαφθὲν χωρίον ὑπό τε τᾶς ἕλικος τᾶς ἐν τᾶι πρώται περι-φορᾶι γεγραμμένας καὶ τᾶς εὐ-θείας τᾶς πρώτας τᾶς ἐν τᾶι ἀρχᾶι τᾶς περιφορᾶς τρίτον μέρος (ἐστὶ) τοῦ κύκλου τοῦ πρώτου. ἔστω ἕλιξ, ἐφ' ἇς ἁ ΑΒΓΔΕΘ, ἐν τᾶι πρώτα[ι] περιφορᾶ[ι] γεγραμ-μένα, ἔστω δὲ τὸ μὲν Θ σαμεῖον ἀρχὰ τᾶς ἕλικος, ἁ δὲ ΘΑ εὐ-θεῖα πρώτα ἐν τᾶι ἀρχᾶι τ(ᾶς)

COLUMN 1

2 λαβόντα] κδ λαβόντα H
9 σχᾶμα] σχῆμα H
12 σχᾶμα] σχῆμα H
20 διαστάματι] διαστήματι H
24 ἔσται] ἐσσεῖται H
26 τομεὺς] ὁ τομεὺς H
30 τέμνουσι] τέμνοντι H
30 οἱ] αἱ H
31 τῶι] τᾶι H

COLUMN 2

3 σχᾶμα] σχῆμα H
12 σχᾶμα] σχῆμα H
18 τᾶς] τᾶν H

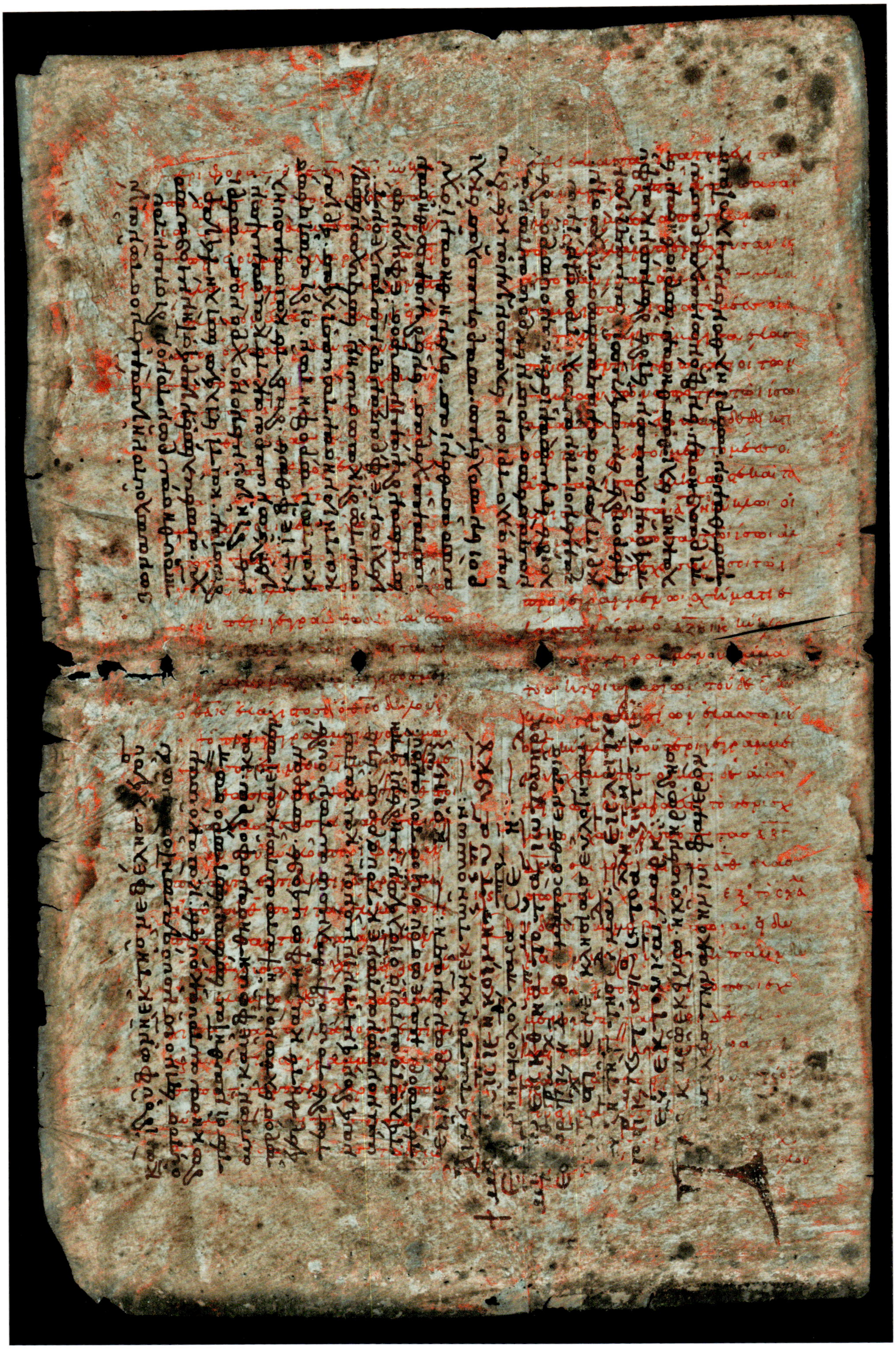

Heiberg II.86.14–90.6: *Spiral Lines,* Proposition 24
Pseudocolor created from ultraviolet fluorescence and red reflectance images

περιφορᾶς, ὁ δὲ ΑΝ ΖΗΙ κύκλος πρῶτος, οὗ τρίτον μέρος ἔστω ἐν ὧι Ϙ κύκλος. δεικτέον, ὅτι ἴσον (ἐστὶ) τὸ προειρημένον χωρίο[ν] τῶι Ϙ κύκλωι. εἰ γὰρ μή, ἤτοι μεῖζόν ἐστιν ἢ ἔλασσον. ἔστω πρότερον, εἰ δυνατόν, ἔλασσον. δυνατὸν δή ἐστι(ν) περὶ τὸ χωρίον τὸ πε[ρι]εχόμενο(ν) ὑπό τε τᾶς ΑΒΓΔΕΘ ἕλικος κα̣ὶ̣ [τᾶς Α]Θ [εὐ]θείας π[εριγρά]ψαι [σχᾶμα] ἐπ[ί]πεδον ἐξ ὁμοί[ων] τ[ο][μέων, ὥστε] τὸ περ[ι]γρ[αφὲν σχᾶ]μα μείζονι μὲν τ[ο]ῦ χω[ρίο]υ [ἐλάσ]σων τᾶς ὑπεροχᾶς, [ἇ] ὑπερέ[χ]ει ὁ Ϙ κύκλος τοῦ εἰρημένου χωρίου. περιγεγράφθω δή, καὶ ἔστω τῶν τομέων, ἐξ ὧν σύγκειται τὸ εἰρημένον σχᾶμα, μέγιστος μὲν ὁ ΘΑΚ, ἐλάχιστος δὲ ὁ ΘΕΟ· δῆλον (οὖν), [(ὅτι)] τὸ περιγεγραμμένον σχᾶμα ἔλασσόν ἐστι τοῦ Ϙ κύκλου. ἐκβε[βλήσ]θωσαν δὲ εὐθεῖαι (πρὸς) τὸ Θ ποι[οῦσ]αι τὰς ἴσας γωνίας, ἔστ' ἂν πο[τὶ τ]ὰν τοῦ κύκλου περιφέρειαν πέσωντι· ἐντὶ δή τινες γραμμαὶ ἀπὸ [τ]οῦ Θ ποτὶ τὰν ἕλικα ποτιπίπτουσαι τῶι ἴσωι ἀλλαλᾶν ὑ̣π̣ερέχουσα[ι], ὧ[ν] ἐστι μείζων (μὲν) ἁ̣ ΘΑ, ἐλάσσων δὲ ἁ ΘΕ, καὶ ἁ ἐλαχίσ̣τ̣α [ἴ]σα τᾶι ὑπεροχᾶι, ἐντὶ δὲ (καὶ) ἄλλαι τινὲς γραμμαὶ ἀπ̣ὸ τ(οῦ) Θ ποτὶ τὰν περιφέρειαν τοῦ κύκλου ποτιπ̣ίπ̣τουσα̣ι τῶι [μὲν] πλ[ή]θει ἴσαι τ[αύται]ς, τῶ δὲ με̣[γ]έθει ἑκάστα ἴσα τᾶ μεγίστα, (καὶ) ἀναγέγραπται ἀπὸ πασᾶν ὁμοῖοι τομέες, ἀπό τε τᾶν τῶι ἴσω ἀλλαλᾶν ὑπερεχουσᾶν (καὶ) ἀπὸ τᾶν ἰσᾶν ἀλλάλαις τε καὶ τᾶ μεγίστα· οἱ ἄρα τομέες οἱ ἀ[πὸ] τᾶν ἰσᾶν τᾶ μεγίστα ἐλάσσονές ἐντι ἢ τριπλάσιοι τῶν τ̣ομέων τῶν ἀπὸ τᾶν τῶι ἴσωι ἀλλαλᾶν ὑπερεχουσᾶν· δέδεικτ(αι) γὰρ τοῦτο. (εἰσὶν) δὲ οἱ μὲν τομέες οἱ ἀπὸ τᾶν ἰσᾶν ἀλλήλαις τε καὶ τᾶ μεγίστα ἴσοι τῶι ΑΖΗΙ κύκλωι, οἱ δὲ [τ]ομέε̣[ς οἱ] ἀπὸ τᾶν τῶι ἴσωι ἀλλαλ̣ᾶν̣ [ὑπ]ερεχουσᾶν ἴσοι τῶι προγεγραμμένωι σχήματι· ἐλάσσων ἄρα ὁ ΑΖΗΙΚ κύκλ[ος] [τοῦ] περιγεγραμμένου [σχ]άματος ἢ τριπλασίων. τοῦ δὲ Ϙ κύκλου τριπλασίων· ἐλάσσων (ἄρα) ὁ Ϙ κύκλος τοῦ περιγεγραμμένου σχάματος. οὐκ ἔστι δέ, ἀλλὰ μείζων· οὐκ ἄρα ἐστὶ τὸ τὸ περιεχόμενον χωρίον ὑπό τε τᾶς ΑΒΓΔΕΘ ἕλικος καὶ τᾶς ΑΘ ἐλάσσων τοῦ [Ϙ] χωρίου. ἐξ(ῆς) τὸ ΣΧΑ(ΜΑ).

κς

Οὐδὲ τοίνυν μεῖζον. [ἔ]στω γάρ, εἰ δυνα[τό]ν, μεῖζον. ἔστι δὴ πάλιν δυνατὸν εἰ[ς] τὸ χ̣ωρίον τὸ περιεχόμενον ὑπὸ τᾶς ΑΒΓΔΘ ἕλικος καὶ τᾶς [ΑΘ] εὐθείας ἐγγράψαι σχᾶμα, ὥστε τὸ εἰρ[ημέν]ο[ν χωρ]ίο[ν] τοῦ ἐγγρα[φέν]το[ς σχάματος μεῖ][ζον εἶμεν ἐλάσσ]ον[ι ἢ ᾧ ὑπ]ερ[έ]χ[ει] [τὸ εἰρημένον χωρίον τοῦ Ϙ κ]ύκλου.

COLUMN 1

11 σχᾶμα] σχῆμα H
12 σχᾶ|μα] σχῆ|μα H
13 μείζονι μὲν] μεῖζον εἶμεν H
13 ἐλάσ|σων] ἐλάσ|σονι H
18 σχᾶμα] σχῆμα H
20 σχᾶμα] σχῆμα H
22 πρὸς] ποτὶ H
28 ὧν] ἂν H

COLUMN 2

11 εἰσὶν] ἐντὶ H
12 ἀλλήλαις] ἀλλάλαις H
18 σχάμα|τος] σχήμα|τος H
22 σχάματος] σχήματος H
23 τὸ τὸ] sic, τὸ H
32 σχᾶμα] σχῆμα H
33 σχάματος] σχήματος H

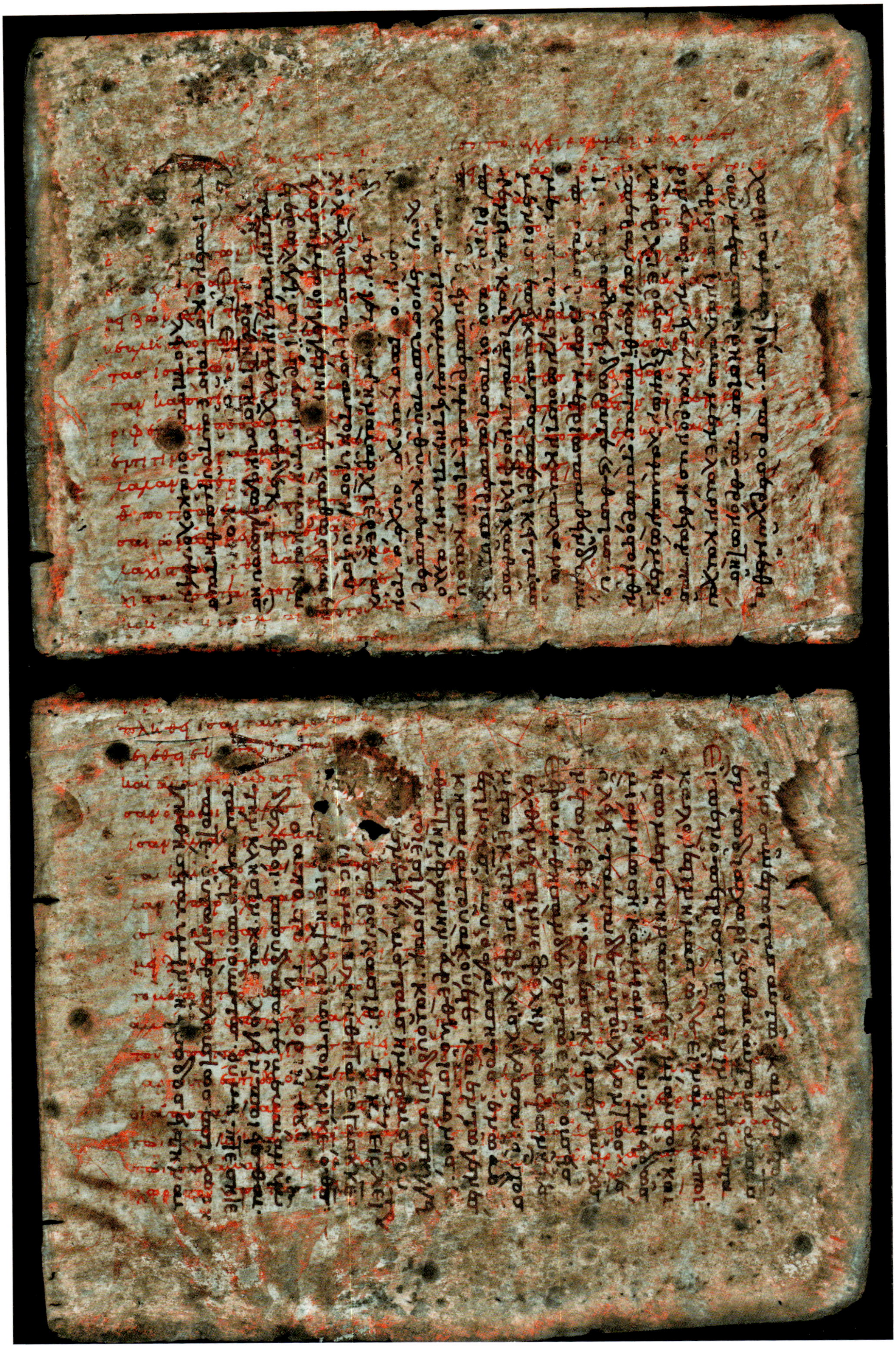

Heiberg II.90.6–92.14: *Spiral Lines,* Propositions 24, 25
Pseudocolor created from ultraviolet fluorescence and red reflectance images

ἐγγεγρά[φθω] δή, [κ]αὶ ἔστω τῶν τομ[έων], ἐξ [ὧν σύ]γκειται τὸ ἐγ[γεγ]ρα[μμέ]νον σ[χ]ᾶμα, μέγιστος [(μὲν)] ὁ [ΘΡΞ, ἐ]λάσσων δὲ ὁ ΘΕ· δῆλον, (ὅτι) τὸ ἐγγεγραμμ[έ]νον σχᾶμα μειζω^{o}ν ἐστιν τοῦ Ϙ κύκλου. ἐκβεβλήστωσαν δὴ αἱ ποιοῦσαι τὰς ἴσας γωνίας ποτὶ τὸ [Θ], ἔσ̣ταν κα ποτὶ τὰν τοῦ κύκλο[υ πε]ριφέρ̣[ει]αν πέσωντι. [πά]λιν οὖν ἐντί τινες γραμμαὶ τῶι ἴσωι ἀλλαλᾶν ὑπερέχουσαι ἀπὸ τοῦ Θ ποτὶ τὰν ἕλικα ποτιπίπτ(ου)σαι, ὧν ἐστι μεγίστα μὲν ἁ ΘΑ, ἐλαχίστα δὲ ἁ ΘΕ, καί ἐστιν [ἁ] ἐλαχίστα ἴσα τᾶι ὑπερ[ο]χ[ᾶ], ἐντὶ δὲ καὶ ἄλλαι γραμμαὶ ἀπὸ τοῦ Θ [ποτὶ τὰν τοῦ ΑΖΗΙ κύ]κ̣λ̣ο̣υ̣ περιφ[έ]ρε̣ι̣[αν ποτιπίπτουσαι τῶι μὲν] πλήθει ἴσαι ταύταις, τῶι δ̣ὲ̣ μεγέθει ἑκ[ά]στα ἴσα τᾶ μεγίστα, καὶ ἀναγεγράφατ[αι ἀπὸ πα]σᾶν ὁμοῖοι τομέε̣ς [ἀπό τε τᾶν] ἰσᾶν ἀλλάλ[α]ις τε καὶ [τᾶ μεγίσ]τα καὶ ἀπὸ τᾶν τῶ[ι ἴσ]ωι ἀ̣λ̣λ̣α̣λᾶν ὑπερ[ε]χουσᾶν· οἱ ἄρα τομ̣έες ο[ἱ] ἀπὸ τᾶν ἰσᾶν τᾶ μεγί[στα] μείζονές ἐν τε ἢ τριπλάσιοι τῶ(ν) τομέων τῶ[ν] ἀπ[ὸ τ]ᾶν τῶι [ἴ]σῳ̣[ι] ἀλλα[λᾶ]ν ὑπερεχουσᾶν χωρὶς τοῦ ἀπὸ τᾶς μεγίστας· δέδεικτ(αι) γὰρ τοῦτ[ο]. ἐντὶ δὲ οἱ μὲν τ[ο]μέες οἱ ἀπὸ τᾶν ἰσᾶν τᾶ με[γί]στα ἴσοι τῶι ΑΖΗΙ̣ κύκλωι, οἱ δὲ ἀπὸ τᾶν τῶι ἴσωι ἀλλαλᾶν ὑπερεχουσᾶν χωρὶς τοῦ ὑπὸ τᾶς μεγίστας

ἴσοι τῶι ἐγγεγραμμένω σχάματι· μείζων ἄρα ὁ ΑΖΗΙ κύκλος ἢ τρι[πλα]σίων τοῦ ἐγγεγ̣ραμμένου σχά[ματος]. τοῦ [Ϙ κ̣ύκ]λου (τριπλασίων)· (ἄρα) μείζω(ν)· [(ἄρα) (ἐστὶν) ὁ Ϙ] κ̣ύ̣κλος [τοῦ ἐ]γγεγραμμέν(ου) [σ]χ[ά]ματος. [οὐ]κ ἔστιν δέ, ἀλ[λ]ὰ ἐλάσ[σων]· οὐκ ἄρα ἐστὶν οὐδὲ μεῖζον τ̣ὸ [χ]ωρίον τὸ ὑπό τε τᾶς ΑΒΗΕΘ ἕ̣λι[κος] καὶ τᾶς ΑΘ εὐθείας τοῦ Ϙ κύ̣κ̣λ[ου. ἴ]σος ἄρα ἐστὶν τῶι περιλαφθέντι ὑπὸ τᾶς ἕλικος καὶ τᾶς ε̣ὐ̣θείας.

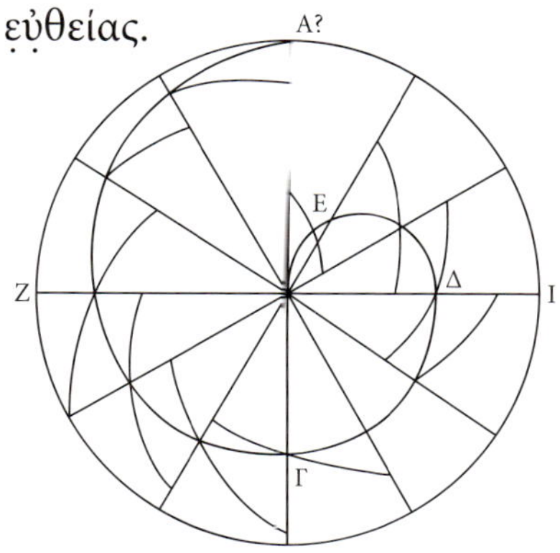

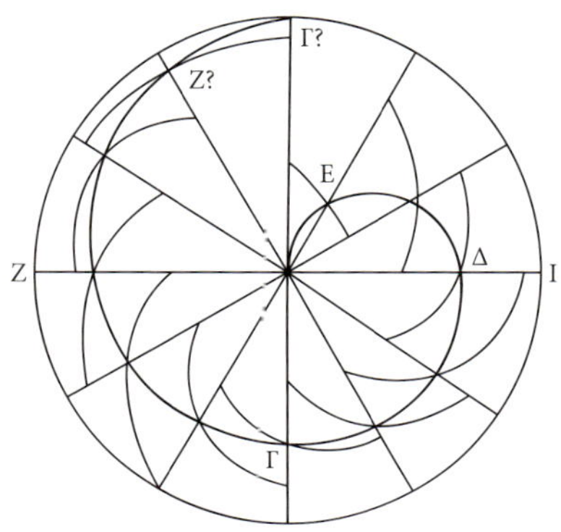

$\overline{\text{KZ}}$ Τὸ περιλαφθ[ὲ]ν̣ χωρίον ὑπό τε τᾶς ἕ̣λ̣ικος τᾶ[ς] ἐν τᾶι δευτέρα [π]εριφορᾶι γεγραμμένας καὶ τᾶς εὐθείας τᾶς δευτέρας τᾶν ἐν τᾶι ἀρχᾶι τᾶς περιφορᾶ̣ς̣

COLUMN 1

3 σχᾶμα] σχῆμα H
4 δῆλον] δῆλον οὖν H
5 σχᾶμα] σχῆμα H
8 ἔσ|ταν] ἔσ|τ' ἄν H
14 ὧν] ἂν H

COLUMN 2

1 σχάματι] σχήματι H
3 σχά|ματος] σχή|ματος H
4 ἄρα] sic, om. H
6 σχάματος] σχήματος H
12 εὐθείας] ΑΘ εὐθείας H
13 Τὸ περιλαφθὲν] om. H

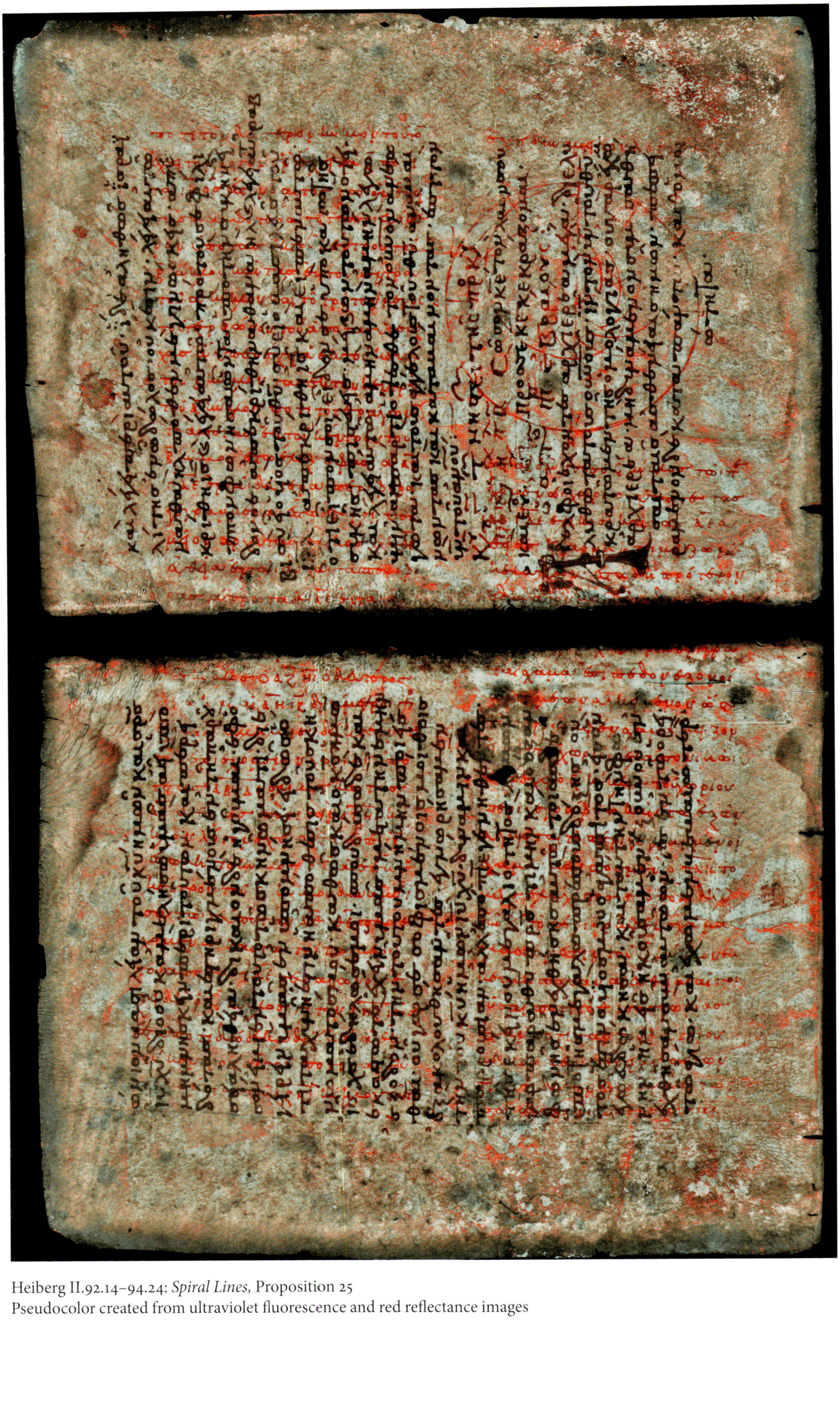

Heiberg II.92.14–94.24: *Spiral Lines*, Proposition 25
Pseudocolor created from ultraviolet fluorescence and red reflectance images

ποτὶ τὸν δεύτερον κύκλον τοῦτο(ν) ἔχει τὸν λόγον, ὃν ἔχει τὰ Z̅ ποτὶ τὰ I̅B̅, ὅς ἐστιν ὁ αὐτὸς τῶι ὃν ἔχει τὰ συναμφότερα τό τε περιεχόμενον ὑπὸ τᾶς [ἐ]κ τοῦ κέντρου τοῦ B̅ κύκλου καὶ τᾶς ἐκ τοῦ κέντρου τοῦ A̅ κύκλου καὶ τὸ τρίτον μέρος τοῦ τετραγώνου τοῦ ἀπὸ τᾶς ὑπεροχᾶς, ἃ ὑπερέχει ἁ ἐκ τοῦ κέντ̣ρ̣[(ου)] τοῦ B̅ κύκλου τᾶς ἐκ τοῦ κέντρ(ου) τοῦ A̅ κύκλου ποτὶ τὸ τετράγων[ο](ν) τὸ ἀπὸ τᾶς ἐκ τοῦ κέντρου τοῦ B̅ κύκλου. ἔστω ἕλιξ, ἐφ᾽ ἇς ἁ AB ΓΔE, ἐν τᾶι δευτέραι περιφορᾶι γεγραμμέναι, ἔστω δὲ τὸ μὲν Θ σαμεῖον ἀρχὰ τᾶς ἕλικος, ἁ δὲ ΘE εὐθεῖα ἐν τᾶι ἀρχᾶι τᾶς περιφορᾶς ἁ πρώτα, δὲ AE ἐν τᾶι ἀρ[χᾶι τᾶς περιφορᾶς ἁ δευτέρα, ὁ] δὲ κύκλος ὁ AZ HI ὁ δεύτερος ἔσ̣[τ]ω̣, καὶ αἱ AH IZ διάμετροι (πρὸς) [ὀρθ]ὰς ἀλλάλαις. δεικτέον [ὅ]τι τὸ περιεχόμενον χωρί[ον ὑ]πό τε τᾶς ABΓΔE ἕλικος καὶ τᾶς AE εὐθείας ποτὶ τὸν AZHI κύκλον λόγον ἔχει, ὃν τὰ Z̅ (ποτὶ) I̅B̅. ἔστω δή τις κύκλος ὁ Ϙ, ἁ δὲ ἐκ τ(οῦ) κέντρου τοῦ Ϙ κύκλου δυνάμει ἴσα τῶι τε ὑπὸ τᾶν AΘ ΘE περιεχομένωι καὶ τῶι τρίτωι μέρει τοῦ ἀπὸ τᾶς ΔE τετραγώνου· ἕξει δὴ ὁ Ϙ κύκλος (πρὸς) τὸν AHZI ὡς ἑπτὰ ποτὶ δώδεκα, δι(ότι) καὶ ἁ ἐκ τοῦ κέντρου αὐτοῦ ποτὶ τὰν ἐκ τοῦ κέντρου τοῦ AZHI κύκλου τοῦτ(ον) ἔχει δυνάμει τ̣ὸν λ̣όγον. [δει]χθ̣ή-

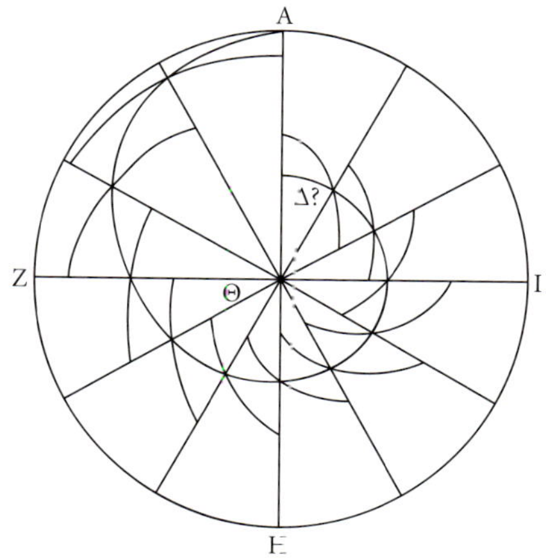

σεται οὖν ἴσος ὁ Ϙ κύκλος τῶι (περι)εχομένωι χωρίωι ὑπό τε τᾶς AB ΓΔE ἕλικος καὶ τᾶς AE εὐθείας. εἰ γὰρ μή, ἤτ[ο]ι μείζων (ἐστὶν) ἢ ἐλάτ[τ]ων. ἔστ̣ω̣ δὴ πρότερον, εἰ δυνα[τόν], μείζων. δυνατὸν δή [ἐστι περὶ τὸ] χ[ωρί]ον περιγράψαι σχᾶμα ἐπίπεδον ἐξ ὁμοίων τομέων συγκείμενον, ὥστε τὸ π[ε]ρ[ι]γραφ̣ὲ̣ν σχᾶμα μεῖζον εἶμεν τ[οῦ] χωρίου ἐλάσσονι ἢ ὧι ὑ[περ]έχει ὁ Ϙ κ̣ύκλος τοῦ χωρίου. περι[γ]εγράφθω, καὶ ἔστω, ἐξ ὧν σύγκειται τ̣ὸ̣ π̣ε̣ριγεγραμμένον σχᾶμα, μέγιστο̣ς̣ μὲν ὁ ΘAK τομεύς, ἐλάχιστο̣ς̣ δὲ ὁ ΘοΔ· δῆλ(ον) οὖν, (ὅτι) τὸ̣ π̣ε̣ριγραφὲν σχᾶμα ἔλασσόν ἐστιν τοῦ Ϙ κύκλου. ἐκβεβλήσθωσαν αἱ εὐθεῖαι αἱ ποιοῦσαι ποτὶ τὸ Θ ἴσας γωνίας, ἔστ᾽ ἂν ποτὶ τὰν τοῦ δευτέρου κύκλου περιφέρειαν πέσωντι. [ἐ]ντὶ δή τινες γραμμαὶ τῶι [ἴ]σωι ἀλλαλᾶν ὑπερέ̣[χ]ουσαι

COLUMN 1

18 δὲ] ἁ δὲ H
19 δευτέρα ὁ|] δευτέρα | ὁ H
21 πρὸς] ποτ᾽ H
31 ΔE] AE H
32 πρὸς] ποτὶ H

COLUMN 2

9 σχᾶμα] σχῆμα H
11 σχᾶμα] σχῆμα H
16 σχᾶμα] σχῆμα H
18 σχᾶμα] σχῆμα H
19 Ϙ] om. H

Heiberg II.94.24–98.10: *Spiral Lines,* Proposition 25
Pseudocolor created from ultraviolet fluorescence and red reflectance images

[αἱ ἀπὸ τοῦ Θ ποτὶ τὰν ἕλικα ποτι][πίπτουσαι, ἅν ἐστι μεγίστα μὲν] ω ΘΑ, ἐλαχίστα δὲ ἁ̣ ΘΕ, ἐντὶ δὲ καὶ ἄ̣λ̣λαι γραμμαὶ αἱ ἀπὸ τοῦ Θ ἐπὶ τὰν τοῦ ΑΖΗΙ κύκλου περιφέρειαν ποτιπίπ[τ]ουσαι, τῶι [μὲ]ν πλήθει μιᾶι ἔλασσον ἑαυτᾶν, τῶι δὲ μεγέθει ἀλλάλαις τε ἴσαι καὶ τα μεν στα, καὶ ἀναγεγράφαται ὁμοῖοι τομέες ἀπὸ τᾶν ἰσᾶν τᾶ μεγίστα καὶ ἀπὸ τᾶν τῶι ἴσωι ἀλλαλᾶν ὑπερεχουσᾶν, ἀπὸ δὲ τᾶς ἐλαχίστ(ας) οὐκ ἀναγεγράφεται· ο[ἱ ἄρα] τομέες οἱ ἀπὸ τᾶν ἰσ̣[ᾶν τᾶ] μεγίστα ποτὶ τοὺς το[μέας] τοὺς ἀπὸ τᾶν τῶι ἴσωι ἀλλαλᾶ̣[ν] ὑπερεχουσᾶν χωρὶς τοῦ ἀπὸ [τᾶς ἐλαχίστα]ς [ἐ]λά̣σ̣σονα λόγον ἔχοντι ἢ τὸ τετράγωνον τὸ ἀπὸ τᾶς μεγίστας τᾶς ΘΑ ποτὶ τὰ συναμφότερα τό τε ὑπὸ τᾶν ΑΘ ΘΕ περιεχόμενον (καὶ) τὸ τρίτον μέρος τοῦ ἀπὸ τᾶς ΕΑ̣ τετραγώνου· δέδεικται γὰρ τοῦτο. ἐντὶ τοῖς μὲν τομέσι τοῖς ἀπὸ τᾶν ἰσᾶν ἀλλάλας καὶ τᾶ μεγίστα ἴσος ὁ ΑΖΗ κύκλ(ος), τοῖς δὲ τομέεσσι τοῖς ἀπὸ τᾶν τῶι ἴσωι ἀλλαλᾶν ὑπερεχουσᾶν χω̣ρ̣ὶς τοῦ ἀπὸ τᾶς ἐλαχίστας ἴσ[(ον)] τὸ περιγεγραμμένον· ἐλάσσον(α) ἄρα λόγον ἔχει ὁ κύκλος ποτὶ τὸ περιγεγραμμένον σχᾶμα [ἢ τὸ τετράγωνον τὸ ἀπὸ τᾶς ΑΘ]

[ποτὶ τὰ συναμφότερα τό τε] [ὑπὸ τᾶν ΑΘ ΘΕ καὶ τὸ τρίτον μέρος] το[ῦ] ἀπὸ τᾶς ΑΒ τετραγώνου. ὃν δὲ ἔχει λόγον τὸ τετράγωνον τὸ ἀπ[ὸ] τᾶς ΘΑ ποτὶ τὸ ὑπὸ τᾶν ΘΑ ΑΕ κ̣[αὶ] τὸ τρίτον μέρος τ̣οῦ ἀπὸ τᾶς ΑΕ τ̣[ε]τραγώνου, τοῦτον ἔχει ὁ ΑΖΗΙ κύκλ[ος] (πρὸς) τὸν Ϙ κύκλον· ἐλάσσονα οὖν λόγ[ον] ἔχει ὁ ΑΖΗΙ κύκλος ποτὶ τὸ περιγεγραμμένον σχᾶμα ἢ ποτὶ τὸν κύκλον· ὥστε ἐλάσσων ἐστὶν ὁ Ϙ [κύκλος] τοῦ περιγεγραμ̣μ̣ένου σχάματο[ς]. οὐκ ἔστι δέ, ἀλλὰ μείζων· οὐκ (ἄρα) μ[είζων] ἐστὶν ὁ Ϙ κύκλος τοῦ̣ χωρίου̣ τοῦ [πε]ριεχομένου ὑ̣πό τε τᾶς ΑΒΓΔΕ [ἕλι]κ(ος) καὶ τᾶς ΑΕ εὐθείας. Οὐδὲ τοίνυν ἐλάσσ̣ω̣ν̣. ἔ[στω γ]άρ, εἰ δ[υ]νατόν, ἐλάσσων. πάλιν ο[ὖν] δ[υ]ν̣α̣τόν (ἐστιν) εἰς τὸ χωρίον [τ]ὸ̣ περι[ε]χόμ̣ενον ὑπό τε τᾶ̣ς ἕλικος κ[αὶ] τᾶς ΑΕ εὐθείας ἐγγράψαι σχᾶ[μα] ἐπίπεδον ὑπ̣ὸ ὁμοίων̣ τομέω[ν] συγκείμενον, ὥ[σ]τε τὸ περ̣ιεχόμ̣[ε]νον χωρίον ὑπό τε τᾶς ΑΒΓΔΕ ἕλικος καὶ τᾶς ΑΕ εὐθείας μείζ[ο]νι μὲν τοῦ ἐγγεγραμμένου σχάμ[α]τος ἐλάσσονι, ἢ ὧι ὑπερέχει τὸ αὐτὸ χωρίον τοῦ Ϙ κύκλο[υ]. ἐγγεγράφθω οὖ̣ν, καὶ ἔστω τῶν τομέων, ἐξ ὧν σύγκειτ(αι) τὸ ἐγγεγραμμένον σχᾶμα, μέγιστο[ς] μὲν ὁ ΘΧΡ τομεύς, ἐλάχιστος δὲ ὁ ΘΕο· δῆλον οὖν, (ὅτι) τὸ ἐγγεγραμμένον σχᾶμα μεῖζόν ἐστι τοῦ Ϙ κύκλου. [ἐ]κβε-

COLUMN 1

1 ποτι|πίπτουσαι] ποτι|πίπτουσιν H
3 ω] sic, ἁ H
9 τα μεν στα] sic, τᾶι μεγίσται H
14 ἀναγεγράφεται] sic
26 ἐντὶ] ἐντὶ δὲ H
28 ΑΖΗ] ΑΖΗΙ H
34 σχᾶμα] σχῆμα H

COLUMN 2

3 ΑΒ] ΑΕ H
8 πρὸς] ποτὶ H
10 σχᾶμα] σχῆμα H
10 τὸν] τὸν Ϙ H
12 σχάματος] σχήματος H
16 ΑΕ] ΑΖ H
21 σχᾶμα] σχῆμα H
26 σχάμα|τος] σχήμα|τος H
31 σχᾶμα] σχῆμα H
31 ΘΧΡ] ΘΚΡ H
33 σχᾶμα] σχῆμα H

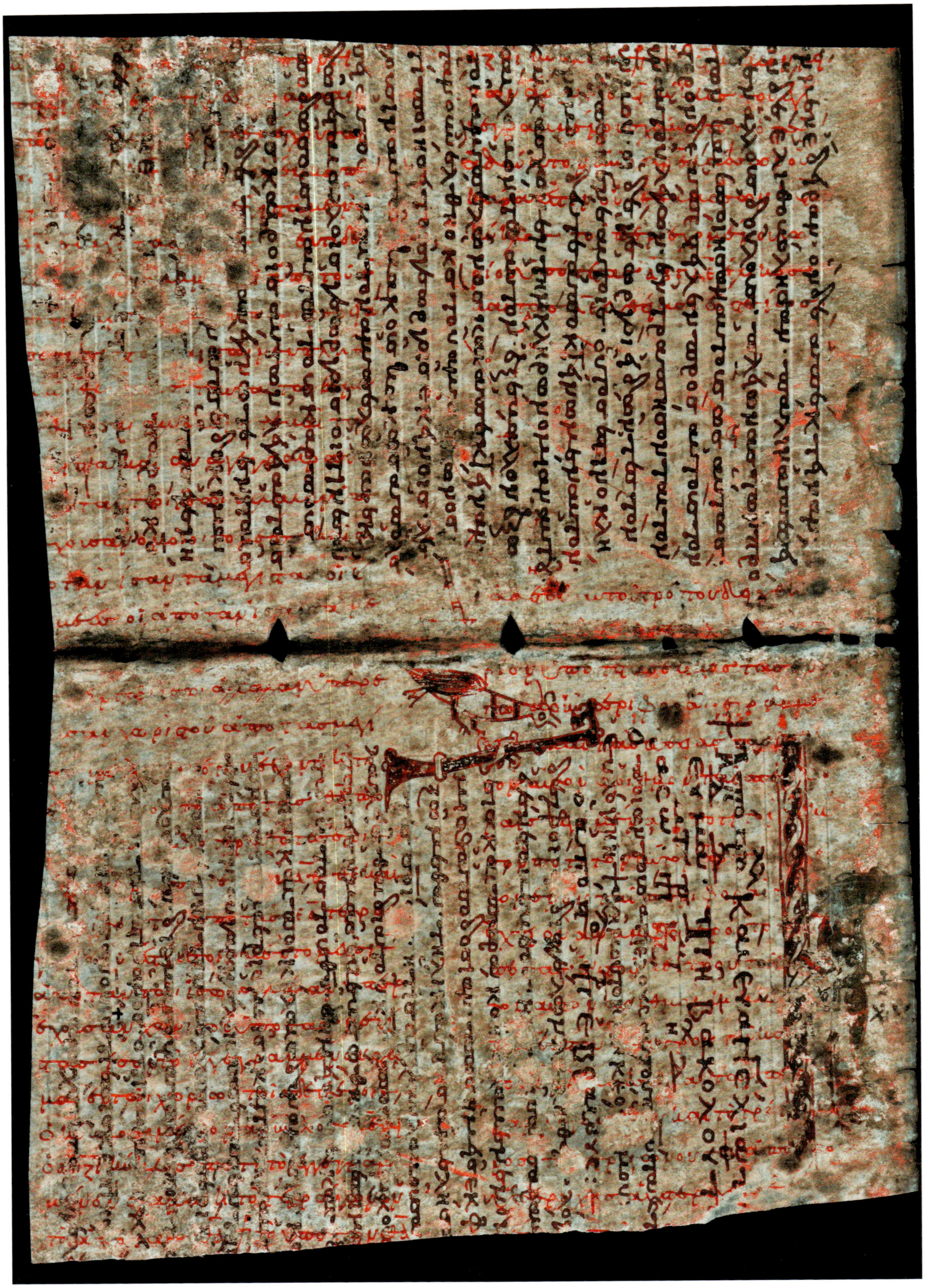

Heiberg II.98.10–100.22: *Spiral Lines,* Proposition 25
Pseudocolor created from ultraviolet fluorescence and red reflectance images

[βλήσθωσαν αἱ ποιοῦσαι ἴσας γω]- [νίας ποτὶ τῶι Θ, ἔστ᾽ ἂν ποτὶ τὰν τοῦ] κ[ύκλ]ο̣υ [πε]ρ[ιφέρειαν πέ]σωντι. πάλιν οὖν ἐ̣ν̣[τί] τινες [γρ]αμμαὶ τῶι [ἴσωι] ἀλλ[αλᾶ]ν ὑπερέχουσαι αἱ ἀ[πὸ τοῦ] Θ [π]ο̣τ̣ὶ τὰν ἕλικα πο̣- τιπί[πτου]σ[αι, ἂν μ]εγίστα μὲν ἁ ΘΑ, ἐλαχίστα δ[ὲ ἁ] ΘΕ, ἐντὶ δὲ [καὶ ἄλλαι] γ[ρ]αμμ[αὶ α]ἱ ἀπὸ τοῦ Θ ποτὶ [τ]ὰν τ[οῦ κύκλου] περιφέρεια(ν) ποτιπίπτουσαι τῶι μὲν πλή̣θ̣ε̣ι̣ [μ]ιᾶι ἐλ[άσσου]ς ταῦτα, τῶι δὲ με- [γ]έθει ἴσαι ἀλλήλαις τε καὶ τᾶ [μ]εγίστα, καὶ ἀναγεγράφαται [ἀπὸ] τᾶν τῶι ἴσωι ἀλλαλᾶν ὑπε- [ρ]εχουσᾶν ὁμοῖοι τομέες καὶ ἀ- [π]ὸ τᾶν ἰσᾶν τᾶ μεγίστα· οἱ (ἄρα) [το]μέες οἱ ἀπὸ τᾶν ἰσᾶν τᾶ με- [γίστα ποτὶ τοὺς τομέας τοὺς ἀ]- [πὸ τᾶ]ν τῶι ἴσωι ἀλλαλᾶν ὑπερε- [χο]υσᾶν χωρὶς τοῦ ἀπὸ τᾶς μεγί- [στας] με̣ί̣[ζονα λ]όγον ἔχοντι ἢ τὸ [τετράγω]ν̣ον τὸ ἀπὸ τᾶς ΘΑ πο- [τὶ τὰ συναμ]φότερα τό τε περιε- [χόμενον] ὑ̣π[ό] τε [τᾶ]ν ΑΘ ΘΕ καὶ [τὸ τρ]ίτον τοῦ ἀπὸ τᾶς ΕΑ τετρα- γ[ώνου]. ἔστι δὲ τοῖ[ς] μὲν τομεῦσι τ[(οῖς)] ἀπὸ τᾶν τῶι ἴσωι ἀλλαλᾶν ὑπερ- εχουσᾶν χωρὶς τοῦ ὑπὸ τᾶς μεγί- στας ἴσον τὸ ἐγγεγραμμένον σχᾶ- μα ἐν τῶι χωρίωι, τοῖς δὲ ἑτέροις ὁ κύκλος· μεί[ζ]ονα οὖν λόγο[ν] ἔχει ὁ ΑΗΖΙ κύκλος ποτὶ τὸ ἐγγεγραμ- μένον σχᾶμα ἢ τὸ τετράγωνον τὸ ἀπὸ τᾶς ΘΑ (πρὸς) τὸ ὑπὸ τῶν ΘΑ [ΘΕ καὶ τὸ τρίτον μέρος τοῦ ἀπὸ] [τᾶς ΑΕ τετραγώνου, τουτ(έστιν) ὁ] ΑΖΗΙ κύκλος (πρ̣ὸ̣ς) τὸ[ν] Ϙ κύκλον. μεί- ζων ἄρα (ἐστὶν) ὁ Ϙ κύκλος τοῦ ἐγ- γεγραμμένου σχάματος· ὅπερ ἀδύνατον· ἦν γὰρ ἐλάσσων. οὐ- κ ἄρα ἐστὶν οὐδὲ ἐλάσσων ὁ Ϙ κύκλος τοῦ περιεχομένου χω- ρίου ὑπό τε τᾶς ΑΒΓΔΕ ἕλικος καὶ τᾶς ΑΕ εὐθείας· ὥστε ἴσος.

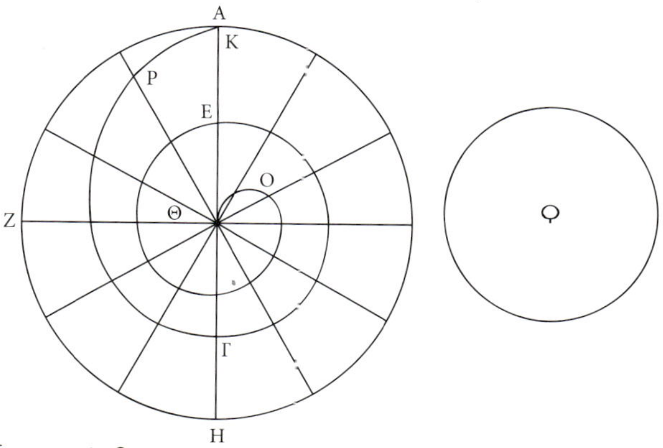

K̅Θ̣ Διὰ δὲ τοῦ αὐτοῦ τρόπου δειχθή- [σεται καὶ] δ[ι(ότι) τὸ περι]λ[αφθὲν χω]- ρίον ὑπό τε τᾶς ἕλικος τᾶς ἐν ὁ- ποιαοῦν περιφορᾶι γεγραμμέ- [νας] κ̣αὶ τᾶς εὐθείας τᾶς κ[ατ]ὰ τὸν αὐτὸν ἀριθμὸν ταῖς πε[ρι]φο- ραῖς λεγομένας ποτὶ τὸν [κύ]κλ(ον) τὸν ποτὶ τὸν αὐτὸν ἀρ[ιθμὸν λε]- γόμενον ταῖς περιφοραῖς λ[όγον] ἔχει, ὃν συναμφό[τ]ερον τό τ[ε ὑ]- πὸ τᾶς ἐκ τοῦ κέντρου τοῦ [κατὰ] τὸν αὐτὸν ἀριθμὸν κύκλ[ου καὶ] [τᾶς] ἐκ τοῦ [κέν]τρου τ[ο]ῦ κα[τὰ] τὸ[ν] ἐνὶ [ἐ]λ̣άσσ[ον]α τῶν περι[φο]- ρᾶν λ̣εγομ̣[ένου] καὶ τὸ τρίτ[ον] μέ- ρος τ[οῦ τ]ετραγώνου τ[οῦ] ἀπὸ [τᾶ]ς ὑπεροχᾶς, ἇ ὑπερέχ[ει ἁ ἐκ τοῦ] [κέντρου τοῦ μείζονος κύκλου]

COLUMN 1

12 μιᾶι] μίαν H
13 ἀλλήλαις] ἀλλάλαις H
30 σχᾶ|μα] σχῆ|μα H
34 σχᾶμα] σχῆμα H
35 πρὸς] ποτὶ H
35 τῶν] τᾶν H

COLUMN 2

3 πρὸς] ποτὶ H
5 σχάματος] σχήματος H
11 ΚΘ] om. H
11 δειχθή|σεται] δειχθήσε|ται H
23 τοῦ] τὸ H
24 τὸν ἐνὶ] τὸ μενι H
24 τῶν] τᾶν H

Heiberg II.100.22–104.8: *Spiral Lines,* Propositions 25, 26
Pseudocolor created from ultraviolet fluorescence and red reflectance images

τῶν εἰρημένων τᾶς ἐκ τοῦ κέ(ν)τρου τοῦ ἐλάσσονος κύκλου τῶ(ν) εἰρημένων, ποτὶ τὸ τετράγ[ω]ν(ον) τὸ ἀπὸ τᾶς ἐκ τοῦ κέντρου τοῦ μείζονος κύκλου τῶν εἰρημένων. τὸ περιεχόμενον χωρίον ὑπό τε τᾶς ἕλικος, [ἅ ἐστι]ν ἐλάσσ(ων) τᾶς ἐν μιᾶι περιφορᾶι γεγραμμένας, οὐκ ἐχούσας πέρας τὰν ἀρχὰν τᾶς ἕλικος, καὶ τᾶν εὐθειᾶν τᾶν ἀπὸ τῶν περάτω(ν) αὐτᾶς ἐπὶ τὰν ἀρχὰν τᾶς ἕλικος ἀγμενᾶν ποτὶ τὸν τομέα τὸν ἔχοντα τὰν μὲν ἐκ τοῦ κέ(ν)τρου ἴσαν τᾶ μείζονι τᾶν ἀπὸ τοῦ πέρατος ἐπὶ τὰν ἀρχὰν τ(ᾶς) ἕλικος ἀγμενᾶν, τὰν δὲ περιφέρειαν, ἅ ἐστι τᾶ μεταξὺ τᾶν εἰ[ρ]ημενᾶν εὐθειᾶν ἐπὶ τὰ αὐτὰ τᾶ ἕλικι, τοῦτον ἔχει τὸν λόγον, ὃν ἔχει συναμφότ̣ερα τό τε περιεχόμενον ἀπὸ τᾶν ὑπὸ τῶ(ν) περάτων ἐπὶ τὰν ἀρχὰν τᾶς ἕλικος ἀγομέναν καὶ τὸ τρίτ(ον) μέρος [το]ῦ τετραγώνου τοῦ ἀπὸ τᾶς ὑπεροχᾶς, ᾇ ὑπερέχει ἁ μείζων τῶν εἰρημένων εὐθειῶν τᾶς ἐλάσσονος, ποτὶ τὸ τετράγωνον τὸ ἀπὸ τᾶς μείζονος τᾶν ἀ̣π̣ὸ τῶν π̣ε̣ράτων ἐπὶ τὰ(ν) ἀρχὰν τᾶς ἕλικος ἐ[πι]ζευχθεισ(ᾶν). ἔστω ἕλιξ, ἐφ' ἇς ἁ ΑΒΓΔΕ, ἐλάσσω(ν) τᾶς ἐν μιᾶι περιφορᾶι γεγραμμένας, πέρατα δὲ αὐτᾶς ἔστω τὰ αΕ, ἔστω δὲ ἀρχὰ τᾶς ἕλικος

τὸ Θ σαμεῖον, καὶ κέντρ[ωι] μὲν [τῶ]ι Θ, διαστάματι δὲ τῶι ΘΑ̣ κύ[κ]λος γεγράφθω̣. καὶ συμπ[ι]πτέτω τᾶι περιφερείαι αὐτοῦ ἁ ΘΕ κα(τὰ) τὸ Ζ. δεικτέον (ὅτι) τὸ περιεχόμενον χωρίον ὑπό τε τᾶς ΑΒΓΔΕ ἕλικ(ος) καὶ τᾶν εὐθειᾶν τᾶν ΑΘ ΘΕ ποτὶ τὸν τομέα τὸν ΑΘΖ τοῦτον ἔχει τὸ(ν) λόγον, ὃν ἔχει συναμφότερα τό τε ὑπὸ τᾶν ΑΘ ΘΕ καὶ τὸ τρίτον μέρος τοῦ ἀπὸ τᾶς ΕΖ ποτὶ τὸ [τετ]ράγωνον τὸ ἀπὸ τᾶς ΘΑ. ἔστω δὴ κύκλ(ος), ἐν ᾧ ϘΧ, τὰν ἐκ τοῦ κέντρου ἔχων ἴσαν δύναμιν τῶι τε ὑπὸ τᾶν ΑΘ ΘΕ καὶ τῶι τρίτωι μέρει τ(οῦ) ἀπὸ τᾶς ΕΖ, ποτ̣ὶ δὲ τῶι κέντρωι αὐτοῦ γωνία ἴσα τᾶ πρὸς τῶι Θ· ὁ δὴ τομεὺς ὁ ϘΧ ποτὶ τὸν τομέα τὸν ΘΑΖ τὸν αὐτὸν ἔχει λόγον, [ὃ]ν ἔχει τὸ ὑπὸ τᾶν ΑΘ ΘΕ καὶ τὸ τρίτον μέρος τοῦ ἀπὸ τᾶς ΕΖ τετραγώνου ποτὶ τὸ ἀ̣πὸ τᾶς ΘΑ τετράγωνον· αἱ γὰρ ἐ̣κ τῶν κέντρων τοῦτον ἔχοντι τὸν λόγον δυνάμει ποτ' ἀλλάλας. δειχθήσεται δὴ ὁ ΧϘ τομεὺς ἴσος ὢν τῶι χωρίωι τῶ περιεχομένω ὑπό τε τᾶς ΑΒΓΔΕ ἕλικος καὶ τᾶν ΑΘ ΘΕ εὐθειᾶν. εἰ γὰρ μή, ἤτοι μείζων [ἢ] ἐλάττων. ἔστω πρότερον, δυνα[τ]ό̣ν, μείζων. δυνατὸν οὖν ἐστ[ιν π]ερὶ τ[ὸ εἰρ]ημένον χωρίον περιγράψ(αι) [σχᾶμα] ἐπίπε[δ]ον ἐξ ὁμοίων τομέ[ων συγκεί]μ[ενο]ν, ὥστε τὸ περιγρα[φόμε]νον σχᾶ̣μα μείζονι μὲν τοῦ

COLUMN 1

22 ὑπὸ] ἀπὸ H

27 τῶν εἰρημένων εὐθειῶν] τᾶν εἰρημενᾶν εὐθειᾶν H

COLUMN 2

2 διαστάματι] διαστήματι H

17 πρὸς] ποτὶ H

26 ὢν] ἐὼν H

30 δυνατόν] εἰ δυνατόν H

33 σχᾶμα] σχῆμα H

35 σχᾶμα] σχῆμα H

Heiberg II.104.8–106.15: *Spiral Lines,* Proposition 26
Pseudocolor created from ultraviolet fluorescence and red reflectance images

εἰρημένου χωρίου ἐλάσσ̣ονι ἢ ἁλίκωι ὑπερέχει ὁ ϘΧ τομεὺς τοῦ εἰρημένου χωρίου. περιγεγράφθω δή, καὶ ἔστω τῶν τομῶν, ἐξ ὧν σύγκειται τὸ περιγεγραμμένον σχᾶμα, μείζων μὲν ὁ ΘΑΚ, ἐλάσσων δὲ ὁ ΘΟΔ· δῆλον, (ὅτι) τὸ περιγεγραμμένον σχᾶμα ἔλασσόν ἐστι τοῦ ΧϘ τομέως. διήχθωσαν δὴ εὐθεῖαι αἱ ποιοῦσαι τὰς ἴσας γωνίας ποτὶ τὸ Θ, ἔστ' ἂν ποτὶ τὰν περιφέρειαν τοῦ ΘΑΖ τομέως πέσωντι. ἐντὶ δή τινες εὐθεῖαι τῶι ἴσωι ἀλλαλᾶν ὑπερέχουσαι, αἱ ἀπὸ τοῦ Θ ποτὶ τὰν ἕλικα ποτιπίπτουσαι, ὧν ἐστι μεγίστα μὲν ἁ ΘΑ, ἐλαχίστα δὲ ἁ ΘΕ, ἐντὶ δὲ καὶ ἄλλαι εὐθεῖαι ἐν μὲν τῶι πλήθει μιᾶι [ἐ]λ̣άσσων ταυτᾶν, τῶι δὲ μεγέθει ἴσαι ἀλλήλαις τε καὶ τᾶ μεγίστα, αἱ ἀπὸ τοῦ Θ ποτὶ τὰν τοῦ ΑΘΖ τομέως περιφέ[ρεια]ν̣ πο[τιπ]ίπτουσαι χωρὶς τᾶς ΘΖ, καὶ ἀναγεγράφαται ὁμοῖοι τομέες ἀπὸ πασᾶν, ἀπό τε τᾶν ἰσᾶν ἀλλήλαις τε καὶ τᾶ μεγίστα καὶ ἀπὸ τᾶν τῶι ἴσωι ἀλλαλᾶν ὑπερεχουσᾶν, ἀπὸ δὲ τᾶς ΘΕ οὐκ ἀναγέγραπται· τομέες οὖν οἱ ἀπὸ τᾶν ἰσᾶν ἀλλάλαις τε καὶ τᾶ μεγίστα ποτὶ τοὺς τομέας τοὺς ἀπὸ τᾶν τῶι ἴσωι ἀλλαλᾶν ὑπερεχουσᾶν χωρὶς τ̣οῦ ἀπὸ τᾶ[ς] ἐλαχίστας τομέως ἐλάσσον[α] λόγον ἔχοντι ἢ τὸ ἀπ̣ὸ τ̣[ᾶς Θ]Α ποτὶ τὰ συναμφότερα τά τε [ἀ]πὸ τᾶν ΑΘ ΘΕ καὶ τὸ τρίτον μέρος τοῦ ἀπὸ τᾶς ΕΖ τετραγών(ου). ἔστι δὲ τοῖς μὲν τομεῦσι τοῖς ἀπὸ τᾶν ἰσᾶν ἀλλήλαις τε καὶ τᾶ μεγίστα ἴσος ὁ ΘΑΖ τομεύς, το^{IΣ}ς δὲ ἀπὸ τᾶν τῶι ἴσωι ἀλλαλᾶν ὑπερεχουσᾶν τὸ περιγεγραμμένον· ἐλάσσονα οὖν λόγον ἔχει ὁ ΘΑΖ τομεὺς ποτὶ τὸ περιγεγραμμένον σχᾶμα ἢ τὸ τετράγωνον τὸ ἀπὸ τᾶς ΘΑ ποτὶ τὰ συναμφότερα τό τε ὑπὸ τᾶν ΘΑ ΘΕ (καὶ) τὸ τρίτον μέρος τοῦ ἀπὸ τᾶς ΖΕ. ὃν δὲ λόγον ἔχει τὸ ἀπὸ τᾶς ΘΑ ποτὶ τὰ εἰρημένα, τοῦτον τὸν λόγον ἔχει ὁ ΘΑΖ τομεὺς ποτὶ τὸν Χ τομέα· ὥστε ἐλάσσων ἐστὶν ὁ Χ τομε[ὺ]ς τοῦ περιγεγραμμένου σχάματος. οὐκ (ἔστι) δέ, ἀλλὰ μείζων· οὐκ (ἄρα) ἔσται ὁ Χ τομεὺς μείζων τοῦ (περι)εχομένου χωρίου ὑπό τε τᾶς ΑΒΓΔΕ ἕλικος καὶ τᾶν ΑΘ ΘΕ εὐθειᾶν.

Λ̄ ΟΥδὲ τοίνυν (ἐλάσσων). (ἔστω) (γὰρ) ἐλάσσων, (καὶ) τὰ ἄλλα τὰ αὐτὰ κατασκευάσθω. πάλιν δὴ δυνατόν ἐστι(ν)

COLUMN 1

4 τομῶν] τομέων H
5 σχᾶ|μα] σχῆ|μα H
8 σχᾶμα] σχῆμα H
9 διήχθωσαν] διάχθωσαν H
16 ὧν] ἂν H
19 ἐλάσσων] ἐλάσσονες H
20 ἀλλήλαις] ἀλλάλαις H
21 ἀλ|λήλαις] ἀλ|λάλαις H

COLUMN 2

2 ἀπὸ] ὑπὸ H
4 τομεῦσι] τομέεσσιν H
5 ἀλλήλαις] ἀλλάλαις H
6 το^{IΣ}ς] τοῖς H
11 σχᾶμα] σχῆμα H
20 σχάματος] σχήματος H
22 ἔσται] ἐσσεῖται H
27 κατασκευ|άσθω] sic, κατεσκευ|άσθω H

Heiberg II.106.16–108.31: *Spiral Lines,* Propositions 26, 27
Pseudocolor created from ultraviolet fluorescence and red reflectance images

εἰς τὸ χωρίον ἐγγράψαι σχᾶμα ἐπίπεδον ἐξ ὁμοίων τομέων συγκείμενον, ὥστε τὸ εἰρημένο(ν) χωρίον μείζονι μὲν τὸ τοῦ ἐγγραφέντος σχάματος ἐλάσσονι ἢ ἁλίκῳ ὑπερέχει τὸ αὐτὸ χωρίον τοῦ Χ τομέως. ἐγγεγράφθ(ω) οὖν, καὶ ἔστω τῶν τομέων, ἐξ ὧν σύγκειται τὸ ἐγγεγραμμένον σχᾶμα, μείζων μὲν ὁ ΘΒΓ, ἐλάσσων δὲ ὁ ΘΕ· δῆλον οὖν, (ὅτι) τὸ ἐγγεγραμμένον σχᾶμα μεῖζόν (ἐστι) τοῦ Χ τομέως. πάλιν οὖν ἐντί τινες γραμμαὶ τῶι ἴσωι ἀλλαλᾶν ὑπερέχουσαι ἀπὸ τοῦ Θ ποτὶ τὰν ἕλικα ποτιπίπτουσαι, ὧν ἐστιν μεγίστα μὲν ἁ ΘΑ, ἐλαχίστα δὲ ἁ ΘΕ, ἐντὶ δὲ καὶ ἄλλαι γραμμ(αὶ) ἀπὸ τ̣ο̣ῦ̣ Θ ποτὶ τὰν τοῦ ΘΑΖ τομέως περιφέρειαν ποτιπίπτουσαι χωρὶς τᾶς ΘΑ τῶι μὲ(ν) πλήθει μιᾶ ἐλάσσονες τᾶν τῶι ἴσωι ἀλλαλᾶν ὑπερεχουσᾶν, τῶι δὲ μεγέθει ἀλλάλαις τε καὶ τᾶ μεγίστα ἴσαι, καὶ ἀναγεγράφεται ἀπὸ ἑκάστας ὁμοῖοι τομέες, ἀπὸ δὲ τᾶς μεγίστας τᾶν τῶι ἴσωι ἀλλαλᾶν ὑπερεχ(ου)σ(ᾶν) ο̣[ὐ]κ ἀναγέγραπται· οἱ τομέες οὖ̣[ν] οἱ ἀπὸ τᾶν ἰσᾶν ἀλλάλαις τε καὶ τᾶ μεγίστα ποτὶ τοὺς [το]μέας τοὺς ἀπὸ τᾶν τῶι ἴσωι ἀλλαλᾶν ὑπερεχουσᾶν χωρ(ὶς) τ[οῦ] ἀπὸ τᾶς μεγίστας μείζονα [λόγο]ν̣ ἔ̣χοντι ἢ τὸ τετράγωνον

τὸ ἀπὸ τᾶς ΘΑ ποτὶ τὸ ὑπὸ τᾶ(ν) ΘΑ ΘΕ καὶ τὸ τρίτον μέρος τοῦ ἀπὸ τᾶς ΕΖ̣· ὥστε καὶ ὁ ΘΑΖ τομεὺς ποτὶ τὸ ἐγγεγραμμένον σχᾶμα μείζονα λόγον ἔχει ἤπερ (πρὸς) τὸ(ν) Χ τομέα· ὥστε μεῖζον ὁ Χ τομεὺς τοῦ ἐγγεγραμμένου σχάματος. οὐκ ἔστι δέ, ἀλλὰ ἐλάσσων· οὐκ (ἄρα) (ἐστὶν) οὐδὲ ἐλάσσων ὁ Χ τομεὺς τοῦ περιεχομένου χωρίου ὑπό τε τᾶς ΑΒ ΓΔ ἕλικος καὶ τᾶν ΑΘ ΘΕ εὐθειᾶν· ἴσα ἄρα.

$\overline{\Lambda A}$ Τῶν χωρίων τῶν περιεχομένων ὑπό τε τᾶν ἑλίκων καὶ τᾶν εὐθειᾶν τᾶν ἐν τᾶι περιφορᾶι τὸ μὲν $\overline{\Gamma}$ τοῦ $\overline{B}$ διπλάσιόν ἐστι, τὸ δὲ $\overline{\Delta}$ τριπλάσιον, τὸ δὲ $\overline{E}$ τετραπλάσιον, καὶ ἀεὶ τὸ ἑπόμενον κατὰ τοὺς ἑξῆς ἀριθμοὺς πολλαπλάσιον τοῦ δευτέρου χωρίου, τὸ δὲ $\overline{A}$ χωρίον ἕκτον μέρος ἐστὶν τοῦ δευτέρου. ἔστω ἁ προκειμένα ἕλιξ ἔν τε τᾶι πρώται περιφορᾶι γεγραμ[μ]ένα καὶ ἐν τᾶι [δευ]τέρα καὶ ἐν [τ]α[ῖ]ς ἑπομέναις ὁποσαισ[ο]ῦν, ἔστω ἀρχὰ μὲν τᾶς ἕλικος τὸ Θ σαμεῖον, ἁ δὲ ΘΕ εὐθεῖα ἀρχὰ τᾶς

COLUMN 1

1 σχᾶμα] σχῆμα H
5 σχάματος] σχήματος H
9 σχᾶ|μα] σχῆ|μα H
10 μείζων] μεῖζον H
10 ἐλάσσων] ἔλασσον H
12 σχᾶμα] σχῆμα H
16 ὧν ἐστιν] ἂν ἐστι H
19 ἀπὸ] αἱ ἀπὸ H
25 ἀναγεγρά|φεται] sic

COLUMN 2

4 σχᾶμα] σχῆμα H
5 πρὸς] ποτὶ H
6 μεῖζον ὁ Χ] μείζων ο ΧϘ H
7 σχάματος] σχήματος H
12 ἴσα] ἴσος H
21 ἐστὶν] ἐστὶ H

Heiberg II.108.31–114.4: *Spiral Lines,* Proposition 27
Pseudocolor created from ultraviolet fluorescence and red reflectance images

περιφορᾶς, τῶν [δὲ] χωρίων ἔστω̣ τὸ μὲν Κ τὸ Α̅, τὸ δὲ Λ τὸ Β̅, τὸ δὲ Μ̣ τὸ Γ̅, τὸ δὲ Ν τὸ Δ̅, τὸ δὲ Ξ τὸ Ε̅. δεικτέον ὅτι τὸ μὲν Κ χωρίον ἕκτον μέρος ἐστὶ τοῦ ἑπομένου, τὸ δὲ Μ διπλάσιον τοῦ Γ, τὸ δὲ Ν Γ(πλασιον) τοῦ Λ, (κατὰ) [το]ὺς ἑξῆς ἀριθμούς. (ὅτι) μὲν οὖ(ν) [τὸ] Κ ς̅ μέρος ἐστὶ τοῦ Λ, ὧδε δείκνυται. ἐπεὶ τὸ ΚΛ χωρίον ποτὶ τὸν Β̅ κύκλ[(ον)] δέδεικται τοῦτον ἔχειν τὸν λόγον, ὃν ἔχει τὰ Ζ̅ ποτὶ τὰ ΙΒ̅, ὁ̣ δὲ Β̅ κύκλος ποτὶ τὸν Α̅ πρῶτον κύκλον ὡς ΙΒ̅ ποτὶ τὰ Γ̅· δῆλον γὰρ (ἐστιν)· ὁ δὲ Α̅ κύκλος ποτὶ τὸ Κ χωρίον ἔχει ὡς Γ̅ πρὸς Α̅, [ς̅] ἄρα ἐστὶν τὸ Κ χωρίον τοῦ Λ. πάλιν̣ δὲ καὶ τὸ ΚΛΜ χωρί[ο]ν ποτὶ τὸν Γ̅ κύκλον δέδεικται (ὅτι) τοῦτον ἔχει τὸν λόγον, ὃν ἔχει συναμφότερον τό τε ὑπὸ ΓΘΒ καὶ τὸ τρίτον [μ]έρος τοῦ ἀπὸ ΓΒ τετραγών[ου ποτὶ] τὸ ἀπὸ ΓΘ τε[τ]ρά[γ]ωνον. [ὁ δὲ] Γ̅ κύκλος ἔ̣χει ποτὶ τὸν Β̅ κύκλον ὃν τ[ὸ] ἀπὸ τῆς ΓΘ τετράγωνον [πο]τὶ τὸ ἀ̣πὸ τ̣ᾶς ΘΒ, ὁ δὲ [Β̅ κύ]κλος ἔχει ποτὶ τὸ ΚΛ χωρίον ὃν τὸ ἀπὸ ΒΘ τετράγωνον ποτὶ τὰ συναμφότερα τό τε ὑπὸ τᾶν ΒΘ ΘΑ καὶ τὸ τρίτον μέρος τ̣ο̣ῦ̣ ἀπὸ τᾶς ΑΒ τετραγώνου. ταῦτα δὲ ἔχει (πρὸς) ἄλληλα λόγον, ὃν ΙΘ̅ ποτὶ τὰ Ζ̅· ὥ[στε] κα̣ὶ̣ τὸ ΚΛΜ χωρίον ποτὶ τὸ ΛΚ χωρίο(ν) τοῦτον ἔχει τὸν λόγον, ὃν ΙΘ̅ ποτὶ τὰ Ζ̅· αὐτὸ οὖν τὸ Μ ποτὶ τὸ ΚΛ λόγον ἕξει, ὃν τὰ ΙΒ̅ ποτὶ τὰ Ζ̅. τὸ δὲ ΚΛ ποτὶ τὸ Λ λόγον ἔχει, ὃν τὰ ΙΒ̅

ποτὶ τ̣[ὰ Ζ̅. τ]ὸ δὲ ΚΛ ποτὶ τ[ὸ Λ] λό[γο]ν ἔχει, ὃν τ[ὰ] Ζ̅ ποτὶ τ[ὰ ς̅· δῆλον] (οὖν) (ὅτι) διπλάσιόν ἐστι τὸ Μ τοῦ Λ. [(ὅτι)] δὲ τὰ ἑπόμενα τὸν τῶν ἑξῆς [ἀρι]θμὸν λόγον ἔχει, δειχθήσεται. τὸ (γὰρ) ΗΚΜ ΜΝΞ ποτὶ τὸν κύκλο(ν), οὗ ἐστιν ἐκ τοῦ κέντρου ἁ ΘΕ, τοῦτον ἔχει τὸν λόγον, ὃν ἔχει σ[υ]ναμφότερον τό τε ὑπὸ τᾶν ΕΘ ΔΘ περιεχόμενον καὶ τὸ τρίτον μέρος τοῦ ὑπὸ τᾶς [Δ]Θ τ[ετ]ράγωνον ποτὶ τὸ ἀπὸ τᾶς ΘΕ τ[ετ]ρά[γ]ω̣νον. ὁ [δ]ὲ̣ κύκλος, οὗ (ἐστιν) ἐκ τοῦ κέντρου ἁ ΘΕ, ποτὶ τὸν κύ[κ]λο[ν], οὗ (ἐστιν) [ἐ]κ τοῦ κέντρου ἁ ΘΔ, τοῦτον ἔχει τὸ[ν] λόγον, ὃ[ν τ]ὸ ἀπὸ τᾶς ΘΕ τετράγων(ον) ποτὶ τὸ ἀ[πὸ τ]ᾶς ΘΔ τετράγωνο(ν), ὁ δὲ κύκλος, οὗ ἐστιν ἀπὸ τοῦ κέντρου ΔΘ, ποτὶ τὸ ΚΛ Μ[Ν χω]ρίον τοῦτον ἔχει τὸν λόγον, ὃν τὸ ἀπὸ τ[(ᾶς)] ΘΔ τετράγωνον ποτὶ τὰ συναμφότερά τε τ[ὸ ὑ]πὸ τᾶν ΘΔ̣ ΘΓ (καὶ) τὸ τρίτον μέρος τοῦ ἀπὸ τᾶς ΔΕ ποτ̣ὶ̣ τὸ̣ ὑπὸ τῶν ΑΘ ΘΓ καὶ τὸ τρίτον μέρος τοῦ ἀπὸ τᾶς ΛΓ· διελόντι [κα]ὶ τὸ Ξ χωρίον ποτ[ὶ] τὸ ΚΛ̣ ΜΝ λόγον ἔχει, ὃν ἁ ὑπεροχὰ τοῦ τε ὑ̣πὸ ΕΘ ΘΔ μετὰ τοῦ τρίτου μέρους τοῦ ἀπὸ [τ]ᾶς ΕΔ πρός τε τ[ὸ] ὑπὸ τᾶ̣(ν) ΔΘ ΘΓ καὶ τὸ τ̣ρ̣ίτο̣[ν μ]έ[ρ]ος τοῦ ἀπὸ τᾶς ΔΓ· ὑπερέχει δὲ τὰ συναμφότερα τῶν σ[υ]ναμφοτέρων, ὧι καὶ τὸ ὑπὸ τῶν ΕΘΔ τοῦ ὑπὸ τῶν ΔΘΓ, ὑπερέχε̣[ι] δὲ τῶι ὑπὸ [τ]ῶν ΔΘΓ ὑπερέχει δὲ τῶι ὑπὸ τῶ(ν)

COLUMN 1

4 ἕκτον] ς Η
6 Γ] Λ Η
6 Ν Γ(πλασιον)] non vidit H
6 κατὰ] καὶ τῶν ἑξῆς ἀεὶ τὸ ἑπόμενον πολλαπλάσιον τοῦ Λ κατὰ H lacunam non animadvertit
14 πρὸς] ποτὶ Η
15 ἐστὶν] ἐστὶ Η
20 ΓΒ] τᾶς ΓΒ Η
23 τῆς] τᾶς Η
29 πρὸς] ποτὶ Η
29 ἄλληλα] ἄλλαλα Η
34 ἕξει] ἔχει Η

COLUMN 2

5 ἀριθμὸν] ἀριθμῶν Η
6 ΗΚΜ ΜΝΞ] ΗΚΛ ΜΝΞ Η (A)
9 ΔΘ] ΘΔ Η
11 ὑπὸ] ἀπὸ Η
11 ΔΘ] ΔΕ Η
11 τετράγωνον] τετραγώνου Η
19 ΔΘ] ἁ ΔΘ Η
22 τε τὸ] τό τε Η
24 τῶν] τᾶν Η
25 ΛΓ] ΔΓ Η
28 μέρους] μέρεος Η
29 πρός] ποτί Η
33 τῶν] τᾶν Η
34 τῶν] τᾶν Η
35 τῶν ΔΘΓ] τᾶν Η
35 τῶν (alt.)] τᾶν Η

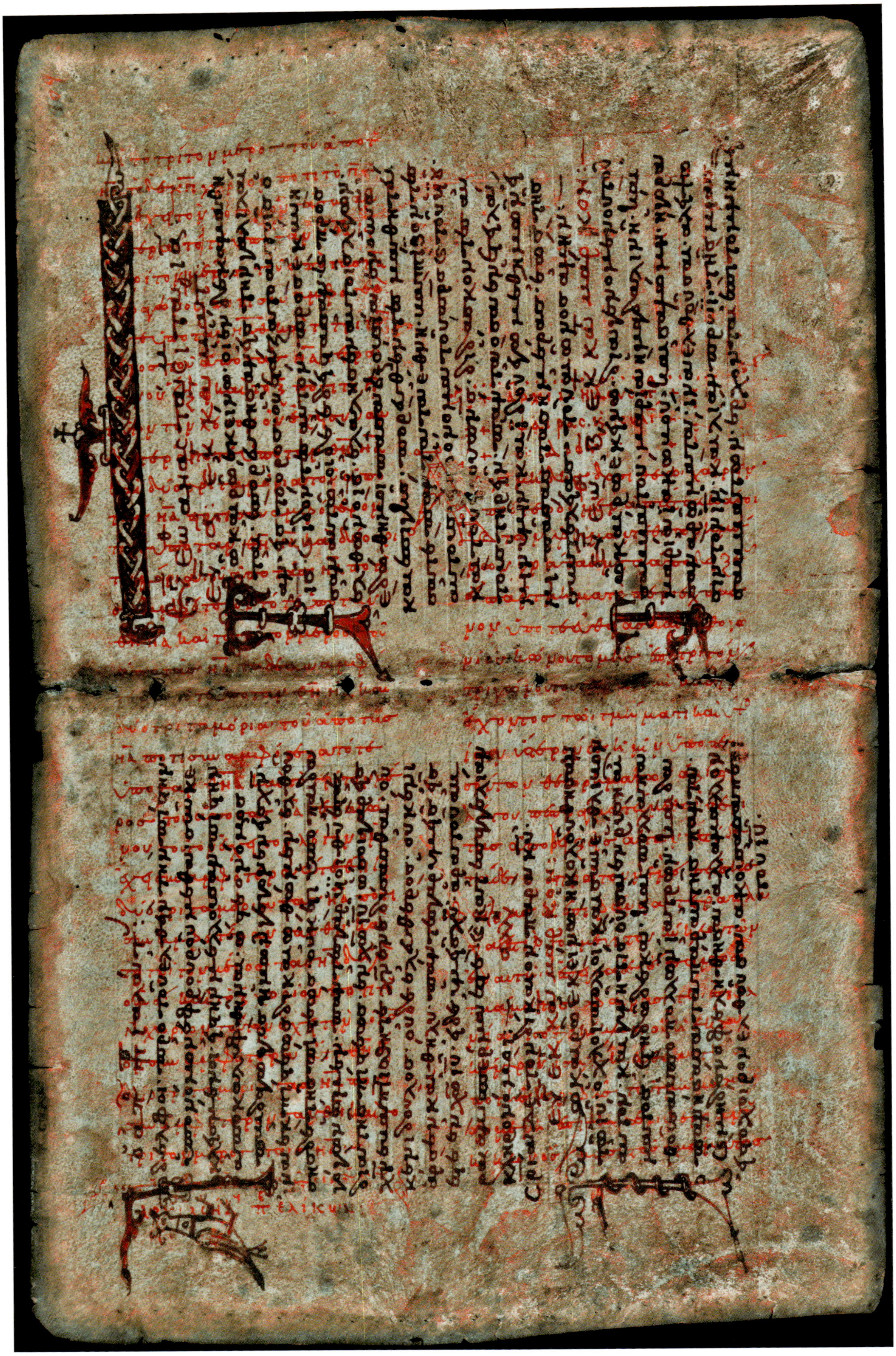

Heiberg II.120.1–120.20, I.2.2–2.14: *Spiral Lines,* Proposition 28, *Sphere and Cylinder* I, Introduction
Pseudocolor created from ultraviolet fluorescence and red reflectance images

καὶ τὸ τρίτον μέρος τοῦ ἀπὸ τ(ᾶς) ΗΑ, τὸ δὲ ΝΠ χωρίον ποτὶ τὸ Π τ(οῦ)[τ]ο̣ν̣ ἔχει τὸν λόγον, ὃν τὰ συ[ν]αμφ[ότ]ερα τό τε ὑπ[ὸ] τᾶν ΗΘΑ (καὶ) τ̣ὸ̣ τ̣ρίτον μέρος τοῦ ἀπὸ τᾶς ΗΑ τ̣ε̣τραγώνου ποτὶ συναμφότερ(ον) τ[ό] τε ὑπὸ τᾶν ΗΑ̣Θ καὶ τ[ὸ] τρίτο̣(ν) [μ]έρος τοῦ ἀπὸ τᾶς ΗΑ τετρα[γ]ώνου, ἕξει καὶ τὸ Ξ ποτὶ τὸ Π τ[ο]ῦτον τὸν λόγον, ὃν ἔχει συναμφ[ό]τερα τό τε ὑπὸ τᾶν ΘΗ ΗΑ καὶ δύο τριταμόρια τοῦ ἀπὸ τ[ᾶ]ς ΗΑ ποτὶ συναμφότερον τό [τ]ε ὑπὸ τᾶν ΘΗ ΗΑ καὶ δύο τριτ[α]μόρια τοῦ ἀπὸ τᾶς ΗΑ ποτὶ σ[υν]αμφότε[ρ]ον τό τε ὑπὸ τᾶν ΘΗ ΗΑ καὶ τὸ [τρί]τον μέρος τοῦ ἀπὸ τᾶς ΗΑ. τὰ δὲ συναμφ[ό]τερα τό τε ὑπὸ τᾶν ΘΗ ΗΑ καὶ δύο τριταμόρια τοῦ ἀπὸ τᾶς ΗΑ ποτὶ συναμφότερα τό τε ὑπὸ τᾶν ΘΗΑ καὶ τὸ τρίτον μέρος τοῦ ἀπὸ τᾶς ΗΑ τετραγώνου τοῦτον ἔχει τὸν λόγον, ὃν ἔχει συναμφότερα ἅ τε ΘΗ (καὶ) δύο τριταμόρια τᾶς ΗΑ ποτὶ συναμφοτέραν τὰν ΘΗ καὶ τὸ τρίτον μέρος τᾶς ΗΑ· δῆλ(ον) οὖν, (ὅτι) καὶ τὸ Ξ χωρίον ποτὶ τὸ Ν χωρίον τοῦτον ἔχει τὸν λόγο(ν), ὃν συναμφότερα ἅ τε ΘΗ (καὶ) δύο τριταμόρι[α] τᾶς ΗΑ ποτὶ συναμφότερον τὰν ΘΗ καὶ τὸ τρίτον μέρος τᾶς ΗΑ.

ΑΡΧΙΜΗΔ(ους) (ΠΕΡΙ) ΕΛΙΚΩΝ

ΑΡΧΙΜΗΔΟΥΣ (ΠΕΡΙ) Τ(ΗΣ) ΣΦΑΙΡΑΣ (ΚΑΙ) ΚΥΛΙ(Ν)ΔΡΟΥ

Ἀ̣ρχιμήδης Δοσιθέωι χαίρειν πρότερον μὲν ἀπ̣έσταλκά σοι τῶν ὑφ’ ἡμῶν τεθεωρημένων γράψας μετὰ ἀποδείξε(ως), (ὅτι) πᾶν τμῆμα τὸ περιεχόμενον ὑπό τε εὐθείας καὶ [ὀρ]θογωνίου κώνου τομῆς ἐπίτριτόν (ἐστι) τριγώνου τοῦ τὴν αὐτὴν βάσιν ἔχοντος τῶι τμηματι καὶ ὕψ(ος) ἴσον· ὕστερον δὲ ἡμῖν ὑποπεσόντων θεωρημάτων ἀξίω[ν] λόγου πεπραγμ̣ατεύμεθα περὶ τὰς ἀποδείξεις αὐτῶν. ἔστι δὲ τάδε· πρῶτον μέν, (ὅτι) πάσης σφαίρας ἡ ἐπιφάνεια τετραπλασία ἐστὶν τοῦ μ̣εγίστου κύκλου τῶν ἐν αὐτῆι· ἔπειτα δέ, (ὅτι) παντὸς τμήματος σφαίρας τῆι ἐπιφανείαι ἴσος (ἐστὶ) κύκλος, οὗ ἡ ἐκ τοῦ κέντρου ἴση (ἐστὶ) τῆι εὐθείαι τῆι ἀπὸ τῆς κορυφῆς τοῦ τμήματος ἀγομένηι ἐπὶ τ̣ὴν περιφέρειαν τ(οῦ) κύκλου, ὅς (ἐστι) βάσις τοῦ τμάματος·

COLUMN 1

18 συναμφό|τερα] συναμφότερα| Η

COLUMN 2

11 τὴν αὐτὴν βάσιν] β̣άσιν τὴν αὐτὴν Η

16 ἔστι] ἔστιν Η

26 τμάματος] τμήματος Η

Heiberg I.2.15–6.14: *Sphere and Cylinder* I, Introduction
Pseudocolor created from ultraviolet fluorescence and red reflectance images

πρὸς δὲ το[ύ]τοις, (ὅτι) πάσης σφαίρ(ας) ὁ κύλινδ[ρος] ὁ βάσιν μὲν ἔχων ἴ̣σην τῶι μεγίστωι κύκλωι τῶν ἐν τῆι σφαίραι, ὕψος δὲ ἴσον τῆι διαμέτρωι τῆς σφαίρας αὐτός τε ἡμιόλιός ἐστιν τῆς σφαίρας, καὶ ἡ ἐπιφάνεια αὐτοῦ τῆς ἐπιφανεί(ας) τῆς σφαίρας. ταῦτα δὲ τὰ συμπ̣τ̣ώ̣ματα τῆι φύσει προϋπῆρχ(εν) περὶ τὰ εἰρημένα σχάματα, ἠγνοεῖτο δὲ ὑπὸ τῶν πρὸ ἡμῶν π(ερὶ) γεωμετρίαν ἀνεστραμμένων οὐδενὸς αὐτῶν ἐπινενοη[κότος] ὅτι τούτων τῶν σχαμάτων ἐστὶν συμμετρία· διόπερ οὐκ ἂν ὀκνήσαιμι ἀντιπαραβαλεῖν αὐτὰ (πρὸς) τὰ τοῖς ἄλλοις γεωμέτραις τε θεωρημένα καὶ πρὸς τὰ δόξα(ν)τα πολὺ διαφέρειν τῶν ὑπὸ Εὐδόξου περὶ τὰ στερεὰ θεωρηθέ(ν)των, ὅτι πᾶσα πυραμὶς τρίτον ἐστὶ μέρος πρίσματος τ(οῦ) βάσιν ἔχοντος τὴν αὐτὴν πυραμίδι καὶ ὕψος ἴσον, καὶ (ὅτι) πᾶς κῶνος τρίτον μέρος ἐστὶν τοῦ κυλίνδρου τοῦ βάσιν ἔχοντος τὴ(ν) αὐτὴν τῶι κώνωι καὶ ὕψος ἴσον· καὶ γὰρ τούτων προϋπαρχόντω(ν) φυσικῶς περὶ ταῦτα τὰ σχάματα, πολλῶν πρὸ Εὐδόξου γεγενημένων ἀξίων λόγου γεωμετρῶν συνέβαινεν ὑπὸ πάντων ἀγνοεῖσθαι μηδ᾽ ὑφ᾽ ἑνὸς κατανοηθῆναι. ἐξέσται δὲ περὶ τούτων ἐπισκέψασθαι τοῖς δυνησομένοις. ὤφειλε μὲν οὖν Κόνωνος ἔτι ζῶντος ἐκδίδοσθαι ταῦτα· τῆνον γὰρ ὑπολαμβάνομέν που μάλιστα δύνασθαι κατανοῆσαι ταῦτα καὶ τὴν ἁρμόζουσαν ὑπὲρ αὐτῶν ἀπόφασιν ποιήσ(ασ)θαι· δοκιμάζοντες δὲ καλῶς ἔχειν μεταδιδόναι τοῖς οἰκείοις τῶν μαθημάτων ἀποστέλλομέν σοι τὰς ἀποδείξεις ἀναγράψαντες, ὑπὲρ ὧν ἐξέσται τοῖς περὶ τὰ μαθήματα ἀναστρεφομένοις ἐπισκέψασθαι. ἐρωμένως. γράφονται δὲ πρῶτον τά τε ἀξιώματα καὶ τὰ λαμβανόμενα εἰς τὰς ἀποδείξεις αὐτῶν. (εἰσί) τινες ἐν ἐπιπέδωι καμπύλαι γραμμαὶ πεπερασμέναι, αἳ τῶν τὰ πέρατα ἐπιζευγνυουσῶν αὐτῶν εὐ[θειῶν] ἤτοι ὅλαι ἐπ[ὶ τ]ὰ [αὐτά (εἰσιν) ἢ οὐδὲν] ἔ̣χ[ου]σιν ἐπὶ τὰ ἕτερα. [ἐπὶ τὰ] αὐτὰ δὴ κοίλην καλῶ τὴν τοιαύτην γραμμήν, ἐν ᾗ ἐὰν δύο σημείων λαμβανομένων ὁποιωνοῦν αἱ μεταξὺ τῶν σημείων εὐθεῖαι ἤτοι πᾶσαι ἐπὶ τὰ αὐτὰ πίπτουσιν τ(ῆς) γραμμῆς, ἢ τινὲς μὲν ἐπὶ τὰ αὐτά, τινὲς δὲ κατ᾽ αὐτῆς, ἐπὶ τὰ ἕτερα δὲ μηδεμία. ὁμοίως δὴ κ(αὶ) ἐπιφάνειαί τινές (εἰσιν) πεπερασμέναι, αὐταὶ μὲν οὐκ ἐν ἐπιπέδωι, τὰ δὲ πέρατα ἔχουσαι ἐν ἐπιπέδωι, καὶ τοῦ ἐπιπέδου, ἐν ᾧ τὰ πέρατα ἔχουσιν, ἤτοι ὅλαι

COLUMN 1

14 σχαμάτων] σχημάτων H
17 τὰ] τε τὰ H
19 διαφέρειν] ὑπερέχειν H

COLUMN 2

14 δὲ] om. H

Heiberg I.6.14–10.8: *Sphere and Cylinder* I, Introduction, Proposition 1
Pseudocolor created from ultraviolet fluorescence and red reflectance images

[ἐπὶ τὰ αὐτὰ ἔσονται ἢ οὐδὲν ἔχουσιν] [ἐπὶ τὰ ἕτερα ἐπὶ τὰ αὐτὰ δὴ] κοίλας [κ]αλῶ τὰς τοιαύτας ἐπιφανείας, ἐν αἷς ἂν δύο σημεί[ω]ν λαμβανομένων αἱ μετ[αξὺ] τ[ῶν σημεί]ων εὐθεῖαι ἤ[τ]οι π[ᾶσαι ἐπὶ τὰ αὐ]τὰ πίπτ[ουσιν τῆ]ς ἐπιφ[α]ν[είας], ἢ τινὲς μὲν [ἐπὶ τὰ α]ὐτ[ὰ, τινὲς δὲ] κατ' α[ὐτῆς], ἐπὶ τὰ ἕτ[ερ]α δὲ [μ]έρ[η] μηδεμ[ία. τομέ]α δὲ στε[ρ]ε[ὸν] καλῶ, [ἐπ]ειδὰν [σφαῖ]ρ[αν] κῶνος τέμη[ι] κορ[υφὴν ἔχω]ν πρ[ὸς] τῶι κέντρωι τῆς σφαίρας, τὸ ἐμπ[εριεχ]όμε[νον σχῆμα ὑπό] τε τῆ[ς] ἐπιφανεί[ας τοῦ] κών[ου κ]αὶ τῆς ἐπιφανείας τῆς σφαίρ[ας ἐντὸς τοῦ] κώνου. [ῥ]όμβ[ον] δ[ὲ] καλῶ στερε[όν, ἐπειδ]ὰν δύο [κῶνοι τὴν αὐτὴν] βάσιν ἔχοντες τὰς κορυφὰς ἔχωσιν ἐφ' ἑκάτερα τοῦ ἐπιπέδου τῆς βάσεως, ὅπως οἱ ἄξονες αὐτῶν ἐπ' εὐθείας ὦσι κείμενοι, τὸ ἐξ ἀμφοῖν τοῖν κώνοιν συγκείμενον τὸ στερεὸν σχῆμα.

λαμβάνω δὲ ταῦτα· τῶν τὰ αὐτὰ πέρατα ἐχουσῶν γραμμῶν ἐλαχίστην εἶναι τὴν εὐθεῖαν. τῶν δὲ ἄλλων γραμμῶν, εἶναι τὰς τοιαύτας, ἐπειδ' ἂν ὦσιν ἀμφότεραι ἐπὶ τὰ αὐτὰ κοῖλαι, καὶ ἤτοι ὅλη περιλαμβάνηται ἡ ἑτέρα αὐτ(ῶν) ὑπὸ τῆς ἑτέρας ἐπιφανείας (καὶ) τῆς εὐθείας τῆς τὰ αὐτὰ πέρατα ἐχούσης αὐτῇ, ἢ τινὰ μὲν (περι)[λαμβάνηται, τινὰ δὲ κοινὰ ἔχῃ], [καὶ ἐλάσσονα εἶναι τὴν περιλαμ]βαν[ο]μέ[νην. ὁμοίως δὲ καὶ τῶν ἐπιφα]ν[ειῶ]ν τῶν τ[ὰ αὐτὰ πέρατα ἐχου][σῶ]ν, ἐὰν [ἐν ἐ]πιπέδῳ[ι τὰ πέρα][τα ἔχωσι]ν, ἐλάσσονα εἶναι [τὴν] [ἐπίπεδον. τῶν δὲ ἄλλων ἐ]πιφα[νειῶν καὶ τὰ αὐτὰ πέρατα ἐχουσῶν], [ἐὰν ἐν ἐπιπέδωι τὰ πέρατα ᾖ, ἀ]ν[ίσους εἶναι τὰς τοιαύτας, ἐπειδὰν] ὦσιν ἀ[μ]φότερ[αι ἐπὶ τὰ αὐτὰ κοῖ]λαι, καὶ ἤτοι ὅλη περιλαμβάνητ[αι] ὑπὸ τῆς ἑτέρας ἐτιφανείας καὶ τῆς ἐπι[πέ]δου τῆς τὰ αὐτὰ [πέ]ρατα ἐχούσης αὐτῇ, ἢ τινὰ μὲν περιλαμβάνηται, τιν[ὰ] δ[ὲ κοινὰ ἔ][χῃ, κ]αὶ ἐλάσσονα εἶναι [τὴν περι][λαμβανομ]ένην. ἔτι δὲ τῶν ἀν[ίσων] γραμμῶν (καὶ) τῶν ἀνίσων ἐπιφανειῶν καὶ τῶν ἀνίσων στερεῶν τὸ μεῖζον τοῦ ἐλάσσονος ὑπερέχει(ν) τοιούτω, ὃ συντιθέμενον ἑαυτὸ ἑαυτῶι δυνατόν ἐστιν ὑπερέχειν παντὸς τοῦ προτεθέντος τῶν (πρὸς) ἄλληλα λεγομένων. τούτων δὲ ὑποκειμένων, ἐὰν εἰς κύκλον πολύγωνον ἐγγραφῇ, φανερὸν (ὅτι) ἡ περίμετρος τοῦ ἐγγραφέντος πολυγώνου ἐλάσσων ἐστὶν τῆς τοῦ κύκλου περιφερεί(ας)· ἑκάστη γὰρ τῶν τοῦ πολυγώνου πλ[ευ]ρῶν ἐλάσσων ἐστὶ τῆς τοῦ κύκλου (περι)φερείας τῆς ὑπὸ τῆς αὐτῆς ἀποτεμνομένης. A̅ ἐάνπερ κύκλ(ον)

COLUMN 1

29 ἐπειδ ἄν] ἐπειδὰν H

COLUMN 2

22 ἑαυτῶι] αὐτῶι H
33 ἐάνπερ] ἐὰν περὶ H

Heiberg I.10.8–12.22: *Sphere and Cylinder* I, Proposition 2
Pseudocolor created from ultraviolet fluorescence and red reflectance images

[πολύγωνον περιγρ]αφῆι, ἡ τοῦ [περιγραφέντος πο]λυγώνου περί[μετρος μείζων ἐστ]ὶν τῆς περιμέ[τρου τοῦ κύκλο]υ. περὶ γὰρ κύκλο(ν) [πολύγ]ω̣νον περιγεγρά̣[φθω τὸ ὑ]π̣οκείμενον. λέγω ὅτι ἡ [π]ερίμετρ[ος τοῦ πολυγ]ώ̣ν̣ου μ̣ε̣ίζω[ν ἐστὶν] [τῆς περιμέτρου τοῦ κύκλου. ἐπεὶ γὰρ] [συναμφότερος ἡ ΒΑΛ μείζων ἐστὶ] [τῆς ΒΛ περιφερείας διὰ] τὸ [τὰ αὐτὰ πέρατα ἔ]χ[ου]σαν περιλαμβάνειν τὴν περιφέρεια(ν), ὁμοίω[ς κ]αὶ συναμφότερος μὲν ἡ [Δ]Γ ΓΒ τῆς ΔΒ, συναμφότερος δὲ ἡ ΛΚ ΚΘ τῆς ΛΘ, συναμφό[τερος δὲ ἡ Ζ]ΗΘ τῆς ΘΖ, ἔτι δὲ συνα̣μ̣[φότερο]ς ἡ ΔΕ ΕΖ τῆς ΔΖ, ὅ̣[λη ἄρα ἡ] π̣ερίμετρος τοῦ πολ[υγώνου μεί]ζων ἐστὶν τῆς περιφερείας τ(οῦ) κύκλ[(ου)].

Β̄ Δύο μεγεθῶν ἀνίσων δοθέντων δυνατόν ἐστιν εὑρεῖν δύο εὐθείας ἀνίσους, ὥστε τὴν μείζονα εὐθεῖα(ν) (πρὸς) τὴν ἐλάσσονα λόγον ἔχειν ἐλάσσονα ἤτοι μείζων μέγεθος (πρὸς) τὸ ἔλασσον. ἔστω δύο μεγέθη ἄνισα τὰ ΑΒΔ, (καὶ) ἔστω μείζων τὸ ΑΒ. λέγω (ὅτι) δυνατόν ἐστι δύο εὐθείας ἀνίσους εὑρεῖν τὸ εἰρημένον ἐπίταγμα ποιούσας. κείσθω διὰ τοῦ Β̄ τοῦ Ᾱ Εὐκλείδου τῶι Δ ἴσον τὸ ΒΓ, (καὶ) κείσθω τις εὐθεῖα γραμμὴ ἡ ΖΗ· τὸ δὴ ΓΑ ἑαυτῶι ἐπισυντιθέμεν(ον) ὑπερέ̣ξει τοῦ Δ. πεπολλαπλασιάσθω οὖν, (καὶ) ἔστω τὸ ΑΘ, καὶ ὁσαπλάσιόν (ἐστι) τὸ ΑΘ τοῦ ΑΓ, τοσαυταπλάσιος ἔστω ἡ ΖΗ τῆς ΖΕ· ἔστιν ἄρα, ὡς τὸ ΘΑ (πρὸς) ΑΓ, (οὕτως) τὸ ΖΗ (πρὸς) ΗΕ· καὶ ἀνάπαλίν ἐστιν, ὡς ἡ ΗΕ (πρὸς) ΗΖ, οὕτως τὸ ΑΓ (πρὸς) ΑΘ. καὶ ἐπεὶ μεῖζόν ἐστιν τὸ ΑΘ τοῦ Δ, τουτέστι τοῦ ΓΒ, τὸ ἄρα ΓΑ (πρὸς) τὸ ΑΘ λόγον ἐλάσσονα ἔχει ἤ(περ) [τὸ ΓΑ] (πρὸς) ΓΒ. ἀλλ' ὡς τὸ ΓΑ (πρὸς) ΑΘ, οὕτως ἡ ΕΗ (πρὸς) ΗΖ· ἡ ΕΗ (ἄρα) (πρὸς) ΗΖ ἐλάσσονα λόγο[ν] ἔ̣χει ἤπερ τὸ ΓΑ (πρὸς) τὸ Γ̣Β· (καὶ) συνθέντι ἡ ΕΖ (ἄρα) (πρὸς) ΖΗ ἐλάσσονα λόγον ἔχει ἤ(περ) τὸ ΑΒ (πρὸς) ΒΓ διάλλημα. ἴσον δὲ τὸ ΒΓ τῶι Δ· ἡ ΕΖ (ἄρα) (πρὸς) ΖΗ ἐλάσσονα λόγον ἔχει ἤπερ τὸ ΑΒ (πρὸς) τὸ Δ. εὑρημέναι (εἰσὶν) ἄρα δύο εὐθεῖαι ἄνισοι ποιοῦσαι τὸ εἰρημένον ἐπίταγμα τουτέστιν τὴν μείζονα (πρὸς) τὴν ἐλάσσονα λόγον ἔχον ἐλάσσονα ἢ τὸ μεῖζον μέγεθος πρὸς τὸ ἔλασσον.

COLUMN 1

1 ἐστὶν] ἐστὶ Η

COLUMN 2

18 τὸ] non legit Η

20 διάλλημα] sic, διὰ λῆμμα Η

26 ἔχον] ἔχειν Η

Heiberg I.24.22–28.16: *Sphere and Cylinder* I, Propositions 7, 8
Pseudocolor created from ultraviolet fluorescence and red reflectance images

πυραμὶς βάσιν μὲν ἔχουσα ἰσόπλευρον τρίγωνον τὸ ΑΒΓ, (καὶ) ἐπεζεύχθωσαν αἱ ΔΑ ΔΓ ΔΒ· λέγω (ὅτι) τὰ ΑΔΒ ΑΔΓ τρίγωνα ἴσα (ἐστὶ) τριγώνωι, οὗ ἡ μὲν βάσις ἴση (ἐστὶ) τῆι περιμέτρωι τοῦ ΑΒΓ τριγώνου, ἡ δὲ ἀπὸ τῆς κορυφῆς ἐπὶ τὴν βάσιν κάθετος ἴση τῆι καθέτωι τῆι ἀπὸ τοῦ Δ ἐπὶ τὴν ΒΓ ἀγομένην. ἤχθωσαν γὰρ κάθετοι αἱ ΔΚ ΔΛ ΔΜ· αὗται ἄρα ἴσαι ἀλλήλαις (εἰσίν). καὶ κείσθω τρίγωνον τὸ ΕΖΗ ἔχον τὴν μὲν ΕΖ βάσιν τῇ περιμέτρωι τοῦ ΑΒΓ τριγώνου ἴσην, τὴν δὲ ΗΘ κάθετον τῆι ΔΛ ἴσην. ἐπεὶ οὖν τὸ ὑπὸ τῶν ΒΓ ΔΛ διπλάσιόν ἐστιν τοῦ ΔΒΓ τριγώνου, ἔστι δὲ καὶ τὸ μὲν ὑπὸ τῶν ΑΒ ΔΚ διπλάσιọν τ[οῦ] ΑΒΔ τριγώνου, τὸ δὲ ὑπὸ ΑΓΔΜ διπλάσιον τοῦ ΑΔΓ τριγώνου, τὸ (ἄρα) ὑπὸ τῆς περιμέτρου τοῦ ΑΔΓ τριγώνου, τουτ(έστι) τῆς ΕΖ, καὶ τῆς ΔΛ, τουτ(έστι) τῆς ΗΘ, διπλάσιόν (ἐστι) τῶν ΑΔΒ ΒΔΓ ΑΔΓ τριγώνων. ἔστι δὲ καὶ τὸ ὑπὸ ΕΖΗΘ διπλάσι(ον) τοῦ ΕΗΖ τριγώνου· ἴσον (ἄρα) τὸ ΕΖΗ τρίγωνον τοῖς ΑΛΒ ΒΔΓ ΑΔΓ τριγώνοις.

Θ̄ Ἐὰν περὶ κῶνον ἰσοσκελῆ πυραμὶς περιγραφῆ ἡ ἐπιφάνεια τῆς πυραμίδος χ[ω]ρὶς τῆς βάσεως ἴση ἐστὶν τριγώνωι βάσιν μὲν ἔχοντι τὴν ἴσην τῆι περιμέτρ[ωι] τῆς βάσεως, ὕψος δὲ τὴν πλευρὰ(ν) τοῦ κώνου. ἔστω κῶνος οὗ βάσις ὁ ΑΒΓ κύκλος καὶ πυραμὶς περιγεγράφθω ὥστε τὴν βάσιν αὐτῆς τουτ(έστι) τὸ ΔΕΖ πολύγωνọṿ περιγεγραμμένον περὶ τὸν ΑΒΓ κύκλον εἶναι· λέγω (ὅτι) ἡ ἐπιφάνεια τῆς πυραμίδος χωρὶς τ῀ς βάσεως ἴση (ἐστὶ) τῶι εἰρημένωι τριγώνωι. ἐπεὶ (γὰρ) ὁ ἄξων τοῦ κώνου ὀρθός (ἐστι) (πρὸς) τὴν βάσιν τουτ(έστι) (πρὸς) τὸν ΑΒΓ κύκλον (καὶ) αἱ ἀπὸ τοῦ κέντρ̣ου [τοῦ κύκλου ἐπὶ] τὰς ἁφ̣ὰ̣ς ἐ[π]εζευ[γμέναι εὐθεῖαι] κάθετοί εἰσιν ἐπὶ τὰς ἐφαπτομένας, ἔσονται ἄρα καὶ αἱ ἀπὸ τῆς κορυφῆς τοῦ κώνου ἐπὶ τὰς ἁφὰς ἐπεζευγμέναι κάθετοι ἐπὶ τὰς ΔΕ ΖΕ ΖΔ. αἱ ΗΑ ΗΒ ΗΓ (ἄρα) αἱ εἰρημέναι κάθετοι ἴσαι (εἰσὶν) ἀλλήλαις· πλευραὶ γάρ εἰσιν τοῦ κώνου. κείσθω δὴ τὸ τρίγωνον τοῦ ΘΚΛ ἴσην ἔχων τὴν μὲν ΘΚ τῆι περιμέτρωι τοῦ ΔΕΖ τριγών(ου), τὴν δὲ ΛΜ κάθετον ἴσην τῆι ΗΑ. ἐπεὶ οὖν τὸ μὲν ὑπὸ ΔΕ ΑΗ διπλάσιόν ἐστιν τοῦ ΔΕΗ τριγώνου, τὸ δὲ ὑπὸ ΔΖ ΗΒ διπλάσιόν ἐστιν τοῦ ΔΖΗ τριγώνου, τὸ δὲ ὑπὸ ΕΖ ΓΗ διπλάσιόν ἐστιν τοῦ ΕΗΖ τριγώνου, (ἔστιν) (ἄρα) τὸ ὑπὸ τῆς ΘΚ (και) τῆς

COLUMN 1

28 ΑΛΒ] ΑΔΒ Η

COLUMN 2

18 ἐπεζευγμέναι] ἐπιζευγνύμεναι Η

26 τοῦ] τὸ Η

Heiberg I.28.16–32.10: *Sphere and Cylinder* I, Propositions 8, 9
Pseudocolor created from ultraviolet fluorescence and red reflectance images

ΑΗ τουτ(έστι) τῆς ΜΛ διπλάσιον τῶ̣ν̣ [Ε]ΔΗ ΔΗ̣Ζ ΕΗΖ τρίγωνον. ἔστι δὲ καὶ τὸ ὑ̣π̣[ὸ] τ̣ῶν [ΘΚ ΛΜ δ]ιπλάσιον τοῦ Λ̣ΚΘ τριγώνου· διὰ τοῦτο δὴ ἴση (ἐστὶν) ἡ ἐπιφάνεια τῆς πυραμί[δος] (χ̣ω̣ρ̣ὶ̣ς̣) τῆς βάσεως τριγώνωι βάσιν μ(ὲν) ἔχοντι ἴσην τῆι περιμέτρωι τοῦ ΔΕΖ, ὕψος δὲ τὴ[ν] πλευρὰν τοῦ κών(ου). ἑξ(ῆς) τὸ σχᾶμα

Ī [Ἐ]ὰ̣ν̣ [κώνου τιν]ὸς ἰσοσκέλους εἰς τὸν κ̣[ύκλον, ὅς ἐστ]ι̣ βάσι[ς τ]οῦ κώνου, εὐθεῖα γραμμὴ ἐμπέσηι, ἀπὸ δὲ τῶν περάτων αὐτῆς εὐθεῖαι γραμμαὶ ἀχθῶσιν ἐπὶ τὴν κορυφὴν τοῦ κώνου, τὸ περιληφθὲν τρίγωνον ὑπό τε τῆς ἐμπεσούσης καὶ τῶν ἐπιζευχθεισῶν ἐπὶ τὴν κορυφὴν ἐλάσσων ἔσται τῆς ἐπιφανείας τοῦ κώνου τῆν μεταξὺ τῶν ἐπὶ τὴν κορυφὴν ἐπιζευχθεισῶν. ἔστω κώνου ἰσοσκελοῦς βάσις ὁ ΑΒΓ κύκλος, κορυφὴ δὲ τὸ Δ, καὶ διήχθω τις εἰς αὐτὸν εὐθεῖα ἡ ΑΓ, καὶ ἀπὸ τῆς κορυφῆς ἐπὶ τὰ ΑΓ ἐπεζεύχθωσαν αἱ ΑΔ ΔΓ· λέγω (ὅτι) τὸ ΑΔΓ τρίγωνον ἔλασσόν ἐστιν τῆς ἐπιφανείας τῆς κωνικῆ[ς] τῆς μεταξὺ τῶν ΑΔΓ. τετμήσθω ἡ ΑΒΓ περιφέρεια δίχα κατὰ τὸ̣ Β, καὶ ἐπεζεύχθωσαν αἱ ΑΒ ΓΒ ΔΒ· ἔστ(αι) δὴ τὰ ΑΒΔ ΒΓΔ τρίγωνα μείζονα τοῦ ΑΔΓ τριγώνου. ὧι δὴ ὑπερέχει τὰ εἰρημένα τρίγωνα τοῦ ΑΔΓ τριγώνου, ἔστω τὸ Θ. τὸ δὴ Θ ἤτοι τῶν ΑΒ ΒΓ τμημάτων ἔλασσόν (ἐστιν) ἢ οὔ. ἔστω μὴ ἔλασσον πρότερον. ἐπεὶ οὖν δύο (εἰσὶν) ἐπιφάνειαι ἥ τε κωνικὴ ἡ μεταξὺ τῶν ΑΔΒ μετὰ τοῦ ΑΕΒ τμήματος (καὶ) ἡ τοῦ ΑΔΒ τριγώνου τὸ αὐτὸ πέρ(α̣ς̣) ἔχουσαι τὴν περίμετρον τοῦ τριγώνου τοῦ ΑΒΔ, μείζων ἔσται ἡ περιλαμβάνουσα τῆς περιλαμβανομένης· μείζων ἄρα (ἐστὶν) ἡ κω̣ν̣ικὴ ἐπιφάνεια ἡ μεταξὺ τ[ῶν] ΑΔΒ μετὰ τοῦ ΑΕΒ τμήματος τοῦ ΑΒΔ τριγώ[νου]. ὁμοίως δὲ καὶ ἡ μεταξὺ τοῦ ΔΒΓ τριγώνου μετὰ τοῦ ΓΒ τμήματος μείζων (ἐστὶν) τοῦ ΒΔΓ· ὅλη (ἄρα) ἡ κωνικὴ ἐπιφάνεια μετὰ τοῦ Θ χωρίου μείζων ἐστὶ τῶν εἰρημένων τριγώνων. τὰ δὲ εἰρημένα τρίγωνα ἴσα ἐστὶν τῶ τε ΑΔΓ τριγώνωι καὶ τῶι Θ χωρίωι. κοινὸν ἀφῃρήσθω τὸ Θ χωρίον· λοιπὴ (ἄρα) ἡ κωνικὴ ἐπιφάνεια ἡ μεταξὺ τῶν ΑΒΓ μείζων ἐστὶν τοῦ ΑΔΓ τριγώνου. ἔστω δὴ τὸ Θ ἔλασ(σ)(ον) τῶν ΑΒ ΒΓ τμημάτων τέμνοντες δὴ τὰς ΑΒ ΒΓ περιφεριφερείας δίχα καὶ τὰς ἡμισείας

COLUMN 1

9 τὸ σχᾶμα] τὰ σχόλια H
17 ἐλάσσων] ἔλασσον H

COLUMN 2

34 περιφεριφερείας] sic, περιφερφερείας H

Heiberg I.32.10–34.26: *Sphere and Cylinder* I, Propositions 9, 10
Pseudocolor created from ultraviolet fluorescence and red reflectance images

αὐτῶν δίχα λείψομεν τμήματα ἐλάσσονα ὄντα τοῦ Θ χωρίου. λελείφθω τὰ ἐπὶ τῶν ΑΕ ΕΒ ΒΖ ΖΓ εὐθειῶν, καὶ ἐπεζεύχθωσαν αἱ ΔΕ ΔΖ. πάλιν τοίνυν κατὰ τὰ αὐτὰ ἡ μὲν ἐπιφάνεια τοῦ κώνου ἡ μεταξὺ τῶν ΑΔΕ μετὰ τοῦ ἐπὶ τῆς ΑΕ τμήματος μείζων ἐστὶν τοῦ ΑΔΕ τριγώνου, ἡ δὲ μεταξὺ τοῦ ΕΔΒ μετὰ τοῦ ἐπὶ τῆς ΕΒ τμήματος μείζων ἐστὶν τοῦ ΕΔΒ τριγώνου· ἡ (ἄρα) ἐπιφάνεια ἡ μεταξὺ τῶν ΑΔΒ μετὰ τῶν ἐπὶ τῶν ΑΕ ΕΒ τμημάτων μείζων ἐστὶν τῶν ΑΔΕ ΕΒΔ τριγώνων. ἐπεὶ δὲ τὰ ΑΕΔ ΔΕΒ τρίγωνα μείζονά ἐστιν τοῦ ΑΒΔ τριγώνου, καθὼς δέδεικτ(αι), πολλῷ ἄρα ἡ ἐπιφάνεια [τ]οῦ κώνου ἡ μεταξὺ τῶν ΑΔΒ μετὰ τῶν ἐπὶ τῶν ΑΕ ΕΒ τμημάτων μείζ(ων) (ἐστὶ) τοῦ ΑΔΒ τριγώνου. διὰ τὰ αὐτὰ δὴ καὶ ἡ ἐπιφάνεια ἡ μεταξὺ τῶν ΑΒΓ μετὰ τῶν ἐπὶ τῶν ΒΖ ΖΓ τμημάτων μείζων (ἐστὶν) τοῦ ΔΒΓ τριγώνου· ὅλη ἄρα ἡ ἐπιφάνει(α) ἡ μεταξὺ τῶν ΑΔΓ μετὰ τῶν εἰρημένων τμημάτων μείζων (ἐστὶ) τῶν ΑΒΔ ΔΒΓ τριγώνων. ταῦτα δέ (ἐστιν) ἴσα τῶι ΑΔΓ τριγώνωι (καὶ) τῶι Θ χωρίωι· ὧν τὰ εἰρημένα τμήματα ἐλάσσονα τοῦ Θ χωρίου· λοιπὴ (ἄρα) ἡ ἐπιφάνεια ἡ μεταξὺ τῶν ΑΔΓ μείζων (ἐστὶν) τοῦ ΑΔΕ τριγώνου. ἑξῆς τὸ ΣΧΗΜΑ.

$\overline{\text{ΙΑ}}$ Ἐὰν ἐπιψαύουσαι ἀχθῶσι τοῦ κύκλου, ὅς ἐστι βάσις τ(οῦ) κώνου, ἐν τῶ αὐτῶ ἐπιπέδω οὖσαι τῶι κύκλωι καὶ συμπίπτουσαι ἀλλήλαις, ἀπὸ δὲ τῶν ἁφῶν καὶ τ(ῆς) συμπτώσεως ἐπὶ τὴν κορυφὴν τοῦ κώνου εὐθεῖαι ἀχθῶσιν, τὰ περιεχόμενα τρίγωνα ὑπὸ τῶν ἐπιψαυουσῶν καὶ τῶν ἐπὶ τὴν κορυφὴν τοῦ κώνου ἐπιζευχθεισῶν εὐθειῶν μείζονά ἐστιν τῆς το[ῦ] κώνου ἐπιφανείας τῆς ἀπολαμβανομένης ὑπ’ αὐτῶν. ἔστω κῶνος οὗ βάσις μὲν [ὁ] ΑΒΓ κύκλος, κορυφὴ δὲ τὸ Ε σημεῖον, καὶ τοῦ ΑΒΓ κύκλου ἐφαπτόμεναι ἤχθωσαν ἐν τῶι αὐτῶι ἐπιπέδωι οὖσαι αἱ ΑΔ [Γ]Δ, καὶ ἀπὸ τοῦ Ε σημείου, ὅ ἐστι κορυφὴ τοῦ κώνου, ἐπὶ τὰ ΑΔΓ ἐπεζεύχθωσαν αἱ ΕΑ ΕΔ ΕΓ· λέγω ὅτι τὰ ΑΔΕ ΔΕΓ τρίγωνα μείζονά ἐστι τῆς κωνικῆς ἐπιφανείας τῆς μεταξὺ τῶν ΑΕ ΓΕ εὐθειῶν καὶ τῆς ΑΓ περιφερείας. ἤχθω γὰρ ἡ ΗΒΖ ἐφαπτομένη τοῦ κύκλου καὶ παράλληλος οὖσα τῆι ΑΓ δίχα τμηθείσης τῆς ΑΒΓ περιφανείας κατὰ τὸ Β, καὶ ἀπὸ τῶν ΗΖ ἐπὶ τὸ Ε ἐπεζεύχθωσαν αἱ ΗΕ ΖΕ. καὶ ἐπεὶ μείζους (εἰσὶν) αἱ ΗΔ ΔΖ τῆς ΗΖ, κοιναὶ

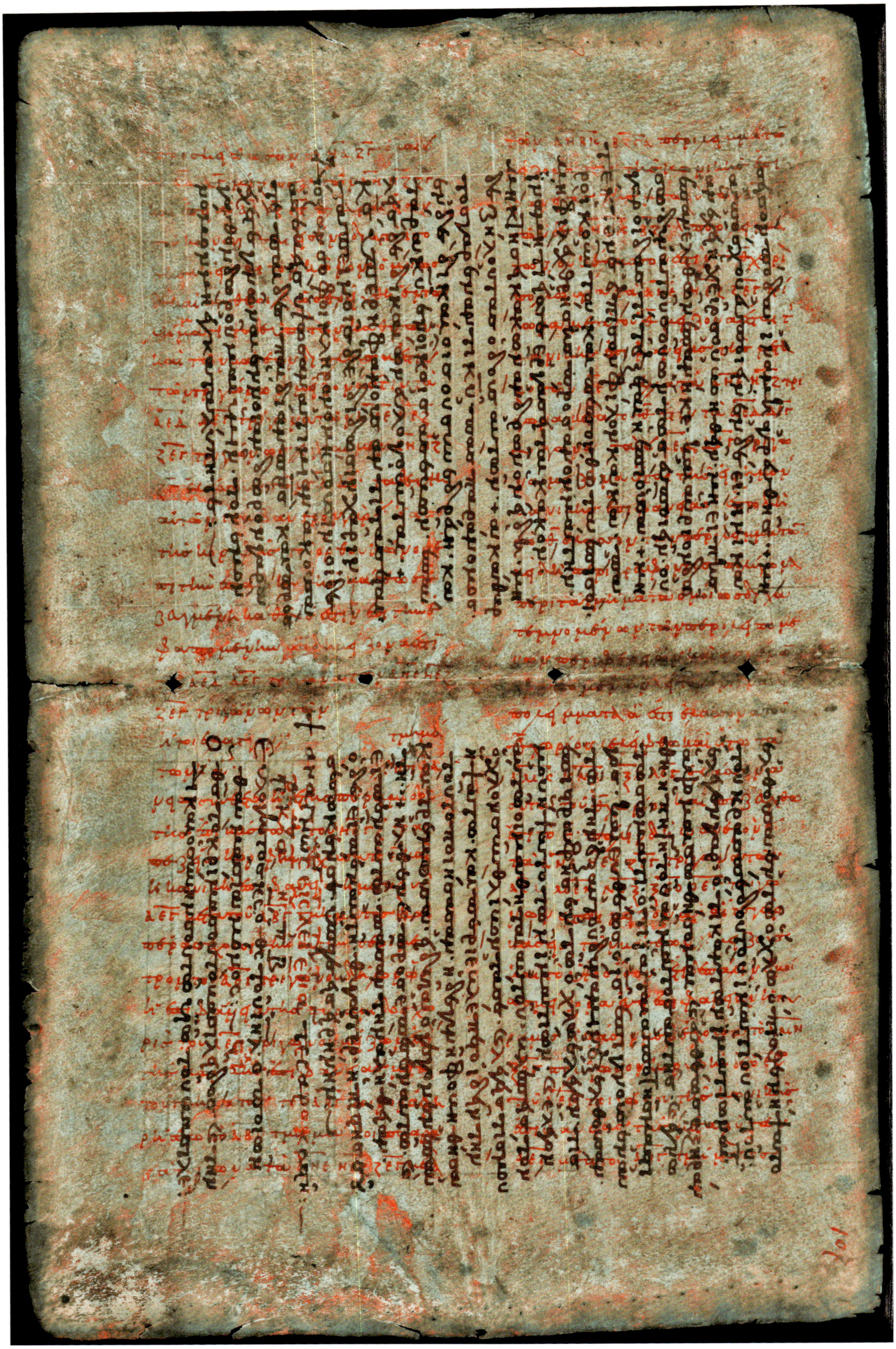

Heiberg I.34.26–38.21: *Sphere and Cylinder* I, Proposition 10
Pseudocolor created from ultraviolet fluorescence and red reflectance images

προσκείσθωσαν αἱ ΗΑ ΖΓ· ὅλαι (ἄρα) αἱ ΑΔ ΔΓ μείζους (εἰσὶν) τῶν ΑΗ ΗΖ ΖΓ. καὶ ἐπεὶ αἱ ΑΕ̣ ΕΒ ΕΓ πλευραί εἰσιν τοῦ κώνου, ἴσαι εἰσὶν διὰ τὸ ἰσοσκελῆ εἶναι τὸν κῶνον· ὁμοίως δὲ καὶ κάθετοί (εἰσιν) ὡς ἐδείχθη ἐν τῷ λή(μ)ματι, τὰ δὲ ὑπὸ τῶν καθέτων καὶ τῶν βάσεων διπλάσιά ἐστιν τῶν τριγώνων· μείζονά ἐστιν τὰ ΑΕΔ ΔΕΓ τρίγωνα τῶν ΑΗΕ ΗΕΖ ΖΕΓ τριγώνων· (εἰσὶν) (γὰρ) αἱ μὲν ΑΗ ΗΖ ΖΓ ἐλάσσους τῶν ΓΑ ΔΑ, τὰ δὲ ὕψη αὐτῶν ἴσα· φανερὸν γὰρ (ὅτι) ἡ ἀπὸ τῆς κορυφῆς τοῦ ὀρθοῦ κώνου ἐπὶ τὴν ἐπαφὴν τῆς βάσεως ἐζευγμένη κάθετός ἐστιν ἐπὶ τὴν ἐφαπτομένην. ᾧι δὴ μείζονά ἐστι(ν) τ̣ὰ ΑΕΔ ΔΕΓ τρίγωνα τῶν ΑΗΕ ΗΕΖ ΖΕΓ τριγώνων τῶν   ἤτοι ἔλατ(τ)όν (ἐστιν)   τμημάτων ἢ οὔ.   (εἰσὶν) ἐπιφάνειαι σύνθετοι, ἥ τε τῆς πυραμίδος τῆς ἐπὶ βάσεως τοῦ ΗΑΓΖ τραπεζείου κορυφὴν ἔχουσα τὸ Ε καὶ ἡ κωνικὴ ἐπιφάνεια ἡ μεταξὺ τ(ῶν) ΑΕΓ μετὰ τοῦ ΑΒΓ τμήματος, καὶ πέρας ἔχουσι τὴν αὐτὴν περίμετρον τοῦ ΑΕΓ τριγώνου, δῆλον ὡς ἡ ἐπιφάνεια τῆς πυραμίδος χωρὶς τοῦ ΑΕΓ τριγώνου μείζων ἐστὶ τῆς κωνικῆς ἐπιφανείας μετὰ τοῦ τμήματος τοῦ ΑΒΓ. κοινὸν ἀφηρήσθω τὸ ΑΒΓ τμῆμα· λοιπὰ ἄρα τὰ τρίγωνα τὰ ΑΗΕ ΗΕΖ ΖΕΓ μετ̣ὰ

τῶν ΑΗΒΚ ΒΖΓΑ περιλειμμάτω(ν) μείζονά ἐστιν τῆς κωνικῆς ἐπιφανείας τῆς μεταξὺ τῶν ΑΕ ΕΓ. τῶν δὲ ΑΗΒΚ ΒΖΓΛ περιλειμμάτων οὐκ ἔλασσόν ἐστιν τὸ Θ χωρί(ον)· πολλῷ ἄρα τὰ ΑΗΕ ΗΕΖ ΖΕΓ τρίγωνα μετὰ τοῦ Θ μείζονα ἔσται τ(ῆς) κωνικῆς ἐπιφανείας τῆς μεταξὺ τῶν ΑΕ ΕΓ. ἀ̣λ̣λὰ τὰ ΑΗΕ ΗΕΖ τρίγωνα μετὰ τοῦ Θ ἐστὶν τὰ ΑΕΔ ΔΕΓ τρίγωνα· τὰ (ἄρα) ΑΕΔ ΔΕΓ τρίγωνα μείζονα ἔσται τῆς εἰρημέν(ης) κωνικῆς ἐπιφανείας. ἔστω δὴ τὸ Θ ἔλασσον τῶν περιλειμμάτω(ν). ἀεὶ δὴ περιγράφοντες πολύγωνα περὶ τὰ τμήματα ὁμοίως δίχα τεμνομένων τῶν περιλειπομένων περιφερειῶν καὶ ἀγομένω(ν) [ἐ]φαπτομένων λείψομέν τινα ἀπολείμματα, ἃ ἔστ(αι) ἐλάσσονα τοῦ Θ χωρίου. λελε.φθω καὶ ἔστω τὰ ΑΜΚ ΚΝΒ̣ Β̣ΞΛ ΛΟΓ ἐλάσσονα ὄντα τοῦ Θ χωρίου, καὶ ἐπεζεύχθω ἐπὶ τὸ Ε. πάλιν δὴ φανερὸν (ὅτι) τὰ ΑΗΕ ΗΕΖ ΖΕΓ τρίγωνα τῶν ΑΕΜ ΜΕΝ ΝΕΞ ΞΕΟ ΟΕΓ τριγώνων ἔσται μείζονα αἵ τε γὰρ βάσεις τῶν βάσεών (εἰσι) μείζους καὶ τὸ ὕψος ἴσον. ἔτι δὲ πάλιν ὁμοίως μείζονα ἔχει ἐπιφάνειαν ἡ πυραμὶς ἡ βάσιν μὲν ἔχουσα τὸ ΛΜΝ ΞΟΓ πολύγωνον, κορυφὴν δὲ τὸ Ε, χ(ωρὶς) τοῦ ΑΕΓ τριγωνου, τῆς κωνικῆς ἐπιφανείας τῆς μεταξὺ τῶν ΑΕΓ μετὰ τοῦ ΑΒΓ τμήματος.

COLUMN 1

8 διπλάσιά] διπλασίω̣ν̣ά̣ Η
9 ἐστιν] ἄ̣ρ̣α̣ ἐ̣σ̣τ̣ὶ Η
15 ἐζευγμένη] ἐπε̣ζευγμένη Η
18 ΔΕΓ] ΔΓΕ Η
18 ΑΗΕ] ΑΕΗ Η
20 ἤτοι ἔλαττόν ἐστιν τμημάτων ἢ οὐ] Η: 'τμημάτων (.)α inter duas lac.'

COLUMN 2

1 ΒΖΓΑ] ΒΖΓΛ Η
9 ΑΕ ΕΓ] ΑΕΓ Η

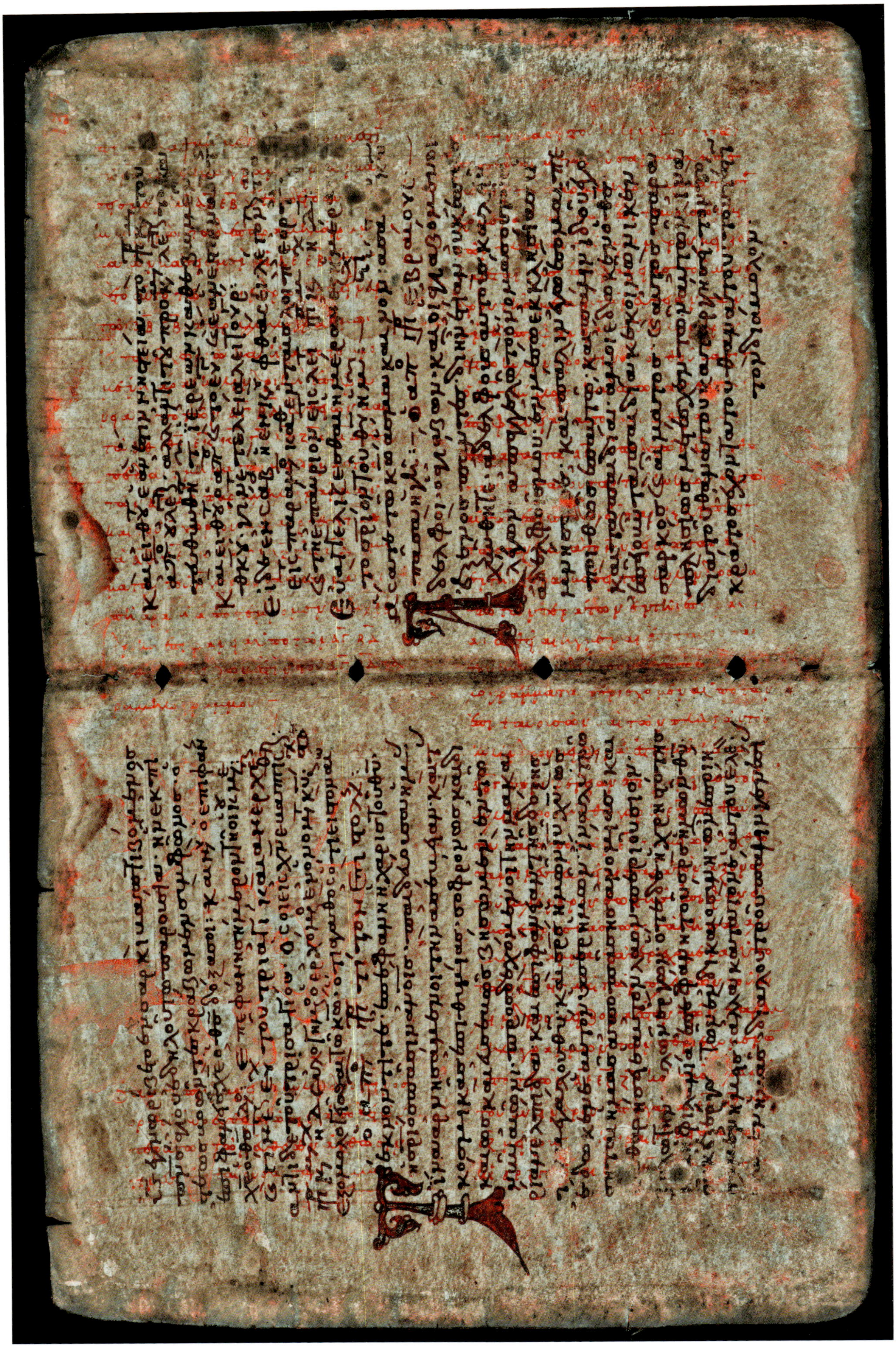

Heiberg I.46.5–48.18: *Sphere and Cylinder* I, Propositions 11, 12
Pseudocolor created from ultraviolet fluorescence and red reflectance images

πίπεδα τμήματ[α μεί]ζονά ἐστι(ν) τ̣ῶν παρα̣λληλογράμμων, ὧν βάσεις μὲν αἱ ΑΕ ΕΒ, ὕψος δὲ τὸ αὐ[τὸ] κυλίνδ̣ρωι. τὰ δὲ παραλληλόγραμμα, ὧν βάσεις μὲν αἱ ΑΕ ΕΒ, ὕψος δὲ τὸ αὐτὸ τῶι κυλίνδρωι, ἴσα εἶναι τῶι ΑΒ ΓΒ παραλληλογράμμωι (καὶ) τῶι Η χωρίωι· καὶ ἡ ἀποτεμνομένη ἄρα κυλινδρικὴ ἐπιφάνεια ὑπὸ τῶν ΑΓ ΒΔ εὐθειῶν καὶ τὰ ΑΘ ΘΕ ΕΚ ΚΒ ΓΛ ΛΖ ΖΜ ΜΔ ἐπίπεδα τμήματα μείζονά ἐστιν τῶν ΑΓΔΒ παραλληλογράμμων καὶ τοῦ Η χωρίου. ἀφαιρεθέντα δὲ τὰ ΑΘ ΘΕ ΕΚ ΚΒ ΓΛ ΛΖ ΖΜ ΜΔ τμήματα τοῦ Η χωρίου ἐλάσσονα· [λ]οιπὴ ἄρα ἡ ἀποτεμνομένη κυλι(ν)δρικὴ ἐπιφάνεια ὑπὸ τῶν ΑΓ ΒΔ [ε]ὐ̣θει[ῶν μ]είζων ἐστὶν τοῦ ΑΓ [Β]Δ παραλληλ[ογρ]άμμου.

Ἐὰν ἐν ἐπιφανείαι κυλίνδρου τινὸς ὀρθοῦ δύο εὐθεῖαι ὦσιν, ἀπὸ δὲ τῶν περάτων τῶν εὐθειῶν ἀχθῶσίν τινες ἐπιψαύουσαι τ̣ῶ[ν κύ]κλω̣[ν], αἵ ε̣ἰσ̣ιν βάσε̣ις τοῦ κυλίνδρου, ἐν τῶι ἐ̣π̣ιπέδωι αὐτῶν οὖσαι καὶ συμπέ[σ]ωσιν, τὰ π̣αραλληλόγραμμα τὰ (περι)εχόμενα ὑ̣π̣ὸ̣ τε τῶν̣ ἐπιψαυουσῶν κ(αὶ) τῶν πλευρῶν τοῦ κυλίνδρου μείζονα ἔσται τῆς ἐπιφανείας τοῦ κυλίνδρου τῆς μεταξὺ τῶν εὐθειῶν τῶν ἐν τῆι ἐπιφανείαι τ̣οῦ κ̣υλίνδρου. ἔστω κυλίνδρου τινὸς ὀρθοῦ βάσις ὁ ΑΒΓ κύκλος, καὶ ἔστωσαν ἐν τῆι ἐπιφανείαι αὐτοῦ δ̣ύ̣ο εὐθεῖαι, ὧν πέρατα τὰ ΑΓ, ἀπὸ δὲ τῶν ΑΓ ἤχθωσαν ἐπιψαύουσαι τοῦ κύκλου ἐν τῶι αὐτῶι ἐπιπέδωι οὖσαι (καὶ) συμπιπτέτωσαν κατὰ τὸ Η, νοείσθωσαν δ̣ὲ̣ (καὶ) ἐν τῆι [ἑτ]έραι βάσει τοῦ κυλίνδρου ἀπὸ τῶν περάτων ἐν τῆι ἐπιφαν[εί]αι εὐ̣θεῖαι ἠγμέναι ἐπιψαύουσαι τοῦ κύκλ̣[ο]υ· δεικτέον (ὅτι) τὰ παρ̣[αλλη]λόγραμμα τὰ περιεχόμενα ὑπὸ τῶν ἐπιψαυουσῶν καὶ τῶν πλευρῶν τοῦ κυλίνδρου μείζονά ἐστι τῆς κατὰ τ[(ὴν)] ΑΒΓ περιφέρειαν ἐπι[φα]νείας τοῦ κυλίνδρου. ἤχθω γὰρ ἡ ΕΖ ἐπιψαύουσα, καὶ ἀπὸ τῶν ΕΖ σημείων ἤχθωσάν τινες εὐθεῖαι παρὰ τὸν ἄξονα τοῦ κυλίνδρου ἕως τῆς ἐπιφανεί(ας) τῆς ἑτέρας βάσεως· τὰ δὴ παραλληλόγραμμα τὰ περιεχόμενα ὑπὸ τῶν ΑΗ ΗΓ καὶ τῶν πλευρῶν τοῦ κυλίνδρου μείζονά ἐστιν τῶν παραλληλογράμμων τῶν περιεχομένω(ν) ὑπό τε τῶν ΑΕ ΕΖ ΖΓ κα[ὶ] τ̣ῆς [π]λευρ[ᾶς] τοῦ κυλίνδρου· ἐπεὶ γὰρ αἱ ΕΗ ΗΖ τῆς ΕΖ μείζους (ε̣ἰ̣σί̣ν̣), κοιναὶ (προσ)κείσθω[σ]αν̣ αἱ ΑΕ ΖΓ· [ὅλ]αι (ἄ̣ρ̣α̣) [αἱ] ΗΑ [ΗΓ μείζους (εἰσίν)]

COLUMN 1

1 ἐστιν] ἐστι Η

6 εἶναι] ε̣ἰ̣σ̣ὶ̣ν̣ Η

13 τῶν ΑΓΔΒ παραλληλογράμμων] τοῦ ΑΓΒΔ παραλληλογράμμου Η

21 ἐὰν] ιγ εὰν Η

Heiberg I.48.18–52.9: *Sphere and Cylinder* I, Proposition 12
Pseudocolor created from ultraviolet fluorescence and red reflectance images

τῶν ΑΕ ΕΖ [ΖΓ. ὧι δὴ] με̣ί̣ζονά (ἐστιν), ἔστω τὸ Κ χωρίον. τοῦ δὴ Κ χωρίου τὸ ἥμισυ ἤτοι μεῖζόν (ἐστι) τῶν σχημάτων τῶν περιεχομένων ὑπὸ τῶν ΑΕ ΕΒ ΖΓ εὐθειῶν καὶ τῶν ΑΔ ΔΛ ΒΘ ΘΓ περιφερειῶν ἢ οὔ. ἔστω πρότερον μεῖζον. τῆς δὴ ἐπιφανείας τῆς σ̣υγκειμένης ἔκ τε τῶν γραμμῶν τῶν κατὰ τὰς ΑΕ ΕΖ ΖΓ καὶ τ[(οῦ)] ΑΕΖΓ τραπεζίου καὶ τοῦ κατεναντίον αὐτοῦ ἐν τῆι ἑτέρα βάσει τοῦ κυλίνδρου πέρας ἐστὶν ἡ περίμετρος τοῦ παραλληλογράμμου τοῦ κατὰ τὴν ΑΓ. (ἔστιν) δὲ καὶ τῆς ἐπιφανείας τῆς συγκειμένης ἐκ τῆς ἐπιφανείας τοῦ κυλίνδρου τῆς κατὰ τὴν ΑΒΓ περιφέρειας (καὶ) τῶν τμημάτων τοῦ τε ΑΒΓ (καὶ) τ(οῦ) ἀ̣π̣εναντίον αὐτοῦ π[έρ]ας ἡ αὐτὴ περίμετρος· αἱ οὖν εἰρημέναι ἐπιφάνειαι τὸ αὐτὸ πέρας ἔχουσαι τυγχάνουσιν, ὅπερ ἐστὶν ἐν ἐπιπέδωι, καί (εἰσιν) ἀμφότεραι ἐπὶ τὰ αὐτὰ κοῖλαι, καί τινα μὲν περιλαμβάνει ἡ ἑτέρα αὐτῶν, τινὰ δὲ κοινὰ ἔχουσιν· ἐλάσσων (ἄρα) (ἐστὶν) ἡ περιλαμβανομένη. ἀφαιρεθέντων οὖν κοινῶν τοῦ τε ΑΒΓ τμήματος καὶ τοῦ ἀπεναντίον αὐτοῦ ἐλάσσων ἐστὶν ἡ ἐπιφάνεια τοῦ κυλίνδρου ἡ κατὰ τῆς ΑΒΓ περιφέρειας τῆς συγκειμένης ἐπιφανείας ἔκ τε τῶν παραλληλογράμμων κατὰ τὰς ΑΕ ΕΖ ΖΓ καὶ τῶν σχημάτων τῶν ΑΕ ΕΒ ΒΖ ΖΓ καὶ τῶν ἀ̣π̣ε̣ναντίων αὐτῶν.

αἱ δὲ τῶν εἰρ[η]μένων παραλληλογράμμων ἐπιφάνειαι μετὰ τῶν εἰρημένων σχημάτων ἐλάτ(τους) (εἰσὶν) τῆς ἐπιφανείας τῆς συγκειμένης ἔκ τῶν παραλληλογράμμων τῶν κατὰ τὰς ΑΗ ΗΓ· μετὰ (γὰρ) τοῦ Κ μείζονος ὄντος τῶν σχημάτων ἴσαι ἦσαν αὐτοῖς· δῆλον οὖν (ὅτι) τὰ παραλληλόγραμμα τὰ περιεχόμενα ὑπὸ τῶν ΑΗ ΓΗ καὶ τῶν πλευρῶν τοῦ κυλίνδρου μείζονά ἐστι τῆς ἐπιφανείας τ(οῦ) κυλίνδρου τῆς κατὰ τὴν ΑΒΓ περιφέρειαν. εἰ δὲ μή ἐστιν μεῖζο(ν) τὸ ἥμισυ τοῦ Κ χωρίου τῶν εἰρημένων σχημάτων, ἀχθήσονται εὐθεῖαι ἐπιψαύουσαι τοῦ σχήματος, ὥστε γενέσθαι τὰ περιλειπόμεν̣α σχήματα ἐλάσσον[α] τοῦ ἡμίσους τοῦ Κ, καὶ τὰ ἄλλα τὰ αὐτὰ τοῖς ἔμπροσθεν δειχθήσεται. τούτω(ν) δὴ δεδειγμένων φανερὸν ἐπὶ μὲν τῶν προειρημένων (ὅτι), ἐὰν εἰς κῶνον ἰσοσκελῆ πυραμὶς ἐγγραφῆι, ἡ ἐπιφάνεια τῆς πυραμίδος χωρὶς τῆς βάσεως ἐλάσσων ἐστὶ τῆς κωνικῆς ἐπιφανείας· ἕκαστον γὰρ τῶν περιεχόντων τὴν πυραμίδα τριγώνων ἔλασσόν ἐστιν τῆς κωνικῆς ἐπιφανείας τῆς μεταξὺ τοῦ τριγώνου πλευρῶν· ὥστε καὶ ἡ ὅλη ἐπιφάνεια τῆς πυραμίδος χωρὶς τῆς βάσεως ἐλάσσων (ἐστὶ) τῆς ἐπιφανείας τοῦ κώνου χωρὶς τῆς βάσεως, (καὶ) (ὅτι),

COLUMN 1

5 ΕΒ] ΕΖ Η

17 περιφέρειας] περιφέρειαν Η

35 ΑΕ ΕΒ ΒΖ ΖΓ] Α̣Ε̣Β̣ Β̣Ζ̣Γ̣ Η

36 ἀπεναντίων] ἀπεναντίον Η

COLUMN 2

31 τοῦ] τῶν τοῦ Η

32 ἡ] om. Η

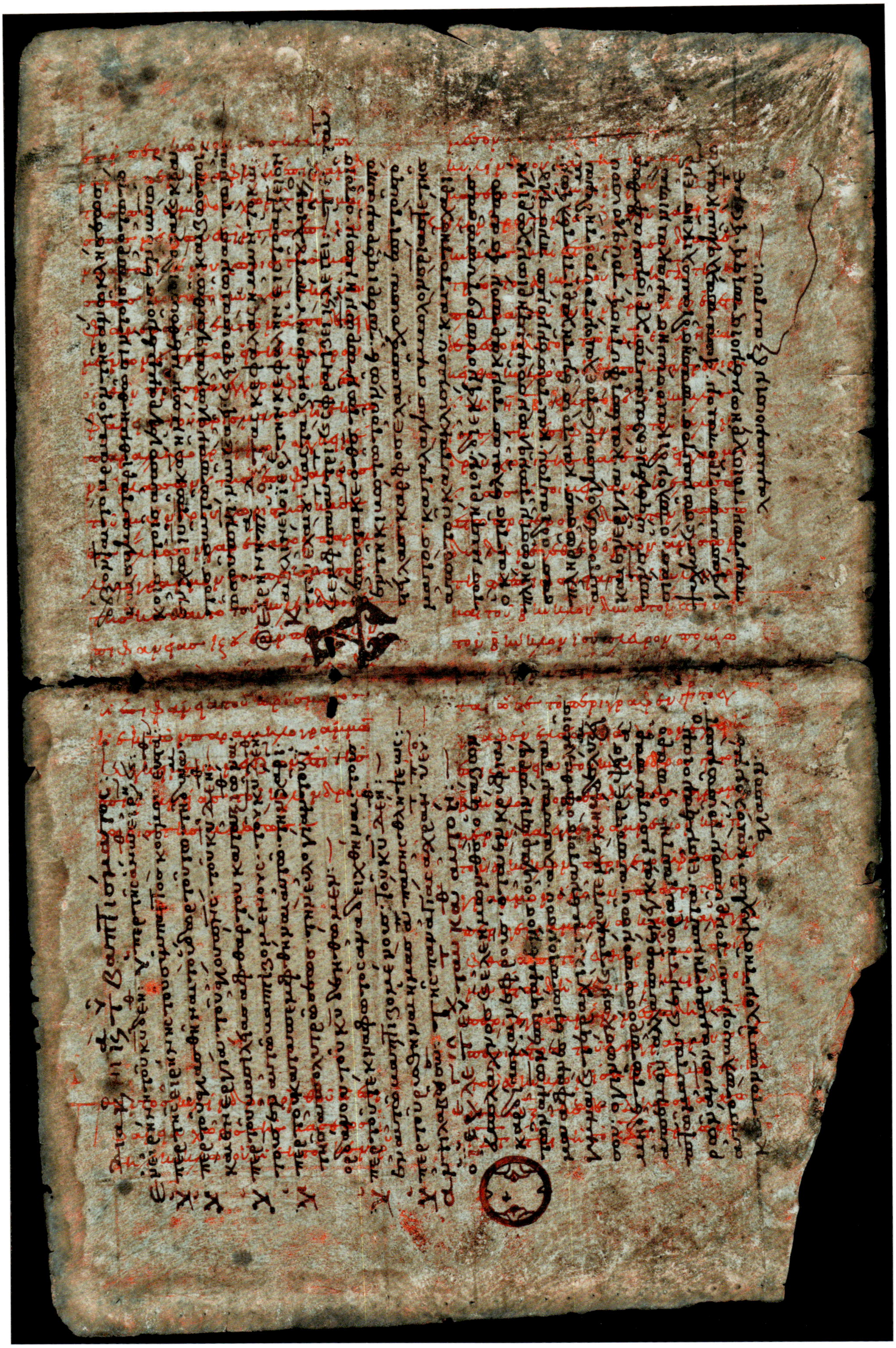

Heiberg I.52.9–54.23: *Sphere and Cylinder* I, Propositions 12, 13
Pseudocolor created from ultraviolet fluorescence and red reflectance images

ἐὰν περὶ κῶνον ἰσοσκελῆ πυραμ[ὶς] περιγραφῆι, ἡ ἐπιφάνει(α) τῆς πυραμίδος χωρὶς τῆς βάσεως μείζων ἐστὶν τῆς ἐπιφανείας τοῦ κώνου χωρὶς τῆς βάσεως κατὰ τὸ συνεχὲς ἐκείνωι. φανερὸν δὲ ἐκ τῶν ἀποδεδειγμένων (ὅτι) τε, ἐὰν εἰς κύλινδρον ὀρθὸν πρίσμα ἐγγραφῆι, ἡ ἐπιφάνεια τοῦ πρίσματος ἡ ἐκ τῶ(ν) παραλληλογράμμων συγκειμένη ἐλάσσων (ἐστὶ) τῆς ἐπιφανείας τοῦ κυλίνδρου χωρὶς τῆς βάσεως· ἔλασσον γὰρ ἕκαστον παραλληλόγραμμον τοῦ πρίσματός (ἐστι) τῆς καθ' αὑτὸ τοῦ κυλίνδρου ἐπιφανείας, (καὶ) (ὅτι), ἐὰν πε[ρὶ κ]ύλ[ι]νδ̣ρ̣ο̣[ν] ὀρθὸν πρίσμα (περι)γραφῆ, ἡ ἐπιφάνεια τοῦ πρίσματος ἡ ἐκ τῶν παραλληλογράμμω(ν) συγκειμένη μείζων ἐστὶ τῆς ἐπιφανείας τοῦ κυλίνδρου χωρὶς τῆς βάσεως.

ΙΔ Παντὸς κυλίνδρου ὀρθοῦ ἡ ἐπιφάνεια χωρὶς τῆς βάσεως ἴση (ἐστὶν) κύκλωι, οὗ ἡ ἐκ τοῦ κέντρ(ου) μέσον λόγον ἔ[χ]ει τῆς [πλευρᾶς τοῦ] κυλίνδρου καὶ τῆς διαμέτρου τῆς βάσεως τοῦ κυλίνδρου. ἔστω κυλίνδρου τινὸς ὀρθοῦ βάσις ὁ [Α] κύκλος, καὶ ἔστω τῆι μὲν διαμέτρωι τοῦ Α κύκλου ἴση ἡ ΓΔ, τῆι δὲ πλευρᾶι τοῦ κυλίνδρου ἡ ΕΖ, ἐχέτω δὲ μέσον λόγον τῶν ΔΓ ΕΖ ἡ Η, καὶ κείσθω κύκλος, οὗ ἐκ τοῦ κέντρου ἴση (ἐστὶ) τῆι Η ΟΒ· δεικτέον (ὅτι) ὁ Β κύκλος ἴσος (ἐστὶ) τῆι ἐπιφανείαι τοῦ κυλίνδρου χωρὶς τῆς βάσεως. εἰ γὰρ μή (ἐστιν) ἴσος, ἤτοι μείζων (ἐστὶ) ἢ ἐλάσσω(ν).

ἔστω πρότερον, ε̣ἰ̣ δυνατόν, ἐλάσσω(ν). δύο δὴ μεγεθῶν ὄντων ἀνίσων τῆς τε ἐπιφανείας τοῦ κυλίνδρ(ου) καὶ τοῦ Β κύκλου δυνατόν ἐστιν εἰς τὸν Β κύκλον ἰσόπλευρον πολύγωνον ἐγγράψαι κα̣ὶ̣ ἄλλο περιγρά̣ψαι, ὥστε τὸ περ̣ι̣γραφὲν (πρὸς) τὸ ἐγγραφὲν ἐλάσσονα λόγον ἔχει ἡ ἐπιφάνεια τοῦ κυλίνδρου (πρὸς) τὸν Β κύκλον. νοείσθω δὴ περιγεγραμμένον καὶ ἐγγεγραμμένον, καὶ (περὶ) τὸν Α κύκλον περιγεγράφθω εὐθύγραμμον ὅμοιον τῶι περὶ τὸν Β περιγεγραμμένω, καὶ ἀναγεγράφθω ἀπὸ τοῦ εὐθυγράμμου πρίσμα· ἔσται δὴ περὶ τὸν κύλινδρον περιγεγραμμένον. ἔστω δὴ καὶ τῆι περιμέτρω τοῦ εὐθυγράμμου τοῦ (περὶ) τὸν Α κύκλον ἴση ἡ ΚΔ καὶ τῆι ΚΔ ἴση ἡ ΛΞ, τῆς δὲ ΓΔ ἡμίσεια ἔστω ἡ ΓΔΤ· ἔσται δὴ τὸ ΚΔΤ τρίγωνον [ἴσ]ο(ν)

COLUMN 2

9 οὗ] οὗ ἡ H
21 ἔχει] ἔχειν τοῦ ὃν ἔχει H
33 ΛΞ] ΛΖ H
34 ΓΔΤ] Δ̣Τ H

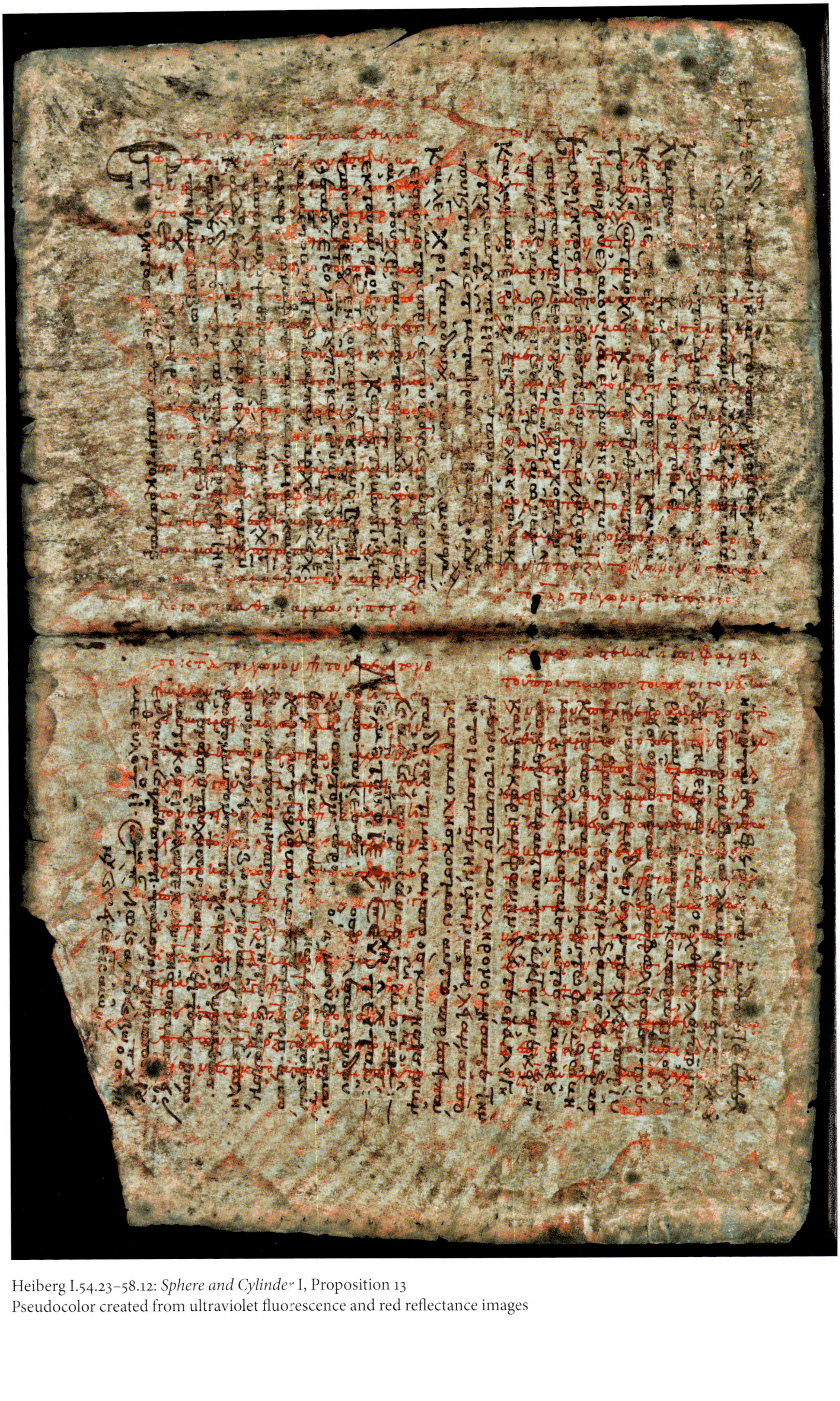

Heiberg I.54.23–58.12: *Sphere and Cylinder* I, Proposition 13
Pseudocolor created from ultraviolet fluorescence and red reflectance images

τῶι περιγεγραμμένωι εὐθυγρά(μ)μωι περὶ τὸν α̅ κύκλον ἐπειδὴ βάσιν μὲν ἔχει τῆι περιμέτρωι ἴσην, ὕψος δὲ ἴσον τῆι ἐκ τοῦ κέντρου τοῦ Α κύκλου, τὸ δὲ Ε[Λ π]αραλληλόγραμμον τῆι ἐπιφανείαι τοῦ πρίσμα[τ]ος τοῦ περὶ τὸν κύλινδρον π[ε]ρ̣[ιγε]γραμμένου ἐ̣πειδὴ περιέχετ(αι) ὑπὸ τῆς πλε̣υ̣[ρᾶ]ς τοῦ κυλίνδρου [(καὶ)] τῆς ἴσης τῆι περιμέτρωι τῆς βάσεως τοῦ πρίσματος. κείσθω δὴ τῆι [Ε]Ζ ἴση ἡ [Ε]Ρ· ἴσον ἄρα ἐστὶν τὸ ΖΡ̣Λ̣ τρίγωνον τῶι ΕΛ παραλληλογράμμωι, ὥστε (καὶ) τῆι ἐπιφανείαι τοῦ πρίσματος. καὶ ἐπεὶ ὅμοιά ἐστιν τὰ εὐθύγραμμα τὰ περὶ τοὺς ΑΒ κύκλους [περιγε]γραμμένα, τὸν αὐτὸν ἕξει λόγον τὰ εὐθύγραμμα, ὅνπερ αἱ [ἐκ τῶν κέντρων δυνάμε]ι̣· [ἕ]ξ[ε]ι̣ [(ἄρα)] τὸ ΚΤΔ τρίγωνον (πρὸς) τὸν περ[ὶ] τὸν Β κύκλον εὐθύγραμμον, ὅν ἡ ΤΔ (πρὸς) Η δυνάμει· αἱ γὰρ ΤΔΗ ἴσαι εἰσὶν ταῖς ἐκ τῶν κέντρων. ἀλλ' ὅν ἔχει λόγον ἡ ΤΔ (πρὸς) Η δυνάμει, τοῦτον ἔχει τὸν (λόγον) ἡ ΤΔ (πρὸς) ΡΖ μήκει· ἡ (γὰρ) Η τῶν ΤΔ̣ ΡΖ μέση (ἐστὶν) ἀνάλογον διὰ τὸ καὶ τῶν ΓΔ ΕΖ· πῶς δὲ τοῦτο; ἐπεὶ γὰρ ἴση ἐστὶν ἡ [μὲν ΔΤ] τῆι ΓΗ, ἡ δὲ ΡΕ τῆι ΕΖ, διπλ[ασία] ἄρα ἐστὶν ἡ ΤΔ τῆς ΓΔ, καὶ ἡ ΡΖ τῆς ΡΕ· (ἔστιν) ἄρα ὡς ἡ ΔΓ (πρὸς) ΔΤ, (οὕτως) ἡ ΡΖ (πρὸς) ΖΕ. τὸ (ἄρα) ὑπὸ τῶν ΓΔ ΕΖ ἴσον ἐστὶν τῶι ὑπὸ τῶν ΤΔ ΡΖ. τῶ δὲ ὑπὸ τῶν ΓΔ [ΕΖ] ἴσον ἐστὶν τὸ ἀπὸ Η· καὶ τῶι ὑπὸ

τῶν ΤΔ Ρ̣Ζ (ἄρα) ἴ̣σον (ἐστὶ) [τ]ὸ [ἀπὸ] τῆ̣ς Η· (ἔστιν) (ἄρα) ὡ̣ς ἡ ΤΔ (πρὸς) Η, (οὕτως) ἡ [Η] (π̣ρ̣ὸ̣ς̣) [Ρ]Ζ̣. (ἔσ̣τ̣ι̣ν̣) (ἄ̣ρ̣α̣) ἡ ΤΔ (πρὸς) ΡΖ, τὸ ἀπὸ τῶν ΤΔ (πρὸς) [τ]ὸ ἀ̣πὸ τῆς Η· ἐὰν (γὰρ) τρεῖς [εὐ]θ[εῖ]αι ἀ̣[νά]λογον ὦσιν, ἔστιν ὡ̣[ς ἡ] π̣ρ̣ώ̣[τ]η (πρὸς) τὴν τρίτην, τὸ ἀπὸ̣ [τῆς] πρώτης εἶδος καὶ τὸ ἀπὸ τῆς δ̣ευτέρας εἶδος τὸ ὅμοιον καὶ ὁμοίως ἀναγεγραμμένον· ὅν δὲ λόγον ἔχει ἡ ΤΔ (πρὸς) ΡΖ μήκει, τοῦτον ἔχει τὸ ΚΤΔ τρίγωνον (πρὸς) τὸ ΡΛΖ· ἐπειδήπερ ἴσαι (εἰσὶν) αἱ̣ ΚΔ ΛΖ· τὸν αὐτὸν ἄρα λόγον ἔχει τὸ ΚΤΔ τρίγωνον (πρὸς) τὸ εὐθύγραμμον τὸ περὶ τὸν Β κύκλον περιγεγραμμένον, ὅνπερ τὸ ΤΚ̣Δ τρίγωνον (πρὸς) τὸ ΡΖΛ τρίγωνον. ἴσον ἄρα (ἐστὶν) τὸ ΖΛΡ τρίγωνον τὸ περὶ τὸ[ν Β] κύκ[λον] περ[ιγ]ε̣[γραμμένωι εὐθυ]γράμμω· ὥστε καὶ ἡ ἐπιφάνεια τοῦ πρίσματος τοῦ περὶ τὸν Α κύλινδρον περιγενραμμένου τῶι εὐθυγράμμωι τὸ περὶ τὸν Β κύκλ(ον) ἴση ἐστίν. καὶ ἐπειδὴ ἐλάσσονα (λόγον) ἔχει τὸ εὐθύγραμμ(ον) τὸ περὶ τὸν Β κύκλ(ον) (πρὸς) τὸ ἐγγεγραμμένον ἐν τῶι κύκλωι τοῦ, ὅν ἔχει ἡ ἐπιφάνεια τοῦ Α κυλίνδρου (πρὸς) τὸν Β κύκλον, ἐλάσσονα λόγον ἕξει καὶ ἡ ἐπι[φ]άνεια τοῦ πρίσματος τοῦ περὶ τὸ κύλινδρον περιγεγραμμένου (πρὸς) τὸ εὐθύγραμμον τὸ ἐν τῶι κύκλωι τῶ Β γεγραμμένον ἤ[πε]ρ ἡ ἐπιφάνεια τοῦ κυλίνδρου (πρὸς) τὸν Β κύκλον· καὶ ἐναλλά̣ξ· [ὅ]περ

COLUMN 1

2 α̅] sic
20 τὸν] τὸ Η
28 ΓΗ] ΓΤ Η
30 ΤΔ τῆς ΓΔ] ΓΔ τῆς ΤΔ Η

COLUMN 2

3 τῶν] τῆς Η
23 ἐπειδὴ] ἐπεὶ Η

Heiberg I.58.12–62.2: *Sphere and Cylinder* I, Proposition 13
Pseudocolor created from ultraviolet fluorescence and red reflectance images

ἀδύν̣[ατον]· ἡ μ̣ὲ̣ν γὰρ ἐπι[φάνεια] τοῦ [π]ρ̣[ίσματ]ος τοῦ περιγεγ[ρ]αμμένου περὶ τὸν κύλινδρον μείζω(ν) οὖσα δ̣έδε̣ικται τῆς ἐπιφανείας τοῦ κυλίνδρου, τὸ δὲ ἐγγεγραμ̣μένον εὐθύγραμμον ἐν τῶι Β κύ̣κ̣λωι ἔλασσόν ἐστιν τοῦ Β κύκλου. οὐκ (ἄρα) (ἐστὶν) ὁ Β κύκλος ἐλάσσων τῆς ἐπιφανείας τοῦ κυλίνδρου. ἔστω δέ, εἰ δυνατόν, μείζων. πάλιν δὲ νοείσθω εἰς τὸν Β κύκλον εὐθύγραμμον ἐγγεγραμμένον, ὥστε τ[ὸ π]εριγεγραμμένον (πρὸς) τὸ ἐγγεγραμμένον ἐλάσσονα (λόγον) ἔχειν ἤπερ τὸν Β κύκλον (πρὸς) τὴν ἐπιφάνειαν τοῦ κυλίνδρ(ου), (καὶ) ἐγγεγράφθω εἰς τ̣ὸν Α κύκλον πολύγωνον ὅμοιον τῶι εἰς τὸν Β κύ[κλον] ἐγγ[εγ]ρ̣[α]μμέν̣ο̣ν̣, κα[ὶ πρί]σ̣μα ἀναγεγράφθω ἀπὸ τοῦ ἐν τῷ̣ι̣ [κ]ύ̣κλωι ἐγγεγραμμένου πολυγώνου· καὶ πάλιν ἡ ΚΔ ἴση τῆι περιμέτρωι τοῦ εὐθυγράμμ(ου) τοῦ ἐν τῶι Α κύκλωι ἐγγεγραμμένου, καὶ ἡ ΖΛ ἴση αὐτῆι ἔστω. ἔσται δὴ τὸ μὲν ΚΤΔ τρίγωνον μεῖζο(ν) τοῦ εὐθυγράμμου τοῦ ἐν τῶι Α κ̣ύκλωι ἐγγεγραμμένου· δι(ότι) βάσιν μὲν ἔχει τὴν περίμετρον αὐτοῦ, ὕψος δὲ μεῖζον τῆς ἀπὸ τοῦ κέντρου πλευρᾶς ἐπὶ μίαν πλευρὰν τοῦ πολυγώνου [ἀγ]ομένης κ̣α̣θ̣έτ(ου)· τὸ δὲ ΕΛ παραλληλόγραμμ[ον] ἴσ[(ον)] ἐν τῆι [ἐπ]ιφανείαι τοῦ πρίσματος τῇ [ἐκ τ]ῶ̣ν̣ [π]αρα[λληλ]ογράμμων

συγκειμένηι· δι(ότι) περιέχεται ὑπὸ τ[(ῆς)] πλευρᾶς τοῦ κυλίνδρου καὶ τῆς ἴσ(ης) τῆι περιμέτρωι το[ῦ εὐ]θ̣υ̣γράμμου, ὅς (ἐστιν) βάσις τοῦ π̣ρίσματος· [ὥ]στ[ε] καὶ τὸ ΡΛΖ τρίγων̣ον ἴσ̣[ον (ἐστὶ) τ]ῆι ἐπιφ[α]νείαι τοῦ πρίσμ̣[ατος. κ]αὶ [ἐ]π̣ε̣ὶ̣ (ἴ̣σ̣)α (ἐστὶ) τὰ [ε]ὐ̣θύγρ̣αμμ[α τὰ ἐ]ν̣ τοῖς ΑΒΓ κύκλοις ἐγγεγρα̣μμέ̣[να], τὸν αὐτὸν ἔχει λόγον (πρὸς) ἄλληλα ὃν αἱ ἐκ τ̣ῶν κέντρων αὐτῶν δυνάμει. ἐπ̣εὶ (καὶ) τὰ ΚΤΔ ΖΡΛ τρίγωνα (πρὸς) ἄλληλα (λόγον), ὃν αἱ ἐκ τῶν κέντρων τῶ̣ν κύ̣κλω(ν) δυνάμει· τὸν αὐτὸν ἄρα λ̣όγον ἔχει τὸ εὐθύγραμμον τὸ ἐν τῶι Β [ἐγγε]γραμμένον (καὶ) τὸ ΚΤΔ τ̣[ρίγ]ωνο(ν) (πρὸς) τὸ ΛΖΡ τρίγωνον. ἔλασσο[ν δ]ἐ̣ ἐστι(ν) τὸ εὐθύγραμμον τὸ ἐ̣ν̣ [τ]ῶι [Α κύκλ](ω)-ἐγγεγρ[αμ]μέν̣ον τ(ο̣ῦ̣) ΚΤΔ [τριγώνου]· ἔλασσον ἄρα τὸ εὐθύγρ̣αμμον τὸ ἐν τῶι Β κύκλωι ἐγγεγραμμένον τ(ο̣ῦ̣) ΖΡΛ τριγώνου· ὥ̣σ̣τε καὶ τῆς ἐπιφανείας τοῦ πρίσματος τοῦ ἐν̣ τ̣ῷ̣ κυλίνωι ἐγγεγραμμένου· ὅπερ ἀδύνατον· ἐπεὶ γὰρ ἐλάσσονα λόγο(ν) ἔχει τὸ περ[ι]γεγραμμένον εὐθύγρα(μ)μον περὶ τὸν Β κύκλον [π]ρὸς τὸ ἐγγεγραμ̣[μένον ἢ ὁ Β] κ[ύ]κ[λο]ς (πρὸς) τὴν ἐπι[φά]νε̣ι̣αν τοῦ [κυ]λίνδρου, καὶ ἐναλλάξ, μεῖζον [δέ] (ἐστι) τὸ π̣[ερι]γεγραμμένον περὶ τὸν Β [κ]ύ̣κ̣λο[ν] τ̣ο̣ῦ̣ Β κ̣ύ̣[κ]λ(ο̣υ̣), [μ]εῖζον (ἄ̣ρ̣α̣) (ἐστὶν) [τ]ὸ ἐγγεγραμ̣μένον ἐν τ(ῶ) [Β κύ]κλωι τῆς ἐπιφανείας τοῦ κυλί(ν)[δ]ρου· ὥστε καὶ τῆς ἐπι[φ]ανείας τοῦ [πρίσματος]. ο̣ὐ̣κ ἄ̣[ρα μείζ]ων ἐστὶν ὁ Β̣ (κύκλος)

COLUMN 1

18 ἐγγεγραμμένον] ἐγγεγραμμένωι H

21 ἴση] ἴση ἔστω H

COLUMN 2

6 ἴσα] ὅμοιά H

7 ΑΒΓ] Α Β H

16 ἐστιν] ἐστι H

23 κυλίνωι] sic, κυλίνδρωι H

Heiberg I.62.2–64.14: *Sphere and Cylinder* I, Propositions 13, 14
Pseudocolor created from ultraviolet fluorescence and red reflectance images

τῆς ἐπιφανείας τοῦ κυλίνδρου. ἐδείχθη δὲ (ὅτι) οὐδὲ ἐλάσσων· ἴσον (ἄρα) (ἐστίν).

Παντὸς κώνου ἰσοσκελοῦς χωρ[(ὶς)] τῆς βάσεως ἡ ἐπιφάνεια ἴση (ἐστὶ) κύκλωι οὗ ἡ ἐκ τοῦ κέντρου μέσον λόγον ἔχει τῆς πλευρᾶς τοῦ κώνου καὶ τῆς ἐκ τοῦ κέντρου τοῦ κύκλου ὅς ἐστιν βάσις τ(οῦ) [κώ]ν̣ου. ἔστω κῶνος ἰ[σοσ]κελής οὗ βάσις ὁ Α (κύκλος), ἡ δὲ ἐκ τοῦ κέντρου ἔστω ἡ Γ, τῆι δὲ πλευρᾶ [τοῦ] κώνου ἔστω ἴση ἡ Δ, τῶν δὲ ΓΔ μέση ἀνάλογον ἡ Ε, ὁ δὲ Β κύκλ(ος) ἐχέτω τὴν ἐκ τοῦ κέντρου τῆ Ε ἴσην· λέγω (ὅτι) ὁ κύκλος (ἐστὶν) ἴσος τῆι ἐπιφανείαι τοῦ κώνου χωρὶς τῆς βάσεως. εἰ γὰρ μή ἐστιν ἴσος ἤτοι μείζων (ἐστὶν) ἢ ἐλάσσων. ἔστω πρότερον ἐλάσσων. ἔστι δὴ δύο μεγέθη ἄνισα ἥ τε ἐπι[φάνεια] τοῦ κώνου καὶ ὁ Β κ̣ύ̣κ̣λ̣ος, καὶ μείζων ἡ ἐπιφάνεια τοῦ κώνου· δυνατὸν ἄρα εἰς τὸν Β κύκλον πολύγωνον ἰσόπλευρον ἐγ[γ]ρ̣[ά]ψαι (καὶ) ἄλλο περιγράψαι ὅμοιον τῶι ἐγ[γ]ε[γραμμ]ένωι ὥστε τὸ περιγεγρ̣α̣μ̣μένον πρὸς τὸ ἐγγεγραμμένο(ν) ἐλάσσονα λόγον ἔχειν τοῦ, ὃν ἔχει ἡ ἐπιφάνεια τοῦ κώνου (πρὸς) τὸ(ν) Β κύκλον. νοείσθω δὴ καὶ περὶ [τ]ὸ(ν) Α κύκλον πολύγωνον περιγεγρα(μ)μένον ὅμοιον τῶι περὶ τὸν Β κύκλον περιγεγραμμένωι, καὶ ἀπὸ τοῦ περὶ τὸν Α κύκλον περὶ περιγεγραμμένου πολύγωνο(ν̣) πυραμὶς ἀνεστάτω ἀναγεγραμμένη τὴν αὐτὴν κορυφ[(ὴν)] ἔχουσα τῶι κώνω. ἐπεὶ οὖν ὅμοιά ἐστιν τὰ πολύγωνα τὰ (περὶ) τοὺς ΑΒ κύκλους περιγεγραμμένα τὸν αὐτὸν ἔχει λόγον (πρὸς) ἄλληλα ὃν αἱ ἐκ τοῦ κέντρου δ[υν]ά̣μει πρὸς ἀλλήλα̣ς, τουτ[(έστιν)] ὃν ἔχει ἡ Γ (πρὸς) Ε δυνάμει, τουτ(έστιν) ἔ[χει ἡ] Γ (πρὸς) Δ μήκει τ̣οῦ̣το(ν) ἔχει τὸ π[εριγ]εγραμμένον πολύγων(ον) περὶ τὸν Α κύκλον (πρὸς) τὴν ἐπιφάνειαν τῆς πυραμίδος τῆς (περι)γεγραμμένης περὶ τὸν κῶν(ον)· ἡ μὲν γὰρ Γ ἴση̣ (ἐστὶ) τῆι ἀπὸ τοῦ κ(έν)τρου καθέτωι ἐπὶ μίαν πλευρὰ(ν) τοῦ πολυγώνου, ἡ δὲ Δ τῆι πλευρᾶι τοῦ κώνου· κοινὸν δὲ ὕψος ἡ περίμετρ̣ος τοῦ πολυγώνου (καὶ) τὰ ἡμίση τῶν ἐπιφανειῶν· τ(ὸν) αὐτὸν ἄρα λόγον ἔχει τὸ εὐθύγραμμον τὸ περὶ τὸ[ν Α] κ̣ύκλον καὶ α̣[ὐ]τὸ τὸ εὐθύγραμμο̣ν [(πρὸς) τὴν] ἐ̣πι̣[φά]νει[αν] τ[ῆ]ς πυρ̣[αμίδος] τῆς π̣ε̣ρ̣ὶ̣

COLUMN 1

3 παντὸς] ιε παντὸς H
13 Β] om. H
15 ὁ] ὁ Β H

COLUMN 2

10 πολύγωνον] πολυγώνου H
20 mg. ἡ Γ|Δ μή|[κ]ει ὃν | δὲ λό|γον

Heiberg I.70.6–72.21: *Sphere and Cylinder* I, Proposition 16
Pseudocolor created from ultraviolet fluorescence and red reflectance images

παραλλήλων ἐπιπέδων (καὶ) τῆς ἴσης ἀμφοτέραις ταῖς ἐκ τῶν κέντρων τῶν παραλλήλων ἐπιπέδων. (καὶ) τῆς ἴσης ἀμφοτέραις ταῖς ἐκ τῶν κέντρων τῶν κύκλω(ν) τῶν ἐν τοῖς παραλλήλοις ἐπιπέδοις ἔστω κῶνος, οὗ τὸ διὰ τοῦ ἄξονος τρίγωνον ἴσον τῶι ΑΒΓ, (καὶ) τ̣ετμήσθω παραλλήλωι ἐπιπέδωι τῆι βάσει, (καὶ) ποιείτω τομὴν τὴν ΔΕ, ἄξων δὲ τοῦ κώνου ἔστω ὁ ΒΗ, κύκλος δέ τις ἐκκείσθω, οὗ ἡ ἐκ τοῦ κέντρου μέση ἀνάλογόν ἐστι τῆς τε ΑΔ καὶ συναμφοτέρου τῆς ΔΖ ΗΑ, ἔστω δὲ ὁ κύκλος ὁ Θ· λέγω (ὅτι) ὁ Θ κύκλος ἴσος (ἐστὶ) τῆι ἐπιφανείαι τοῦ κώνου τῆι μεταξὺ τῶν ΔΕ ΑΓ. ἐκκείσθωσαν γὰρ κύκλοι οἱ ΛΚ καὶ τ[ο]ῦ̣ μὲν Κ κύκλου ἡ ἐκ τοῦ κέντρου δυνάσθω τὸ ὑπὸ τὸ ΒΔΖ, τοῦ δὲ Λ ἡ ἐκ τοῦ κέντρου δυνάσθω τὸ ὑπὸ ΒΑΗ· ὁ μὲν ἄρα Λ κύκλος ἴσος ἐστὶν τῆι ἐπιφανείαι τ(οῦ) ΔΕ̣Β. καὶ ἐπεὶ τὸ ὑπὸ τῶν ΒΑ ΑΗ ἴσ(ον) (ἐστὶ) τῶ τε ὑπὸ τῶν ΒΔ ΔΖ καὶ τῶι ὑπὸ τῆς ΑΔ καὶ συναμφοτέρου τῆς ΔΖ Α̣Η̣ διὰ τὸ παράλληλον (εἶναι) τὴν ΔΖ τῆι ΑΗ, ἀλλὰ τὸ μὲν ὑπὸ ΑΒ ΑΗ δύναται ἡ ἐκ τοῦ κέντρου τ(οῦ) Λ κύκλου, τὸ δὲ ὑπὸ ΒΔ ΔΖ δύναται ἡ ἐκ τοῦ κέντρου τοῦ Κ κύκλου, τὸ δ̣ὲ ὑπὸ τῆς Δ[Α] καὶ συναμφοτέρου τῆς ΔΖ ΑΗ δύναται ἡ ἐκ τοῦ κέντρου τοῦ Θ, τὸ (ἄρα) ἀπὸ τῆς ἐκ τοῦ κέντρου τοῦ Λ κύκλου ἴσον (ἐστὶ) τοῖς ἀπὸ τῶν ἐκ τῶν κέντρων

τῶν ΚΘ κύκλων· ὥστ̣ε κ̣α̣ὶ̣ [ὁ Λ κύκλος] ἴσος (ἐστὶ) τοῖς ΚΘ̣ κ[ύ]κλ[οι]ς. [ἀλλ' ὁ μὲν] Λ̣ ἴσο̣ς (ἐστὶ) τ̣ῆι ἐπι̣[φανείαι τοῦ ΒΑΓ κώνου], ὁ δὲ Κ [τῆι] ἐπι[φανείαι τοῦ Δ]Β̣[Ε κώνου]· λοιπὴ (ἄ̣ρ̣α̣) ἡ ἐπιφ̣ά̣ν̣εια τ[οῦ κ]ώνου ἡ [μ]εταξὺ [τῶ]ν [π]αρα̣λλήλω̣[ν] ἐ̣π[ιπέδων] τῶν ΔΕ ΑΓ ἴση (ἐστὶ) τῶ̣ι̣ Θ [κύκλ]ω̣[ι].

Ἔστω τὸ παραλληλόγρ[α]μμον τὸ ΒΑΗ, καὶ δ̣ι̣άμετρ[ος] αὐτ̣ο̣ῦ [ἔστω] ἡ [ΒΗ]. (καὶ) τετμήσθω ἡ ΒΑ πλευρά, ὡς ἔτυχεν, κατὰ τὸ Δ, καὶ διὰ τοῦ Δ ἤχθω παράλληλος τῆι ΑΗ ἡ ΔΘ, διὰ δὲ τοῦ Ζ τῆι ΒΑ ἡ ΚΛ· [λ]έγω (ὅτι) τὸ ὑπὸ ΒΑΗ ἴσ(ον) (ἐστὶ) τῶ τε ὑπὸ ΒΔ̣[Ζ] κ̣αὶ τῶι ὑπὸ ΔΑ (καὶ) συναμφοτέ[ρ]ο̣υ̣ [τ]ῆς ΔΖ Α̣Λ. ἐπεὶ (γὰρ) τὸ μὲν ὑπὸ ΒΑΗ [ὅ]λο[ν] (ἐστὶ) τὸ Β̣Η, [τ]ὸ δὲ ὑπὸ ΒΔΖ τὸ ΒΖ, [τ]ὸ̣ δὲ ὑπ[ὸ] Δ[Α (καὶ) συ]ναμφοτέρο[υ τ]ῆς [Δ]Ζ̣ Α̣Λ̣ ὁ [ΜΝΞ] γνώμων· τῶ μ[ὲν] γὰρ ὑ[πὸ Δ]ΑΗ [ἴ]σον ἐστὶν τὸ ΚΗ διὰ τὸ ἴ̣σ̣ον [εἶναι τὸ] ΚΘ παραπλήρ[ω]μα τ̣ῶ̣ [ΔΛ παραπληρώματ̣., τὸ δὲ [ὑ]π̣ὸ Δ̣Α̣ [ΔΖ] τὸ̣ ΔΛ· ὅλον ἄρα [τὸ Β]Η, ὅ̣π[ε]ρ [ἐστὶν] τὸ ὑπὸ ΒΑΗ, ἴ[σ]ον (ἐστὶ) τῶι [τ]ε ὑ[π]ὸ Β̣Δ̣Ζ̣

COLUMN 1

3 τῶν — 5 κέντρων] om. H
11 δὲ] om. H
15 ὁ (pr.)] om. H
20 τὸ (pr.)] om. H
24 τοῦ ΔΕΒ] τοῦ ΑΒΓ κώνου ὁ δὲ Κ κύκλος ἴσος ἐστὶ τῆι ἐπιφανείαι τοῦ ΔΕΒ H

COLUMN 2

9 ΒΗ καὶ] ΒΗ H
18 ΑΛ] ΑΗ H
19 τῶ] τὸ H

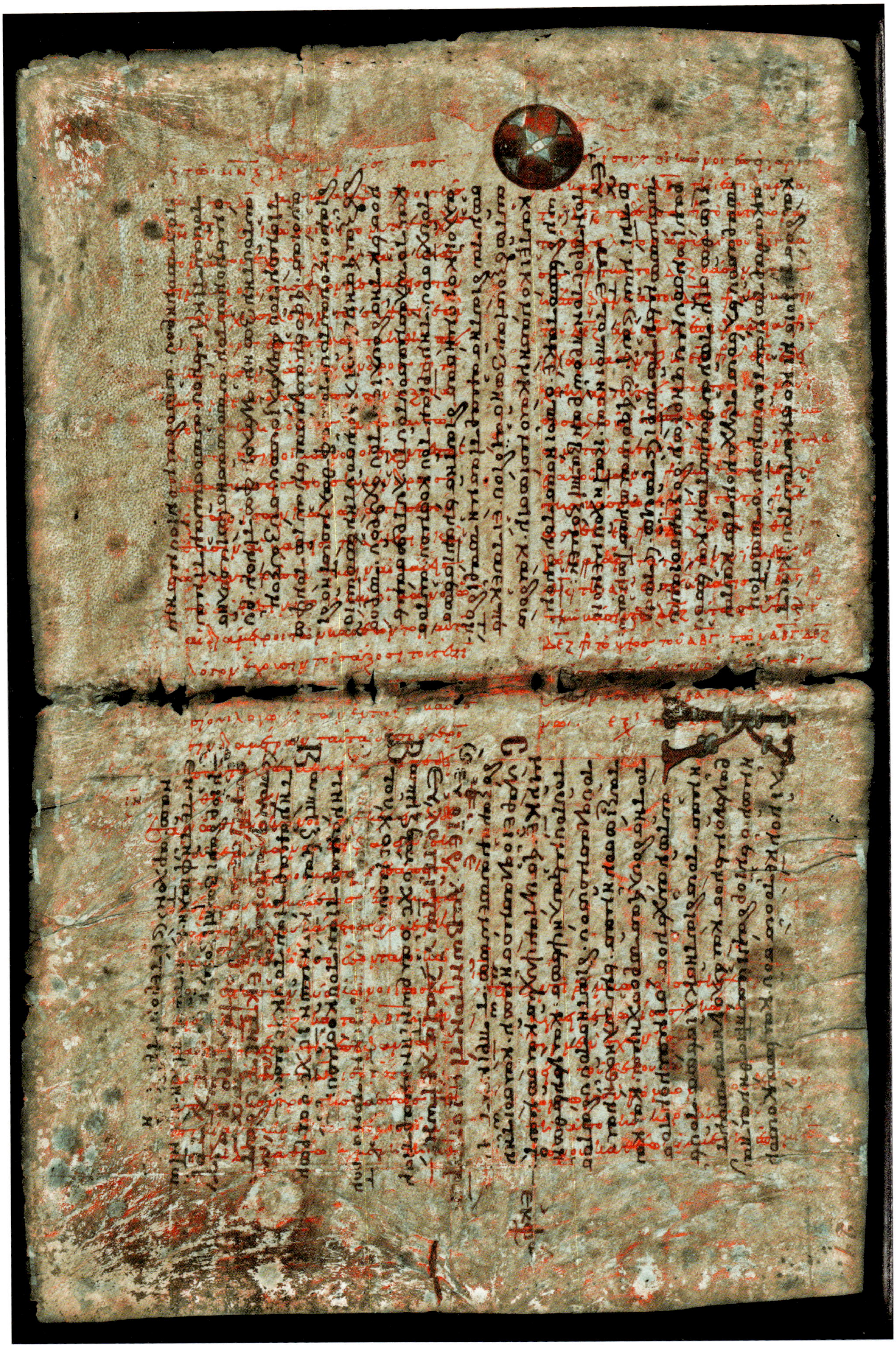

Heiberg I.72.21–76.22: *Sphere and Cylinder* I, Propositions 16, 17, 18
Pseudocolor created from ultraviolet fluorescence and red reflectance images

(καὶ) τῶι ΜΝΞ γνώμονι, ὅς (ἐστιν) ἴσος τῶι ὑπὸ ΔΑ καὶ συναμφοτέρου τῆς ΑΗ ΔΖ. οἱ κῶνοι οἱ ἴσον ὕψος ἔχ(ον)τες τὸν αὐτὸν ἔχουσι λόγον ταῖς βάσε-σιν· καὶ οἱ ἴσας ἔχοντες βάσεις τὸν αὐτὸν ἔχουσι λόγον τοῖς ὕψεσι(ν). ἐὰν κύλιν[δρ]ος ἐπιπέδωι τμηθῆι π(αρὰ) τὴν βάσιν, (ἔστιν), ὧι ὁ κύλινδρος (πρὸς) τὸ(ν) κύλινδρον, ὁ ἄξων πρὸς τὸν ἄξονα. τοῖς [δ]ὲ κυλίνδροις ἐν τῶι αὐτῶι λόγωι εἰσὶν οἱ κῶνοι οἱ ἔχοντες τὰς αὐτὰς βάσεις τοῖς κυλίνδροις. (καὶ) τῶν ἴσων κώνων ἀντιπεπόν-θασιν αἱ βάσεις τοῖς ὕψεσιν· καὶ ὧν ἀντιπεπόνθασιν αἱ βάσεις τοῖς ὕψεσιν, ἴσοι (εἰσίν). καὶ οἱ κῶνοι, ὧ(ν) αἱ διάμετροι τῶν βάσεων τὸν αὐτὸν λόγον ἔχουσιν τοῖς ἄξοσι τουτέστι(ν) [τοῖς ὕψεσι], (πρὸς) [ἀ]λλ[ήλους ἐν τριπ]λα-σίονι λόγωι (εἰσὶν) τῶν ἐν ταῖς βάσε-σιν διαμέτρων. ταῦτα δὲ πρότερο(ν) πάντα ὑπὸ Εὐκλείδ(ου)ς ἀπεδεί-χθη.

ΙΗ ἐὰν ὦσι δύο κῶνοι ἰσοσκελεῖς, ἡ δὲ τοῦ ἑτέρου κώνου ἐπιφάνεια ἴση ᾖ τῆι τοῦ ἑτέρου βάσει, ἡ δὲ ἀπὸ τοῦ κέντρου τῆς βάσεως ἐπὶ τὴν πλευ-ρὰν τοῦ κώνου κάθετος ἀγομένη τῶι ὕψει ἴση ᾖ, ἴσοι ἔσονται οἱ κῶ-νοι. ἔστωσαν δύο κῶνοι ἰσοσκε-λεῖς οἱ ΑΒ[Γ] ΔΕΖ, καὶ τοῦ ΑΒΓ ἡ μὲν βάσις ἴση ἔστω τῆι ἐπιφανείαι τ(οῦ) ΔΕΖ, τὸ δὲ ὕψος τὸ ΔΗ ἴσον ἔστω τῆι ἀπὸ τοῦ κέντρου τῆς βάσεως τ(οῦ) Θ ἐπὶ μίαν πλευρὰν τοῦ κώνου, οἷον ἐπὶ τὴν Δ[Ε], καθέτωι ἠγμένη τῆι ΚΘ· [λέγω] (ὅτι) ἴσοι (εἰσὶν) οἱ κῶνοι. ἐπεὶ γὰρ ἴση (ἐστὶν) ἡ βάσις τοῦ ΑΒΓ τῆι ἐπιφανείαι τοῦ ΔΕΖ, τὰ δὲ ἴσα (πρὸς) τὸ αὐτὸ τὸν αὐ-τὸν ἔχει λόγον, ὡς (ἄρα) ἡ τοῦ ΒΑΓ βά-σις (πρὸς) τὴν τοῦ ΔΕΖ βάσιν, οὕτως ἡ ἐπιφάνεια τοῦ ΔΕΖ (πρὸς) τὴν βάσιν τοῦ ΔΕΖ. ἀλλ' ὡς ἡ ἐπιφάνεια (πρὸς) τ(ὴν) ἰδίαν βάσιν, (οὕτως) ἡ ΕΘ (πρὸς) τ(ὴν) ΘΚ· ἐδεί-χθη γὰρ τοῦτο, (ὅτι) παντὸς κώνου ἰ-σοσκελοῦς ἡ ἐπιφάνεια (πρὸς) τὴν βά-σιν τὸν αὐτὸν λογον ἔχει, ὃν ἡ πλευ-ρὰ τοῦ κώνου (πρὸς) τὴν ἐκ τοῦ κέντρ(ου) τῆς βάσεως, ἡ ΔΕ τουτ(έστι) (πρὸς) ΔΘ. ὡς δὲ ἡ ΕΔ (πρὸς) ΘΔ, (οὕτως) ἡ ΕΘ (πρὸς) ΘΚ· ἰσο-γώνια γάρ (ἐστι) τὰ τρίγωνα. ἴση δέ (ἐστιν) ἡ ΘΚ τῆι ΑΗ· ὡς (ἄρα) ἡ βάσις τ(οῦ) ΒΑΓ (πρὸς) τὴν βάσιν τοῦ ΔΕΖ, οὕτως τὸ ὕψος τ(οῦ) ΔΕΖ (πρὸς) τὸ ὕψος τοῦ ΑΒΓ. τῶν ΑΒΓ ΔΕΖ (ἄρα) ἀντιπεπόνθασιν αἱ βάσεις τοῖς ὕψεσιν· ἴσος (ἄρα) (ἐστὶν) ὁ ΒΑΓ τῶι Δ[ΕΖ] κ[ώ]-νωι. ἐξ(ῆς) τὸ ΣΧ[ΗΜΑ].

ΙΘ Παντὶ ῥόμβωι ἐξ ἰσοσκελῶν κών(ων) συγκειμένω[ι] ἴσος (ἐστὶ) κῶνος ὁ βά-σιν μὲν ἔχων ἴσην τῆι ἐπιφα-νείαι τοῦ ἑτέρου κώνου τῶν περιε-χόντων τὸν ῥόμβον, ὕψος δὲ ἴσον τῆι ἀπὸ τῆς κορυφῆς τοῦ ἑτέρ(ου) κώνου καθέτωι ἀγομένη ἐπὶ μία(ν)

COLUMN 1

8 ὧι] ὡς Η

21 ταῦτα — 22 ἀπεδείχθη] ταῦτα δὲ πάντα ὑπὸ τῶν πρότερον ἀπεδείχθη Η

24 ὦσι] ὦσιν Η

33 ΔΗ] ΑΗ Η

COLUMN 2

21 ἑξῆς τὸ ΣΧΗΜΑ] om. Η

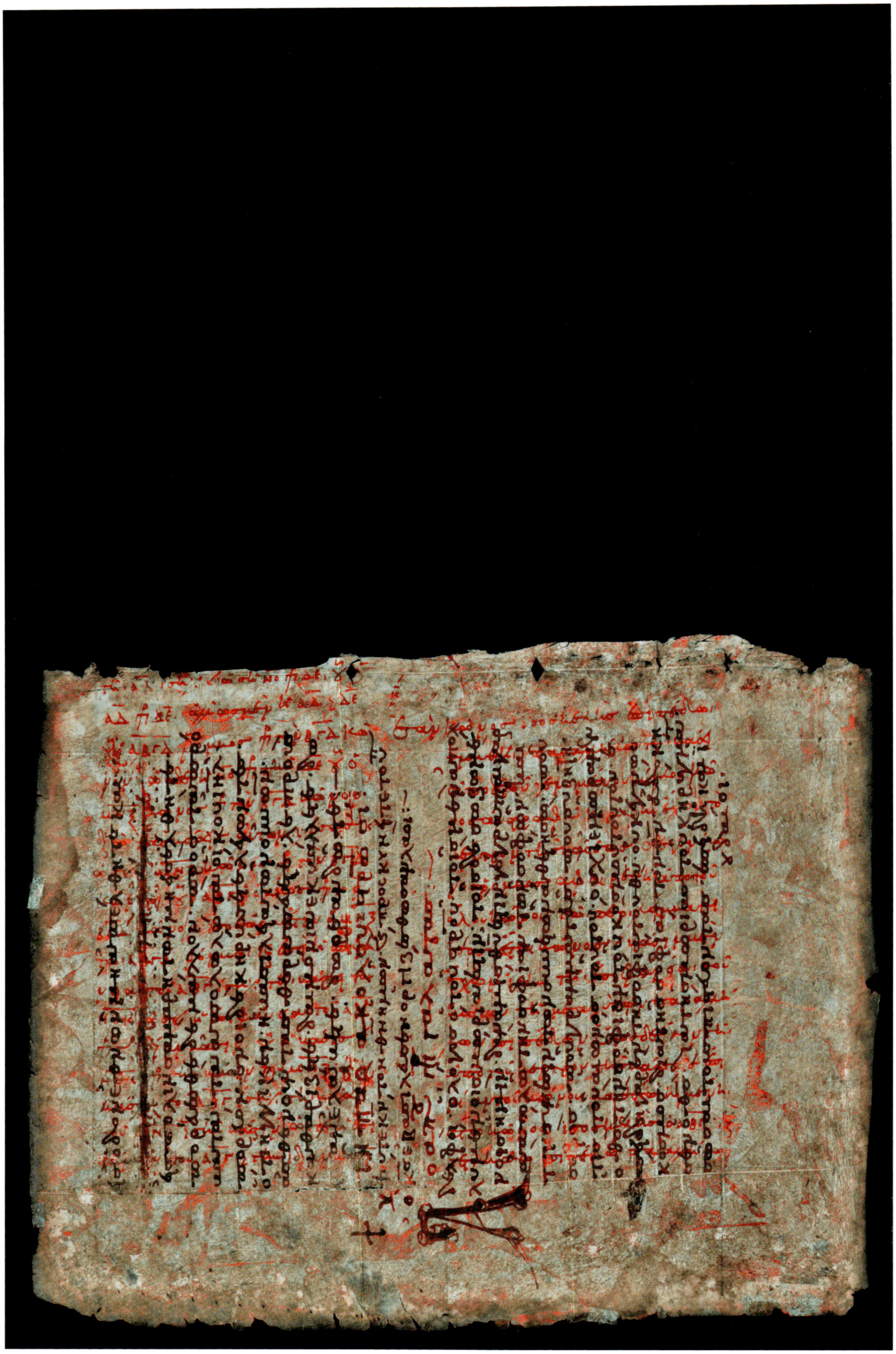

Heiberg I.78.6–19, 80.3–13: *Sphere and Cylinder* I, Propositions 18, 19
Pseudocolor created from ultraviolet fluorescence and red reflectance images

τῆι ΑΔ ἴση, (ἔστιν) (ἄρα) ὡς ἡ ΝΟ (πρὸς) ΔΕ, (οὕτως) ἡ ΑΔ (πρὸς) ΔΕ. ἀλλ' ὡς μὲν ἡ ΑΔ (πρὸς) ΔΕ, (οὕτως) ὁ ΑΒΓΔ ῥόμβος (πρὸς) τὸν ΒΓΔ κῶνον, ὡς δὲ ἡ ΝΟ (πρὸς) τὴν ΔΕ, (οὕτως) ὁ ΜΝΞ κῶνος (πρὸς) τὸν ΒΓΔ κῶνον (διὰ) τὸ τὰς βάσεις αὐτῶν (εἶναι) ἴσας· ὡς (ἄρα) ὁ ΜΝΞ κῶνος (πρὸς) τὸν ΒΓΔ κῶν[ο]ν̣, (οὕτως) ὁ ΑΒΓ ῥόμβος (πρὸς) τὸν ΒΓΔ [κ]ῶνον· ἴσος ἄρα ἐστὶν ὁ ΜΝΞ τῶι ΑΒΓΔ ῥόμβωι. (καὶ) ἐπεὶ ἡ ἐπιφάνεια τοῦ ΑΒΓ ἴση (ἐστὶν) τῆι βάσει τοῦ ΗΘΚ, ὡς (ἄρα) ἡ ἐπιφάνεια τοῦ ΑΒΓ (πρὸς) τ(ὴν) [ἰ]δίαν βάσιν, (οὕτως) ἡ βάσις τ(ῆς) ΗΘΚ (πρὸς) τὴν βάσιν τοῦ ΜΝΞ· ἡ (γὰρ) βάσ[ι]ς τοῦ ΑΒΓ ἴση (ἐστὶ) τῆι βάσει τοῦ [Μ]Ν[Ξ] (πρὸς) τὴν βάσιν. ὡς δὲ ἡ ἐπιφάνε̣ι̣α τοῦ ΑΒΓ (πρὸς) τὴν ἰδίαν βάσι(ν)

$\overline{\text{K}}$

Ἐὰν κῶνος ἰσοσκελὴς ἐπιπέδωι τμηθῆι παραλλήλωι τῆι βάσει, ἀπὸ δὲ τοῦ γενομένου κύκλου κῶνος ἀναγραφῆι κορυφὴν ἔχον τὸ κέντρον τῆς βάσεως, ὁ δὲ γενόμενος ῥόμβος ἀφαιρεθῆ ἀπὸ τοῦ ὅλου κώνου, τῶι περιλείμματι ἴσος ἔσται κῶνος ὁ βάσιν μὲν ἔχων ἴσην τῆι ἐπιφανείαι τοῦ κώνου τῆι μεταξὺ τῶν παραλλήλων ἐπιπέδων, ὕψος δὲ ἴσον τῆι ἀπὸ τοῦ κέντρου τῆς βάσεως ἐπὶ μίαν τοῦ κώνου καθέτω ἠγμένηι. ἔστω κῶνος ἰσοσκελὴς ὁ ΑΒΓ (καὶ) τετμήσθω ἐπιπέδωι παραλλήλωι

COLUMN 1

1 non legit H

16 πρὸς τὴν βάσιν] τὴν βάσιν H

Heiberg I.80.26–82.13, 82.21–29: *Sphere and Cylinder* I, Propositions 19, 20
Pseudocolor created from ultraviolet fluorescence and red reflectance images

τοῦτο ἴσος (ἐστὶν) ὁ ΜΝΞ κ̣ῶνος τ̣ῶ̣ι̣ Α ΒΓ κώνω̣ι· ἐὰν γὰρ ὦσι δύο κῶνοι ἰσοσκελεῖς, ἡ δὲ τοῦ ἑτέρου κών̣[ου] ἐπιφάνεια ἴση ᾖ τῆι τοῦ ἑτέρου βάσει, ἔτι δὲ ἡ ἀπὸ τοῦ κέντρου τῆς βάσεως ἐπὶ τὴν πλευρὰν τοῦ κώνου λεγομένη κάθετος τῶι ὕψει ἴση, ἴσοι ἔσονται οἱ κῶνοι, τὴν δὲ τοῦ ΟΠΡ κώνου βάσιν ἴσην εἶναι τῆι ἐπιφανείαι τοῦ ΔΒΕ κώνου, ὕψος δὲ τῆι ΖΗ διὰ δὴ τούτοις ἴσος (ἐστὶν) ὁ ΟΠΡ̣ κῶνος τῶι ΒΔ ΖΕ ῥόμβωι· τοῦτο γὰρ προαπεδείχθη. ἐπεὶ δὲ ἡ τοῦ Α[Β]Γ κώνου ἐπιφάνεια σύγκειται ἔκ τε τῆς τοῦ ΔΒΕ ἐπιφανείας καὶ τῆς μεταξὺ τῶν ΔΕ ΑΓ, ἀλλ' ἡ μὲν τοῦ ΑΒΓ κώνου ἐπιφάνεια ἴση (ἐστὶ) τῆι βάσει τοῦ

ΚΑ ᾿Εὰν ῥόμβου ἐξ ἰσοσκελῶν κώνω(ν) συγκειμένου ὁ̣ ἕτερος κῶνος ἐπιπέδωι τμηθῆ̣ι παραλλήλωι τῆι βάσει, ἀπ̣ὸ δὲ τοῦ γενομένου κύκλου κῶνος ἀναγραφῆι κορυφὴν ἔχων τὴν αὐτὴν τῶι ἑ̣τέρωι κώνωι, ἀπὸ δὲ τοῦ ὅλου ῥόμβου ὁ γενόμενος ῥόμβος ἀφαιρεθῆ, [τῶι π]εριλείμματι ἴσος (ἔσται) ὁ κῶνος ὁ βάσιν μὲν ἔχων ἴσ[(ην)] τ̣ῆ[ι] ἐπ[ι]φανείαι τοῦ κώνου τῆι [μετα]ξ[ὺ] τῶν παραλλήλων ἐπι[πέδων, ὕψος] δὲ ἴσ̣ον τὸ ἀπὸ τ(ῆς)

COLUMN 1

1–2 κώνωι] non legit H
7 λεγομένη] ἀγομένη H
11 τούτοις] τοῦτο καὶ H

COLUMN 2

13 τὸ] τῶι H

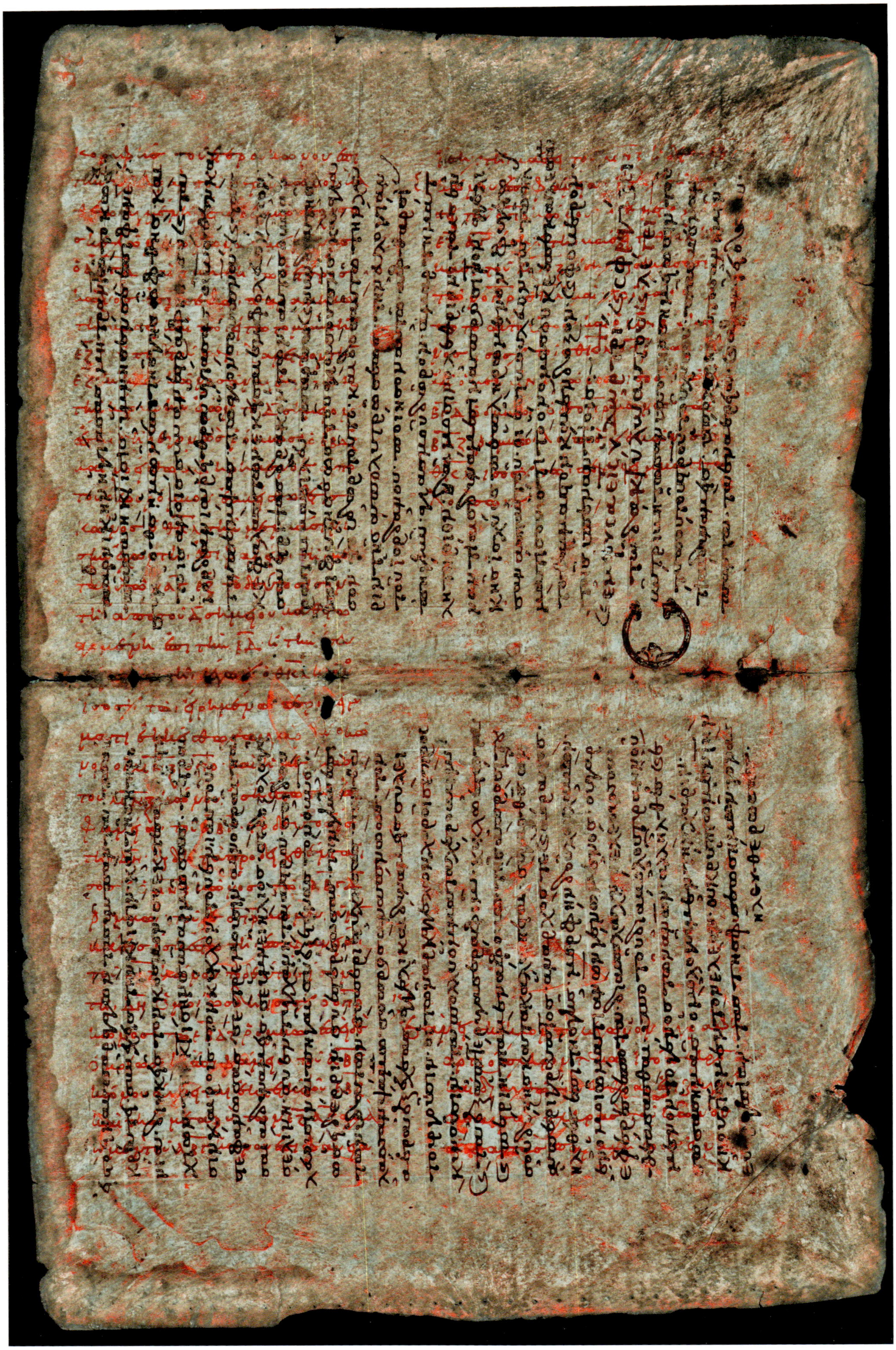

Heiberg I.82.29–86.11: *Sphere and Cylinder* I, Fropositions 20, 21
Pseudocolor created from ultraviolet fluorescence and red reflectance images

κορυφῆς τοῦ ἑτέρου κώνου ἐπὶ τὴν πλευρὰν τοῦ [ἑτ]έρου κώνου κα-θέτωι ἠγμένηι. ἔστω ῥόμβος ἐξ ἰσο-σκελῶν κώνων συγκείμ[ε]νọς ὁ ΑΒ̣ΓΔ, καὶ τμηθήτω ὁ ἕτερος κῶνος ἐπιπέδωι παραλλήλωι τῆι βάσει, καὶ ποιείτω τομὴν τὴ(ν) ΕΖ, ἀπὸ δὲ τοῦ περὶ διάμετρον τὴ(ν) ΕΖ κύκλον κῶνος ἀναγεγ[ράφ]θῳ τὴν κορυφὴν ἔχων τὸ Δ σημεῖον· ἔστ[α]ι δὴ γεγονὼς ῥόμβος ὁ ΕΒΔΖ. καὶ νοείσθω ἀφῃρημένος ἀπὸ τοῦ ὅλου ῥόμβου, ἐκκείσθω δέ τις κῶνος ὁ ΘΚΛ τὴν μὲν βάσιν ἴ-σην ἔχων τῆι ἐπιφανείαι τῆι με-ταξὺ τῶν ΑΓ ΕΖ, τὸ δὲ ὕψος ἴσον τῆι ἀπὸ τοῦ Δ σημείου καθέτω ἀγομένη ἐπὶ τὴν ΒΔ ἢ τὴν ẹ̓[π]' εὐ-[θ]ẹίạς ạὐτῆι· λέγω (ὅτι) ὁ ΘΚΛ κῶν(ος) ἴσος (ἐστὶ) τῶι εἰρημένῶι περι[λ]είμ-ματι. ἐκκείσθωσαν γὰρ δύο κῶ-νοι οἱ ΜΝΞ ΟΠΡ, καὶ ἡ μὲṿ βάσịς τοῦ ΜΝΞ κώνου ἴση ἔστω τῆι ἐπι-φανείαι τοῦ ΑΒΓ, τὸ δὲ ὕψος ἴσ(ọṿ) τῆι ΔΗ (διὰ) δὴ τὰ προδειχθέντα ἴ-σος (ἐστὶν) ὁ ΜΝΞ κῶνος τῶι ΑΒΓΔ ῥόμβωι, τοῦ δὲ ΟΠΡ κώνου ἡ μ(ὲν) βάσις ἴση ἔστω τῆι ἐπιφανείαι τοῦ ΕΒΖ κώνου, τὸ δὲ ὕψος ἴσον τῆι ΔΗ ὁμοίως δὴ ἴσος (ἐστὶν) ὁ ΟΠΡ κῶνος τῶ ΕΒΔΖ ῥόμβῶι. ἐπεὶ δὲ ὁμοίως ἡ ἐπιφάνεια τοῦ ΑΒΓ κώνου σύγḳειται ἔκ τε τῆς τοῦ ΕΒΖ καὶ τῆς μεταξὺ τῶν ΕΖ ΑΓ, ἀλλὰ ἡ μὲν τοῦ ΑΒΓ κώνου ἐπιφάνεια ἴση (ἐστὶ) τῆι βάσει τοῦ ΜΝΞ, ἡ δὲ τοῦ ΕΒẒ κώνου ἐπιφάνεια ἴση (ἐστὶ) τῆι βạ́-σει τοῦ ΟΠΡ κώνου, ἡ δὲ μεταξ[ὺ τῶν] ΕΖ ΑΓ ἴση (ἐστὶ) τῆι βάσει τ(οῦ) ΘΚΛ, ἡ [ἄρα] βάσις τοῦ ΜΝΞ ἴση (ἐστὶ) τ̣(αῖ)ς βάσεσι τῶν ΟΠΡ ΘΚΛ. καί (εἰσιν) οἱ κῶ[νοι] ὑ-πὸ τὸ αὐτὸ ὕψος· καὶ ὁ ΜΝΞ (ἄ̣ρ̣α̣) κῶ̣-νος ἴσος (ἐστὶ) τοῖς ΘΚΛ ΟΠΡ ḳώνο[ις]. ἀλλ' ὁ μὲν ΜΝΞ κῶνος ἴσος (ἐστὶ) τῶι Α-ΒΓΔ ῥόμβωι, ὁ δὲ ΟΠΡ κῶνος τῶ Ε-ΒΔΖ ῥόμβωι· λο[ι]πὸς (ἄρα) ὁ κῶνος ὁ ΘΚΛ ἴσος (ἐστὶ) τῶι περιλείμματι τῶι λο[ι]πῶι.

ΚΒ̣ Ἐὰν εἰς κύκλον πολύγωνον ἐγγραφῆι ἀρτιόπλευρόν τε καὶ ἰσόπλευρο(ν) καὶ διαχθῶσιν εὐθεῖαι ἐπιζευγ(νύ)-ουσαι τὰς πλευρὰς τοῦ κώνου ὥστε αὐτὰς παραλλήλους εἶνα̣ι̣

COLUMN 2

5 βάσεσι] βάσεσιν H

17 κώνου] interlineated correction πο Γ in tiny letters above the kappa of κώνου; πολυγώνου H

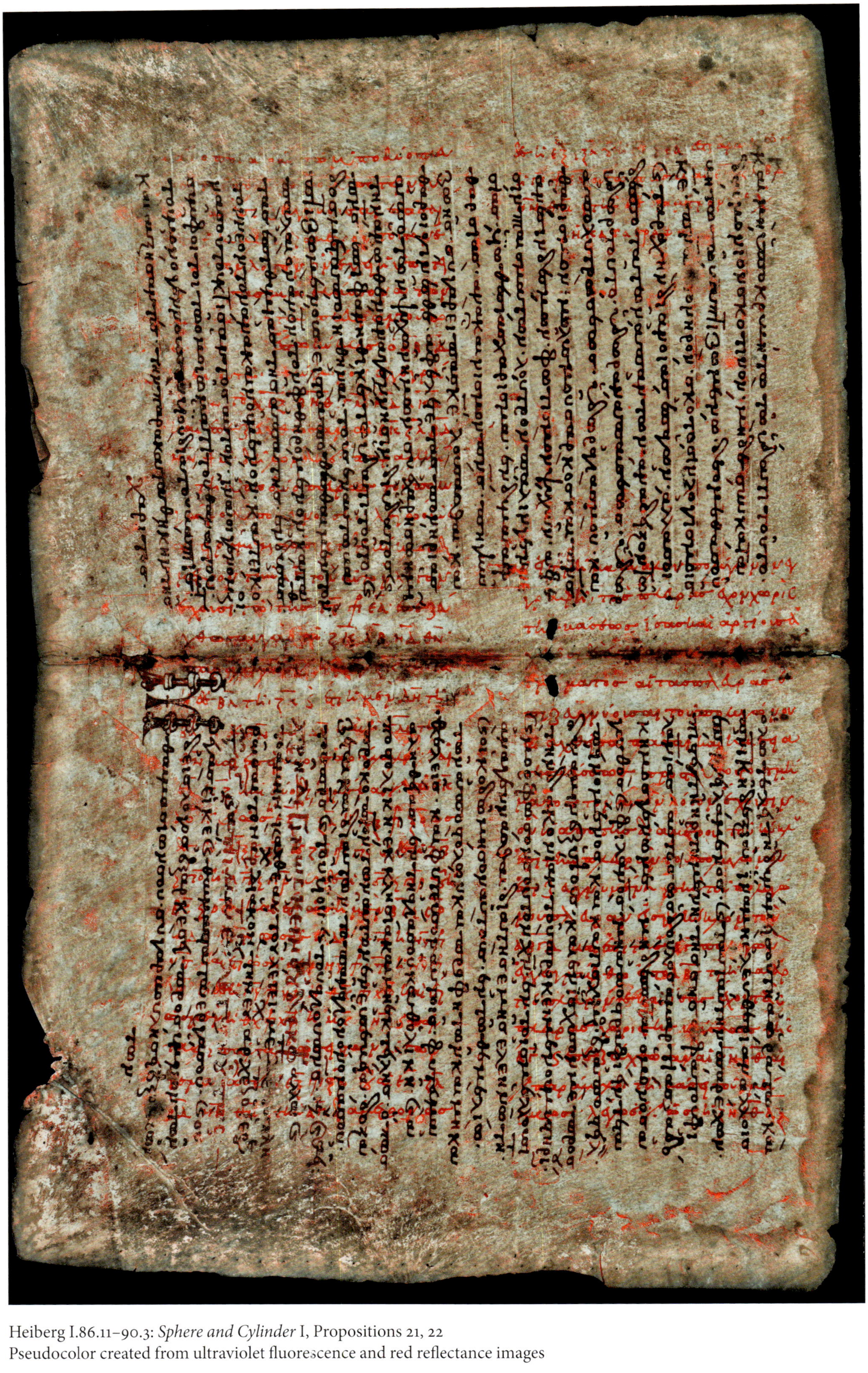

Heiberg I.86.11–90.3: *Sphere and Cylinder* I, Propositions 21, 22
Pseudocolor created from ultraviolet fluorescence and red reflectance images

μιᾶι ὁποιαοῦν τῶν ὑπὸ δύο πλευρὰς τοῦ πολ[υ]γώνου ὑποτεινου[σῶν] αἱ ἐπιζευγνύουσαι πᾶσαι (πρὸς) τ(ὴν) τ(οῦ) κύκλου διάμετρον τοῦτον ἔ[χουσι τ]ὸν λόγον ὃν ἔχει ἡ ὑποτεί[νουσα] τὰς μιᾶ ἐλάσσονα τῶν ἡμί[σε]ων (πρὸς) τὴν πλευρὰν τοῦ πο[λυ]γ[ώνου]. ἔστω κύκλος ὁ ΑΒ ΓΔ [(καὶ)] ἐν αὐτῶι πολύγωνον ἐγγεγράφθω τὸ ΑΕΖ ΒΗΘ ΓΜ ΝΔ ΛΚΑ καὶ ἐπεζεύχθωσαν αἱ ΕΚ ΖΛ ΒΔ ΗΝ ΘΜ· δῆλον δὴ (ὅτι) παράλληλ(οί) [(εἰσιν)] τῆι ὑπὸ δύο πλευρὰς τοῦ πολυγώνου ὑπο[τ]εινούσηι· λέγω οὖν (ὅτι) α[ἱ] εἰρημέν(αι) πᾶσ(αι) (πρὸς) τ(ὴν) τ(οῦ) κύκλου (διά)μετρον τὴν ΑΓ τὸν αὐτὸν λόγον ἔχουσι τῶι τῆς ΓΕ (πρὸς) ΕΑ. ἐπεζεύχθωσαν γὰρ αἱ ΖΚ ΑΒ ΗΔ ΘΝ· παράλληλος (ἄρα) ἡ μὲν ΖΚ τῆι ΕΑ ἡ δὲ ΒΛ τῆι ΖΚ, (καὶ) ἔτι ἡ μὲν ΔΗ τῆι ΒΛ ἡ δὲ ΘΝ τῆ[ι] ΔΗ καὶ ἡ ΓΜ τῆ[ι] ΘΝ· καὶ ἐπεὶ δύο παράλληλοί (εἰσιν) αἱ ΕΑ ΚΖ καὶ δύο διηγμέναι (εἰσὶν) αἱ ΕΚ ΑΟ· (ἔστιν) (ἄρα) ὡς ἡ ΕΞ (πρὸς) ΞΑ ἡ ΚΞ (πρὸς) ΞΟ. ὡς δὲ ἡ ΚΞ (πρὸς) ΞΟ ἡ ΖΠ (πρὸς) ΠΟ (ὡς) δὲ ἡ ΖΠ (πρὸς) ΠΟ ἡ ΛΠ (πρὸς) ΠΡ (ὡς) δὲ ἡ ΛΠ (πρὸς) ΠΡ (οὕτως) ἡ ΒΣ (πρὸς) ΡΣ, καὶ ἔτι ὡς ἡ μὲν ΒΣ (πρὸς) ΣΡ ἡ Δ[Σ] (πρὸς) ΣΤ ὡς δὲ ἡ ΔΣ (πρὸς) ΣΤ ἡ ΗΥ (πρὸς) ΥΤ, καὶ ἔτι ὡς ἡ μὲν ΗΥ (πρὸς) ΥΤ ἡ ΝΥ (πρὸς) ΥΦ (ὡς) δὲ ἡ ΝΥ (πρὸς) ΥΦ ἡ ΘΧ (πρὸς) ΧΦ, καὶ ἔτι ὡς μὲν ἡ ΘΧ (πρὸς) ΧΦ ἡ ΜΧ (πρὸς) ΗΓ, (καὶ) πάντα (ἄρα) (πρὸς) πάντα (ἐστὶν) ὡς εἷς τῶν λόγων (πρὸς) ἕνα· ὡς (ἄρα) [ἡ] ΕΞ (πρὸς) ΞΑ (οὕτως) αἱ ΕΚ ΖΛ ΒΔ ΗΝ ΘΜ (πρὸς) τὴν ΑΓ διάμετρον. ὡς δὲ ἡ ΕΞ (πρὸς) ΞΑ (οὕτως) ἡ ΓΕ (πρὸς) ΕΑ· ἔστ(αι) ἄρα (καὶ) ὡ(ς) ἡ ΓΕ (πρὸς) ΕΑ οὕτως πᾶσαι αἱ ΕΚ ΖΛ ΒΔ ΗΝ ΘΜ (πρὸς) τὴν ΑΓ διάμετρον. ἑξ(ῆς) Η ΚΑΤΑΓΡΑΦΗ.

Ἐὰν εἰς τμῆμα κύκλου πολύγωνον ἐγγραφῆι τὰς πλευρὰς ἔχον χωρὶς τῆ[ς] βάσεως ἴσας καὶ ἀρτίους, ἀχθῶσι δὲ εὐθεῖαι π(αρὰ) τὴν [β]άσιν τ(οῦ) τμ[ή]ματος αἱ τὰς πλευρὰς ἐπιζευγνύουσαι τοῦ πολυγώνου αἱ ἀχθεῖσαι πᾶσαι καὶ ἡμίσεια τῆς βάσεως πρὸς τὸ ὕψος τοῦ τμήματος τὸν αὐτὸν λόγον ἔχουσιν ὃν ἡ ἀπὸ τῆς διαμέτρου τοῦ κύκλ(ου) ἐπὶ τὴν πλευρὰν τοῦ πολυγώνου ἐπιζευγνυμένη (πρὸς) τὴν τοῦ πολυγώνου πλευράν. εἰς (γὰρ) κύκλον τὸν ΑΒΓΔ καὶ ἐπὶ τῆς ΑΓ πολ[ύ]γων(ον) ἐγγεγράφθω εἰς τὸ ΑΒΓ τμῆμα ἀρτιόπλευρόν τε καὶ ἴσας ἔχον τὰς πλευρὰς χωρὶς τῆς βάσεως τῆς ΑΓ (καὶ) ἐπεζεύχθωσαν αἱ ΖΗ ΕΘ αἵ (εἰσιν) παράλληλοι τῆι βάσει τοῦ τμήματος· λέγω (ὅτι) (ἐστὶν) ὡς ἡ ΖΗ ΕΘ ΑΞ

COLUMN 1

6 ἐλάσσονα] ἐλάσσονας Η
25 δὲ] δ Η
27 ΡΣ] ΣΡ Η

COLUMN 2

3 ἑξῆς Η ΚΑΤΑΓΡΑΦΗ] om. Η
5 ἐὰν] κγ ἐὰν Η
7 ἀχθῶσι] ἀχθῶσιν Η
24 ἡ] αἱ Η

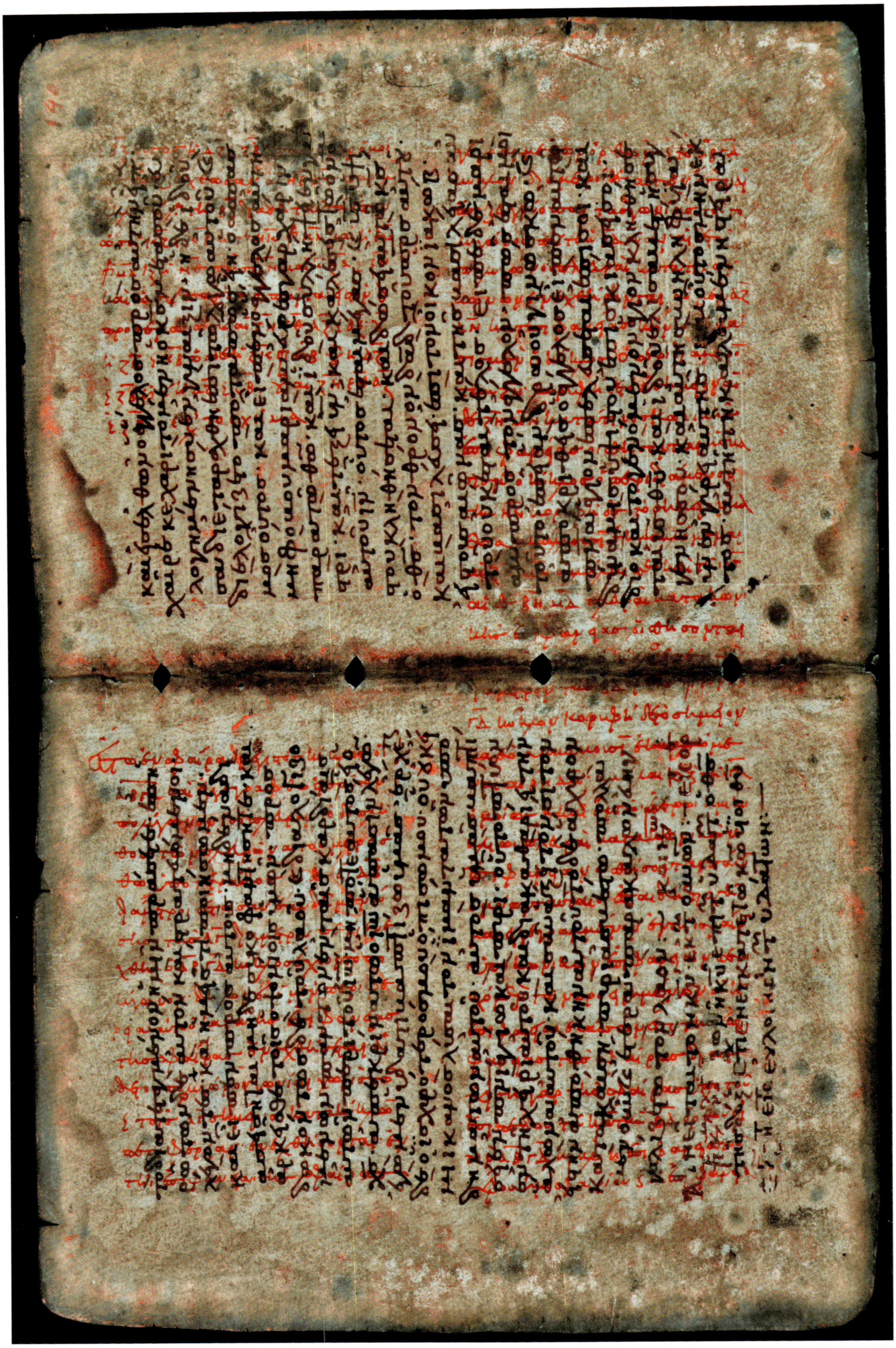

Heiberg I.90.3–92.19: *Sphere and Cylinder* I, Propositions 22, 23
Pseudocolor created from ultraviolet fluorescence and red reflectance images

(πρὸς) ΒΞ οὕτως ἡ ΔΖ (πρ̣ὸ̣ς̣) ΖΒ. πάλιν γὰρ ὁμοί- ως ἐπ̣εζεύχθωσαν αἱ ΗΕ ΑΘ· παρά̣λ- ληλοι (ἄρα) (εἰσὶν) τῆι ΒΖ· διὰ δὴ ταὐτά ἐστιν ὡς ἡ ΚΖ (πρὸς) ΚΒ ἥ τε ΗΚ (πρὸς) ΚΛ καὶ ἡ ΕΜ (πρὸς) ΜΛ (καὶ) ἡ ΗΘ πρὸς ΜΝ καὶ ἡ ΞΑ (πρὸς) ΞΝ· καὶ ὡς (ἄρα) πάντα (πρὸς) πάντα εἷς τὸν (λόγον) πρὸς ἕνα· ὡς (ἄρα) αἱ ΖΗ Ε̣Θ ΑΞ (πρὸς) ΒΞ (οὕτως) ἡ ΖΚ (πρὸς) ΚΒ. ὡς δὲ ἡ ΖΚ (πρὸς) ΚΒ (οὕτως) ἡ ΔΖ (πρὸς) ΖΒ· (ὡς) (ἄρα) ἡ ΔΖ (πρὸς) ΖΒ (οὕτως) αἱ ΖΗ ΕΘ ΑΞ (πρὸς) ΞΒ. ἑξ(ῆς) τὸ ΣΧΗΜΑ.

Ἔστω ἐν σφαίραι μέγιστος κύκλος ὁ ΑΒΓΔ, καὶ ἐγγεγράφθω εἰς αὐτὸν πολύγωνον ἰσόπλευρον, τὸ δὲ πλῆ- θος τῶν πλευρῶν αὐτοῦ μετρείσ- θω ὑπὸ τετράδος, αἱ δὲ ΑΓ ΔΒ διάμετροι ἔστωσαν. ἐὰν δὴ μενού- σης τῆς ΑΓ διαμέτρου περιενε- χθῆ ὁ ΑΒ ΓΔ κύκλος ἔχων τὸ πο- λύγωνον, δῆλον (ὅτι) ἡ μὲν περιφέ- ρεια αὐτοῦ κατὰ τῆς ἐπιφανείας τῆς σφαίρας ἐνεχθήσεται, αἱ δὲ τοῦ πολυγώνου γωνίαι χωρὶς τῶ(ν) (πρὸς) τοῖς ΑΓ σημείοις κατὰ κύκλω(ν) περιφέρειαν ἐνεχθήσονται ἐν τῆι ἐπιφανείαι τῆς σφαίρας γεγραμμέ[ν]ων ὀ̣ρθῶν (πρὸς) τὸ(ν) ΑΒΓΔ κύκλον· διάμετροι δὲ αὐτῶν ἔσ(ον)(ται) αἱ ἐπιζευγνοῦσαι τὰς γωνίας τοῦ πο- λυγώνου π(αρὰ) τὴν ΒΔ οὖσαι. αἱ δὲ το[ῦ] πολυγώνου πλευ̣ραὶ κατά τινων κώνων ἐνεχθήσονται, αἱ μὲν ΑΖ ΑΝ κατ' ἐπιφανε̣ίας κώνο̣υ, [ο]ὗ β̣ά- σις μὲν ὁ κύκλος ὁ περὶ διάμετρο(ν) τὴν ΖΝ, κορυφὴ δὲ τὸ Α σημεῖον, αἱ δὲ ΖΗ ΜΝ κατά τινος κωνικῆς ἐπιφανείας οἰσθήσονται, ἧς βά- σις (μὲν) ὁ κύκλος ὁ περὶ διάμετρον τὴν ΗΝ, κορυφὴ δὲ τὸ σημεῖον, κα- θ' ὃ συμβάλλο̣υσι(ν) ἐκβαλλόμεναι αἱ ΖΗ̣ Μ̣Ν ἀλλήλαις τε καὶ τῆι ΑΓ, αἱ δὲ ΒΗ ΜΔ πλευραὶ κατὰ κωνι- κῆς ἐπιφανείας οἰσθήσονται, ἧς βάσ[ις] (μέν) (̣ἐστιν) ὁ κύκλ(ος) ὁ περὶ τὴν διάμετρον τὴ̣ν ΒΔ ὀρθὸς (πρὸς) τὸν Α̣Β ΓΔ κύκλον, κορυφὴ δὲ τὸ σημεῖον, καθ' ὃ συμβάλλ̣ουσι(ν) ἐκβαλλόμε- ναι αἱ ΒΗ ΔΜ ἀλλήλαις τε (καὶ) τῆι ΓΑ· ὁμοίως [δ]ὲ καὶ ἐν τῶι ἑτέρωι ἡμικυ- κλίωι πλευραὶ κατὰ κωνικῶν ἐπιφανειῶν οἰσθήσονται πάλι(ν) ὁμοίων ταύταις̣. ἔσται δή τι σχῆ- μα ἐγγεγραμμένη ἐν τῆι σφαίρ(ας) ὑπὸ κωνικῶν ἐπιφανειῶν περι- εχόμεν(ον) τῶν προειρημένων, οὗ ἡ ἐπιφάνεια ἐλάσσων ἔστ(αι) τῆς ἐπι- φανείας τῆς σφαίρας. διαιρε- θείσης γὰρ τῆς σφαίρας ὑπὸ τοῦ ἐπιπέδου τοῦ κα(τὰ) τὴν ΒΔ ὀρθοῦ (πρὸς) τὸν ΑΒ ΓΔ κύκλ(ον) ἡ ἐπιφάνεια τοῦ ἑτέρου ἡμισφαιρίου (καὶ) ἡ ἐπιφάνεια

COLUMN 1

5 ΗΘ] ΜΘ Η

6 τὸν λόγον] τῶν λόγων Η

24 περιφέρειαν] περιφερειῶν Η

COLUMN 2

13 ΗΝ] Μ̣Η̣ Η

14 ὃ] ἃ̣ Η

18 τὴν] om. Η

Heiberg I.92.20–96.3: *Sphere and Cylinder* I, Propositions 23, 24
Pseudocolor created from ultraviolet fluorescence and red reflectance images

[τοῦ] σ̣χήματος τοῦ ἐν αὐτῶι ἐγγεγραμμένο̣υ τὰ αὐτὰ πέρατ[α ἔχ](ου)σιν ἐν ἑν[ὶ] ἐπ̣ιπέ̣[δωι· ἀμφ]οτέ̣ρων γὰρ τῶν ἐπιφανειῶν πέρας ἐστὶ τ(οῦ) [κ]ύ̣κ[λο]υ ἡ περιφέρεια τοῦ περὶ διάμετρον τὴν ΒΔ ὀρθοῦ πρὸς τὸν ΑΒΓΔ κ[ύκλο]ν̣· καί (ἐστιν) ἀμφό[τε]ραι ἐπὶ τὰ αὐτὰ κοῖλαι, (καὶ) περιλαμβάνεται αὐτ(ῶν) ἡ ἑτέρα ὑπὸ τῆς ἑτέρας ἐπιφανεία̣ς καὶ τῆς ἐπιπέδου τῆς τὰ αὐτὰ πέρατα ἐχούσης αὐτῆι̣. ὁμοίως δ̣ὲ καὶ τοῦ ἐ[ν] τῶι ἑτέρωι ἡμισφαιρίωι σχήματος ἐπ[ιφ]άν̣εια ἐλάσσων ἐστὶν τῆς τοῦ ἡμ̣ι̣[σφ]αιρίο̣υ ἐπιφανείας· (καὶ) ὅλη οὖν ἡ ἐπιφάνεια τοῦ σχήματος το̣ῦ ἐν τῆι σφαίραι ἐλάσσων ἐστὶν τῆς ἐπιφανείας τῆς [σφαίρας].

ΚΔ Ἡ τοῦ ἐγγραφομένου σχήματος εἰς τ(ὴν) σφαῖραν ἐπιφάνεια ἴση (ἐστὶν) κύκλω, οὗ ἡ ἐκ τοῦ κέντρου δύναται τὸ π[ε]ριεχ[ό]μενον ὑπό τε τῆς πλευρᾶς τ(ο̣ῦ̣) σχήματος (καὶ) τῆς ἴσης πάσαις τ(αῖ)ς ἐπιζευγνυούσαις τὰς πλευρὰς τοῦ πολυ̣γώνου (παραλλήλ)(ας) οὔσας τῆι ὑπὸ δύ[ο] πλευρὰς το̣ῦ πολυγών(ου) [ὑποτεινούσα] ε̣ὐ̣θ̣ε̣ί̣α. ἔστω

Ἐν σφαίραι μέγιστος κ[ύ]κλος ὁ ΑΒΓΔ, καὶ ἐν αὐτῶι πολύγωνον ἐγγεγράφθω ἰσόπλευρον, οὗ αἱ πλευραὶ ὑπὸ τετράδος μετροῦνται, καὶ ἀπὸ τοῦ πολυγώνου τοῦ ἐγγεγραμμένου νοείσθω τι εἰς τὴν σφαῖραν ἐγγραφὲν σχῆμα, καὶ ἐπεζεύχθωσαν αἱ ΕΖ ΗΘ ΓΔ ΚΛ ΜΝ παράλληλοι οὖσαι τῆι ὑπὸ δύο πλευρὰς ὑποτειν(ού)σηι εὐθείαι, κύκλος δή τις ἐκκείσ[θω ὁ Ξ, οὗ ἡ ἐκ τοῦ κέντρου δυνά][σθω τὸ περιεχόμενον ὑπό τε τῆς ΑΕ] [καὶ τ]ῆ[ς] ἴσης ταῖς ΕΖ ΗΘ ΓΔ ΚΛ [ΜΝ]· λ̣έγω (ὅτι) ὁ κύκλ(ος) οὗτος (ἴσος) (ἐστὶ) τῆι ἐπι̣φανεία̣ι τοῦ εἰς τὴν σφαῖραν ἐγ[γ]ραφομένο̣υ σχήματος. ἐκκείσθωσαν γὰρ κύκλοι οἱ Ο Π Ρ Σ Τ Υ, (καὶ) τοῦ μὲν Ο ἡ ἐκ τοῦ κέντρου δυνάσθω τὸ περιεχόμενον ὑπό τε τῆς ΕΑ καὶ τῆς ἡμισείας τῆς ΕΖ, ἡ δὲ ἐκ τοῦ κέντρ(ου) τοῦ Π δυνάσθω τὸ περιεχόμ(εν)(ον) ὑπό τε τῆς ΕΑ (καὶ) τῆς ἡμ̣ι[σεία]ς τῶν ΕΖ ΗΘ, ἡ δὲ ἐκ τοῦ κέντρου τοῦ [Ρ] δυνάσθω τὸ περιεχόμενον ὑπὸ τῆς ΕΑ καὶ τῆς ἡμισείας τῶν ΗΘ̣ ΓΔ, ἡ δὲ ἐκ τοῦ κέντρου τοῦ Σ δυνάσθω τὸ περ[ι]ε̣χό̣μ(εν)(ον) ὑπ[ό τ]ε τῆς ΕΑ καὶ τῆς ἡμισ[εία]ς τ(ῶν) ΓΔ ΚΛ, ἡ δὲ ἐκ τοῦ κέντρου το̣ῦ Τ δυν(άσ)θω

COLUMN 1

4 ἐστὶ] ἐστὶν H

7 ἐστιν] εἰσιν H

13 ἐπιφάνεια] ἡ ἐπιφάνεια H

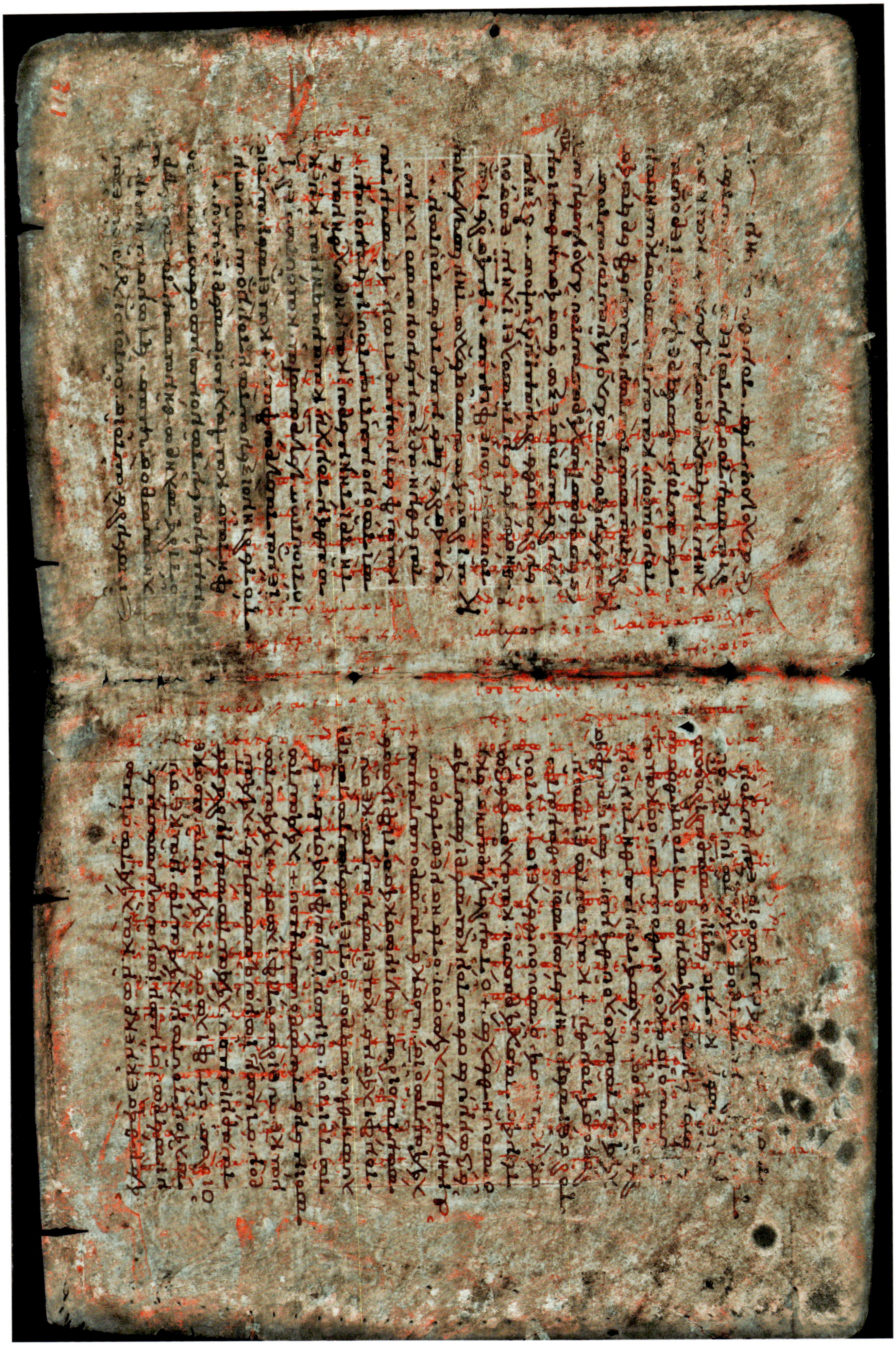

Heiberg I.96.3–98.19: *Sphere and Cylinder* I, Propositions 24, 25
Pseudocolor created from ultraviolet fluorescence and red reflectance images

τὸ περιεχόμενον ὑπό τε τῆς ΑΕ καὶ τῆς ἡμι[σ]είας τῶν ΚΛ ΜΝ, ἡ δὲ ἐ̣κ τοῦ κέντρου τοῦ Υ δυνάσθω τὸ (περι)εχό[μενον ὑπό] τε̣ τῆς Α[Ε] (καὶ) τῆς ἡμι[σ]είας τῆς Μ[Ν]. διὰ̣ δὴ [τα]ῦ̣τα ὁ μὲν (κύκλος) κ̣ύκ̣λος [ἴ]σ̣ο̣ς̣ ἐστὶν̣ τῆι ἐ̣π̣[ι] φανείαι τ̣οῦ κώνου, τῆι μεταξὺ̣ τοῦ κ̣ώνου τῶ(ν) ΕΖ ΗΘ, ὁ δὲ Ρ τῆι μεταξὺ τῶν ΗΘ̣ ΓΔ, ὁ δὲ Θ̣ τῆι μεταξὺ τ̣ῶ̣[ν] ΔΓ ΚΛ, καὶ ἔτι ὁ̣ μὲν Τ ἴσο̣ς (ἐστὶ) τῆ[ι] ἐπιφανείαι τοῦ κ̣ώνου τῆ̣ι μεταξὺ τῶν ΚΛ ΜΝ, [ὁ] δ̣ὲ Υ τῆι τοῦ ΜΒΝ [κ]ώ[ν]ου ἐπιφανεία ἴσ(ος) (ἐστίν)· ο[ἱ] π̣ά̣ν̣τ̣ες ἄρ̣α κύκλοι ἴσοι (εἰσὶν) τῆι τοῦ ἐγγεγραμμένου σχήματος ἐπιφανείαι. (καὶ) φανερὸν (ὅτι) αἱ ἐκ τῶ(ν) κέντρων τ̣ῶν Ο Π Ρ Σ Τ Υ κύκλων δύναται τὸ περιεχόμενον ὑπό τε τῆ(ς) [ΑΕ καὶ δὶς τῶν ἡμί]σεων τῆς ΕΖ̣ ΗΘ ΓΔ ΚΛ̣ ΜΝ, αἵ ὅλο̣ι̣ (εἰσὶν) αἱ ΕΖ ΗΘ ΚΛ ΜΝ̣· αἱ (ἄρα) ἐκ τῶν κέντρων τῶν Ο Π Ρ Σ Τ Υ κ̣ύ[κλ]ων δύνανται τ[ὸ] περ[ι]εχόμεν̣ον̣ ὑπό̣ τε τῆς Α̣Ε καὶ πασῶν τῶν Ε̣Ζ̣ Η̣Θ ΓΔ ΚΛ ΜΝ. ἀλλὰ καὶ ἡ ἐκ τοῦ κέντρου τοῦ Ξ κύκλου δ̣ύνα̣ται τὸ ὑπὸ τῆς ΑΕ̣ καὶ τῆς συγκειμέν[(ης)] ἐκ πασῶν τῶν ΕΖ ΗΘ ΓΔ ΚΛ ΜΝ· ἡ (ἄρα) ἐκ τοῦ κέντρου τοῦ Ξ κύκλου δ̣ύναται τ̣ὰς ἐκ τῶν κέντρων̣ τ(ῶ̣ν̣) Ο Π Ρ Σ Τ Υ κύκλων· (καὶ) ὁ κύκλ(ο̣ς̣) (ἄρ̣α̣) ὁ̣ Ξ ἴσ(ος) (ἐστὶ) τοῖς Ο Π Ρ Σ Τ Υ κύκλοις. οἱ [δ]ὲ Ο Π Ρ Σ Τ Υ κύκ̣λοι ἀπ̣εδείχθη[σαν ἴσοι τῆι] εἰρημένηι τοῦ σχ[ήμ]ατος ἐπιφανείαι· (καὶ) ὁ Ξ (ἄρα) κύκλος ἴσο[ς] ἔσται τῆ ἐπιφανείαι τοῦ σχήματος.

ΚΕ Τοῦ ἐγγεγραμμένου σχήματος εἰς τή(ν) σφαῖραν ἡ ἐπιφάνεια ἡ περιεχομέν̣[η] ὑπὸ τῶν κωνικῶν ἐπιφανειῶν ἐλάσσων ἐστὶν ἢ τετραπλασία τοῦ μεγίστου κύκλου τῶν ἐν τῆι σφαίραι. ἔστω ἐν σφαίρα με̣[γι]στ(ος) κύκλος ὁ ΑΒΓΔ, καὶ ἐν αὐτῶι ἐγγεγράφθω π̣[ολύγ]ω̣ν̣ο̣[ν ἀ]ρ̣τιόγωνο(ν) ἰσόπλευρον, ο̣ὗ αἱ πλ̣[ευραὶ ὑπ]ὸ̣ τετράδος [μ]ετροῦνται, καὶ ἐπ' αὐτ(οῦ) νοείσθω ἐπιφάν̣εια ἡ ὑπὸ τ̣ῶ̣ν̣ κωνικῶν ἐπιφανειῶν περιεχομένη· [λ]έγω (ὅτι) ἡ ἐπιφάνεια τοῦ ἐγγραφέντος ἐλάσσων ἐστὶν ἢ τετραπλασία τοῦ μεγίσ̣του κύκλου τῶν ἐν τῆι σφαίραι. ἐπεζεύχθωσαν γὰ̣ρ αἱ ὑπὸ δύο πλευρ̣ὰς ὑποτ̣είνουσαι τ(οῦ) πολυγώνου αἱ ΕΙ ΘΜ [κ]αὶ ταύταις παράλληλοι αἱ ΖΚ ΔΒ ΗΛ, ἐκκείσθω δέ τις κ[ύ]κλ(ος) ὁ Ρ, οὗ ἡ [ἐ]κ [το]ῦ κεντρ(ο̣υ̣) δύνα̣ται ὑπὸ τῆς ΕΑ [(καὶ)] τ̣[ῆ]ς̣ ἴ̣[σης] π[άσαι]ς τ(αῖ̣ς) ΕΙ Ζ̣Κ Β̣Δ [ΗΛ ΘΜ· διὰ δὴ] τὸ π[ρ]οδειχθὲ̣ν ἴσος (ἐ̣σ̣τ̣ὶ̣ν̣) ὁ κ[ύκ]λος [τῆι] τοῦ εἰρ[η]μέν[ο]υ [σ]χήμα[το]ς [ἐπι]φανείαι.

COLUMN 1

6 ἐστὶν] ἐστὶ H

7 κώνου τῆι μεταξὺ τοῦ κώνου] ΑΕΖ κώνου ὁ δὲ Π τῆι ἐπιφανείαι τοῦ κώνου τῆι μεταξὺ H (ex A)

9 Θ] Σ H

16 δύναται] δύνανται H

19 ΗΘ] ΗΘ ΓΔ H

COLUMN 2

21 ὑπὸ] τὸ ὑπὸ H

Heiberg I.98.19–102.7: *Sphere and Cylinder* I, Propositions 25, 26
Pseudocolor created from ultraviolet fluorescence and red reflectance images

καὶ ἐπεὶ ἔδει (ὅτι) (ἐστίν), ὡς ἡ ἴση πάσαις ταῖς ΕΙ ΖΚ ΒΔ ΗΛ ΘΜ (πρὸς) τὴν διάμετρον τοῦ κύκ̣λου τὴν ΑΓ, οὕτως ἡ ΓΕ (πρὸς) ΕΑ, τ̣ὸ ἄρα ὑπὸ τῆς ἴσης πάσ(αι)ς τ(αῖ)ς εἰρημέναις καὶ τῆς ΕΑ, τουτ(έστιν) τὸ ἀπὸ τῆς ἐκ τοῦ κέντρου τοῦ Ρ κύκλου, ἴσον ἐστὶν τὸ ὑπὸ τῶν Α[Γ] ΓΕ. ἀλλὰ καὶ τὸ ὑπὸ ΑΓ ΓΕ ἔλασσόν (ἐστιν) τοῦ ἀπὸ τῆς ΑΓ· ἔλασσον ἄρα ἐστὶ(ν) τὸ ἀπὸ τῆς ἐκ τοῦ κέντρου τοῦ Ρ τοῦ ἀπὸ τῆς ΑΓ ἐλάσσων ἄρα (ἐστὶν) ἡ ἐκ τοῦ κέντρου τοῦ Ρ τῆς ΑΓ· ὥστε ἡ διάμετρος τοῦ Ο̣ κύκλου ἐλάσσων ἐστὶν ἢ διπλασία τῆς διαμέτρου τοῦ ΑΒ ΓΔ κύκλου, (καὶ) δύο (ἄρα) τοῦ ΑΒΓΔ κύκλου διάμετροι μείζ(ους) (εἰσὶ) τῆς διαμέτρου τοῦ Ρ κύκλου, (καὶ) τὸ τετρά[κι]ς ἀπὸ τῆς διαμέτρου τοῦ ΑΒ[Γ]Δ κύκλου, του̣τ(έστι) τῆς ΑΓ, μεῖζόν (ἐστι) τ[ο]ῦ ἀπὸ τῆς τοῦ Ρ κύκλου διαμέτρου. ὡς δὲ τὸ τετράκις ἀπὸ τῆς ΑΓ (πρὸς) τὸ ἀπὸ τῆς τοῦ Ρ κύκλου (δια)μέτρ(ου), οὕτως τέσσαρες κύκλοι οἱ ΑΒ ΓΔ (π̣ρ̣ὸς) τ̣ὸ̣[ν Ρ κύκ]λον· τέσσαρες (ἄρα) κύκλ̣οι οἱ ΑΒ ΓΔ μείζους (εἰσὶν) τοῦ Ρ κύκλου· ὁ (ἄρα) κύκλος ὁ Ρ ἐλάσσων (ἐστὶν) ἢ τετραπλάσιος τοῦ μεγίστου κύκλου. ὁ δὲ Ρ κύ̣κλος ἴσος ἐδείχθη τῆι εἰρημένα̣ι̣ ἐπιφαν̣εία τ̣ο[ῦ] σχήματος·

ἐλάσσων (ἐστὶν) ἢ τε[τ]ραπλασία τοῦ μεγίστου κύκλου [τ]ῶν ἐ̣ν̣ τῆι σφαίραι. ἐξ[(ῆς)] τ̣ὸ ΣΧΗΜΑ. τῶ ἐγγραφομένωι ἐν τῆι σφαίρ(αι) σχήματι τῶι περιεχομένωι ὑπὸ τῶν ἐπιφανειῶν τῶν κωνικῶν ἴσος (ἐστὶν) κῶνος ὁ βάσιν μὲν ἔχων τὸν κύκλον τὸν ἴσον τῆι ἐπιφανείαι τοῦ σχήματος τοῦ ἐγ[γρ]αφέντος ἐν τῆ[ι] σ̣φ̣α̣ί̣ρ̣α̣ι̣, ὕψος δὲ ἴσ(ον) τῆι ἀπὸ τοῦ κέντ̣ρ̣ο[υ] τῆς σφαίρ(ας) ἐπὶ μίαν πλευρὰ̣ν̣ το[ῦ] π̣[ολυ]γών(ου) καθέτω ἠγμένη. ἔστω ἡ [σ]φαῖρα καὶ ὁ ἐν αὐτῆι μέγι[σ]τος [κύ]κλος ὁ ΑΒ ΓΔ̣ (καὶ) τὰ ἄλλα τὰ αὐτὰ [τῶ π]ρ̣ότε[ρον], ἔστω δὲ κῶνος [ὀ]ρθ̣ὸς ὁ Ρ β̣άσιν μὲν ἔχων τῆι ἐπιφανείαι τοῦ σχήματος τοῦ ἐγγεγραμμένου ἐν τ̣ῆι [σφ]αίραι, ὕ[ψος δὲ ἴσον τῆι] ἀπὸ τοῦ κέντρο̣υ̣ τῆς σφαίρας ἐπὶ μίαν πλευρὰν τοῦ πολυγών(ου) καθέτωι ἠγμένη· δεικτέον (ὅτι) ὁ κῶνος ὁ Ρ ἴσος (ἐσ̣τ̣ὶν) τῶι ἐγγεγρ[α]μ[μ]ένωι ἐν τῆι σφαίραι σχ̣ήματι. ἀπὸ (γὰρ) τῶν κύκλων, ὧν (εἰσὶ) διάμετρο[ι] αἱ ΖΝ ΗΜ ΘΛ ΙΚ, κῶνοι ἀναγεγράφθωσαν κορυφὴν ἔχ̣οντες τὸ τῆς σ̣φαίρας κέντρον· ἔσται δὴ ῥόμβος στερεὸς ἔκ τε τοῦ κώνο̣υ̣, οὗ βάσις μ(ὲν) ἔστω ὁ κύκλος ὁ̣ περὶ τὴν ΖΝ, κ̣ορυφὴ δὲ τὸ Α σημεῖον, καὶ τοῦ κ̣ώ̣νου, οὗ βάσις ὁ αὐτὸς κύκλ(ος), κορυφὴ δὲ τὸ Χ σημεῖον· ἴσος ἐστὶ(ν) τῶι κώ̣νωι τῶι βάσιν μὲν ἔχον τι τὴν ἐπιφάνει̣α̣ν τοῦ ΝΑΖ̣, ὕ̣ψ(ος) δὲ ἴσον τῆι ἀπὸ τοῦ Χ καθέτωι

COLUMN 1

1 ἔδει] ἐδείχθη H
7 τὸ] τῶι H
13 Ο] Π H
29 σχήματος] σχήματος ἡ ἄρα ἐπιφάνεια τοῦ σχήματος H

COLUMN 2

4 τῶ] κς τῶι H
17 τῆι ἐπιφανείαι] τὴν ἐπιφάνειαν H
33 ἐστὶν] ἐστὶ H

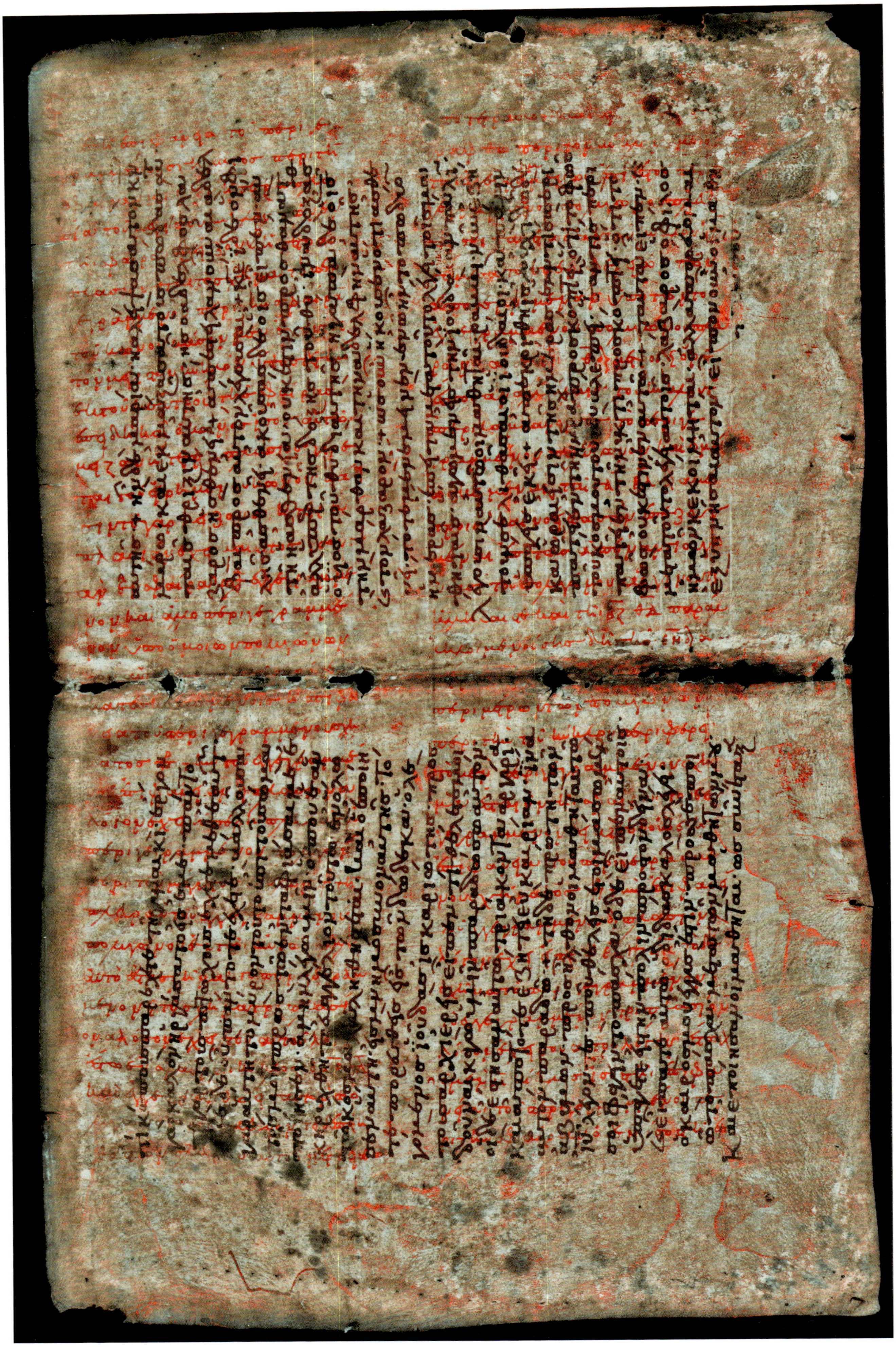

Heiberg I.114.10–116.25: *Sphere and Cylinder* I, Propositions 31, 32
Pseudocolor created from ultraviolet fluorescence and red reflectance images

(ἔστι) δὲ ἡ ἐπιφάνεια τοῦ περιγεγραμμένου σχήματος περὶ τὴ(ν) σφαῖραν μείζων ἢ τετ̣ραπλασία τοῦ μεγίστου κ̣ύκλου τῶν ἐν τῆι σφαίρας, μεῖζον (ἄρα) ἢ τετραπλάσιον ἔσται τὸ σχῆμα τὸ περιγεγραμμένον περὶ τ̣ὴν σφαῖρα(ν) τοῦ κώνου τοῦ βάσιν μὲν ἔχοντος τὸν μέγιστον κύκλον, ὕψος δὲ τὴν ἐκ τοῦ κέντρου τῆς σφαίρας, ἐπειδὴ καὶ ὁ κῶνος ὁ ἴσος αὐτῶι μείζων ἢ τετραπλάσιος γίνεται τοῦ εἰρημένου κώνου· βάσιν τε γὰρ μείζονα ἢ τετραπλάσιον ἔχει καὶ ὕψος ἴσον. ἐὰν ἐν σφαίραι̣ σχ(ῆμα) ἐγγεγραμμένον καὶ ἄλλο περιγεγραμμένον ὑπὸ ὁμοίων πολυγώνων τὸν αὐτὸ[ν τ]ρόπον τοῖς πρότερ(ον) κατεσκευασμένοις, ἡ ἐπιφάνεια τοῦ περιγεγραμμένου σχήματος (πρὸς) τὴν τοῦ ἐγγεγραμμένου ἐπιφάνειαν διπλασίονα λόγον ἔχει ἤπερ ἡ πλευρ̣ὰ τοῦ περιγεγραμμένου πολυγών(ου) περὶ τὸν μέγιστο̣ν [κύ]κ̣λο̣ν πρὸς τὴ(ν) πλευρὰν τοῦ ἐγγεγραμμένου πολυγώνου ἐν τῶι αὐτῶ̣ι κύκλ(ω̣), αὐτὸ δὲ τὸ σχῆμα τὸ περιγεγραμμένον (πρὸς) τὸ σχῆμα τριπλασίονα λόγον ἔχει τοῦ αὐτοῦ λόγ(ου). ἔστω ἐν σφαίραι κ̣ύκλος ὁ ΑΒ ΓΔ, καὶ ἐγγεγρ̣ά̣φθω εἰς αὐτὸν πολύγωνον ἰσ̣[όπ]λευρον, τὸ δὲ πλῆθος τῶν πλευρῶ̣ν αὐτοῦ μετρείσθω ὑπὸ τετράδο[ς, κ]αὶ ἄ̣λ̣[λο περιγε]γράφθω περὶ τὸν κύκλον [ὅ]μοιο(ν) τῶι ἐγγεγρα$^{\mu}$μένωι, ἐπὶ δὲ τοῦ περιγεγραμμένο[υ] πολυγώνο̣υ πλευ[ρ]α̣ὶ ἐπιψαυέτωσαν τοῦ κύκλου κ(α̣)τὰ μέσα τῶν περιφερειῶν τῶν ἀποτεμνομένων ὑπὸ τῶν το[ῦ] ἐγγεγραμμένου πολυγώνου πλευρῶν, αἱ δὲ ΕΗ ΖΘ (διά)μετροι (πρὸς) ὀρθ(ὰς) ἔστωσαν ἀλλήλαις τοῦ κύκλου τ(οῦ) περιλαμβάνο[ν]τος τὸ περιγεγραμμένον πολύγωνον καὶ ὁμοίως κείμεναι ταῖς ΑΓ ΒΔ διαμέτροις, καὶ νοείσθωσαν ἐπεζευγμέναι ἐπὶ τὰς ἀπεναντίον γωνίας τοῦ πολυγώνου, αἳ γίγνοντ(αι) ἀλλήλαις τε καὶ τῆι ΒΖ ΘΔ παράλληλοι. μενούσης δὴ τῆς ΕΗ διαμέτρ[ου] (καὶ) [περιενεχθεισῶν τῶν] περιμέτρων τῶν πολυγώνων περὶ τὴν τοῦ κύκλου περιφέρει(αν) τὸ μὲν περιγεγραμμένον σχῆμα ἔσται ἐν τῆι σφαίραι, τὸ δὲ ἐγγεγραμμένον· δεικτέον οὖν (ὅτι) ἡ μ(ὲν) ἐπιφάνεια τοῦ περιγεγραμμένου σχήματος (πρὸς) τὴν ἐπιφάνει(αν) τοῦ ἐγγεγραμμένου διπλασίονα λόγον ἔχει εἴ(περ) ἡ ΕΛ (πρὸς) ΑΚ τὸ δὲ σχῆμα τὸ περιγεγραμμένον (πρὸς) τὸ ἐγγεγραμμένον τριπλασίον(α) λόγον ἔχει τοῦ αὐ̣τοῦ λόγου. ἔστω (γὰρ) ὁ μὲν Μ κ̣ύκλος ἴσος τῆι ἐπιφανείαι τοῦ̣ περιγεγραμμένου περὶ τὴν σφαῖραν, ὁ δὲ Ν ἴσος τῆι ἐπι̣-

COLUMN 2

14 ἐπεζευγμέναι] ἐπιζευγνύμεναι H

28 εἴπερ] ἤπερ H

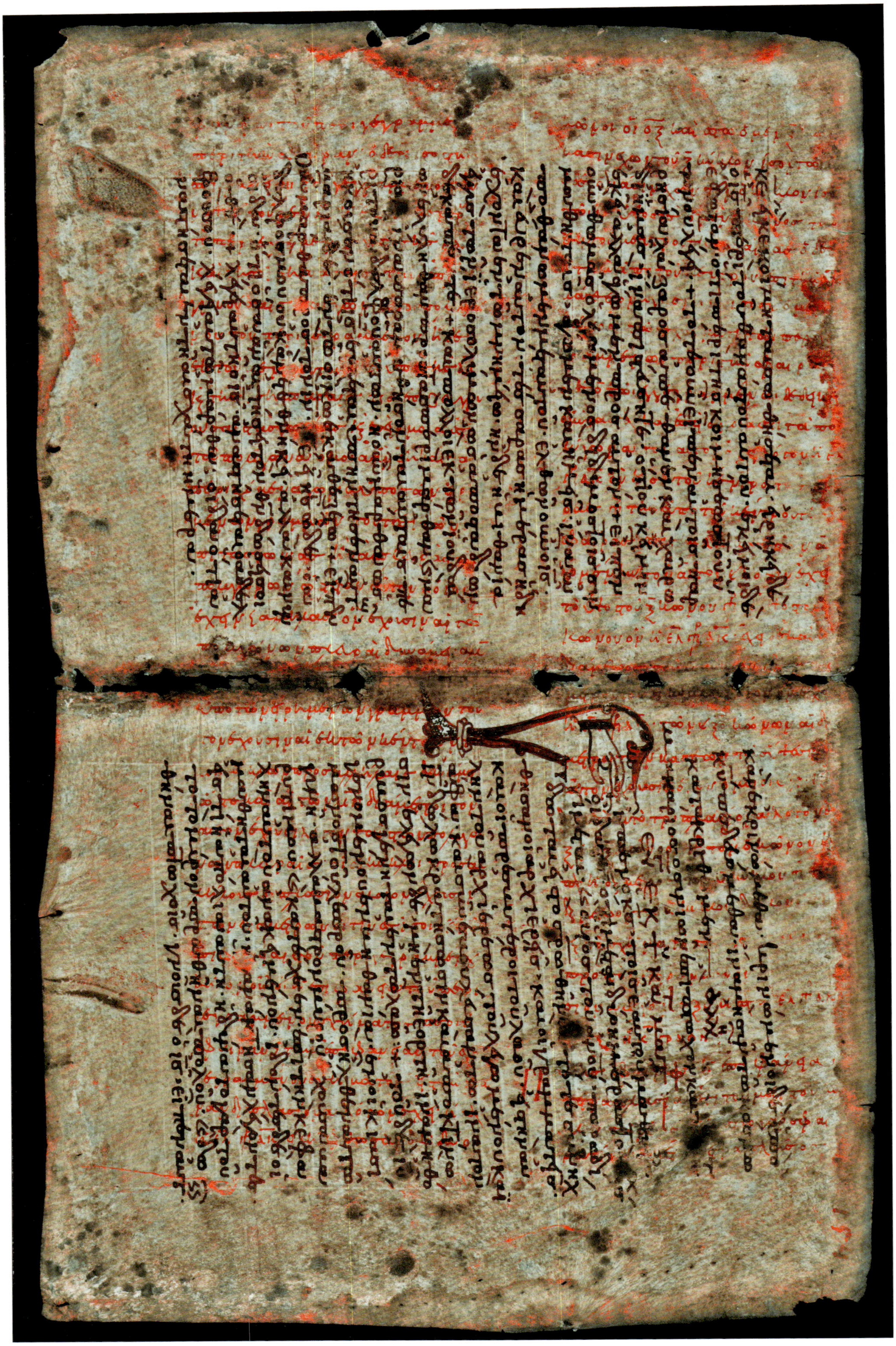

Heiberg I.116.25–120.17: *Sphere and Cylinder* I, Propositions 32, 33
Pseudocolor created from ultraviolet fluorescence and red reflectance images

φαṿẹίαι τοῦ περιγεγραμμέṿ(ọụ)· περὶ τὴν σφαῖραν ὁ δὲ Ν ἴσος τῆι ἐπιφανείαι τọ[ῦ] γεγραμμένο[υ]· δύν[α]τ[(αι)] (ἄṛạ) τοῦ μὲν Μ [ἡ] ἐḳ [τοῦ] κέντṛ(ου) τὸ περιεχόμενọṿ ụ̔πὸ τῆς ΕΑ καὶ τῆς ἴσης πάσαις ταị̃[ς] ἐπιγνυούσαις [τ]ὰς γων[ί]ας τοῦ πολυγώνου τοῦ περιγεγραμμένου, ἡ δὲ ἐκ τοῦ κέντρου τοῦ Ṇ τὸ ὑπ[ὸ] τῆς ΑΚ (καὶ) τῆς ἴσης πάσαις τ(αῖ)ς ἐπιζευγνυούσαις τὰς γω[ν]ịίας. (καὶ) ẹ̓πεὶ ὅμοιά ἐστị[(ν)] τὰ πολύγωνα, ὅμοια ἂν εἴη καὶ τὰ περιεχόμενα χωρία ὑπὸ τῶν εἰρημένων γραμμῶν, τουτέστι τῶν [ἐ]πὶ τὰς γωνίας ἢ τὰς πλευρὰς τῶν πολυγώνων, ὥστε τὸν αὐτὸν λόγον ἔχειν (πρὸς) ἄλληλας, ὃν ἔχουσιν αἱ τῶ(ν) πολυγώνων πλευραὶ δυνάμει. ἀλλ(ὰ) [(καὶ) ὃν ἔχει] λόγον τ[ὰ πε]ριεχọ́μενα ὑπὸ τῶν εἰρημένων γραμμῶν, τοῦτον ἔχουσιν αἱ ἐκ τῶν κέντρ̣ω̣ν τ[ῶν] ΜΝ κ[ύ]κλων πρὸς ἀλλήλαις δυνάμει· ὥστε καὶ αἱ τῶν ΜΝ διάμετροι τὸν αὐτὸν ἔχουσι λόγον ταῖς τῶν πολυγώνων πλευραῖς. οἱ δὲ κύκλοι πρὸς ἀλλήλους διπλασίονα λόγον ἔχουσιν τῶν διαμέτρων, οἵτινες ἴσοι (εἰσὶν) τ(αῖ)ς ἐπιφ[αν]είαις τοῦ περιγεγραμμέν(ου)· δῆλον οὖν (ὅτι) ἡ ἐπιφάνεια τοῦ περιγεγραμμένου σχήματος περὶ τ(ὴν) σφαῖραν (πρὸς) τὴν ἐπιφάνειαν τοῦ ἐγγεγραμμένου σχήματος εἰς τὴν σ̣φα[ῖ]ραν διπλασίονα λόγον ἔχει ἥ(περ) ἡ ΕΛ (πρὸς) ΑΚ. εἰλήφθωσαν δὴ δύο κῶνοι οἱ ΟΞ καὶ ἔστω ὁ μὲν Ξ κῶν(ος) βάσιν ἔχων τοῦ Ξ κύκλον ἴσον τῶι Μ, ὁ δὲ Ο βάσιν ἔχων τὸν Ο κύκλον ἴσο(ν) τῶι Ν, ὕψος δὲ ὁ μὲν Ξ κῶνος τὴν ἐκ τοῦ κέντρου τῆς σφαίρας, ὁ δὲ Ọ τὴν ἀπὸ τοῦ κέντρου ἐπὶ τὴν ΑΚ κάθετον ἠγμένην· ἴσος (ἄρα) ὁ μὲν [Ξ] [κ]ῶνος τῷ̣ι σχήματι τῶι περιγε[γ]ραμμένωι περὶ τὴν σφαῖρạṿ, ὁ δὲ Ο τῶι ἐγγεγραμμένωι. δέδεικτ(αι) οὖν ταῦτα. καὶ ἐπεὶ ὅμοιά ἐστι τὰ πολύγωνα, τὸν αὐτὸν ἔχει λόγον ἡ ΕΛ (πρὸς) ΑΚ, ὃν ἡ ἐ̣[κ] τοῦ κέντρου τ[ῆ]ς [σφ]ạ[ί]ρας (πρὸς) τὴν ἀπὸ τοῦ κέντρου τῆς σφαίρας ἐπὶ τὴν ΑΚ κά[θετ]ọν ἀγομένην· τὸν αὐτὸν (ἄρα) λόγον ἔχει τὸ ὕψος τοῦ Ξ κώνου (πρὸς) [τ]ὸ ὕψος τοῦ̣ [Ο] κώνου, ὃν ἡ ΕΛ (πρὸς) ΑΚ. ἔχει δὲ καὶ [ἡ] διάμε[τ]ρος τοῦ Μ κύκλου (πρὸς) [τὴν διά]μετρον τοῦ Ν κύκλου λόγον, ὃν ἔχει ἡ [ΕΛ] (πρὸς) ΑΚ· τῶν (ἄρα) ΞΟ κώνων αἱ (διά)μετροι τ[ῶ]ν βάσε̣ων τοῖς ὕψεσι τὸ(ν) αὐτὸν ἔχουσι λόγον, ὅμοιοι (ἄρα) (εἰσίν), (καὶ) διὰ τ̣ὸ αὐτὸ τριπλασίονα λόγον ἕξει [ὁ] Ξ κῶνος (πρὸς) τὸν Ο κῶνον ἤ(περ) ἡ (διά)μετρος τοῦ̣ Μ κύκλου (πρὸς) τὴ(ν) (διά)μετρον τοῦ Ṇ κύκλου. δῆλον οὖ̣ṿ (ὅ̣τ̣ι̣) (καὶ) τὸ σχῆμα τὸ π̣[εριγεγραμμένον] Πρὸς τὸ [ἐγγε]γρ̣αμμ̣ένον [τριπλα]σίονα λ̣όγο̣ν ἕξει ἤ(περ) ἡ ΕΛ (πρὸς) ΑΚ.

[ἑ]ξ(ῆς̣) Η Κ(ΑΤΑ) ΓΡΑΦΗ

Πάσης σ̣φαίρ̣ας ἡ ἐπιφάνεια τετραπαλσία ἐστὶ τοῦ μεγίστου κύ[κ]λ[ου] τῶν ἐν [α̣ὐ̣τῆι]. ἔστω γὰρ σφαῖρά τις [καὶ] ἔστ[ω τ]ετραπλάσιος

COLUMN 1

3 γεγραμμένου] ἐγγεγραμμένου H

5 ΕΑ] ΕΛ H

6 ἐπιγνυούσαις] sic, ἐπιζευγνυούσαις H

COLUMN 2

13 πρὸς] πρὸς τὴν H

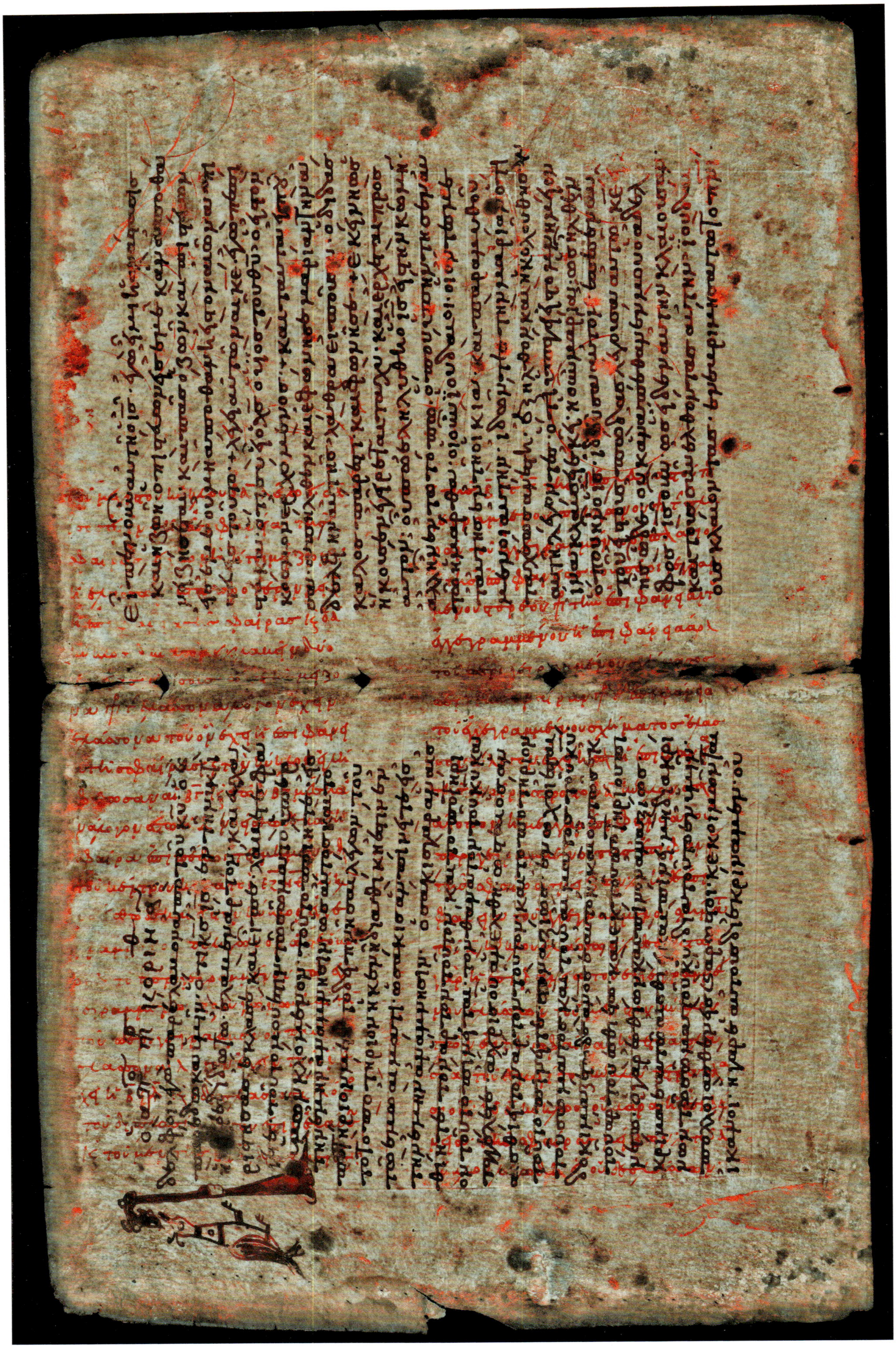

Heiberg I.120.17–122.25: *Sphere and Cylinder* I, Proposition 33
Pseudocolor created from ultraviolet fluorescence and red reflectance images

τοῦ μεγίστου κύκλου ὁ Α· λέγω (ὅτι) ὁ Α ἴσος ἐστὶν τῆι ἐπιφανείαι τῆς σφαίρας. εἰ γὰρ μή, ἤτοι μείζων (ἐστὶν) ἢ ἐλάσσων. ἔστω πρότερον μείζ(ων) ἡ ἐπιφάνεια τῆς σφαίρας (καὶ) ὁ Α κύκλος· δυνατὸν (ἄρα) (ἐστὶ) λαβεῖν δύο ε̣[ὐθ]είας ἀ[ν]ίσους, ὥστε τὴν μείζονα (πρὸς) τ(ὴν) ἐλάσσονα λόγον ἔχειν ἐλάσσονα τοῦ, ὃν ἔχει ἡ ἐπιφάνεια τῆς σφαίρας (πρὸς) τὸν κύκλον. εἰλήφθωσαν αἱ ΒΓ, (καὶ) τῶν ΒΓ μέση ἀνάλογον ἔστω ἡ Δ, νοείσθω δὲ καὶ ἡ σφαῖρα ἐπιπέδωι τετμημένη (διὰ) τοῦ κέντρου κα̣τ̣ὰ τὸν ΕΖΗΘ κύκλ(ον), νοείσθω δὲ καὶ εἰς τὸν κύκλον ἐγγεγραμμέ̣ν̣ο[ν] πολύγωνον, ὥστε ὅμοιο[ν] (ε̣ἶ̣ν̣α̣ι̣) τὸ περιγεγραμμένον τῶ ἐγγεγραμμένωι πολυγώνωι καὶ τὴν τοῦ περιγεγραμμένου πλευ[ρὰν] ἐλάσσονα λόγον ἔχειν τοῦ, ὃν ἔχει ἡ Β (πρὸς) Δ, (καὶ) ὁ διπλάσιος (ἄρα) λόγ(ος) τοῦ διπλασίο̣[υ] λ̣ό̣γου ἐστὶν ἐλάσσ(ων). (καὶ) τοῦ μὲν τῆς Β (πρὸς) Δ διπλάσιός (ἐστιν) ὁ τῆς Β (πρὸς) τ(ὴν) Γ, τῆς δὲ πλευρᾶς τοῦ (περι)γεγραμμένου πολͻγώνου (πρὸς) τ(ὴν) πλευρὰν τοῦ ἐγγεγραμμένου διπλάσιος ὁ τῆς ἐπιφανείας τοῦ περιγεγραμμένου στερεοῦ (π̣ρ̣ὸ̣ς) τὴν ἐπιφάνειαν τ(οῦ) ἐγγεγραμμένου· ἡ ἐπιφάνεια ἄρα τοῦ περιγεγραμμένου σχήματος περὶ τὴν σφαῖραν (πρὸς) τ(ὴν) ἐπιφάνεια(ν) τοῦ ἐγγεγραμμένου σχήματος ἐλάσσονα λόγον ἔχει ἤ(περ) ἡ ἐπιφάνει(α) τῆς σφαίρας πρὸς τὸν Α κύκλον· ὅ(περ) ἄτοπον· ἡ μὲν γὰͻ ἐπιφάνεια τοῦ περιγεγραμμένου τῆς ἐπιφάνει(ας) τῆς σφαίρας μείζων (ἐστίν), ἡ δὲ ἐπιφάνεια τοῦ ἐγγεγραμμένου σχήμα(τος) τοῦ Α κύκλου ἐλάσσων (ἐστί)· δέδ[ει]κται γὰρ ἡ ἐπιφάνεια τοῦ ἐγγεγραμμένου ἐλάσσων τοῦ μεγίστου κύκλου τῶν ἐν τῆι σφαίρͻι ἢ τετραπλασία, τοῦ δὲ μεγίστο̣υ κύκλου τετραπλ(ά)σιός (ἐστιν) ὁ Α κύκλος. οὐκ ἄρα ἡ ἐπιφάνεια τῆς σφαίρας μείζων (ἐστὶν) τοῦ Α κύκλου. λέγω δὴ (ὅτι) οὐδὲ ἐλάσσων.

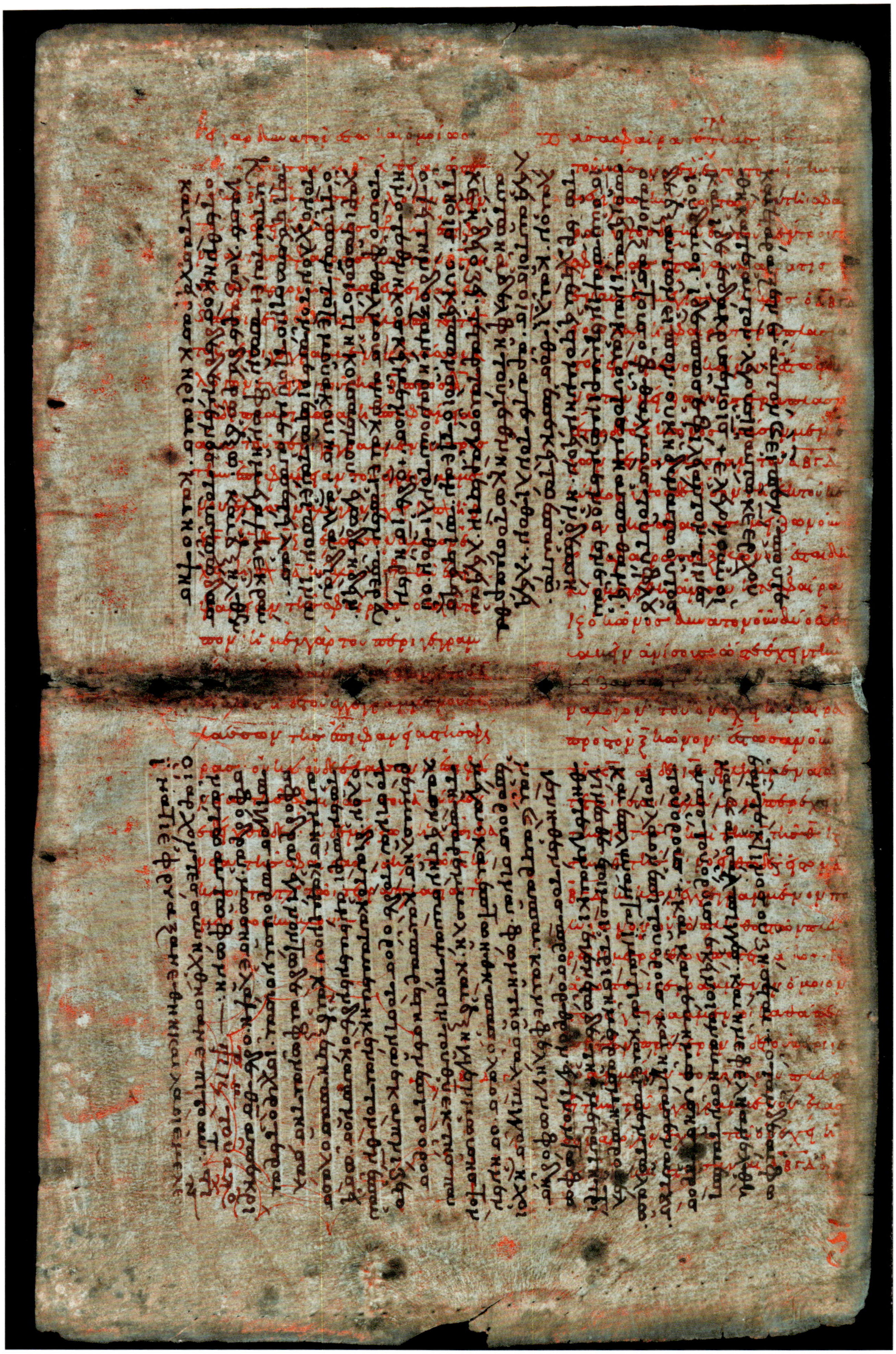

Heiberg I.122.25–126.9: *Sphere and Cylinder* I, Propositions 33, 34
Pseudocolor created from ultraviolet fluorescence and red reflectance images

εἰ γὰρ δυνατόν, ἔστω· καὶ ὁμοίως [εὑρήσ]θωσαν αἱ ΒΓ εὐθεῖαι ὥστε τὴν Β (πρὸς) Γ ἐλάσσονα λόγον ἔχειν τοῦ, ὃν ἔχει ὁ Α κύκλος (πρὸς) τὴν ἐπιφάνειαν τῆς σφαίρας, καὶ τῶν ΒΓ μέση ἀνάλογον ἡ Δ, καὶ ἐγγεγράφθω (καὶ) περιγεγράφθω πάλιν, ποτὲ τὴ(ν) τοῦ περιγεγραμμένου ἐλάσσονα λόγον ἔχειν τοῦ τῆς Β πρὸς δ̄· (καὶ) τὰ διπλάσια ἄρα· ἡ ἐπιφάνεια ἄρα τοῦ περιγεγραμμένου πρὸς τὴν ἐπιφάνειαν τοῦ ἐγγεγραμμένου ἐλάσσονα λόγον ἔχει ἤ(περ) ἡ Β (πρὸς) Γ. ἡ δὲ Β (πρὸς) Γ ἐλάσσονα λόγον ἔχει ἤ(περ) ὁ Α κύκλος (πρὸς) τὴν ἐπιφάνειαν τῆς σφαίρας· ὅ(περ) ἄτοπον· ἡ μὲν γὰρ τοῦ περιγεγραμμένου ἐπιφάνεια μείζων (ἐστὶ) τοῦ Α κύκλου, ἡ δὲ τοῦ ἐγγεγραμμένου ἐλάσσων τῆς ἐπιφανείας τῆς σφ(αί)ρας. οὐκ (ἄρα) οὐδὲ ἐλάσσων ἡ ἐπιφάνεια τῆς σφαίρας τοῦ Α κύκλου. ἐδείχθη δὲ (ὅτι) οὐδὲ μείζων· ἡ (ἄρα) ἐπιφάνεια τῆς σφαίρας ἴση (ἐστὶ) τῶι Α κύκλωι, τουτ(έστι) τῶι τετραπλασίωι τ(οῦ) μεγίστου κύκλου.

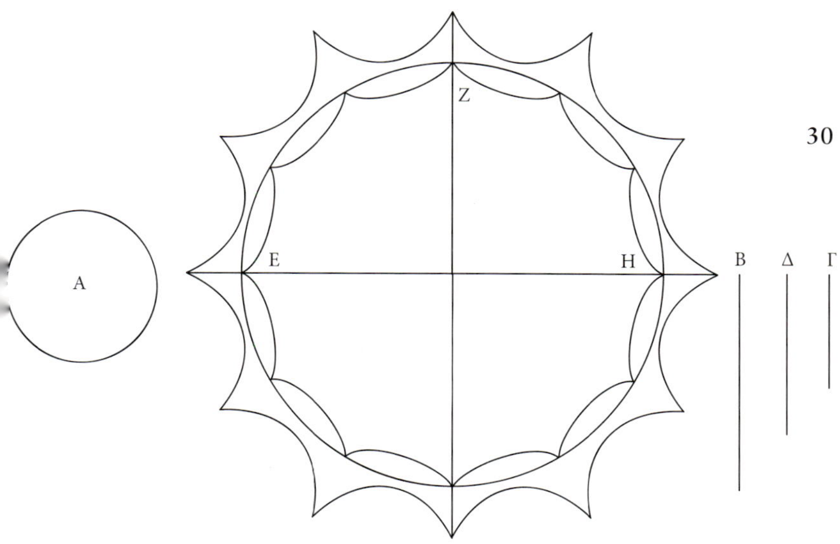

Πᾶσα σφαῖρα τε(τρα)πλασία ἐστὶ κών(ου) τοῦ βάσιν μὲν ἔχοντος ἴσην τῶι μεγίστω κύκλωι τῶν ἐν τῆι σφαίραι, ὕψος δὲ τὴν ἐκ τοῦ κέντρου τ(ῆς) σφαίρας. ἔστω γὰρ σφαῖρά τις (κα̣ὶ̣) ἐν αὐτῆι μέγιστος κύκλος ὁ ΑΒ ΓΔ. εἰ οὖν μὴ (ἐστιν) ἡ σφαῖρα τετραπλασία τοῦ εἰρημένου κώνου, ἔστω, εἰ δυνατόν, μείζων ἢ τετραπλασία· ἔστω δὲ ὁ Ξ κῶνος βάσιν μὲν ἔχων τετραπλασίαν τοῦ ΑΒΓΔ κύκλου, ὕψος δὲ ἴσον τῆι ἐκ τοῦ κέ(ν)τρου τῆς σφαίρας· μείζων οὖν (ἐστιν) ἡ σφαῖρα τοῦ Ξ κώνου. ἔσται δὴ δύο μεγέθη ἄνισα ἥ τε σφαῖρα (καὶ) ὁ κῶνος· δυνατὸν οὖν δύο εὐθεί(ας) λαβεῖν ἀνίσους, ὥστε ἔχειν τὴν μείζονα (πρὸς) τ(ὴν) ἐλάσ[σο]να ἐλάσσονα λόγον τοῦ, ὃν ἔχει ἡ σφαῖρα πρὸς τὸν Ξ κῶνον. ἔστωσαν οὖν αἱ ΚΗ, αἱ δὲ ΙΘ εἰλημμέναι, ὥστε τῶι ἴσωι ἀλλήλων ὑπερέχειν τὴν Κ τῆς Ι καὶ τὴν Ι τῆς Θ (καὶ) τὴν Θ τῆς Η, νοείσθω δὲ (καὶ) εἰς τὸν Α ΒΓΔ κύκλον ἐγγεγραμμένον πολύγωνον, οὗ τὸ πλῆθος τῶν πλευρῶν μετρείσθω ὑπὸ τετράδος, (κα̣ὶ̣) ἄλλο περιγεγραμ̣μένον ὅμοιον τῶι ἐγγεγραμμένωι, καθάπερ ἐπὶ τῶν πρότερον, ἡ δὲ τοῦ περιγεγραμμένου πολυγώνου πλευρὰ (πρὸς) τὴν τοῦ ἐγγεγραμμένου ἐλάσσονα λόγον ἐχέτω τοῦ, ὃν ἔχει ἡ Κ (π̣ρ̣ὸ̣ς̣) Ι, καὶ ἔτωσαν αἱ ΑΒΓΔ (διὰ)-

COLUMN 1

7 ποτὲ] sic, ὥστε H

9 δ̄] sic

COLUMN 2

1 πᾶσα] λβ πᾶσα H

34 ἔτωσαν] sic, ἔστωσαν H

Heiberg 132.13–26, 134.9–16: *Sphere and Cylinder* I, Proposition 35
Pseudocolor created from ultraviolet fluorescence and red reflectance images

σχῆμα εἰς αὐτό, οἷον εἴρηται, περιεχόμενον ὑπὸ κωνικῶν ἐπιφανειῶν, καὶ μέγιστος κύκλος ὁ ΑΗΘ (καὶ) ἀρτιόπλευρον πολύγωνον τὸ ΑΓΕ ΘΔ ΔΗ χωρὶς τῆς ΑΗ πλευρᾶς, (καὶ) εἰλήφθω κύκλος ὁ Λ, οὗ ἡ ἐκ τοῦ κέντρου ἴσον δύναται τῶι περιεχομένωι ὑπό τε τῆς ΑΓ πλευρᾶς καὶ ὑπὸ πασῶν τῶν ΕΖ ΓΔ καὶ ἔτι τῆς ἡμισείας τῆς βάσεως, τουτ(έστι) τῆς Α̣Κ· δ[ει]κτέον (ὅτι) ὁ κύκλος ἴσ(ος) (ἐστὶ) τῆι τοῦ σχήματος ἐπιφανείαι. εἰλήφθω γὰρ κύκλος ὁ Μ, οὗ ἡ ἐκ τοῦ κέντρου δύναται τὸ περιεχόμενον ὑπό τε τῆς ΕΘ πλευρᾶς καὶ τῆς ἡμισείας τῆς ΕΖ· γίγνετ(αι) δὴ ὁ Μ κύκλος ἴσος τῆι ἐπιφ[ανεί]αι τοῦ κώνου, οὗ βάσις μὲν ὁ πε[ρὶ τὴν ΕΖ κύκλο]ς, κ̣ο̣ρ̣[υ]φὴ δὲ [τὸ] Θ̣

σονται τῇ ὅλῃ τοῦ σχήματος ἐπιφανεία, καὶ αἱ ἐκ τῶν κέντρων αὐτῶν ἴσον δυνήσονται τῶι περιεχομένω ὑπὸ μιᾶς πλευρᾶς τῆς ΑΓ (καὶ) τῆς ἴ̣σης ταῖς ΕΖ ΓΔ καὶ τῆι ἡμισείαι τ(ῆς) βάσεως τῆι ΑΚ. ἐδύνατο δὲ καὶ ἡ ἐκ τοῦ κέντρου τοῦ Λ κύκλου ἴσον τῶι αὐτῶι χωρίωι· ὁ (ἄρα) Λ κύκλος ἴσος ἔσται τοῖς Μ Ν Ξ κύκλοις· ὥστε καὶ τῆι ἐπιφανείαι τοῦ ἐγγεγραμμένου σχ(ήματος).

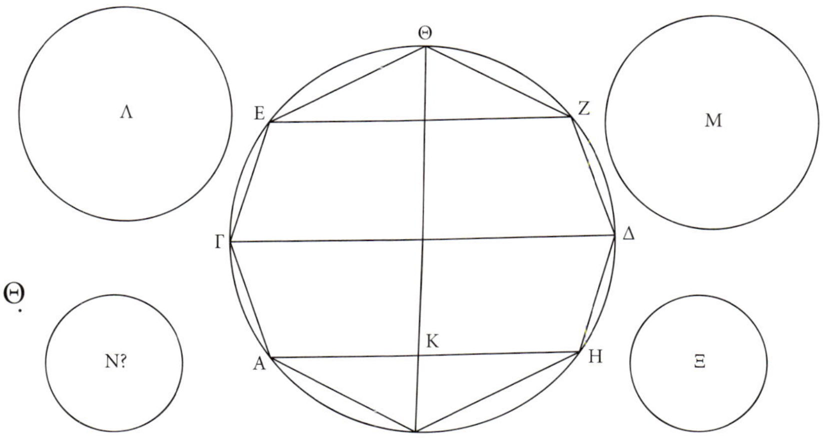

COLUMN 1

4 ΑΓΕ ΘΔ ΔΗ] ΑΓΕΘΖΔΗ A

16 γίγνεται] γίνεται A

Heiberg 136.2–8, 136.22–138.7: *Sphere and Cylinder* I, Propositions 36, 37
Pseudocolor created from ultraviolet fluorescence and red reflectance images

τοῖς πρότερον [τ]ὴν [ἐ]πιφάνειαν ἐλάσσονα ἕξει τῆς τοῦ τμήματος ἐπιφαṿẹ̣ίας τοῦ π[ε]ρ[ι]λαμβάνοντος· τὸ (γὰρ) αὐτὸ πέρας αὐτῶν ἐστιν ἐν ἐπιπέδ̣ω̣ι̣ τοῦ τε τμήματος καὶ τοῦ σχήματος ἡ [πε]ρ[ι]φ[έ]ρε̣ι̣α τοῦ κύκλου, οὗ (διά)μετρος ἡ ΑΒ, καὶ ἐπὶ τὰ αὐτὰ κοῖλ[(αι)] ἀμφότεραί (εἰσιν) αἱ ἐπιφάνειαι, (καὶ) (περι)λαμβάνεται ἡ ἑτέρα ὑπὸ τῆς ἑτέ[ρ(ας)].

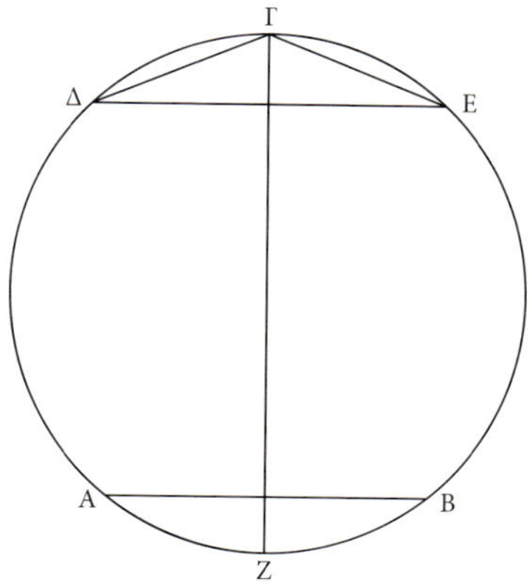

ἡ ἐπ[ι]φάνεια τοῦ [ἐγ]γεγρ[α]μ̣μένου̣ σ̣χ[ήμ]ατος [ἐν τῶι τμήματι] τῆς

τῆς τοῦ σχήματος ἐπιφανείας.

ἡ (γὰρ) ἐπιφάνεια τ(οῦ) σχήματος δέδεικται ἴση οὖσα κύκλωι, οὗ ἡ ἐκ τοῦ κέντρου ἴσον δύναται τῶι περιεχομένωι ὑπό τε τῆς ΕΘ καὶ τῶν Ε̣Ζ ΓΔ ΚΑ· τὸ δὲ ὑπὸ τῆς ΕΘ [κ]αὶ τῶ(ν) ΕΖ ΓΔ ΚΑ δ̣έ̣δ̣εικτα̣[ι] ἴ[σον] τ[ῶι ὑπὸ τῶν] ΕΛ ΚΘ περιεχομέ̣ν[ωι· τὸ δὲ ὑπὸ τῶν] [Ε]Λ ΚΘ ἔλασσόν ἐστιν [τοῦ ἀπὸ τῆς] ΑΘ· καὶ (γὰ̣ρ̣) τοῦ ΛΘ ΘΚ· [φαν]ε̣ρ̣ὸν (ὅ̣τ̣ι̣) ἡ ἐκ τοῦ κέντρου τοῦ κύκλου, ὅς (ἐστιν) ἴσος τῆι ἐπιφανείαι τοῦ σχήματ(ος), ἐλάσσων ἐστὶ τῆς ἐκ τοῦ [κέντρου] τοῦ Μ· δῆλον (ἄ̣ρ̣α̣) [(ὅτι) ὁ Μ κύκλος] μείζ(ων) ἐστὶ τῆς ἐπιφανειας [τοῦ σ]χήματ(ος).

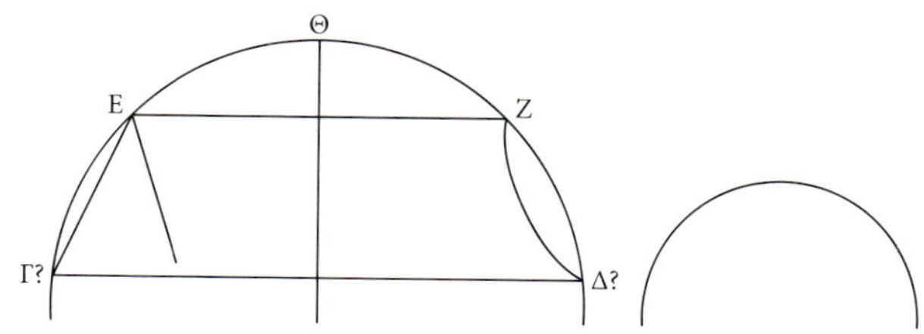

COLUMN 2

9 ἐστιν] ἐστι A

10 ΘΚ] ΚΘ A

10 φανερὸν] φανερὸν οὖν A

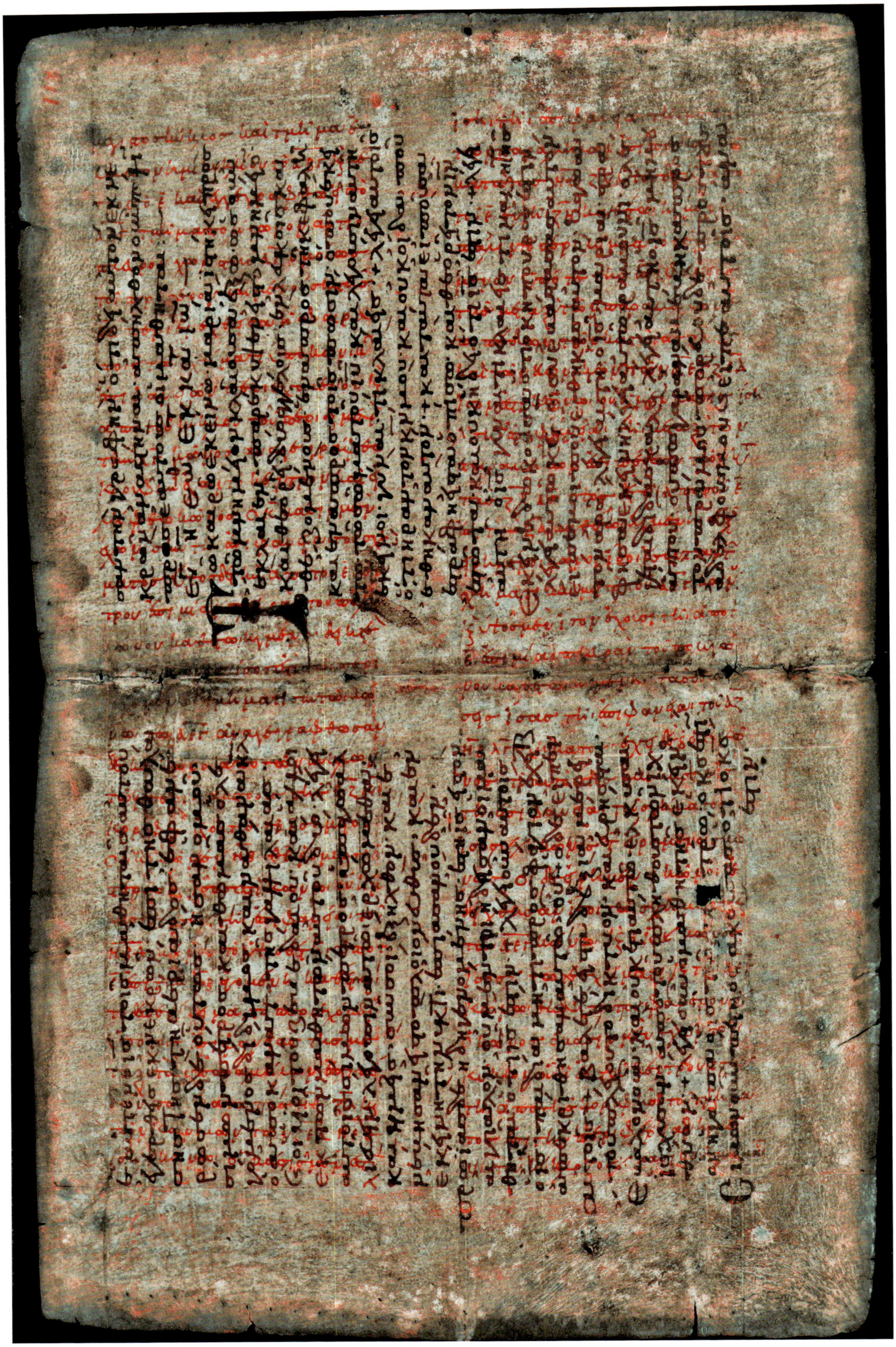

Heiberg I.138.16–142.14: *Sphere and Cylinder* I, Proposition 38
Pseudocolor created from ultraviolet fluorescence and red reflectance images

μέγιστος κύκλος καὶ τμῆμα ἔ-λασσον ἡμικυκλίου τὸ ΑΒΓ (καὶ) κέ(ν)-τρον τὸ Ε, καὶ ἐγγεγράφθω εἰς τὸ ΑΒΓ τμῆμα πολύγωνον ἀρτιό-πλευρον χωρ̣ὶς τῆς ΑΓ ὁμοίως τοῖς πρότερον, καὶ μενούσης τῆς ΒΑ περιενεχθεῖσα ἡ σφαῖρα ποιεῖ τῶι σχήματι ὑπὸ κωνικ(ῶν) ἐπιφανειῶν περιεχόμενον, (καὶ) ἀπὸ τοῦ κύκλου τοῦ περὶ (διά)μετρ(ον) τὴν ΑΓ κῶνος ἀναγεγράφθω κορυφὴν ἔχων τὸ κέντρον, καὶ εἰ-λήφθω κῶνος ὁ Κ βάσιν μὲν ἔχων ἴσην τῆι ἐπιφανείαι τοῦ σχή-ματος, ὕψος δὲ τὴν ἀπὸ τοῦ̣ Ε [κ]έν-τρου ἐπὶ μίαν πλ[ευρὰν] τοῦ πολυ-γώνου καθέτωι ἠγμένηι· δεικτέ(ον) (ὅτι) ὁ Κ κῶνος ἴσος ἐστὶ τῶι περι-εχομένωι τμήματι σὺν τῶι κώ-νωι τῶι ΑΕΓ. ἀναγεγράφθωσαν δὲ καὶ κῶνοι ἀπὸ τῶν κύκλων τῶν περὶ διαμέτρους τῆς ΘΖ ΚΙ κορυφὴ̣ν ἔχοντες τὸ Ε σημεῖον· οὐκοῦ̣ν ὁ μὲν ΗΒ ΘΕ ῥόμβος στερεὸς ἴσος ἐστὶ κώνωι, οὗ ἡ μ(ὲν) β̣άσις̣ ἴση (ἐστὶ) τῆι ἐπιφανείαι τοῦ ΗΒΘ κώνου, τὸ ὕψος δὲ τῆι ἀπὸ τ(οῦ) Ε ἐπὶ τὴν ΖΒ ἀγομένη καθέτωι, τὸ δὲ περίλειμα τὸ περιεχόμεν(ον) ὑπὸ τῆς ἐπιφανείας τῆς με-ταξὺ τῶν παραλλήλων ἐπιπέ-δων τῶ̣[ν] κατὰ τὰς ΗΘ ΖΛ κ(αὶ) τῶν κωνικῶν τῶν ΖΕΔ ΗΕΘ ἴση (ἐστὶ) κώνωι, οὗ βάσις μέν ἐστι(ν)

ἴση τῆι ἐπιφανείαι τῆι μεταξὺ τῶν παραλλήλων ἐπιπέδων τῶ(ν) κατὰ τὰς ΗΘ ΖΔ, ὕψος δὲ τῆ ἀπὸ τοῦ Ε ἐν τῆι ΖΗ καθέτωι ἠγμένηι. πάλιν τὸ περίλειμμα τὸ περιεχό-μενον ὑπό τε τῆς ἐπιφανείας τῆς μεταξὺ τῶν παραλλήλων ἐ-πιπέδων τῶν κατὰ τὰς ΖΛ ΑΓ καὶ τῶν κωνικῶν τῶν ΑΕ ΓΖ ΕΔ ἴσον ἐστὶ κώνωι, οὗ ἡ μὲν βάσις ἴση (ἐστὶ) τῆι ἐπιφανείαι τῆι μεταξὺ τῶν παραλλήλων ἐπ̣ι̣πέδων τῶν (κατὰ) τὰς ΖΛ ΑΓ, ὕψο̣ς̣ δὲ τὸ ἀπὸ τοῦ Ε ἐπὶ τ(ὴν) ΖΑ καθέτωι ἠγμένη· οἱ (οὖν) εἰρημένοι κῶνοι ἴσοι ἔσονται τ(ῷ) σχήματι καὶ μετὰ τοῦ ΑΕΓ κών(ου). (καὶ) ὕψος μὲν ἴσον ἔχουσι τῆι ἀπὸ τ(οῦ) Ε ἐπὶ μίαν πλευρ̣ὰν τοῦ πολυγώ-νου καθέτωι ἠγ̣μένηι, τὰς δὲ β[ά]-σεις ἴσας τῆι ἐπ̣ι̣φανείαι τοῦ ΑΖ ΗΒ ΛΓ σχήματος· ἔχει δὲ (καὶ) ὁ Κ κῶ-νος τὸ αὐτὸ ὕψος καὶ βάσιν ἴσ(ην) τῆ ἐπιφανείαι τοῦ σχήματος· ἴσος (ἄρα) (ἐστὶν) ὁ κῶνος τ(οῖς) εἰρημένοις κώ-νο[ι]ς. οἱ δὲ εἰρημένοι κῶνοι ἐ-δείχθησαν ἴσοι τῶι σχήμ[α]τι (καὶ) τῶι ΑΕΓ κώνω̣ι̣· (καὶ) ὁ Κ (ἄρα) κῶνος ἴσος (ἐστὶ) τῶ τε σχήματι (καὶ) τῶι ΑΕΓ κώνωι. ἐκ δὴ τ̣οῦτο φανερὸν (ὅτι) ὁ κῶνος ὁ βάσιν μὲν ἔχων τὸν κύκλον, οὗ ἡ ἐκ τοῦ κέντρου ἴσ(ος) (ἐστὶ) τῆι ἀπὸ τῆς κ̣ορυφῆς τοῦ τμήμα-τος ἐπὶ τὴν περ̣ιφέρειαν ἠγμέ-νη τοῦ κύκλου, ὅς (ἐστὶν) βάσις τοῦ τμήμα(τος),

COLUMN 1

8 ποιεῖ τῶι σχήματι] ποιείτω σχῆμά τι H
28 ΖΒ] ΗΒ H
29 περίλειμα] sic
34 βάσις] ἡ βάσις H

COLUMN 2

3 τῆ] τὴν H
4 ἐν τῆι] ἐπὶ τὴν H
17 ἔχουσι] ἔχουσιν H

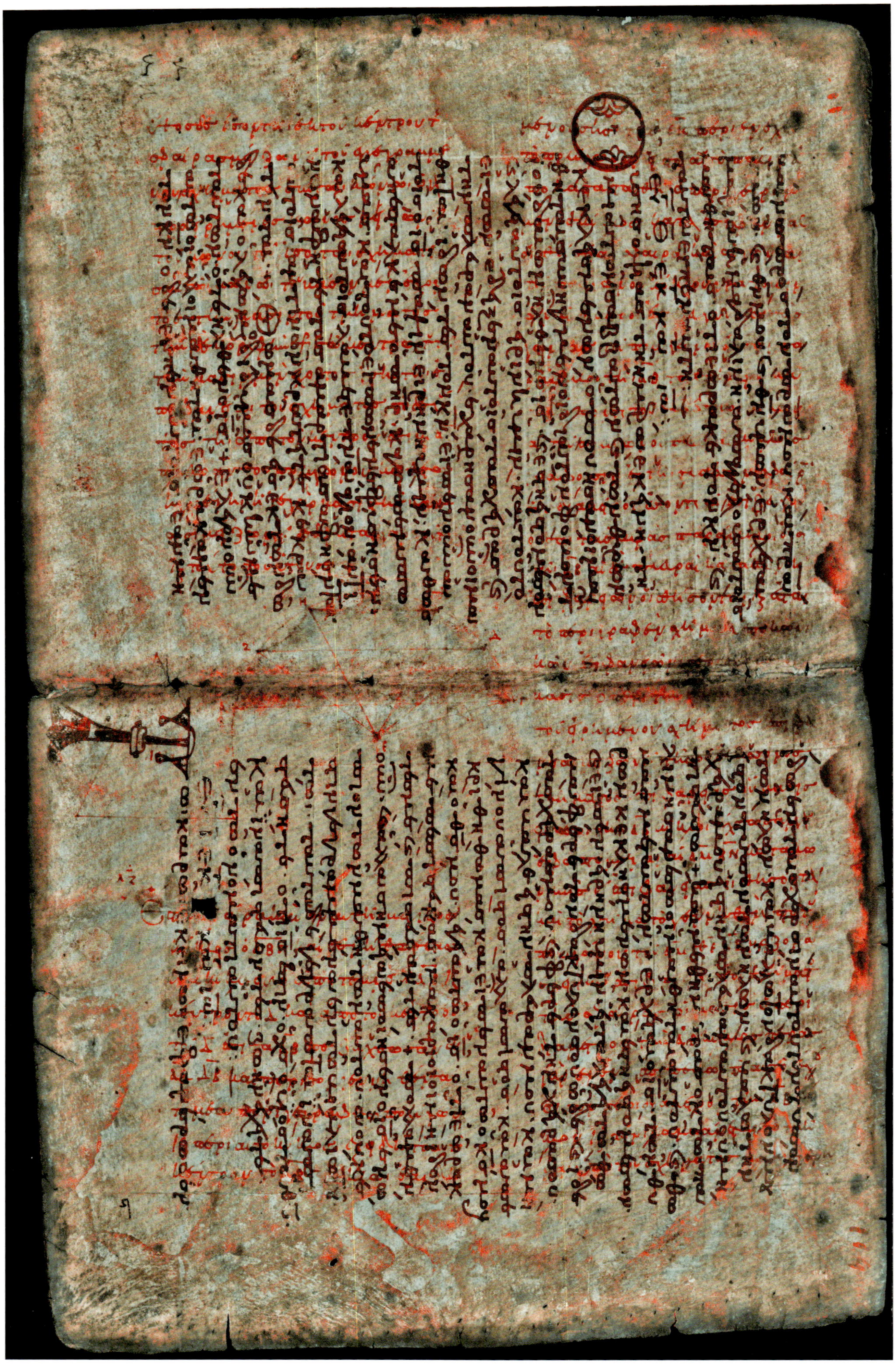

Heiberg I.142.14–144.25: *Sphere and Cylinder* I, Propositions 38, 39
Pseudocolor created from ultraviolet fluorescence and red reflectance images

ὕψος δὲ ἴσον τῆι ἐκ τοῦ κέντρου τ(ῆς) σφαίρας, μείζων (ἐστὶ) τοῦ ἐγγεγραμμένου σχήματος σὺν τῶι κώνωι· ὁ (γὰρ) προειρημένος κῶνος μείζων (ἐστὶ) τοῦ κώνου τοῦ ἴσου τῶι σχήματι σὺν τῶι κώνωι το(ῦ) βάσιν μὲν ἔχοντὸς τὴν βάσιν τοῦ τμήματος, τὴν δὲ κορυφὴν (πρὸς) τῶι κέντρω[ι], τ(ου) τ(έστι) τὴν βάσιν μὲν ἔχοντος ἴσην τῆι ἐπ̣ιφανείαι τοῦ σχήματος, τὸ δὲ ὕψος τῆι ἀπὸ τοῦ κέντρου ἐπὶ μία(ν) πλευρὰν τοῦ πολυγώνου καθέτωι ἠγμένηι· ἥ τε γὰρ βάσις τῆς βάσεως μείζων (ἐστὶ)· δέδεικται γὰρ τοῦτο (καὶ) τὸ ὕψος τοῦ ὕψους.

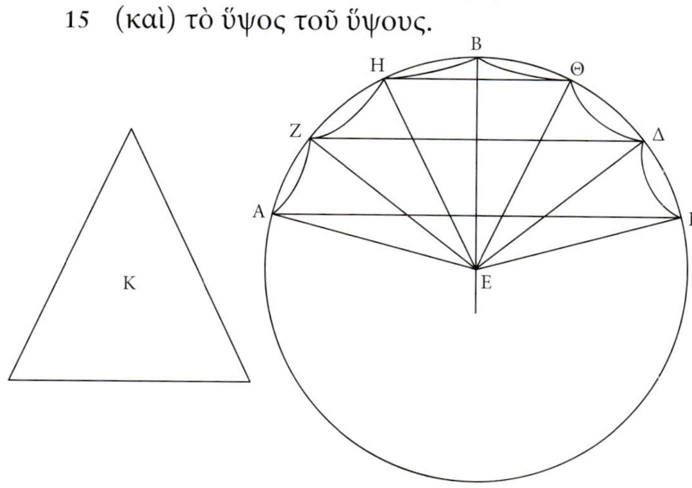

$\overline{\text{ΛΖ}}$ Ἔστ[ω σφ]αῖρα καὶ ἐν αὐτῆι μέγιστος κ̣ύκλος ὁ ΑΒΓ, καὶ τετμήσθω ἔλασσ(ον) ἡμικυκλίου, ὃ ἀποτέμνει ἡ ΑΒ, (καὶ) κέντρον τὸ Δ, καὶ ἀπὸ τοῦ κέντρου τοῦ Δ ἐπὶ τὰ ΑΒ ἐπεζεύχθωσαν αἱ ΑΔ ΔΒ, καὶ περὶ τὸν γεννηθέντα τομέα περιγεγράφθω πολύγων(ο̣ν̣) (καὶ) περὶ αὐτὸ κύκλος· ἕξει δὴ τὸ αὐτὸ κέντρον τὸ Α̣ΒΓ [κύ]κλωι. ἐὰν δὴ μενούσης τ[ῆ]ς ΕΚ περιενεχθὲ[(ν)] τὸ πολύγωνον εἰς τὸ αὐτὸ πάλιν ἀποκατασταθῆ, ὁ περιγεγραμμένος κύκλος κατὰ ἐπιφανείας οἰσθήσεται σφαῖρα, καὶ αἱ γωνίαι το̣[ῦ] π̣ο̣λ̣υγώνου κύκλου γράψουσιν, ὧν αἱ (δ̣ι̣ά̣)μετροι ἐπιζευγνύο̣υ̣σι τὰς γωνίας τοῦ πολυγώνου οὖ̣σ̣αι παράλληλοι τῆι ΑΒ, τὰ δ̣ὲ̣ [σ]η̣μεῖα, καθ’ ἃ ἅπ̣[τ]οντ(αι) τοῦ ἐ̣λάσσ[ο]νος κ̣ύ̣κ̣λου αἱ̣ τοῦ πολυγώνου πλ̣[ευρ]αί, κύκλου̣ς γράφο̣υσιν ἐν τῆι ἐλάσσονι σφαίρ(αι), ὧν διάμετροι ἔσοντ(αι) αἱ ἐπιζευγνύο[υ]σαι τὰς ἁφὰς παράλληλοι οὖσ(αι) τῆι ΑΒ, αἱ δὲ πλευραὶ κατὰ κωνικ[(ῶν)] ἐπιφανειῶν οἰσθήσονται, (καὶ) ἔσται τὸ περιγραφὲν σχῆμα ὑπὸ κωνικῶν ἐπιφανειῶν περιεχόμενον, βάσις ὁ περὶ τὴν ΖΗ κ̣ύ̣κλος· ἡ δὲ τοῦ εἰρημένου σχήματος ἐπιφάνεια μείζων (ἐστὶ) τῆς τοῦ ἐλάσσονος τμήματος ἐπιφανείας, οὗ βάσις οἱ περὶ τὴν ΑΒ κύκλοι. ἤχθωσαν (γὰρ) ἐφαπτόμεναι αἱ ΑΜ ΒΝ· κατὰ κωνικῆς (ἄρα) ἐπιφανείας οἰσθήσονται, καὶ τὸ σχῆμα τὸ γεννηθὲν ὑπὸ τ(οῦ) πολυγώνου τοῦ ΑΜ ΘΕ ΝΒ μείζονα ἕξει τὴν ἐπιφάνεια[ν] τοῦ τμήματ(ος) τῆς σφαίρας, οὗ̣ βάσις ὁ περὶ διάμετρο[ν] τὴν ΑΒ κύκλος· πέρας γὰρ ἐν ἑν[ὶ] ἐπιπέδωι τὸ αὐτὸ ἔχ(ου)σι τὸν περὶ διάμετρον τὴν ΑΒ [κ]ύ̣κλον, (καὶ) περιλαμβάνεται τὸ τμῆμα ὑπὸ τοῦ σχήματος. ἀλλ’ ἡ γεγενη-

COLUMN 1

15 καὶ τὸ] τό τε Η
24 τὸ] τῶι Η

COLUMN 2

5 σφαίρα] σφαίρας Η
6 κύκλου] κύκλους Η
7 ἐπιζευγνύουσι] ἐπιζευγνύουσιν Η
19 βάσις] οὗ βάσις Η
23 οἱ] ὁ Η
23 κύκλοι] κύκλος Η
32 ἔχουσι] ἔχουσιν Η

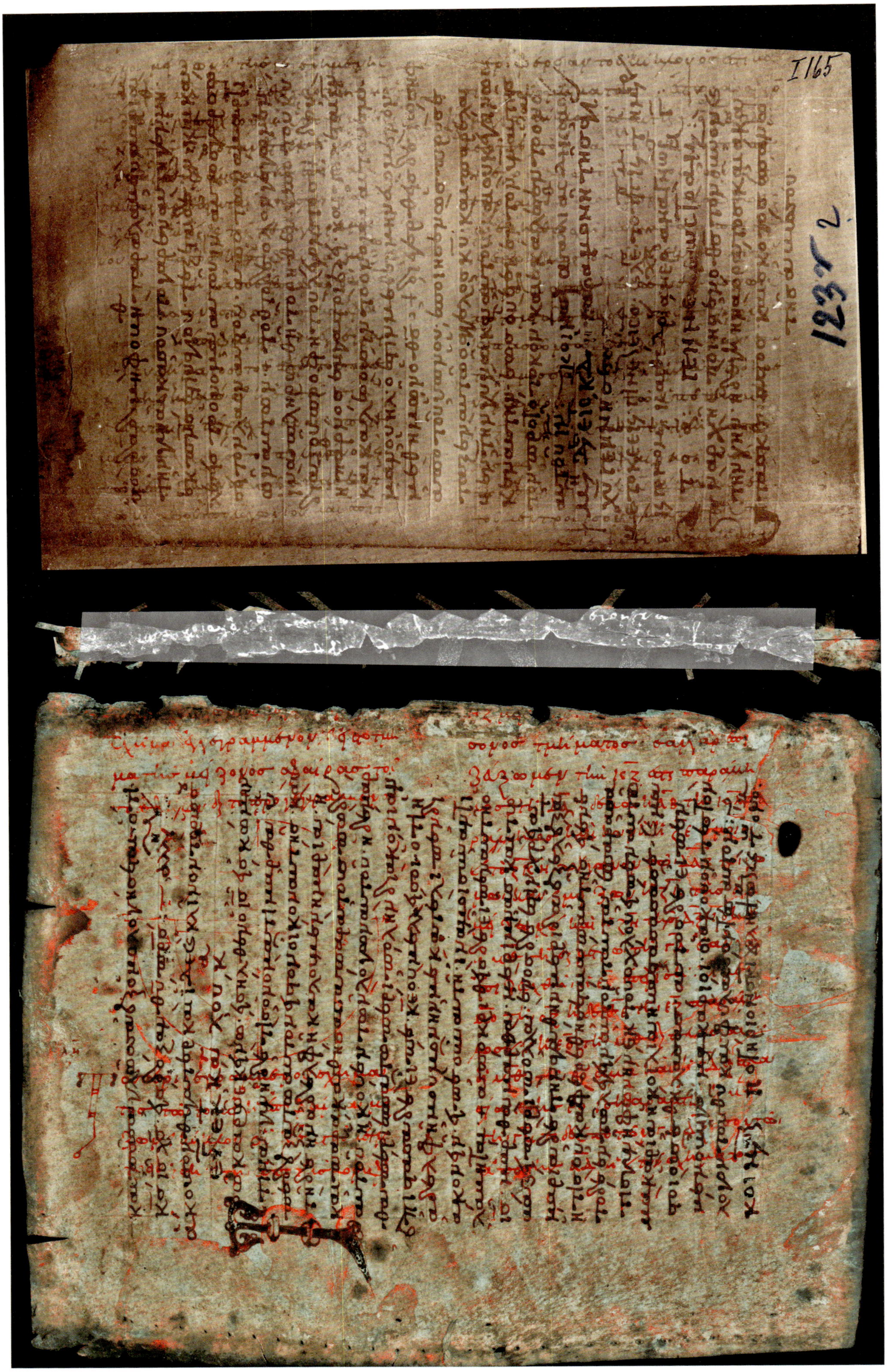

Heiberg I.144.25–148.16: *Sphere and Cylinder* I, Propositions 39, 40
Top, Heiberg photograph (registered); *middle,* x-ray fluorescence image of iron content; *bottom,* pseudocolor created from ultraviolet fluorescence and red reflectance images.

[μένη ὑπὸ τῶν ΖΜ ΗΝ ἐπιφάνεια] κώνου μείζων (ἐστὶ) τῆς γεγενημένης ὑπὸ τῶν ΜΑ Ν̣Β· ἡ μὲν γὰρ ΖΜ τ(ῆς) ΜΑ μείζων (ἐστί), ὑπὸ (γὰρ) ὀρθὴν ὑποτείνε̣ι̣, ἡ δὲ ΝΗ τῆς ΝΒ, ὅταν δὲ τοῦτο ᾖ, μεί[ζων] γίνεται ἡ ἐπιφάνεια τῆς ἐπιφα[νείας]· ταῦτα γὰρ δέδεικται ἐν τοῖς [λ]ή[μ]μα[σιν]. δῆλον οὖν (ὅτι) (καὶ) τοῦ περιγεγραμμ[έ]νου σχήματος ἡ ἐπιφάνεια μείζ(ων) (ἐ̣σ̣τ̣ὶ̣) τ[ῆς τοῦ] τμήματος ἐπιφανείας [τῆς ἐ]λάσσονος σφαίρας. καὶ φα[νερὸν (ὅτι)] ἡ ἐπιφάνεια τοῦ ἐγγεγραμ[μ]ένου σχήματος τοῦ περὶ τὸν τομέα ἴση (ἐστὶ) κύκλωι, οὗ ἡ ἐκ τοῦ [κ]έντ̣ρ[ου] [δύν]αται τὸ περιεχόμενον ὑπό τε μιᾶς πλ̣ευρᾶς τοῦ πολυγώνου (καὶ) τῶν ἐπιζευγνυουσῶν πασῶν τ(ὰς) [γ]ωνίας τοῦ πολυγωνίου καὶ ἐπὶ τ(ῆς) ἡμισε̣ί̣[ας] τ̣ῆ̣ς β[ά]σ̣εως το[ῦ εἰρη]μένο̣υ̣ πολυγωνίου γεγρ[α]μμ[έ]νον σχῆμα ἐγγεγραμμένον (ἐστὶν) εἰς τὸ τμῆμα τῆς μείζονος σφαίρας, τοῦτο δὲ δῆλον (διὰ) τὸ προγεγραμμένο[ν].

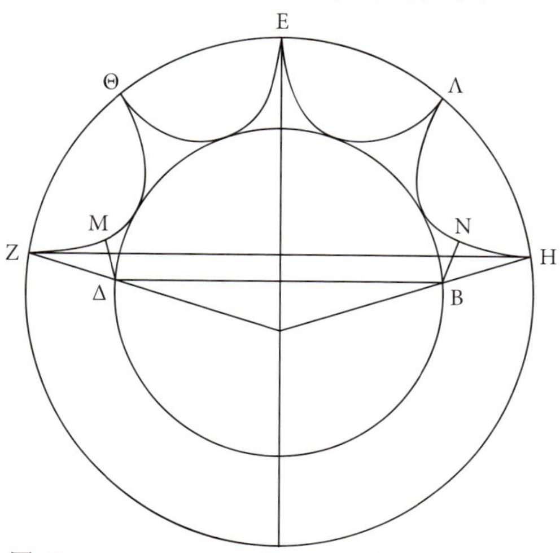

ΛΗ

Τοῦ περιγεγραμμένου σχήματος τῶι τομεῖ ἡ ἐπιφάν[ε]ια μείζων (ἐστὶν) κύκλου, οὗ ἡ ἐκ τοῦ κέντρου ἴση (ἐστὶ) τῆι ἀπὸ τῆς κορυφ(ῆς) [τοῦ τμήματος ἠγμένη ἐπὶ τὴν] περιφέρειαν τοῦ κύκλου, ὅς ἐστι βάσις τοῦ τμήματος. ἔστω γὰρ σφαῖρ(α) (καὶ) μέγιστ(ος) κύκλος ἐπ' αὐτῆς ὁ ΑΒ ΓΔ (καὶ) κ̣έντρον τὸ Ε, καὶ περὶ τ̣ὸ̣ν̣ [τομέα] π̣εριγεγρά̣φθω τὸ ΑΚΖ π̣ολύ̣γωνον, (καὶ) περὶ αὐτὸ [κύκ]λος περιγε̣[γρά]φθω, (καὶ) γ̣εγενήσθω σχῆμα, καθά(π̣ε̣ρ̣) πρότερ(ον), (καὶ) ἔστω κύ̣κλος ὁ Ν, οὗ ἡ ἐκ το[ῦ] κ̣[έ]ντρ(ου) ἴσον δύναται τῶι περιεχομένωι ὑπό τε μιᾶς πλευρᾶς τοῦ πολ[υ]γών(ο̣υ̣) (καὶ) πασῶν τῶν ἐπιζε̣[υγνυουσῶν σὺ̣ν̣] τῆι ἡμισεία τ̣[ῆς] ΚΛ. ἀλλὰ τὸ εἰρημένον χωρίον ἴσον (ἐστὶ) τῶι ὑπὸ τῆς ΜΘ (καὶ) ΖΗ, ὃ̣ δή (ἐστιν) ὕψος τοῦ τμήματος τ̣ῆς μείζονος σφαίρας· τοῦτο (γὰρ) π̣ρ̣οδέ[δει]κτ̣(α̣ι̣). τ̣[ο]ῦ̣ (ἄρα) Ν κύκλου ἡ ἐκ τοῦ κέντρου ἴσον δύνατ[(αι)] τῶι ὑπὸ [ΜΘ ΗΖ π]ε̣ρ̣ιεχ̣ομένωι ἀλλ' ἡ μὲν ΗΖ μείζω̣ν (ἐστὶ) τ[ῆς Δ]Ξ̣, [ὅ (ἐστιν) ὕ]ψ̣ος [τοῦ ἐλάσ]σονος τμήματος· ἐὰν γὰρ ἐπιζεύξωμεν τὴν ΚΖ, ἔστ(αι) παράλληλος τῆι ΔΑ. (ἔστιν) δὲ καὶ ἡ ΑΒ τῆι ΚΛ παράλληλος, καὶ κοινὴ ἡ ΖΕ· ὅμοιον (ἄρα) τὸ ΖΚΗ τρίγωνον τῶι ΔΑΞ τριγώνωι. καί (ἐστιν) μείζων ἡ ΖΚ τῆς ΑΔ· μείζων (ἄρα) καὶ ἡ ΖΗ τῆς ΔΞ, ἴση δὲ ἡ ΜΘ τῆι (δια)μέτρωι τῆι ΓΔ· ἐὰν γὰρ ἐπιζευχθῆι ἡ ΕΟ̣, ἐπεὶ ἴση (ἐστὶν) ἡ μὲν ΜΟ τῆι ΟΖ, ἡ δὲ ΘΕ τῆι ΕΖ, παράλληλος (ἄρα) (ἐστὶν) ἡ ΕΟ τῆι ΜΘ· διπλασία (ἄρα) (ἐστὶν) ἡ ΜΘ τῆι ΕΟ. ἀλλὰ καὶ ἡ ΓΔ διπλασία (ἐστὶν) τῆς ΕΟ· ἴση ἄρα ἐστὶν ἡ ΜΘ τῆι ΓΜ, τὸ δὲ ὑπὸ τῶν ΓΔ ΔΞ ἴσον τῶι ἀπὸ τῆς ΑΔ· ἡ (ἄρα) τοῦ σχήματος

COLUMN 1

20 πολυγωνίου γεγραμμένον] πολυγώνου ἐγγεγραμμένον Η

COLUMN 2

13 τῆι] τῆς Η

34 ΓΜ] ΓΔ Η

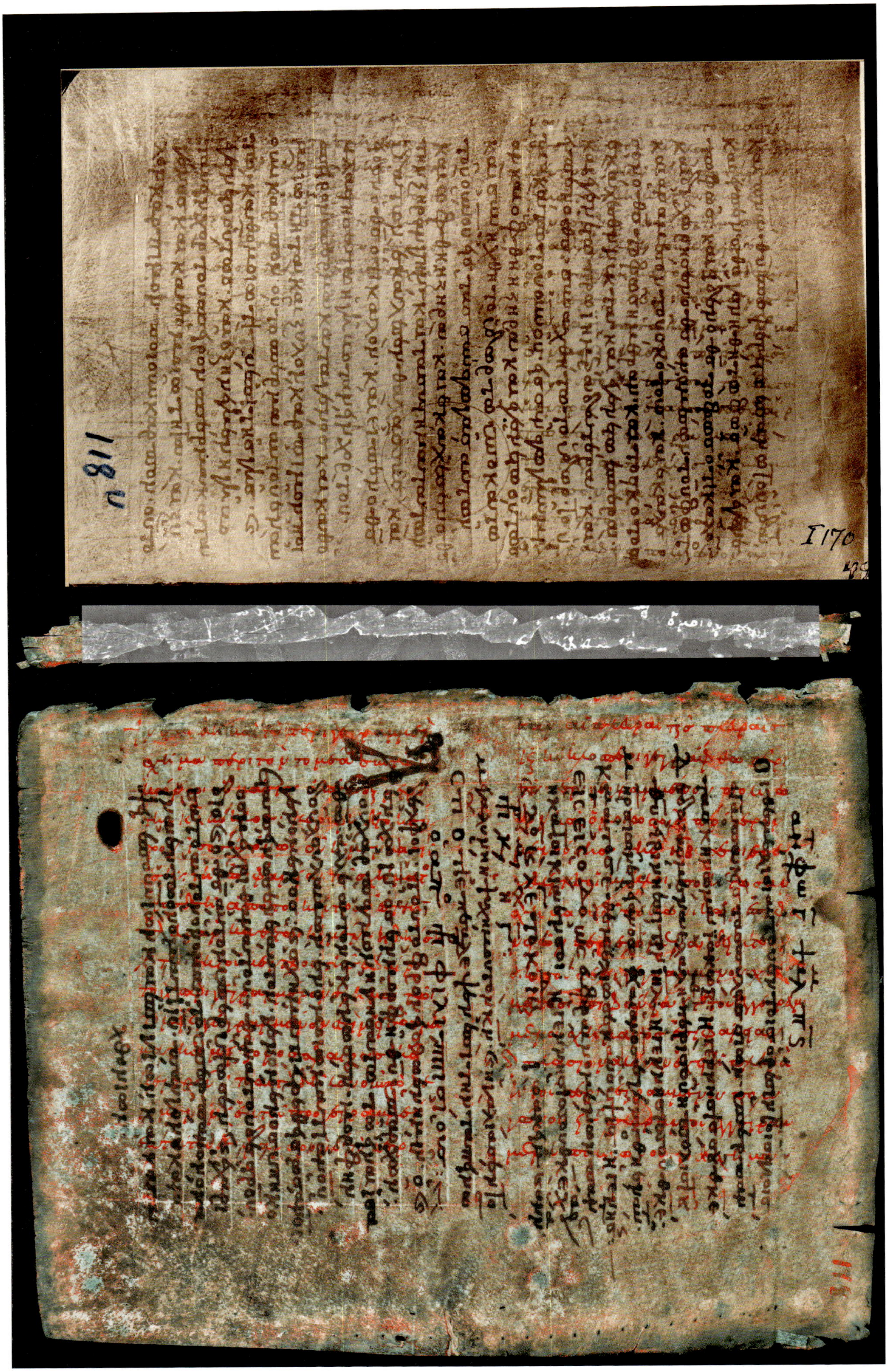

Heiberg I.148.16–152.3: *Sphere and Cylinder* I, Propositions 40, 41
Top, Heiberg photograph (registered); *middle,* x-ray fluorescence image of iron content; *bottom,* pseudocolor created from ultraviolet fluorescence and red reflectance images.

τοῦ ΚΖ[Λ ἐπιφ]άνεια μείζων̣ (ἐ̣σ̣τ̣ὶ̣) τοῦ κύκ̣λου̣, [οὗ ἡ ἐκ τοῦ κ]έντρου ἴση (ἐστὶ) τῆι [ἀπὸ τῆς] κο[ρυ]φῆς τοῦ τμήματος [ἐ][πὶ τὴν περιφέρειαν ἠγμέ]νη το[ῦ κύκλου], [ὅς (ἐστι)] βάσι̣ς̣ τοῦ τμήμα[τος], τοῦ [περὶ] [διά]μετρο[ν τὴν] Α̣Β̣· [ὁ] (γὰ̣ρ̣) Ν [κύ]κλος [ἴσ]ο[ς] (ἐστὶ) [τ]ῆι ἐ̣π̣[ιφανείαι τοῦ] π̣εριγεγ̣ρ̣[α]μ̣[μ]ένο̣[υ] περ[ὶ τὸν τ]ομέα σ̣χή[μα][τος].

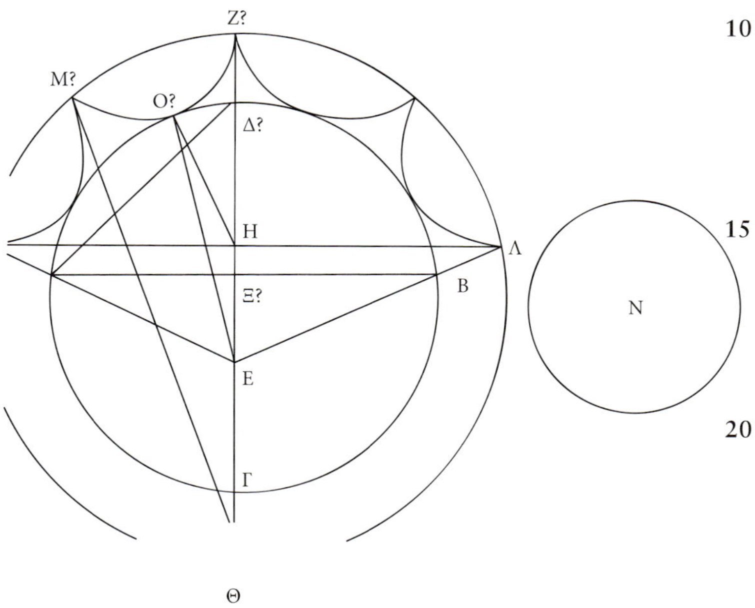

Γίνεται δὴ καὶ τὸ περιγεγραμμέν(ον) σχῆμα περὶ τὸν τομέα σὺν τῶι κώνωι, οὗ βάσις ὁ περὶ (διά)μετρο(ν) τὴν ΚΛ κύκλος, κορυφὴ δὲ τὸ κέντρον, ἴσος κώνωι, οὗ ἡ μὲν βάσις ἴση (ἐστὶ) τῆι ἐ̣πιφανείαι τοῦ σχήματ(ος), ὕψος δὲ τῆι ἀπὸ τοῦ κέντρου ἐπὶ τὴ(ν) πλευρὰν καθέτω̣ι̣ ἠγμένη ἥ δὴ ἴση (ἐστὶ) τῆι ἐκ τοῦ κέντρου τῆς σφαίρ[(ας)]· τὸ (γὰρ) περιγεγραμμένον σχῆμα τῶι τομεῖ ἐγγεγραμμένον ἐστὶν εἰς τὸ τμῆμα τῆς μείζονος σφαίρας, ἧς κέντρον (ἐστὶ) τὸ αὐτό· δῆλον οὖν τὸ λεγόμενόν (ἐστιν) ἐκ τοῦ προγεγραμμέν(ου). ἐκ τούτου δὲ φανε̣ρὸν (ὅτι) τὸ περιγεγραμμένον σχῆμα σὺν τῶι κώνωι μεῖζόν (ἐστι) κώνου τοῦ βάσιν μ[(ὲν)] ἔχοντο̣ς τὸν κύ[κ]λον, [οὗ ἡ ἐκ τοῦ] κέντρου ἴση (ἐστὶ) τῆι ἀπὸ τῆς κορυφῆς το[ῦ] τμήματος τῆς ἐλά̣σ̣σονος σφα̣ι̣ρας ἐπὶ τὴν π[ε]ρ̣ιφ[έ]ρειαν ἠγμένη τοῦ κύκλου, ὅ[ς] (ἐστι) βάσις το[ῦ τμ]ήματος, ὕψος δὲ τῆι ἐ̣[κ] τοῦ κέντρ̣ου· ὁ (γ̣ὰρ) ἴσος κῶνος τ(ῶ) σχήματι σὺν τῶι κώνωι τ(ὴ)ν̣ μ[(ὲν)] βάσιν μείζονα ἕξει τοῦ εἰρημέν(ου) κύκλου, τὸ δὲ ὕψ̣ος ἴσον τῆι ἐκ τοῦ̣ κέντρου τῆς ἐλάσσονος σφαίρ[(ας)]. ἔστω πάλιν σφαῖρα καὶ ἐν αὐτῆι μέγιστος κύκλος [(καὶ) τ]μῆμα ἔλασσον ἡ[μι]κυκλίου τὸ ΑΒ̣Γ [(καὶ)] κέντρον τὸ Δ, καὶ εἰς τὸν ΑΒΓ τομέ[α] ἐγγεγράφθω πολύγωνον ἀρτιό[γωνο]ν, [κ]αὶ τούτου ὅμοιον περι[γ]ε[γρά]φθω, (καὶ) [πα]ράλληλ[οι ἔστω]σαν αἱ πλευραὶ τ(αῖ)ς πλευραῖς, (καὶ) κύκλος περιγεγράφθω περὶ τὸ περιγεγραμμένον πολύγωνον, καὶ ὁμοίως τοῖς πρότερον μενούσης τῆς ΗΒ περιενεχθέντες οἱ κύκλοι ποιήτωσαν σχήματα ὑπὸ κωνικῶν ἐπιφανειῶν περιεχόμενα· δεικτέον (ὅτι) ἡ τοῦ περινεγραμμένου σχήματος ἐπιφάνεια (πρὸς) τ(ὴν) τοῦ ἐγγεγραμμένου σχήματος ἐπιφάνειαν διπλασίονα λόγον ἔχει ἡ πλευρὰ ἡ τοῦ περιγεγραμμένου πολυγώνου (πρὸς) τ(ὴν) πλευρὰν τοῦ ἐγγεγραμμένου πολυγώνου, τὸ δὲ σχῆμα

COLUMN 2

26 ποιήτωσαν] ποιείτωσαν H

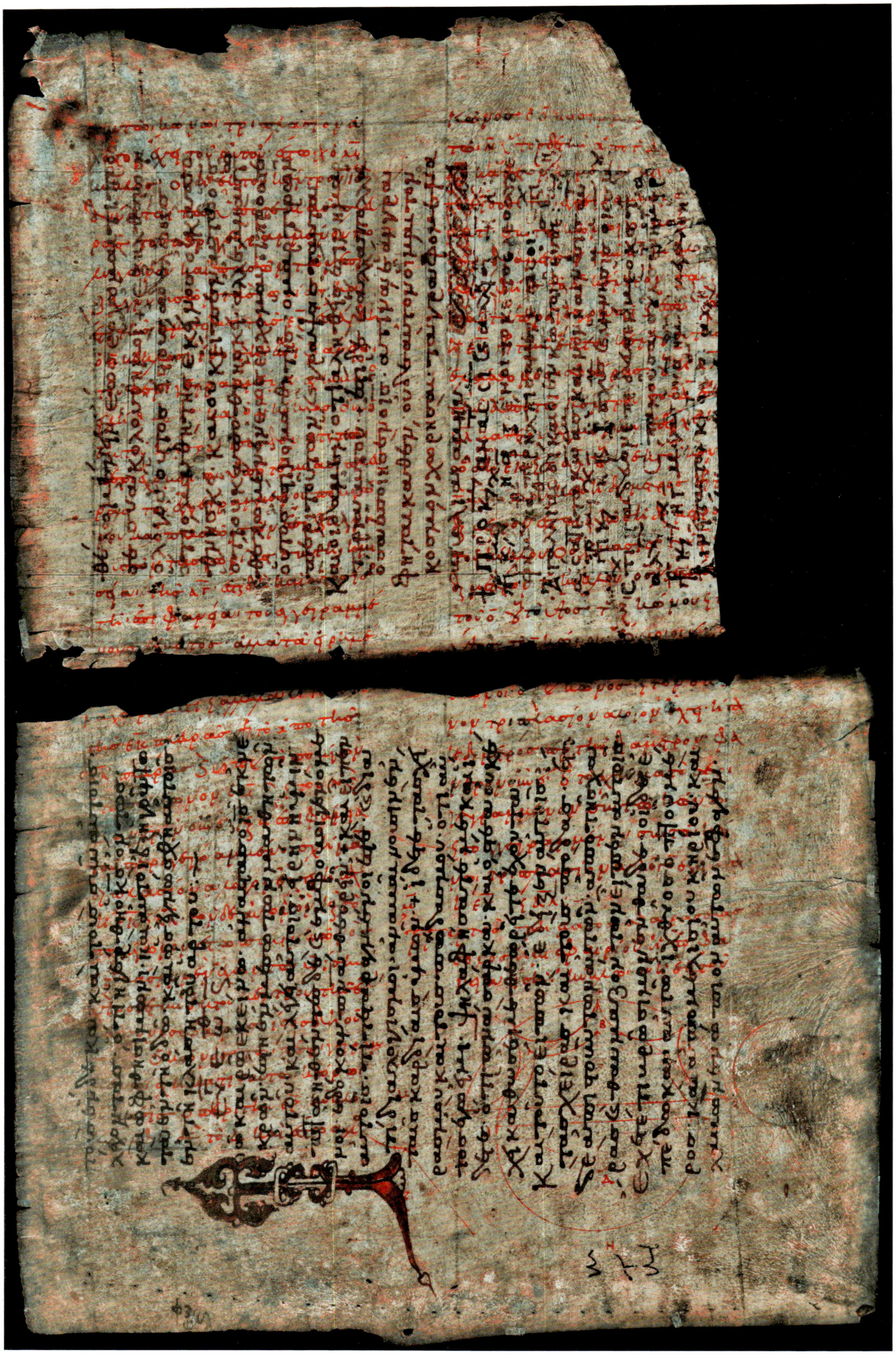

Heiberg I.152.3–156.3: *Sphere and Cylinder* I, Propositions 41, 42
Pseudocolor created from ultraviolet fluorescence and red reflectance images

σὺν τῶι κώνωι τριπλασίονα λόγον ἔχει τοῦ αὐτοῦ. ἔστω (γὰρ) ὁ Μ κύκλος, οὗ ἡ ἐκ τοῦ κέντρου ἴσ(ον) δύναται τῶι ὑπό τε μιᾶς πλευρᾶς τοῦ περιγεγραμμένον πολύγωνον καὶ πασῶν τῶν ἐπιζευγνυουσῶν τὰς γωνίας καὶ ἔτι τῆς ἡμισείας τῆς ΕΖ· ἔσται δὴ ὁ Μ κύκλος ἴσος τῆι ἐπιφανείαι τοῦ περιγεγραμμένου σχήμα̣[τ](ος). εἰλήφθω δ̣[ὴ] καὶ ὁ Ν κύκλος, οὗ ἡ ἐκ τοῦ κέντρου ἴσον δύνατ(αι) τῶι περιεχομένωι ὑπό τε μιᾶς πλευρᾶς τοῦ ἐγγεγραμμένου πολυγώνου καὶ πασῶν τῶν ἐπιζευγνυο̣υσῶν τὰς γωνίας σὺν τῆι ἡμισείαι τῆς ΑΓ· ἔστ(αι) δὴ καὶ οὗτος ἴσ(ος) τῆι ἐπιφανείαι τοῦ ἐγγεγραμμένου σχήματος. ἀλλὰ τὰ εἰρημένα χωρί̣α ἐστὶ (πρὸς) ἄλληλα (ὡς) τὸ [ἀ]πὸ τῆς ΕΚ πλευρᾶς (πρὸς) τὸ ἀπὸ τῆς ΑΛ πλευρᾶς (καὶ) (ὡς) π(αρὰ) τὸ πολύγων(ον) (π̣ρ̣ὸ̣ς) τὸ πολύγωνον, ὁ Μ (κύκλος) (πρὸς) τὸν Ν (κύκλ)(ον)· φανερὸν οὖν (ὅτι) (καὶ) ἡ ἐπιφάνεια τοῦ περιγεγραμμένου σχήμα(τος) διπλασίονα λόγον ἔχει ἤ(περ) ἡ ΕΚ (πρὸς) ΑΛ, τὸν δὲ αὐτόν, ὃν (καὶ) τὸ πολύγωνον. ἔστω πάλιν κῶνος ὁ Ξ βάσιν μὲν ἔχων τῶι Μ ἴσην, ὕψος δὲ τὴν ἐκ τοῦ κέντρου τῆς ἐ[λάσ]σονος σφαίρας· ἴσος δὴ οὗ[τός (ἐστιν)] ὁ κῶνος τῶι περιγεγραμμένωι σχήματι σὺν τῶι κώνωι, οὗ βάσις ὁ περὶ τὴν ΕΖ κύκλος, κορυφὴ δὲ τὸ Δ. καὶ ἔστω ἄλλ(ος) κῶνος ὁ Ο βάσιν μ[ὲν ἴσην ἔχων] τῶι Ν, ὕψος δὲ τὴν ἀπὸ τ(οῦ) Δ [ἐπὶ τὴν] ΑΛ κάθετον ἠγμένην· ἔστ(αι) δ[ὴ καὶ οὗ]τος ἴσος τῶι ἐγγεγραμμένω[ι σχή]ματι σὺν τῶι κώνωι, οὗ βάσις [ὁ] π̣ε̣ρ̣ὶ̣ διάμετρον τὴν ΑΓ κύκλος, κορυφὴ δὲ τὸ Δ κέντρον· ταῦτ̣[α (γὰρ)] πάντα προγέγραπτ(αι). (καὶ) ἐπεί (ἐ̣σ̣τ̣ι̣ν̣), ὡ[ς] ἡ ΕΚ (πρὸς) τὴν ἐκ τοῦ κέντρου τῆς ἐλάσσονος σφαίρας, (οὕτως) ἡ ΑΛ [(πρὸς)] τὴν ἀπὸ τοῦ κέντρου τοῦ Δ ἐπὶ [τ(ὴν)] ΑΛ κάθετον ἠγμένην, ἐδείχθη [δὲ], ὡς ἡ ΕΚ (πρὸς) τ(ὴν) ΑΛ, (οὕτως) ἡ ἐκ τοῦ κέν[τρ(ου)] τ(οῦ) Μ̣ [κύκ]λου καὶ ἡ (διά)μετρος (πρὸς) τ[(ὴν)] (διά)μετρον· ἔσται (ἄρα) ὡς ἡ (διά)μετρο[ς] τοῦ κύκλου, ὅ(ς) (ἐστι) βάσις τοῦ Ξ, [(πρὸς) τ(ὴν)] (διά)μετρον τ(οῦ) κύκλου, ὅς (ἐστι) βάσι[ς] τοῦ Ο, (οὕτως) τὸ ὕψος τ(οῦ) Ξ κώνου (πρὸς) τ[ὸ] ὕψος τὸ [Ο] κώνου ὅμοιοι· (ἄρα) (εἰσὶν) [οἱ] [κ]ῶνοι. ὁ Ξ (ἄρα) κῶνος (πρὸς) τὸν Ο κ[ῶ]νον τριπλασίονα λόγον ἔχει ἤ(περ) ἡ (διά)μετρος πρ(ὸς) τὴν διάμετρον· φανερὸν οὖν (ὅτι) καὶ τὸ σχῆμα τὸ περιγεγραμμένον σὺν τῶι κώνωι (πρὸς) τὸ ἐγγεγραμμένον σὺν τῶι κώνωι τριπλασίονα λόγο(ν) ἔχει ἤ(περ) ἡ ΕΚ (πρὸς) ΑΛ.

Μ̄ Παντὸς τμήματος σφαίρας ἐλάσσονος ἡμισφαιρίου ἡ ἐπιφάνεια ἴση (ἐστὶ) κύκλωι, οὗ ἡ ἐκ τοῦ

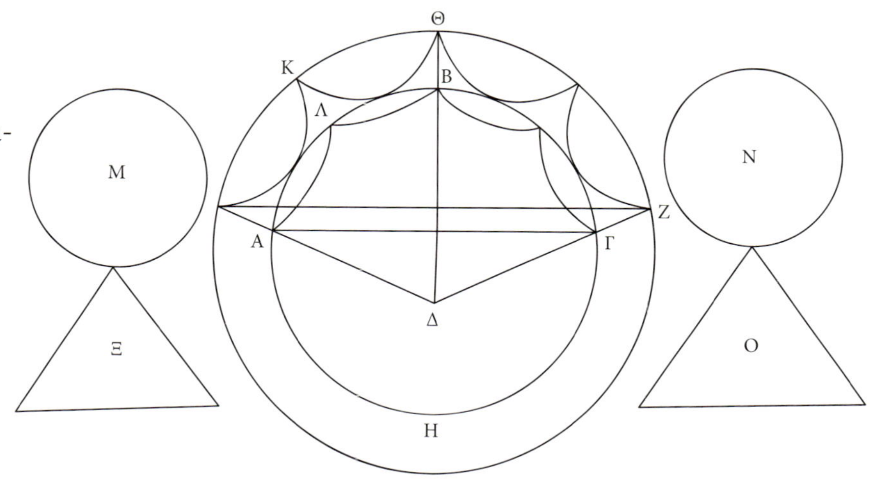

COLUMN 1

22 παρὰ] ἄρα H

COLUMN 2

19 τὸ] τοῦ H

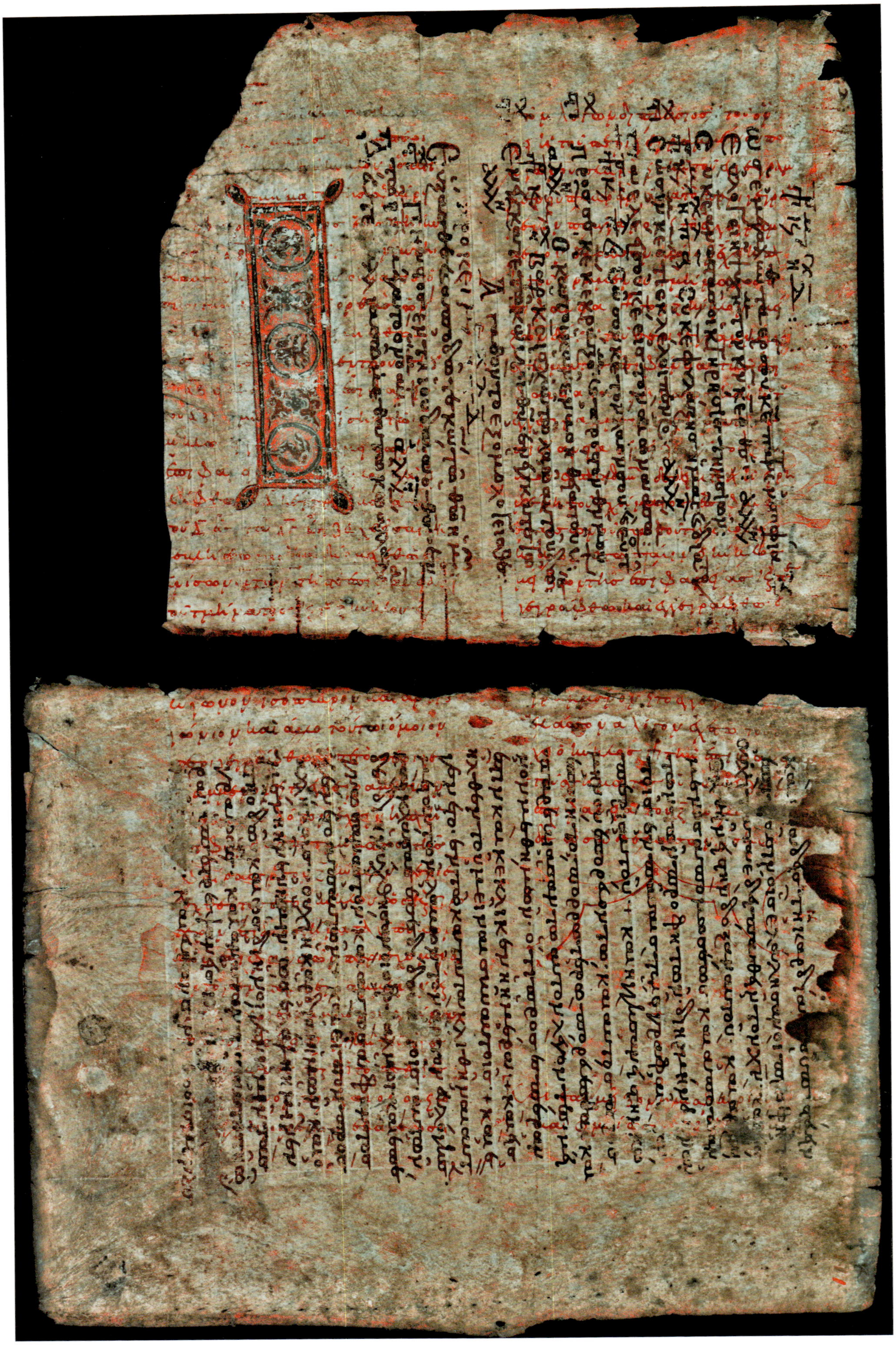

Heiberg I.156.3–158.19: *Sphere and Cylinder* I, Propositions 42, 43
Pseudocolor created from ultraviolet fluorescence and red reflectance images

[κέντρου ἴση ἐστὶ] τῆι ἀ[πὸ] τῆς κ[ορυ][φῆς τοῦ τμή]ματος [ἐ]πὶ τὴν περι[φέρειαν ἠγμέν]η τοῦ κύκλου, ὅς ἐστι [βάσις τοῦ] τμήματος τῆς σφαίρ(ας). [ἔστω] σφ[αῖ]ρ[α καὶ μέγιστ]ος ἐ[ν] αὐτῆι κύ[κλ]ος ὁ ΑΒ[Γ καὶ τμῆ]μ[α ἐ]ν αὐτῆι ἐλάσσων ἡ[μισφαιρίο]υ, οὗ βάσις ὁ περὶ τὴν [ΑΓ κύκλος πρὸς] ὀρθὰς ὢν [τῶι] ΑΒΓ [κύκλωι, καὶ] εἰλήφθω κύ[κλο]ς ὁ Ζ, [οὗ ἡ ἐκ τοῦ κ]έντρου ἴση (ἐστὶ) [τῶ]ι ΑΒ· εἰ δὴ δ[εῖξαι (ὅτι) ἡ] ἐπιφάνεια τοῦ ΑΒΓ τμή[ματος] ἴση (ἐστὶ) τῶι Ζ [κ]ύκλωι. εἰ γ[ὰρ μή, ἔστω] μείζων ἡ ἐπιφάνει[α τοῦ Ζ κ]ύκλου, καὶ εἰλήφθω [τὸ] Δ κέντρ[ον], καὶ ἀπὸ τοῦ Δ ἐπὶ τὰ ΑΓ ἐπιζευχθεῖσαι ἐκ[β]εβλήσθωσαν· καὶ δύο μεγεθῶν ἀνίσων ὄντων, τῆς τε ἐπιφανείας [τ]οῦ τμήματος (καὶ) τ(οῦ) Ζ κύκλου, ἐγ[γεγράφθω εἰς τὸν ΑΒΓ τομέα πο]λύγωνον ἰσόπλευρον καὶ ἀρτιογώνιον, καὶ ἄλλο τούτωι ὅμοιον περιγεγράφθω, ὥστε τὸ περιγε[γρ]αμμένον (πρὸς) τὸ ἐγγεγραμμένον [ἐλ]ά[σσον]α λόγον ἔχειν ἤ(περ) ἡ [ἐ]πιφάνεια τοῦ τμήματος τῆς σφαίρας πρ(ὸς) τὸν Ζ κύκλον, περιενεχθέντος δὲ τοῦ κύκλου, ὡς (καὶ) πρότερον, ἔστ(αι) δύο σχήματα ὑπὸ κων[ι]κῶν ἐπιφανειῶν περιεχόμενα, ὧν τὸ μὲν περ[ιγ]εγραμμένον (καὶ) [ἡ τοῦ πε]ρι[γ]εγραμμένου σχήματο[ς ἐ]πιφάνεια (πρὸς) τὴν τοῦ ἐγγε[γρα]μμένου ἔστ(αι), (ὡς) τὸ περιγεγραμμένον πολύγωνονον (πρὸς) τὸ [ἐγγε]γραμμένον· ἑκάτερος (γὰρ) τῶν λόγων διπλάσιός (ἐστι) τοῦ, ὃν ἔχει ἡ τοῦ περιγεγραμμένου πολυγώνου πλευρὰ (πρὸς) τὴν τοῦ ἐγγεγραμμένου πλευράν. ἀλλὰ τὸ περιγεγραμμένον πολύγωνον (πρὸς) τὸ ἐγγεγραμμένον ἐλάσσονα λόγον ἔχει ἤ(περ) ἡ τοῦ εἰρημένου τμήματος ἐπιφάνεια (πρὸς) τὸν Ζ κύκλον, μείζων δέ (ἐστιν) ἡ τοῦ περιγεγραμμέν(ου) σχήματος ἐπιφάνεια τῆς ἐπιφανείας τοῦ τμήματος· καὶ ἡ τ(οῦ) ἐγγεγραμμένου σχήματος ἐπιφάνεια (ἄρα) μείζων (ἐστὶν) τοῦ Ζ κύκλου· ὅ(περ) ἀδύν(ατον)· δέδεικται (γὰρ) ἡ εἰρημένη τοῦ σχήματος ἐπιφάνεια ἐλάσσων οὖσα τοῦ τηλικούτου κύκλου. ἔστω πάλιν ὁ κύκλος μείζων τῆς ἐπιφανείας, (καὶ) (περι)γεγράφθω καὶ ἐγγεγράφθω ὅ[μοια πολύγωνα], καὶ [τ]ὸ π[ε]ριγεγραμμένον (πρὸς) τὸ ἐγγεγ[ρα]μμέν[(ον)] ἐλάσσονα λόγον ἐχέτω τοῦ, ὃν ἔχει ὁ κύκλος (πρὸς) τὴν ἐπιφάνειαν τοῦ σχήματος. οὐκ (ἄρα) μείζων ἡ ἐπιφάνεια τοῦ Ζ κύκλο[υ. ἐδείχθη] δὲ ὡς οὐδὲ ἐλάσσων· ἴση (ἄρα).

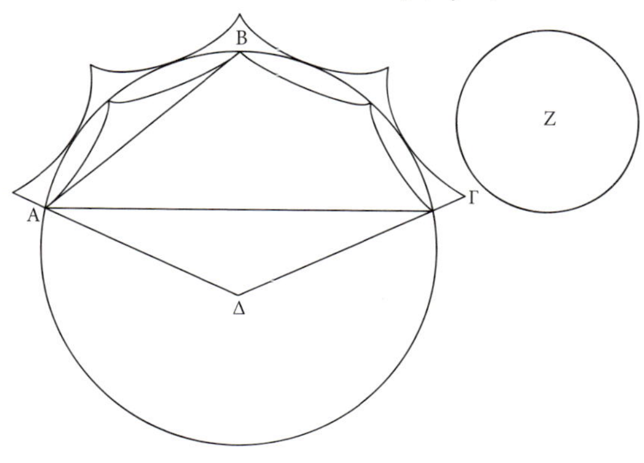

Καὶ ἐὰν μεῖζον ἡμισφαιρίου [ᾖ] τμῆμα, ὁμοίως αὐτοῦ ἡ ἐπιφάνει[α]

COLUMN 1

11 εἰ δὴ] δεῖ δὴ H

31 καὶ] τὸ δὲ ἐγγεγραμμένον καὶ H

35 πολύγωνονον] sic, πολύγωνον H

Heiberg I.158.19–160.9, 160.17–162.6: *Sphere and Cylinder* I, Propositions 43, 44
Pseudocolor created from ultraviolet fluorescence and red reflectance images

ἴση (ἐστὶ) κύκλωι, οὗ ἡ ἐκ τοῦ κέντρ(ου) ἴση ἔσται τῆι ἀπὸ τῆς κορυφῆς ἐπὶ τὴν περιφέρειαν ἠγμένη τοῦ κύκλο[υ, ὅ]ς ἐστι βάσις τοῦ τμήματ(ος). ἔστω (γὰρ) σφαῖρα καὶ ἐν αὐτῆι μέγιστ(ος) (κύκλος), καὶ [νο]είσθω τετμημένη ἐπιπέδωι ὀρθῶ τῶι κατὰ τὴν ΑΔ, (καὶ) τὸ ΑΒΔ ἔλασσον ἔστω ἡμισφαιρίου, (καὶ) διάμετρος ἡ ΒΓ (πρὸς) ὀρθὰς τῆι ΑΔ, (καὶ) ἀπὸ τῶν ΒΓ ἐπὶ τὸ Α ἐπεζεύχθωσαν αἱ ΒΑ ΑΓ, καὶ ἔστω ὁ μὲν Ε κύκλος, οὗ ἡ ἐκ τοῦ κέντρου ἴση (ἐστὶ) τῆι ΑΒΓ, ὁ δὲ Ζ κύκλος, οὗ ἡ ἐκ τ(οῦ) κέντρου ἴση (ἐστὶ) τῆι Α⟦Β⟧Γ, ὁ δὲ Η κύκλ(ος), οὗ ἡ ἐκ τοῦ κέντρου ἴση (ἐστὶ) τῆι ΒΓ· (καὶ) ὁ Η κύκλος (ἄρα) ἴσ(ος) (ἐστὶ) τ(οῖς) δυσὶ κύκλοις τοῖς ΕΖ. ὁ δὲ Η κύκλος ἴσος (ἐστὶν) ὅληι τῆι ἐπιφανείαι τῆς σφαίρας, ἐπειδήπερ ἑκατέρα τετραπλασία ἐστὶ τοῦ περὶ (διά)μετρον τὴν ΒΓ κύκλου, ὁ δὲ Ε κύκλος ἴσος (ἐστὶ) τῆι ἐπιφανείαι τοῦ ΑΒΔ τμήματος· [δέδεικται (γὰρ) τοῦτο] ἐ̣[πὶ τοῦ ἐλάσσον]ος

ἔστω σφαῖρα καὶ ἐν αὐτῆι μ[έ]γιστος κύκλος ὁ ΑΒΔ καὶ [κέ]ντρον τὸ Γ (καὶ) κῶνος ὁ βάσιν μὲν ἔχων [τὴν] κύκλον τὸν ἴσον τῆι κατὰ τὴν [ΑΒΔ] περιφέρειαν ἐ̣πιφ̣ανείαι, ὕψος δὲ ἴσον τῆι ΒΓ· δ̣εικτέον (ὅτι) ὁ τομεὺς ὁ ΑΒΓΔ ἴσος ἐστὶ τῶι εἰρημένωι κώνωι. εἰ γὰρ μή, ἔστω μείζων ὁ τομεὺς τοῦ κώνου, (καὶ) κείσθω ὁ Θ κῶνος, οἷος εἴρηται· δύο δὴ μεγεθῶν ἀνίσων ὄντω(ν), τοῦ τομέως καὶ τοῦ Θ κώνου, εὑρήσθωσαν δύο γραμμ̣αὶ αἱ ΔΕ, μείζων δὲ ἡ Δ τῆς Ε, καὶ ἐλάσσονα λόγον ἐχέτω ἡ Δ (πρὸς̣) Ε ἤπερ ὁ τομεὺς (πρὸς) τὸν κῶνον, καὶ εἰλήφθωσαν δύο γραμμ(αὶ) αἱ ΖΗ, ὅπως τῶι ἴσω ὑπερέχει ἡ Δ τῆς Ζ καὶ ἡ Ζ τῆς Η (καὶ) ἡ Η τῆς Ε, καὶ περὶ τὸν ἐπίπεδον τομέα τοῦ κύκλου περιγεγράφθω πολύγων(ον) ἰσόπλευρον καὶ ἀρτιογώνιον, (καὶ) τούτωι ὅμοιον ἐγγεγράφθω, ὅπως ἡ τοῦ περιγεγραμμένου π̣λ̣ευ̣[ρ]ὰ ἐλάσσονα λόγον ἔχη (πρὸς) τὴν τοῦ ἐγ-

COLUMN 1

13 ΑΒΓ] ΑΒ Η

14 Α⟦Β⟧Γ] ΑΓ Η

Heiberg I.162.16–166.4: *Sphere and Cylinder* I, Proposition 44
Pseudocolor created from ultraviolet fluorescence and red reflectance images

[σ]χῆμα τοῦ τῆς Δ (πρὸς) Ζ̣. ἡ δὲ Δ (πρὸς) Ε μεί-ζονα λ[όγον] ἔχει ἢ τριπλάσιον τ(οῦ) τῆς Δ (πρὸς) Ζ· τὸ (ἄρα) περιγεγραμμέ̣[ν]ον (σχῆμα) στερεὸν τῶι τομεῖ (πρὸς) τὸ ἐγγ[εγρα]μμέ-νον σχῆμα ἐλάσσονα λογο ει ἡ Δ (πρὸς) Ε. ἡ δὲ Δ (πρὸς) Ε ἐλάσσονα λόγον ἔχει ἢ ὁ στερεὸς τομεὺς πρὸς τὸ̣ν [Θ] κῶ-νον· ἢ τὸ περιγεγραμμέν[ον τ]ῶι το-μεῖ σχῆμα (πρὸς) τὸ ἐγγεγραμμ[ένον]. (καὶ) ἐναλλάξ· μεῖζον δέ (ἐστι) τὸ περιγε-γραμμένον στερεὸν σχῆμα [το]ῦ̣ τμή-ματος· (καὶ) τὸ ἐγγεγραμμένον [(ἄρα)] σχ(ῆμα) ἐν τῶι το(μεῖ) μεῖζόν (ἐστι) τοῦ Θ κώνου· ὅ(περ) ἀδύνατον· δέδεικται γὰρ εν τοῖς ἄνω ἔλασσον ὂν τοῦ τηλικο[ύ]-του κώνου, τουτ(έστι) τοῦ ἔχοντος [β]ά[σιν] μὲν κύκλ(ον), οὗ ἡ ἐκ τοῦ κέντρου ἴση (ἐστὶ) τῆι ἀπὸ τῆς κορυφῆς τοῦ τμήματος ἐπὶ τὴν περιφέρεια(ν) ἐπεζευγμένη εὐθείαι το[ῦ] κύκλου, ὅς (ἐστιν) βάσις τοῦ τμήματος, ὕψος δὲ

γεγραμμένον περὶ τὸν ἐπίπεδο(ν) [τ]ο̣μέα πολυγώνου̣ ἀρτιογωνίου ἡ πλευ[ρὰ] (πρὸς) τὴν τοῦ ἐγγεγραμμέ-νου ἐλάσσονα (λόγον) ἐχέτω τοῦ, ὃν ἔ-χει ἡ Δ (πρὸς) Ζ, καὶ γεγενήσθω τὸ (περὶ) τὸν στερεὸν τομέα στερεὰ σχήμα(τα)· ὁμοίως οὖ̣ν δείξο̣μεν (ὅτι) τὸ περιγε-γραμμένον περὶ τὸν τομέα σ̣τ̣ε-ρεὸν σχῆμα (πρὸς) τὸ ἐγγεγραμ[μένον] ἐλάσσονα (λόγον) ἔχει τοῦ, ὃν ἔχει ἡ Δ (πρὸς) Ε (καὶ) τοῦ, ὃν ἔχει ὁ Θ κῶνος (πρὸς) τὸν τομέα, ὥστε καὶ ὁ τομεὺς (πρὸς) τὸν κῶνον ἐλάσσονα λόγο(ν) ἔχει ἤ(π̣ε̣ρ̣) τὸ ἐγγεγραμμένον στερεὸν ἐν τ(ῶι) τμήματι πρὸς τὸ περιγε-γραμμένον. μείζων δέ (ἐστιν) ὁ το-μεὺς τοῦ ἐγγεγραμμένου εἰς αὐ-τὸν σχήματος· μείζων (ἄρα) ὁ Θ κῶ-νος τοῦ περιγεγραμμένο̣υ σχη-

COLUMN 1

5 λογο ει] sic, λόγον ἔχει τοῦ ὃν ἔχει H

20 ἐπεζευγμένη] ἐπιζευγνυμένη H

Heiberg I.168.1–170.28: *Sphere and Cylinder* II, Introduction, Proposition 1
Pseudocolor created from ultraviolet fluorescence and red reflectance images

B̄

Ἀρχιμήδης Δοσιθέωι χαίρ(ειν).
πρότερον μὲν ἐπέστειλάς μοι
γράψαι τῶν προβλημάτων τὰς
ἀποδείξ(εις), ὅν αὐτὸς τὰς προτάσ(εις)
ἀπέστειλα Κόνωνι· συμβ(αί)νει δὲ
αὐτῶν τὰ πλεῖστα γράφεσθαι (διὰ)
τῶν θεωρημάτων, ὧν πρότερ(ον)
ἀπέστειλά σοι τὰς ἀποδείξεις,
(ὅτι) τε πάσης σφαίρας ἡ ἐπιφά-
νεια τετραπλασία (ἐστὶ) τοῦ μεγίσ-
του κύκλου τῶν ἐν τῆι σφαίραι,
(καὶ) δι(ότι) παντὸς τμήματος σφαί-
ρας τῆι ἐπιφανείαι ἴσος ἐστὶ κύ- Ā
κλος, οὗ ἡ ἐκ τοῦ κέντρου ἴση (ἐστὶ)
τῆι εὐθείαι τῆι ἀπὸ τῆς κορυ-
φῆς τοῦ τμήματος ἐπὶ τὴν πε-
ριφέρẹịαν τῆς βάσεως ἀγομέ-
νη, καὶ δι(ότι) πάσης σ̣φ[αί]ρα[ς] ὁ
κύλινδρος ὁ βάσιν μὲν ἔχων
τὸν μέγιστον κύκλον τὸν ἐν τῆι
σφαίφαι, ὕψος δὲ ἴσον τῆι (δια)μέ-
τρωι τῆς σφαίρας, αὐτός τε
ἡμιόλιός (ἐστι) τῶι μεγέθει τ(ῆς) σφαί-
ρας καὶ ἡ ἐπιφάνεια αὐτοῦ ἡ-
μιολία τῆς ἐπιφανείας τ(ῆς)
σφαίρας, (καὶ) δι(ότι) πᾶς τομεὺς
στερεὸς ἴσος (ἐστὶ) κώνωι τῶι βά-
σιν μὲν ἔχοντι τὸν κύκλον τὸν
ἴσον τῆι ἐπιφανείαι τοῦ τμή-
ματος τῆς σφαίρας τοῦ ἐν τ(ῶ)
τομεῖ, ὕψος δὲ ἴσον τῆι ἐκ τοῦ κέ(ν)-
τρου τῆς σφαίρας. ὅσα μὲν (οὖν)
τῶν θεωρημάτων καὶ προβλη-
μάτων (γράφεται) (διὰ) τούτων τῶν θεωρη-
μάτων, ἐν τῶδε τῶι βιβλίωι γρά-
ψας ἀπέσταλκά σοι, ὅσα δὲ δι' ἄλλ(ης)

εὑρίσκονται θεωρίας, τῶ τε περὶ
ἑλίκων καὶ τῶ περὶ τῶν κωνο-
ειδῶν, πειράσομαι διὰ τάχους
ἀποστεῖλαι. τὸ δὲ πρῶτον ἦν τῶν
προβλημάτων τόδε· σφαίρας
δοθείσης ἐπίπεδον χωρίον εὑ-
ρεῖν ἴσον τῆι ἐπιφανείαι τῆς σφ(αί)-
ρας. ἔστι δὲ τοῦτο φανερὸν δεδειγ-
μένον ἐκ τῶν προειρημένων θε-
ωρημάτων· τὸ γὰρ τετραπλάσι(ον)
τ(οῦ) μεγίστου κύκλου τῶν ἐν τῆι σφ(αί)-
ραι ἐπίπεδόν τε χ̣ωρίον (ἐστὶ) καὶ ἴ-
σον τῆι ἐπιφανείαι τῆς σφαίρ(ας).
τὸ δεύτερον ἦν· Κώνου δοθέντ(ος)
ἢ κυλίνδρου σφαῖραν εὑρεῖν τῶι
κώνωι ἢ τῶι κυλίνδρωι ἴσην. ἔστ(ω)
διδόμενος κῶνος ἢ κύλινδρος
ὁ Α καὶ τῶι Α ἴση ἡ Β σφαῖρα, καὶ
κείσθω τοῦ Α κώ̣νου ἢ κυλίνδρου
ἡμιόλιος κύλινδρος ὁ ΓΖΔ, τῆς δὲ
Β σφαίρας ἡμιόλιος κύλινδρος, οὗ
βάσις ὁ περὶ διάμετρον τὴν ΗΘ κύ-
κλος, ἄξων δὲ ὁ ΚΛ ἴσος τῆι δια-
μέτρωι τῆς Β σφαίρας· ἴσος (ἄρα) (ἐστὶν) ὁ Ε
κύλινρδος τῶι Κ κυλίνδρωι, τῶν δὲ
ἴσων κυλίνδρων ἀντιπεπόνθασι(ν)
αἱ βάσεις τοῖς ὕψεσιν· ὡς (ἄρα) ὁ Ε κύκλ(ος)
(πρὸς) τὸν Κ κύ̣κλο(ν), τουτ(έστιν) (ὡς) τὸ
ἀπὸ τῆς ΓΔ
(πρὸς) τὸ ἀπὸ τῆς ΗΘ, οὕτως ἡ ΚΛ (πρὸς) ΕΖ.
ἴση δὲ ἡ ΚΛ τῆι ΗΘ· ὁ γὰρ ἡμιόλιος
κύλινδρος τῆς σφαίρας ἴσον ἔχει
τὸν ἄξονα τῆι (δια)μέτρωι τῆς σφαί-
ρας, (καὶ) ὁ Κ κύ̣κλος μέγιστ(ός) (ἐστι) τῶν ἐν
τῆι σφαίραι· (ὡς) (ἄρα) τὸ ἀπὸ ΓΔ (πρὸς) τὸ ἀπὸ
ΗΘ, (οὕτως) ἡ ΗΘ (πρὸς) τὴν ΕΖ. ἔστω τῶ ἀπὸ ΗΘ
ἴσον τὸ ὑπὸ ΓΔ ΜΝ· ὡ̣ς (ἄρα) ἡ ΓΔ (πρὸς) ΜΝ,

COLUMN 1

6 Κόνωνι] Κόνọνι H

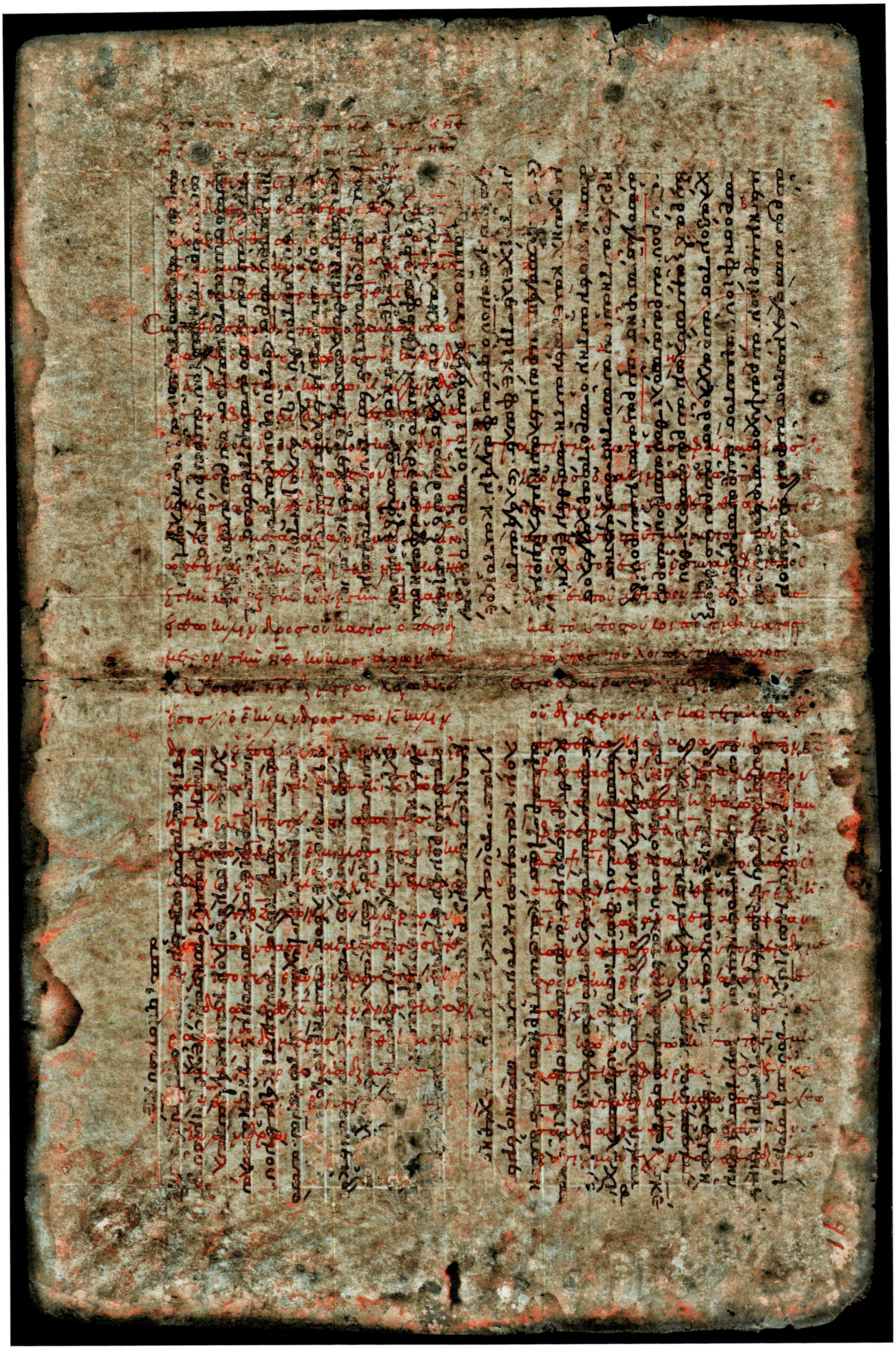

Heiberg I.170.28–174.22: *Sphere and Cylinder* II, Propositions 1, 2
Pseudocolor created from ultraviolet fluorescence and red reflectance images

(οὕτως) τὸ ἀπὸ ΓΔ (πρὸς) τὸ ἀπὸ ΗΘ, τουτ(έστιν) ἡ ΗΘ (πρὸς) Ε̣[Ζ, κ]α̣ὶ ἐναλλάξ, ὡ̣ς ἡ ΓΔ (πρὸς) τὴν ΗΘ, (οὕτως) ἡ ΗΘ (πρὸς) τ(ὴν) ΜΝ καὶ ἡ ΜΝ (πρὸς) [τὴν Ε]Ζ. (καί) (ἐστιν) δοθεῖσα ἑ̣κατέρα τῶν ΓΔ [Ε]Ζ· δύο ἄρα δοθεισῶν εὐθειῶν τῶν ΓΔ ΕΖ δύο μέσαι ἀνάλογόν (εἰσιν) αἱ ΗΘ ΜΝ· δοθεῖσα (ἄρα) ἑκατέρα τῆς ΗΘ ΜΝ. Συντεθήσεται δὴ τὸ πρόβλημα οὕτως· ἔ[στ]ω δὴ ὁ δοθεὶς κῶνος ἢ κύλινδρο(ς) ὁ Α· δεῖ δὴ τῶι Α κώνωι ἢ κυλίνδρ(ω) ἴσην σφαῖραν εὑρεῖν. ἔστω τοῦ Α κώνου ἢ κυλίνδρου ἡμιόλιος κύλινδρος, οὗ βάσις ὁ περὶ διάμετρον τὴν ΓΔ κύκλος, ἄξων δὲ ὁ ΕΖ, καὶ εἰλήφθω τ(ῶν) ΓΔ ΕΖ δύο μέσαι ἀνάλογον αἱ ΗΘ̣ ΜΝ, ὥστε εἶναι (ὡς) τὴν ΓΔ (πρὸς) τὴν ΗΘ, τὴν ΗΘ (πρὸς) τὴν ΜΝ (καὶ) τὴν ΜΝ (πρὸς) τὴν ΕΖ, καὶ νοείσθω κύλινδρος, οὗ βάσις ὁ περὶ (διά)μετρον τὴν ΗΘ κύκλος, ἄξων δὲ ὁ ΚΛ ἴσος τῆι ΗΘ (δια)μέτρωι· λέγω δὴ (ὅτι) ἴσος (ἐστὶν) ὁ Ε κύλινδρος τῶι Κ κυλίνδρωι. (καὶ) ἐπεί (ἐστιν), (ὡς) ἡ ΓΔ (πρὸς) ΗΘ, ἡ ΜΝ (πρὸς) ΕΖ, (καὶ) ἐναλλάξ, (καὶ) ἴση ἡ ΗΘ τῆι ΚΛ, ὡς (ἄρα) ἡ ΓΔ (πρὸς) ΜΝ, τουτ(έστιν) ὡς τὸ ἀπὸ τῆς ΓΔ (πρὸς) τὸ ἀπὸ ΗΘ, (οὕτως) ὁ Ε κύκλος (πρὸς) τὸν Κ κύκλον, (ὡς) (ἄρα) ὁ [Ε κ]ύκλ(ος) (πρὸς) τὸν Κ κύκλον, (οὕτως) ἡ ΚΛ (πρὸς) τ(ὴν) ΒΖ· τῶν (ἄρα) ΕΚ κυλίνδρων ἀντιπεπόνθασιν αἱ βάσεις τοῖς ὕψεσιν· ἴσος (ἄρα) ὁ Ε κύλινδρος τῶι Κ κυλίνδρωι. ὁ δὲ Κ κύλινδρος τῆς σφ(αί)ρας, ἧς (διά)μετρος ἡ ΗΘ, ἡμ̣ιόλιό̣ς (ἐστιν)· καὶ ἡ σφαῖρα (ἄρα), ἧς (διά)με[τ]ρος ἴ[ση (ἐστὶ)] τ̣ῆι ΗΘ, τουτ(έστιν) ἡ Β, ἴση (ἐστὶ) [τῶι Α] κών(ω) ἢ κυλίνδρωι.

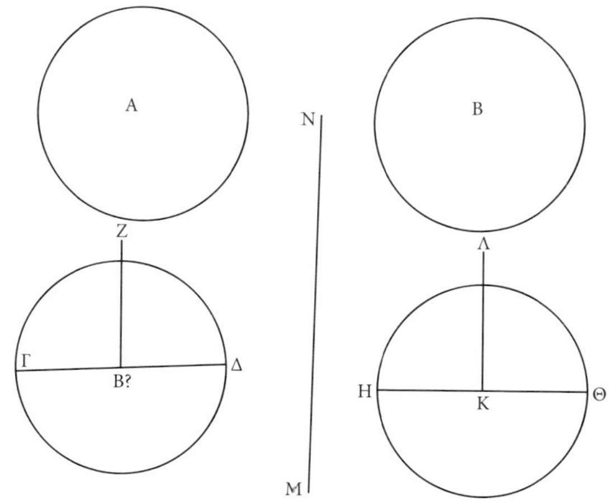

B̄ Παντὶ τμήματι τῆς σφαίρας ἴσος (ἐστὶ) κῶνος ὁ βάσιν μὲν ἔχων τὴν αὐτὴ(ν) τῶι τμήματι, ὕψος δὲ εὐθεῖαν, ἥτις πρὸς τὸ ὕψος τοῦ τμήματος τὸν αὐτὸν λόγον ἔχει, ὃν συναμφότερος ἥ τε ἐκ τοῦ κέντρου τῆ(ς) σφαίρας καὶ τὸ ὕψος τοῦ λοιποῦ τμήματος (πρὸς) τὸ ὕψος τοῦ λοιποῦ τμήματος. ἔστω σφαῖρα, ἐν ᾗ μέγιστος [κύκ]λος, οὗ (διά)μετρος ἡ ΑΓ, καὶ τετμήσθω ἐπιπέδωι ἡ σφαῖρα τῶι (διὰ) τῶν ΒΖ (πρὸς) ὀρθὰς τῆ̣ ΑΓ, (καὶ) ἔστω κέντρον τῶι Θ, καὶ πεποιή̣σθω, ὡς συν̣αμφότερος ἡ ΘΑ ΑΕ (πρὸς) τὴν ΑΕ, (οὕτως) ἡ ΔΕ (πρὸς) ΓΕ, καὶ πάλιν π̣[ε]π̣οιήσθω, (ὡς) συναμφότερος ἡ ΘΓ ΓΕ (πρὸς) ΓΕ, (οὕτως) ἡ ΚΕ (πρὸς) ΕΑ, καὶ ἀναγεγράφθωσαν κῶνοι ἀπὸ τοῦ κύκλου τοῦ περὶ (διά)μετρον τὴν ΒΖ κορυφὰς ἔχοντες τὰ ΚΔ σημεῖα· λέγω (ὅτι) ἴσος (ἐστὶν) ὁ μ(ὲν) ΒΔΖ κῶνος τῶι κατὰ τὸ Γ τμήματι τῆς σφαίρας, ὁ δὲ ΒΚΖ τῶι κατὰ τὸ Α σημείωι. ἐπεζεύχθωσαν (γὰρ) αἱ ΒΘ ΘΖ, (καὶ) νοείσθω κῶ̣νος βάσιν μὲν ἔχων τὸν περὶ (διά)μετρο(ν)

Heiberg I.174.22–178.22: *Sphere and Cylinder* II, Proposition 2
Pseudocolor created from ultraviolet fluorescence and red reflectance images

τὴν ΒΖ κύκλον, κορυφὴν δὲ τὸ Θ σημεῖον, (καὶ) ἔστω κῶνος ὁ Μ βάσι(ν) ἔχων κύκλον ἴσον τῆι ἐπιφανείαι τοῦ ΒΓΖ τμήματος τῆς σφαίρας, τουτ(έστιν) οὗ ἡ ἐκ τοῦ κέντρου ἴση (ἐστὶ) τῆι ΒΓ, ὕψος δὲ ἴσον τῆι ἐκ τοῦ κέντρου τῆς σφαίρας· ἔσται δὴ ὁ Μ κῶνος ἴσος τῶι ΒΓ ΘΖ στερεῶι τομεῖ· τοῦτο (γὰρ) δέδεικται ἐν τῶι πρώτωι βιβλίωι. ἐπεὶ δέ (ἐστιν), (ὡς) ἡ ΔΕ (πρὸς) ΕΓ, (οὕτως) συναμφότερος ἡ ΘΑ ΑΕ (πρὸς) ΑΕ, διελόντι ἔστ(αι), ὡς ἡ ΓΔ (πρὸς) ΓΕ, (οὕτως) ἡ ΘΑ (πρὸς) ΑΕ, τουτ(έστιν) ἡ ΓΘ (πρὸς) ΑΕ, καὶ ἐναλλάξ, ὡς ἡ ΔΓ (πρὸς) ΓΘ (ἐστίν), (οὕτως) ἡ ΓΕ (πρὸς) ΕΑ, καὶ συνθέντι, ὡς ἡ ΘΔ (πρὸς) ΘΓ, ἡ ΓΑ (πρὸς) ΑΕ, τουτ(έστι) τὸ ἀπὸ ΓΒ (πρὸς) τὸ ἀπὸ ΒΕ· (ὡς) (ἄρα) ἡ ΔΘ (πρὸς) ΓΘ, τὸ ἀπὸ ΓΒ (πρὸς) τὸ ἀπὸ ΒΕ. ἴση δέ (ἐστιν) ἡ ΓΒ τῆι ἐκ τοῦ κέντρου τοῦ Μ κύκλου, ἡ δὲ ΒΕ ἐκ τοῦ κέντρου (ἐστὶ) τοῦ περὶ (διά)μετρον τὴ(ν) ΒΖ κύκλου· ὡς (ἄρα) ἡ ΔΘ (πρὸς) ΘΓ, ὁ Μ κύκλ(ος) (πρὸς) τὸν περὶ (διά)μετρον τὴν ΒΖ κύκλον. (καί) (ἐστιν) ἴση ἡ ΘΓ τῶι ἄξονι τοῦ Μ κώνου· (καὶ) ὡς (ἄρα) ἡ ΔΘ (πρὸς) τὸν ἄξονα τοῦ Μ κώνου, οὕτως ὁ Μ κύκλος (πρὸς) τὸν περὶ (διά)μετρον τὴν ΒΖ κύκλ(ον)· ἴσος (ἄρα) ὁ κῶνος ὁ βάσιν μὲν ἔχων τὸν Μ κύκλον, ὕψος δὲ τὴν ἐκ τοῦ κέντρ(ου) τῆς σφαίρας, τῶι ΒΔ ΖΘ [σ]τερεῶι ῥόμβωι· τοῦτο (γὰρ) ἐν τοῖς λείμμασι τοῦ πρώτου βιβλίου δέδεικται. ἢ οὕτως· ἐπεί (ἐστιν), ὡς ἡ ΔΘ (πρὸς) τὸ ὕψ(ος) τ(οῦ) Μ κώνου, (οὕτως) ὁ Μ κύκλος (πρὸς) τὸν (περὶ) (διά)μετρον τὴν ΒΖ κύκλον, ἴσος (ἄρα) (ἐστὶν) ὁ Μ κῶνος τῶι κώνωι, οὗ βάσις μ(ὲν) ὁ περὶ (διά)μετρον τὴν ΒΖ κύκλον,

ὕψος δὲ ἡ ΔΘ· ἀντιπεπόνθασι (γὰρ) αὐτῶν αἱ βάσεις τοῖς ὕψεσιν. ἀλλ' ὁ [κῶ]νος ὁ βάσιν μὲν ἔχων τὸν περὶ (διά)μετρον τὴν [Β]Ζ̣ κύκλον, ὕψος δὲ τὴν ΔΘ, ἴσος (ἐστὶ) τῶι ΒΔ ΖΘ στερεῶι ῥόμβωι. ἀλλ' ὁ Μ κῶνος ἴσος (ἐστὶ) τῶι ΒΓ ΖΘ στερεῶι τομεῖ· (καὶ) ὁ ΒΓ ΖΘ στερεὸς τομεὺς (ἄρα) ἴσος (ἐστὶ) τῶι ΒΔ ΖΘ στερεῶι ῥόμβωι. κοινοῦ ἀφαιρεθέντ(ος) τοῦ κώνου, οὗ βάσις μ(έν) (ἐστιν) ὁ περὶ (διά)μετρον τὴν ΒΖ κύκλος, ὕψος δὲ ἡ ΕΘ, λοιπὸς (ἄρα) ὁ ΒΔΖ κῶνος ἴσος (ἐστὶ) τῶι ΒΖΓ τμήματι τῆς σφαίρας. ὁμοίως δὲ δειχθήσεται καὶ ὁ ΒΓΖ κῶνος ἴσος τῶι ΒΑΖ τμήματι τῆς σφαίρ(ας). ἐπεὶ γάρ (ἐστιν), ὡς συναμφότερος ἡ ΘΓ (πρὸς) ΓΕ, οὕτως ἡ ΚΕ (πρὸς) ΕΑ, διελόντι (ἄρα), (ὡς) ἡ ΚΑ (πρὸς) ΑΕ, (οὕτως) ἡ ΘΓ (πρὸς) ΓΕ. ἴση δὲ ἡ ΘΓ τῆι ΘΑ· καὶ ἐναλλὰξ (ἄρα) (ἐστίν), (ὡς) ἡ ΚΑ (πρὸς) ΑΘ, (οὕτως) ἡ ΑΕ (πρὸς) ΕΓ· ὥστε καὶ συνθέντι, ὡς ἡ ΚΘ (πρὸς) ΘΑ, ἡ ΑΓ (πρὸς) ΓΕ, τουτ(έστι) τὸ ἀπὸ ΒΑ πρ(ὸς) τὸ ἀπὸ ΒΕ. κείσθω δὴ πάλιν κύκλος ὁ Ν ἴσην ἔχων τὴν ἐκ τοῦ κέντρου τῆι ἐπιφανείαι τοῦ ΒΑΖ τμήματος. καὶ νοείσθω ὁ κῶνος ὁ Ν ἴσον ἔχων τὸ ὕψος τῆ ἐκ τοῦ κέντρου τῆς σφαίρας· ἴσος (ἄρα) (ἐστὶ) τῶ ΒΘ ΖΑ στερεῶ τομεῖ· τοῦτο (γὰρ) ἐν τῶι πρώτωι δέδεικτ(αι). καὶ ἐπεὶ ἐδείχθη, ὡς ἡ ΚΘ πρὸς ΘΑ, (οὕτως) τὸ ἀπὸ ΑΒ (πρὸς) τὸ ἀπὸ ΒΕ, τ(ου)τ(έστι) τὸ ἀπὸ τῆς ἐκ τοῦ κέντρου τοῦ Ν κύκλου (πρὸς) τὸ ἀπὸ τῆς ἐκ τοῦ κέντρου τοῦ περὶ (διά)μετρον τ(ὴν) ΒΖ κύκλου, τουτ(έστιν) ὁ Ν κύκλος (πρὸς) τὸν περὶ (διά)μετρον τὴν ΒΖ κύκλον, ἴση δὲ ἡ ΑΘ τῶι ὕψει τοῦ

Heiberg I.178.23–182.23: *Sphere and Cylinder* II, Proposition 2
Pseudocolor created from ultraviolet fluorescence and red reflectance images

Ν κώνου, ὡς (ἄρα) ἡ ΚΘ (πρὸς) τὸ ὕψος τοῦ Ν κώνου, (οὕτως) ὁ Ν κύκλος (πρὸς) τὸν περὶ διάμετρον τὴν ΒΖ κύκλον· ἴσος (ἄρα) (ἐστὶν) ὁ Ν κῶνος, τουτ(έστιν) ὁ ΒΘ ΖΑ τομεύς, τῶι Β[Θ] ΖΚ σχήματι. κοινὸς (προσ)κείσθω ὁ κῶνος, οὗ βάσις μὲν ὁ περὶ τὴν ΒΖ κύκλος, ὕψος δὲ ἡ ΕΘ· ὅλον (ἄρα) τὸ ΑΒΖ τμῆμα τῆς σφαίρας ἴσον (ἐστὶν) τῶι ΒΖ κώνῳ· ὅ(περ) ἔδει δεῖξαι. (καὶ) φανερὸν (ὅτι) (γίγνεται) καθόλου τμῆμα σφαίρ(ας) (πρὸς) κῶνον τὸν βάσιν μὲν ἔχοντα τὴν αὐτὴν τῶι τμήματι καὶ ὕψ(ος) ἴσον, ὡς συναμφότερος ἥ τε ἐκ τοῦ κέντρου τῆς σφαίρας καὶ ἡ κάθετος τοῦ λοιποῦ τμήματος· (ὡς) (γὰρ) ἡ ΔΕ (πρὸς) ΕΓ, (οὕτως) ὁ ΔΖΒ κῶνος, τουτ(έστι) τὸ ΒΓΖ τμῆμα, (πρὸς) τὸν ΒΓΖ κῶνον.

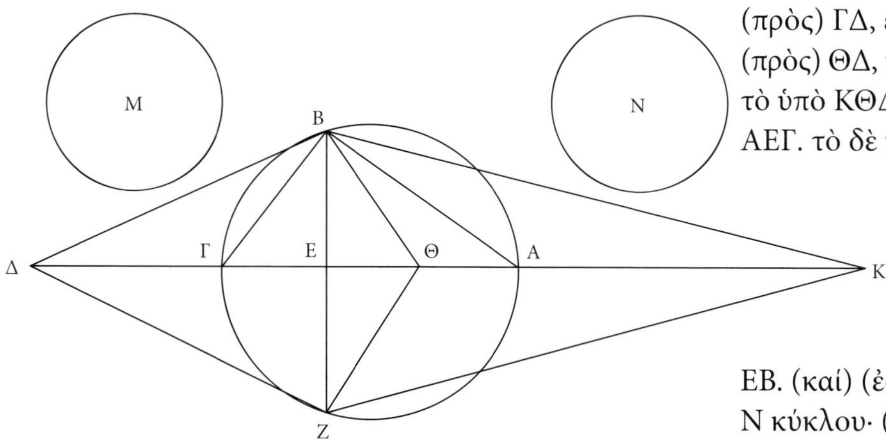

Τῶν αὐτῶν ὑποκειμένων, (ὅτι) (καὶ) ὁ ΚΒΖ κῶνος ἴσος (ἐστὶ) τῶι ΒΑΖ τμήματι τῆς σφαίρας. ἔστω (γὰρ) ὁ Ν κῶνος βάσιν μὲν ἔχων τὴν ἴσην τῆι ἐπιφανείαι τῆς σφαίρας, ὕψος δὲ τὴν ἐκ τ(οῦ) κέντρο(υ) τ(ῆς) σφαίρας· ἴσ(ος) (ἄρα) (ἐστὶν) ὁ κῶνος τῆς σφαίρας· ἡ (γὰρ) σφαῖρα δέδεικτ(αι) τετραπλασία τοῦ κώνου τοῦ βάσιν μὲν ἔχοντος τὸν μέγιστον κύκλον καὶ ὕψ(ος) τὴν ἐκ τοῦ κέντρου. ἀλλὰ μὴν (καὶ) ὁ Ν κῶνος τοῦ αὐτοῦ (ἐστι) τετραπλάσιος, ἐπεὶ καὶ ἡ βάσις τῆς βάσεως καὶ ἡ ἐπιφάνεια τῆς σφαίρας τοῦ μεγίστου κύκλου τῶν ἐν αὐτῆι. (καὶ) ἐπεί (ἐστιν), ὡς συναμφότερος ἡ ΘΑ ΑΕ (πρὸς) ΑΕ, ἡ ΔΕ (πρὸς) ΕΓ, διελόντι καὶ ἐναλάξ, (ὡς) ἡ ΘΓ (πρὸς) ΓΔ, ἡ ΑΕ (πρὸς) ΕΓ. πάλιν, ἐπεί (ἐστιν), (ὡς) ἡ ΚΕ (πρὸς) ΕΑ, συναμφότερος ἡ ΘΓΕ (πρὸς) ΓΕ, διελόντι καὶ ἐναλάξ, ὡς ἡ ΚΑ (πρὸς) ΓΘ, τουτ(έστι) (πρὸς) ΘΑ, (οὕτως) ἡ ΑΕ (πρὸς) ΕΓ, τουτ(έστιν) ἡ ΘΓ ⟦(πρὸς)⟧ (πρὸς) ΓΔ. καὶ συνθέντι· ἴση (ἐστὶν) ἡ ΑΘ τῆ ΘΓ· (ὡς) (ἄρα) ἡ ΚΘ (πρὸς) ΘΓ, ἡ ΘΔ (πρὸς) ΔΓ, (καὶ) ὅλη ἡ ΚΔ (πρὸς) ΔΘ (ἐστίν), (ὡς) ἡ ΔΘ (πρὸς) ΔΓ, τουτ(έστιν) (ὡς) ἡ ΚΘ (πρὸς) ΘΑ· ἴσον (ἄρα) τὸ ὑπὸ ΔΚ ΘΑ τῶι ὑπὸ τῶν ΔΘΚ. πάλιν, ἐπεί (ἐστιν), (ὡς) ἡ ΚΘ (πρὸς) ΘΓ, ἡ ΘΔ (πρὸς) ΓΔ, ἐναλλάξ· (ὡς) δὲ ἡ ΘΓ (πρὸς) ΓΔ, ἐδείχθη ἡ ΔΕ (πρὸς) ΕΓ· (ὡς) (ἄρα) ἡ ΚΘ (πρὸς) ΘΔ, ἡ ΘΕ (πρὸς) ΕΓ· (καὶ) (ὡς) (ἄρα) τὸ ἀπὸ ΚΔ (πρὸς) τὸ ὑπὸ ΚΘΔ, τὸ ἀπὸ ΑΓ (πρὸς) τὸ ὑπὸ τῶ(ν) ΑΕΓ. τὸ δὲ ὑπὸ τῶν ΚΘΔ ἴσον ἐδείχθη τῶι ὑπὸ ΚΔ ΑΘ· (ὡς) (ἄρα) τὸ ἀπὸ ΚΔ (πρὸς) τὸ ὑπὸ τῶν ΚΔ ΑΘ, τουτ(έστιν) ἡ ΚΔ (πρὸς) ΑΘ, τὸ ἀπὸ ΑΓ (πρὸς) τὸ ὑπὸ ΑΕΓ, τουτ(έστι) (πρὸς) τὸ ἀπὸ ΕΒ. (καί) (ἐστιν) ἴση ἡ ΑΓ τῆι ἐκ τοῦ κέντρ(ου) τ(οῦ) Ν κύκλου· (ὡς) τὸ ἀπὸ τ(ῆς) ἐκ τοῦ κέντρ(ου) τοῦ Ν κύκλου (πρὸς) τὸ ἀπὸ ΒΕ, τ(ου)τ(έστιν) ὁ Ν κύκλ(ος) (πρὸς) τὸν περὶ (διά)μετρον τὴν ΒΖ (κύκλον), (οὕτως) ἡ ΚΔ (πρὸς) (ΑΘ), τ(ου)τ(έστιν) ἡ ΚΔ (πρὸς) τὸ ὕψος τ(οῦ) Ν κώνου· ἴσος (ἄρα) (ἐστὶν) ὁ Ν κῶνος, τ(ου)τ(έστιν) ἡ σφαῖρα, τῶι ΒΔ ΖΚ στερεῶι ῥόμβωι· ἢ (οὕτως)· (ἔστιν) (ἄρα), (ὡς) ὁ Ν κύκλος (πρὸς) τ(ὸν) περὶ (διά)μετρον τ(ὴν) ΒΖ κύκλον, (οὕτως) ἡ ΔΚ (πρὸς) τὸ ὕψος τ(οῦ) Ν κώνου· ἴσ(ος) (ἄρα) (ἐστὶν) ὁ Ν κῶν(ος) τῶι κώνωι, οὗ βάσις μ(έν) (ἐστιν) ὁ (περὶ) (διά)μετρ(ον)

COLUMN 2

7 ἐναλάξ] sic, ἐναλλάξ H
10 ἐναλάξ] sic, ἐναλλάξ H
12 ἐστὶν] δὲ H

Heiberg I.182.23–184.5, 184.16–186.10: *Sphere and Cylinder* II, Propositions 2, 3
Pseudocolor created from ultraviolet fluorescence and red reflectance images

τὴν ΒΖ κύκλος, ὕψος δὲ ἡ ΔΚ· ἀντι-
πεπόνθασι (γὰρ) αὐτῶν αἱ βάσ(εις) τ(οῖς) ὕψε-
σιν. ἀλλ’ οὕτως ὁ κῶνος ἴσ(ος) (ἐστὶ) τῶι ΒΚ ΖΔ
στερεῶ[ι] ῥόμβω[ι]· (καὶ) ὁ Ν ἄρα κῶνος,
τ(ου)τ(έστιν) ἡ σφαῖρα, ἴση (ἐστὶ) τῶι ΒΖ ΚΔ
στερεῶι ῥόμβωι. ὧν ὁ ΒΔΖ κῶνος
ἴσος ἐδείχθη τῶι ΒΓΖ τμήμα(τ)ι
τῆς σφαίρας· λοιπὸς (ἄρα) ὁ ΒΚΖ
κῶνος ἴσος (ἐστὶ) τῶι ΒΑΖ τμήματι
τῆς σφαίρας. ἑξ(ῆς) Η (ΚΑΤΑ)ΓΡΑΦΗ.

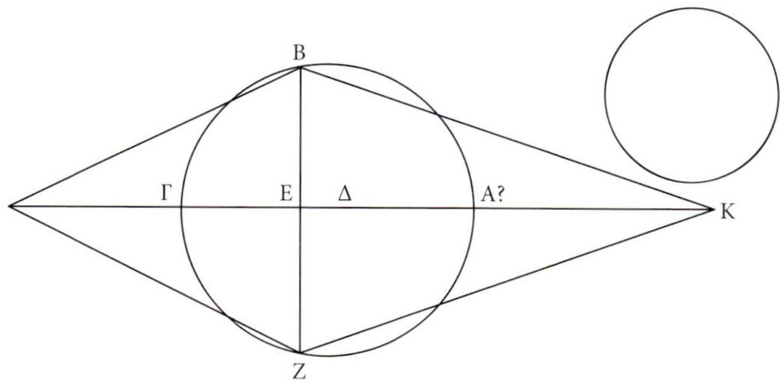

Τρίτον ἦν πρόβλημα τόδε· τὴ(ν)
δοθεῖσαν σφαῖραν ἐπιπέδωι τε-
μεῖν, ὅπως αἱ τῶν τμημάτων
ἐπιφάνειαι (πρὸς) ἀλλήλας λόγον ἔ-
χωσι τὸν αὐτὸν τῶι δοθέντι. γε-

οὕτως τὸ ἀπὸ ΑΔ (πρὸς) τὸ ἀπὸ ΔΒ, τ[(ου)]τ(έστιν) ἡ
ΑΓ (πρὸς) Γ̣Β δοθ[εῖ]ς̣· (ὥσ)τε δοθέν (ἐστι) τὸ Γ σημεῖο(ν).
(καί) (ἐστι) τῆι ΑΒ (πρὸς) ὀρθὰς ἡ ΔΕ· θέσει (ἄρα) καὶ τὸ
(διὰ) τ(ῆς) ΔΕ ἐπίπεδον. συντεθήσεται δὲ (οὕτως)·
ἔστω σφαῖρα, ἧς μέγιστος κύκλ(ος) ὁ ΑΒΔΕ
καὶ διάμετρος ἡ ΑΒ, ὁ δὲ δοθεὶς (λόγος) ὁ τ(ῆς)
Ζ (πρὸς) Η, καὶ τετμήσθω ἡ ΑΒ κατὰ τὸ Γ,
(ὥσ)τε (εἶναι), ὡς τὴν Α[Γ] (πρὸς) ΒΓ, (οὕτως) τὴν Ζ (πρὸς) Η,
καὶ (διὰ) τ(οῦ) Γ ἐπιπέδω τετμήσθω ἡ
σφαῖρα (πρὸς) ὀρθὰς τῆι ΑΒ εὐθείαι, (καὶ)
ἔστω κοινὴ τομὴ ἡ ΔΕ, καὶ ἐπεζεύ-
χθωσαν δύο κύκλοι οἱ ΘΚ, ὁ μ(ὲν) Θ ἴσ(ην)
ἔχων τὴν ἐκ τοῦ κέντρ(ου) τῆι ΑΔ, ὁ δὲ Κ
τὴν ἐκ τοῦ κέντρου ἴσην ἔχων τῆι
ΔΒ· (ἔστιν) (ἄρα) ὁ μ(ὲν) Θ κύκλος ἴσος τῆι ἐπιφα-
νείαι τ(οῦ) ΔΑΕ τμήματος, ὁ δὲ Κ τ(οῦ)
ΔΒΕ τμήματος· τοῦτο (γὰρ) προδέδει-
κτ(αι) ἐν τῶι πρώτωι βιβλίωι. καὶ ἐπεὶ
δοθεῖσά (ἐστιν) ἡ ὑπὸ ΑΔΒ καὶ κάθετο̣[ς]
ἡ ΓΔ, (ἔστιν), (ὡς) ἡ ΑΓ (πρὸς) ΓΒ, τ(ου)τ(έστιν) ἡ Ζ (πρὸς) Η, τὸ ἀ-
πὸ ΑΔ (πρὸς) [τ]ο̣ ἀ̣π̣ὸ ΔΒ, τ(ου)τ(έστι) τὸ ἀπὸ [τῆς]
ἐκ τοῦ κέντρου τ(οῦ) Θ κύκλου (πρὸς) τὸ ἀ-
[πὸ τῆς ἐκ τοῦ κ]ἐ̣ντρου τ](οῦ) Κ̣ κ̣[ύ]κ̣λ̣(ου)

COLUMN 1

1 ἀντιπεπόνθασι] ἀντιπεπόνθασιν H
3 οὕτως] οὗτος H
10 ἑξῆς Η ΚΑΤΑΓΡΑΦΗ] om. H
11 Τρίτον] γ Τρίτον H
14 ἔχωσι] ἔχωσιν H

COLUMN 2

2 ΓΒ] ΓΒ λόγος ἄρα τῆς ΑΓ πρὸς ΓΒ H

Heiberg I.186.15–188.3, 188.16–190.15: *Sphere and Cylinder* II, Propositions 3, 4
Pseudocolor created from ultraviolet fluorescence and red reflectance images

Τὴν δοθεῖσαν σφαῖραν τεμεῖν, (ὥσ)-
τε τὰ τμήματα τῆς σφαίρας (πρὸς)
ἄλληλα λό[γον] ἔ̣χειν τὸν αὐτὸν τῶι
δοθέντι. ἔ̣[στω ἡ δο]θεῖσ̣α σφαῖρα
ἡ ΑΒ ΓΔ· δεῖ δὴ αὐ[τὴ]ν̣ τεμ̣ε̣ῖ̣ν ἐπι-
πέδωι, ὥστε τὰ τμήματα τῆς σφ(αί)-
ρας (πρὸς) ἄλληλα λόγον ἔχειν τὸν δο-
θέντα. τετμήσθω (διὰ) τῆς ΑΓ [ἐ]πιπέ̣-
δωι· λόγος (ἄρα) τ(οῦ) ΑΔΓ τμήματος τῆς
σφαίρας (πρὸς) τὸ ΑΒΓ τμῆμα τῆς σφ(αί)-
ρας δοθείς. τετμήσθω δὲ ἡ σφαῖρα
(διὰ) τ(οῦ) κέντρου, (καὶ) ἔστω ἡ τομὴ
μέγιστ(ος)
κύκλος ὁ ΑΒ ΓΔ, κέντρον δὲ τὸ Κ
(καὶ) (διά)μετρ(ος) ἡ ΔΒ, καὶ πεποιήσθω, (ὡς)
μὲν συναμφότερος ἡ ΚΔΧ (πρὸς) ΔΧ,
οὕτως ἡ ΡΧ (πρὸς) ΧΒ, ὡς δὲ συναμφότε-
ρος ἡ ΚΒΧ (πρὸς) ΒΧ, (οὕτως) ἡ ΛΧ (πρὸς)
ΧΔ, (καὶ)
ἐπεζεύχθωσαν αἱ ΑΛ ΛΓ ΑΡ ΡΓ· ἴσ(ος)
(ἄρα) (ἐστὶν) ὁ μὲν ΑΛΓ κῶνος τῶι ΑΔΓ τμή-
ματι τῆς σφαίρας, ὁ δὲ ΑΡΓ τῶι Α
[ΒΓ· λόγος ἄρα καὶ τοῦ ΑΛΓ κώνου πρὸς
τὸν ΑΡΓ κῶ]-
νον δοθείς. (ὡς) δὲ ὁ κῶνος (πρὸς) τὸν κω-

(καὶ) (ὡς) (ἄρα) τὸ ἀπὸ ΚΛ (πρὸς) τὸ ἀπὸ ΛΔ̣, [(οὕτως) τὸ]
ἀπὸ ΒΔ (πρὸς) τὸ ἀπὸ ΔΧ. πά̣λ̣ι̣ν, ἐ̣[πεί] (ἐστιν),
(ὡς) ἡ ΛΧ (πρὸς) ΔΧ, συναμφότερος ἡ ΚΒ,
ΒΧ (πρὸς) ΒΧ, διελόντι, ὡς ἡ ΛΔ (πρὸς) ΔΧ, (οὕτως)
ἡ ΚΒ (πρὸς) ΒΧ. [καὶ κείσθω] τῆι ΚΒ ἴση
ἡ ΒΖ· (ὅτι) (γὰρ) ἐκτ[ὸς] τοῦ Ρ πεσεῖται δῆ-
λον· καὶ ἔσται, ὡς ἡ ΛΔ (π̣ρ̣ὸ̣ς̣) ΔΧ, (οὕτως) ἡ Ζ̣Β
(πρὸς) ΒΧ· (ὥσ)τε καί, ὡς ἡ ΔΛ (πρὸς) ΛΧ, ἡ ΒΖ (πρὸς) ΖΧ.
ἐπεὶ δὲ (λόγος) (ἐστὶ) τῆς ΔΛ (πρὸς) ΧΛ δο[θ]είς, καὶ τ(ῆς)
ΡΛ (ἄρα) (πρὸς) ΛΧ (λόγος) (ἐστὶ) δοθείς. ἐπεὶ οὖν ὁ τῆς
ΡΛ (πρὸς) ΛΧ (λόγος) συνῆπτ(αι) ἔκ τε τοῦ, ὃν ἔχει
ἡ ΡΛ (πρὸς) ΛΔ, καὶ ἡ ΔΛ (πρὸς) ΛΧ, ἀλλ᾽ ὡς μὲ(ν)
ἡ ΡΛ (πρὸς) ΛΔ, τὸ ἀπὸ ΔΒ (πρὸς) τὸ ἀπὸ ΔΧ,
ὡς δὲ ἡ ΔΛ (πρὸς) ΛΧ, (οὕτως) ἡ ΒΖ (πρὸς) ΖΧ· ὁ (ἄρα) τ(ῆς)
ΡΛ (πρὸς) ΛΧ λόγος συνῆπτ(αι) ἔκ τε τοῦ, ὃν
ἔχει τὸ ἀπὸ ΒΔ (πρὸς) τὸ ΔΧ, καὶ ἡ ΒΖ (πρὸς) ΖΧ.
πεποιήσθω δέ, (ὡς) ἡ ΡΛ (πρὸς) ΛΧ, ἡ ΒΖ (πρὸς) ΘΖ·
λόγος δὲ τῆς ΡΛ (πρὸς) ΛΧ δοθείς· λόγος (ἄρα)
καὶ τῆς ΖΒ (πρὸς) ΖΘ δοθείς. δοθεῖσα δὲ
ἡ [Β]Ζ̣· ἴ̣[ση (γάρ)] (ἔ̣σ̣τ̣ι̣) τῆ[ι] ἐκ τ[ο]ῦ κ[έντρου· δοθεῖ]-
[σα ἄρα καὶ] ἡ ΖΘ. καὶ ὁ τῆς ΒΖ (ἄρα) λόγ(ος)

COLUMN 1

1 τὴν] δ τὴν Η

COLUMN 1

9 ΧΛ] ΛΧ Η

Heiberg I.198.13–202.6: *Sphere and Cylinder* II, Propositions 5, 6
Pseudocolor created from ultraviolet fluorescence and red reflectance images

συντεθήσεται δὴ τὸ πρόβλημα (οὕτως)· ἔστω, ᾧ μὲν δεῖ ἴσον τμῆμα συστήσασθαι, τὸ ΑΒΓ, ὡς δὲ ὅμοιον, τὸ ΕΖΗ, καὶ ἔστωσαν μέγιστοι κύκλοι τῶν σφαιρῶν οἱ ΑΒΓ ΝΕ ΗΖΟ, (διά)μετροι δὲ αὐτῶν αἱ ΓΝ ΗΘ καὶ κέντρα τὰ ΠΣ, καὶ πεποιήσθω, (ὡς) μὲν συναμφότερος ἡ ΠΝ ΝΤ (πρὸς) ΝΤ, (οὕτως) ἡ ΧΤ (πρὸς) ΤΓ, ὡς δὲ συναμφότερ(ος) ἡ ΣΟΦ (πρὸς) ΟΦ, ἡ ΩΦ (πρὸς) ΦΗ· ἴσος (ἄρα) (ἐστὶν) ὁ μὲν ΧΑΒ κῶνος τῶι ΑΒΓ τμήματι τῆς σφαίρας, ὁ δὲ ΖΩΕ τῶ ΕΗΖ. πεποιήσθω, ὡς ἡ ΩΦ (πρὸς) ΕΖ, οὕτ(ως) ἡ ΧΓ (πρὸς) Δ, καὶ δύο δοθεισῶν εὐθειῶν τῶν ΑΒΔ δύο μέσαι ἀνάλογον εἰλήφθωσαν αἱ ΘΚ ς, ὥστε εἶν(αι), ὡς τὴν ΑΒ (πρὸς) ΘΚ, (οὕτως) τ(ὴν) ΚΘ (πρὸς) ς (καὶ) τὴν ς (πρὸς) Δ, καὶ ἐπὶ [τῆ]ς ΘΚ κύκλο[υ] τμῆ[μα ἐπεστάσθω τ]ὸ ΘΚ̣[Λ ὅμ]οιο(ν) τῶ ΕΖΗ κύκλου τμήματι, καὶ ἀναπεπληρώσθω ὁ κύκλος, (καὶ) ἔστω αὐτοῦ (διά)μετρος ἡ ΛΞ, καὶ νοείσθω σφαῖρα, ἧς μέγιστος κύκλ(ος) (ἐστὶν) ὁ ΛΘ ΞΚ, κέντρον δὲ τὸ Ρ, καὶ (διὰ) τῆς ΘΚ ἐπίπεδον ὀρθὸν ἐκβεβλήσθω (πρὸς) τὴν ΛΞ· ἔστ(αι) δὴ τὸ τμῆμα τῆς σφαίρας τὸ ἐπὶ τὰ αὐτὰ τῶι Λ ὅμοιον τῶι ΕΗΖ τμήματι τῆς σφαίρας, ἐπειδὴ καὶ τῶν κύκλων τὰ τμήματα ἦν ὅμοια. λέγω δὲ (ὅτι) (καὶ) ἴσον (ἐστὶ) τῶι ΑΒΓ τμήματι τῆς σφαίρας. πε[ποι]ήσθω, (ὡς) συναμφότερος ἡ ΡΞ ΞΥ (πρὸς) τ(ὴν) ΞΥ, (οὕτως) ἡ ΨΥ (πρὸς) ΥΛ· ἴσος (ἄρα) ὁ ΨΘΚ κῶνος τῶι ΘΚΛ τμήματι τ(ῆς) σφ(αί)ρ(ας).

καὶ [ἐ]πειδὴ ὅμοιός (ἐστιν) ὁ ΨΘΚ κῶνος τῶι ΖΩΕ κώνω, (ἔστιν) (ἄρα), ὡς ἡ ΩΦ (πρὸς) ΕΖ, τουτ(έστιν) ἡ ΧΤ (πρὸς) Δ, (οὕτως) ἡ ΨΥ (πρὸς) ΘΚ· καὶ ἐναλλὰξ καὶ ἀ̣νάπαλιν· (ὡς) (ἄρα) ἡ ΨΥ (πρὸς) ΧΤ, (οὕτως) ἡ ΘΚ (πρὸς) Δ. καὶ ἐπειδὴ ἀνάλογόν (εἰσιν) αἱ ΑΘ ΚΘ ς Δ, (ἔστιν), (ὡς) τὸ ἀπὸ ΑΒ (πρὸς) τὸ ἀπὸ ΘΚ, ἡ ΘΚ (πρὸς) Δ. (ὡς) δὲ ἡ ΘΚ̣ (πρὸς) Δ, ἡ ΨΥ (πρὸς) ΧΤ· (καὶ) (ὡς) (ἄρα) τὸ ἀπὸ ΑΒ (πρὸς) τὸ ἀπὸ ΚΘ, τ(ου)τ(έστιν) ὁ περὶ (διά)μετρο(ν) τὴν ΘΚ κύκλος, (οὕτως) ἡ ΨΥ (πρὸς) τὴν ΧΤ· ἴσος (ἄρα) (ἐστὶν) ὁ ΧΑΒ κῶνος τῶι ΨΘΚ κώνωι· (ὥσ)τε (καὶ) τὸ ΑΓΒ τμῆμα τῆς σφαίρας ἴσον (ἐστὶ) τ(ῶ) ΘΚΛ τμήματι τ(ῆς) σφαίρας. τῶι δοθέντι (ἄρα) τμήματι τῶι ΑΓΒ ἴσον καὶ ἄλλωι τῶι δοθέντι ὅμοιον τ(ῶ) ΕΖΗ τὸ αὐτὸ συνέσταται τὸ ΘΚΛ. ἐξ(ῆς) Η Κ(ΑΤΑ)ΓΡΑΦΗ.

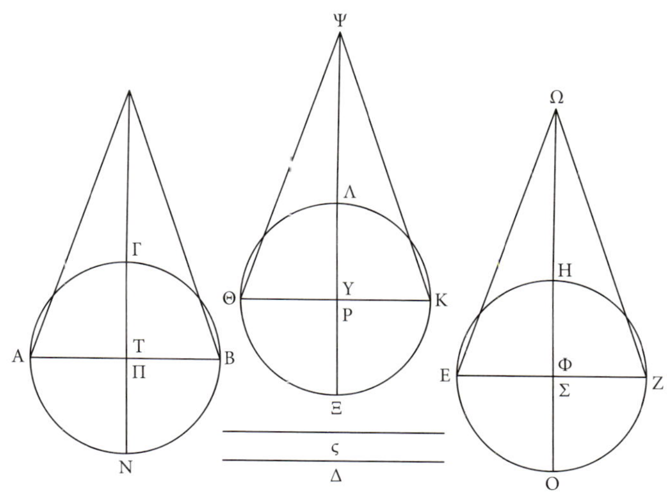

δύο δοθεισῶν σφαίρας τμημάτω(ν) εἴτε τῆς αὐτῆς εἴτε μ̣ὴ εὑρεῖν τμῆμα σφαίρας, ὃ ἔσται ἑνὶ μὲν τῶν δοθέντων ὅμοιον, τὴν δὲ ἐπιφά̣νει(αν) ἕξει ἴσην τῆι τ(οῦ) ἑτέρου τμήμ̣α̣τ̣[ος] ἐπιφανείαι. ἔστω τὰ δύο τμήματα

COLUMN 1

3 ὡς] ὧι Η
6 ΗΘ] ΗΟ Η
14 ΧΓ] ΧΤ Η

COLUMN 2

11 ΑΓΒ] ΑΒΓ Η
18 δύο] ς δύο Η
23 δύο] δοθέντα Η

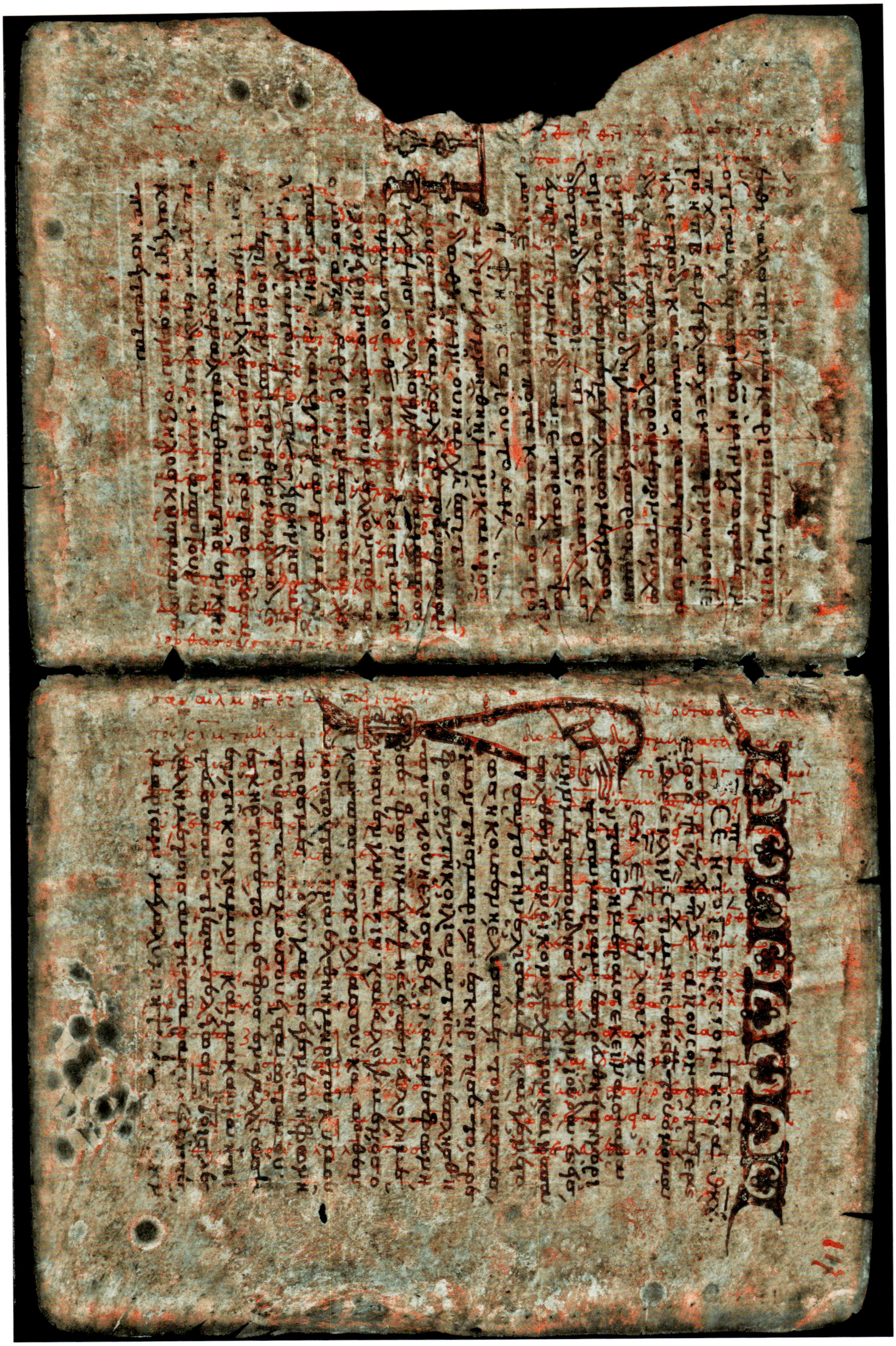

Heiberg I.202.6–204.22: *Sphere and Cylinder* II, Proposition 6
Pseudocolor created from ultraviolet fluorescence and red reflectance images

τὰ σφαιρι[κ]ὰ κατὰ τὰς Α[ΒΓ Δ]Ε[Ζ] [πε]ρι[φερεία]ς, κα[ὶ ἔσ]τω, ᾧ μὲ̣ν̣ δ̣ε̣ῖ̣ [ὅμοιον εὑρεῖν, τὸ] κατὰ [τὴν] Α̣Β̣[Γ] (περι)φέρ̣[ειαν], οὗ̣ δὲ τὴν ἐπιφάνειαν ἴσην [ἔχειν τῆι] ἐ̣πιφανείαι, τὸ κατὰ τὴν ΔΕ̣Ζ̣. καὶ γεγενήσθω, καὶ ἔστω τὸ Κ[Λ]Μ τῆς σφαί[ρ]ας τῶι μὲν ΑΒΓ τμήμα̣τι ὅμοιον, τὴν δὲ ἐπιφάνειαν ἴσην [ἐχ]έ̣τω τῆι τοῦ ΔΕΖ τμήματος ἐπιφανεία, κ̣[αὶ] νοείσθω τὰ κέν̣[τρα] τῶν [σφαιρ]ῶν, καὶ δι' αὐτῶν ἐπίπεδα ἐκβεβλήσθω ὀρθὰ (πρὸς) τὰς τῶν τμημάτων βάσεις, καὶ ἐν μὲν τ(αῖ)ς σφ(αί)ραις τομαὶ ἔστωσαν οἱ ΚΛΜ[Ν]ΒΑ ΓΘ ΕΖ ΗΔ μέγιστοι κύκλοι, ἐν δὲ ταῖς βάσεσι τῶν τμημάτων αἱ ΚΜ ΑΓ ΔΖ εὐθεῖαι, διάμετροι δὲ τῶν σφαιρ(ῶν) (πρὸς) ὀρθὰς οὖσαι τ(αῖ)ς ΚΜ ΑΓ ΔΖ̣ [ἔστω][σαν αἱ ΛΝ ΒΘ ΕΗ, καὶ ἐπεζεύχθω]σαν αἱ ΛΜ ΒΓ ΕΖ. καὶ ἐπεὶ ἴση (ἐστὶν) ἡ τοῦ ΚΛΜ τμήματος [τῆ]ς [σφαίρας] ἐπιφάνεια τῆι τοῦ ΔΕΖ τμήμα[(τος)] ἐπιφανείαι, ἴσος (ἄρα) (ἐστὶν) καὶ ὁ κύκλ[(ος)], οὗ ἡ ἐκ τ[ο]ῦ κέντρου ἴση (ἐστὶ) τῆι ΛΜ, τῶι [κ]ύκ̣λωι, οὗ ἡ ἐκ τοῦ κέντρου ἴση (ἐστὶ) τῆι ΕΖ· αἱ (γὰρ) ἐπιφάνειαι τῶν εἰρημέν[ων] τ̣μ̣η[μ]άτων ἴσαι ἐδείχθησαν κύκλοις, ὧν αἱ ἐκ τῶν [κ]έντ[ρ]ων ἴσαι (εἰσὶν) τ̣αῖς ἀπὸ τῶν κορυφῶν τῶν τμημάτων ἐπὶ τὰς βάσεις ἐπ[ι]ζευγνυο[ύ]σ(α̣ι̣)ς· ὥστε καὶ ἡ [ΜΛ] τῆι ΕΖ ἴση (ἐστίν). ἐπεὶ δὲ ὅμοιόν (ἐστι) [τὸ Κ]ΛΜ τῶι ΑΒΓ τμήμα[τι], (ἔστιν), ὡς [ἡ] Λ̣Ρ̣ (πρὸς) ΡΝ, ἡ ΒΠ (πρὸς) ΠΘ· καὶ ἀνάπαλι(ν) [(καὶ) συν]θέντι, ὡς ἡ Ν̣Λ (πρὸς) ΛΡ, οὕτως ἡ ΒΘ (πρὸς) ΘΠ. ἀλλὰ̣ καί, ὡς ἡ ΡΛ (πρὸς) ΛΜ, οὕτως ἡ ΒΠ (πρὸς) ΓΒ· ὅμοια (γὰρ) τὰ τρίγωνα· ὡς (ἄρα) ἡ Ν[̣Λ] (πρὸς) ΛΜ, τουτ(έστι) (πρὸς) ΕΖ, (οὕτως) ἡ ΘΒ (πρὸς) ΒΓ. καὶ [ἐ]να̣λλάξ· λόγος [δὲ] τῆς ΕΖ (πρὸς) ΒΓ· δοθεῖσα γὰρ ἑ̣[κα]τέρα· λ̣όγος (ἄρα) (καὶ) τῆς ΛΝ (πρὸς) Β[Θ. καί] (ἐστι) δ̣οθεῖ[σα ἡ ΒΘ]· δοθεῖσα (ἄρα) καὶ ἡ ΛΝ· ὥστε καὶ ἡ [σφαῖρα δ]οθεῖσά ἐστιν.

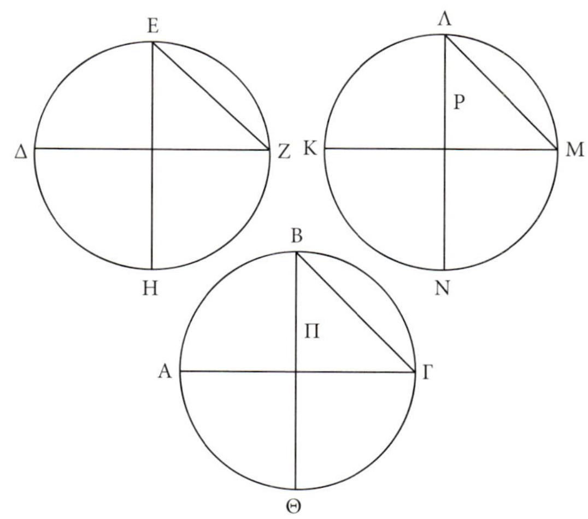

[συντεθή]σετα̣ι δὴ οὕτως· ἔστω τὰ δοθέντα δύο τμήματα σφαίρας τὰ ΑΒΓ ΔΕΖ, τὸ μὲν ΑΒΓ, ᾧ δεῖ ὅμοι(ον), τὸ δὲ ΔΕΖ, οὗ τὴν ἐπιφάνειαν ἴση(ν) ἔχει(ν) τῆ[ι] ἐπιφανείαι, καὶ τὰ α[ὐ]τὰ κατεσκευάσθω τοῖς ἐπὶ [τ]ῆς ἀναλύσεως, καὶ πεποιήσ[θ]ω, ὡς μὲν ἡ ΒΓ (πρὸς) ΕΖ, οὕτως ἡ ΒΘ (πρὸς) ΛΝ, (καὶ) περὶ (διά)μετρον τ(ὴν) ΛΝ κύκλος γεγράφθω, καὶ νοείσθω σφαῖρ[α], ἧς μέγιστος ἔστω κύκλ(ος) ὁ ΛΚ[Ν]Μ, καὶ τετμήσθω ἡ ΝΛ κατὰ τ̣ὸ Ρ, (ὥσ)τε εἶναι, (ὡς) τὴν ΘΠ (πρὸς) ΠΒ, τὴν [Ν]Ρ (πρὸς) ΡΛ, καὶ διὰ τοῦ Ρ ἐπιπέδωι τε[τμ]ήσθω ἡ ἐπιφάνεια ὀρθῶ (πρὸς) τ[ὴν] Α̣Ν, (καὶ) ἐπεζεύχθω ἡ ΑΜ· ὅμο[ια (ἄρα) (ἐστὶν)]

COLUMN 1

1 τὰ] om. H

Heiberg I.234.6–13, 234.25–236.6: *Measurement of the Circle,* Propositions 1, 2
Pseudocolor created from ultraviolet fluorescence and red reflectance images

[καὶ περιγεγράφθω] τὸ τ̣[ετ]ρ[ά]γ[ωνον], καὶ [τετμ]ήσ̣θωσαν αἱ περιφέ[ρειαι] δ[ί]χα, κ̣α̣ὶ̣ [ἤ]χθωσαν ἐφα[πτ]όμεναι διὰ τῶν σημείων· ὀρθὴ (ἄρα) ἡ ὑπὸ ΟΑΡ. ἡ ΟΡ (ἄρα) τῆς ΜΡ (ἐστὶν) μείζων· [ἡ (γὰρ) Ρ]Μ τῆι ΡΑ ἴση (ἐστί)· καὶ τὸ Ρ[Ο]Π τρίγω̣[ν]ον (ἄρα) τοῦ Ο[Ζ]ΑΜ σχήματος μ̣ε̣ῖ̣ζ[όν] (ἐστιν) ἢ τὸ ἥμισυ. λελεί[φ]θω[σαν οἱ τῶ] Π[ΖΑ τομεῖ] ὅμ[οι][οι ἐλάσσους τῆς ὑπερ]ο̣χ[ῆ]ς, ἧ ὑ[περέχει τὸ Ε] τ̣ο̣[ῦ ΑΒΓΔ] κ̣ύ̣κ̣λ̣ο̣υ̣

. . .

. . .

. . .

. . .

. . .

πρὸς ἕν, τὸ ΑΓΖ (πρὸς) τὸ ΑΓΔ (ἐστίν), ὡς Κ̅Β̅ (πρὸς) [Ζ̅]. ἀλλὰ τὸ ΑΓΔ τ̣ετρα̣π̣[λ]άσιόν (ἐστι) τὸ ΓΗ τετράγωνον, τὸ δὲ ΑΓΔΖ τρίγωνον τῶι̣ ΑΒ κύκλωι̣ ἴσον ἐστίν ἐπεὶ ἡ μὲν ΑΓ κάθετος ἴση (ἐστὶ) τῆι ἐκ τοῦ κέντρου, ἡ δὲ βάσις τῆς διαμέτρου τριπλ[α]σίω(ν) καὶ τοῦ̣ Ζ ἔγγισ[τ]α ὑπερέχουσα δειχθήσεται· ὁ κ̣ύ̣κλος οὖ̣ν̣ (πρὸς) τὸ ΓΗ [τ]ετράγωνον λόγον ἔχει, ὃν Ι̣̅Α̅ (πρὸς) Ι̣̅Δ̅ .

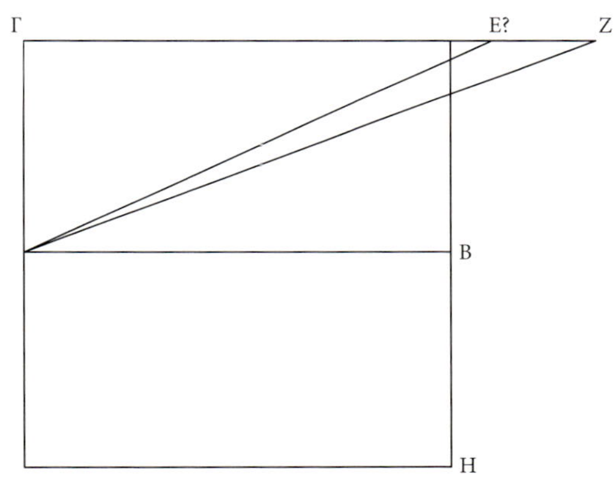

COLUMN 2

7 τοῦ] τῶι Η

Heiberg I.238.4–238.13, 240.12–17: *Measurement of the Circle,* Proposition 3
Pseudocolor created from ultraviolet fluorescence and red reflectance images

[ἡ ΘΑ] (ἄ̣ρ̣α̣) (πρὸς) ΘΓ μείζονα̣ [λό]γον ἔχει ἢ
[ὃν] [ΑΡΟ] Β̣ Η̣ [(πρὸς)] Ρ̣Ν̣Γ. [ἔτι] δ̣ίχα ἡ [ὑ]πὸ Θ̣[Ε]Γ̣
[τῆι ΕΚ· ἡ ΕΓ ἄρα πρὸς ΓΚ μ]είζονα λόγον
ἔχε̣ι̣ ἢ [ὃν ΒΤΛΔ Δ] (πρὸς) ΡΝ̣[Γ]· ἡ ΕΚ (ἄρα) (πρὸς)
ΓΚ [μ]ε̣ί̣ζω̣ν ἢ ὃν Β̣Τ[ΛΔ Δ] (πρὸς) ΡΝΓ.
ἔτι δί[χα] ἡ ὑπὸ ΚΕΓ τῆι ΛΕ· ἡ [Ε]Γ (ἄρα)
(πρὸς) [ΛΓ μ]ε̣ί̣ζον[α] μήκει [(λόγον) ἔχ]ει ἤ(περ) . . .
Δ[ΧΟ]Γ ∠ (πρὸς) ΡΝΓ. [ἐ]π̣εὶ (ο̣ὖ̣ν̣) ἡ ὑπὸ Ζ[ΕΓ] τρί-
[τον οὖσα] ὀρθῆς τ[έτμ]ηται τ[ετρ]άκις
[δίχα, ἡ ὑπὸ] ΛΕΓ [ὀρθ]ῆς (ἐστι) Μ̣Η̣. [κεί]σ-
[θω οὖν αὐτῇ ἴ]ση [πρὸς τ]ῶι Ε̣ [ἡ ὑ]πὸ ΓΕ̣-
[Μ· ἡ ἄρα ὑπὸ ΛΕΜ ὀρθῆ]ς [ἐστι ΚΔ. κ]αὶ
. . .
. . .
. . .
. . .

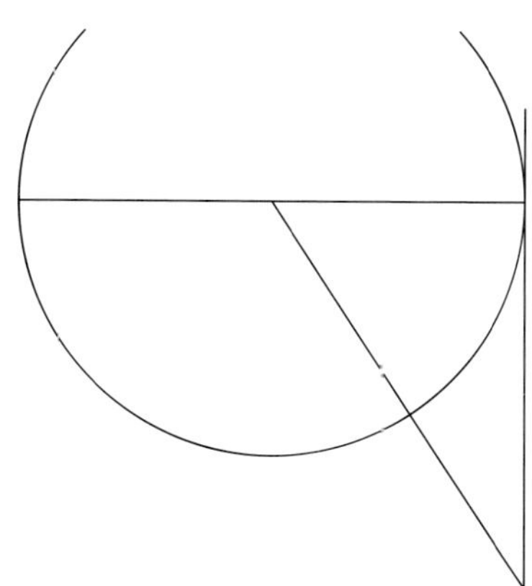

Ἔ[στ]ω κύ̣[κ]λ[ος] . . .
. . .
. . .
. . .
. . .
. . .

Heiberg I.240.17–242.21, II.416.1–15: *Measurement of the Circle,* Proposition 3, *Stomachion,* Introduction
Pseudocolor created from ultraviolet fluorescence and red reflectance images; *bottom,* Heiberg photograph (registered)

ΗΑΓ, κ̣α̣ὶ ἡ ὑπὸ [ΗΓΒ] τ̣[ῆι] ὑπὸ ΗΑΓ
[(ἐστὶν) ἴ]ση. [κ]α̣ὶ̣ κ[οινὴ ἡ] ὑπὸ ΑΗΓ ὀρθή·
[κ]αὶ τρίτη (ἄρ̣α̣) [ἡ ὑπὸ ΗΖΓ τ]ρίτη τῆι
[ὑπὸ ΑΓΗ. ἰσ]ο̣γώ̣ν̣ιο̣ν̣ ἄρα τὸ ΑΗΓ
[τῶι ΓΗΖ τ]ρ̣ι̣γώνω[ι]· ἔστιν ἄρα, ὡς
ἡ [ΑΗ πρὸ]ς ΗΓ, ἡ ΓΗ πρὸς ΗΖ καὶ ἡ ΑΓ
(πρὸς) ΓΖ. ἀλλ' ὡ̣ς ἡ ΑΓ (πρὸς) ΓΖ, (καὶ) συναμ-
φότερος ἡ ΓΑΒ (πρὸς) ΒΓ· καὶ ὡς συ-
ν[α]μφότ̣ε̣ρος (ἄρα) ἡ Β[Α]Γ (πρὸς) ΒΓ, ἡ
[Α]Η (πρὸς) ΗΓ. διὰ τοῦτο (οὖν) ἡ ΑΗ (πρὸς) τὴν ΗΓ
ἐλάσσονα λόγον ἔχει ἤ(περ) $\overline{\text{Β}}$⟩$\overline{\text{ΙΑ}}$
(πρὸς) $\overline{\text{ΨΠ}}$, ἡ δὲ ΑΓ (πρὸς) τὴν ΓΗ ἐλάσσονα
[ἢ ὃν] $\overline{\text{ΓΙΓ}}$ $\overline{\text{Γ}}$ $\overline{\text{Δ}}$ (πρὸς) $\overline{\text{ΨΠ}}$. δίχα ἡ ὑπὸ Γ-
[ΑΗ] τῆι ΑΘ· ἡ ΑΘ (ἄρα) διὰ τὰ αὐτὰ
(πρὸς) τὴν ΘΓ ἐλάσσονο λόγον ἔχει ἢ
[ὃν] $\overline{\text{Ε̣ΤΚ̣Δ}}$ $\overline{\text{Ε}}$ $\overline{\text{Δ}}$ (πρὸς) $\overline{\text{ΨΠ}}$ ἢ ὃν $\overline{\text{Α[Ω]ΚΓ}}$
[(πρὸς)] $\overline{\text{Σ[Μ]}}$· ἑκατέρα γὰρ ἑ[κατ]έρας $\overline{\text{ΔΙ}}$
[$\overline{\text{ΓΑ}}$]· ὥ[σ]τε [ἡ] ΑΓ (πρὸς) τὴν ΓΘ ἢ ὃν $\overline{\text{ΑΩ}}$
[$\overline{\text{ΛΑ}}$] $\overline{\text{Θ}}$ (πρὸς) $\overline{\text{Σ[Μ]}}$. ἔτι δίχα ἡ ὑπὸ ΘΑΓ τῆι
[ΚΑ· καὶ ἡ] ΑΚ [(πρὸς) τὴν] ΚΓ [ἐλάσσονα]
[(ἄρα) λό]γον ἔ[χ]ει ἢ ὃν $\overline{\text{ΑΖ}}$ (πρὸς) $\overline{\text{ΞϚ}}$. ἑκα-
[τέρα] γὰρ ἑκάτερα οι [Μ] (ἄρα) πρ(ὸς) τὴν
[λό]γον $\overline{\text{Α[ΟΣ}}$ (πρὸς) $\overline{\text{ΞϚ}}$. ἔτι δ]ίχα ἡ ὑπὸ Κ-
ΑΓ τῆι ΛΑ· ἡ Α[Λ] (ἄρα) (πρὸς) τὴν ΛΓ ἐλάσ-
σονα (λόγον) ἔχει ἢ ὃν τὰ $\overline{\text{ΒΙϚ}}$ $\overline{\text{Ϛ}}$ (πρὸς) $\overline{\text{ΞϚ}}$, ἡ
δὲ ΑΓ (πρὸς) ΓΛ ἐλάσσονα ἢ τὰ $\overline{\text{ΒΙΖ}}$
$\overline{\text{Δ}}$ (πρὸς) $\overline{\text{ΞϚ}}$. ἀνάπαλιν (ἄρα) ἡ περίμε-
τρος τ[(οῦ)] πολυγώνου (πρὸς) τὴν δ(ιά)μετρ(ον)
μείζονα λόγον ἔχει ἤ[(περ)] $\overline{\text{ϚΤΑ}}$ $\overline{\text{Ϛ}}$
(πρὸς) $\overline{\text{ΖΙΖ}}$ $\overline{\text{Δ}}$, ἅ(περ) τῶν $\overline{\text{ΒΙΖ}}$ $\overline{\text{Δ}}$ μείζον(ά)
(ἐ̣σ̣τι̣ν̣) ἢ τριπλασίονα καὶ δέκα $\overline{\text{Ο̣Α}}$·
καὶ [ἡ] περίμετρος (ἄρα) τοῦ ϘϚγώ-
ν̣ου το[ῦ ἐν] τῶι κύκλωι τῆς δ(ια)μέ-
τρου τριπλασίων (ἐστὶ) καὶ μείζω(ν)
[ἢ ὃν] $\overline{\text{Ο[Ι]Α}}$· ὥστε καὶ ὁ κύκλος ἔτι

μα̣̃λλον [τρι]πλ[ασ]ί[ων ἐστὶ καὶ] μείζω(ν)
ἢ $\overline{\text{ΘΙ}}$ $\overline{\text{Α}}$. ἡ (ἄρα) [τοῦ κύκλου περίμετρος τῆς]
διαμέτρου τρι[πλασίων ἐστὶ καὶ ἐλάσ]-
σων μ[ὲν ἢ ἑβ]δό μωι μέ[ρει, μείζων]
δὲ ἢ . . .

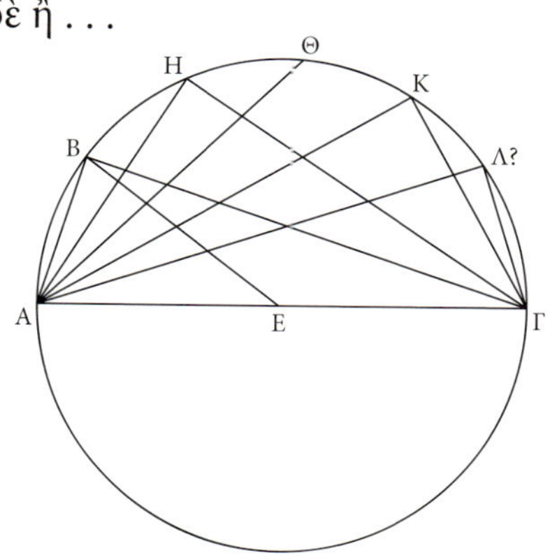

Α̣Ρ̣Χ̣ΙΜΗΔΟΥ̣Σ ΣΤΟΜΑ-
[ΧΙ]ΟΝ

Τοῦ λεγομένου στομαχίου ποικί-
λαν ἔχοντος τα ἐξ ὧν συνέστακε
σχημάτων μεταθέσεως θεωρί̣α(ν)
ἀναγκαῖον ἡγησάμην πρά(ττ)ον του
ὅλου̣ σ̣[χάμ]α̣τ[ος] μέγεθ[ος θεω]-
ρῶν ἐκθέσθαι, [ε]ἴς τ[ε ἃ διαιρεῖται],
ἕκαστόν τε αὐτ̣ῶ̣ν τίνι [ἐστὶ ἴσον (καὶ) ὅ]-
μ[οι]ον, ἔτι δὲ καὶ πο[ῖ]αι γωνίαι [συ]-
νοδοιο λαμβανόμ[εναι] καὶ [κ]α̣-
θ' ἃς εἴρηται (πρὸ̣ς) τὸ τ̣[ὰ]ς ἐναρ̣μόσεις
τῶν ἐξ αὐτῶν γεννωμένων σχα-
μ[άτων γ]ιγνώσκεσθαι, [ε]ἴ[τε] ἐπ' εὐ-
θείας (εἰσὶν) αἱ γεννώμεναι ἐν το̣ῖ̣ς
σχάμασι πλευραί, εἴτε (καὶ) μικρῶς
λιποῦσαι τᾶι θεω̣ρ̣ίαι λανθά-
νουσιν· τὰ γὰρ τοιαῦτα φιλότεχνα·
[(καὶ)] ἐὰν ἐλάχιστον μὲν λίπηται, τᾶ
δ[ὲ] θεωρίαι λανθάνηι, οὐ παρὰ τοῦ-
τ' ἔστιν ἔκβλητα ἃ συνίσταται.
ἔστι μὲν οὖν ἐξ α̣ὐτῶν οὐκ ὀλίγων σχα̣μάτ(ων)

COLUMN 1

10 ΑΗ (alt.)] ΔΗ Η
15 ἐλάσσονο] sic, ἐλάσσονα Η
16 Δ] om. Η
22 οι] sic

COLUMN 2

5 ἢ] om. Η

9 τα] sic, τᾶς "fort. τὰν" Η
12 not read by Η
14 ἐστὶ ἴσον καὶ ὅ|μοιον] ἐστὶν̣ ὁ̣μ̣ο̣ι̣ο̣ύ̣|μ̣ε̣νον "dubium" Η
15 συ|νοδοιο] sic, σύ|ν.δοιο Η
16 κα|θ ἃς] ...|θάς Η
27 σχαμάτων] σχημάτων Η

Heiberg II.416.16–420.13: *Stomachion,* Introduction, Propositions 1, 2
Pseudocolor created from ultraviolet fluorescence and red reflectance images and Heiberg photographs (registered)

πλῆθος διὰ τὸ εισχεν α̣[υ]τος ε̣ἶνα̣ι̣ εἰς ἕτερον τόπου [τ]οῦ ἴσου καὶ ἰσογωνίου σχάματος μετατιθεμέν(ου) καὶ ἑ[τ]έραν θέσιν λαμβ̣ά̣νοντος. ὅ̣τε̣ δὲ καὶ δύο σχήματα συνάμφω ἑνὶ σχήματι ἴσων ὄντων καὶ ὁμοίων τῶ[ι] ἑνὶ σχήματι ἢ καὶ δύο σχημάτων συνάμφω ἴσων τε καὶ ὅμοιον ὄντων δυσὶ σχήμασι συνάμφω πλείονα σχήματ̣α συνίσταται ἐκτὸς με̣τ̣αθέσεως. προγραφόμενον οὖν τι θεώρημα εἰς αὐτὸ συ[ν]τεῖνον. ἔστω γὰρ παραλληλό̣[γρα]μμον ὀρθογώνιον τὸ [Ζ]Γ, καὶ δεδι[κ]ά̣[σ]θω ἡ ΕΖ τῶ[ι] Κ, καὶ ἐ̣[π]ε̣ζεύχθω[σ]α̣ν̣ ἀπὸ τῶν ΓΕ αἱ ΓΚ ΒΕ δεικτέον μ̣ε̣ίζων (ἐστὶν) ἡ ΓΒ τῆς ΒΗ ἐκβεβλήσθ[ω]σαν αἱ ΓΚ ΒΖ καὶ συμπιπτέ[τωσαν κατ]ὰ̣ τὸ Δ καὶ ἐ̣[π]εζεύχθω [ἡ ΓΗ. ἐπεὶ ἴση (ἐστὶν)] ἡ ΕΚ τῆι ΚΖ, ἴση (ἐστὶν) καὶ ἡ ΓΕ, τουτ(έστιν) ἡ ΒΖ, τῆι ΖΔ· ὥ[στ]ε̣ μείζω[ν] ἡ Γ̣Ζ [τ]ῆς Ζ̣Δ· καὶ γωνί[α (ἄρα)] ἡ ὑπὸ τ̣ῶν ΖΔΓ τῆς ὑπὸ τῶν ΖΓΔ μ̣ε̣ίζων (ἐστίν). ἴσα̣ι̣ δέ (εἰσιν) αἱ ὑπὸ ΗΒΔ ΒΓΖ· ἡμ̣ίσει[α γ]ὰρ ὀ̣ρθῆς ἑκατέρα· μείζων ἄρα καὶ ἡ ὑπὸ τ̣ῶν Γ[Ζ]Β· ἡ (γὰρ) [(γὰρ)] ὑπὸ ΓΗΒ ἴση (ἐστὶ) δυσὶ ταῖς ἐν[τ]ὸ̣ς̣ κ̣α̣ὶ̣ ἀπεναντίον ταῖς ὑ̣πὸ ΗΒΔ ΗΔΒ, τῆς ὑπὸ τῶν ΗΓΒ· ὥστε μείζων (ἐστὶν) ἡ Γ̣Β τῆς ΒΗ. ἐὰν (ἄρα) δίχα τμηθῆι ἡ ΓΗ κατὰ [Χ], ἔσται ἅμ̣α̣ λεία μ(ὲν) ἡ ὑπὸ ΓΧΒ· ἐπεὶ γὰρ ἴση ἡ ΓΧ τῆι ΧΒ, [καὶ] κοινὴ ἡ ΧΒ, δύο [δ]υσὶν ἴσαι· καὶ βάσ̣[ε]ι̣ς ἡ ΓΒ τῆς ΒΗ μείζων· καὶ ἡ γωνία ἄρα τῆς γωνίας μείζω(ν) (εἰσὶν) ἀμβλεῖα μὲν (ἄρα) ἡ ὑπὸ ΓΧΒ, ὀξεῖα̣ δὲ ἡ ἐφεξῆς. ἡμίσεια [δ]ε̣ ὀρθῆς ἡ ὑπὸ ΓΒΗ· ἰσο̣[πλε]ύρο̣υ̣ ὑποκειμένο[υ] τοῦ παραλλη[λ]ογράμμου· ὀξεῖα δὲ ἡ ὑπὸ ΒΧΗ. ἡ̣μ̣ί[σειαι] δε̣ [(εἰσιν)] ἴ̣σ̣[αι] αἱ λοιπαὶ ΓΒΗ. καὶ συνίστ̣α̣ται̣ κ̣α̣ὶ̣ διαιρεῖται τὸν̣ τρί̣ποντον̣ τ̣[ό]μ̣[(ον)].

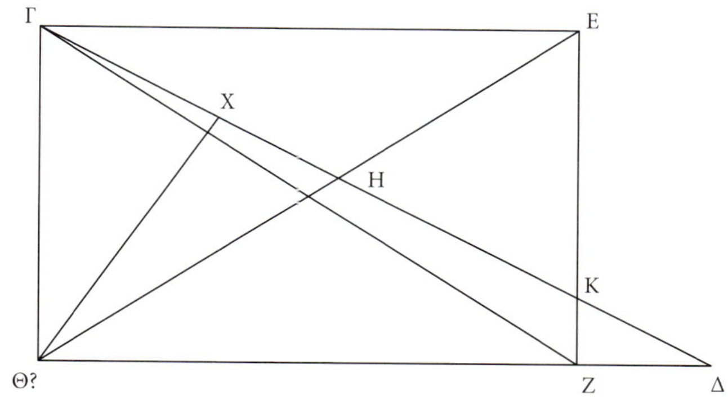

Ἔστω [γ]ὰ[ρ] ἴδιον διπλασιόπ[λευ]ρο̣ν ὀρθογώνιον ὡ̣ς . πρα . . ες τὸ ΑΒ̣ δ[ιπλα]σιαν ἔχοντα τὴν ΓΑ τῆς ΓΒ [διά]μετρον ἔχον ἔχον τὸ πάχος . η . . . . . . αθ . . . . π̣ο̣ τ̣α̣ τ̣ . . . λ̣ι̣ . . . . μ̣ο̣ρ̣ι̣ . . . . . τ̣ε̣ι̣ δύνασθαι ἁρμόζειν ὡς εὐθεί[(ας)] τῶ̣ν τομῶν ἐχουσῶν τάξιν. (κ̣α̣ὶ̣) [τ]ε̣τμ[ή]σθω ἡ ΓΑ δίχα κατὰ τὸ Ε, καὶ δι[ὰ] τοῦ Ε τῆι ΒΓ παράλληλος ἤχθω ἡ ΕΖ· (ἔστιν) οὖν τετράγωνα τὰ ΓΖ ΖΑ. ἤχθωσαν διάμετροι αἱ ΓΔ ΒΕ Ε̣Δ, καὶ τετ[μ]ήσθωσαν δίχα αἱ ΓΗ Ε̣Δ κατὰ τὰ ΘΧ, καὶ ἐπεζεύχθωσαν αἱ ΒΘ ΧΖ, καὶ (διὰ) τῶν Ο̣Κ τῆι ΒΔ π̣α̣ράλληλοι ἤχθωσαν αἱ ΚΛ Ο̣Ξ. [δι]ὰ̣ τὸ προκείμενον (ἄρα) θεώρημα το[ῦ] ΒΓΘ τριγώνου ἡ (πρὸς) τῶ̣ι̣ Θ [γ]ω̣ν̣ί̣α̣ ἀμβλεῖα, ἡ δὲ λοιπὴ ὀξεῖα̣. φανερὸν φανερὸν δ̣ὴ̣ (ὅτι) ὀ̣ξεῖ[ά] ἐσ[τι]ν̣.

COLUMN 1

1 πλῆθος διὰ τὸ εισχεν αυτος] sic, ...ο.. διὰ τὸ .....ν.. τον̣ H
3 μετατιθεμένου] μετατ̣ι̣θεμ̣ε... H
4 ἑτέραν θέσιν] ἑτέ..... H
4 ὅ[τε] [ἑνιό]|τε̣ H
8 ὅμοι[ον] ὁμοί|ων H
10 ἐ[κτὸς] ἐ|κ τῆς H
14 δεδικάσθω] sic, δε.ι.....ω H
15 ἐπεζεύχθωσαν] .. δ̣ι̣ήχθωσαν H
16 For the next few lines, Heiberg no longer has meaningful transcriptions.
24 ἐστίν] om. H
24 ΒΓΖ] Ζ̣Γ̣Β H
26 ΓΖΒ] Γ̣ΗΒ H
26 ἡ γὰρ] ἐ̣π̣ε̣ὶ H
27 γὰρ] sic, ἡ H
31 ἅμα λεία] sic, ἀμβλεῖα H
32 ΧΒ] ΧΗ H
34 βάσεις] sic

COLUMN 2

1 μείζων|] μεί|ζω̣ν H
2 εἰσὶν] sic, om. H
4 ἰσοπλεύρου] τ̣ο̣ῦ̣τ̣ο̣ γάρ̣ ἐ̣σ̣τ̣ι̣ν̣ H
4 ὑποκειμέ|νου] ὑποκείμε|νον H
6 ἡμίσειαι δέ εἰσιν ἴσαι αἱ] καὶ . τι δὴ ἴση ἡ H
8 τὸν τρίποντον τόμον] τοῦ̣τ̣ο̣ ἐπ. ον τ̣ον .... H
9 Heiberg's transcription becomes completely fragmentary for a number of lines.
12 ἔχον ἔχον] sic
17 Heiberg's continuous transcription resumes.
23 ΟΚ] .Κ H
24 ΚΛ ΟΞ] Κ. .Ξ H
27 φα|νερὸν] ....|ν̣ε̣ρὸν H
28 δὴ ὅτι ὀξεῖά ἐστιν] δὲ ...ει..... H

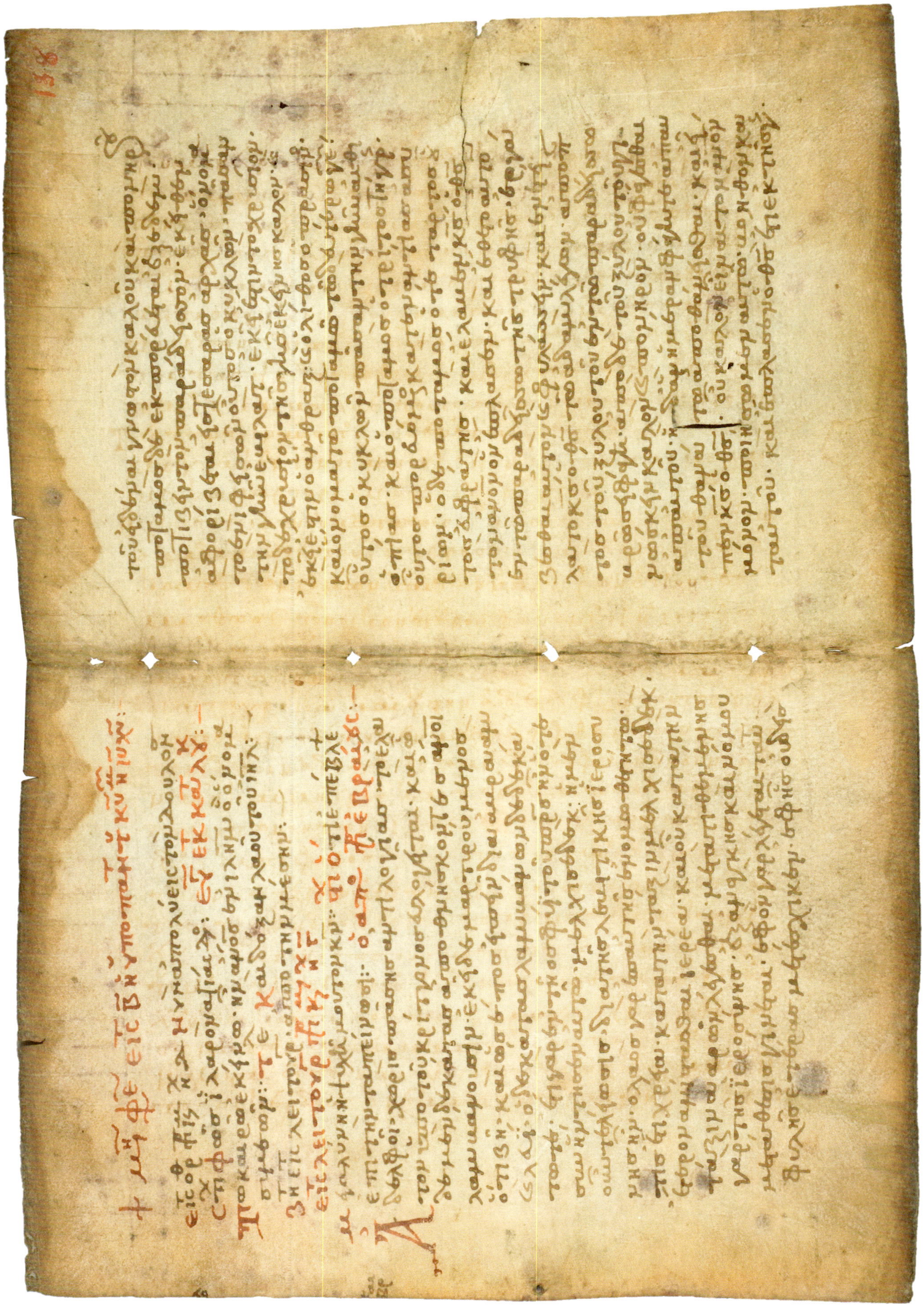

THE ARCHIMEDES PALIMPSEST, FOL. 138R + 135V (HYPE 05R), NATURAL LIGHT

HYPERIDES SPEECHES

Against Diondas

Against Timandros

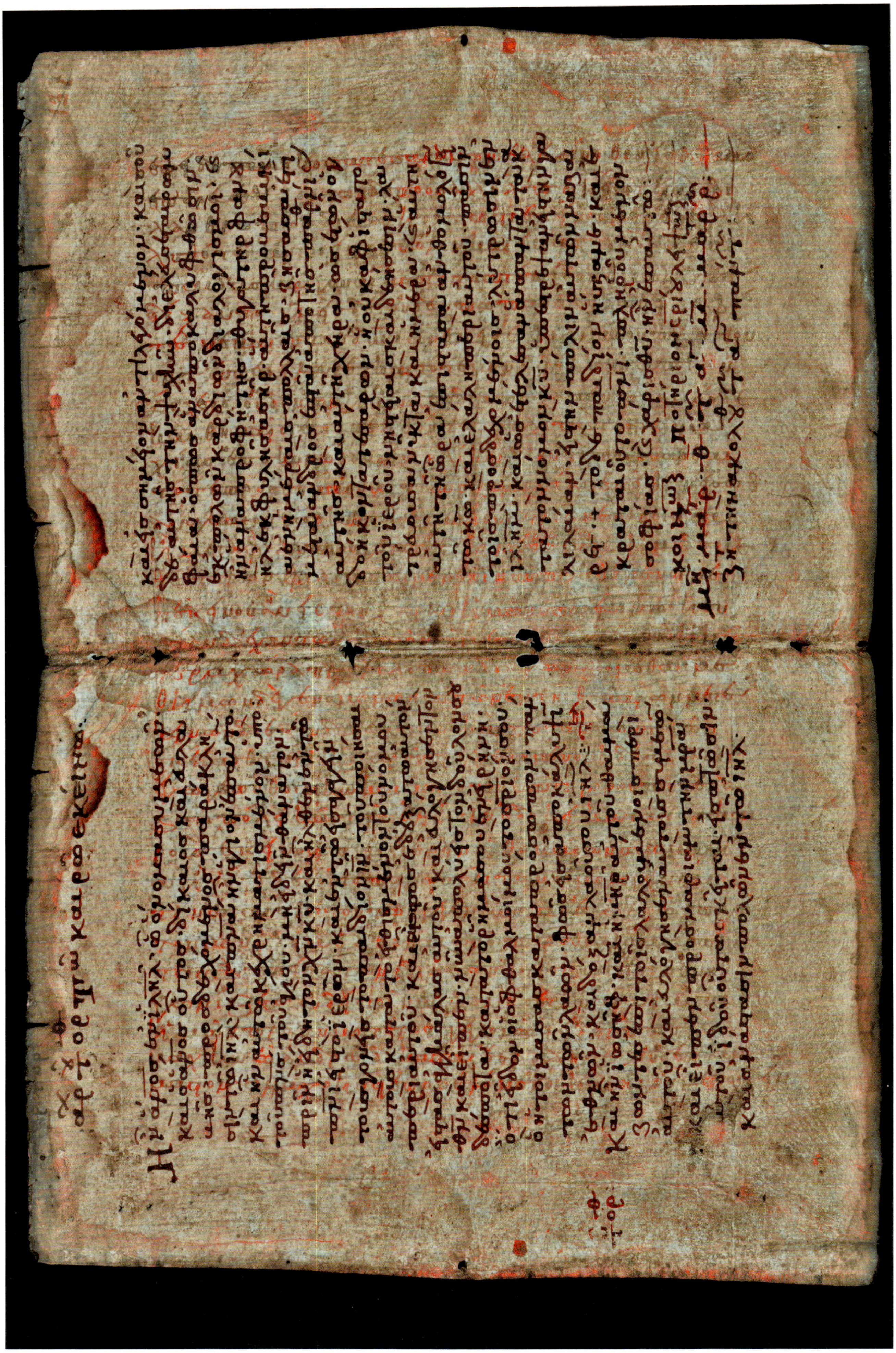

Pseudocolor created from ultraviolet fluorescence and red reflectance images

ἐπειδὴ ταῦ(τα) ἠκούσατε παρ' ἡμῶν, Ἐλευσινόθεν εἰς Θήβας ἐπορεύεσθε· οὕτως δὲ πρὸς ἀλλήλους οἰκείως κ̣αὶ φιλανθρώπως διετέθητε, ὥ̣στ' ἐκεῖνοι μὲν εἰσεληλυθότες αὐτοὶ εἰς τὴν πόλιν καὶ εἰς τὰς οἰκ̣ί̣α̣ς̣ ἐ̣π̣ὶ̣ παῖδας καὶ γυναῖκας τὸ στρατόπεδον ὑ̣μῶν ὑπεδέξαντο· ὑμεῖς δὲ οὐδέν πω παρ' ἐκείνων εἰληφότες βέβαιον, τὴν δύναμιν ἐκεῖσε Φιλίππου πλησίον ὄντ(ος) ἀπεστείλατε· καὶ τότε μὲν ὁ Φίλιππ(ος) ἀπιὼν ᾤχετο οὐδὲν ὧν ἠβούλετο διαπραξάμενος· ἡμεῖς δὲ καὶ Θηβαῖοι ἐπανελθόντες τάχιστα τὰς συμμαχίας ἐπεκυρώσαμεν. ἡλίκον δ' ἦν τὸ ποιήσασθαι τότε πρὸς Θηβαίους τὴν συμμαχίαν ἐκεῖθεν εἴσεσθε· ἀναγκαῖον γὰρ ἦν τοὺς Θηβαίους τρία μὲν ποιῆσαι, ἢ μετὰ Φιλίππου γενέσθαι, ἢ μεθ' ἡμῶν, ἢ μηδὲ μεθ' ἑτέρων. Φιλίππωι μὲν τοίνυν προσθέμενοι μετ' ἐκείνου ἂν εἰς τὴν χώραν ἡμῶν ἐπορεύοντο, ἡσυχίαν δ' ἐχόντων αὐτῶν ἡμεῖς ἂ̣ν̣ μόνοι ἐν τῆι ἡμετέραι χώραι πρὸς Φίλιππον διηγωνιζόμεθα, μεθ' ἡμῶν δὲ γενομένων αὐτῶν ἐν τῆι Θηβαίων μετ' ἐκείνων διεκινδυνεύσαμεν· καὶ τούτων τῶν τριῶν σκέψασθε τί ἦν [π]αρ' ὑ̣μ̣[ῖν] γεγενημένον. ἡδέως δ' ἂν ἔγωγε πυθοίμην καὶ αὐτοῦ τοῦ κατηγόρου πότερα κ(αὶ) τῆι πόλει καὶ τοῖς Ἕλλησιν ἐδόκει κατὰ τοὺς καιροὺς ἐκείνους συμφέρειν ἡ Θηβαίων συμμαχία ἢ οὔ. εἰ δὲ τοῦτο παρὰ πάντων ὁμολογεῖται, τίνες αἴτιοι τούτων γεγένηνται; ἐγὼ δ' ἐρῶ· πρῶτον μὲν ὁ δῆμ(ος) ὁ Ἀθηναίων ὁ παρακα̣λ̣έ̣σ̣α̣ς̣ ἐπὶ ταῦτα, ἔπειτα τῶν ἰδιωτῶν ε̣ἴ̣ τις π̣ε̣ι̣σ̣θ̣ε̣ὶ̣ς̣ σ̣υ̣ν̣ηγωνίζετο· οὐδεὶς τοίνυν φανήσετα(ι) παρὰ ταῦτα ἡμῶν προθυμότερος γεγονώς. εἰ δὲ τῶ(ν) περὶ τ(ὴν) μάχην, ὦ ἄνδρες δικασταί, ἐσφάλητε, οὐδὲν θαυμαστόν, ἀλλὰ χρηστά γε προελόμενοι καὶ ἡγούμενοι δεῖν

14 γενέσθαι] γενεσθε codex
17 ἡμε|τέραι] ἡμε|τέρα codex
18 χώραι] χώρα codex
19 τῆι] τῇ codex

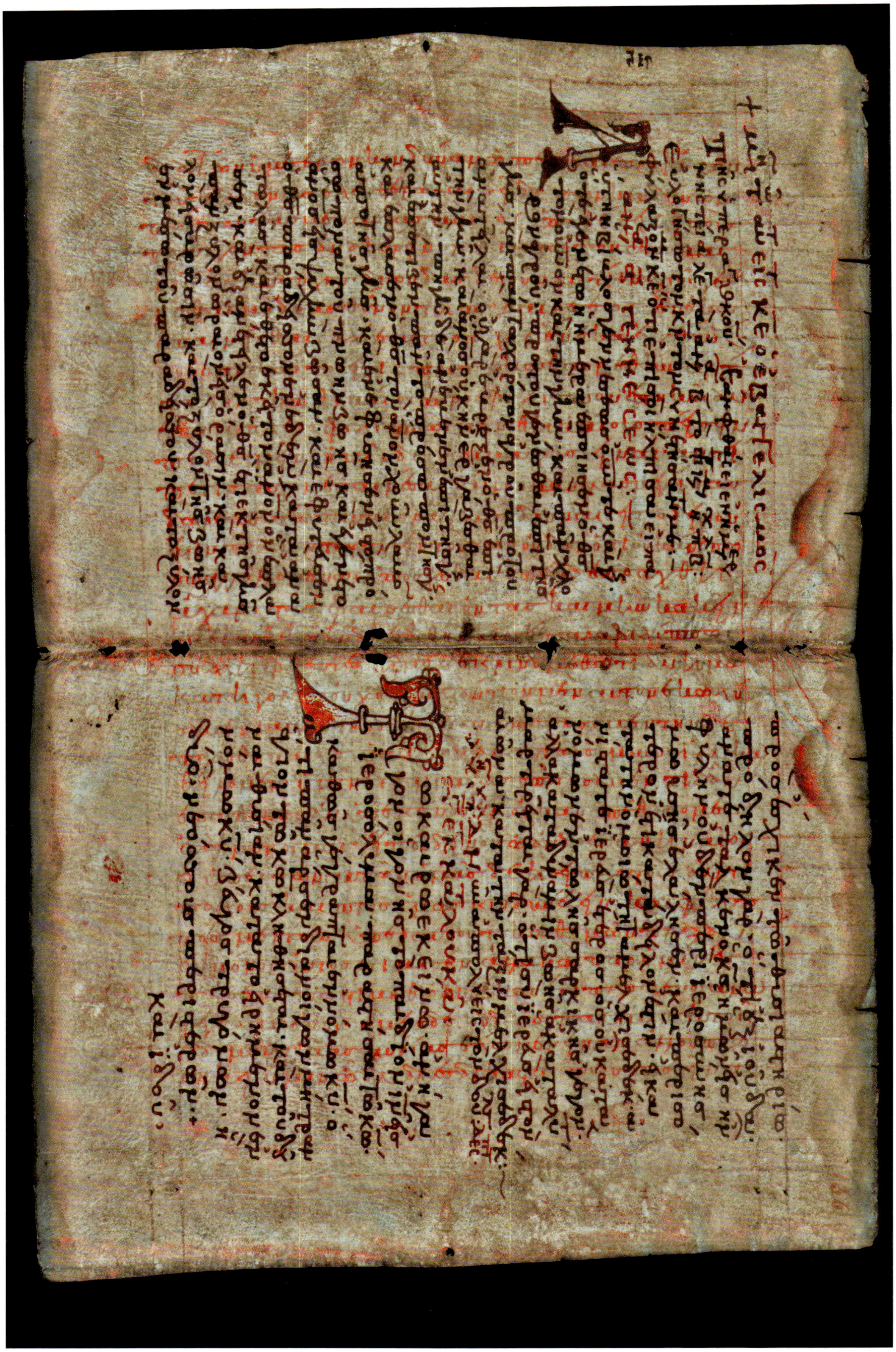

Pseudocolor created from ultraviolet fluorescence and red reflectance images

διὰ τῶν ὑμετέρων κινδύνων ὥσπε[ρ] καὶ πρότερον τοὺς Ἕλληνας ἐλευθερῶσαι. δεῖ δὲ τῶν κινδύνων πάντων τὰς μὲν ἀρχὰς καὶ τὰς ὑποθέσεις εἰς τοὺς πράττοντας ἀναφέρειν, τὰ δ' ἐκ τούτων ἀποβαίνον(τα) εἰ(ς) τὴν τύχην. Διώνδας δὲ τοὐναντίον ἀξιοῖ γ̣ενέσθαι· μὴ Δημοσθένην τῆς προαιρέσεως ἕνεκα ἐπαινεῖσθαι, ἀλλ' ἐμὲ τῆς τύχης ἕνεκα εὐθύν(ας) δοῦναι. καίτοι εἴ τις πρὸ τοῦ καθαιρεθῆναι τ(ὴν) στήλην τὴν Θηβαίοις πρὸς Φίλιππον ἑστηκυῖαν ἐπηγγέλ̣λετο Φιλίππωι μὲν Θηβαίους πείσειν πολεμεῖν, ἡμῖν δὲ συμμάχους εἶναι, ἀντεῖπε τις αὐτὸν ἐπαινέσαι, ἀλλ' οὐκ ἂν τὰς μεγίστας δωρεὰς τῶι ταῦτα πράξαντι δοῦναι; εἶτ' οὐ δεινόν ἐστιν πρὸ μ̣ὲν τοῦ τυχεῖν τούτων οὐδὲν ὅ τι οὐκ ἂν τῶι ἐπαγγελλομένωι ὑποσχέσθαι, ἐπεὶ δ' ἐπράχθη ἀχαρίστους φαίνεσθαι ὄντας; καὶ μὴν κἀκεῖν(ο) σκέψασθε, ὦ ἄνδρες Ἀθηναῖοι, εἰ παρὰ Φιλίππωι συλληφθέντες ἡμεῖς ἐκρινόμεθα, τί ἂν ἡμῶ(ν) κατηγόρει; οὐχ ὅτι [Β]υζάντιον μὲν αὐτὸν ἐκωλύσαμεν λαβ̣ε̣ῖν, τὴν δ' Ε̣ὔ̣β̣ο̣ιαν ἀπεστήσαμεν, τὴν δὲ πρὸς Θηβαίους ὑπάρχουσαν αὐτῶι συμμαχίαν καθείλομεν, ὑμῖν δὲ συμμάχους ἐποιήσαμεν; τί δ' ἀντεπάθομεν ἂν ὑπ' ἐκείνου; ἆρ' οὐκ ἂν ἀπεθάνομεν; ἐγὼ μὲν οἶμαι. εἶτ' οὐ δεινόν, ὦ ἄνδρες Ἀθηναῖοι, εἰ ὑπὲρ τῶν αὐτῶν ἡμᾶς δεήσει πρὸς τοὺς ἀντιπάλους καὶ πρὸς ὑμᾶς κινδυνεύειν; καὶ Φίλιππος μὲν τοὺς ὑπὲρ αὐτοῦ τι καθ' ἡμῶν πράξαν(τας) οὐ μόνον αὐτὸς ἐτίμησεν ἀλλὰ καὶ παρ' ἡμῖν ἔσπευσεν ὅπως τιμηθῶσιν – καί εἰσι πρόξενοι ἀναγεγραμμένοι – ἡμεῖς δὲ οὐδὲ ἃς παρ' ἡμῖν αὐτοῖς ἔδομεν τιμὰς κυρίας ἐάσομεν εἶναι; ἀλλ' οὐ προσήκει ὑμῖν, ὦ ἄνδρες δικασταί, τοιούτο̣υς εἶναι

14 τῶι] πω codex
22 ἀν|τεπάθομεν] ἂν | ἐπάθομεν codex
31 κυρίας] ε μυρίας corr. codex

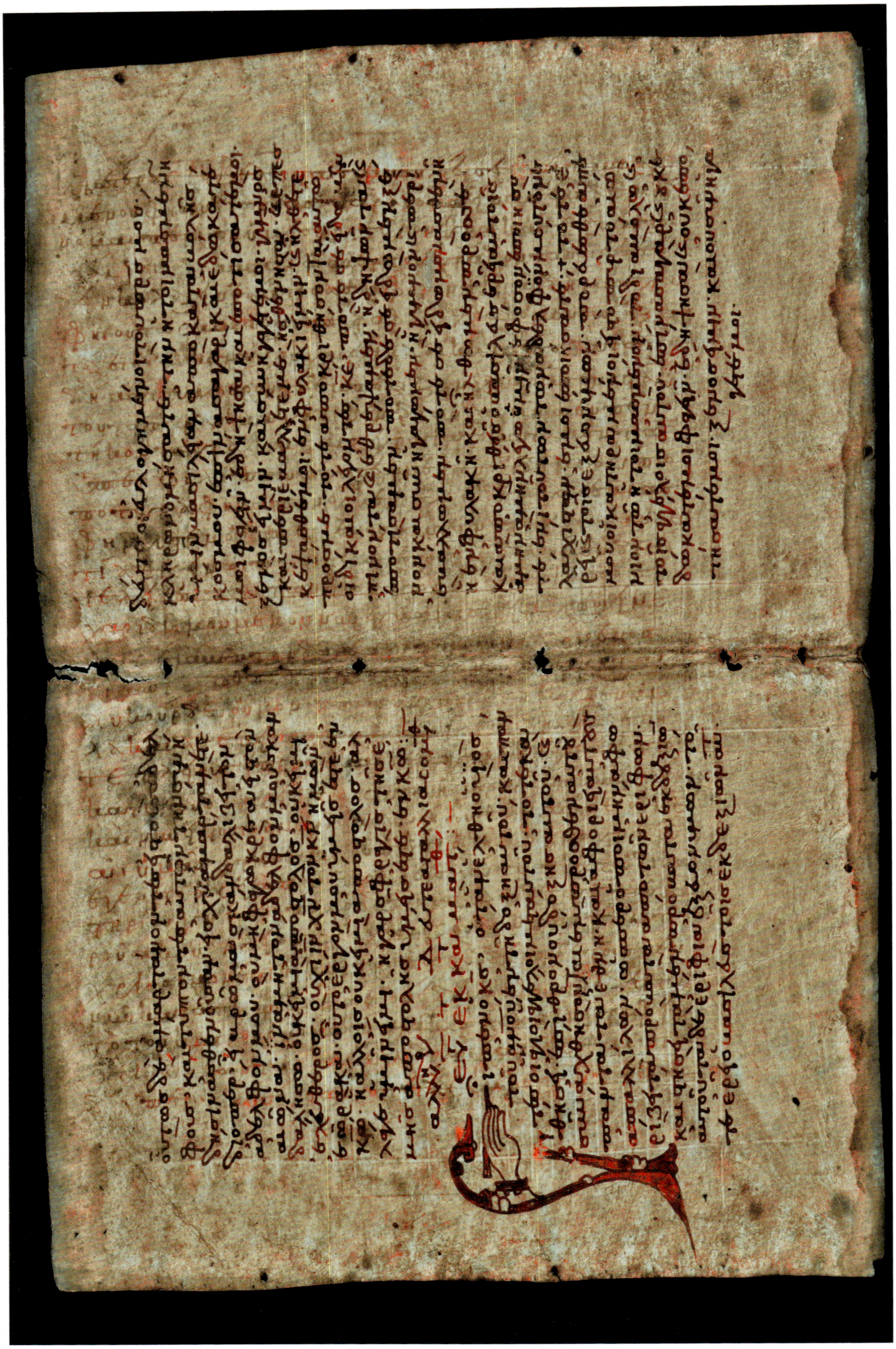

Pseudocolor created from ultraviolet fluorescence and red reflectance images

ἡμετέρας τὰ βέλτιστα συμβουλεύσει. κ̣αὶ ταῦτα μὲν οὔ φησιν Διώνδας παράνομα εἶναι, ἐγὼ δὲ κ̣ρ̣ί̣νομαι περὶ ὧ̣ν ὑμεῖς πρότερον ἐγνώκατε. καίτοι, ὦ ἄνδρες δικασταί, ὥσπερ τοὺς γράφοντας οἴεσθε δεῖν κολάζειν, ἐάν τις ἀσύμφορόν τι τῶι δήμωι γράφηι, οὕτως καὶ τοὺς τὰς γραφὰς γραφομένους ἐξετάζετε· οὐκ ἔλαττον γάρ ἐστιν ἀδίκημ[α] τὸ τὰ τῶι δήμωι συμφέροντα ἐμποδίζειν γραφὰς ἐνιστάν(τα) τοῦ τὰ παράνομα γράφειν. Διώνδας δ̣ὲ̣ ν̣ῦ̣ν̣ ἐν πεντήκοντα γραφαῖ̣ς, ἃς ἐγράψατο, κατὰ μὲν τῶ(ν) ὑπὲρ Φιλίππου πολιτευομένων οὐδεμίαν πώποτε γραφὴν ἀπήνεγκεν, ἀλλ’ οὐδὲ λόγωι ἐβλασφήμησεν οὐδὲ περὶ ἑνὸς αὐτῶν, τοῖς δὲ τἀναντία ἐκείνωι πολιτευομένοις λοιδορούμεν(ος) διατελεῖ ἐπὶ πάντων τῶν ἀγώνων. ἐγράψατο δὲ Χαρίδημον μέν, ὃν νῦν ἐγκωμιάζει μὴ ποιεῖν ἐφ’ οἷς ἔλαβεν τὴν δωρεὰ̣ν̣ τ̣ο̣ῦ̣ [δήμ]ο̣υ̣, βουλόμενος διαπράξασθαι [οὐδὲν ὧν ἐ]δ̣[ίωκ]ε̣ν̣ [ἠ]δ̣ι̣κ̣η̣κ̣ό̣τ̣α̣. Λυκοῦρ(γον) δὲ οὐ μόνον παρανόμω̣ν̣ ἐδίωξεν, ἀλλὰ καὶ ἀσεβείας πρὸς τὸν β̣α̣σ̣ιλέα. Δημοσθένη τε πλείους ἢ πέντε καὶ δέκα γραφὰς ἐγράψατο, κατ’ ἐμοῦ δὲ τρεῖς τῆι̣ αὐτῆι̣ ἡμέραι̣ ἀ̣π̣ήνεγκ̣ε̣ν̣. καὶ νῦν εἰς τοῦτο ἀναιδείας ἐλήλυθεν, ὥστε ο̣ὐ̣κ̣ ἐᾶι ὑμᾶς χρῆσθαι ο̣ὔ̣τ̣ε̣ ο̣ἷ̣ς̣ ὁ δῆμ(ος) ὁμογνώμων ἐγένετο, ο̣ὓ̣ς ἐγὼ προεβ̣ο̣ύ̣λευσα̣, οὔτε τῆι τοῦ δικαστηρίου γνώσ̣ει, πρὸς δ̣ὲ τούτ̣ο[ι]ς̣ οὐδ’ ὑπὲρ τοῦ καιροῦ ἀκούειν λεγοντ(ο̣ς̣) ο̣ὗ̣ χ̣ω̣ρ̣ὶ̣ς̣ οὐδὲ̣ν τῶν πάντ(ων) χρήσιμόν ἐστιν. κ̣α̣ί̣τ̣ο̣ι̣ π̣ῶς οὐ δεινόν, εἰ τοῖς μὲν νῦν κατὰ τῆς π[όλ]εω̣ς̣ ὀνείδη γράφουσιν ἔξεστιν̣ τὸ τοῦ καιροῦ ὄνομα πολλάκις λέγο̣υ̣σ̣ιν γράφειν, ὅ τι ἂν ἡγῶνται [Ἀ]λεξάνδρωι χαριεῖσθ̣αι, τοῖς δ’ ὑπὲρ τῆς πόλεως̣ τότε τὰ συμφέρον(τα) τῶι δήμωι

5 δήμωι] δήμω codex
21 ἢ] εἰ codex

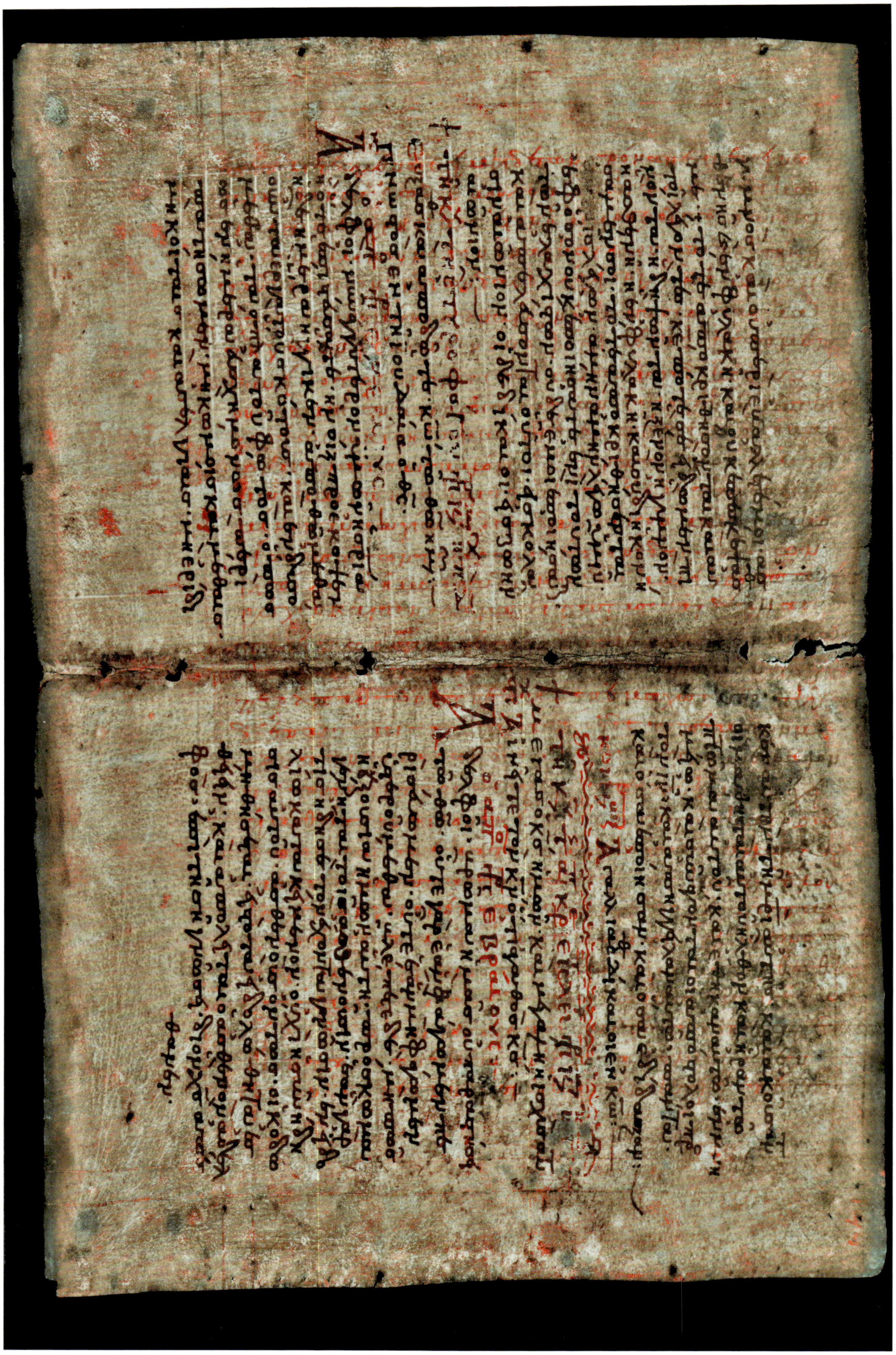

Pseudocolor created from ultraviolet fluorescence and red reflectance images

πεπολιτευμένοις εἰ μηδὲ τῶν χρόνων ἔστιν ἐκείνω(ν) μνησθῆναι. ἐγὼ δ’ ἐβουλόμη[ν] ἄν, ὦ ἄνδρες δικασταί, ὥσπερ χρήσιμός ἐστιν ὁ καιρός, οὕτως ῥάιδιον αὐτὸν ὑμῖν συνιδεῖν εἶναι, καὶ ἡγοῦμαι προσήκει(ν) τοὐναντίον ἢ Διώνδας, ὃς λέγει ὀργὴν ἄκαιρον κ(αὶ) τ̣οὺς κρινομένους ἀναιρεῖν, οὐκ ἀπολογίας, κατηγορεῖν εἰς καιρὸν ἀναφερόμενος ἐγ̣ν̣ωσμέν(ο̣ν̣). ν̣ῦν εἰκότως Διώνδας τὸν καιρὸν ἀποδοκιμάζει οὐδὲν αὐτὸ(ς) ἐν καιρῶι πράττων, ὅ̣σ̣π̣ε̣ρ̣ ἐμο̣ῦ κατηγορεῖ ὡς οὐκ ἴση ἡ συμμαχί(α) ἐγένετο, κ̣α̣ὶ̣ ἡμεῖς Θηβαίων διπλάσια συνεβαλόμεθα εἰς τὸν πόλεμον καὶ χρήμα(τα) καὶ ἵππους καὶ στρατιώτ(ας). εἰς δὲ τὴν ἐν Σαλαμῖνι ναυμαχία(ν), ὦ Διώνδα, ἑξήκον(τα) καὶ τριακοσίων οὐσῶ(ν) τῶν τριήρων τ(ῶν) Ἑλληνίδων, τούτων ἡ πόλις ἡ ἡμετέρα διακοσίας καὶ εἴκοσι παρέσχεν καὶ τἀναλώμα(τα) εἰς ταύτας, αἱ δ’ ἄλλαι πόλεις σ̣ύ̣μ̣π̣α̣σ̣α̣ι̣ τετταράκον(τα) καὶ ἑκατόν. ἐν Μαραθῶνι δ’ οἱ πρόγονοι οἱ ἡμέτεροι αὐτοὶ μόνοι ὑπὲρ ἁπάντων τῶν Ἑλλήνων ἐμαχέσαντο· τῆς δ’ ἐπ’ Ἀρτεμισίωι στρατείας οὐδὲ τὸ πέμπτον μέρος τῶν τριήρων οἱ ἄ̣λ̣λ̣ο̣ι̣ Ἕλληνες συνεβάλοντο. τοῦτο γὰ̣ρ̣ π̣ρ̣ὸς τοῖς ἄλλ[οις] ἡ πόλις ἡμῶν ἔχει ἀγαθοῖ̣ς· ο̣ὐ̣ φιλονικεῖ ἐ̣ν̣ τ̣[οῖ]ς τ̣ο̣ι̣ούτοις καιροῖς, ὅπως ταὐτὰ ἕκαστο̣ι̣ σ̣υ̣μ̣β̣α̣λ̣ο̣ῦ̣ν̣τ̣α̣ι̣, ἀλλὰ τὰ μὲν διδόμενα πα̣ρ̣’ ἑκαστων̣ [λαβο]ῦσα καὶ τοῦ ὅλου ἡγεμὼν γενομένη πολ̣έ̣μ̣ο̣υ̣ δ̣έ̣δωκε τὰ ὑπάρχον(τ̣α̣) αὑτῆι πάν(τα) εἰς τὴν κοινὴ̣ν̣ τῶν Ἑλλήνων σωτηρίαν. [τ]ο̣ι̣γαρ̣[ο]ῦ̣ν̣ ὅ[ποτε τῶν] ἄ̣λλω̣[ν] κατωρθώθη̣ [π]ά̣[ν]τα τ̣ι̣μ̣ὰ̣ς κα̣ὶ̣ δ̣ό̣ξ̣α̣ς ἐξ αὐτῶν μεγίστα̣ς εἴληφεν, καὶ τὴν ἡγεμονία̣ν̣ τότε ἤδη παρ’ ἑκόντων τῶν Ἑλλήνων εἰκότως ἐλάβ̣ο̣μεν. Διώνδας δὲ νῦν μὲν οὐκ ἀ̣γ̣α̣ν̣α̣κ̣τεῖ εἰ ὑπὲρ τ̣οῦ

4 συνιδεῖν] συνειδεῖν codex
23 φιλονικεῖ] φιλονεικεῖ codex

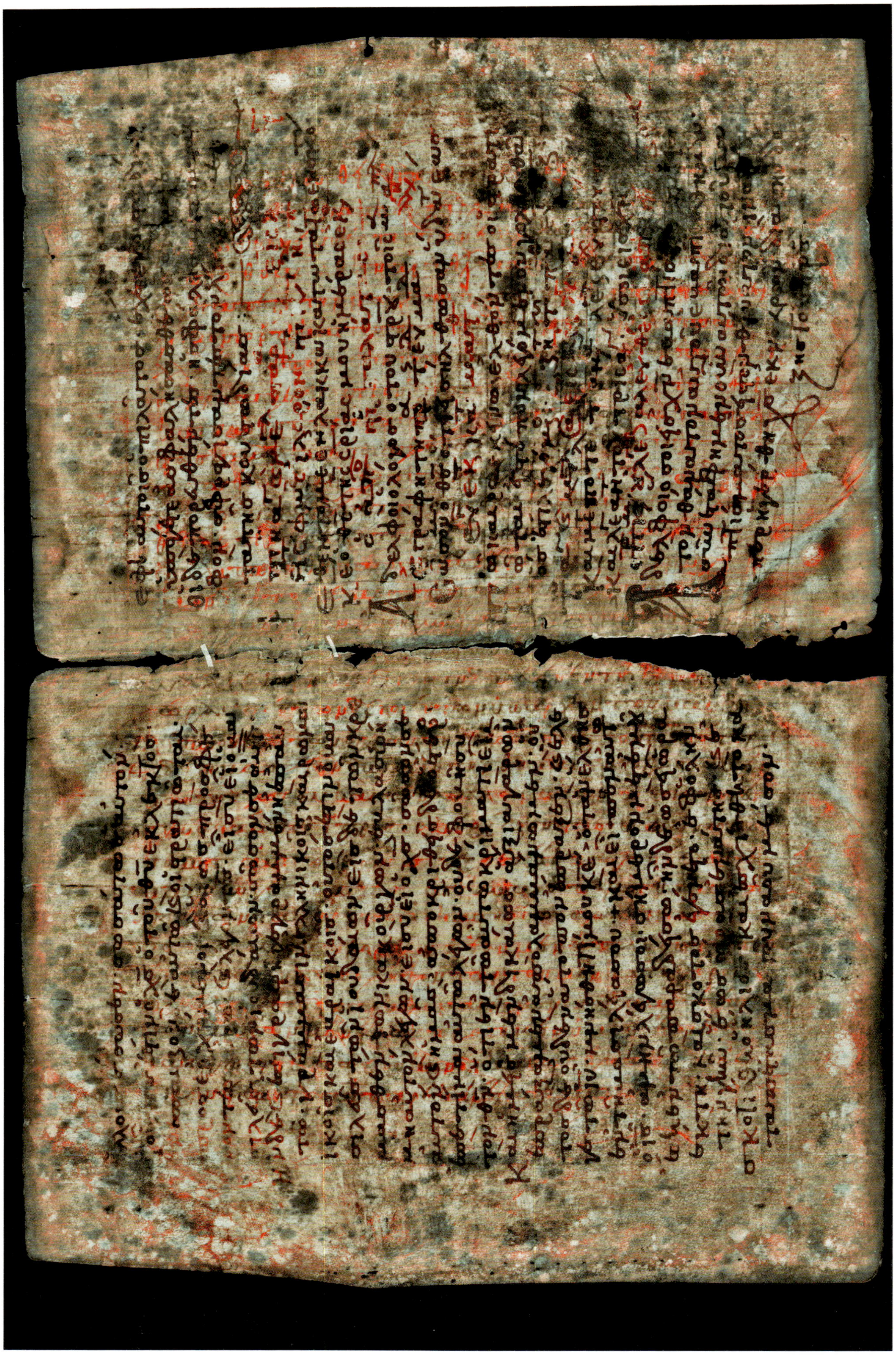

Pseudocolor created from ultraviolet fluorescence and red reflectance images

ἑτ̣έρ̣ω̣ι ἀκ̣ο̣λ̣ουθεῖν δ̣ιπλᾶς̣ τρ̣ι[ή]ρ̣εις . . . ο̣ . . . . ω̣σ̣ε̣ι̣ . , ἀλλὰ κα̣ὶ γράφει α̣φ . α̣υ̣ . . . . φησ̣ὶ̣ εἶν[αι] δεινὸν εἰ ὑπὲρ τῆς τῶν Ἑλλήνων ἐλευθερίας πλ̣ε̣ί̣ω̣ προθυμί(αν) Ἀθηναῖο̣ι Θηβαίων π̣α̣ρ̣έσχοντο. [καὶ γ]ά̣[ρ], εἴ γε τὰ περὶ τὴν μάχην κ̣ατω̣[ρ]θ[ώ]θ̣η, πάντες ἂν ἐλογίζοντο ὅτι καὶ τὸ̣ν̣ πόλε̣μ̣ο̣ν̣ τὸν π̣ρὸς̣ Φίλιππον π̣[ο]λλὰ ἔτη ἡ πόλι̣ς αὐτὴ μόνη ὑ̣πὲ̣ρ̣ ἁπά̣ν̣των ἐπολέμησε̣ν̣ καὶ Β̣υ̣ζάντιον διέσωσ̣εν τοῖς αὐτοῖς τέλεσι· καὶ μηδ̣' ἓ̣ν̣ παρακ̣α̣λ̣έσαντες ἐπ̣ὶ̣ τῶν ἀγώ̣ν̣ω̣ν̣ τὰ πλ̣εῖστα συμβαλ̣ό̣μενο̣ι̣ Ἀ̣θηνα̣ῖοι ἦσαν, ὥσ̣τ̣[ε] αὐτ̣ὰ̣ τ̣α̣ῦ̣[(τα)] τ̣ὰ̣ ἆθλα̣ ὑ̣μῖν ἐξ αὐτῶν μ̣έγισ(τα) εἶναι. πρὸς δὲ τ̣ο̣ύ̣[τ]ο̣ι̣ς, ὦ ἄνδρες δικ̣αστα̣ί̣, [δ]ε̣ῖ̣ σκ̣έ̣ψ̣α̣σθαι ἐπ̣ὶ̣ τῆς ἀληθε̣ί̣ας τίν' ἦ̣[ν] ἑκ̣ατέ̣ροις ὑ̣μῶν τ̣ὰ̣ π[ρ]ο̣[σ]όν̣(τα) πρὸς Φ̣ί̣λιππον· Θηβαίοις μὲν εἰρήνη καὶ σ̣υ̣μ̣μαχία, ὑμῖν δὲ πόλεμος το̣ύ̣τ̣ο̣υ̣ μετασχεῖν ἡμ̣ε̣ῖ̣ς̣ [ἠ]ξιώσαμεν, ὃ̣ν̣ ἀνάγκη ἦν, εἰ μὴ ἐκεῖνοι μετεβάλο̣ντο, α̣ὐ̣τοὺς μόνους [πο]λεμεῖν κα̣[ὶ πάντα τἀναλώμα(τα)] ἀναλίσκειν κα̣ὶ̣ δια̣κινδυνεύειν ἐν τῆι ἡμετέρα̣ι̣ χώραι· τούτων δὲ τοιούτων ὑπαρχόντων καὶ Φιλίππου ἐπ̣ὶ̣ τῶν ὁ̣ρ̣ίων τῆς Β̣οιω̣τίας̣ ὄν̣τ(ος) πότερ(ον) ἔδει ἡμᾶς τὴν δύνα̣μιν τὴν Θηβ̣αίων προσλαβ̣εῖν καὶ τὴν χώραν καὶ τῶ̣ν ἀναλωμάτων ἃ ἑκόντες συνε̣βάλοντο, ἢ πρὸς πάν(τα) ἐρίζο̣ντας καὶ ἀγνωμονοῦντ(ας) αὐτοὺς μόνους προελέσθαι ἀγω̣νίζεσθ(αι); καὶ νῦν γε, ὦ ἄνδρες Ἀθηναῖοι, πολλ̣ο̣ὶ Θηβ̣αίω̣ν̣ ἀκροῶνται ἐν τ̣ῶ̣ι̣ δ̣ικαστηρίω̣ι̣ σχ̣ο̣λὴν ἄγοντες (ὡς οὐκ̣ ἂν ἐβουλόμην) οἵ, ἐὰν μὲν ἀ̣πολύσητε̣ τοῦτον τὸν ἀ̣γῶνα, ὑπολήψονται τὸν μὲν κατήγορον ἀ̣πό̣πληκτον εἶναι καὶ μαινόμενο̣ν̣, ὑ̣μᾶς δὲ ἐ̣π̣ὶ̣ τῶν αὐτῶ̣ν μένειν, ὡς προ̣σῆκεν ὑμῖν· ἐὰ̣ν̣ δὲ καταγνῶτε, π̣ῶς οὐκ ἂ̣ν δικαίως ἐγκαλ̣έ̣σ̣α̣ι̣ε̣(ν) ὑ̣μῖν, εἰ ἐπὶ τὰ αὐ(τὰ) παρ̣εκαλέσατε α̣ὐ̣τ̣ο̣ύ̣ς̣ ἐφ' ο̣ἷ̣ς̣

5 ἂν ἐλο|γίζοντο] ἀνελο|γίζοντο codex
27 ὡς] ὅς codex

Pseudocolor created from ultraviolet fluorescence and red reflectance images

ὑ̣[μῶν αὐ]τῶν ὡς ἀδικο̣ύ̣ντων κατέγνωτε; Διώνδας δὲ ἐπειδὴ ἡ τύχη τὸ̣ν̣ ἀγῶνα οὐκ ἴσως ἐβράβευσεν, τὰς ἐπ̣ιβασί̣[ας] λαβὼν τῶι λόγωι τὰ ὑπὸ πάντων ὁμολογούμενα̣ μὴ̣ καλῶς βεβουλεῦσθαι λοιδορεῖ, καὶ οὐκ αἰσθάνεται, ὃ κ̣(αὶ) β̣λάπτει τὴν πόλιν. κ̣ράτιστον μέν γε πάντων, οἶμ̣αι, ἐστὶν τὸ νικᾶν, ε̣ἰ̣ δ' ἄρα συμβα̣ί̣νοι ἀποτυχεῖν το̣ὺ̣ς περ[ὶ] τοιούτων ἀγωνιζο̣μένου̣ς οἵω̣νπερ ἡμεῖς – πο̣λλὰ δ' ἔχων παραδείγμα(τα) περὶ αὐτῶν λέγειν, τὰ μὲν τῆς πόλεως τῆς ἡμετέρας παραλείψω, ἐνίοτε γὰρ οἱ ἔπαινοι ἐξεταζόμενοι ἐν αὐτοῖς τούτ̣ο̣ι̣ς καθ' ὧν ἂν ὦσιν προσέσ̣τ̣ησ̣α̣ν̣ τοῖς ἀκούουσιν. ἀλλὰ σκέψασθε Λακεδαιμονί̣ο̣υς ὅτι ἐν μὲν Κορίνθωι μαχόμενοι ἐνίκω(ν), ἐν Θερμοπύλαις δὲ πάντες ἀπώλοντο. ἀλ̣λ̣' ὅμ̣ως τῆς μὲν νίκης αὐτῶν οὐδεὶς λόγ(ος), τὴν δ' ἧτταν πάντες ἐγκωμιάζουσιν. διὰ τί; ὅτι τὴν μὲν ὑπὲρ τῆς αὐτῶν πλεονε̣ξίας πρός τινας διελεγχθέντες [ἐνίκησαν, ἐν τῆι δὲ] περὶ τῆς ἐλευθερίας τῶν Ἑλ[λή]ν̣ων ἀγωνιζόμενοι κατεκόπησαν ἅπαντε̣ς̣. ν̣υ̣νὶ δὲ ὁ κα̣τ̣ήγορο̣ς̣ περὶ τῶν ψηφισμάτων λόγους ποιεῖται τῶν πρ̣ὸ̣ τῆς μάχης γενομένων καὶ δ̣ι̣α̣βάλλει καί φησι δ̣εῖν αὐτῶν τὴν ταχίστην ἐπιλαθέσθαι. ἐγὼ δὲ τοῖς θεοῖς εὔχομαι ὧν νυνὶ ψηφιζόμεθα ἀπαλλαγῆναι ἡμᾶς ὡς τάχιστα κ̣(αὶ) ἐπιλαθέσθαι. τὰ μὲν γ(ὰρ) τοῖς τῶν προγόνων ψηφ̣ί̣σ̣μασιν ἀκόλουθά ἐστιν, τὰ̣ δ̣ὲ τοῖ̣ς Μεγαρέων καὶ Κ̣ο̣ρ̣ινθίων δόγμασιν· εἰς τ̣ο̣ῦ̣τ̣ο̣ δὲ ἥκει κακίας καὶ ἀπονοίας, ὥστε καὶ περ̣ὶ τῆς πολιτείας ἡμῖν κατηγορίας ποιεῖται. καίτοι, ὦ Διώνδα̣, εἰ βούλει ε̣ἰ̣δέναι σαφῶς, ποτέρους ἡμῶν οὗτοι ὑπολαμβάνουσιν βέλτιον πολιτεύεσθ̣α̣ι̣, ἐρώτησον αὐτῶν ἕκαστον, τίν(α) μάλιστα ἐν Μεγάροις μισοῦ̣σιν· ἀποκρίνονταί σοι, ὅτι Πτοιόδωρον, ἐν Ἐρετρίαι δὲ

26 ἥκει] εικει codex
32 Πτοιόδωρον] πυοδωρον codex

Pseudocolor created from ultraviolet fluorescence and red reflectance images

Ἵππαρχον καὶ Κλείταρχον, ἐν Ἄργει δὲ Μνασίαν, ἐν δὲ Μεγάληι πόλει Ἱερώνυμον καὶ Κερκιδᾶν. [καὶ μὲ]ν̣ δ̣ὴ πάλιν ἐρώτησον "διὰ τί α̣ὐ̣τοὺς μισεῖτε;" φήσ̣ειαν δ̣' ἄν, διότι ἕκαστος αὐτῶν κατὰ τῆς ἑαυτοῦ πατρίδος ὑπὲρ Φιλίππου ἔπραττεν. εἶτ̣' οἴει αὐτοὺς το̣ῖ̣ς μὲν ἔξω Φιλίππωι συναγωνιζομένοις πολεμεῖν, [τοὺς] δὲ ἐνθάδε ὑπὲρ ἐ̣κείνου λέγοντ(ας) εὔνους τῆι πόλει ὑπολαμβάνειν εἶναι; οὐκ ἔστι ταῦτα. ἀλλὰ, οἶμαι, τὰ πράγμα(τα) τῆι πόλει οὕτως νῦν περιέστηκεν, ὡς οὐκ ἂν ἐβουλόμην. ἐπεὶ τίς οὐκ ἂν ἀλγήσειεν, ὅταν ἐν τῆι ἐκκλησίαι ὑμῶν κελευόντων ἀπαλεῖψαί τι τῶν γεγραμμένων μὴ ἐθέληι Δημάδη̣ς – ἄλλ̣ο̣ γρ̣άψ̣ο̣υ̣σιν̣ αὖ ὑμ(ῖν) φήσει ἀπ̣ι̣έναι ἐκ τῆς πόλεως – παρελθὼν δέ τις τ̣ῶν κοινωνῶν αὐτοῦ εἴπηι ὅτι ὑμεῖς, [ὡς] ἂ̣ν̣ ἔχηι, ψηφιεῖσθε ταῦτα, ὅ̣πω̣[ς] ἂ̣ν̣ δ̣ο̣υ̣λ̣ε̣ί̣α̣ν̣ ὑ̣π̣ά̣γ̣ε̣ι̣ν̣ ὑπὸ Δημάδου ἔχητε. τοῦτο γὰρ τῶν πάντων π̣α̣ρ̣α̣λ̣ογώτ̣α̣τόν ἐστιν, ὅτι ἐ̣ν̣ μ̣ὲν τ̣ο̣ῖ̣ς ἔ̣μ̣π̣ροσθε[ν χρόνοις οἱ] ἰδιῶται, εἰκότως, οἶμαι, ἐδεδοίκ̣εσαν μὴ τιμ̣[ωρί]αν ὑπὸ τοῦ δήμου ἔχωσι, νυνὶ δὲ τοὐναντίον· ὁ δῆμ(ος) δέδιεν, μὴ ὑπό των ἰδιωτῶν αἰτίαν λάβηι. [καὶ] γὰρ νῦν τὰ μὲν ἄλλα ἐ[ά]σω τῆς ἀσελγείας αὐτοῦ, ἔλεγε̣ δὲ ἐν τῆι πρ̣ώην ἐκκλησίαι δεῖν ἡμᾶς τὴν Πάραλον πέμψαντας ὡς Ἀλέξανδρον μέμφεσθαι αὐτῶι, ὅτι ὑστάτοις ὑμῖν ἐπέστειλεν περὶ τῶν τριήρων, ο̣ὕ̣τ̣ως δῆλον ὅτι τὸ λοιπὸν πρώτοις ἡμῖν ἐπιτάττ[ει] καὶ ἃ [οὐ]δ' ἀναγκαζομένους καλῶς ἔχει ποεῖν, ταῦ(τα) [ἀ]γανακ̣[τ]εῖ ε̣ἰ̣ μή, πρῶτοι ποιήσομεν. ἢ πάλιν, ἐπειδὰν Διώνδας ἐπὶ τῶν δικαστηρίων σεμνύνηται λέγων ὅτι πεντήκον(τα) γραφὰς ἐγράψατο, εἰ δέ τις αὐτὸν ἐρωτήσαι· "ἔστιν οὖν ἥντινα τούτων ᾕρηκας;", οὐδεμίαν φανήσεται· οὔκουν ἀνάγκη ἐστὶν π̣[εντ]ήκον(τα) ἀγῶνας ἠγωνίσθαι κατὰ τῶν ἐν τῆι πόλει σ̣υμ

2 Μεγάληι] Μεγάλη codex
11 τῆι] τῆ codex
11 ἐκκλησίαι] ἐκκλησία codex
11 κελευόντων] καλευόντων codex
12 ἐθέληι] ἐθέλη codex
14 εἴπηι] εἴπη codex
14 ἔχηι] ἔχη codex
18 ἐδεδοίκεσαν] ἐδεδείκ̣εσαν codex
20 δέδιεν] δέδειεν codex
23 αὐτῶι] αὐτῶ codex
27 ποιήσομεν] ποιήσωμεν codex

Pseudocolor created from ultraviolet fluorescence and red reflectance images

φε[ρόν]τ̣ω̣ν̣; ἔστι γὰρ [σ]υκοφάντου μὲν τὸ πολλοὺς π̣[ο]ι̣ῆ[σαι] ἀγῶ̣ν̣α̣ς̣, πολίτ̣ο̣υ δ̣ὲ̣ δικαίου τὸ ἐξελέγχειν τοὺς ἐ̣ν̣ τ̣ο̣ῖ̣ς̣ δι[καστηρίοι]ς. σ̣ὺ δὲ τοῦ νόμου ἀπαγορεύοντος μηδ[ένα] προ̣σ̣ιέ̣ν̣α̣ι̣ π̣ρ̣ὸ̣ς τ̣ὰ̣ δικαστήρια πρὶν ἂν τρ̣ι̣ά̣κ̣οντα ἔτη γένηται, πρὶν πέντε καὶ εἴκοσι ἔτη σοι γενέσθαι, διπλασίας αὐτῶν γραφὰς ἀπενήνοχας, καὶ ταῦ(τα) ἑτέροις ὑπηρετῶν, ο̣ἳ̣ α̣ὐ̣τ̣οὶ μὲν οὐ τολμῶσιν γράφεσθαι, ἵνα μὴ φανε̣ρ̣ο̣ὶ̣ ὦσιν, τῆι δὲ σῆι προπετείαι καταχρῶνται. καὶ ὑπὲρ τούτω(ν), ὦ ἄνδρες δικασταί, φαν̣ε̣ρῶς ᾤετο δεῖν τοὺς μισθοὺς κομίζεσθαι. ὅτε γὰ̣ρ̣ Φίλ̣ι̣π̣π̣ο̣ς ἐκέλευεν ἡμᾶς εἰς τὸ σύνταγμα πέμπειν ἑ̣ξακοσίους στρατιώτας καὶ ἑ̣ξή̣κον(τα) ἱππέας, Διώνδας τούτων ἐθελοντὴς ἦν κ̣α̣ὶ̣ ἔλαβεν τότε ἐκ τῶν δημοτῶν ἀργύριον καὶ τὸ παρὰ τῆς πόλεως, καί φησιν εὔνους εἶναι τῶι δήμωι, ὅς αὑτὸν προσέταξεν τῶν στρατιωτῶν εἶναι, οὓς ὁ δῆμος [Φιλίππωι] ἔ[π]εμπεν. καὶ ε̣ἰ̣ ἐγένετο ἡ στρατεία, [ἀπο]λιπὼν ἂν τοὺς κατ' ἐμοῦ ἀγῶνας, οὕς φησιν ὑπὲρ ὑμῶν [γ]εγράφθ̣αι, ᾤιχετο ἂν πρὸς Φίλιππον πάλιν παρ' ἐκείνου καρπούμενο(ς) ὧν ἐνθάδε ὑπὲρ αὐτοῦ ἠγωνίζετο. λογίσασθε δέ, ὦ ἄνδρες δικασταί, διὰ τί, ἂν τούτω πιστεύσαντες ἐμοῦ καταψηφίσησθε· ὅ̣τ̣ι καὶ πρότερον πώποτε ἔδοξέ τ̣ι̣ λέγειν; ἀλλ' ἀεὶ παρ' ὑμῖν συκοφάντης ὢν ἐλέγχετ̣α̣ι̣. ἀλλὰ – νὴ Δία – οἱ οἰκεῖοι ὁμογνώμονες αὐτῶι εἰσιν ο̣ἷ̣ς̣ πράτ̣τ̣ε̣ι̣; ἀλλὰ τοὺς μὲν ἄλλους ἐάσω, ὁ δὲ π̣(α)τ̣ὴ̣ρ αὐτοῦ ἐ̣π̣ὶ̣ ἁ̣πάντων τῶν ἀγώνων καὶ π̣ρὸς τ̣α̣ῖ̣ς ἀνακρίσεσιν δεῖται αὐτοὺς παύσασθαι, καὶ οὐκ ἀρέσκειν αὑτῶι φησιν ἃ οὗτος πράττει, οὐδ' ἐθέλειν αὐτὸν πείθεσθαι αὑτῶι, ἀλλ' ὅμως ἐμοῦ κ̣α̣τηγόρει, ὅτι τοὺς δούλους τοὺς συναγωνιο̣υ̣μένους τῶι δήμωι ἔγραψα ἐλευθέρους εἶναι ὑπὲρ ὧν πολ-

19 ᾤιχετο] ᾤχετο codex
24 ἀεὶ] εἰ codex

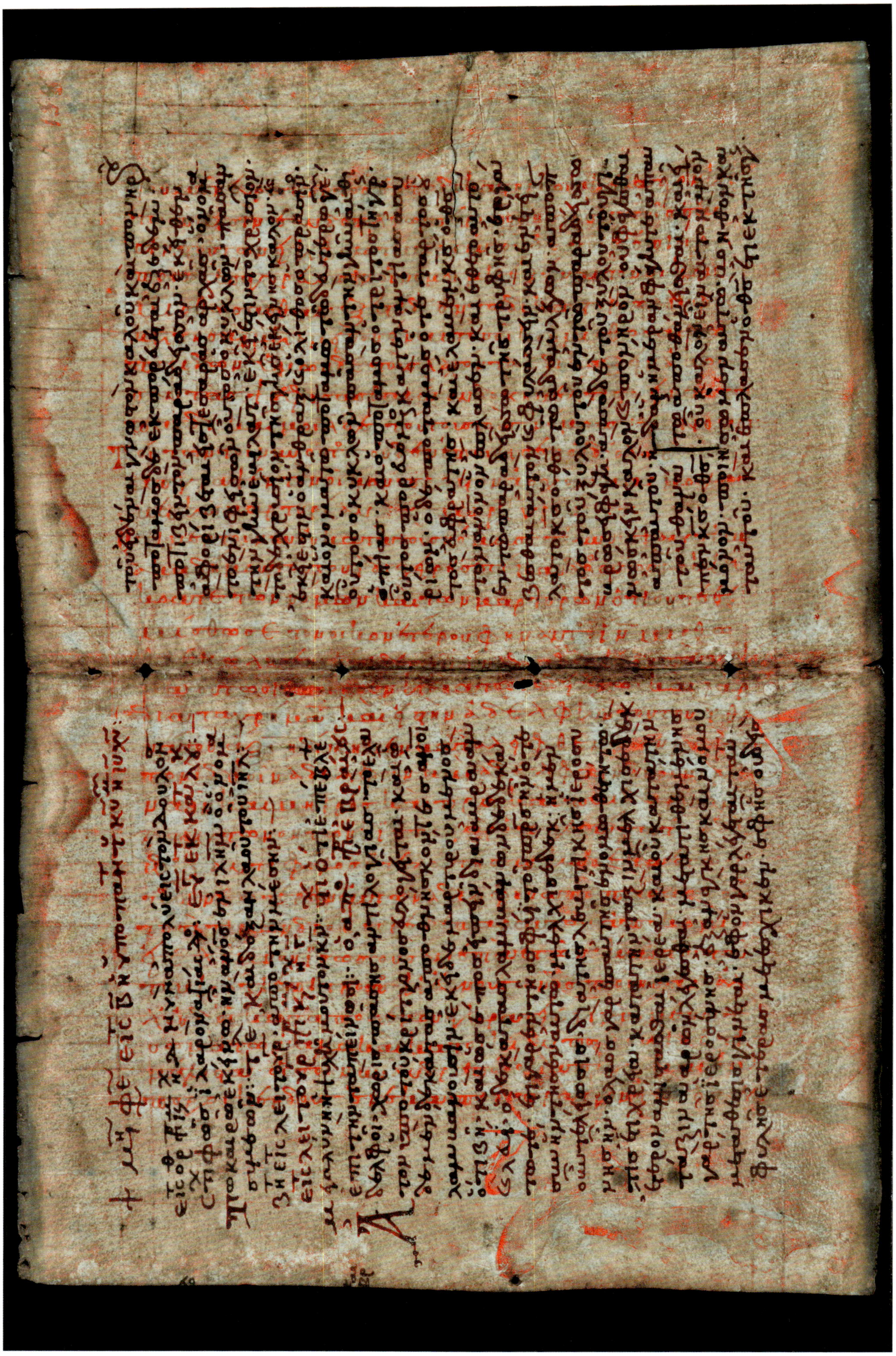

Pseudocolor created from ultraviolet fluorescence and red reflectance images

τοῦ μὲν εὑρίσκοντος ἐν τῶι δικαστηρίωι μὴ ἔλαττον ἦι τοῖς παισίν· ἐὰν δὲ πλείω περιποιή̣σ̣ω̣σιν̣ τοῖς παισίν, τούτων εἴη φιλοτιμί(α). αὐτοῖς δὲ τοὺς ἐπιτρόπους ἀπαγορεύουσιν οἱ νόμοι μὴ ἐξεῖναι τὸν οἶκον μισθώσασθαι· ἔξεστι δ' ἐν τῶι δικαστηρίωι ἀμφισβητῆσαι μὴ ἄμεινον εἶναι τὸν οἶκον μισθῶσαι τῶ(ν) παίδων, ὑμῶν δὲ τοὺς λαχόντας δικάζειν ἀκούσαντας ψηφίσασθαι ἃ ἂν δοκῆι βέλτιστα εἶναι τῶι παιδί. καί μοι λέγε τούτους τοὺς νόμους. ΝΟΜΟΙ τούτων τοίνυν οὗτ(ος) οὐδὲν ἐποίησεν οὐδ' ὅλως ἀπέγραψεν τὸν οἶκον πρὸς τὸν ἄρχον(τα). καί μοι λαβὲ τὴν μαρτυρίαν. ΜΑΡΤΥΡΙΑ ὅτι μὲν τοίνυν ο̣ὐ̣ κατὰ τοὺς νόμους τὴν οὐσίαν τὴν Ἀκαδήμου τουτουὶ διεχείρισε Τίμανδρ(ος) οὑτοσί, ἀκηκόατε τῶν νόμων, καὶ τῶν μαρτύρων ὅτι οὔτε ἐμίσθωσε τὸν οἶκον ἑτέρου ⟨τε⟩ φήναντ(ος) ἵν(α) μισθωθῆι ἐκώλυσεν· ὅ̣τι δὲ τ̣α̣ῦ(τα) ἵνα δ̣ι̣αφο̣ρ̣ήσηι τὰ χρήμα(τα) οὑτωσὶ ἐποίησεν ἤδ̣η ἀ . . . . . δείξω. καὶ γὰρ διὰ τὰ χρήμα(τα) καὶ εἰς τὴν ἀδελφὴν τουτουὶ θανάτου ἄξι(α) ἠδίκηκεν· καταλειφθέντ̣ω̣ν γὰρ τουτωνὶ δυοῖν ἀδελφοῖν καὶ ἀδελφαῖν δυοῖν ὀρφα̣ναῖν καὶ μητρὸς καὶ π(ατ)ρ(ὸ)ς καὶ παιδαρίων πάντων ὄντων – ἴσ̣ω̣ς γὰρ ὁ πρεσβύτατ(ος) ἀδε̣λ̣φὸ̣ς Ἀντίφιλος ὁ τελευτήσας ἦν δέκα ἐτῶν – τὴν νεωτέραν αὐτῶν ἀδελφὴν ἀποσπάσα̣ς οὐ̣τοσὶ Τίμανδρος ἔτρεφε παρ' αὐτῶι ἀποκ̣ο̣μ̣ί̣σ̣(α̣ς̣) εἰς Λῆμνον ἴσως οὖσαν ἑπτὰ ἐτῶν. κα̣ίτο̣ι̣ τοῦτο μὴ ὅτι ἐπίτροπ(ος) ἢ εὔνους ⟨ἂν⟩ ἄν(θρωπ)ος πο.ήσαι, ἀλλ' οὐδ' οἱ κατὰ πόλεμον ἐγκρατεῖς γιγνόμενοι τ(ῶν) σωμάτων, ἀλλὰ καὶ κατ' οἰκίαν πωλοῦσιν ὅτι μάλιστα. οἱ τοίνυν ἀνδραποδοκάπηλ(οι) καὶ ἔμποροι κέρδους ἕνεκα πᾶν πράττοντες ἀ̣σ̣ε̣λ̣γές,

5 δ] δὲ codex

Pseudocolor created from ultraviolet fluorescence and red reflectance images

ἂ̣ν̣ ἀδ̣ε̣λ̣φὰ̣ παιδάρι(α) πω̣λ̣ῶσιν ἢ μ̣ητέρα καὶ παιδία . . . . ὅ̣τ̣ι̣ ζημιούμ̣εν̣οι ἐλάττονος ἀπ̣οδίδονται̣ . . . ν̣ τ̣ι̣ τοῦτο τῶν δικαίω(ν) ὄν. αἱ γ(ὰρ) εὔ̣νοιαι τ̣ο̣ῖ̣ς̣ ἀνθρώπ̣ο̣ι̣ς̣ εἰσὶ διὰ τὴν συνήθειαν καὶ τὸ̣ συντρόφους αὐτοὺς εἶναι μᾶλλον ἢ διὰ τὰς συγγενείας· τ̣εκμήριον δὲ τούτου· ο̣ὔ̣τ̣ε̣ γὰ̣ρ̣ ἂ̣ν π̣(ατέ)ρ̣(ε)ς [το]ὺ̣ς α̣ὐ̣τ̣ῶ̣ν̣ παῖδα̣ς̣ ἀ̣σ̣π̣ά̣σ̣α̣ι̣ν̣τ̣ο̣, εἰ μὴ ὑ̣π̣' αὐτῶν ἐκ παιδαρίων τραφείησ̣αν, εἰ εὐθύς τις αὐτῶν . . . . ἀ̣π̣ο̣σπά̣σ̣α̣ς̣, οὔτε ο̣ἱ παῖδες τοὺς γο̣νέα̣ς̣ εἰ μὴ ὑπ' ἐκείνων τρ̣α̣φείησαν. Τίμανδρος τοίνυν τούτου α̣ὐ̣τ̣ο̣ῦ̣ γε̣ αἴτιος γέγον(εν) ὥστε τ̣ὰ̣ς μὲν ἀδελφὰ̣ς ἀλλήλας μὴ ἀναγνῶν(α̣ι̣) μήτε ἐν ὁ̣δ̣ῶ̣ι̣ μήτε ἐν ἱ̣ε̣ρ̣ῶ̣ι̣ ἰδούσας – πλεόνω̣ν̣ γ(ὰ̣ρ̣) ἐτῶν ἢ τριῶν καὶ δέκα οὐχ ἑωράκασιν ἑαυτάς – τὸν δὲ ἀδελφὸν τουτονὶ Ἀκάδημον ἀναγνωρίσαι τὴν ἑαυτοῦ ἀδελφήν, ἐλθόν(τα) δὲ̣ ε̣ἰ̣ς̣ Λῆμ̣ν̣ο̣ν̣ μ̣ὴ̣ γν̣ῶ̣ναι̣ ἰδόν(τα). καί̣τ̣ο̣ι̣ ὁ̣ ν̣ο̣μ̣ο̣θέτ̣ης τοὺ̣ς παῖδας τοὺς ὀρφάνους οὐ χωρὶς ἕκαστον τρέφεσθαι ᾠήθη δ̣εῖν, οὐδ' ὅπ̣ως ἂν τύχωσιν, ἀλλ' ὅπου ἂν ἄρ̣ι̣σ̣τ̣α̣ [. . . . . τρ]έφεσθαι· καί μοι λέγε τὸν νόμον. ΝΟΜΟΣ.

εἰ τοίνυν παρὰ σοὶ εὖ ἐτρέφετο, ὦ Τίμανδρε, ἡ μία, διὰ τί οὐ κα̣ὶ οὗτοι εὖ ἐτρέφοντο παρὰ σοὶ καὶ ἐν τῶι αὐτῶι; εἰ δ' οὗτοι εὖ, διὰ τί οὐχὶ καὶ ἐκεινὴ εὖ καὶ ἐν τῶι αὐτῶι τοῖς ἀδελφοῖς καὶ τῆι ἀδελφῆι τῆι πρεσβυτέραι; ἀλλ' οἶμαι ἡ τῶν χρημάτων ἐπιθυμία τα̣ῦτα̣ πάντα παρανομεῖν ἐποίει· τοιγα̣ρ̣ο̣ῦ̣ν̣ ἐκ πένητ(ο̣ς̣) ἐπιτροπεύσας Ἀκάδημο(ν) τουτονὶ ἐκ τῶν τούτου πλέον ἢ πέντε τ̣αλάντων οὐσίαν ἔχει, ὡς ἐγὼ ὑμῖν ἐπιδείξω· πρῶτ(ον) μὲ̣ν̣ γὰρ εὐθὺς τῶι πρώτωι ἐνι̣αυτῶι ὡ̣(ς̣) [ὁ] π̣(ατὴ)ρ̣ αὐτῶ̣(ν) ἐ̣τ̣ε̣λ̣ε̣ύ̣τησεν τήν τε παιδίσκην ἔλαβεν καὶ πέντε

8 τραφείησαν] τραφείσ̣αν codex
19 ᾠήθη] ᾠήθην codex

THE ARCHIMEDES PALIMPSEST, FOL. 143V + 146R (COMM 01V), NATURAL LIGHT

COMMENTARY ON ARISTOTLE'S *CATEGORIES*

Third principal component of an ultraviolet image

μ̣ό̣ν̣ο̣ν̣, ἀλλὰ καὶ πάντων τ̣ῶ̣ν̣ κ̣α̣τ̣η[γορουμένων] . . . ἐπεὶ γὰρ . . . . . ν τῶν κ̣α̣θ̣’ ὑ̣π̣ο̣κ̣[ειμένου] . . . . το ἐν τῶι τί ἐστιν κατηγορεῖσθαι ἐ̣ν̣ ὑποκειμένωι . . τ̣ι̣ κ̣α̣τ̣ὰ̣ πάντων τ̣ῶ̣ν̣ ὑ̣π̣ὸ̣ τ̣ο̣ῦ̣τ̣ο̣ κ̣α̣τ̣η̣γ̣ο̣ρ̣ε̣ῖ̣σ̣θ̣α̣ι̣. ἀ̣λ̣λ̣’ ε̣ἰ̣ τοῦτο ἐξ ἀνάγκης, ἐ̣π̣ε̣ὶ̣ τι κατά τινος, κ̣α̣τ̣η̣γ̣ο̣ρ̣ε̣ῖ̣τ̣α̣ι̣ καθ’ ὑποκειμένου, ἄλλα δ̣έ̣ τιν̣α̣ κατηγορε̣ῖ̣τ̣α̣ι̣ τοῦ κατηγορουμένου, κ̣α̣ὶ̣ τ̣α̣ῦ̣τ̣α̣ καθ’ ὑποκειμένου ἐ̣σ̣τ̣ί̣ν̣, ἀλλὰ ταῦτα καὶ κατὰ τοῦ π̣ρ̣ώ̣τ̣ο̣υ̣ λ̣η̣φθέντος καὶ καθ’ ὑποκειμένου ῥηθήσεται. ο̣ἷ̣ον κατὰ Σωκράτους κατηγορεῖται ὁ̣ ἄνθρωπος καθ’ ὑποκειμένου. ἐ̣ν̣ γ̣ὰ̣ρ̣ τῷ τί ἐστιν Σωκράτης ἐροῦμεν ὅτι ἄνθρωπος, καὶ π̣ᾶ̣σ̣ι̣ν̣ τοῖς κατὰ μέρος ἀνθρώποις ἐν τῷ τί ἐστιν κ . . . . . . τ̣α̣ι̣ ὁ ἄνθρωπος. πάλιν δὲ καὶ τ̣ο̣ῦ̣ ἀνθρώπου κατηγορεῖται τὸ ζῷον καθ’ ὑποκειμένου. ἐν γὰρ τῷ τί ἐστιν ἄνθρωπός φαμεν ὅτι ζῷον. καὶ παντὸς ἀνθρώπου ἐν τῷ τί ἐστιν κατηγορεῖται τὸ ζῷον κα . . . . ὑ̣γ̣ι̣ὲ̣ς̣ κατηγορ[εῖ]ται τὸ ζῷον καθ’ ὑποκειμένου. ζῷον γάρ ἐστιν καὶ [Σ]ωκρ[άτης] καὶ κατὰ πάντων τῶν κατὰ μέρος ῥηθείη ἂν τὸ ζῷον. ἀπὸ κ̣ο̣ι̣ν̣ο̣ῦ̣ τοίνυν ἀκούομεν τὸ “ὡς καθ’ ὑποκειμένου”. οὔτε γὰρ ὅταν ἕτερον καθ’ ἑτέρου κατηγορεῖται καθ’ ὑποκειμένου, οὔτε πάλιν ὅσα κατὰ τοῦ κατηγορουμένου ὡς ἔτυχεν̣ κατηγορεῖται, ἀλλὰ ὅσα ὡς καθ’ ὑποκειμένου κα[τὰ] τοῦ κατηγορουμένου. λέγετα̣ι̣ γὰρ οὕτως ἐ̣χόντων “πάντα κα̣ὶ καθ’ ὑποκειμένου ῥηθήσ̣εται”. πρὸς δὴ ταῦτα̣ πολυθρύλλητον ἀπορία̣ν̣ [ὁ Νικό]σ̣τ̣ρατο̣ς προσά̣γων γράφε̣ι̣ ταυ̣τ . . . . εδ . . . . τη τις ἐκεῖνο λέγειν, ὅ τιν̣ε̣ς̣ ε̣ἰώθασιν ἀπ[ο][ροῦντες] λ̣έ̣γειν, ὅτι ἄρα συμβήσεται ἕνεκά γε τοῦ εἰρημένου [τοῦ]το, τὸν Ἀρίσταρχον γραμματικὸν εἶναι, τὴν [δὲ]

Third principal component of an ultraviolet image

[γραμματικὴν ἐπιστήμην], καὶ τὸν Ἀρίσταρχον [ἄρα] [ἐπιστήμην εἶναι] . . . . ε̣ἶ̣ν̣α̣ι̣ τὸ λευκὸν χρῶμα, εἶνα̣ι̣ δὲ̣ τ̣[ὸ ἱμάτιον λευκόν, τὸ] ἄρα ἱμάτιον χρῶμά ε̣ἶ̣ν̣α̣ι̣. δ̣ι̣τ̣τ̣ῶς δ̣[ὲ τὸ λε]υ̣κὸν ε̣ἴληφεν̣ Ἀ̣ρ̣ι̣σ̣τ̣ο̣τ̣έλης, ὅτι οὐχ ἁπλῶς τὰ κατηγορούμενα ἔφη, ἀλλὰ προσέθηκε τὸ "καθ' ὑποκειμένου" ὅ̣τ̣ι̣ ο̣ὐ̣κ ἔχει [τ]ῶ̣ι̣ ὑποκειμένῳ παραληφθεν̣ . . . . Ἀρίσταρχος γραμματικός ἐστιν . . . . τ̣ὸ [τὸ] ἱμάτιον λευκόν ἐστιν τῶν καθ' ὑποκειμένου λ̣εγο̣μ̣έ̣ν̣ων ἐστὶν τ̣ῷ παρειλημμένῳ, ἀλλὰ τῶν ἐν̣ [ὑ]π[ο]κειμένῳ ὄντων̣. κα[ὶ] γὰ̣ρ̣ τὸ λευκὸν ἐν τῷ ἱματίῳ ἢ̣ ἱματίῳ καὶ ἡ γραμματικὴ ἐν τ̣ῇ Ἀριστάρχ̣ο̣υ̣ [ψυ]χ̣ῇ̣ ἐν ὑποκειμένῳ ἐστίν. ἀλλὰ εἶδος, φησίν, ἐπὶ τ[ῶν κα]θ' ὑποκει̣μένου λεγομένων ἐστίν, εὐθύνω̣ν τὸν [λ]ό̣γον ὡς ἐπὶ τούτου· ὁ Σωκράτης ἄνθρωπός ἐστιν, ὁ δὲ ἄνθρωπος εἶδός ἐστιν, ὁ [ἄ]ρ̣[α] Σωκράτης ε̣ἶδ̣ός ἐστιν. . . . . [καθ' ὑποκειμέ]νου κατηγορεῖται τοῦ Σ̣ω̣κ̣ρά̣τ̣ο̣υ̣ς̣ . . . . τα τοῦ ἀνθρώπου ὁμοίως καθ' ὑποκειμέν̣ου, καὶ ὑ̣π̣ο̣κ̣ε̣ί̣μ̣ε̣ν̣ον [μ]ὲ[ν] αὐτὸς λέγει τὸ κατηγορούμεν[ον] . . . . [κα]τηγορουμένου τοῦ Σωκράτου[ς] . . . . κατ̣ὰ̣ τοῦ Σω̣κράτους λέγεσθαι. τὸ γὰρ εἶδο[ς] . . . . . . μενον κατὰ τοῦ ἀνθρώπου τοῦ κατ . . . . κ̣α̣τ̣ηγορουμέ̣ν̣ο̣υ̣ [τ]ο̣ῦ̣ καθόλο[υ] . . . . ου κατηγορεῖται . . . . π̣ο̣υ̣ γ . . . . γὰ̣ρ̣ τῆς ἄλλης . . . . . . ητων . . . . π̣α̣ν̣τ̣ . . . . [ἐρ]ρήθη γὰρ . . ὑποκειμέν[ου] . . . . . . κ̣ατηγο̣ρ̣εῖ̣τ̣αι . . . . [κα]τηγο̣ρεῖτα̣ι̣ τοῦ ὑποκειμένου . . . . ὑποκειμεν . . ἔχει λόγον . . . .

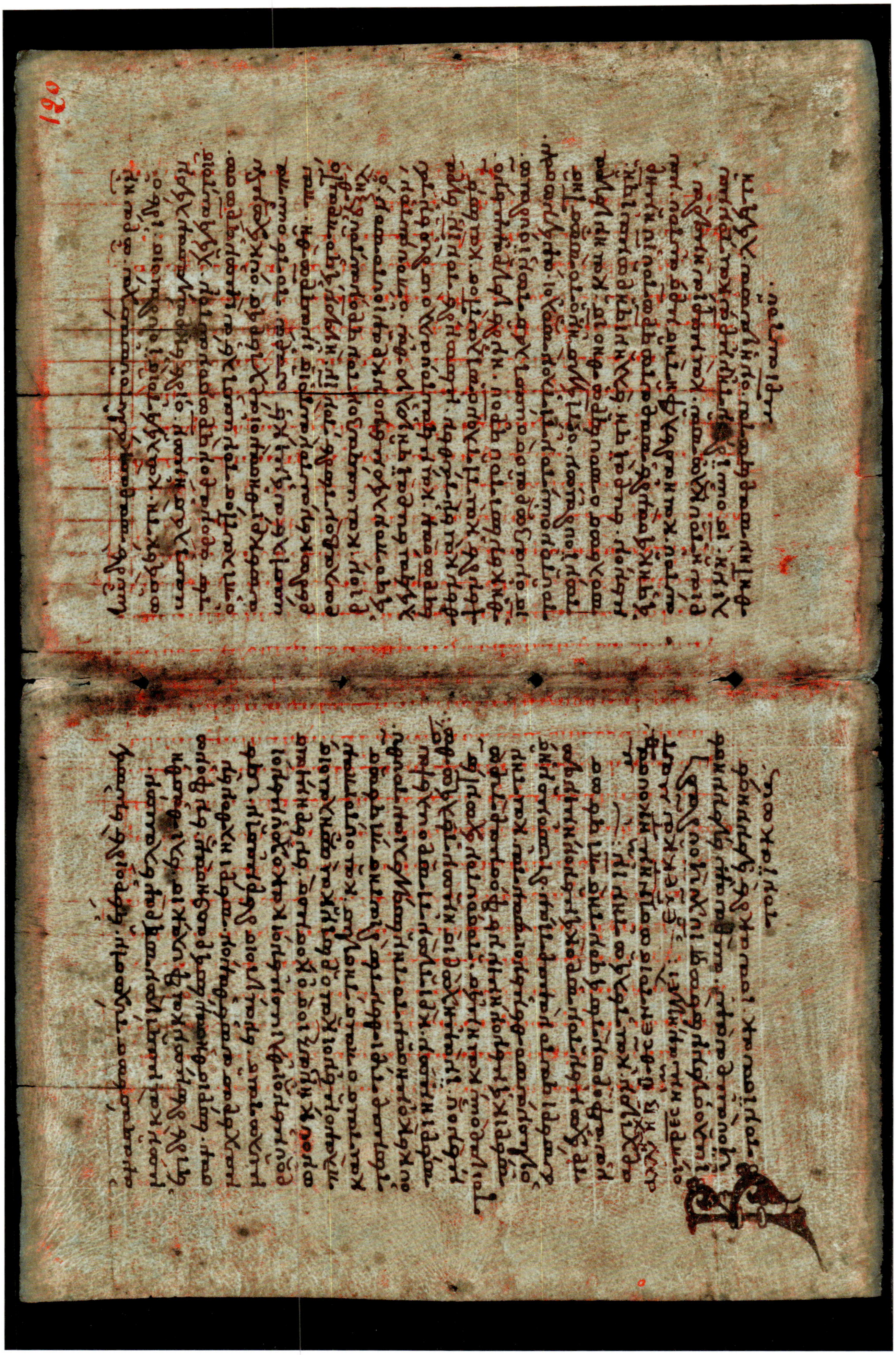

Pseudocolor created from ultraviolet fluorescence and red reflectance images

κατηγορεῖται. τ̣ὸ̣ δὲ φάν̣α̣ι̣ τὸν ἄνθρωπον ε̣ἶδος τῆδε (ζῷον γάρ [τι]) ο̣ὐ̣κ ἐν τῷ τί ἐστιν ποιοῦσι . . . την κατηγορίαν. οὐ γὰρ ἐν τῷ τί ἐστιν ἄ̣ν̣θ̣ρ̣ω̣π̣ο̣ς̣ εἴποιμεν ἂν εἶδος, ἀλλὰ ζῷον. οὐδ' ἐν τῷ τί ἐστι ζῷον εἴποιμεν ἂν γένος, ἀλλ' οὐσίαν ἔ̣μ̣ψυχον. τὸ δὲ εἶδος φάναι τὸν ἄνθρωπον ἢ γένος τὸ ζῷον ἄλλως τι συμβεβηκὸς κατηγοροῦντές φαμεν, οὐχὶ ὑπάρχον τι πρᾶγμα δηλ[ο]ῦντες τῷ ὑποκειμένῳ. ἀλλὰ τὴν κοινότητα (κ̣αὶ) τὴν κοινήν σχέσιν προσαγορεύομεν εἶδος. ἡ δὲ κοινότης συμβέβηκεν ἐ̣ν τῷ ἀνθρώπῳ καθὸ κατὰ πλειόνων ἦν. περιεκτικὸν δὲ τὸ τί ἐστιν οὗ κατηγορεῖται. οὐ γάρ ἐστιν [ὁ] ἄνθρωπος κοινότης. καὶ πάλιν ὅ̣τ̣ι̣ τοῦτο ζῷον γένος ἔχει κατὰ τὴν κοινὴν σχέσιν αὐτοῦ δηλοῦμεν διὰ τὸ γένος φάναι κατέχειν διαφορὰς ὑπ' αὐτὸ οὔσας, ὥστε συμβεβηκὸς κ̣ατηγοροῦμεν γένος λέγοντες τὸ ζῷον καὶ εἶδος τὸν ἄνθρωπον. ἀλλ- . . . . α̣ι̣ ἐ̣σ̣τ̣ι̣ν̣ καὶ ἐν̣ τοῖς καθ' ὑποκειμένου κατηγορεῖται. ἐκεῖνα μὲν γάρ ⟨ἅ⟩ φησι Βόηθος οὐ προσῆκεν ὑπ[ο]τυγχ̣άνειν πρὸς τ̣ὰ λ̣ε̣χθέντα̣ ὑποδείγματα, ὅτι τὸ ζῷον κατὰ τοῦ ἀνθρώπου λέγεται̣ ὡσὰν καθ' ὑποκειμένου̣· ο̣ὐ̣δὲ γὰρ ὑπόκειτα̣[ί] τ̣ι̣ τούτων̣ τ̣ῶ̣ν̣ γε[νικῶν]. ῥητέον γὰρ ὅτι ὥ̣σ̣ . . . . κ̣έ̣χρηται, ἐπειδὴ ⟨περὶ⟩ τῶν ὑφεστηκότων καὶ ὄντ̣ω̣ν̣ αὐτῶν νῦν λέγει καὶ ἐν μηδενὶ ἑτέρωι ὑφεστηκότων, ἀλλ' ὡς ὁ̣ Πλά̣τ̣ω̣ν̣ τὰς ἰ̣δέας ἐσ̣ημειο̣ῦ̣τ̣ο̣ κ̣α̣ὶ̣ ἄλλο̣ι̣. ψ̣ε̣υ̣δ̣ὴ̣ς̣ π̣ρ̣ό̣τ̣α̣σ̣ι̣ς̣ ἡ "ὁ̣ ἄνθρωπος εἶδος" καὶ ἡ "τὸ̣ ζῷον γ[ένος]". δεῖ γὰρ λαμβάνειν ἐπὶ τῶν καθ' ὑποκειμένου κ̣α̣τηγορουμένων . . . . κατηγορίας . . . . καθόλου ὡς καθόλου ἔχον, "πᾶς ἄνθρωπος

15 οὖσας] ὄντας codex

Third principal component of an ultraviolet image

ζῷον. ἡ δὲ "πᾶς ἄνθρωπος εἶδος" καὶ ἡ "πᾶν ζῷον γένος" ψευδεῖς. διὸ [ἀληθεῖς] οὐδ' ἀόριστοι προτάσεις ἡ "τὸ ζῷον γένος ἐστί" καὶ "ὁ ἄνθρωπος εἶδος". ἐχρῆν γὰρ οὕτω γε τὴν ἑτέραν τῶν διωρισμένων εἶναι ἀληθῆ. τοῦτο γὰρ αἴτιον καὶ τοῦ τὴν ἀδιόριστον εἶναι ἀληθῆ. ψευδὴς γὰρ καὶ ἡ "πᾶν ζῷον γένος" ἐστίν, ὁ γὰρ τὶς ἄνθρωπος ζῷον μέν, οὐ μὴν γένος, καὶ ἡ "τὶ ζῷον γένος ἐστὶ" διὰ τὸ αὐτό· τὶ γὰρ ζῷόν ἐστιν ὁ τὶς ἄνθρωπος. ὁμοίως δὲ ψευδὴς καὶ ἡ "πᾶς ἄνθρωπος εἶδος" καὶ ἡ "τὶς ἄνθρωπος εἶδος". οὐ γὰρ εἶδος ὁ τὶς ἄνθρωπος, ἄνθρωπος ὤν. λέγεται δ' ἐν τοῖς Περὶ ἑρμηνείας τίνες εἰσὶν τοιαῦται προτάσεις. ἀνάγκη οὖν, τῆς πρώτης κατηγορίας καθ' ὑποκειμένου λεγομένης παντὸς τοῦ κατηγορουμένου {κατηγορουμένου}, κατὰ παντὸς καὶ τοῦ ὑποκειμένου κατηγορεῖσθαι. ὅσα γὰρ ἂν κατὰ τοῦ κατηγορουμένου παντὸς λέγηται, ταῦτα καὶ κατὰ τοῦ ὑποκειμένου ῥηθήσεται. [ἀλλὰ] π[ῶς] κατὰ μὲν παντὸς ἀνθρώπου ⟨οὐ⟩ λέγεται τὸ εἶδος, κατὰ δὲ τοῦ ἀνθρώπου λέγεται; οὐχὶ κατὰ παντὸς λέγεται ὁ ἄνθρωπος τῶν κατὰ μέρος; ἀλλ' ᾗ κοινότης ἦν. καθὸ γὰρ κοινότης ἐστὶν ἄνθρωπος εἶδος λέγεται. ἀλλὰ κατὰ τοῦ ζῴου κατηγορεῖται τὸ ἔνυγρον καὶ τὸ πτερόπορον καὶ τὸ τετράπουν, φασίν, οὐκέτι δὲ τούτων τι κατηγορεῖται καὶ κατὰ τοῦ ἀνθρώπου. οὐδὲ ταῦτα ἀποροῦντες ἐοίκασιν ἀγ[νο]εῖν ὅ τι ποτέ ἐστι τὸ καθ' ὑποκειμένου. τὸ γὰρ τετράπουν καὶ τὰ εἰρημένα κατηγορεῖται τοῦ ζῴου οὐχ ὡς καθ' ὑποκειμένου ἀλλ' ὡς περιεχόμενα ὑπ' αὐτοῦ, καὶ εἰδ[οποιά] ἐστιν τοῦ ζῴου. δεῖ δὲ [ἐπ]ὶ πλέον τὰ καθ' ὑποκειμένου κατηγορούμενα εἶναι τοῦ ὑποκειμένου, εἰ γενικώτερα

Third principal component of an ultraviolet image

[ἄλλα ἄλλω]ν εἰδῶν, ὄντων α̣ὐ̣τ̣ῶ̣ν ἢ ἀτόμων [ἢ] τ̣[ῶ]ν̣ εἰδ̣ι̣κ̣ω̣τ̣ά̣των . . . . . π̣ . ρ̣ . ην̣ δὲ ἄλληλ̣ . . . . φ . . . . . . καθ' ἑ̣τ̣έ̣ρ̣ο̣υ̣ κατηγορεῖσ̣θ̣α̣ι̣ . . . . [οὐ] γὰρ τὰ̣ καθ' ὑποκειμένου κατηγορούμενα [καθ'] ἑ̣τ̣έ̣ρου̣ ἑαυτῶν κατηγορεῖσθαι, ἀλλὰ τοῦ α̣ὐ̣τ̣[οῦ] . . . . α̣ν̣ την τοῦ ἀνθρώπου τὸ ζῷον κ̣[ατη]γορεῖτ̣α̣ι̣ [οὐχ] ὡ̣ς̣ ζῷον, καὶ τοῦ ἵππου οὐ ζῷ̣ο̣ν̣ ὡ̣ς̣ ζῷο[ν]. . . . . δὲ κ̣αὶ τὸ χρῶμα τοῦ λευκοῦ ὡ[ς] χρώματος . . . . . . π̣ά̣ν̣τα τ̣ὰ̣ γένη κατηγορεῖτ̣α̣ι̣ . . . καθ . . . . δ . ἑτέραν . . . . ν οὐκ ἂν λέγοιτο καθ' [ἑτέ]ρ̣[ου κατ]η[γο]ρεῖσθαι, διὰ̣ [τὸ] τ̣ὸ̣ν̣ αὐτὸν λόγον ἐπιδέχεσθαι τ̣ῷ̣ κατηγορουμένωι τὸ ὑποκείμενον. [τὸν] γὰρ [αὐτὸν] λόγον ἐπιδεχόμενον τὸ αὐτό ἐστιν τῷ εἴδει, τινὰ̣ δ̣ὲ̣ τρόπον ἕτερον καθ' ἑτέρου κατηγορεῖται. π̣ρὸς δὲ̣ ταῦτά φαμεν ὅτι εἰ καὶ τοῦ ἀνθρώπ̣ο̣υ̣ κατηγορεῖ[τ]α̣ι̣ τὸ ζῷον ὡ̣ς̣ ζῷ[ον, ἀλ]λ̣ὰ̣ δ̣ε̣ῖ̣ τ̣ὴ̣ν̣ δ̣ι̣α̣[φορὰν ὁρᾶν] [τοῦ] ἀ̣κατατ̣[άκτου καὶ τοῦ] κ̣α̣τ̣α̣[τετα]γ[μένου. ἕτε]ρον δήπου τὸ ἀκατάτακτον τοῦ κατ̣α̣[τεταγ]μέν[ου]. ἔλαττον γὰρ τὸ καταταχθὲν τοῦ ἀκατατάκτο̣υ̣, ο̣ὐ̣δὲ προσθῆκαι τ̣ῷ̣ ζῴ̣ῳ̣ τὸ λ̣ο̣γικὸν κ̣α̣ὶ̣ θ̣ν̣η̣τ̣ό̣ν̣, ἀλλὰ διαιρέσεις μὲν α[ὐτ]ο̣ῦ̣ δύο . . . . [κατα]τάξεις δὲ εἴς τ̣ι̣να ὧν ἔστ̣[ιν αὐ]τὸ κατηγορεῖ[σθαι, ὡς τὸ] ζῷον τοῦ ἀ̣νθρώπ̣ο̣υ̣ τὸ ἀκατάτακτον [τοῦ κατα]τεταγμ̣έ̣ν̣ο̣υ̣ . . . τ . ἑτερ̣ . ν γεγονὸς . . . . [κατατα]χθέντο[ς] . . . . θη . . . . . δε . ν κ̣α̣τ̣α̣ . . . . τ̣ὸ γὰρ τ̣ο̣ι̣ . . . καθ' ὑποκειμένου . . . . ενο̣ . τ . . κατηγορουμ . . . .

19 ἀκατατάκτου] κατατάκτο̣υ̣ codex

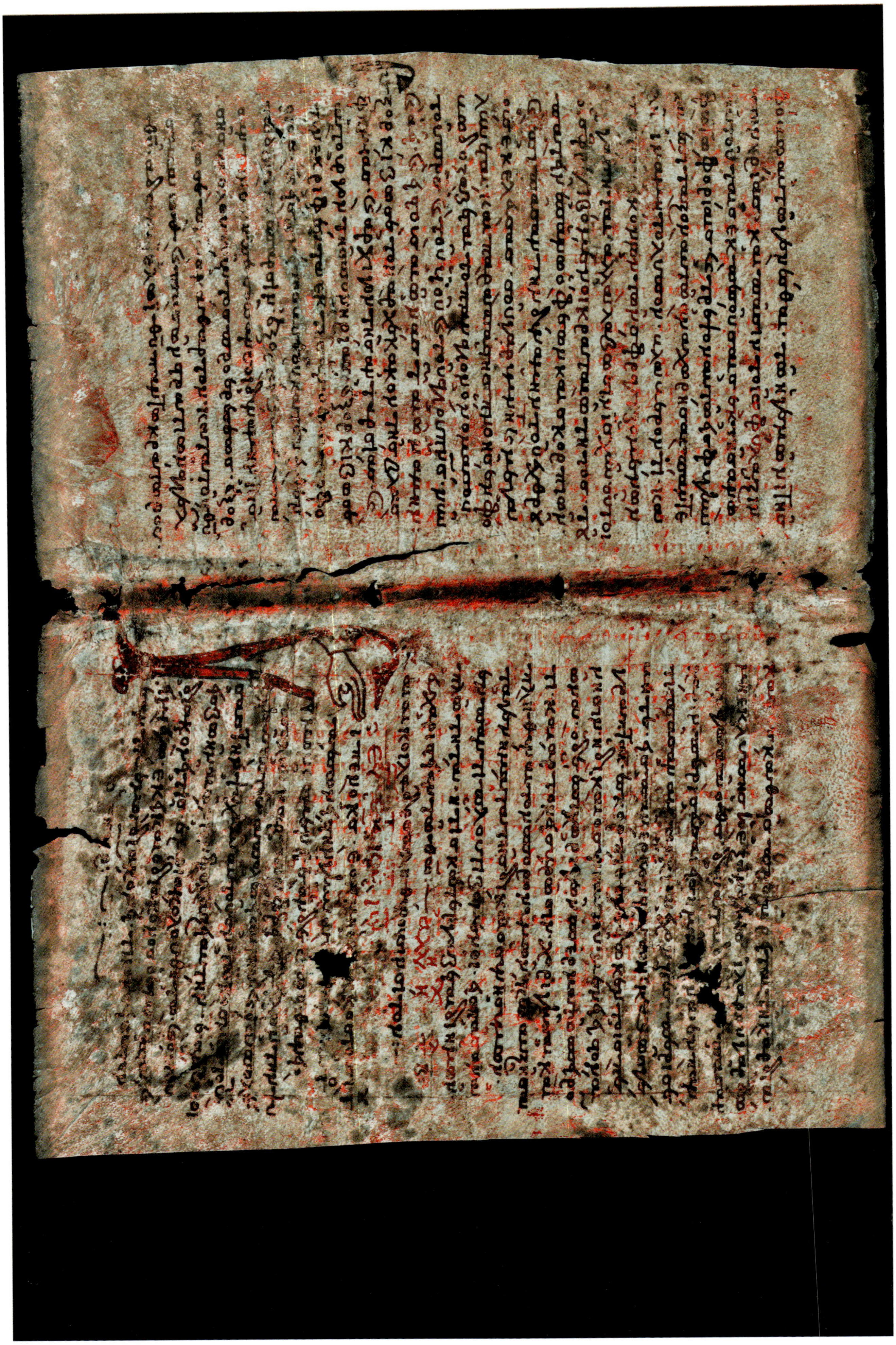

Pseudocolor created from ultraviolet fluorescence and red reflectance images

. . . . ὑπο . .
. . . . την . . . . αἱ τοι̣-
. . . .
. . . . [κα]θ' [ὑπο]κειμ[ένου λ]έγεσθαι ὄ̣ν-
[ομα] . . . . . . [φ]ω̣νὴ σημαντικὴ π̣ε̣ρ̣ί̣ τ̣ι̣ν̣ω̣ν̣ σημαινο-
μ̣έ̣ν̣ω̣ν̣ . . . . δὲ τ̣ὰ̣ [σ]ημ[αν]τικά τινων ὀνόματα ε
. . . . ταὐτὸ δυ̣νή-
[σεται] . . . . κατηγορουμένοις τινῶν.
ο̣ὐ̣ δ̣ε̣ῖ̣ δ̣ὲ̣ λανθάνειν ἡμᾶς ὅτι Ἀνδρονίκῳ καὶ ἄλλοις
[ἐδόκει] μ̣ὴ̣ μ̣ό̣ν̣ο̣ν̣ τὰ ἐν τῷ τί ἐστι κατηγορούμενα
κ̣α̣[θ' ὑπο]κειμένου κατηγορεῖσθαι, ἀλλ' ἤδη καὶ ἕτερα,
[ὥσπε]ρ̣ τὸ μουσικὸν κατὰ Ἀριστοξένου καὶ τὸ
γρ̣α̣μ̣μ̣α̣τ̣ι̣κ̣ὸ̣ν̣ κατὰ Ἀριστάρχου καθ' ὑποκειμένου
κ̣α̣τ̣ηγο̣ρεῖσθαι, καὶ Ἀθηναῖος κατὰ Σωκράτους. . . .
[ἴσ]ως [συμπ]ε[ρ]ι̣ληπτέον καὶ τ̣α̣ῦ̣τ̣α̣. π̣ά̣ν̣τ̣α̣ μὲν γὰρ
. . . .
. . . . [κα]θ̣' ὑποκειμένου
. . . . ἐν τῷ τί ἐστι λέγεσθαι, ἀλλ' εἴπερ καὶ
. . . . καθ' ὑποκειμένου λέγεσθαι
. . . . ὅσα λέγομεν κατηγοροῦ[ν]-
τ̣έ̣ς̣ τ̣ι̣ν̣ο̣ς, ἐκεῖνο εἶναι. Ἀθηναῖον γὰρ εἶναι τὸν
Σωκράτη {εἶναι} καὶ μ̣ο̣υ̣σικὸν εἶναι Ἀριστόξενον
καὶ γραμματικὸν εἶναι Ἀρίσταρχον, περιπατ̣ε̣ῖ̣ν̣
δ̣ὲ̣ κ̣α̣ὶ̣ καθεύδειν οὐκέτι ταῦτα εἶναι. π̣ά̣λ̣ι̣ν̣ [δ' ὅσα]-
π̣[ε]ρ̣ τ̣ο̣ύ̣τ̣ω̣ν̣ κατηγορεῖται, λεγόντων ἡμῶ̣ν̣ ταῦ̣τ̣α̣
[ἐ]κεῖνα εἶναι, καὶ κατὰ τοῦ ὑποκειμένου ῥηθήσεται,
ο̣ἶ̣ο̣ν̣ Ἀρίσταρχος γραμματικός, ὁ δὲ γραμματ̣ι̣κ̣ὸ̣ς̣ ἐπι-
σ̣τ̣ή̣μ̣ω̣ν̣, κ[αθ' ὑ]ποκειμένο̣υ̣ δ̣ὲ κατηγορεῖτ[αι] . . . . .
. . . . . . γραμματικὸς [κατὰ Ἀριστάρχου, τὸ ἐπ]ι̣σ̣τ̣ή-
μων καὶ κατὰ Ἀριστάρχου . . . ῥηθήσεται . . . . .

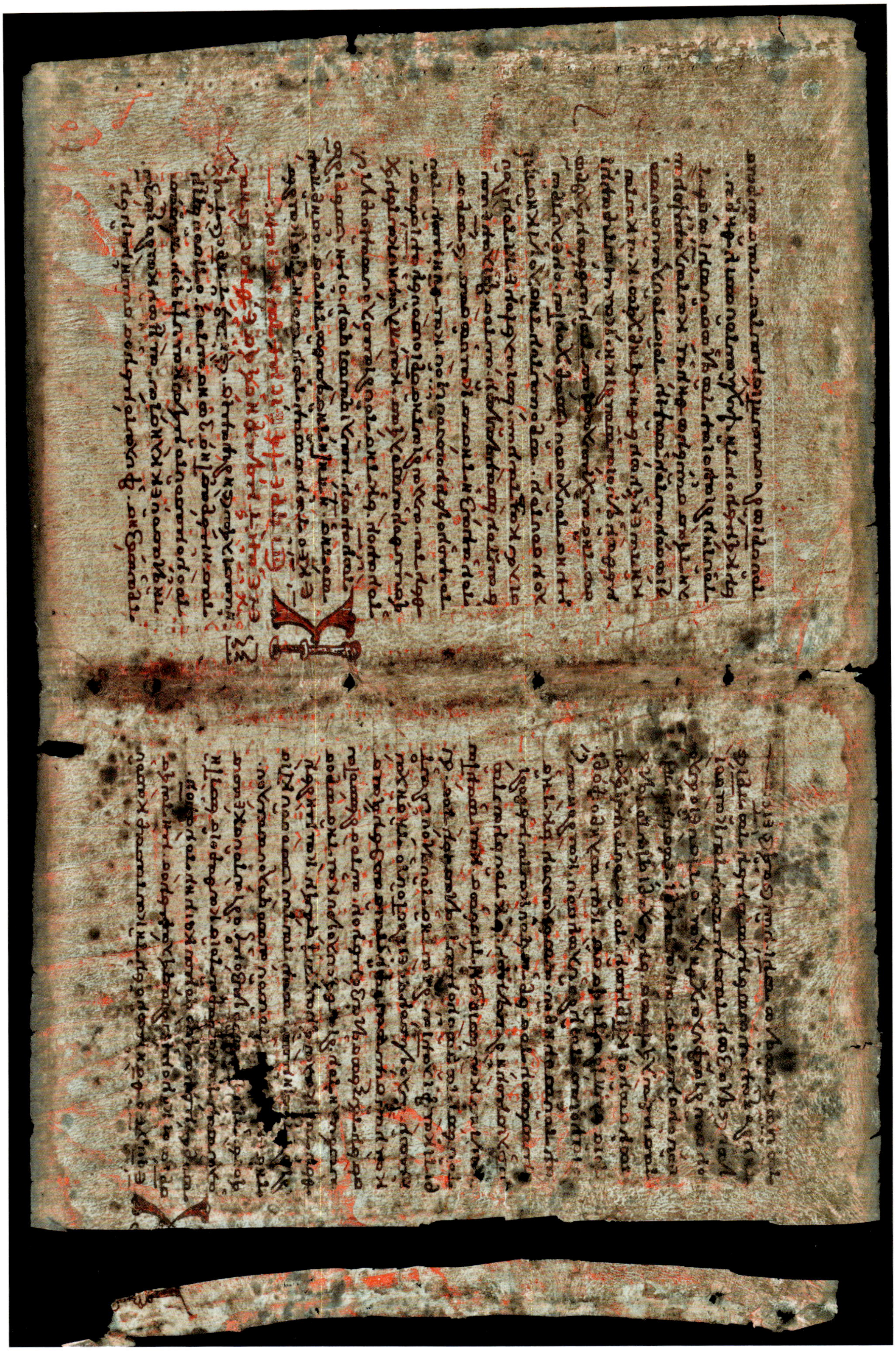

Pseudocolor created from ultraviolet fluorescence and red reflectance images

ὁμοίως δὲ καὶ κατὰ παντὸς γραμμ[ατ]ικοῦ καὶ κ̣α̣τ̣ὰ̣ π̣α̣ν̣τ̣ὸ̣ς̣ μ̣ο̣υ̣σ̣ι̣κ̣ο̣ῦ̣. ὅταν μ̣έ̣ν̣τ̣ο̣ι̣ τ̣ὸ̣ σ̣ῶ̣μ̣α̣ λ̣έ̣γ̣η̣τ̣αι λ̣ε̣υ̣-κόν, τὸ λευκὸν φήσ̣ο̣μεν δύο σημαί[νει]ν̣, κ̣[αὶ τὸ χρῶ]-μα καὶ τὸ κεχρωσμένον. κατηγορεῖται δὲ [οὐχ ἡ λευκό]-της κατὰ τοῦ σώματος, ο̣ὐ̣ γ̣ά̣ρ̣ ἐ̣σ̣τ̣ι̣ λευκότης τ̣ὸ̣ [σῶ]μα, ἀλλὰ τὸ ἀπὸ ταύτης πο[ι]ό[ν], ὁ̣μωνύμ̣ω̣ς̣ [καλούμενο]ν λευκόν, οὐδὲ τ̣ὸ̣ χρῶμ̣α̣ ἔ̣σ̣τ̣ι̣ν̣ κατηγο[ρεῖσ]θαι [τοῦ σ]ώ̣-ματος, ἀλλὰ τὸ κεχ̣ρ̣ω̣σ̣μ̣ένον ἔ̣σ̣τ̣ι̣ν̣. π̣ε̣π̣λ̣ηρωμένων δὲ τούτων, καὶ σαφοῦς γεγονότος τοῦ καθ' ὑποκειμέ-νου καὶ τοῦ ἐν ὑποκειμένω̣ι̣ καὶ τίνι̣ τ̣α̣ῦ̣τ' ἀλλή-λων διαφέρει, ἑ̣π̣όμενον ἂν εἴη δεῖξαι τ̣ὸ̣ τ̣ῆ̣ς̣ μ̣ε̣-θόδου καθ' ἣν πεποίηται τὴν διαίρεσιν [ὥστ]ε̣ πάν-τα περιλαμβάνειν τὰ ὄντα. π̣α̣ρ̣αστησαι . . . . γενομένων διαιρέσεω̣ν̣ τῆς τε εἰς τέσσαρα μ̣[ε]θ[όδ]ο̣υ̣, κἂν γένοιτ[ο] εἰς ὀ̣λ̣ι̣[γ]ώτερα, τῆς δὲ εἰς δέκα μεθ̣ό̣δ̣ο̣υ̣ . . . . , περὶ μὲν τῆς εἰς δέκα πλει- . . . . τῆς εἰς τέσσαρα ἐπιστημονικώτε[ρ]ο̣ν̣ . . . . [οὐ]-κ ἐπεσκέψαντο, οἱ μὲν τῷ μὴ ξυνεῖναι τοῦ φ̣ι̣λ̣ο̣σ̣ό̣-φου τὸ βούλημ̣α̣, [ἐπ]ει[δ]ὴ διαίρεσιν π[οιεῖται μέ]-[θοδ]ο̣ν̣ διττὴν γεγενῆσθαι ὑποσ̣τ̣[η]σ̣ά̣[μενος], π̣ρ̣ώ̣-την μὲν τὴν εἰς ὀλίγα μέθοδο̣ν̣ ἢ ὀ̣λίγ[ιστα ἢ] εἰς ὀλι-γώτερα, δευτέραν δὲ εἰς ὡ̣ς πλεῖστα μ̣έ̣θοδ̣ο̣ν̣ ἢ [εἰς] [πολλ]ὰ̣ ἢ εἰς πλείονα. ὅθεν ε̣ἰ̣ ἡμεῖς ἐν διαιρέσ̣ε̣ι̣ . . . . . . ε̣ν̣εστιν τῇ ἀνάγκῃ τοῦ πράγματος . . . . ἔστι τις μέθοδος διαλεκτικὴ τ̣ο̣ι̣α̣ύ̣τη· [δυοῖν] κατηγορηθέντω̣ν̣ ἑνὸς πράγματος, ἔτ̣ι̣ [δὲ] . . . . περὶ το̣ῦ̣ πράγματ̣ο̣ς, κα[ὶ αὐ]τὰ δύο κα̣[ὶ ἀλη]θ̣ῆ ἀναφαίνονται κα̣ὶ δῆλο[ν] . . . . ἡ ἀλήθεια θεωρεῖται. . . . . γ̣ὰ̣ρ̣

Pseudocolor created from ultraviolet fluorescence and red reflectance images

.... δο . ἄλλου δὲ ἄλλην ἐκκρίνοντος [αἵρεσιν δ]εῖ ἄλλον καὶ ἄλλον τ[ρό]π[ον] γενέσθαι ἀληθ̣ε̣ῖς καὶ τὰς π̣ρ̣ο̣τ̣ά̣σ̣ε̣ι̣ς̣. σαφέστερο̣ν̣ δὲ τὸ λ̣εγό̣μ̣ε̣νον διὰ παραδείγματος ἐ̣π̣ὶ̣ τοῦ κόσμου, κα[θ᾽ οὗ] φασί τινες τὸ γενητὸν καὶ φθαρτόν. [κατὰ γὰρ] τοῦ κόσμου δυεῖν κατηγορουμένων το̣[ῦ] φθαρτ[οῦ] κ̣α̣ὶ̣ τ̣ο̣ῦ̣ γενητοῦ, τ̣έ̣τ̣τ̣α̣ρ̣ε̣ς̣ περ̣ὶ τοῦ κόσμου προτάσεις καὶ ζητήσεις γεγόνασιν, ὧν μία μὲν ἀληθής, τῷ δὲ ἄλλους ἄλλης προστῆναι πᾶσαι ἀληθεῖς ἐ̣φ̣ά̣ν̣ησάν τι[σι], καὶ πάλιν ἅπασαι ψευδεῖς. ἢ γὰρ γενητός ἐστι καὶ φθαρτὸς ὡς τοῖς ἀπὸ Ζήνωνος ἐδόκει, ἢ οὔτε γενητὸς οὔτε φθαρτὸς ὡς τῶι Ἀριστοτέλει ἔδοξεν, καὶ τῷ Πλάτωνι ὥς τινες οἴονται, ἢ γενητὸς μὲν ἄφθαρτος δέ, ὡς ἔνιοι τῶν Πυθαγορείων, καὶ Πλάτωνα δέ τινες οὕτω φέρεσθαι νομίζουσιν, ἢ ἀγένητός ἐστι φθαρτὸς δέ. καὶ γὰρ εἰ μηδεὶς ταύτη[ς] π̣ρ̣ο̣έ̣σ̣τη τῆς [α]ἱρέσεως, ἀλλ᾽ ἥ γε πρότασις ἔστιν, [ὥστε] [εἶναι] ἁπάσας τέσσαρας. τὸ δ᾽ αὐτὸ συμβαίνει κ̣α̣ὶ̣ [κατὰ] δυοῖν ἑνὸς κατηγορηθέντος. τέτταρες γὰ̣ρ̣ κ̣α̣ὶ̣ ο̣ὕ̣τως τελοῦνται προτάσεις. τοῦ γὰρ κε[νοῦ] δοκοῦντος εἶναι τ̣ό̣π̣ο̣υ̣ ἐστερημένου σώματος, [λ]α̣β̣ό̣ν̣τ̣ε̣ς τὸ ἐντὸς καὶ τὸ ἐκτὸς τοῦ κόσμου ὡς δύο, [φήσομεν, τ]οῦ κενοῦ ἑ̣ν̣ὸ̣ς̣ κατὰ δυεῖν φερομένου, τέσ[σα]ρας γενέσθαι κατὰ διαίρεσιν προτάσεις, ἢ [ἐκ]τὸς καὶ ἐντὸς τοῦ κόσμου εἶναι κενὸν ὡς Δ̣η̣μ̣ο̣[κρίτ]ωι τε καὶ Ἐπικ̣ο̣ύ̣ρ̣ω[ι] ἤ̣ρ̣ε̣σ̣κ̣ε̣ν̣, ἢ οὔτ᾽ ἐ̣ν̣τὸς οὔτε ἐκτὸς ὡς Ἀριστοτέλει καὶ Πλάτωνι̣, ἢ ἐκτὸ̣ς̣ μ̣ὲν ἐ̣ν̣τ̣ὸ̣ς̣ δ̣ὲ̣ ο̣ὔ̣ ⟨ ⟩ καθάπερ Στράτωνι ἔδοξεν. [ταύ]της [οὖν τῆς μ]εθόδο̣υ τῆ̣ι πρ[ο]τέραι π̣ι̣σ̣τ̣ .... η εἰς διαίρεσιν .... [ἐπει]-

Third principal component of an ultraviolet image

δ[ὰν] γὰρ οὕτω κατηγορῆτ̣α̣ι̣, καὶ τέτ[τα]ρ̣α̣ς̣ .... π̣ρ̣οτάσεις, ἐν ταῖς τέσσαρσι τὰ πάντα περιέλα̣β̣ε̣ς̣. ὅ̣τ̣[αν] γὰρ καθ' ὑποκειμένου καὶ ἐν ὑποκειμένῳ κα̣τηγο̣ρ̣ῆ̣τ̣α̣ι̣ τοῦ̣ ὄντος, φησ̣ὶ̣ν̣ τὸ ὂν ἅπαν ἢ καθ' ὑποκει̣μ̣έ̣ν̣ου τ̣ι̣ν̣ὸ̣ς̣ λ̣έ̣γ̣ε̣σ̣θ̣α̣ι̣ καὶ ἐν ὑποκειμένῳ εἶναι, [ἢ μήτε καθ' ὑπο]κειμένου τινὸς λέγεσθαι μήτε ἐν ὑποκειμένῳ εἶναι, ἢ ἐν ὑποκειμένῳ μὲν εἶναι, καθ' ὑποκειμένου δὲ μηδενὸς λέγεσθαι, ἢ καθ' ὑποκειμένου μὲν λέγεσθαι, ἐν ὑποκειμένῳ δὲ μηδενὶ εἶναι. ὃ γὰρ ἂν λάβῃς τῶν ὄντων, τὰς προτάσεις 〈 〉, ἔσται τὸ ἀληθὲς περὶ αὐτοῦ εἰπεῖν, καὶ οὕτως ἐν ταῖς τέσσαρσιν ταῦτα περιείληπται. τὸ μὲν δὴ τῆς μεθόδου τοῦτο· αἴτιον δὲ τοῦ μὴ διαφ[υγεῖ]ν̣ τι τὸ κατὰ ἀ̣π̣ό̣φασιν προσενηνέχθαι τινά, καὶ μάλιστα τὴν μίαν κ̣α̣θ̣' ἣν ο̣ὔ̣τε καθ' ὑποκειμένου λέγεσθαι οὔτε ἐν ὑπ[ο]κειμένῳ φησὶν εἶναί τινα. ὥσπερ γὰρ εἰ πάντων ἔφη [τῶ]ν̣ ὄντων τ̣ὰ̣ μὲν ε̣ἶ̣ν̣αι ἵπ̣π̣ου[ς, τὰ] δ̣ὲ̣ ἄλλα τ̣ι̣ν̣ά̣, ἀ̣λ̣λ̣ὰ̣ πάντ' ἔθηκεν παν .... τὰ μὲν τῷ οἰκείῳ εἴδει, τὰ δὲ ἀποφάσκων, οὕτω καὶ γ̣έ̣ν̣ει τὰ μὲν θείς, τὰ δὲ ἀποφήσας, οὐδ' ἐν τῷ αὐτῷ, τὰ τέσσαρα λείπει. γένοιτο δ' ἂν τοῦτο κατάδηλον .... τι τὰ ὄντα πάντα ἢ κατ' εἶδος ἢ κατὰ γ̣έ̣ν̣ο̣ς̣. [ο]ὐ̣δὲν γὰρ ἂν εὕροις ὅτι μὴ κατὰ τὴν τοιαύτην τομὴν .... οὐ δεῖ δὲ ἐκ τῆς διαιρέσεως ταύτης οἴεσθαι ὅτι [ὡς γέ]νος τὸ ὂν εἰς εἴδη διαιρεῖται οὐδ' ἔστι τὰ ὄντα προση[γορία] πληθυντική, ἀλλὰ μᾶλλον συλληπτική. ὅταν οὖν λέγ[η] "τῶν ὄντων τὰ μὲν τ[οῖ]α τὰ δ̣ὲ̣ τοῖα", παραπλήσιος ἐστὶν ὡς ε̣ἴ̣ τις δεικνὺς τ̣ὸ̣ πλῆθος ἀνθρώπων λέγοι "τούτων ο̣ἵ̣δ̣ε̣ μ̣ὲ̣ν̣ Λ̣ακεδαιμόνιοι οἵδε δὲ Ἀργεῖοι" .... ο̣ν̣ πολλαχοῦ παρέστησεν ἐξ ...... πληθ̣ ..... πληρώσας τὴν διαίρεσιν καὶ παρ ....

Third principal components of an ultraviolet image

. . . . το ἐν ὑποκειμένῳ καὶ καθ' ὑποκειμένου παρείληφ̣ε̣ν̣, τ̣ὸ̣ τίς ἡ τούτων διαφορὰ θεώρημα παραλαμβ̣α̣ν̣ . . . . πάλιν καὶ εἰς αὐτὰς τὰς Κατηγορίας . . . . γράφων "τῶν ἑτερογενῶν καὶ μὴ ὑπ' ἄλληλα τεταγμένων ἕτεραι τῷ εἴδει καὶ αἱ διαφοραί, ο̣ἷο̣ν̣ ζῴου καὶ ἐπιστήμης. ζῴου μὲν γὰρ διαφ̣ο̣ρ̣α̣ὶ οἷον τὸ πεζὸν καὶ τὸ πτηνὸν καὶ τὸ δίπ⟦λ⟧ουν, ἐπ[ιστήμ]ης δὲ οὐδεμία τούτων. οὐ γὰρ διαφέρει ἐπιστήμη ἐπιστήμης τῷ δ[ί]πους ε[ἶ]ναι. τῶν δὲ ὑπ' ἄλληλα γενῶν ο̣ὐ̣δ̣ὲ̣ν κωλύει τὰς αὐτὰς διαφορὰς εἶναι. τὰ γὰρ ἐπάνω τῶν ὑ̣π̣' α̣ὐ̣τ̣ὰ̣ γενῶ̣ν̣ κατηγορεῖται, ὥ̣στε ὅσαι τοῦ κατηγορουμένου διαφοραί εἰσιν καὶ τοῦ ὑποκειμένου ἔσονται." πολλαχῶς λεγομένου καὶ τοῦ γένους καὶ τοῦ εἴδους καὶ τ̣ῆ̣ς̣ διαφορᾶς, τὸ μὲν καταριθμεῖσθαι ἕκαστα τὰ σημαινόμενα, ὥσπερ ὁ Βόηθος πεποίηκε, μακρὸν . . . . εται γεν . . . . ποῖον ε̣ι̣ . . . . . κ̣α̣ὶ̣ τίς διαφορὰ δηλῶσαι ἀναγκαῖον. γένος μὲν [οὖν] λ̣έ̣γ̣ε̣τ̣α̣ι̣ τὸ κατὰ πλειόνων καὶ διαφερόντων τ̣[ῷ εἴ]δει ἐν τῷ τί ἐστι κατηγορούμενον, οἷον τὸ ζῷιον γένος ἂν εἴη κατὰ πτηνοῦ καὶ πεζοῦ καὶ ἐνύδρου, εἴδει διαφέ[ρον][τος ἑ]κάσ̣τ̣ο̣υ̣, ἐν τῷ τί ἐστιν κατηγορούμενον. τ̣ί̣ γάρ ἐστιν [ἕκαστ]ον ἀποδιδόντες οἰκείως ζῷιον ἐροῦμεν· εἶδος [δέ ἐστι] τὸ κατὰ πλειόνων κατ' ἀριθμὸν διαφερόντων ἐν τῷ τί ἐστι κατηγορούμενον, οἷον ἄνθρωπος κατὰ πλειόνων ἐ̣σ̣τ̣ί̣, τ̣ῶ̣ν̣ τ̣ι̣ν̣ῶ̣ν̣ ἀνθρώπων τ̣ῶ̣ν̣ ἀ̣ρ̣ι̣θμητῶν, ⟨ἀριθμῷ⟩ μ̣ό̣ν̣ο̣ν̣ διαφερόντ̣ω̣ν̣· ἀριθμητὸν δέ ἐστιν τ̣ὸ̣ . . . . ε̣χ̣ο̣ν̣ . . . . αλλ . . . . Σωκράτης· ἕκ̣α̣σ̣τ̣ο̣ν̣ δὲ τούτων . . . . δίδομεν τι . . . . ε . . . . ἀπο-

14 καταριθμεῖσθαι] καταρισθμεῖσθαι codex

Third principal component of an ultraviolet image

διδόντες ἄνθρωπον ἐροῦμεν. ἐπεὶ [δ]ὲ . . . . αὐτὰ ὄντα κατὰ γέν[ος] διάφορα, ω . . λέγεται εἶ[ναι δια]φορὰ τὸ κατὰ πλειό̣ν̣ω̣ν̣ [καὶ] διαφόρων [ἐν τῷ ποῖόν] τι ἐστιν κατηγορούμενον, οἷον τ̣ὸ̣ π̣τ̣η[νὸν κατὰ] π̣λ̣ε̣ι̣ό̣ν̣ω̣ν̣ εἰδῶν κύκνου καὶ κόρ̣α̣κ̣ο̣ς̣ [κατηγορ]εῖ̣τ̣αι. ἕ̣κ̣α̣σ̣τ̣ο̣ν̣ γὰρ̣ ποῖόν τι ζῷον δηλοῖ. τῆ̣ς̣ [γὰρ γ]ένο̣υ̣ς̣ π̣ο̣ι̣ότητος δηλωτικ[ὴ ἡ] δ̣ι̣αφορά. δέκα τοίνυν ἑξῆς πρώτ̣ω̣ν̣ ὄ̣ν̣τ̣ω̣ν̣ γενῶν, τῶν κ̣α̣ὶ̣ δειχθησομένων, ἐ̣ν̣ ᾧ̣ ἂν το[ύ]τ̣ω̣ν̣ εὑρεθῇ τ̣ι̣ γένος, ἐν ἐ̣κείνῳ ἔσται καὶ τούτου ⟨τοῦ⟩ γένους ἅ̣π̣α̣ν̣ εἶδο̣ς̣ (κ̣α̣ὶ̣) ἡ τ̣ο̣ῦ̣ γένους τὴν ποιότητα δ̣ι̣ο̣ρ̣ίζουσ[α] διαφο̣ρ̣ά. α̣ὕ̣τη γὰρ μάλιστα κ̣υ̣ρ̣οῖ τ̣ὸ̣ εἶ[δος] . . . . . ε̣ἰ̣ ἔστιν ἐν ἐκείνῳ καὶ τὸ ἐκείνου κύριο[ν]. τ̣ὸ μὲν . . κατὰ πλει[ό]νων εἰδῶν λέγεσθαι τὴν διαφορὰν ὡς ἐ̣π̣ὶ̣ τ̣ὸ πολὺ λέγεται. εἰσὶ γάρ τινες καὶ ἰσάριθμοι τοῖς εἴδεσιν . . . .

. . . .

. . . .

τοῦ ὀρνέου. ἔτι τε ῥητέον ὡς ὑπ' ἄλληλά ἐστι γένη ὧν τὸ ἕτερον ὑπὸ τὸ ἕτερόν ἐστιν, ὡς ὑπ' ἄλληλα πτηνὸν ζῷον, οὐχ ὑπ' ἄλληλα δὲ ὧν μηδέτερον, ὡ̣ς̣ ζῷο̣ν̣ καὶ ἐπιστήμ̣η [ἄ]μ̣φ̣ω̣ μὲν γένη, οὐδέτερον δ' ο̣ὐ̣δ̣ε̣τ̣έ̣ρ̣ο̣υ̣ κατηγορεῖται. ἐπ̣εὶ τ̣ο̣ί̣ν̣υ̣ν̣ τ̣ῶ̣ν̣ καθόλου τ̣ὰ̣ μ̣έ̣ν̣ ἐστιν γένη τὰ δὲ εἴδη τ̣ὰ̣ δὲ διαφοραί, τῶν δὲ εἰδῶν καὶ τῶν γενῶ̣ν̣ [τὰ μέν] ἐστιν [μόνον εἴδη], ὧ̣ν̣ ἡ διαίρεσις τὰ̣ καθ' ἕκ[αστα ἀπο]τε[λεῖ, τὰ δὲ μόνον] γένη, ὧν οὐκ ἔστιν [ἀνώτερον γένος], τ . . . . ὑπ' ἀλλ[ηλ] . . . .

. . .

. . .

. . .

. . .

. . .

9 ἐκείνῳ] ἐ̣κεῖνο codex

Third principal component of an ultraviolet image

τ̣ὸ̣ ζῷ̣ο̣ν . . . . [τὸ γὰ]ρ̣ ὄρνεον γένος [ἐστὶ καὶ εἶ]δ̣ο̣ς̣ τ̣ο̣ῦ̣ ζῴ̣ο̣υ̣, ὑπ' ἄλληλα ὄ̣ν̣τ̣α̣, ἀλ̣λ̣' [οὐχ] ὡ̣ς [ἑκάτ]ε̣ρον [ὑ]φ' ἑκ̣[άτε]ρον. τοῦτο γὰρ ἀδύνατόν ἐστιν, ἐπεὶ [οὕτω] το[ῦ] α̣[ὐτοῦ τὸ] αὐτὸ καὶ εἶδος ἔσται καὶ γένος . . . . τοῦτ' ἀλλ' ὡ̣ς̣ [θάτε]ρον ὑπὸ θάτερον . . . . ε̣σ̣τ̣ . . μηδέτερον εἶδος εἴη . . . . . [ὑπ'] ἄ̣λ̣λ̣ηλ[α], ὡς ζῷο̣ν̣ καὶ ἐπιστήμη. ἑκάτερον μὲν γὰρ γένος, οὔτ̣ε̣ δ̣ὲ̣ ἡ ἐπιστήμη τοῦ ζῴου εἶδος, οὔτε τὸ ζῷον τῆς ἐπιστήμης. κ̣α̣τ̣ὰ̣ τ̣ο̣ῦ̣τ̣ο̣ οὖν οὐχ ὑπ' ἄλληλα. ὄντων οὖν ἑτέρων γενῶν καὶ τῶν μεταξὺ τοῦ γε μόνον εἰδοῦς καὶ τοῦ μόνον γένους, καὶ ἔτι τῶν ἀνωτάτω καὶ πρώ̣των, ὅταν λέγηται "ἑτερογενῶν" τ̣ὰ̣ π̣ρ̣ῶ̣τ̣ά̣ γε καὶ μόνον δ̣έ̣κ̣α̣ γένη ληπτέον, ἀ̣λλ . . . φ[η]σ̣ί τις ἓ̣ν μόν̣ο̣ν εἶναι . . . . , ὡς ο̣ἴ̣ο̣ν̣τ̣α̣ι̣ οἱ ἀπὸ τῆς Στοᾶς, πρὸς οὓς ὁ Ἀριστοτέλης πολλαχοῦ διήλλ̣α̣κται.

. . . .

. . . .

το τ̣ω̣ν̣ . . . . . διαιρητέον ὡς ἑτέρων γενῶν τὰ μὲν ὑπ' ἄλληλα, τὰ δὲ οὐχ ὑπ' ἄλληλα. τῶν μὲν οὖν μ̣ὴ̣ ὑπ' ἄλληλα τὰς διαφοράς φησιν ἑτέρας εἶναι κα̣ὶ̣ μὴ τὰς αὐτάς, ἃς ἑκάτερον τέμνει. αἱ ἄλλαι γοῦν ζ[ῴου] δ̣ι̣α̣φοραί, αἱ ἄλλαι ἐπιστήμ[ης]. τ̣[ῶν] δέ γε ὑπ' ἄλληλα γε̣ν̣ῶν ἐνδέχεταί τινας τὰς αὐτὰς εἶναι. ο̣ὐ̣ γὰρ δὴ πάσας [οἴε]ται. τὸ μὲν γὰρ ζῷο̣ν̣ καὶ τοὔρνεον γέν̣η̣ ἐστὶν [ἀμφότερ]α̣, κ̣αὶ ζῴου μὲν διαφοραὶ τὸ πτηνὸν καὶ τὸ π̣ε̣[ζὸ]ν̣ καὶ τὸ δίπουν, ὀρνέου δὲ οὐδ[ὲν ἄλλο]. ε̣ἰ̣[σὶ]ν̣ δή[που] ὁ̣π̣[όσ]αι ζῴου τ̣ο̣σ̣α̣ῦ̣ται καὶ ὀρνέου. τῶν τε γὰ̣[ρ ζῴ][ων τὰ] μέν ἐστιν ποιηφάγα, τὰ δὲ σπερμοφ[άγα, τὰ δὲ] [σαρκο]φά̣[γα, καὶ] τῶν ὀρνέων α̣ἱ̣ αὐταὶ διαφ[οραὶ] . . . . [κατηγορ]εῖται, ὡ̣ς̣ κατηγορεῖται [τοῦ]

Third principal component of an ultraviolet image

περιεχομένου γένους τὸ περιέχον. ἔστιν γὰ̣ρ̣ τὸ ὄρνεον ζῷον. τὸ δὲ μὴ τὰς αὐτὰς εἶναι τὸ μηδέτερον ὑπὸ μηδετέρου εἶναι τῶν γενῶν. ἕτεραι δὲ τῷ εἴδει ἔφη οὐκ ε̣ἰ̣κῇ, ἐπεὶ ἔστι τῇ φωνῇ καὶ τῇ ὁμωνυμία[ι] δόξαι ποτὲ τ̣[ὰς] αὐτὰς εἶναι, ὥσπερ ζῷον καὶ σ̣κ̣εῦος. ἕτερα μὲν γὰρ γένη καὶ οὐχ ὑπ' ἄλληλα, ἀλλ' ὥσπερ τοῦ ζῴου διαφοραὶ τὸ ὑ̣π̣ό̣πουν καὶ ἄπουν οὕτω καὶ τοῦ σκεύους. καὶ γὰρ τῶν σκευῶν τὰ μὲν ὑπόποδα τὰ δὲ ἄποδα· ὑπόπουν μὲν ὡς κλίνη, ἄπουν δὲ ὡς τὰ ἄλλα πάντα οἷς μὴ ὑ̣πά̣ρ̣[χου]σιν πόδες. ἀλλὰ δῆλον ὡς ἐνταῦθα ὁμώνυμά ἐστιν. καθάπερ γὰρ ὁ ποῦς ὁμώνυμόν ἐστιν ἐπὶ ζῴου τε ⟨καὶ⟩ κλίνης, οὕτως καὶ τὸ ὑπόπουν καὶ τὸ ἄπουν. τὸ οὖν τῷ εἴδει ἐνταῦθα λέγει τὸ̣ τῷ λόγῳ. κἂν γὰρ τῷ ὀνόματί ποτε συμπέσῃ τῷ αὐτῷ δηλοῦσθαι τὰς διαφορὰς τῶν ἑτέρων καὶ μὴ ὑπ' ἄλληλα γενῶν ἀλλ' οὔ τί γε τῷ λόγῳ αἱ αὐταί εἰσι. κέχρηται δὲ καὶ ἐν τῷ πρώτῳ Τοπικῶν ἐν τῇ [διαιρέσει] τῶν π̣ο̣λλαχῶς [λε]γ̣ο̣μ̣έ̣ν̣ω̣ν̣, οὕτω λέγων· "ἐνίοτε μὲν ο̣ὖ̣ν̣ καὶ τῷ ὀνόματι διαφωνεῖ πάντως τῷ εἴδει, τουτέστι τῷ λόγῳ, κἂν αὐτῷ τῷ πράγματι." Ἑρμεῖνος δὲ ἕτερα γένη ἀκούσας ἁπλῶς ὧ̣ν̣ μή ἐστιν θάτερον ὑπὸ θάτερον, κἂν ἄμφω ᾖ ὑπό τι, ὡς τὸ πτηνὸν ζῷον καὶ τὸ πεζὸν ζῷον, τὰς αὐτάς φησιν ἔχειν διαφοράς. διαφέρει γὰρ καὶ πεζὸν π̣ε̣ζοῦ τῷ τὸ μὲν δ[ί]πουν εἶναι τὸ δὲ τετράπουν, καὶ πτηνὸν πτηνοῦ. δ[ιό] φησι προσκεῖσθαι τὸ ἑτέρας δεῖ̣ν̣ εἶναι τῷ εἴδει τὰς διαφοράς, καὶ οὐχ ἁπλῶς ἑτέρας. τὰς γὰρ εἰρημένα̣ς̣, ο̣ὐ̣χ ἑτέρας οὔσας ἀλλὰ τὰς αὐτάς, οὐκ εἴδει εἶναι [τὰς] αὐτάς, ἀλλὰ γένει, ἀ̣γνοῶν ὅτι ὁ Ἀριστοτέλης ἕτερα γένη καὶ μὴ ὑπ' ἄλληλα τίθεται οὐ μόνον ὧ̣ν̣ μ̣ὴ̣ ἐ̣σ̣τ̣ι̣ θάτερον ὑπὸ θάτερον, ἀλλ' ἃ μηδ' ἄ̣μ̣φ̣ω̣ ἐ̣σ̣τ̣ὶ̣ν̣ ὑ̣φ' ἓ̣ν̣ γ̣έ̣ν̣ο̣ς̣.

2 τὸ] τὰ̣ codex
28 γένει] γένη codex

Third principal component of an ultraviolet image

ὡς δῆλον ἔσται, παρέθηκεν ὑποδείγματα, τοιαῦτα εἶναι ἡγούμενọς τ̣ạ̀ ἕτερα γένη. ἐπιστήμην γὰρ εἶπεν καὶ ζῷον δύο γένη ὧν μηδέτερόν ἐστι μηδετέρου συγγενὲς καὶ μὴ τέτακται ὑφ' ἕν τι κοινὸν γένος. καὶ ἄλλως δέ φησιν ὁ Βόηθος ἡ ἔννοια τῶν ἑτερογενῶν τοιαύτη. ἑτερογενῆ γάρ τινα τὰ ἑτερογενῆ, τά τε ἑτερογενῆ ἐναντίως ἔχειν δεῖ τοῖς ὁμογενέσιν. ὡ̣ς οὖν ὁμογενῆ ὄντα ὑπὸ τὸ γένος, οὕτως ἑτερογενῆ ὄντα γένη ἕτερα. ὅθεν φησὶν ὁ Βόηθος τοὺς ψεῦδος τὸ καθόλου νομίσαντας, διὰ τ[ὸ] εἶναι μέν τινα ἕτερα γένη καὶ οὐχ ὑπ' ἄλληλα, τὰς αὐτὰς δὲ εἶναι τούτων διαφορ[ά]ς̣, οἷον τὸ τρίγωνον καὶ τὸ τετράπλευρον. καὶ γὰρ τῶν τριγώνων καὶ τῶν τετραπλεύρων τὰ μὲν εἶναι ἰσόπλευρα τὰ δὲ ἀνισόπλευρα, καὶ τῶν κακιῶν καὶ τῶν ἀρετῶν τὰς μὲν εἶναι λογικὰς τὰς δὲ ἀλόγους. τοιαῦτα δὲ καὶ ὁ Ἑρμεῖνος ἠπόρει. ἀλλὰ πάντας τοὺς τοιούτους φησὶν παντα . . . . τοῦ λεγομένου, παρὰ τὸ μὴ διωρικέναι [οὐκ εἶναι ταῦ]τα ἕτερα γένη (οὐ γὰρ δὴ ταῦτά γε ἀπορεῖ) καὶ μὴ ὑπ' ἄλληλα ἀλλ' ὑπ' ἄλλο ἄμφω. εὐθύγραμμα [γὰρ] τά τε τρίγωνα καὶ τὰ τετράπλευρα καὶ ἔτι πρότερον σχήματα. ὁμοίως δέ καὶ τῶν ἀρετῶν καὶ τῶν κακιῶν ἡ ἕ̣ξις κοινὸν γένος. ἄμεινον δὲ λέγειν τῶν μὴ ὑπ' ἄλληλα γενῶν ἀλλ' ἑτέρων ἑτέ[ρα]ς εἶναι τῷ εἴδει τὰς δια[φ]οράς, ὡσὰν τῷ εἴδει ἑκάστο̣υ τῶν ἑτέρων γενῶν διαφόρων ὑπαρχουσῶν τῶν διαφορῶν. ἔστω̣ γὰρ ἕτερα γένη, οἷον ζῶιον καὶ ἐπιστήμη· ὑποκείσθω το̣ύτ̣ο̣ι̣ς̣ τὰ εἴδη, ζώ[ι]ωι μὲν ἄ̣ν̣θ̣ρ̣ω̣π[ος], ἐπιστήμηι̣ δ̣ὲ μουσική. τῶν ο̣ὖ̣ν̣ ὑποκειμένων εἰδῶν, τουτέστιν ἀνθρώπου καὶ μουσικῆς, ἕτεραι καὶ διαφοραί, ἀνθρώπου

19 ἀπορεῖ] ἀπορρεῖ codex

APPENDIX

Below are listed the names of the digital files in the Archimedes Palimpsest data set from which the images in this volume were compiled. This data set is currently found at http://archimedespalimpsest.net

ARCHIMEDES: TREATISES (CODEX C)

- Fol. 27r+22v (Arch01r)

Data/027r-022v/027r-022v_Arch01r_Sinar_pseudo_no-veil.tif

- Fol. 27v+22r (Arch01v)

Data/027v-022r/027v-022r_Arch01v_Sinar_pseudo_no-veil.tif

- Fol. 14r+19v (Arch02r)

Data/014r-019v/014r-019v_Arch02r_Sinar_pseudo_no-veil.tif

- Fol. 14v+19r (Arch02v)

Data/014v-019r/014v-019r_Arch02v_Sinar_pseudo_no-veil.tif

- Fol. 81r+88v (Arch03r)

Data/081r-088v/081r-088v_Arch03r_Sinar_pseudo_no-veil.tif

- Fol. 81v+88r (Arch03v)

Data/081v-088r/081v-088r_Arch03v_Sinar_pseudo_no-veil.tif

ResearchContrib/Data/081v-088r/081v-088rStub_Arch03v_FeBack.tif

- Fol. 56r+49v (Arch04r)

Data/056r-049v/056r-049v_Arch04r_Sinar_pseudo_no-veil.tif

- Fol. 56v+49r (Arch04v)

Data/056v-049r/056v-049r_Arch04v_Sinar_pseudo_no-veil.tif

- Fol. 55r+50v (Arch05r)

Data/055r-050v/055r-050v_Arch05r_Sinar_pseudo_no-veil.tif

- Fol. 55v+50r (Arch05v)

Data/055v-050r/055v-050r_Arch05v_Sinar_pseudo_no-veil.tif

- Fol. 82r+87v (Arch06r)

Data/082r-087v/082r-087v_Arch06r_Sinar_pseudo_no-veil.tif

- Fol. 82v+87r (Arch06v)

Data/082v-087r/082v-087r_Arch06v_Sinar_pseudo_no-veil.tif

- Fol. 17r+16v (Arch07r)

Data/017r-016v/017r-016v_Arch07r_Sinar_pseudo_no-veil.tif

- Fol. 17v+16r (Arch07v)

Data/017v-016r/017v-016r_Arch07v_Sinar_pseudo_no-veil.tif

- Fol. 28r+21v (Arch08r)

Data/028r-021v/028r-021v_Arch08r_Sinar_pseudo_no-veil.tif

ResearchContrib/Data/028r-021v/028r-021v_Arch08rStub_XRF_FeBack.tif

- Fol. 28v+21r (Arch08v)

Data/028v-021r/028v-021r_Arch08v_Sinar_pseudo_no-veil.tif

Data/028v-021r/028v-021r_Arch08r_XRF_FeFront_registered.tif

- Fol. 69r+68v (Arch09r)

Data/069r-068v/069r-068v_Arch09r_Sinar_pseudo_no-veil.tif

- Fol. 69v+68r (Arch09v)

Data/069v-068r/069v-068r_Arch09v_Sinar_pseudo_no-veil.tif

- Fol. 128r+129v (Arch10r)

Data/128r-129v/128r-129v_Arch10r_Sinar_pseudo_no-veil.tif

- Fol. 128v+129r (Arch10v)

Data/128v-129r/128v-129r_Arch10v_Sinar_pseudo_no-veil.tif

- Fol. 127r+130v (Arch11r)

Data/127r-130v/127r-130v_Arch11r_Sinar_pseudo_no-veil.tif

- Fol. 127v+130r (Arch11v)

Data/127v-130r/127v-130r_Arch11v_Sinar_pseudo_no-veil.tif

- Fol. 70r+67v (Arch12r)

Data/070r-067v/070r-067v_Arch12r_Sinar_pseudo_no-veil.tif

- Fol. 70v+67r (Arch12v)

Data/070v-067r/070v-067r_Arch12v_Sinar_pseudo_no-veil.tif

- Fol. 2r+1v (Arch13r)

Data/002r-001v/002r-001v_Arch13r_Sinar_pseudo_no-veil.tif

Data/002r-001v/001v_Arch13r_XRF_FeFront_registered.tif

- Fol. 2v+1r (Arch13v)

Data/002v-001r/002v-001r_Arch13v_Sinar_pseudo_no-veil.tif

Data/002v-001r/001r_Arch13v_XRF_FeFront_registered.tif

- Fol. 169r+164v (Arch14r)

Data/169r-164v/169r-164v_Arch14r_Sinar_pseudo_no-veil.tif

- Fol. 169v+164r (Arch14v)

Data/169v-164r/169v-164r_Arch14v_Sinar_pseudo_no-veil.tif

- Fol. 46r+43v (Arch15r)

Data/046r-043v/046r-043v_Arch15r_Sinar_pseudo_no-veil.tif

- Fol. 46v+43r (Arch15v)

Data/046v-043r/046v-043r_Arch15v_Sinar_pseudo_no-veil.tif

- Fol. 57r+64v (Arch16r)

Data/057r-064v/057r-064v_Arch16r_Sinar_pseudo_no-veil.tif

Data/057r-064v/057r-0000_Arch16r_Heiberg_visible_stitch.tif

Data/057r-064v/057r-064v_Arch16r_XRF_FeFront_registered.tif

- Fol. 57v+64r (Arch16v)

Data/057v-064r/057v-064r_Arch16v_Sinar_pseudo_no-veil.tif

- Fol. 66r+71v (Arch17r)

Data/066r-071v/066r-071v_Arch17r_Sinar_pseudo_no-veil.tif

- Fol. 66v+71r (Arch17v)

Data/066v-071r/066v-071r_Arch17v_Sinar_pseudo_no-veil.tif

- Fol. 65r+72v (Arch18r)

Data/065r-072v/065r-072v_Arch18r_Sinar_pseudo_no-veil.tif

- Fol. 65v+72r (Arch18v)

Data/065v-072r/065v-072r_Arch18v_Sinar_pseudo_no-veil.tif

- Fol. 58r+63v (Arch19r)

Data/058r-063v/058r-063v_Arch19r_Sinar_pseudo_no-veil.tif

- Fol. 58v+63r (Arch19v)

Data/058v-063r/058v-063r_Arch19v_Sinar_pseudo_no-veil.tif

Data/058v-063r/058v-063r_Arch19v_Heiberg_visible_stitch.tif

- Fol. 45r+44v (Arch20r)

Data/045r-044v/045r-044v_Arch20r_Sinar_pseudo_no-veil.tif

Data/045r-044v/045r-044v_Arch20r_Heiberg_visible_stitch.tif

- Fol. 45v+44r (Arch20v)
Data/045v-044r/045v-044r_Arch20v_Sinar_pseudo_no-veil.tif
Data/045v-044r/045v-044r_Arch20v_Heiberg_visible_stitch.tif
- Fol. 170r+163v (Arch21r)
Data/170r-163v/170r-163v_Arch21r_Heiberg_visible_stitch.tif
Lower: Data/170r-163v/170r-163v_Arch21r_Sinar_pseudo_no-veil.tif
- Fol. 170v+163r (Arch21v)
No file
Data/170v-163r/170v-163r_Arch21v_Sinar_pseudo_no-veil.tif
- Fol. 157r+160v (Arch22r)
Data/157r-160v/157r-160v_Arch22r_Sinar_pseudo_no-veil.tif
- Fol. 157v+160r (Arch22v)
Data/157v-160r/157v-160r_Arch22v_Sinar_pseudo_no-veil.tif
- Fol. 104v (Arch23r)
No file
- Fol. 104r (Arch23v)
No file
- Fol. 166r+167v (Arch24r)
Data/166r-167v/166r-167v_Arch24r_Sinar_pseudo_no-veil.tif
- Fol. 166v+167r (Arch24v)
Data/166v-167r/166v-167r_Arch24v_Sinar_pseudo_no-veil.tif
- Fol. 48r+41v (Arch25r)
Data/048r-041v/048r-041v_Arch25r_Sinar_pseudo_no-veil.tif
- Fol. 48v+41r (Arch25v)
Data/048v-041r/048v-041r_Arch25v_Sinar_pseudo_no-veil.tif
Data/048v-041r/048v-041r_Arch25v_Heiberg_visible_stitch.tif
- Fol. 47r+42v (Arch26r)
Data/047r-042v/047r-042v_Arch26r_Sinar_pseudo_no-veil.tif
Data/047r-042v/047r-042v_Arch26r_Heiberg_visible_stitch.tif
- Fol. 47v+42r (Arch26v)
Data/047v-042r/047v-042r_Arch26v_Sinar_pseudo_no-veil.tif
- Fol. 110r+105v (Arch27r)
Data/110r-105v/110r-105v_Arch27r_Sinar_pseudo_no-veil.tif
- Fol. 110v+105r (Arch27v)
Data/110v-105r/110v-105r_Arch27v_Sinar_pseudo_no-veil.tif
- Fol. 158r+159v (Arch28r)
Data/158r-159v/158r-159v_Arch28r_Sinar_pseudo_no-veil.tif
- Fol. 158v+159r (Arch28v)
Data/158v-159r/158v-159r_Arch28v_Sinar_pseudo_no-veil.tif
- Fol. 165v (Arch 29r)
Data/168r-165v/168r-165v_Arch30v-29r_Sinar_pseudo_no-veil.tif
- Fol. 165r (Arch29v)
Data/165r-168v/165r-168v_Arch29v-30r_Sinar_pseudo_no-veil.tif
- Fol. 168v (Arch30r)
Data/165r-168v/165r-168v_Arch29v-30r_Sinar_pseudo_no-veil.tif
- Fol. 168r (Arch30v)
Data/168r-165v/168r-165v_Arch30v-29r_Sinar_pseudo_no-veil.tif
- Fol. 59r+62v (Arch31r)
Data/059r-062v/059r-062v_Arch31r_Sinar_pseudo_no-veil.tif
- Fol. 59v+62r (Arch31v)
Data/059v-062r/059v-062r_Arch31v_Sinar_pseudo_no-veil.tif
- Fol. 162r+155v (Arch32r)
Data/162r-155v/162r-155v_Arch32r_Sinar_pseudo_no-veil.tif
- Fol. 162v+155r (Arch32v)
Data/162v-155r/162v-155r_Arch32v_Sinar_pseudo_no-veil.tif
- Fol. 125r+132v (Arch33r)
Data/125r-132v/125r-132v_Arch33r_Sinar_pseudo_no-veil.tif
- Fol. 125v+132r (Arch33v)
Data/125v-132r/125v-132r_Arch33v_Sinar_pseudo_no-veil.tif
- Fol. 126r+131v (Arch34r)
Data/126r-131v/126r-131v_Arch34r_Sinar_pseudo_no-veil.tif
- Fol. 126v+131r (Arch34v)
Data/126v-131r/126v-131r_Arch34v_Sinar_pseudo_no-veil.tif
- Fol. 161r+156v (Arch35r)
Data/161r-156v/161r-156v_Arch35r_Sinar_pseudo_no-veil.tif
- Fol. 161v+156r (Arch35v)
Data/161v-156r/161v-156r_Arch35v_Sinar_pseudo_no-veil.tif
- Fol. 60r+61v (Arch36r)
Data/060r-061v/060r-061v_Arch36r_Sinar_pseudo_no-veil.tif
- Fol. 60v+61r (Arch36v)
Data/060v-061r/060v-061r_Arch36v_Sinar_pseudo_no-veil.tif
- Fol. 30r+33v (Arch37r)
Data/030r-033v/030r-033v_Arch37r_Sinar_pseudo_no-veil.tif
- Fol. 30v+33r (Arch37v)
Data/030v-033r/030v-033r_Arch37v_Sinar_pseudo_no-veil.tif
- Fol. 96r+89v (Arch38r)
Data/096r-089v/096r-089v_Arch38r_Sinar_pseudo_no-veil.tif
- Fol. 96v+89r (Arch38v)
Data/096v-089r/096v-089r_Arch38v_Sinar_pseudo_no-veil.tif
- Fol. 102r+98v (Arch39r)
Data/102r-098v/102r-098v_Arch39r_Sinar_pseudo_no-veil.tif
- Fol. 102v+98r (Arch39v)
Data/102v-098r/102v-098r_Arch39v_Sinar_pseudo_no-veil.tif
- Fol. 147v+142r (Arch40r)
Data/147v-142r/147v-142r_Arch40r_Sinar_pseudo_no-veil.tif
- Fol. 147r+142v (Arch40v)
Data/147r-142v/147r-142v_Arch40v_Sinar_pseudo_no-veil.tif
- Fol. 148v+141r (Arch41r)
Data/148v-141r/148v-141r_Arch41r_Sinar_pseudo_no-veil.tif
- Fol. 148r+141v (Arch41v)
Data/148r-141v/148r-141v_Arch41v_Sinar_pseudo_no-veil.tif
- Fol. 103r+97v (Arch42r)
Data/103r-097v/103r-097v_Arch42r_Sinar_pseudo_no-veil.tif
- Fol. 103v+97r (Arch42v)
Data/103v-097r/103v-097r_Arch42v_Sinar_pseudo_no-veil.tif
- Fol. 95r+90v (Arch43r)
Data/095r-090v/095r-090v_Arch43r_Sinar_pseudo_no-veil.tif
- Fol. 95v+90r (Arch43v)
Data/095v-090r/095v-090r_Arch43v_Sinar_pseudo_no-veil.tif
- Fol. 31r+32v (Arch44r)
Data/031r-032v/031r-032v_Arch44r_Sinar_pseudo_no-veil.tif
- Fol. 31v+32r (Arch44v)
Data/031v-032r/031v-032r_Arch44v_Sinar_pseudo_no-veil.tif
- Fol. 109r+106v (Arch45r)
Data/109r-106v/109r-106v_Arch45r_Sinar_pseudo_no-veil.tif

• Fol. 109v+106r (Arch45v)
Data/109v-106r/109v-106r_Arch45v_Sinar_pseudo_no-veil.tif
• Fol. 3r+6v (Arch46r)
Data/003r-006v/003r-006v_Arch46r_Sinar_pseudo_no-veil.tif
• Fol. 3v+6r (Arch46v)
Data/003v-006r/003v-006r_Arch46v_Sinar_pseudo_no-veil.tif
• Fol. 4r+5v (Arch47r)
Data/004r-005v/004r-005v_Arch47r_Sinar_pseudo_no-veil.tif
• Fol. 4v+5r (Arch47v)
Data/004v-005r/004v-005r_Arch47v_Sinar_pseudo_no-veil.tif
• Fol. 108r+107v (Arch48r)
Data/108r-107v/108r-107v_Arch48r_Sinar_pseudo_no-veil.tif
• Fol. 108v+107r (Arch48v)
Data/108v-107r/108v-107r_Arch48v_Sinar_pseudo_no-veil.tif
• Fol. 139r+134v (Arch49r)
Data/139r-134v/139r-134v_Arch49r_Sinar_pseudo_no-veil.tif
• Fol. 139v+134r (Arch49v)
Data/139v-134r/139v-134r_Arch49v_Sinar_pseudo_no-veil.tif
• Fol. 38r+35v (Arch50r)
Data/038r-035v/038r-035v_Arch50r_Sinar_pseudo_no-veil.tif
• Fol. 38v+35r (Arch50v)
Data/038v-035r/038v-035r_Arch50v_Sinar_pseudo_no-veil.tif
• Fol. 99r+101v (Arch51r)
Data/099r-101v/099r-101v_Arch51r_Sinar_pseudo_no-veil.tif
• Fol. 99v+101r (Arch51v)
Data/099v-101r/099v-101r_Arch51v_Sinar_pseudo_no-veil.tif
• Fol. 34r+29v (Arch52r)
Data/034r-029v/034r-029v_Arch52r_Sinar_pseudo_no-veil.tif
• Fol. 34v+29r (Arch52v)
Data/034v-029r/034v-029r_Arch52v_Sinar_pseudo_no-veil.tif
• Fol. 100v (Arch53r)
Data/0000-100v/0000-100v_Arch53r_Sinar_pseudo_no-veil.tif
• Fol. 100r (Arch53v)
Data/0000-100r/0000-100r_Arch53v_Sinar_pseudo_no-veil.tif
• Fol. 37r+36v (Arch54r)
Data/037r-036v/037r-036v_Arch54r_Sinar_pseudo_no-veil.tif
• Fol. 37v+36r (Arch54v)
Data/037v-036r/037v-036r_Arch54v_Sinar_pseudo_no-veil.tif
• Fol. 140r+133v (Arch55r)
Data/140r-133v/140r-133v_Arch55r_Sinar_pseudo_no-veil.tif
• Fol. 140v+133r (Arch55v)
Data/140v-133r/140v-133r_Arch55v_Sinar_pseudo_no-veil.tif
• Fol. 112r+115v (Arch56r)
Data/112r-115v/112r-115v_Arch56r_Sinar_pseudo_no-veil.tif
• Fol. 112v+115r (Arch56v)
Data/112v-115r/112v-115r_Arch56v_Sinar_pseudo_no-veil.tif
• Fol. 149r+154v (Arch57r)
Data/149r-154v/149r-154v_Arch57r_Sinar_pseudo_no-veil.tif
• Fol. 149v+154r (Arch57v)
Data/149v-154r/149v-154r_Arch57v_Sinar_pseudo_no-veil.tif
• Fol. 150r+153v (Arch58r)
Data/150r-153v/150r-153v_Arch58r_Sinar_pseudo_no-veil.tif
• Fol. 150v+153r (Arch58v)
Data/150v-153r/150v-153r_Arch58v_Sinar_pseudo_no-veil.tif
• Fol. Cambridge Leaf, recto (Arch59r)
ResearchContrib/Cambridge/cambridge_recto_pseudo.tif
• Fol. Cambridge Leaf, verso (Arch59v)
ResearchContrib/Cambridge/cambridge_verso_pseudo.tif
• Fol. 113r+114v (Arch60r)
Data/113r-114v/113r-114v_Arch60r_Sinar_pseudo_no-veil.tif
• Fol. 113v+114r (Arch60v)
Data/113v-114r/113v-114r_Arch60v_Sinar_pseudo_no-veil.tif
• Fol. 123r+118v (Arch61r)
Data/123r-118v/123r-118v_Arch61r_Heiberg_visible_stitch.tif
Data/123r-118v/123r-118v_Arch61r_XRF_FeFront_registered.tif
Data/123r-118v/123r-118v_Arch61r_Sinar_pseudo_no-veil.tif
• Fol. 123v+118r (Arch61v)
Data/123v-118r/123v-118r_Arch61v_ Heiberg_visible_stitch.tif
ResearchContrib/Data/123v-118r/123v-118r_Arch61v_XRF_FeBack.tif
Data/123v-118r/123v-118r_Arch61v_Sinar_pseudo_no-veil.tif
• Fol. 116r+111v (Arch62r)
Data/116r-111v/116r-111v_Arch62r_Sinar_pseudo_no-veil.tif
• Fol. 116v+111r (Arch62v)
Data/116v-111r/116v-111r_Arch62v_Sinar_pseudo_no-veil.tif
• Fol. 39r (Arch63r)
Data/039r-0000/039r-0000_Arch63r_Sinar_pseudo_no-veil.tif
• Fol. 39v (Arch63v)
Data/039v-0000/039v-0000_Arch63v_Sinar_pseudo_no-veil.tif
• Fol. 94r+91v (Arch64r)
Data/094r-091v/094r-091v_Arch64r_Sinar_pseudo_no-veil.tif
• Fol. 94v+91r (Arch64v)
Data/094v-091r/094v-091r_Arch64v_Sinar_pseudo_no-veil.tif
• Fol. 93r+92v (Arch65r)
Data/093r-092v/093r-092v_Arch65r_Sinar_pseudo_no-veil.tif
• Fol. 93v+92r (Arch65v)
Data/093v-092r/093v-092r_Arch65v_Sinar_pseudo_no-veil.tif
• Fol. 40r (Arch66r)
Data/040r-0000/040r-0000_Arch66r_Sinar_pseudo_no-veil.tif
• Fol. 40v (Arch66v)
Data/040v-0000/040v-0000_Arch66v_Sinar_pseudo_no-veil.tif
• Fol. 124r+117v (Arch67r)
Data/124r-117v/124r-117v_Arch67r_Sinar_pseudo_no-veil.tif
• Fol. 124v+117r (Arch67v)
Data/124v-117r/124v-117r_Arch67v_Sinar_pseudo_no-veil.tif
• Fol. 171v (Arch68r)
Data/0000-171v/0000-171v_Arch68r_Sinar_pseudo_no-veil.tif
• Fol. 171r (Arch68v)
Data/0000-171r/0000-171r_Arch68v_Sinar_pseudo_no-veil.tif
• Fol. 177r+172v (Arch69r)
Data/177r-172v/177r-172v_Arch69r_Sinar_pseudo_no-veil.tif
Data/177r-172v/0000-172v_Arch69r_Heiberg_visible_stitch.tif
• Fol. 177v+172r (Arch69v)
Data/177v-172r/177v-172r_Arch69v_Sinar_pseudo_no-veil.tif
Data/177v-172r/177v-172r_Arch69v_Heiberg_ultraviolet_stitch.tif

HYPERIDES: SPEECHES

- Fol. 137r+136v (Hypeo1r)
Data/137r-136v/137r-136v_Hypeo1r_Sinar_pseudo_no-veil.tif
- Fol. 137v+136r (Hypeo1v)
Data/137v-136r/137v-136r_Hypeo1v_Sinar_pseudo_no-veil.tif
- Fol. 145r+144v (Hypeo2r)
Data/145r-144v/145r-144v_Hypeo2r_Sinar_pseudo_no-veil.tif
- Fol. 145v+144r (Hypeo2v)
Data/145v-144r/145v-144r_Hypeo2v_Sinar_pseudo_no-veil.tif
- Fol. 176r+173v (Hypeo3r)
Data/176r-173v/176r-173v_Hypeo3r_Sinar_pseudo_no-veil.tif
- Fol. 176v+173r (Hypeo3v)
Data/176v-173r/176v-173r_Hypeo3v_Sinar_pseudo_no-veil.tif
- Fol. 175r+174v (Hypeo4r)
Data/175r-174v/175r-174v_Hypeo4r_Sinar_pseudo_no-veil.tif
- Fol. 175v+174r (Hypeo4v)
Data/175v-174r/175v-174r_Hypeo4v_Sinar_pseudo_no-veil.tif
- Fol. 138r+135v (Hypeo5r)
Data/138r-135v/138r-135v_Hypeo5r_Sinar_pseudo_no-veil.tif
- Fol. 138v+135r (Hypeo5v)
Data/138v-135r/138v-135r_Hypeo5v_Sinar_pseudo_no-veil.tif

COMMENTARY ON ARISTOTLE'S *CATEGORIES*

- Fol. 143r+146v (Commo1r)
ResearchContrib/Data/143r-146v/143r-146v_Alexo1r_Sinar_LED365_01_PCA3.tif
- Fol. 143v+146r (Commo1v)
ResearchContrib/Data/143v-146r/143v-146r_Alexo1v_Sinar_LED365_01_PCA3.tif
- Fol. 120r+121v (Commo2r)
Data/120r-121v/120r-121v_Alexo2r_Sinar_pseudo_no-veil.tif
- Fol. 120v+121r (Commo2v)
ResearchContrib/Data/120v-121r/120v-121r_Alexo2v_Sinar_LED365_01_PCA3.tif
- Fol. 79r+74v (Commo3r)
ResearchContrib/Data/079r-074v/079r-074v_Alexo3r_Sinar_LED365_01_PCA3.tif
- Fol. 79v+74r (Commo3v)
Data/079v-074r/079v-074r_Alexo3v_Sinar_pseudo_no-veil.tif
- Fol. 78r+75v (Commo4r)
Data/078r-075v/078r-075v_Alexo4r_Sinar_pseudo_no-veil.tif
- Fol. 78v+75r (Commo4v)
Data/078v-075r/078v-075r_Alexo4v_Sinar_pseudo_no-veil.tif
- Fol. 77r+76v (Commo5r)
ResearchContrib/Data/077r-076v/077r-076v_Alexo5r_Sinar_LED365_01_PCA3.tif
- Fol. 77v+76r (Commo5v)
ResearchContrib/Data/077v-076r/077v-076r_Alexo5v_Sinar_LED365_01_PCA3.tif
- Fol. 80r+73v (Commo6r)
ResearchContrib/Data/080r-073v/080r-073v_Alexo6r_Sinar_LED365_01_PCA3.tif
- Fol. 80v+73r (Commo6v)
ResearchContrib/Data/080v-073r/080v-073r_Alexo6v_Sinar_LED365_01_PCA3.tif
- Fol. 119r-122v (Commo7r)
ResearchContrib/Data/119r-122v/119r-122v_Alexo7r_Sinar_LED365_01_PCA3.tif
- Fol. 119v-122r (Commo7v)
ResearchContrib/Data/119v-122r/119v-122r_Alexo7v_Sinar_LED365_01_PCA3.tif

Set in Adobe Minion Pro
& Nonpareil Typefoundry Venetian Titling types.
Printed in Verona, Italy, on Gardapat paper
at EBS-Editoriale Bortolazzi-Stei s.r.l.
Designed by Jerry Kelly.